DAS
WASSERSTOFFPEROXYD
UND DIE
PERVERBINDUNGEN

VON

ING. DR. TECHN. WILLY MACHU
MITGLIED DES ÖSTERREICHISCHEN PATENTAMTES IN WIEN

MIT 46 TEXTABBILDUNGEN

Published and distributed in the Public Interest by Authority of the
Alien Property Custodian under License No. A-353

Published by
J. W. EDWARDS

Lithoprinted by
EDWARDS BROTHERS, INC.
ANN ARBOR, MICHIGAN
1944

WIEN
VERLAG VON JULIUS SPRINGER
1937

ISBN 978-3-7091-3149-7   ISBN 978-3-7091-3152-7 (eBook)
DOI 10.1007/978-3-7091-3152-7

Vorwort.

Nach zähem Kampf haben sich die aktiven Sauerstoffverbindungen in
Industrie, Technik, Medizin und Haushalt usw. eine ausgedehnte Verwendung
und teilweise auch Vorrangstellung erworben, die immer noch im Ansteigen begriffen ist. Die Industrie der Perverbindungen hat namentlich in den letzten zwei
Jahrzehnten durch den Ausbau der elektrochemischen Darstellungsmethoden
einen ausgedehnten Aufschwung erfahren. Über diese Entwicklungszeit existiert
wohl eine große Zahl von Abhandlungen, aber eine eingehende zusammenfassende
Behandlung der Perverbindungen ist seit dem im Jahre 1914 erschienenen
Büchlein von Girsewald über „Anorganische Peroxyde und Persalze" nicht mehr
veröffentlicht worden. Das im Jahre 1931 erschienene Buch von A. Rieche über
die Alkylperoxyde und Ozonide gibt nur über die organischen Perverbindungen,
insbesondere aliphatischer Natur, die vorläufig doch nur eine geringere Bedeutung haben, Auskunft. Dazu kommt, daß die Herstellung der Perverbindungen eine der schwierigsten auf dem Gebiete der anorganischen Großindustrie
ist, über die verhältnismäßig sehr wenig in die Öffentlichkeit gedrungen ist. Die
vorhandene Fachliteratur ist nicht sehr verläßlich. So wird z. B. allen Ernstes
geschrieben, daß Bleirohre zur Destillation von Überschwefelsäurelösungen, die
tatsächlich eine Länge von 60 m und eine lichte Weite von 70 mm aufweisen,
„Kapillaren" darstellen. Nirgends findet sich ferner eine scharfe Auseinander-
haltung der echten Perverbindungen von den Anlagerungsverbindungen usw.

Das vorliegende Buch versucht die seit über zwei Jahrzehnten bestehende
Lücke auszufüllen und zur Beseitigung der vorhandenen Unsicherheiten auf dem
Gebiete der Perverbindungen beizutragen. Der Verfasser war dabei von der Ab-
sicht geleitet, sowohl dem Praktiker als auch dem Theoretiker etwas für ihn
Brauchbares zu bieten. Auf den neuesten Erkenntnissen über die Perverbindungen aufbauend, sollte eine ausführliche Zusammenfassung alles Wissenswerten
auf dem Gebiete der Chemie, Physik, technischen Herstellung usw. des Wasserstoffperoxyds und seiner Derivate gegeben werden. Wegen der großen Bedeutung,
die die Perverbindungen im Haushalt der Natur bei allen biologischen Oxydationsprozessen, beim Assimilations- und Dissimilationsvorgang spielen, sind im
vorliegenden Buch auch alle derartigen Randgebiete, in denen die Peroxyde eine
Rolle spielen, eingehend berücksichtigt worden. Zur Erleichterung des weiteren
Eindringens in das Gebiet wurden alle Ausführungen mit Literaturzitaten belegt.
Dem Techniker wird auch die am Schlusse des Buches gegebene Patentliteraturzusammenstellung der in- und ausländischen Patentschriften über das Wasserstoffperoxyd und seine Derivate wertvoll und willkommen sein.

Bemerkt sei noch, daß es sich für ein eingehenderes Studium der technischen Abschnitte empfiehlt, auch die zugehörige Patentliteratur zu Rate zu ziehen, da wegen der Fülle des Stoffes oder der Abwegigkeit mancher Angaben nicht alle Patentschriften im Text der Abschnitte berücksichtigt werden konnten. Die Literatur ist so angeordnet, daß jeder Abschnitt die zu ihm gehörende Literatur in fortlaufender Numerierung bringt.

Hoffentlich wird das Buch seinen angestrebten Zweck erfüllen und zur weiteren Entwicklung der Chemie und Technik der aktiven Sauerstoffverbindungen einen Beitrag leisten.

Wien, im Herbst 1936. Der Verfasser.

Inhaltsverzeichnis.

I. Historisches über das Wasserstoffperoxyd und seine Derivate.

Die erste Mitteilung, welche auf die Beobachtung eines Peroxyds schließen läßt, finden wir bei A. von Humboldt[1], der schon im Jahre 1799 fand, daß Bariumoxyd beim Erhitzen auf Luft zersetzend einwirke und den Sauerstoff in Form von Bariumperoxyd aufnimmt.

Zwölf Jahre später beobachteten L. J. Gay-Lussac und L. J. Thénard[2] die gleiche Erscheinung. In derselben Abhandlung wurde von diesen beiden Forschern auch bereits die Darstellung der Peroxyde des Natriums und Kaliums (S. 159) durch Verbrennung der Alkalimetalle in einem Überschusse von Sauerstoff beschrieben. Obwohl sich Gay-Lussac und Thénard auch experimentell mit diesen Verbindungen beschäftigten und unter anderem auch deren Zersetzlichkeit durch Wasser, Kohlensäure und Salzsäure angaben, beobachteten sie damals das Auftreten des Wasserstoffperoxyds noch nicht. Trotzdem sie unzweifelhaft zumindest auf kurze Zeit das Wasserstoffperoxyd in Händen gehabt hatten, gingen sie damals an der Entdeckung des Wasserstoffperoxyds vorbei.

Diese erfolgte erst sieben Jahre später durch Thénard[3], als er bei seinen Untersuchungen über die Einwirkung von verschiedenen Säuren auf Bariumperoxyd einen neuen Körper auffand, den er ursprünglich für einen Vertreter einer besonders sauerstoffreichen Klasse von Säuren hielt. Nachdem er aber im weiteren Verlaufe seiner Versuche aus dieser neuen Substanz alle darin enthaltenen freien Säuren entfernt hatte, stellte er auch die Zusammensetzung der von ihm entdeckten Verbindung als H_2O_2 fest und fand, daß diese nur aus Sauerstoff und Wasserstoff bestand. Er faßte diese daher als „oxydiertes Wasser" oder „Wasserstoffhyperoxyd" auf.

Wie schon aus der großen Zahl der angeführten Veröffentlichungen Thénards ersichtlich ist[3], befaßte sich dieser sehr eingehend mit dem Studium der neuen Verbindung, wobei er verschiedene weitere Wege zu ihrer Herstellung auffand und bereits zahlreiche charakteristische Eigenschaften beschreiben konnte. Er nahm an, daß in diesem „oxydierten Wasser" das eine O-Atom nur sehr lose gebunden sei, woraus sich ohne Schwierigkeit die oxydierende Wirkung der neuen Verbindung erklären ließ. Wegen dieser losen Bindung zerfalle das Molekül aber auch leicht bei katalytischen Einwirkungen, unter dem Einfluß von Wärme und bei vielen anderen Reaktionen in Wasser und Sauerstoff, weiters gäbe das H_2O_2 leicht seinen Sauerstoff an oxydable Körper ab und sei daher eine stark oxydierende Substanz, welche alle Metalle, die edlen ausgenommen, zu oxydieren vermöge, wie z. B. Arsen zu Arsensäure, phosphorige Säure zu Phosphorsäure usw.

Besonders erschien Thénard die Zersetzlichkeit des H_2O_2 durch viele Körper merkwürdig, die sich mit seinen Bestandteilen, nämlich vor allem mit dem freiwerdenden Sauerstoff, nicht verbinden. Viele Metalle, Oxyde und Salze brachten nämlich eine Zersetzung zustande, manche mit geringer, andere mit heftigerer Sauerstoffentwicklung.

Mit dieser merkwürdigen, sauerstoffreichsten aller anorganischen Verbindungen beschäftigten sich in den folgenden Jahrzehnten fast alle namhafteren Chemiker. Auf Grund zahlreicher und gründlicher Untersuchungen gelang es, viele wesentliche Eigenschaften des H_2O_2 zu erkennen, während die theoretischen Anschauungen über diesen Körper oft sehr wesentlich auseinandergingen. Dies hatte seine Ursache namentlich in dem Umstande, daß erst verhältnismäßig spät nach der Entdeckung des H_2O_2 über dessen Reaktionen auch in quantitativer Hinsicht Untersuchungen angestellt wurden. Weiters erklären auch die Umständlichkeiten bei der damaligen Herstellung des H_2O_2 im reinen Zustande sowie die leichte Zersetzlichkeit des sicherlich immer stark verunreinigten „reinen H_2O_2" dieser Forscher, daß sehr häufig widersprechende Ergebnisse erhalten wurden. Deshalb standen auch die Hypothesen, die auf Grund dieser Resultate geschaffen wurden, bisweilen mit den Tatsachen in augenfälligstem Widerspruch, wie z. B. die Schönbeinsche.

So schrieb noch im Jahre 1860 Weltzien[4], daß sich alle bis dahin beschriebenen Reaktionen des H_2O_2 niemals auf die reine Substanz bezogen haben, sondern immer nur auf die Flüssigkeit, welche entweder durch Einwirkung von HCl auf BaO_2 erhalten wurde, somit neben H_2O_2 noch $BaCl_2$ und überschüssige HCl enthielt, oder durch Zersetzung von BaO_2 mittels H_2SiF_6 gewonnen wurde, demnach noch immer etwas $BaSiF_6$- und H_2SiF_6-haltig war. „Es scheine überhaupt, als ob nach Thénard kein Chemiker mit der reinen Substanz gearbeitet habe, wenigstens ist es mir nicht gelungen, eine Angabe darüber zu finden", sind die Worte Weltziens.

Besonders schwierig gestaltete sich die Erklärung der reduzierenden Wirkung des H_2O_2, wie z. B. die Einwirkung auf Kaliumpermanganat, welche Reaktion zuerst von Brodie[5] beobachtet wurde. Dieser deutete die O_2-Entwicklung damit, daß das eine, schwächer gebundene O-Atom des H_2O_2 sich mit dem seiner Ansicht nach entgegengesetzt polarisierten O-Atom des $KMnO_4$ zum neutralen O_2-Molekül vereinige.

Damit legte er den Grundstein zu der besonders von Chr. Fr. Schönbein vertretenen Theorie der Ozonide und Antozonide[6]. Schönbein beurteilte sämtliche sauerstoffhaltigen Körper nur vom Standpunkte des Sauerstoffes aus und leitete deren chemisches Verhalten nur von diesem Element ab. Er nahm an, daß der Sauerstoff in drei verschiedenen Modifikationen vorkomme, und zwar für sich als auch in chemischen Verbindungen: als negativ aktives $\ominus$ (Ozon), als positiv aktives $\oplus$ Antozon und als gewöhnlicher inaktiver Sauerstoff $\bigcirc$, welcher aus der Vereinigung beider entstehen sollte $\ominus\oplus$. Schönbein bezeichnete auf Grund dieser Einteilung diejenigen Verbindungen, in welchen er negativ aktiven Sauerstoff annahm, als Ozonide, hingegen jene, die positiv aktiven Sauerstoff enthalten sollten, als Antozonide. Nach seiner Auffassung war Bleidioxyd ein Ozonid PbO $\ominus$, Wasserstoffperoxyd hingegen ein Antozonid HO $\oplus$. Der gewöhnliche Sauerstoff sollte der Polarisation fähig sein, durch welche Operation er mittels gewisser Körper in den negativ aktiven, durch andere in den positiv aktiven Zustand übergeführt werden sollte. Schönbein bezeichnete sogar das von Houzeau[7] bei der Einwirkung von Schwefelsäurehydrat auf BaO_2 erhaltene Gas, das aus $O_2 + O_3$ besteht, und welches Houzeau als „riechenden" Sauerstoff (oxygène naissant) beschrieben hatte, bei einer gelegentlichen Nachprüfung dieses Versuches als den freien positiv aktiven Sauerstoff, also als das Antozon.

Die Antozontheorie Schönbeins half über den Widerspruch zwischen der Auffassung des H_2O_2 als oxydiertes Wasser und dem Versuch, wonach sich damals H_2O selbst mit den stärksten Oxydationsmitteln nicht zu H_2O_2 oxydieren ließ, hinweg.

Zu den Ozoniden rechnete Schönbein die Dioxyde des Ag, Pb, Mn, Ni, Co, Bi usw., ferner die Übermangansäure, Chromsäure, Vanadin-, unterchlorige Säure usw., zu den Antozoniden das H_2O_2, die Peroxyde des Ba, Sr, Ca und der Alkalimetalle. Zur Unterscheidung dieser beiden Gruppen gab Schönbein bereits einige Reaktionen an. Nur die Antozonide sollten imstande sein, bei Behandlung mit Mineralsäuren, wie HCl oder H_2SO_4, H_2O_2 zu ergeben, die Ozonide dagegen entwickeln mit IICl immer freies Chlor. Die Ozonide bläuen auch frisch bereitete alkoholische Guajaktinktur, während die Antozonide die durch Ozonide bereitete Tinktur wieder entfärben.

Bei Berührung eines Ozonids mit einem Antozonid sollten sie sich gegenseitig zerlegen und der positiv aktive Sauerstoff des Antozons mit dem negativen des Ozonids sich ausgleichen und gewöhnlichen, inaktiven Sauerstoff ergeben[8].

Obwohl Schönbein mit seiner Theorie der Ozonide und Antozonide große Verwirrung in der damaligen chemischen Fachwelt hervorrief, gebührt ihm aber das große Verdienst, als erster Forscher das Auftreten von H_2O_2 bei der langsamen Oxydation („Autoxydation") von P, Zn, Pb, Fe und anderen unedlen Metallen beobachtet zu haben, wenn diese mit Wasser bei Luftzutritt geschüttelt wurden. Durch eingehende Untersuchungen glaubte er festgestellt zu haben, daß bei allen langsamen Oxydationen gleichviel Sauerstoff zur Oxydation des reduzierenden Körpers wie zur Oxydation des Wassers oder anderer schwer oxydierbarer Stoffe verwendet werde. So fand er z. B., daß bei der langsamen Oxydation von Blei in verdünnter Schwefelsäure auf ein Molekül $PbSO_4$ stets auch ein Molekül H_2O_2 entstehe. Schönbein nahm daher an, daß von jedem Molekül O_2 ein Atom zur Überführung von Pb in $PbSO_4$ und eines zur „Oxydation" des Wassers verbraucht werde. Nach seiner Antozontheorie sollte eben der oxydierbare Stoff den Sauerstoff vorher in die zwei allotropen Modifikationen des negativ aktiven Ozons $\overset{\circ}{\ominus}$ und des positiv aktiven Antozons $\overset{\circ}{\oplus}$ umwandeln. Während sich der oxydierbare Körper sofort mit dem Ozon verbindet, oxydiert das Antozon das Wasser und bildet mit diesem das H_2O_2.

Die Ansicht Thénards, daß das H_2O_2 als oxydiertes Wasser aufzufassen sei, blieb ebenso wie die Antozontheorie Schönbeins lange Zeit hindurch vorherrschend. Zahlreiche andere Forscher brachten ähnliche Gedankengänge zum Ausdruck. So faßte Meißner[9] das Wasserstoffperoxyd als „durch Antozon positiv polarisiertes Wasser" auf.

Noch weiter ging Lenssen[10], der in den sauren Lösungen des H_2O_2 einen positiv aktiven und in den alkalischen einen negativ aktiven Sauerstoff annahm.

R. Clausius[11] nahm an, daß das Sauerstoffmolekül aus zwei Atomen bestehe und daß diese durch zwei entgegengesetzt gerichtete Ladungen, ähnlich jenen in NaCl, zusammengehalten seien. Dieser inaktive Sauerstoff sei der gewöhnliche Sauerstoff. Das Ozon und Antozon stellen dann die Vereinigung zweier gleicher Sauerstoffatome dar.

Hoppe-Seyler[12] nahm eine Spaltung des Sauerstoffmoleküls durch naszierenden Wasserstoff an, der ein Atom Sauerstoff an sich reiße, während das andere als Sauerstoff mit überaus hoher Reaktionsfähigkeit in Freiheit gesetzt werde, daher aktiver Sauerstoff sei und demnach so starke Oxydationen wie jene von H_2O zu H_2O_2 veranlassen könne.

Es fehlte jedoch auch nicht an gegenteiligen Ansichten. Ja, auf Grund eingehender und genauer Untersuchungen brach sich immer mehr die Erkenntnis Bahn, daß die Antozontheorie mit den tatsächlichen Erscheinungen eigentlich in direktem Widerspruch stehe. Einer der ersten Gegner Schönbeins war Weltzien. Dieser[13] nahm an, daß die Reaktionen der Ozonide und Antozonide Schönbeins untereinander durch doppelte Zersetzung bei Annahme gewisser Lagerungen der Atome im Molekül zustande kommen. Er war der erste, der der Anschauung, das Wasserstoffperoxyd sei ein oxydiertes Wasser, mit aller Entschiedenheit entgegentrat. Er führte als Grund für diese Ansicht an, daß das Wasser durch Chlor erst bei Siedehitze oder durch Sonnenlicht zerlegt werde, eine Zerlegung durch O_3 aber nicht bekannt sei. Dagegen werde das H_2O_2 sehr leicht durch Cl_2, Br_2, J_2 oder O_3 unter O_2-Entwicklung zerlegt, wobei aber sämtlicher freiwerdender Sauerstoff nur aus dem H_2O_2 stamme. Weltzien sprach auch die Anschauung aus, daß der Wasserstoff im H_2O_2 viel weniger fest gebunden sei als im H_2O, weshalb es auch eine stark reduzierende Substanz sei. Die Ansichten Weltziens haben aber bis zu den Arbeiten Traubes keine eingehendere Würdigung gefunden.

Brodie[14] vertrat einen sehr ähnlichen Standpunkt. Er erklärte auf Grund seiner Untersuchungen die Annahme Schönbeins von zwei verschiedenartigen Sauerstoffmodifikationen für unrichtig und nahm an, daß die gegenseitige Einwirkung zweier Oxyde aufeinander durch Zusammenlagerung zweier in verschiedenem polarem Zustande befindlicher Sauerstoffatome zustande komme.

C. Hoffmann[15] trat gleichfalls gegen die Annahme einer Spaltung des Sauerstoffes in eine negativ und positiv aktive Modifikation auf, zu welcher Auffassung er durch Untersuchungen über die Elektrolyse des Wassers gekommen war.

Auf den Anschauungen Schönbeins fußte noch die Theorie von Richarz[16], der die Unterschiede im chemischen Verhalten der Ozonide und Antozonide durch verschieden starke Bindung zwischen Sauerstoff und Sauerstoff oder Sauerstoff und Metall erklärte. Die Antozonide enthielten nach Richarz den Sauerstoff in Form von lockeren O-Ketten —O—O—, z. B. als H—O—O—H im H_2O_2 oder als $Me\diagdown^O_O$ in den Peroxyden zweiwertiger Metalle, während bei den Ozoniden das O-Atom immer am Metall und daher fester gebunden sei (Me=O). Diese letztere Ansicht von Richarz hat mit der heute üblichen bereits weitgehende Ähnlichkeit.

Erst durch die eingehenden Untersuchungen von Moritz Traube[17] konnte der eindeutige Beweis geliefert werden, daß die Schönbeinsche Ansicht von der Zusammensetzung des indifferenten Sauerstoffes aus den beiden Modifikationen $\ominus$, dem Ozon, und dem $\oplus$, Antozon, und die Annahme der Entstehung des Wasserstoffperoxyds durch Oxydation von Wasser unrichtig ist. Traube wies nach, daß bei der Autoxydation von Zink in Gegenwart von Wasser und Luft zu Zinkhydroxyd und Wasserstoffperoxyd keine Aktivierung der Sauerstoffmoleküle auftritt, da anwesende leicht oxydable Körper, wie Indigosulfosäure, nicht oxydiert werden. Das Wasserstoffperoxyd stellt daher entgegen der bis dahin fast allgemein verbreiteten Ansicht keine höhere Oxydationsstufe des Wassers, sondern im Gegenteil das Reduktionsprodukt des Sauerstoffmoleküls dar. Nicht die Moleküle des Sauerstoffes werden zerlegt, sondern die des Wassers, dessen Anwesenheit nach Traubes Ansicht bei jeder langsamen Verbrennung notwendig sei. Die Autoxydation von Zink in Gegenwart von Wasser und Sauerstoff verlaufe demnach nach

$$\mathrm{Zn} + \mathrm{O}\ \begin{matrix}\mathrm{H}\\\mathrm{H}\end{matrix} + \begin{matrix}\mathrm{O}\\\mathrm{O}\end{matrix} = \mathrm{ZnO} + \begin{matrix}\mathrm{H\cdots O}\\\\\mathrm{H\ \ O}\end{matrix}$$

und $\mathrm{ZnO} + \mathrm{H_2O} = \mathrm{Zn(OH)_2}$ nicht unter Spaltung des Sauerstoffmoleküls in zwei Atome, sondern das Sauerstoffmolekül trete mit zwei Wasserstoffatomen in Verbindung. Die beiden Sauerstoffatome sind daher nicht ungleich gebunden, der Aufbau des $\mathrm{H_2O_2}$-Moleküls ist also ein symmetrischer.

Wie durch quantitative Versuche auch gezeigt werden konnte, entsteht das $\mathrm{H_2O_2}$ bei den Autoxydationsvorgängen nicht als Nebenprodukt, sondern sämtlicher in Reaktion tretender $\mathrm{O_2}$ geht in $\mathrm{H_2O_2}$ über. Traube erkannte auch, daß die Urache für das bei vielen Autoxydationsvorgängen mitunter nur spurenweise Auftreten des $\mathrm{H_2O_2}$ eine sekundäre Reaktion des Autoxydators mit dem $\mathrm{H_2O_2}$ ist, bei welcher das Metall von einer bestimmten $\mathrm{H_2O_2}$-Konzentration ab nach $\mathrm{Zn} + \mathrm{H_2O_2} = \mathrm{Zn(OH)_2}$ das primär gebildete $\mathrm{H_2O_2}$ wieder zerstört.

Als einen weiteren Beweis für die Richtigkeit seiner Annahme vom $\mathrm{H_2O_2}$ als erstes Reduktionsprodukt des $\mathrm{O_2}$-Moleküls führte Traube auch an, daß sich beim Einleiten von Sauerstoff an die Kathode einer galvanischen Wasserzersetzung unter geeigneten Versuchsbedingungen durch Verbindung des $\mathrm{O_2}$-Moleküls mit naszierendem Wasserstoff die quantitative Menge $\mathrm{H_2O_2}$ bildet. Hier sei jedoch gleich erwähnt, daß Traube ursprünglich[18] noch behauptet hatte, daß bei der elektrolytischen Zersetzung von verdünnter Schwefelsäure an der positiven Platinelektrode keine Spur von $\mathrm{H_2O_2}$ auftrete. Er betrachtete diesen Umstand als eine der kräftigsten Stützen für seine Ansicht, daß das $\mathrm{H_2O_2}$-Molekül das erste Reduktionsprodukt des $\mathrm{O_2}$ und nicht das Oxydationsprodukt von $\mathrm{H_2O}$ sei, da ja der naszierende Sauerstoff die stärkste Oxydationswirkung besitzen müsse. Später widerrief Traube diese Behauptungen aber.

Mit Hilfe seiner neuen Theorie der Bildung des $\mathrm{H_2O_2}$ konnte Traube nunmehr auch dessen auffallendste Reaktionen, wonach es sowohl oxydierend als auch reduzierend wirken kann, erklären. Die oxydierenden Eigenschaften ergaben sich durch das $\mathrm{O_2}$-Molekül, dessen Atome nach Traubes Ansicht nur mehr durch eine einzige Bindungseinheit gebunden seien, die reduzierenden durch seine beiden H-Atome. Beim Zusammentreffen von Wasserstoffperoxyd mit oxydablen Körpern werden diese daher oxydiert, während alle leicht desoxydierbaren Körper, wie Übermangansäure, Chromsäure, Silberoxyd, Ozon usw., reduziert werden. Die bisherige Annahme, daß das $\mathrm{H_2O_2}$ beim Zusammentreffen mit diesen Oxydationsmitteln reduziert wird, hielt Traube für unrichtig, da es vielmehr oxydiert werde. Die H-Atome des H_2O_2 verbinden sich mit dem Sauerstoff der leicht reduzierbaren Körper und sein Sauerstoffmolekül werde frei. Der freiwerdende O_2 stamme daher nur aus dem H_2O_2.

Die oxydierende Wirkung des Wasserstoffsuperoxyds sollte nach Traube nicht darauf beruhen, daß es ein Atom Sauerstoff abgibt, sondern in einem gewöhnlichen Zerfall in zwei OH-Gruppen bestehen: $Zn + H_2O_2 = Zn(OH)_2$. Diese Annahme hat sich aber als nicht richtig erwiesen, da Reaktionen, bei denen das Wasserstoffperoxyd unter Anlagerung zweier OH-Gruppen reagiert, bisher mit Sicherheit nur ganz ausnahmsweise beobachtet wurden. Gerade in dem Freiwerden eines Sauerstoffatoms beim Zerfall beruhen die vielen Oxydationsreaktionen, wie z. B. beim Bleichen usw.

C. Engler[19] stand ähnlich wie Traube auf dem Standpunkt, daß das Wasserstoffperoxyd durch Reduktion des Sauerstoffmoleküls entstehe. Der Sauerstoff stellt nach Engler ebenso wie das Acetylen ein ungesättigtes System dar, dessen ungesättigte Valenzen sich mit denen eines anderen ungesättigten Stoffes abzusättigen streben. Dieser zweite Körper, der autoxydable Stoff, vermag eine teilweise Dissoziation des O_2-Moleküls unter Lösung einer Bindung nach $O{-}O \rightarrow O{-}O$, aber keine Sprengung herbeizuführen.

Bruhl[20] konnte durch spektroskopische Untersuchungen nachweisen, daß die beiden O-Atome nicht bloß durch eine, sondern durch mehrere Valenzen miteinander verbunden sein müssen.

Spring[21] kam auf Grund seiner Untersuchungen über die Farbe des Wasserstoffperoxyds zu der Ansicht, daß in diesem der Sauerstoff weniger seine charakteristischen Eigenschaften verloren habe als im Wasser. Es ist daher anzunehmen, daß im Wasserstoffperoxyd der Sauerstoff in einem dem molekularen Sauerstoff ähnlichen Zustande vorliegt. Das Wasserstoffperoxyd stellt dann eine ungesättigte Verbindung des molekularen Sauerstoffes mit Wasserstoff in Form einer Atomverbindung dar. Durch die Ergebnisse der Untersuchungen Brühls und Springs hatte die Theorie Traubes eine wesentliche Stütze erfahren.

Wie wir bei der späteren Erörterung der chemischen und physikalischen Eigenschaften sowie der Konstitution des Wasserstoffperoxyds und seiner Derivate sehen werden, war mit diesem Ergebnis im großen und ganzen für die weitere Erkenntnis der Eigenschaften des Wasserstoffperoxyds bereits eine geeignete Grundlage geschaffen worden.

Im Laufe der geschichtlichen Entwicklung unserer Kenntnisse von den aktiven Sauerstoffverbindungen waren auch die Anschauungen über die Konzentrierung von Wasserstoffperoxydlösungen durch Destillation grundlegenden Änderungen unterworfen. Meißner[9] (a. a. O. S. 98) behauptete noch, daß das Wasserstoffperoxyd in Dampfform überhaupt nicht bestehen könne. Jedoch schon von Schönbein[22] wurde festgestellt, daß es sich beim Kochen seiner Lösungen mit den Wasserdämpfen verflüchtige. Er hielt es jedoch für derart zersetzlich, daß er es als solches nicht für destillierbar erachtete[23]. Von diesem Forscher[24] sowie von Houzeau[25] wurde gezeigt, daß es schon bei gewöhnlicher Temperatur aus seinen Lösungen entweicht. Weltzien[26] hielt nur eine Konzentrierung durch Eindampfen einer Lösung von Wasserstoffperoxyd bei einer Temperatur, die unterhalb seines Siedepunktes liegt, für möglich.

Erst R. Wolffenstein[27] konnte feststellen, daß eine Wasserstoffperoxyd-lösung, die frei von alkalisch reagierenden Verbindungen, von jeder Spur von Schwermetallverbindungen und von festen Körpern jeder Art, und zwar auch von ganz indifferentem Charakter ist, gegen den Einfluß der Wärme bedeutend widerstandsfähiger ist, so daß sie ohne weiteres konzentriert und destilliert werden kann.

In dieser Strenge erwiesen sich jedoch die Anforderungen Wolffensteins an die Möglichkeiten einer Destillation in der Folgezeit als nicht haltbar. So wurde die Bedingung, daß die Wasserstoffperoxydlösung frei von festen Körpern sein müsse, schon im Jahre 1904 von der Firma E. Merck[28] widerlegt, da sich zeigte, daß auch rohe Wasserstoffperoxydlösungen, die aus Natriumperoxyd und Schwefelsäure erhalten worden waren, auch ohne vollkommene Entfernung des gelösten oder festen Natriumsulfats destilliert und konzentriert werden konnten.

In den letzten Jahrzehnten des vorigen Jahrhunderts und um die Jahrhundertwende erfolgte auch die Entdeckung zahlreicher technisch heute recht bedeutsamer Perverbindungen. Im Jahre 1876 entdeckte Berthelot[29] die Überschwefelsäure, als er einen elektrischen Strom von hoher Spannung auf ein Gemenge von tróckener schwefeliger Säure und Sauerstoff einwirken ließ:

$$2\,SO_2 + \frac{3\,O_2}{2} = S_2O_7.$$

Auch durch Elektrolyse einer mehr oder weniger stark verdünnten Schwefelsäurelösung konnte Berthelot die wäßrige Überschwefelsäure herstellen. 1895 erfolgten dann die ausgedehnten und grundlegenden Untersuchungen von Elbs und Schönherr[30], wodurch die Verhältnisse bei der Bildung der Überschwefelsäure bereits weitgehend geklärt wurden.

Tanatar[31] entdeckte dann im Jahre 1898 das Natriumperborat, die Percarbonate, insbesondere das Kaliumpercarbonat, wurden 1896 von Constam und Hansen[32] auf elektrolytischem Wege hergestellt. Natriumperhydratphosphat wurde 1902 von G. J. Petrenko[39] durch Einwirkung von Wasserstoffperoxyd auf Trinatriumphosphat erhalten usw. Wiede[34] entdeckte die Eigenschaft des Wasserstoffperoxyds, mit vielen Salzen ebenso wie Wasser Molekülverbindungen einzugehen, in denen man es analog dem Kristallwasser als Kristallhydroperoxyd aufzufassen hat.

Das technische Interesse und die Bedeutung des Wasserstoffperoxyds erwachte in verstärktem Maße durch die Entdeckung dieser Derivate. Sie enthielten den Sauerstoff in fester Form und hoher Konzentration und waren dabei auch recht gut haltbar. Ihre technische Anwendbarkeit war aber wegen ihrer kostspieligen Herstellungsart nur sehr beschränkt. Auch die bis dahin im Handel erhältlichen 3%igen, fast ausschließlich aus Bariumperoxyd erzeugten Wasserstoffperoxyd-lösungen, die wegen des Gehaltes an schädlichen Verunreinigungen, wie Schwermetallverbindungen, nur eine geringe Beständigkeit aufwiesen, waren für eine ausgedehntere industrielle oder technische Verwendbarkeit nur wenig geeignet. Auch der Transport der mit 97% Ballast behafteten technischen Wasserstoffperoxydlösungen war mit untragbaren Kosten verbunden, so daß im Verein mit der ungenügenden Stabilität ein Versand auf größere Entfernungen nicht möglich war. Eine technische Verwendung beschränkte sich meist auf den Erzeugungsort und auch da nur auf die Behandlung von solchen Gegenständen, bei denen der Preis des Behandlungsmittels nur eine untergeordnetere Rolle spielte, wie z. B. beim Bleichen von Federn, zum Aufhellen von dunklem Frauenhaar u. dgl.[35].

Dabei hatte man schon bald die Anwendungsmöglichkeiten des Wasserstoffperoxyds erkannt, so daß die geringe tatsächliche Verwendung nicht mit einem mangelnden Bedürfnis erklärt werden kann. So hatte schon im Jahre 1866 Tessie du Motay die Verwendung des Wasserstoffperoxyds zum Bleichen vorgeschlagen. Seine desinfiszierende Wirkung wurde von Kingzett[36] im Jahre 1877 erkannt. Kingzett beobachtete, daß die durch Oxydation von Terpentinöl bei Gegenwart von Wasser und Luft entstehenden Produkte, nämlich Kampfersäure und Wasserstoffperoxyd, die in dem Wasser gelöst bleiben, diesem stark desinfiszierende Eigenschaften verleihen. Er verkaufte sogar derartige Lösungen unter dem Namen ,,Sanitas".

Über eine erfolgreiche technische Anwendung als Bleichmittel liegen gleichfalls schon recht frühzeitige Mitteilungen vor[37].

Da die Derivate des Wasserstoffperoxyds in wäßriger Lösung dieselben Eigenschaften aufweisen als die Muttersubstanz, aber nach den damaligen Verhältnissen haltbarer waren und in höherer Konzentration versandt werden konnten, stieg nach der Entdeckung der Derivate des Wasserstoffperoxyds der Verbrauch an aktiven Sauerstoff enthaltenden Verbindungen zusehends. Die erste fabrikmäßige Erzeugung des Wasserstoffperoxyds erfolgte schon im Jahre 1873 in Berlin bei E. Schering, wie v. Schrötter[35] berichtet. In größerem Umfange wurde dann im Jahre 1896 von der Firma E. Merck die Fabrikation von H_2O_2 aufgenommen.

Die eigentliche Grundsteinlegung für die Wasserstoffperoxydindustrie als Großindustrie erfolgte aber im Jahre 1905, als der Firma Konsortium für elektrochemische Industrie mit dem DRP. 217539 ein Verfahren zur Herstellung von Wasserstoffperoxyd durch elektrolytische Oxydation von Schwefelsäure zu Überschwefelsäure und Destillation der entstandenen Perschwefelsäure im Vakuum erteilt wurde. Im Jahre 1909 erfolgte dann die Gründung der ersten Wasserstoffperoxydfabrik in Weißenstein a. d. Drau in Kärnten, in der nach diesem Verfahren auf elektrochemischem Wege Wasserstoffperoxyd hergestellt wurde.

Auch Pietsch und Adolph[38] fanden einen Weg zur elektrochemischen Herstellung von Wasserstoffperoxyd, wobei die im Elektrolyseur hergestellte Ammonpersulfatlösung mit Kaliumbisulfat in das Kaliumpersulfat übergeführt und dieses dann mit Schwefelsäure und Wasserdampf behandelt wird, wobei das Wasserstoffperoxyd dampfförmig entweicht und dann kondensiert wird.

Das jüngste der technisch wichtigeren elektrochemischen Verfahren von Riedel und Löwenstein[39] erlaubte es auch, unmittelbar aus elektrolytisch erhaltenen schwefelsauren Ammonpersulfatlösungen kontinuierlich Wasserstoffperoxyd abzudestillieren.

Mit diesen elektrochemisch arbeitenden Verfahren waren die Grundlagen für eine ausgedehntere technische Anwendbarkeit des Wasserstoffperoxyds geschaffen worden. Mit einem Schlage waren die beiden schwerwiegendsten Nachteile, die geringe Haltbarkeit und niedrige Konzentration beseitigt, da das auf elektrochemischem Weg erzeugte Wasserstoffperoxyd nur durch Destillation gewonnen werden kann, daher sehr rein ist, während aus dem Wasserstoffperoxyd-Wasserdampf-Gemisch das Wasserstoffperoxyd in jeder gewünschten Konzentration kondensiert werden kann.

Durch ständige Vervollkommnung der elektrochemischen Darstellungsverfahren wurde die rein chemische Gewinnungsart aus Bariumperoxyd und Säuren, die bis vor etwa zwei Jahrzehnten die Hauptmenge des Wasserstoffperoxyds lieferte, immer mehr zurückgedrängt, so daß sie heute nur mehr eine untergeordnete Rolle spielt.

Da es schon früher gelungen war[41], die Zersetzlichkeit des Wasserstoffperoxyds durch gewisse Zusätze, Stabilisatoren genannt, weitgehend einzuschränken, stand nunmehr einer längeren Aufbewahrung des Wasserstoffperoxyds und einem Versand in fernere Länder und damit einer weitgehenderen technischen Anwendbarkeit kein wesentliches Hindernis mehr im Wege. Durch unentwegte und mühevolle Arbeit ist es, wie in den folgenden Kapiteln gezeigt werden wird, gelungen, seine Eigenschaften und Reaktionen kennenzulernen, in den Reaktionsmechanismus der Umsetzungen des Wasserstoffperoxyds und seiner Derivate weitgehend Einblick zu erlangen und die Industrie der aktiven Sauerstoffverbindungen zu einer Großindustrie zu machen. Das heute hergestellte Wasserstoffperoxyd ist durch eine hervorragende Reinheit, große Stabilität und hohe Konzentration gekennzeichnet. Der seit etwa 20 Jahren eingesetzte mengenmäßige Anstieg in der Produktion und im Verbrauch an Wasserstoffperoxyd und seiner Derivate ist im Zusammenhange mit der Verbesserung der Qualität des Wasserstoffperoxyds in dauerndem Anstieg begriffen, wobei das Maximum der Erzeugung und des Verbrauchs sicherlich noch lange nicht erreicht ist. Es ist zu hoffen und anzunehmen, daß das derzeit in manchen Kreisen noch immer bestehende Vorurteil gegen das Wasserstoffperoxyd im Laufe der Zeit auf Grund seiner anerkannten Vorzüge und Eigenschaften überwunden und diesem neue Anwendungs- und Absatzgebiete erschlossen werden.

Die Herstellung der Ursubstanzen der Industrie der Perverbindungen, des Wasserstoffperoxyds, Natriumperoxyds und Perborats usw. hat heute eine bereits derart hohe Stufe erreicht, daß für die nächste Zeit grundlegende Änderungen und Verbesserungen der derzeitigen Fabrikationsmethoden wohl kaum zu erwarten sind. Eine wesentliche Verbesserung würde es nur bedeuten, wenn es noch gelange, die Darstellung des Wasserstoffperoxyds aus den Elementen Wasserstoff und Sauerstoff oder Wasser und Sauerstoff mit größerer Energieausbeute und konstruktiv einfacher zu ermöglichen.

Literaturverzeichnis.

[1] Versuche uber die chemische Zerlegung des Luftkreises und uber einige andere Gegenstande der Naturlehre, S. 130, Braunschweig, 1799. — [2] Recherches physicochimiques, Bd. 1, S. 169 u. 159, Paris, 1811. — [3] Ann. Chim. Phys. 8, 306, 1818; 9, 51, 94, 314, 414, 1818; 10, 114, 335, 1819; 11, 85, 208, 1819; 50, 80, 1832; Gilberts Ann. Phys. 64, 1; Traité de Chim. éd. 4, T. 2, 41. — [4] Ann. Chem. Pharm. 122, 115. — [5] Philos. Trans. Roy. Soc. London, part. II, 759, 1850. — [6] Journ. prakt. Chem. 77, 138, 1859; Verhand. Naturforsch.-Ges. Basel 1, 467, 1857; 2, 113, 1860; 4, 3, 1864. — [7] Ann. Chim. Phys. (3), 62, 1922; Jahresber. Chem. 1855, 286. — [8] Verhand. Naturforsch.-Ges. Basel 2, 113, 153, 155, 161, 259, 1860; Journ. prakt. Chem. 77 137, 263, 269, 271, 276, 1859; Ann. Physik (2), 106, 307, 313, 1859. — [9] Untersuchungen uber den Sauerstoff, S. 189, Hannover, 1863. — [10] Journ. prakt. Chem. 81. 276, 1860. — [11] Ann. Physik (2), 103, 644, 1858; 121, 230, 250, 1864. — [12] Ztschr. physiol. Chem. 5, 24, 1881; Ber. Dtsch. chem. Ges. 12, 1551, 1879; Ztschr. physiol. Chem. 2, 1, 1878/79. — [12a] Ebenda 5, 244, 1881. — [13] Ann. Chem. Pharm. 115, 124,

1860; 188, 155, 1866. — [14] Proceed. Roy. Soc., London 11, 442, 1861. — [15] Ann. Physik (2), 132, 442, 1867. — [16] Ber. Dtsch. chem. Ges. 21, 1678, 1888. — [17] Ber. Dtsch. chem. Ges. 15, 222, 659, 2421, 2423, 1882; 18, 1881, 1894, 1885; 19, 1111, 1115, 1886; 22, 1496, 1515, 1889; 26, 1476, 1893. — [18] Ber. Dtsch. chem. Ges. 15, 2435, 1882. — [19] C. Engler u. J. Weißberg: Kritische Studien über die Vorgänge bei der Autoxydation, S. 47, Braunschweig, 1904; Ber. Dtsch. chem. Ges. 31, 3046, 3055, 1898; 33, 1097, 1900; Engler u. Wild: Ber. Dtsch. chem. Ges. 30, 1669, 1897; Engler: Ber. Dtsch. chem. Ges. 33, 1090, 1900; Engler u. Frankenstein: Ber. Dtsch. chem. Ges. 34, 2934, 1901; Engler: Ber. Dtsch. chem. Ges. 36, 2642, 1903; Engler u. Lothar Wöhler: Ztschr. anorgan. allg. Chem. 29, 1, 1902. — [20] Ber. Dtsch. chem. Ges. 28, 2860, 1895; 30, 162, 1897; 33, 1709, 1900. — [21] Ztschr. anorgan. allg. Chem. 8, 424, 1895. — [22] Journ. prakt. Chem. 98, 67, 1866. — [23] Ebenda 78, 92, 1846. — [24] Ebenda 98, 71, 1866; 102, 222, 1870. — [25] Compt. rend. Acad. Sciences 66, 316, 1868. — [26] Ann. Chem. Pharm. 138, 149, 1866. — [27] Ber. Dtsch. chem. Ges. 27, 3307, 1894. — [28] DRP. 152173. — [29] Compt. rend. Acad. Sciences 86, Nr. 1, 20, 1878; 90, 269, 1880. — [30] Ztschr. Elektrochem. 1895, 162, 245, 417, 468, 473. — [31] Ztschr. physikal. Chem. 26, 132, 1898. — [32] Ztschr. Elektrochem. 3, 137, 1896; DRP. 91612. — [33] Journ. Russ. phys.-chem. Ges. (russ.) 34, 204, 1902; Chem. Ztrbl. 1902 I, 1263. — [34] Ber. Dtsch. chem. Ges. 31, 516, 1898. — [35] Ber. Dtsch. chem. Ges. 7, 980, 1874. — [36] Moniteur scient. (3), 7, 715, 1877; J. B. 1178, 1877. — [37] Ebell: Chem. News 45, 71, 1882; Witz: Dinglers polytechn. Journ. 250, 271, 1883; Kayser: Ebenda 257, 436, 1885 u. a. — [38] DRP. 243366, 241702, 256148. — [39] DRP. 510064; Chem.-Ztg. 53, 821, 1929; 54, 877, 1930; Ztschr. Elektrochem. 34, 784, 1928. — [40] DRP. 249893. — [41] DRP. 174190, 196370 u. a.

II. Die Nomenklatur des Wasserstoffperoxyds und seiner Derivate.

Beim Studium der zahlreichen Verbindungen mit aktivem Sauerstoff ist bereits frühzeitig das Bestreben zutage getreten, bei der immer größer werdenden Anzahl der bekannten und neuentdeckten Verbindungen diese in ein bestimmtes System zu bringen und nach einheitlichen Gesichtspunkten zu ordnen. Da es häufig sehr schwierig ist, die richtige Bezeichnung für eine bestimmte Perverbindung anzugeben und in der einschlägigen Fachliteratur immer noch unzutreffende oder für ein und denselben Körper verschiedene Bezeichnungen zu finden sind, ist es vorerst noch notwendig, einiges über die Nomenklatur der Perverbindungen zu sagen.

Zur Zeit Thénards war für das Wasserstoffperoxyd, das man als oxydiertes Wasser auffaßte, die Bezeichnung „Sauerstoffwasser" oder auch „oxydiertes Wasser" gebräuchlich. Schönbein, der Begründer der Antozontheorie, bezeichnete sämtliche aktive Sauerstoffverbindungen als „Antozonide". Von Traube wurde auf Grund seiner Anschauung, daß in den Peroxyden ein unzerlegtes Sauerstoffmolekül enthalten sei, der Name „Holoxyde" vorgeschlagen, der vom griechischen Worte ὅλος = ganz abgeleitet war. Wasserstoffperoxyd sollte also als Wasserstoffholoxyd, Natriumperoxyd als Natriumholoxyd bezeichnet werden.

Als charakteristisches Merkmal für die Holoxyde erblickte Traube ganz zutreffend eine paare Anzahl von O-Atomen, da nur diese bei der Behandlung mit verdünnter Säure Wasserstoffperoxyd ergeben können. Er rechnete daher zu den Holoxyden die Peroxyde des Natriums, Kaliums, Bariums, Strontiums, Calciums, Zinks, Kadmiums, Kupfers und Dydyms, nicht aber die Oxyde Co_2O_3,

Ni_2O_3, Ti_2O_3, da diese mit verdünnter Säure kein Wasserstoffperoxyd ergeben. Zu den Holoxyden sollten daher alle sauerstoffhaltigen Körper der allgemeinen Formel Me'_2O_2 oder $Me''O_2$ gehören. Die Bezeichnung der aktiven Sauerstoffverbindungen als Holoxyde hat sich aber nicht einbürgern können, weil für viele andere Derivate des Wasserstoffperoxyds, wie z. B. die Persulfate, Percarbonate oder Perborate, keine geeigneten Bezeichnungen mit Hilfe des Wortes „Holoxyd" zu finden waren.

Die Anregung Traubes, nur Körper mit der —OO—-Gruppe, die also zwei O-Atome unmittelbar aneinandergebunden enthalten, zu den aktiven Sauerstoffverbindungen zu rechnen, war recht glücklich gewählt und hat sich bis heute unverändert beibehalten. Man kann die beiden miteinander verbundenen O-Atome —OO— direkt als das Radikal des Wasserstoffperoxyds ansprechen. Da in der anorganischen und organischen Chemie aber allgemein die höchste Oxydations- oder Verbindungsstufe als Super- oder Hyperoxyd u. dgl. bezeichnet wird, wird im vorliegenden Buche zur Unterscheidung von jenen Verbindungen, die wohl die höchste Oxydationsstufe darstellen, wie z. B. Bleidioxyd PbO_2, in welchen aber jedes O-Atom für sich an das Metall gebunden ist $\left(Pb\underset{O}{\overset{O}{<}}\right)$, die Bezeichnung „Per"-verbindung nur für solche Stoffe gebraucht werden, die die —OO—-Gruppe enthalten.

Während die „echten" Perverbindungen, worunter stets nur die wirklichen Derivate des Wasserstoffperoxyds verstanden werden, mit verdünnter Säure H_2O_2 abspalten, wird aus dem Mangandioxyd z. B. mit Salzsäure nur Chlor in Freiheit gesetzt.

Für die große Klasse jener Sauerstoffverbindungen, bei denen der Sauerstoff in irgendeiner Form der —OO—-Brücke auftritt und die verhältnismäßig leicht ein O-Atom abgeben können, das sich durch ein besonderes Oxydationsvermögen auszeichnet und daher in einer stark aktiven, d. h. reaktionsfähigen Form vorhanden ist, wird auch der Name „aktive Sauerstoffverbindungen" gebraucht. Mit der Bezeichnung „echte oder wahre Perverbindungen" soll der Unterschied zwischen jener Gruppe von Verbindungen hervorgehoben werden, die die —OO—-Brücke nicht im Molekül der Grundsubstanz selbst enthalten, sondern wo diese noch in Form eines oder mehrerer unveränderter Wasserstoffperoxydmoleküle durch bloße Addition an das ebenfalls unveränderte Molekül des Grundstoffes angelagert ist. Diese Verbindungen, in welchen das Wasserstoffperoxyd an Stelle oder neben Kristallwasser tritt, werden als „Verbindungen mit Kristallhydroperoxyd", „Pseudo-" oder „Anlagerungs-" oder am besten als „-perhydrat"-Verbindungen bezeichnet.

Die Verbindung H_2O_2 wird daher als Wasserstoffperoxyd und nicht als Wasserstoffhyper- oder Wasserstoffsuperoxyd bezeichnet werden, so daß schon mit dieser Benennung zum Ausdruck gebracht wird, daß dieser Stoff die Sauerstoffatome in der Bindung —OO—, also das „Peroxy"-Radikal enthält.

Eine einheitliche und rationelle Nomenklatur wurde erstmalig von A. Baeyer und V. Villiger vorgeschlagen[42], auf die auch die heutige Nomenklatur zum großen Teile zurückgeht.

Vom Wasserstoffperoxyd als Ursubstanz leitet sich eine ganze Reihe von

Derivaten ab, da es, wie schon aus seiner sauren Reaktion hervorgeht, wie eine echte Säure Salze zu bilden vermag, wobei es sowohl als einbasische als auch zweibasische Säure auftreten kann. Durch Ersatz eines oder beider H-Atome im HOOH durch Metalle oder Radikale sind daher zwei verschiedene Reihen von Derivaten möglich, und zwar Monosubstitutionsprodukte R.OOH oder „-hydroperoxyde" und Disubstitutionsprodukte R.OO.R oder „-peroxyde". Beide Radikale R können natürlich voneinander verschieden sein. Ersetzt man z. B. ein H-Atom durch die CH_3-Gruppe, so entsteht das Monomethylhydroperoxyd CH_3.OOH, durch Ersatz beider H-Atome durch CH_3-Gruppen das Dimethylperoxyd CH_3.OO.CH_3. Wird ein H-Atom durch die CH_3-, das andere durch die C_2H_5Gruppe ausgetauscht, so erhält man ein gemischtes Peroxyd, nämlich das Methyläthylperoxyd CH_3.OO.C_2H_5. Die Monoalkylhydroperoxyde können wegen der Säurenatur des Wasserstoffperoxyds auch als Alkylester der Hydroperoxydsäure, die Dialkylperoxyde R.OO.R als Dialkylester des Wasserstoffperoxyds aufgefaßt werden. Die Verbindung NaOOH, durch Ersatz eines H-Atoms des HOOH durch Natrium hervorgegangen, ist als Natriumhydroperoxyd anzusprechen. Die für das NaOOH in der Literatur manchmal anzutreffenden Bezeichnungen „Natrylhydrat", „Natriumhydroxat" oder „Natriumperoxydhydrat" sind nicht einwandfrei, da in der genannten Verbindung ja kein „Hydrat" im Sinne dieses Wortes vorliegt.

Besteht das Radikal, das an die Stelle eines H-Atoms im H_2O_2 tritt, aus einem Säurerest wie z. B. der Acetylgruppe, so wird diese Verbindung als „Persäure", im gewählten Beispiel als Peressigsäure, Essigpersäure oder Acetpersäure CH_3CO.OOH bezeichnet. Von D. M. Yost[43] ist für derartige Säuren auch der Ausdruck „Peroxysäure" vorgeschlagen worden, so daß also die Peressigsäure als Peroxyessigsäure zu benennen wäre. Diese Bezeichnung ist in manchen Fallen genauer, da sie Mißverständnisse hinsichtlich jener Säuren ausschließt, die sich von einer höchsten Oxydationsstufe ableiten, wie z. B. Perchlorsäure $HClO_4$ oder Permangansäure $HMnO_4$ (abgeleitet vom $Cl^{VII}_2O_7$ bzw. $Mn^{VII}_2O_7$). Für Säuren mit mehreren —OOH-Gruppen, wie den Diperoxy-, Triperoxysäuren usw., ist diese Nomenklatur vorzuziehen.

Persäuren, charakterisiert durch die Gruppe —OOH, sind daher solche Säuren, welche bei der Behandlung von Oxysäuren mit Wasserstoffperoxyd entstehen oder welche durch Hydrolyse in dieses übergehen. Man kann sie sich auch durch Addition von H_2O_2 an die Säureanhydride entstanden denken: $SO_3 + H_2O_2 = {} = SO_2(HO)$.OOH. Diese Persäure ist die Sulfomonopersäure, die nach ihrem Entdecker meist Carosche Säure genannt wird.

Sind beide H-Atome des Wasserstoffperoxyds durch Säureradikale ersetzt, wie z. B. bei der Überschwefelsäure SO_3H.OO.SO_3H, so spricht man von „Säureperoxyden". Die Überschwefelsäure ist daher das Schwefelsäureperoxyd. Durch Ersatz eines oder beider Wasserstoffatome der SO_3H-Gruppen kann die Perschwefelsäure saure oder neutrale Salze bilden. Das neutrale Kaliumsalz ist z. B. das allgemein als Kaliumpersulfat bezeichnete Salz.

Theoretisch wäre auch eine Säure $SO_2(OOH)_2$, die Diperoxyschwefelsäure sowie deren saure und neutrale Salze möglich, jedoch sind bisher weder die freie Säure noch deren Salze bekanntgeworden.

Die Persäuren unterscheiden sich von den Säureperoxyden durch ihr chemisches Verhalten sehr deutlich, da die Persäuren sofort die Reaktionen des Wasserstoffperoxyds mit Kaliumpermanganat, Titanschwefelsäure und Chromsäure, die Säureperoxyde hingegen erst nach einiger Zeit infolge Hydrolyse ergeben. Beide Säuren geben aber wohldefinierte Salze.

Ist die die Persäure bildende Säure einbasisch, so sind die verschiedenen Verbindungsmöglichkeiten leicht zu überblicken. Schwieriger liegen aber die Verhältnisse, wenn es sich um zwei- oder mehrbasische Säuren handelt, da in diesem Falle schon eine ungleich größere Kombinationsmöglichkeit vorhanden ist und auch Isomerie auftreten kann.

So sind bei der zweibasischen Kohlensäure eine ganze Reihe von hypothetischen Perkohlensäuren möglich, von denen aber nur die Salze beständig und bekannt sind. Durch Austausch eines H-Atoms des Wasserstoffperoxyds durch die COOH-Gruppe erhält man Monoperoxykohlensäure oder Kohlensäurehydro-

peroxyd, die die gewöhnliche hypothetische Perkohlensäure $H_2CO_4 = CO \big\langle {}^{OH}_{OOH}$ I

darstellt. Ersetzt man beide H-Atome im HOOH durch COOH-Gruppen, so

entsteht das Kohlensäureperoxyd $H_2C_2O_6$ mit der Konstitution $CO \big\langle {}^{OO}_{OH} \; {}^{}_{HO} \big\rangle CO.$

Dem Kohlensäureperoxyd isomer ist die hypothetische Säure $CO \big\langle {}^{O}_{OOH} \; {}^{}_{HO} \big\rangle CO$ II,

die aber nur in Form ihrer Salze bekannt ist und auch praktische Bedeutung besitzt.

Von R. Wolffenstein und E. Peltner[44] ist für die Verbindungen, die sich von der hypothetischen Perkohlensäure I H_2CO_4 ableiten, der Name „Dioxyd-

carbonate", für die auf die Säure II $CO \big\langle {}^{O}_{OOH} \; {}^{}_{HO} \big\rangle CO$ zurückzuführenden Verbin-

dungen die Bezeichnung „Dioxydbicarbonate" in Vorschlag gebracht worden. Da der Ausdruck „Dioxyd" nach vorliegender Nomenklatur aber nur für die Oxyde der vierwertigen Oxydationsstufe angewendet werden soll und der Bezeichnungsweise von Wolffenstein und Peltner nicht zu entnehmen ist, daß es sich bei diesen Verbindungen um echte Perverbindungen handelt, werden im folgenden die hypothetische Säure I als Monoperoxykohlensäure, die der gewöhnlichen Perkohlensäure entspricht und die sich von ihr ableitenden Salze als Percarbonate, die von der Säure II hergeleiteten Salze als Monoperoxydicarbonate und die freie Säure als Monoperoxydikohlensäure bezeichnet.

Durch Ersatz beider H-Atome des Kohlensäureperoxyds erhält man das symmetrisch gebaute peroxydkohlensaure Natrium $NaCO_3 . NaCO_3$, durch Austausch beider H-Atome durch Kalium das von Constam und Hansen auf elektrolytischem Wege dargestellte peroxydkohlensaure Kalium $K_2C_2O_6$. Möglich sind ferner noch die hypothetischen Persäuren $CO(OOH)_2$, die Diperoxykohlensäure, das Monoperoxykohlensäureperoxyd $\begin{smallmatrix} & OO & \\ CO & & CO \\ & OOH\ HO & \end{smallmatrix}$ und das

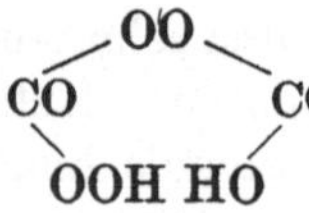

Diperoxykohlensäureperoxyd $\begin{smallmatrix} & OO & \\ CO & & CO \\ & OOH\ HOO & \end{smallmatrix}$ von E. H. Riesenfeld und W.

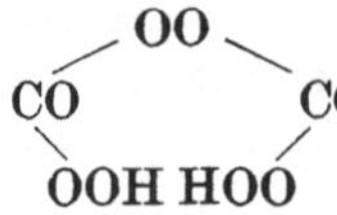

Mau[45], von denen aber weder die freien Säuren noch Salze bisher bekanntgeworden sind.

Ähnlich wie bei der Kohlensäure, gibt es auch vei der Phosphorsäure echte Perphosphate, die sich von der Phosphormonopersäure H_3PO_5 bzw. vom Phosphorsäureperoxyd $H_4P_2O_8$ ableiten.[46]

Die echten Perborate sind auf die hypothetische Perborsäure HBO_3 (H—OO—BO = Borylhydroperoxyd) zurückzuführen. Gerade bei den aktiven Sauerstoff enthaltenden Borverbindungen hat sich aber gezeigt, daß eine einfache Konstitution, die einer echten Perverbindung entsprechen würde, bei den technisch wichtigsten Vertretern dieser Klasse von Verbindungen nicht vorliegt, sondern daß es sich hier vielmehr um Anlagerungsverbindungen von H_2O_2 an die Metaborate handelt. Die Unterscheidung zwischen den echten und Anlagerungsverbindungen ist gerade beim Natriumperborat des Handels besonders schwierig. Auch heute noch ist die Konstitution dieser Verbindungen noch nicht eindeutig feststehend. Da aber das echte Perborat $NaBO_3$ nur rein wissenschaftliches Interesse besitzt, hingegen das Natriumperborat des Handels mit der wahrscheinlichen Konstitution $NaBO_2 \cdot H_2O_2 \cdot 3\,H_2O$ bereits allgemein unter dieser Bezeichnung bekannt ist, wird für das Handelsprodukt der Name „Perborat" beibehalten und nur bei den wirklich echten Perboraten dies stets ausdrücklich hervorgehoben werden.

Zu den echten Persäuren sind auch die Metallpersäuren, wie die Perchrom-, Permolybdän-, Perwolframsäure usw., zu rechnen. Die Permolybdän- und Perwolframsäure sind zweibasische Persäuren, denen die Formeln $\begin{smallmatrix} O & & OOH \\ & Mo & \\ O & & OOH \end{smallmatrix}$ (Diperoxymolybdänsäure) bzw. 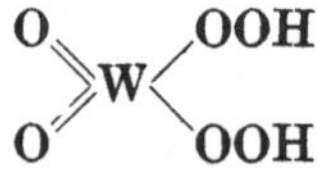 $\begin{smallmatrix} O & & OOH \\ & W & \\ O & & OOH \end{smallmatrix}$ (Diperoxywolframsäure) zukommen[47]. Die Orthotitan-, -zirkon-, -hafnium- und -cersäure können die entsprechenden Peroxyorthotitan- usw. Säuren $Me(OOH)(OH)_3$ bilden[48]. Eine vierbasische Peroxysäure kann gleichfalls von der Orthotitan- und -zirkonsäure hergeleitet werden, deren Kaliumsalze bekannt sind: $Me(OOK)_4 \cdot 6\,H_2O$ (tetraperoxyorthotitansaures Kalium Hexahydrat).

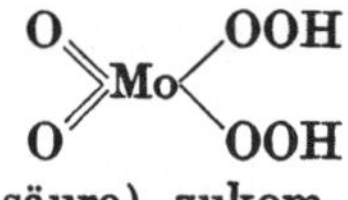

Ebenso wie viele andere Verbindungen, besitzen manche Peroxyde die Eigenschaft, sich mit Wasser zu verbinden. Diese Körper, die meist sehr gut kristallisiert sind, haben eine konstante Zusammensetzung. Man bezeichnet sie als „Hydrate". Natriumperoxyd gibt z. B. beim langsamen Verdunsten einer in der Kälte hergestellten wäßrigen Lösung das $Na_2O_2 \cdot 8\,H_2O$, das Natriumperoxydoctohydrat genannt wird. Durch langsame Entwässerung im Vakuum über Schwefelsäure entsteht das Dihydrat $Na_2O_2 \cdot 2\,H_2O$.

Eine besondere Klasse von aktiven Sauerstoff enthaltenden Verbindungen stellen solche Stoffe dar, in denen die —OO—-Brücke nicht im Molekül selbst enthalten ist, sondern in Form von völlig unverändertem Wasserstoffperoxyd vorhanden ist. Bei ihnen hat man es ähnlich wie bei den Hydraten mit Verbindungen zu tun, in denen das H_2O_2-Molekül durch Nebenvalenzen als Kristallhydroperoxyd gebunden ist. Die Nomenklatur dieser Verbindungen lehnt sich daher eng an jene der Hydrate an. Die Verbindung $SrO_2 . 2\,H_2O_2$ z. B. ist daher als Strontiumperoxyddihydroperoxyd oder besser Strontiumperoxyddiperhydrat anzusprechen. Von Ammann[49] und R. Blankart[50] wurde für die Anlagerungsverbindungen der Ausdruck „Perhydro-" vorgeschlagen, der aber im Hinblick auf die organischen Hydrierungsprodukte zu Mißverständnissen Anlaß geben könnte. Das Wasserstoffperoxyd kann sich nicht nur an Verbindungen anlagern, die bereits aktiven Sauerstoff enthalten, sondern auch an beliebige andere. So gibt es ein Ammoniumsulfatperhydrat (Ammoniumsulfathydroperoxyd) $(NH_4)_2SO_4 . H_2O_2$, ein Carbamidperhydrat (Harnstoff mit Kristallhydroperoxyd) $CO(NH_2)_2 . H_2O_2$ u. a. m. Weiters sind auch Verbindungen bekannt, in denen sowohl Kristallwasser als auch Kristallhydroperoxyd enthalten sind, wie z. B. $NaSO_4 . 2\,H_2O . H_2O_2$, Natriumsulfatdihydratmonoperhydrat genannt (Natriumsulfatdihydratmonohydroperoxyd). Das Natriumperborat des Handels mit der Formel $NaBO_2 . H_2O_2 . 3\,H_2O$ ist als das Natriummetaborattrihydratmonoperhydrat (Natriummetaborattrihydratmonohydroperoxyd) anzusprechen.

Um über die komplizierten Verhältnisse bei der Nomenklatur der Perverbindungen einen besseren Überblick geben zu können, sind in der nachstehenden Tabelle für einige charakteristische Perverbindungen neben den bisher gebräuchlichen Bezeichnungen die gemäß vorliegender Nomenklatur verwendeten Ausdrucksweisen angegeben.

Formel	Ältere Bezeichnung	Neue Bezeichnung
H_2O_2, HOOH	Wasserstoff-superoxyd	Wasserstoff-peroxyd
NaOOH	Natrylhydrat, -hydroxat, Natrium-peroxydhydrat	Natrium-hydroperoxyd

Monosubstitutionsprodukte R.OOH = -hydroperoxyde.

Formel	Ältere Bezeichnung	Neue Bezeichnung
$CH_3 . OOH$	—	Methyl-hydroperoxyd
$C(Cl_3)CH(OH) . OOH$	Chloralperoxyd-hydrat	Trichloroxyathyl-hydroperoxyd

Disubstitutionsprodukte R.OO.R = -peroxyde.

Formel	Ältere Bezeichnung	Neue Bezeichnung
Na_2O_2	Natriumsuperoxyd	Natriumperoxyd
$CH_3 . OO . CH_3$	—	Dimethylperoxyd
$C_6H_5 . CH{<}^{OO}_{OO}{>}CH . C_6H_5$	—	Dibenzaldiperoxyd
$Cl_3 . C . CH . (OH) . OO . C(OH) . H . C . Cl_3$	Dichloral-peroxydhydrat	Di-trichloroxy-athylperoxyd
$H_2(OH)C . OO\ C(OH)H_2$	Diformalhydro-peroxydhydrat	Dimethylolperoxyd oder Bisoxy-methylperoxyd

Formel	Ältere Bezeichnung	Neue Bezeichnung
Persäuren, Charakteristikum: Säureradikal.OOH.		
$C_6H_5CO.OOH$	Benzoylwasserstoff-superoxyd	Perbenzoesäure, Benzopersäure
$CH_3CO.OOH$	—	Peressigsäure, Acetpersäure
$HO.SO_2.OOH$	—	Sulfomonopersäure, Carosche Säure
Saureperoxyde, S.OO.S (S = Säureradikal).		
$HO.SO_2.OO.SO_2.OH$	—	Perschwefelsäure, Überschwefelsäure, Schwefelsäure-peroxyd
$COOH.OO.COOH$	Dioxyddikohlen-säure	Kohlensäure-peroxyd
$HOOC.C_6H_4.CO.OO.CO.C_6H_4.COOH$	–	Phtalsäure-peroxyd
Acylperoxyde, Acyl.OO.Acyl.		
$CH_3.CO.OO.CO.CH_3$	—	Diacetylperoxyd
$C_6H_5CO.OO.CO.C_6H_5$	Benzoylsuperoxyd	Dibenzoylperoxyd, Benzoylperoxyd
Hydrate.		
$Na_2O_2.8\ H_2O$	—	Natriumperoxyd-octohydrat
Anlagerungsverbindungen: Molekül.H_2O_2.		
$(NH_4)_2SO_4.H_2O_2$	Ammonsulfat-hydroperoxyd	Ammonsulfat-perhydrat
$CO(NH_2)_2.H_2O_2$	Carbamid-hydroperoxyd	Carbamidperhydrat
$Na_2SO_4.2\ H_2O.H_2O_2$	Natriumsulfat-dihydratmono-hydroperoxyd	Natriumsulfat-dihydratmono-perhydrat
$NaBO_2.H_2O_2.3\ H_2O$	Natriummetaborat-trihydratmono-hydroperoxyd	Natriummetaborat-trihydratmono-perhydrat

Literaturverzeichnis.

[42] Ber. Dtsch. chem. Ges. **33**, 2479, 1900. — [43] Journ. Amer. chem. Soc. **48**, 152, 1926; Chem. Ztrbl. **1926** I, 2429. — [44] Ber. Dtsch. chem. Ges. **41**, 285, 1908. — [45] Ber. Dtsch. chem. Ges. **44**, 3595, 1911. — [46] J. Schmidlin u. Massini: Ber. Dtsch. chem. Ges. **43**, 1162, 1910. — [47] A. Rosenheim, M. Hakki, O. Krause: Ztschr. anorgan. allg. Chem. 209, 175, 1932. [48] R. Schwarz u. H. Giese: Ebenda **176**, 209, 1928. — [49] Schweiz. Chem.-Ztg. **1920**, H. 22/23, 244; H. 28, 293. — [50] Dissertation, Techn. Hochschule Zürich, 1922, S. 12.

III. Vorkommen und Bildung des Wasserstoff-
peroxyds und seiner Derivate.

Das Vorkommen in der Atmosphäre. Der Sauerstoff ist das verbreitetste Element auf der Erde überhaupt. Unter der ungeheuren Zahl der Sauerstoffverbindungen gibt es auch eine ganze Reihe, die sich durch einen besonders hohen Sauerstoffgehalt auszeichnen und in welchen er in Form des Wasserstoffperoxyd-radikals —OO— enthalten ist.

In der Natur sind die Perverbindungen nur in äußerst geringen Mengen vorhanden. Die erste Feststellung, daß das Wasserstoffperoxyd im Gewitter-regen vorkomme, machte G. Meißner[51]. Er führte dessen Existenz im Gewitter-regen auf die elektrischen Entladungen der Gewitter zurück. Seine Beobachtung wurde später von Schönbein[52], H. Struwe[53] und anderen bestätigt. Struwe gelang auch der Nachweis von Wasserstoffperoxyd im Schnee.

Sehr eingehend wurden von Em. Schöne[54] die in der Nähe von Moskau gefallenen Niederschläge auf einen Gehalt an Wasserstoffperoxyd untersucht. Schöne faßte seine Ergebnisse in folgende Feststellungen zusammen: Die Regen, die bei SSW-Wind, also unter der Einwirkung des Golfstromes, fallen, waren weit wasserstoffperoxydreicher als jene, die unter dem überwiegenden Einfluß der Polarwinde fielen. Ferner nahmen sowohl die absoluten als auch die relativen Mengen von Wasserstoffperoxyd im Regen von der Zeit des Sommersolstitiums an bis zu derjenigen der herbstlichen Tag- und Nachtgleiche sowie darüber hinaus ab. Die absoluten Mengen des im Gewitterregen zum Erdboden gelangten Wasser-stoffperoxyds sind von jenen im gewöhnlichen Regen nur wenig verschieden, wegen der größeren Niederschlagsmengen aber, die in Form des gewöhnlichen Regens fallen, übertrifft der relative Gehalt des Wasserstoffperoxyds im Ge-witterregen denjenigen der gewöhnlichen nicht unbeträchtlich. Die Menge schwankte zwischen 0,04 und 1 mg H_2O_2/l Regenwasser. Im natürlichen Tau und Reif erhielt Schöne niemals Reaktionen auf Wasserstoffperoxyd. Er schloß daraus, daß diese entweder kein Wasserstoffperoxyd enthalten. oder jedenfalls weniger als die Erfassungsgrenze der von ihm verwendeten qualitativen Reak-tion, nämlich $^1/_{25\,000\,000}$, enthielten. Im künstlich durch Kondensation erhaltenen Tau und Reif wurde jedoch stets H_2O_2 gefunden, und zwar stehen die erhaltenen Mengen in ganz unverkennbarer Abhängigkeit von der Tages- und Jahreszeit. Während in den Nachts erhaltenen Kondensationsprodukten nur Spuren von H_2O_2, meist nur 0,04 bis 0,05 mg/l nachweisbar waren, stieg der Gehalt an Wasser-stoffperoxyd im Tau und Reif in dem Maße, als sich die Sonne über den Horizont erhob. Der durchschnittliche Gehalt an H_2O_2 im künstlichen Tau und Reif nimmt auch in dem Maße ab, als mit fortschreitender Jahreszeit die Tage kürzer werden. So sinkt z. B. das monatliche Maximum des Gehaltes an H_2O_2/l Tau oder Reif von 0,40 mg im Juli auf 0,35 mg im August, 0,15 mg im September und 0,09 mg im Oktober. Unter sonst gleichen Umständen ist die Menge H_2O_2 im künstlichen Tau oder Reif auch um so größer, je höher die Temperatur, je weniger bewölkt der Himmel und je höher die absolute und je geringer gleichzeitig die relative Feuchtigkeit der Luft ist. Durch Regen wird oft die Menge des künstlichen Taues sehr erheblich vermindert. Aus diesem Grunde schloß Schöne ganz

richtig, daß das Wasserstoffperoxyd in der Atmosphäre vornehmlich in dampf-
förmigem Zustand enthalten ist. Zwischen Tau und Reif bestehen keine wesentlichen Unterschiede hinsichtlich des Gehaltes an Wasserstoffperoxyd. Im Rauh-
frost und Glatteis konnten hingegen stets nur sehr geringe Mengen H_2O_2, nämlich
0,04 bis 0,05 mg/l nachgewiesen werden. Im Nebel ist gleichfalls im allgemeinen
nur sehr wenig Wasserstoffperoxyd vorhanden.

In der atmosphärischen Luft selbst fand Schöne nur sehr geringe Mengen
Wasserstoffperoxyd. Während als Maximum eines ganzen Beobachtungsjahres
in 600 kg Regen oder Schnee nur 110 mg H_2O_2 auf 1 qm niedergefallen waren,
betrug das in der Luft enthaltene H_2O_2 maximal nur 1,4 ccm H_2O_2-Dampf in
1000 cbm Luft, durchschnittlich aber nur 0,38 ccm. Nach seinen Berechnungen
ergab sich, daß in 1 l Luft durchschnittlich nur $4,07 \cdot 10^{-10}$ g H_2O_2 vorhanden
waren.

Diese Menge ist aber noch ungleich größer als jene, die sich nach Nernst[55]
aus der Affinität der Reaktion $2\,H_2O_2 \rightleftharpoons 2\,H_2O + O_2$ berechnet, denn darnach
sollten sich bei gewöhnlicher Temperatur in der Luft nur $10^{-18,8}$ Mole H_2O_2/l im
Gleichgewichtszustande mit Wasserdampf und Sauerstoff befinden.

Aus der Gesamtheit aller seiner Beobachtungen zog Schöne folgende Schlüsse:
Die von ihm untersuchten Schichten der Atmosphäre enthalten eine um so größere
Menge H_2O_2-Dampf, je höher sich sowohl während des Tages als auch während
des Jahres die Sonne über dem Horizont erhebt und je weniger Hindernisse die
Sonnenstrahlen auf ihrem Wege durch die Atmosphäre antreffen. Je höher sich
über der Erdoberfläche die Verdichtung des atmosphärischen Niederschlages
vollzieht, desto reicher ist dieser im allgemeinen an Wasserstoffperoxyd.

Durch die Untersuchungen Kerns[56] wurden die Ergebnisse Schönes sowohl
in qualitativer als auch in quantitativer Hinsicht vollkommen bestätigt.

Aus dem starken Einfluß des Sonnenlichtes auf den Wasserstoffperoxydgehalt der Atmosphäre läßt sich der Schluß ziehen, daß der Ursprung des atmosphärischen H_2O_2 durch Einwirkung der Sonnenstrahlen bedingt ist. Eine
Stütze findet diese Annahme durch die Beobachtungen von Thiele[57], A. Tian[58]
W. Chlopin[59] und M. Kernbaum[60], wonach sich durch die Einwirkung von
ultravioletten oder der Sonnenstrahlen aus dem Wasser Wasserstoffperoxyd
bildet.

Vorkommen in pflanzlichen und tierischen Organismen. Der erste, der
darauf hinwies, daß bei der Tätigkeit des pflanzlichen und tierischen Organismus
häufig aktiver Sauerstoff entstehe, war Schönbein. J. Clermont[60a] erhielt
mittels des von Schönbein angegebenen Nachweises für Peroxyde oder Wasserstoffperoxyd (KJ, Stärkekleister und Ferrosalze) gleichfalls in verschiedenen
Pflanzen, wie in Tabak, verschiedenen Latticharten usw., positive Reaktionen.
E. Griesmayer[61] glaubte, in zerriebenen Ahornblättern Ozon und Wasserstoffperoxyd nachgewiesen zu haben. Von C. Wursterer[62] wurde angegeben, daß
die von ihm gefundene Blaufärbung von Tetramethylparaphenylendiamin durch
Einwirkung von angefeuchteter Menschenhaut, Speichel, einzelnen Fermenten,
frischen Muskeldurchschnitten und frischen Pflanzensäften die Anwesenheit
von Wasserstoffperoxyd in diesen Stoffen erweise. Molisch[63] wies nach, daß
das Wurzelsekret vieler Pflanzen oxydierend wirke.

Wegen der Unzulänglichkeit der manchmal verwendeten Nachweise sowie den Schwierigkeiten eines Nachweises von Wasserstoffperoxyd in Pflanzen überhaupt ist jedoch die Richtigkeit dieser Versuchsergebnisse mit Recht bezweifelt worden. G. Bellucci[64] konnte auf die oben angeführte Art in Pflanzen kein H_2O_2 nachweisen. Er schrieb die von Clermont[60a] beobachtete Blaufärbung einem Tanningehalt sowie der Einwirkung der Luft zu. Bokorny[65] und O. Löw[66] bezweifelten die Ergebnisse Wursterers[62], da das von diesem verwendete Tetramethylenparaphenylendiaminpapier von vielen Stoffen gebläut wird, so daß ein eindeutiger Schluß auf das Vorhandensein von Wasserstoffperoxyd nicht zulässig sei. Auch J. Wolff[67] führt die durch Kaliumjodid und Stärke in Pflanzen hervorgerufene Blaufärbung nicht auf Peroxyde, sondern auf das Vorhandensein eines Diphenols zurück.

Mit ziemlicher Sicherheit gelang jedoch A. Bach und Chodat[68] der Nachweis von Peroxyden in der lebenden Pflanze durch Behandlung des frisch ausgepreßten Saftes von Lathraea squamaria mit einem Luftstrom unter tropfenweisem Zusatz von Barytwasser. Sie erhielten einen Niederschlag, der wohl mit verdünnter Säure die Wasserstoffperoxydreaktion mit Titanschwefelsäure nicht gab, hingegen Kaliumjodstärkepapier sofort und stark bläute. Da Nitrit fehlte, konnte die positive Reaktion nur von einem azylierten Peroxyd herrühren.

P. H. Gallagher[69] wies nach, daß Pflanzensäfte, z. B. von Beta vulgaris (Kartoffel), am besten in alkoholischer Lösung durch Einwirkung von Luft Peroxyde.bilden, also Stoffe, die in Gegenwart von Guajakharz und Peroxydase Blaufärbung ergeben.

Von ganz besonderer Bedeutung für die Erörterung der biologischen Oxydationsprozesse war der Umstand, daß es A. Bertho[70] gelang, bei der sog. eisenlosen Atmung lebender Zellen u. zw. an Bakterien der Milchsäuregärung zu zeigen, daß der gesamte terminale Stoffwechsel darin besteht, daß sich Wasserstoff an molekularen Sauerstoff zu H_2O_2 bindet. Da diese Zellen keine Katalase enthalten, ein sonst in fast allen Zellen vorkommendes, Wasserstoffperoxyd spaltendes Ferment, konnte Bertho das Wasserstoffperoxyd quantitativ bestimmen.

K. Tanaka[71] konnte bei der Belichtung von Chlorella Wasserstoffperoxyd als Primärprodukt des Atmungsprozesses nachweisen.

Die Bildung von Wasserstoffperoxyd als Zwischenprodukt von biologischen Oxydationsvorgängen kann demnach als erwiesen gelten. Wenn es auch mitunter in höheren Zellen nicht gefunden wird, so ist dies in dem ganz sekundären Umstand begründet, daß die in diesen Zellen vorkommende Katalase das Wasserstoffperoxyd sofort nach seiner Bildung wieder zerstört. Da auch Schwermetallsysteme das Wasserstoffperoxyd zersetzen, ist auch bei Anwesenheit von Oxydasen oder Peroxydasen ein Nachweis von H_2O_2 in der Zelle wegen der katalytischen Wirksamkeit der biologischen Materialien nicht möglich. So haben O. T. Avery und H. J. Morgan[72] als Bedingungen, welche die Bildung und Ansammlung von Wasserstoffperoxyd in Bouillonkulturen von Pneumokokken erlauben, freien Luftzutritt und die Abwesenheit von Katalase, Peroxydase und von anderen Wasserstoffperoxyd spaltenden Katalysatoren festgestellt. Unter diesen Voraussetzungen war H_2O_2 während des Wachstums 6 bis 12 Tage lang nachweisbar.

Von C. Fromageot und J. Rone[73] konnte bei der Vergärung von Zucker durch Bac. bulgaricus in Gegenwart von Sauerstoff die Bildung von Wasserstoffperoxyd festgestellt werden, dessen Menge mit steigendem O_2-Gehalt anwächst.

Mit Ausnahme dieser meist nur als Zwischenprodukte auftretenden Moloxyde oder Peroxyde ist nur ein einziges natürlich vorkommendes Peroxyd bekannt, das zugleich auch das einzige bekannte ungesättigte Peroxyd darstellt, nämlich das Ascaridol. Es wurde zuerst von Wallache[74] im ätherischen Öl der Samen von Chenopodium ambrosoides L. var. anthelminthicum gefunden, das

etwa 60 bis 70% Ascaridol enthält. Es ist ein Terpenderivat der Formel

Von K. Bodendorf[75] wurde weiters festgestellt, daß sich Ascaridol erst oberhalb 130^0 zu einer Verbindung isomerisiert, die von Thoms und Dobke[76] mit großer

Wahrscheinlichkeit als O O erkannt wurde.

Darstellungsarten. Eine sehr wichtige und früher auch die technologisch vorherrschende Darstellungsart von Wasserstoffperoxyd geht bei der Zersetzung der Alkali- und Erdalkaliperoxyden mit Säure vor sich. Die Bildung von Wasserstoffperoxyd oder dessen Derivaten ist ferner allgemein bei allen jenen Reaktionen zu beobachten, bei denen freie Atome oder ungesättigte Moleküle durch molekularen Sauerstoff addiert werden, wie z. B. $2 H + O_2 = H_2O_2$ (kathodische Reduktion von Sauerstoff nach Traube, Reaktion von atomarem Wasserstoff mit Sauerstoff nach Bonhoeffer); weiters nach $2 Na + O_2 = Na_2O_2$; $2(C_6H_5)_3C + O_2 = = (C_6H_5)_3C—OO—C(C_6H_5)_3$ (Ditriphenylperoxyd).

Auch an der Anode bildet sich Wasserstoffperoxyd, wie z. B. Riesenfeld und Reinhold[77] durch Elektrolyse einer sehr konzentrierten Lösung von Kalilauge bei sehr niedriger Temperatur (Maximum bei $— 40^0$) und A. Rius[78] von verdünnteren Kalilaugen mit Zusatz von Kaliumfluorid fanden. Rius erhielt maximale Stromausbeuten von 5,35% (s. auch Richarz[79] und S. 119). Mittelbar entsteht H_2O_2 an der Anode auch bei Überlagerung von Gleichstrom mit Wechselstrom, wenn die Wechselstromstärke ein erhebliches Vielfaches derjenigen des Gleichstromes beträgt (G. Grube und B. Dukh[80]). Es wird dabei durch den kathodischen Stromstoß Wasserstoff abgeschieden, der mit dem vom vorangehenden anodischen Stromstoß entstandenen Sauerstoff nach $O_2 + 2 H = H_2O_2$ reagiert. Wegen der zersetzenden Wirkung des Platins verwendete E. Bürgin[81] Zinkanoden, die durch anodische Polarisation in alkalischen Elektrolyten mit einer Deckschicht von Zinkhydroxyd bzw. -carbonat versehen sein müssen, um an ihnen Sauerstoff entwickeln zu können. Bei einer Gleichstromdichte von etwa 0,1 Amp/qcm erhält man in einer auf 0^0 abgekühlten Lösung von 5 Molen NaOH und 1 Mol H_3BO_3/l eine Stromausbeute von etwa 60%, kann jedoch nur kleine Wasserstoffperoxyd- bzw. Wasserstoffperboratkonzentrationen erzielen.

Bildung an der Anode. Die Darstellung der Hauptmenge des heute erzeugten Wasserstoffperoxyds beruht auf der Verkettung von Anionen der Sauerstoffsäuren, wie z. B. der Schwefelsäure, unter dem Einfluß des elektrischen Stromes an der Anode: $2 HSO_4 \rightarrow H_2S_2O_8$. Aus der Überschwefelsäure entsteht durch Hydrolyse die Sulfomonopersäure und aus dieser durch weitere Hydrolyse Schwefelsäure und Wasserstoffperoxyd.

Die Metallperoxyde entstehen entweder bei höherer Temperatur durch direkte Einwirkung von Sauerstoff, ferner durch Einwirkung von Sauerstoff auf die Lösungen mancher Metalle in flüssigem Ammoniak bei niedriger Temperatur oder durch Einwirkung von Wasserstoffperoxyd auf Lösungen der Hydroxyde oder der Salze der betreffenden Metalle.

Autoxydation. Eine besonders vom wissenschaftlichen Standpunkt aus interessante Bildungsweise von Wasserstoffperoxyd ist die sog. langsame Verbrennung oder die Autoxydation, wie die langsame Sauerstoffaufnahme vieler Stoffe genannt wird und die schon von Schönbein[82] beobachtet wurde. So treten bei der Autoxydation von naszierendem Wasserstoff, Phosphor, Natrium, Kalium, Zink, Kadmium, Eisen, Blei, Chrom, Mangan, Wismut, Aluminium, Nickel, Kobalt, Zinn, Kupfer, Magnesium, Palladiumwasserstoff, ferner von zahlreichen organischen Verbindungen wie Methyl-, Äthyl-, Propyl-, Amylalkohol; Essig-, Oxal-, Weinsäure; Glyzerin, Phenol, Resorzin, Brenzcatechin; Form-, Azet-, Benzaldehyd; Dimethyl-, Diäthylanilin, Phenylhydrazin, Tannin, Gerbsäuren, Pyrogallussäure, Hämatoxylin, Pyrogallol, Dimethyl-, Diäthylamin, Azetamid, Terpentinöl, Zinköl, Benzol, Furfurol, Petroleumäther, Diäthyläther, Chininsulfat, Morphinazetat, Brucin, Strychnin, Indigoküpe, beim Befeuchten von frisch ausgegluhter Kohle usw. sowohl Wasserstoffperoxyd als auch Peroxyde sowie in manchen Fallen, wie z. B. bei der Autoxydation von Phosphor in feuchter Luft, auch Ozon als Oxydationsprodukte auf. Auch bei der langsamen Verbrennung von Kohlenwasserstoffen, wie z. B. Acetylen oder Äthylen, kann sich Wasserstoffperoxyd bilden.

Das Auftreten von Wasserstoffperoxyd bei der Autoxydation vieler Metalle erfolgt häufig nur im amalgamierten Zustand, wie z. B. beim Eisen, Nickel und Zinn nachgewiesen wurde. Die Menge des bei der langsamen Oxydation von Metallen gebildeten Wasserstoffperoxyds ist aber nur sehr gering. Sie überschreitet im Maximum etwa $^1/_{5000}$ der vorhandenen Wassermenge nicht. Bei vielen der angeführten Metalle wird nach Schönbein selbst noch bei Temperaturen von etwa 100⁰ bei der gemeinsamen Einwirkung von Wasser und Luft Wasserstoffperoxyd gebildet. Ein Zusatz von Schwefelsäure begunstigt seine Bildung, ein solcher von Alkali wirkt sehr stark hemmend. Fängt man das entstehende Wasserstoffperoxyd sofort durch Überführung in die unlöslichen Erdalkaliperoxyde mittels Calcium- oder Bariumhydroxyd ab, so kann man bis zu einer bestimmten Konzentration der entstehenden Metallsalze und solange diese auf die gebildeten unlöslichen Alkaliperoxyde noch nicht zersetzend einwirken, das bei der Autoxydation entstandene Wasserstoffperoxyd unmittelbar quantitativ ermitteln. Auf diese Weise untersuchte M. Traube[83] den Verlauf des Autoxydationsvorganges. Viele Stoffe, wie z. B. flüssige Kohlenwasserstoffe, Camphene, Bittermandelöl, Zimtöl und andere sauerstoffhaltige Öle, Lebertran, Ölsäuren, Crotonöl u. a., vermögen den in Berührung mit Sauerstoff und eventuell auch unter Lichteinwirkung aufgenommenen Sauerstoff bei Schütteln mit säurehaltigem Wasser in Form von Wasserstoffperoxyd an dieses abzugeben (Näheres über Autoxydation s. S. 68ff.).

Oxydation mit Fluor. Sehr mannigfaltig sind auch die Bildungsweisen von

Perverbindungen, die durch Oxydationswirkungen des gasförmigen Fluors zustande kommen. Beim Einleiten von Fluor in Wasser entsteht, wie F. Fichter und K. Humpert[84] fanden, Wasserstoffperoxyd, dessen Menge nach Fichter und W. Bladergroen[85] in einer mit Eis gekühlten Platinschale ein Maximum von 0,2% Wasserstoffperoxyd aufweist. Beim weiteren Einleiten nimmt die Menge des Wasserstoffperoxyds wieder ab und es tritt Ozon auf. Wird Fluor in eine auf —10° gekühlte Kalilauge eingeleitet, so entsteht ein gelber explosiver Körper, offenbar das Kaliumozonat von Baeyer und Villiger[86]. Analog entsteht beim Einleiten von Fluor in eine Lösung von Bisulfaten Persulfat neben Sulfomonopersäure. Die chemische Wirkung von Fluor auf wäßrige Lösungen ist demnach die gleiche wie die der elektrolytischen Oxydation, abgesehen von Störungen durch die gebildete Flußsäure. N. C. Jones[87] konnte aus den Lösungen von Phosphaten, Boraten und Carbonaten durch Einleiten von Fluor die entsprechenden Perverbindungen darstellen. F. Fichter und W. Bladergroen[88] stellten bei der Einwirkung von Fluor auf mit Eis und Kochsalz gekühlte Lösungen von Natrium-, Kalium- oder Rubidiumcarbonat fest, daß die maximalen Ausbeuten an Percarbonat bei mittleren Konzentrationen erhalten werden. Die Verfasser nehmen an, daß die Percarbonatbildung nach

$$2\,KHCO_3 + F_2 = K_2C_2O_6 + 2\,HF$$

erfolgt. Lösungen von Natriumborat oder Kaliumborat mit den entsprechenden Alkalicarbonaten ergeben bei Behandlung mit Fluor Perborat. Nach einer weiteren Untersuchung von Fichter und Bladergroen[89] entsteht bei der Einwirkung von Fluor auf stark gekühlte Schwefelsäure ein äußerst stark oxydierend wirkender Körper, der eine verdünnte Mangansulfatlösung in der Kälte sofort zu Permangansäure oxydiert und aus Silbernitratlösung augenblicklich Silberperoxyd fällt. Die Verfasser nehmen an, daß es sich um das Schwefeltetroxyd handelt, das nach der Gleichung $H_2SO_4 + F_2 = SO_4 + 2\,HF$ entsteht.

Bei der Fluorierung einer Lösung von Ammonmolybdat in wäßriger Flußsäure erhielten Fichter und A. Goldach[90] Permolybdänsäure und in Analogie Pertitan- und Pervanadinsäure aus den Lösungen von Titanhydroxyd in Flußsäure oder von Ammoniummetavanadat in verdünnter Schwefelsäure. Bei der Einwirkung von Fluor auf Silbernitrat-, -sulfat, -chlorat und -fluorid bilden sich schwach kristalline Niederschläge von Silberperoxyd (dieselben[91]).

Bildung bei hohen Temperaturen. Auf die Tatsache, daß sich bei der Verbrennung des Wasserstoffes in Sauerstoff Wasserstoffperoxyd bildet, das im Kondenswasser nachgewiesen werden kann, hat bereits Schuller[92] hingewiesen. Durch seine Untersuchungen über die Verbrennung von Kohlenmonoxyd kam sodann M. Traube[93] auf die Vermutung, daß es sich beim Auftreten von Wasserstoffperoxyd in der Flamme nicht um ein zufällig auftretendes Reaktionsprodukt, sondern um einen in allen Fällen entstehenden Stoff handelt, der unter gewöhnlichen Umständen eine nahezu vollständige Zerstörung einleitet, aber beim Auftreffen der Flamme auf Wasser, Eis u. dgl., demnach durch eine plötzliche Abkühlung, der Zerstörung teilweise entgeht. Traube erzielte eine Ausbeute von 7 bis 11,3 mg H_2O_2 für einen Liter verbrannten Wasserstoff. Zutreffenderweise nahm Traube an, daß die Verbrennung des Wasserstoffes auf jeden Fall zunächst zu Wasserstoffperoxyd und dann erst zu Wasser führt.

C. Engler[94] bestätigte das Versuchsergebnis Traubes, wonach das bei der Verbrennung des Wasserstoffes primär gebildete Wasserstoffperoxyd, welches in der gewöhnlichen, nicht gekühlten Flamme durch die große Hitze wieder zerstört wird, beim Richten der Flamme gegen Eis aber in nachweisbaren Mengen auftritt. Auch beim Verbrennen von dünnen Streifen eines Magnesiumbandes, das an Eis angehalten wurde, konnte Engler im Schmelzwasser nachher Wasserstoffperoxyd nachweisen.

Nernst[95] leitet für die Reaktion $2\,H_2O + O_2 \rightleftharpoons 2\,H_2O_2$ auf Grund thermodynamischer Betrachtungen und den damals bekannten Daten des Wasserstoffperoxyds die prozentischen Mengen ab, die bei der betreffenden hohen Temperatur neben Wasserstoff und Sauerstoff bei einem Druck von 0,1 Atm. koexistieren können. Darnach sollten bei einer absoluten Temperatur von 2784^0 $0,66\%$, bei 2154^0 $0,24\%$, bei 1493^0 $0,028\%$, bei 1140^0 $0,0032\%$ und schließlich bei 923^0 $0,00036\%$ H_2O_2 vorhanden sein. Auf experimentellem Wege konnte Nernst die Bildung von Wasserstoffperoxyd bei hohen Temperaturen durch Anspritzen Nernstscher Glühstifte mit Wasser nachweisen. Dasselbe Ergebnis wurde von K. Finckl[96] bei der Explosion von Knallgas mit überschüssigem Sauerstoff und von W. Nernst[97] durch hohe Erhitzung und rasche Abkühlung einer Funkenentladung unter Wasser erhalten. In glühenden Magnesiakapillaren, durch die Gemische von Wasserdampf und Sauerstoff mit großer Strömungsgeschwindigkeit hindurchgeleitet wurden, konnten F. Fischer und O. Ringe[98] die Bildung von Wasserstoffperoxyd nachweisen. Von diesen Forschern wurde auch festgestellt, daß das Anblasen von Wasserstoffflammen, Lichtbogen und Funkenstrecken mit Wasserdampf bei genügender Abkühlungsgeschwindigkeit der erhitzten Gase Wasserstoffperoxyd liefert.

In Widerspruch zu den Berechnungen von Nernst stehen die von G. N. Lewis und M. Randall[99] auf Grund neuerer Daten des Wasserstoffperoxyds ausgeführten Berechnungen, wonach die Menge Wasserstoffperoxyd, die sich in Gegenwart von H_2 und O_2 bei absoluten Temperaturen von 2000 und 3000^0 bilden, ganz unmerklich und nicht mehr als $^1/_{100\,000}$ des von Nernst berechneten Wertes erreichen sollen. Da sie auch errechneten, daß das Wasserstoffperoxyd nur unterhalb 1000^0 in merklicher Menge aus H_2 und O_2 entsteht, erklärten sie das Experiment Traubes durch die Annahme, daß sich H_2 und O_2 nur in den kälteren Teilen der Flamme, vermutlich zwischen 500 und 1000^0, unmittelbar unter H_2O_2-Bildung vereinigen.

Nach den Untersuchungen von E. H. Riesenfeld und H. V. Gündell[100] besteht in der Knallgasflamme ein Gleichgewicht,

$$\text{III} \overset{\text{I}}{\underset{}{\;}}\quad \begin{array}{ccc} & H_2 + O_2 \rightleftharpoons H_2O_2 & \\ \text{III} \updownarrow & & \updownarrow\ \text{II,} \\ & H_2O\ +\ {}^1/_2 O_2 & \end{array}$$

so daß sich diese Vorgänge eigentlich nicht nach der Nernstschen Formel beschreiben lassen.

Eine nähere Aufklärung über die Bildungsverhältnisse von Wasserstoffperoxyd oder Peroxyd bei höheren Temperaturen ist erst durch eine ganze Reihe jüngerer Arbeiten erbracht worden. Über diese Untersuchungen, die die Reaktion zwischen Wasserstoff und Sauerstoff betreffen und die sowohl an sich als auch im Hinblick auf den Verbrennungsmechanismus von Kohlenwasserstoffen von besonderem Interesse sind, wurde eingehend in dem Buche von C. N. Hinshelwood und A. T. Williamson[100a] zusammenfassend berichtet. Der Reaktionsverlauf ist je nach Temperatur, Druck, Zusammensetzung des Ausgangsgemisches, Gefäßmaterial, Dimensionen usw. sehr verschieden. Unter dem Einfluß von Katalysatoren geht die Vereinigung bereits bei gewöhnlicher Temperatur vor sich. Bei erhöhter Temperatur gehen offenbar von der Gefäßwand Reaktionsketten aus, die auch von der Wand wieder abgebrochen werden. Unter Reaktionsketten werden solche Reaktionsfolgen verstanden, bei denen sich ein oder mehrere Ausgangsstoffe zurückbilden und die hintereinander so lange verlaufen, bis durch sekundäre Einflüsse die Kette abbricht. Als Kettenglieder der Wasserstoffverbrennung kann man sich nach dem gegenwärtigen Stande unserer Kenntnisse über diese Vorgänge folgende Reaktionsstufen vorstellen[101]:

Im Zweierstoß:

1. $H + O_2 \rightarrow OH + O - 12,2$ kcal.
2. $O + H_2 \rightarrow OH + H + 2,4$ kcal.
3. $OH + H_2 \rightarrow H_2O + H + 10,8$ kcal.
4. $OH + OH \rightarrow H_2O + O + 8,4$ kcal.

Im Dreierstoß:

5. $H + O_2 + M^* \rightarrow HO_2 + M + 40$ kcal.
6. $H + HO_2 + M \rightarrow H_2O_2 + M.$
7. $OH + OH + M \rightarrow H_2O_2 + M.$
8. $H + O_2 + H_2 \rightarrow H_2O + OH \rightarrow$
$\rightarrow H_2O_2 + H.$

Als Ausgangsreaktionen kommen folgende in Betracht (ketteneinleitende Reaktionen):

10. $H_2 \rightarrow 2 H - 102,4$ kcal.
11. $O_2 \rightarrow 2 O - 117$ kcal.
12. $2 H_2O \rightarrow H_2 + OH - 124$ kcal.
13. $H_2O \rightarrow H + OH - 113,2$ kcal.
14. $H_2 + O_2 \rightarrow H_2O + O - 1,4$ kcal.
15. $H_2 + O_2 \rightarrow 2 OH - 9,8$ kcal.

Die stark endothermen Reaktionen 10 bis 12 kommen als Ausgangsreaktionen zur Einleitung der Reaktionsketten wohl nur in sehr heißen Flammen oder starken Detonationswellen in Betracht, während bei der Verbrennung bei niedrigeren Temperaturen wohl vornehmlich die von Bonhoeffer und Haber[102] angegebenen Reaktionen 14 und 15 maßgebend sein werden. Von den Reaktionen des Wasserstoffes mit Sauerstoff kommen für eine praktisch nachweisbare Wasserstoffperoxydbildung nur jene in Betracht, die sich bei niederen Temperaturen abspielen. Tatsächlich hat man auch bei jenen bei verhältnismäßig niedriger Temperatur vor sich gehenden Vorgängen eine mehr oder weniger starke Wasserstoffperoxydbildung nachweisen können, bei denen durch elektrische Entladung

---

* M ist eine beliebige Molekel, die bloß als Stoßpartner dient und unverändert aus der Stoßreaktion wieder hervorgeht.

erzeugter atomarer Wasserstoff, atomarer Sauerstoff oder freie Hydroxylradikale untereinander sowie molekularer Wasserstoff und Sauerstoff miteinander reagierten, weiters bei der auf photochemischem Wege eingeleiteten Knallgasreaktion sowie schließlich bei der mit Quecksilber, Ammoniak, Nitrit oder Chlor sensibilisierten photochemischen Reaktion zwischen Wasserstoff und Sauerstoff.

Man nimmt bei diesen Reaktionen nach dem Vorschlag von H. S. Taylor[103] und von A. L. Marshall[104] die Bildung des Radikals HO_2 als Zwischenstufe an, wobei folgende Reaktionsschemen für die Kettenreaktion in Betracht kommen:

1. Reaktion 5 und anschließend

16. $HO_2 + H_2 = H_2O_2 + H$.

Jost[101] erwähnt eine Privatmitteilung von Eisenhut, wonach in verbrennenden Kohlenwasserstoffen gelegentlich das Radikal HO_2 tatsächlich auf massenspektroskopischem Wege nachgewiesen wurde.

M. Bodenstein und P. W. Schenk[105] nehmen die HO_2-Bildung überhaupt bei jedem sterisch begünstigten Dreierstoß an. Nach diesen ist aber die Reaktion 16. nicht vorherrschend, sondern es tritt auch die Reaktion

17. $HO_2 + H_2 = H_2O + OH$

auf, wobei als Folgereaktion auch

18. $2 OH + M = H_2O_2 + M$

vor sich geht, die zur Bildung von H_2O_2 führt.

Diese Auffassung ist sehr ähnlich der von Klinkhardt und Frankenburger[106] vertretenen über den Reaktionsverlauf für die durch Quecksilberatome sensibilisierte Reaktion zwischen Wasserstoff und Sauerstoff.

F. Haber, L. Farkas und P. Harteck[107] halten eher die Reaktion 8 für vorherrschend, während Salley und J. R. Bates[108] die Reaktion

19. $2 HO_2 \rightarrow H_2O_2 + O_2$

für die Bildung eines hochprozentigen Wasserstoffperoxyds neben

20. $HO_2 + H + M \rightarrow H_2O_2 + M$

in Betracht ziehen.

Bei der Verbrennung von Kohlenwasserstoffen treten im wesentlichen CO_2, CO und H_2O auf, während bei deren Explosion auch H-Atome und OH-Radikale eine bevorzugte Rolle spielen. Im Verlauf des Oxydationsvorganges von Kohlenwasserstoffen, z. B. von Äthylen, entstehen auch als sekundäre Reaktionsprodukte Wasserstoffperoxyd und Dioxymethylperoxyd, wie dies von S. Lenker[110] nachgewiesen wurde. Lenker vermutete, daß sich primär der Sauerstoff an das Äthylen anlagert, $C_2H_4 + O_2 \rightarrow C_2H_4:O_2$, das dann entweder in zwei Moleküle Formaldehyd nach $C_2H_4:O_2 \rightarrow 2 HCHO$ zerfällt oder mit einem weiteren Molekül Äthylen Äthylenoxyd bildet. Der Formaldehyd kann mit entstandenem Wasserstoffperoxyd auch nach $H_2O_2 + 2 HCHO \rightarrow CH_2 \cdot OH \cdot OO \cdot OH \cdot CH_2$ reagieren.

Bei der Oxydation von Acetaldehyd bei Temperaturen unter 100^0 hatte M. Bodenstein[111] festgestellt, daß bei dieser Reaktion Peressigsäure nach intermediärer Bildung von Peroxyden entsteht. Es kommt hierbei zunächst zur Bildung von sog. „angeregten" Molekülen, das sind sehr energiereiche reaktions-

fähigere Molekel, wahrscheinlich $CH_3\diagdown\!\!\diagup^{O-}_{\ \ H}$ und $CH_3CH\diagup\!\!\diagdown^O_O O$, mit denen er
den Reaktionsverlauf zu deuten vermochte. In ähnlicher Weise nimmt Bodenstein zur Erklärung der von R. Spence und G. B. Kistiekowsky[112] untersuchten Oxydation von Acetylen eine intermediäre Bildung der angeregten Molekel

$$HC\!=\!\!=\!CH \quad \text{und} \quad H\!-\!\underset{\displaystyle O-O}{C\!=\!\!=\!C}\!-\!H \quad \text{an.}$$

Die Existenz derartiger freier Atome oder Radikale als Primärprodukte von Verbrennungsprozessen ist auf spektroskopischem Wege einwandfrei erwiesen worden, wobei im Absorptionsspektrum auch das Vorhandensein von Peroxyden als sehr wahrscheinlich gefunden wurde (A. C. Egerton und L. M. Pidgeon[113]). Der chemische Nachweis von Peroxyden ist vielfach gelungen, so z. B. H. L. Callendar[114] und P. Dumanois, P. Mondain-Monval und B. Quanquin[115]. Es muß demnach als feststehend angenommen werden, daß bei der langsamen Verbrennung von Kohlenwasserstoffen als erstes Zwischenprodukt nach Bildung einer aktivierten Form des Ausgangsmoleküls ein instabiles Peroxyd entsteht. Diese Auffassung ist sehr ähnlich mit der von A. Bach[116] sowie Engler und Wild[19] geschaffenen Autoxydationstheorie. Es bildet sich also wahrscheinlich bei einer noch verhältnismäßig niederen Temperatur des Verbrennungsvorganges ein Peroxyd, und zwar wahrscheinlich nur ein sehr unstabiles Sauerstoffanlagerungsprodukt, das dann bei Temperaturen von etwa 300⁰ fast explosionsartig zerfällt[114-117].

Da zwischen der Reaktionsfähigkeit der Kohlenwasserstoffe und ihren Klopfeigenschaften sehr enge Beziehungen bestehen, sollen auch noch kurz über den Klopfvorgang wegen dessen Bedeutung für den Verbrennungsvorgang im Explosionsmotor einige Worte gesprochen werden. Unter „Klopfen" wird jenes Geräusch eines Explosionsmotors verstanden, das auftritt, wenn der Verbrennungsvorgang in seinem letzten Abschnitt eine sehr starke Geschwindigkeitserhöhung erfährt. Nach Brettie[116], Callendar[114], M. Holmes[118], P. Dumanois[119] u. a. sind für den plötzlichen Druckanstieg und die Klopferscheinung in der letzten Phase des Verbrennungsvorganges Peroxyde verantwortlich zu machen, die sich vor der Zundung und auch noch während der Verbrennung im unverbrannten Gasanteil gebildet haben. Die organischen Peroxyde, deren explosionsartiger Zerfall beim Erhitzen bekannt ist[120], verursachen dann durch ihren schnellen Zerfall das Klopfen. Im Einklang mit dieser Anschauung steht auch die Tatsache, daß ein Zusatz von kleinen Mengen von Nitriten, Ozon oder Alkylperoxyden die Klopferscheinung sehr stark vergrößert. Hingegen wirken Bleitetraäthyl und Eisencarbonyl schon in sehr kleinen Mengen auf das Klopfen unterdrückend ein, so daß aus diesem Verhalten hervorgeht, daß es sich bei den Klopfvorgängen um Reaktionsketten handelt. Im Sinne der Theorie der negativen Katalyse von Bäckström[121] besteht der Einfluß dieser „Antiklopfmittel" genannten Stoffe darin, daß in deren Gegenwart die Reaktionsketten vorzeitig abgebrochen werden. Ob dabei die Metallverbindungen dadurch wirksam sind, daß sie mit dem Kohlenwasserstoffradikal vor dessen Reaktion mit dem Sauerstoff reagieren oder schon gebildetes Peroxyd reduzieren, also zersetzen, ist wohl Gegenstand zahlreicher Diskussionen gewesen, aber noch nicht endgültig geklärt worden.

Bildung bei elektrischen Entladungen. Wie bereits erwähnt, entsteht Wasserstoffperoxyd auch bei elektrischen Entladungen, wie z. B. der stillen elektrischen Entladung durch Ionisierung von Wasserstoff und Sauerstoff als primäres Zwischenprodukt. Zum erstenmal erwähnen Losanitsch und Jovitschitsch[122], daß sie bei der stillen elektrischen Entladung in feuchter Kohlensäure neben der Bildung von Ameisensäure und Sauerstoff auch das Auftreten von Wasserstoffperoxyd beobachten konnten, dessen Entstehung sie durch die Einwirkung des naszierenden Sauerstoffes auf das Wasser erklärten.

Nach Teslaentladungen in Luft und Wasserdampf wies Finlay[123] im Kondenswasser das Vorhandensein von Wasserstoffperoxyd nach.

Läßt man einen Glimmlichtbogen zwischen einer negativ geschalteten Wasserelektrode (verdünnte Schwefelsäure) und einem Nernst-Stift in einer Stickstoffatmosphäre brennen, so bildet sich in der Flüssigkeit eine gewisse Menge von Wasserstoffperoxyd[123a].

Von F. Fischer und O. Ringe[124] wurde auch in der Ozonröhre Wasserstoffperoxyd erhalten, als sie ein Gemisch von Wasserdampf und Sauerstoff einer stillen elektrischen Entladung aussetzten und dafür Sorge trugen, daß durch geeignete Temperatur (130⁰) des Entladungsrohres eine Kondensation von Wasser und damit Isolationsstörungen vermieden wurden. Die Ausbeuten waren jedoch nur sehr gering, die erhaltene Lösung enthielt nur 0,003% H_2O_2.

Bei einer Fortsetzung dieser Versuche verwendeten F. Fischer und M. Wolf[125] als Gasgemisch ein nicht explosives Gemisch von Knallgas, und zwar ein solches von 97% H_2 und 3% O_2. Die Ausbeuten der Reaktion in der Bertheloschen Röhre waren um so höhere, je niedriger die Temperatur des Gefäßes war. Während bei 20⁰ als bestes Ergebnis 6,4% der Theorie an H_2O_2 gebildet wurde, stieg die Ausbeute bei Durchführung der Versuche bei —20⁰ auf 34,1%, bei —80⁰ auf 54,0% und bei einer Temperatur der flüssigen Luft sogar auf 87,5% der Theorie. Die entstehende Wasserstoffperoxydlösung enthielt in diesem Falle 86,9% H_2O_2, so daß sie es für möglich hielten, durch stille elektrische Entladungen bei sehr tiefen Temperaturen selbst 100%iges Wasserstoffperoxyd gewinnen zu können. Tatsächlich ist dies auch später P. Wolf[126] gelungen.

Einwirkung von atomarem Wasserstoff. K. F. Bonhoeffer[127] stellte „aktiven Wasserstoff" durch Geißler-Entladungen in einer Wasserstoffatmosphäre von 0,1 bis 1 mm Druck bei 5000 Volt und etwa 100 mAmp her. Die Aktivierung oder Anregung der Moleküle rührte davon her, daß diese die Lichtenergie in Form von Lichtquanten hr aufnehmen, sie erhalten also erhöhten Energiegehalt, weshalb sie im allgemeinen auch reaktionsfähiger sind.

Der atomare Wasserstoff vermag sehr viele Metalloxyde oder Metallverbindungen zu Metall zu reduzieren. Mit molekularem Sauerstoff reagiert er unter Bildung von hochprozentigem Wasserstoffperoxyd. Die Existenz des aktiven Wasserstoffes in Form von freien H-Atomen konnte spektroskopisch durch das Auftreten des für den atomaren Wasserstoff charakteristischen Balmer-Spektrums an Stelle des Viellinienspektrums des gewöhnlichen Wasserstoffmoleküls nachgewiesen werden.

E. Böhm und K. F. Bonhoeffer[128] erhielten bei diesen Versuchen mit Glimmentladung ein rund 60%iges Wasserstoffperoxyd, K. H. Geib und P. Harteck[129] sogar ein uber 70%iges.

Taylor und Marshall[130] sowie K. F. Bonhoeffer und S. Loeb[131] gelang es auch, die H_2O_2-Reaktion zu sensibilisieren, d. h. anzuregen, indem sie Wasserstoff mit der Linie 2537 A Quecksilberdampf anregten, d. h. energiereicher machten und durch Stoß zweiter Art in Wasserstoffatome dissoziierten. Bei dieser Stoßreaktion wirkt der Sensibilisator als Energieüberträger, da die Anregungsenergie um 12 cal größer ist als die Dissoziationsenergie des Wasserstoffes. Bonhoeffer und Loeb ließen z. B. ein Gasgemisch von O_2 und H_2 über eine Quecksilberoberfläche streichen, wobei es sich mit Quecksilberdampf belädt. Dieses Gemisch wurde dann in eine Reaktionszelle aus Glas mit einem Quarzfenster gebracht und mit einer Quarzlampe bestrahlt. War die Quecksilberdampflampe nicht gekühlt, so wurde nie Wasserstoffperoxydbildung beobachtet. Hingegen konnte mit gekühlter Quecksilberdampflampe stets H_2O_2 erhalten werden. Beim Ausfrieren zersetzt sich jedoch das gebildete Wasserstoffperoxyd an dem sich gleichfalls ausscheidenden Quecksilber. Beide Forscher nahmen an, daß die gesamte umgesetzte Menge von H_2 und O_2 primär in H_2O_2 übergeführt wird, während die Wasserbildung erst durch sekundäre Reaktion zustande kommt.

Die Bildung von Wasserstoffperoxyd bei der photochemisch angeregten Reaktion der mit Quecksilberatomen sensibilisierten Oxydation des Wasserstoffes bei normaler Temperatur wird auch von H. Klinkhardt und W. Frankenburger[132] angenommen. Die auf optischem Wege durch Zusammenstoß zweiter Art mit angeregten Quecksilberatomen erzeugten Wasserstoffatome reagieren mit dem Sauerstoff vorwiegend unter Wasserstoffperoxydbildung. Die Quantenausbeute an Wasserstoffperoxyd ist temperaturunabhängig und liegt zwischen den Werten 1 und 1,5 (1,2) Moleküle pro Quant. Nach weiteren Versuchen dieser Forscher[133] hängt die Menge des gebildeten Wasserstoffperoxyds vom Partialdruck des Quecksilbers im Gas ab, und zwar liegt der Maximalwert bei einer Beladung mit etwa 0,035 mm Hg. Temperaturänderungen zwischen 50 bis 200°, ebenso Druckänderungen von 1 bis 11 Atm. sind auf die Wasserstoffperoxydausbeute ohne Einfluß. Diese steigt mit dem Sauerstoffgehalt bis 1,7% O_2, um dann konstant bei 20 g H_2O_2/kWh zu bleiben. Für die Wasserstoffperoxydbildung nehmen Frankenburger und Klinkhardt[133] die Reaktionen $2\,OH + M \rightarrow \rightarrow H_2O_2 + M + 19\,kcal$ und $H + O_2 + H_2 \rightarrow OH + H_2O_2 + 27\,kcal$ (Dreierstoßreaktion) an.

Von G. J. Lavin und F. B. Stewart[134] wurde im Einklang mit dieser Auffassung bei der Wasserdampfentladung festgestellt, daß die Intensität der OH-Bande bei 3064 A und die Menge des gebildeten Wasserstoffperoxyds parallellaufen. Das Wasserstoffperoxyd entsteht daher durch Wechselwirkung zweier OH-Gruppen oder durch eine ähnliche Reaktion, deren eine Stufe die Bildung angeregter OH-Gruppen ist.

Neben dem Quecksilber gibt es aber noch eine andere Klasse von Sensibilisatoren, die imstande sind, durch Lichtadsorption Wasserstoff- und Sauerstoffatome abzudissoziieren und deren Wirkung letzten Endes gleich ist der direkten photochemischen Dissoziation von Wasserstoff oder Sauerstoff. Als derartige Sensibilisatoren, die im Lichte H- und O-Atome liefern, kommen neben den Halogenwasserstoffen oder dem N_2O, die ein Gebiet kontinuierlicher Adsorption aufweisen, auch noch andere Moleküle, wie z. B. NH_3, H_2S, SO_2, NO_2 usw., in

Betracht. Bei Ammoniak z. B. hat K. Bonhoeffer und L. Farkas[135] beobachtet, daß die Lichtabsorption eine direkte Dissoziation des NH_3 in $NH_2 + H$ bewirken kann. Der äußerst reaktionsfähige atomare Wasserstoff bewirkt sodann die Reaktion im Knallgasgemisch. Ebenso spaltet sich z. B. das N_2O im ultravioletten Licht in $N_2 + O$, das dann ähnlich wie die H-Atome liefernden Sensibilisatoren eine schnelle Kettenreaktion, z. B. nach $O + H_2 = H + OH + 5 \, kcal$ einleitet. Eine direkte Addition der O-Atome an H_2O tritt nicht auf, da die Reaktion $H_2O + O = 2 \, OH$ mit 6000 cal endotherm wäre und die direkte Addition zu H_2O_2 bei niedrigen Drücken nur schwer vor sich gehen kann. Außerdem würde eventuell bereits entstandenes Wasserstoffperoxyd durch die freien überschüssigen O-Atome sehr schnell nach $H_2O_2 + O = H_2O + O_2$ zerstört werden (P. Harteck und U. Kopsch[136]). Es ist meiner Meinung nach nicht unwahrscheinlich, daß diese Sensibilisatoren bei der Bildung des atmosphärischen Wasserstoffperoxyds unter dem Einflusse der wirksamen Strahlen des Sonnenlichtes eine Rolle spielen.

Bestrahlung mit ultraviolettem Licht. Beim Belichten von wäßrigen Zinkoxydaufschlämmungen im Sonnenlicht mit Zusätzen von Glyzerin, Glukose oder Benzidin konnten E. Bauer und E. Neuweiler[137] bei Gegenwart von Luft Wasserstoffperoxyd nachweisen.

Beim Bestrahlen von reinem Wasser, das sich in einem Bergkristallgefäß befand, mit dem gesamten Spektrum der Quarzlampe gelang O. Risse[138] nur bei Sensibilisierung durch Zusatz von Zinkoxyd bei Gegenwart von Sauerstoff der Nachweis einer Bildung von Wasserstoffperoxyd. Hingegen entsteht bei Bestrahlung mit Röntgen- und β-Strahlung aus reinem Wasser bei Gegenwart von Sauerstoff nach einiger Zeit stets H_2O_2 in titrierbaren Mengen. Zu seiner Bildung wird hauptsächlich der gelöste Luftsauerstoff herangezogen, da durch Kochen des Wassers oder durch einen luftdichten Abschluß die Wasserstoffperoxydbildung verhindert wird.

Auch in der durchdringenden Radiumstrahlung (β- und γ-Strahlen) bildet sich z. B. in 1 n Schwefelsäure bei 5 bis 9° Wasserstoffperoxyd in einer Konzentration von $5 \cdot 10^{-4}$ Grammäquivalenten. Pro Stunde bilden sich in neutraler Lösung $4 \cdot 10^{-8}$ Grammäquivalente, jedoch findet auch gleichzeitig eine Zersetzung statt, die der Gleichung für monomolekulare Reaktionen gehorcht (A. Kailan[139]).

Bei der Vereinigung von H_2 und O_2 (Knallgas) und unter der Einwirkung von Ra.-Emanation wird Wasser und Wasserstoffperoxyd gebildet, und zwar ersteres zum größten Teil durch Zersetzung des letzteren (O. Scheuer[140]).

Röntgen-, α-, β- und γ-Strahlen. Bei der Einwirkung von Röntgenstrahlen auf in Wasser gelösten Sauerstoff beobachtete H. Fricke[141] die Bildung von Wasserstoffperoxyd, das durch eine primäre Aktivierung und Reduktion des Sauerstoffes entstanden ist. Die Menge des gebildeten Wasserstoffperoxyds ist unabhängig vom Sauerstoffdruck (bis 70 cm), hängt aber sehr stark von der H-Ionenkonzentration in der Lösung ab, indem in saurer Lösung doppelt soviel Wasserstoffperoxydlösung gebildet wird als in basischer. Fricke nimmt als Ursache dieses merkwürdigen Verhaltens an, daß in saurer Lösung beide Atome des Sauerstoffes in Wasserstoffperoxyd umgewandelt werden, in alkalischer Lösung aber nur eines. Verschiedentlich ist auch schon behauptet worden, daß höhere Hydroperoxyde, wie z. B. H_2O_3 (Baumert[142] und Berthelot[143]) oder H_2O_4

(A. Bach[164]), sowie ein Wasserstoffsuboxyd (Kastner[145]) existieren sollen. Jedoch haben alle diese Behauptungen einer genaueren Nachprüfung nicht standhalten können.

Deuteriumperoxyd. Hingegen ist es möglich, den Wasserstoff oder Sauerstoff in H_2O_2 durch die Isotopen, z. B. den schweren Wasserstoff (Deuterium), zu ersetzen (H. Erlenmayer und H. Gärtner[145a] und H. S. Taylor und A. Y. Gold[145b]). Wie E. Abel, O. Redlich und W. Stricks[145c] durch Ermittlung der Geschwindigkeitskonstanten des Zerfalles des Deuteriumperoxyds bei der Jodionenkatalyse feststellten, ist das D_2O_2 beständiger als das normale H_2O_2, denn bei 25^0 ist $k_{H_2O_2} = 1{,}57$, $k_{HDO_2} = 1{,}19_5$ und $k_{D_2O_2} = 1{,}13$.

Literaturverzeichnis.

[51] Gottinger Nachrichten v. J. 1863, 264. — [52] Journ. prakt. Chem. **106**, 272, 1868. — [53] Ztschr. analyt. Chem. 8, 315, 1869; 11, 28, 1872. — [54] Ber. Dtsch. chem. Ges. 7, 1693, 1874; 11, 483, 561, 874, 1028, 1878. — [55] Ztschr. physikal. Chem. **46**, 720, 1903. — [56] Chem. News **37**, 35, 1878; J. B. 1878, 201. — [57] Ber. Dtsch. chem. Ges. **40**, 4914, 1908. — [58] Compt. rend. Acad. Sciences **155**, 141, 1912; Chem. Ztrbl. **1912** II, 798; Compt. rend. Acad. Sciences **152**, 1483, 1910; Chem. Ztrbl. **1910** II, 262. — [59] Ztschr. anorgan. allg. Chem. **71**, 198, 1911. — [60] Anz. Akad. Wiss. Krakau **1911**, 583; Chem. Ztrbl. **1912** II, 1966. — [60a] Compt. rend. Acad. Sciences 80, 1591, 1875. — [61] Ber. Dtsch. chem. Ges. 9, 835, 1876. — [62] Ber. Dtsch. chem. Ges. 19, 3195, 1886. — [63] Ber. Wiener Akad. XCVI, 1887. — [64] Gazz. chim. Ital. 8, 392, 1878; J. B. **1878**, 948; Ber. Dtsch. chem. Ges. 12, 136, 1879. — [65] Chem. Ztrbl. **1888**, 766. — [66] Chem. Ztrbl. **1889** I, 221. — [67] Ann. Inst. Pasteur **31**, 92, 1917; Chem. Ztrbl. **1917** II, 104. — [68] Ber. Dtsch. chem. Ges. **35**, 2466, 1902. — [69] Biochemical Journ. 17, 515, 1923; Chem. Ztrbl. **1923** III, 1624. — [70] Naturwiss. **1932**, 484; Liebigs Ann. **494**, 159, 1932. — [71] Biochem. Ztschr. **157**, 425, 1925. — [72] Journ. exp. Med. **39**, 275, 1924; Chem. Ztrbl. **1924** I, 1260. — [73] Biochem. Ztschr. **267**, 202, 1933; Chem. Ztrbl. **1934** I, 1208. — [74] Liebigs Ann. **392**, 59, 1912. — [75] Arch. Pharmaz. u. Ber. Dtsch. pharmaz. Ges. **271**, 1, 1933; Chem. Ztrbl. **1933** I, 1774. — [76] Chem. Ztrbl. **1930** I, 1796. — [77] Ber. Dtsch. chem. Ges. **42**, 2977, 1909. — [78] Helv. chim. Acta **3**, 347, 1920; Chem. Ztrbl. **1920** III, 71. — [79] Ztschr. anorgan. allg. Chem. **78**, 269. — [80] Ztschr. Elektrochem. 24, 237, 1918. — [81] Dissertation, Berlin, 1911, Labor. von Knorre. — [82] Verhandl. Naturforsch.-Ges. Basel I, 467, 1857; II, 113, 1860; IV, 3, 1864. — [83] Ber. Dtsch. chem. Ges. **26**, 1471, 1893. — [84] Helv. chim. Acta 9, 467, 1926; Chem. Ztrbl. **1926** II, 367. — [85] Ebenda 10, 549, 1927; Chem. Ztrbl. **1927** II, 1802. — [86] Ber. Dtsch. chem. Ges. 35, 3038, 1902. — [87] Journ. physical Chem. **33**, 1801, 1929; Chem. Ztrbl. **1929** II, 1783. — [88] Helv. chim. Acta 10, 566, 1927. — [89] Ebenda 10, 553, 1927. — [90] Ebenda 13, 1200, 1930; Chem. Ztrbl. **1930** II, 3525. — [91] Ebenda 13, 99, 1930; Chem. Ztrbl. **1930** II, 3525. — [92] Wiedemanns Ann. Chem. Pharm. 15, 289, 1882. — [93] Ber. Dtsch. chem. Ges. 18, 1890, 1894, 1885. — [94] Ber. Dtsch. chem. Ges. **33**, 1109, 1900. — [95] Ztschr. physikal. Chem. **46**, 720, 1903. — [96] Ztschr. anorgan. allg. Chem. **45**, 116, 1905. — [97] Ztschr. Elektrochem. 11, 710, 1905. — [98] Ber. Dtsch. chem. Ges. **41**, 945, 1910. — [99] Thermodynamik, deutsch von O. Redlich, S. 464, Verlag Springer, 1927. — [100] Ztschr. physikal. Chem. **1919**, 319, 1926. — [100a] The Reaction between hydrogen and oxygen, Oxford, 1934. — [101] Jost: Mechanismus von Explosionen und Verbrennungen, Ztschr. Elektrochem. **41**, 236, 1935. — [102] Ztschr. physikal. Chem. **137**, 263, 1928. — [103] Trans. Faraday Soc. **21**, 560, 1926. — [104] Journ. Amer. chem. Soc. 49, 2763, 1927. — [105] Ztschr. physikal. Chem. (B), 30, 420, 1933. — [106] Ztschr. Elektrochem. **36**, 757, 1930; Ztschr. physikal. Chem. (B), 8, 138, 1930; 15, 421, 1932. — [107] Naturwiss. 18, 266, 1930. — [108] Journ. chem. Soc. London 55, 110, 426, 1933; Ztschr. physikal. Chem. (B), **22**, 469, 1933. — [109] Ztschr. physikal. Chem. (A), 170, 1, 1934. — [110] Journ. Amer. chem. Soc. **53**, 1962, 3737, 3752, 1931. — [111] Ztschr. physikal. Chem. (B), 12, 151, 1931. — [112] Journ. Amer. chem. Soc. **52**, 4837, 1930. — [113] Proceed. Roy. Soc., London, Serie A, 142, 26, 1933. —

[114] Engin. Mining Journ. 123, 147, 182, 210, 1927. — [115] Compt. rend. Acad. Sciences 192, 1158, 1931; 191, 299, 1930. — [116] Compt. rend. Acad. Sciences 126, 2, 951, 1897. — [116a] Ann. Off. nat. Combustibles liquides 6, 7, 269, 533, 1931, mit Literaturzusammenstellung; 7, 699, 1932; Bull. Soc. chim. France (4), 51, 1132, 1932. — [117] Compt. rend. Acad. Sciences 191, 329, 414, 1930. — [118] Nature 133, 179, 1934. — [119] Compt. rend. Acad. Sciences 186, 292, 1928; 197, 393, 1933. — [120] A. Rieche: Alkylperoxyde und Ozonide, Dresden, 1931. — [121] Journ. Amer. chem. Soc. 49, 1460, 1927. — [122] Ber. Dtsch. chem. Ges. 30, 135, 1897. — [123] Ztschr. Elektrochem. 12, 129, 1906. — [124] Ber. Dtsch. chem. Ges. 41, 950, 1908. — [125] Ber. Dtsch. chem. Ges. 44, 2956, 1911. — [126] Ztschr. Elektrochem. 20, 204, 1914. — [127] Ztschr. physikal. Chem. 113, 199, 1924; 119, 385, 1926. — [128] Ebenda. — [129] Ber. Dtsch. chem. Ges. 65, 1551, 1932. — [130] Journ. physical Chem. 29, 842, 1925; 30, 1078, 1926. — [131] Ztschr. physikal. Chem. 119, 385, 474, 1926. — [132] Ebenda 48, 138, 1930; Trans. Faraday Soc. 27, 441, 1931. — [133] Ztschr. physikal. Chem. (B), 15, 421, 1932. — [134] Proceed. National Acad. Sciences, Washington 15, 829, 1929; Chem. Ztrbl. 1930 II, 15. — [135] Ztschr. physikal. Chem. 132, 235, 1928. — [136] Ztschr. Elektrochem. 36, 714, 1930. — [137] Helv. chim. Acta 10, 901, 1927; Chem. Ztrbl. 1928 I, 1147. — [138] Strahlentherapie 34, 578, 1930; Chem. Ztrbl. 1930 I, 1748. — [139] Ztschr. physikal. Chem. 98, 474, 1921. — [140] Compt. rend. Acad. Sciences 159, 423, 1914. — [141] Journ. chem. Physics 2, 349, 1934; Chem. Ztrbl. 1934 II, 3733. — [142] Pogg. Ann. 89, 38. — [143] Ann. Chim. Phys. (5), 21, 176, 1880; J. B. 1880, 253. — [144] Ber. Dtsch. chem. Ges. 33, 1506, 1900. — [145] Berlin. Jahrb. 1820, 472. — [145a] Helv. chim. Acta 17, 970, 1934; Chem. Ztrbl. 1934 II, 3711. — [145b] Journ. Amer. chem. Soc. 56, 1823, 1934; Chem. Ztrbl. 1934 II, 3712. — [145c] Monatsh. Chem. 65, 380, 1935; Chem. Ztrbl. 1935 II, 3049.

IV. Die physikalischen Eigenschaften des Wasserstoffperoxyds.

Die Ermittlung der meisten physikalischen Konstanten des Wasserstoffperoxyds im reinen wasserfreien Zustande konnte erst sehr spät nach seiner Entdeckung in Angriff genommen werden, da die Gewinnung eines wirklich reinen Produktes äußerst schwierig und auch tatsächlich erst in den letzten Jahrzehnten gelungen ist. Schon die geringsten Wassermengen verändern die physikalischen Eigenschaften ganz wesentlich, so daß verläßliche Daten über das reine Wasserstoffperoxyd nur bei äußerst sorgfältiger Darstellung zu erhalten sind. In diesem Zusammenhang sind vor allem die Arbeiten von Maaß und seiner Schule zu erwähnen, die in besonders sorgfältig durchgeführten Untersuchungen reinstes Wasserstoffperoxvd herstellten und nahezu seine sämtlichen Konstanten ermittelten.

Von Maaß und Hatcher[146] wurde technisch reines 3%iges Wasserstoffperoxyd im Vakuum einer Schwefelsäurepumpe der Destillation unterworfen, wobei eine reine 30%ige Lösung erhalten wurde, die dann mittels eines Schwefelsäurekonzentrators auf 90% eingeengt wurde. Durch Ausfrierenlassen und systematische fraktionierte Kristallisation wurde aus dieser Lösung schließlich reinstes Wasserstoffperoxyd gewonnen, das dann den Untersuchungen zugrunde gelegt wurde.

Bei früheren Arbeiten, wie jenen von Wolffenstein[27], Brühl[147], Spring[21,148] und Staedel[149] war wohl gleichfalls ein ziemlich reines Produkt verwendet worden, das durch Ausfrieren, Ausäthern oder Destillation gewonnen worden war, das aber doch nicht jenen Reinheitsgrad des Wasserstoffperoxyds von Maaß aufwies, so daß die neueren Untersuchungen der Schule Maaß als verläßlicher zu gelten haben.

Das wasserfreie Wasserstoffperoxyd ist in dünner Schicht eine farblose, viskose Flüssigkeit, die nicht so leicht wie Wasser benetzt. In dicker Schicht erscheint es nach den Untersuchungen von Spring[21] blau mit einem Stich ins Grünliche gefärbt. Eine Schicht von 1 m Dicke hat ungefähr denselben blauen Farbton als eine 1,8 m dicke Wasserschicht.

Spezifisches Gewicht. Die Angaben über das spezifische Gewicht des wasserfreien Wasserstoffperoxyds sind in der Fachliteratur sehr schwankend, was darin seine Erklärung findet, daß bereits geringste Wassermengen eine erhebliche Veränderung der Dichte bewirken. Brühl[147] gibt z. B. an, daß sein reinstes 100%iges H_2O_2 eine Dichte $s_4^0 = 1,4584$ aufwies, während eine 99,48%ige Lösung eine solche von 1,4094 besaß. Die neuesten, verläßlichsten Bestimmungen der Dichte von A. G. Cuthberton, G. L. Mathesen und O. Maaß[148] ergeben einen Wert von $s_4^0 = 1,4649$. Von diesen Forschern ist auch die Änderung des spezifischen Gewichtes durch das Wasser mit Hilfe einer Formel angegeben worden. Enthält eine Wasserstoffperoxydlösung $A\%$ H_2O_2, so ist $s_4^0 = 0,9486 +$ $+ 0,005\,163\,A$, wobei diese Beziehung aber nur bis zu einem Wassergehalt von 5% Gültigkeit besitzt.

Schmelzpunkt. Der Gefrierpunkt des reinen wasserfreien Wasserstoffperoxyds wurde zum ersten Male von Staedel[149] bestimmt. Er impfte eine 95%ige Lösung mit Kristallen des festen Wasserstoffperoxyds, die er durch Kühlen eines Teiles der 95%igen Lösung mit Äther-Kohlensäure erhalten hatte. Sofort nach dem Impfen schossen prachtvoll säulenförmige, wasserhelle Kristalle des wasserfreien Wasserstoffperoxyds an, die nach Entfernung der Mutterlauge und nochmaligem Umkristallisieren einen Schmelzpunkt von — 2,0⁰ besaßen. O. Maaß und O. W. Herzberg[150] fanden ursprünglich gleichfalls für das 99,91%ige H_2O_2 einen Schmelzpunkt von — 1,7⁰. Für die Mischungen mit Wasser stellten sie einen Gefrierpunktskurve auf, aus welcher sich die Existenz der Verbindung $H_2O_2 \cdot H_2O$ mit einem Schmelzpunkt von — 51⁰ ableiten läßt. Die wäßrigen Lösungen des Wasserstoffperoxyds zeigen folgende Schmelzpunkte:

Tabelle 1.

% H_2O_2	86,0	69,2	61,14	56,2	53,7	49,8	47,0	46,21	42,02	27,72	9,96
F⁰	— 14,0	— 39,0	— 52,5	— 54,3	— 52,5	— 51,7	— 50,8	— 51,8	— 46,25	— 23,4	— 6,1

Tabelle 2.

g wasserfreier Substanz in 100 g H_2O	Gefriertemperatur in Grad	g Mol in 1000 g H_2O	Molare Erniedrigung
0,228	— 0,123	0,0669	$1,8_4$
0,445	— 0,243	0,1309	$1,85_5$
0,675	— 0,371	0,1984	1,87
1,060	— 0,576	0,3115	1,85
1,657	— 0,907	0,4870	1,86
2,319	— 1,268	0,6817	$1,86_0$
3,017	— 1,631	0,887	$1,84_0$
3,810	— 2,088	1,120	1,864
5,766	— 3,177	1,695	1,874

In einer späteren Untersuchung[148] wird jedoch angegeben, daß der früher angegebene Wert für den Schmelzpunkt des wasserfreien Wasserstoffperoxyds zu tief sei und dieser richtiger bei — 0,89⁰ liegt. Die Dichte des flüssigen H_2O_2 bei — 7,5⁰ beträgt 1,4719, bei 0⁰ 1,4649 und bei 19,9⁰ 1,4419, jene der Kristalle bei — 7,5⁰ 1,4637. Über die Gefrierpunktserniedrigungen von verdünnten wäßrigen Lösungen von Wasserstoffperoxyd gibt die vorstehende Tabelle 2 von W. Menzel[151] Auskunft.

Dampfdruck. Die Dampfdruckkurve von reinem wasserfreien Wasserstoffperoxyd wurde von O. Maaß und P. G. Hiebert[152] bestimmt und folgende Werte gefunden (Tab. 3):

Tabelle 3.

Druck in mm Hg ..	0,55	1,9	11,8	15,0	21,3	31,0	40,0	49,5	72,3
Kp. in Grad C.....	4,65	24,45	51,95	57,3	63,05	71,25	76,10	81,05	90,35

Bei 90⁰ C beginnt die Zersetzung des Wasserstoffperoxyds. Die graphische Darstellung von $\log P$ als Funktion von $1/T$ ergibt eine Gerade, deren Gleichung lautet: $\log_{10} P = -(0,05223.48530)/T + 8,843$. Das Verhältnis der Temperaturen von H_2O_2 und H_2O, bei denen die Dampfdrucke gleich groß sind, nämlich $\frac{T_{H_2O_2}}{T_{H_2O}}$, beträgt 1,138. Auf Grund dieser Beziehung ergibt sich der Siedepunkt bei normalem Druck zu 151,4⁰, der wahrscheinlich genauer ist als der auf direktem Wege aus der Dampfdruckgleichung folgende Wert von 152,1⁰. Beim Siedepunkt unter gewöhnlichem Druck von 152,0⁰ erleidet das konzentrierte wasserfreie Wasserstoffperoxyd zunächst ruhige Zersetzung, die sich aber plötzlich bis zur Explosion steigert. Die von manchen Autoren beobachtete Explosion bei der Erwärmung oder Destillation von hochprozentigem Wasserstoffperoxyd ist wahrscheinlich nicht auf den explosionsartig gesteigerten Verlauf der Zersetzung des Wasserstoffperoxyds zurückzuführen, sondern dürfte eher auf einem Gehalt von organischen Peroxyden beruht haben, die bei der Darstellung von hochprozentigem Wasserstoffperoxyd durch Reinigung mittels der Ätherextraktion oder sonstwie in dieses hineingelangt waren. Setzt man dem wasserfreien Wasserstoffperoxyd beim Siedepunkt Kaliumchlorid oder Wasser zu, so tritt keine Explosion, sondern bei einer Temperatur von 160⁰ nur eine sehr schnelle Zersetzung auf, die unter Flammenerscheinung vor sich gehen kann (G. L. Matheson und O. Maaß[153]). Die molare Verdampfungswärme ergibt sich aus der oben angegebenen Dampfdruckgleichung zu 11610 cal, die Troutonsche Konstante zu 27,3, woraus hervorgeht, daß das Wasserstoffperoxyd assoziiert ist. Die kritische Temperatur des Wasserstoffperoxyds beträgt 458,8⁰ [152].

Oberflächenspannung. Die Oberflächenspannung des Wasserstoffperoxyds beträgt 78,73 Dyn bei 0,2⁰ und 75,94 Dyn bei 18,2⁰ C, sie ist demnach etwas höher als die des Wassers. H_2O_2 ist diamagnetisch (O. Maaß und W. H. Hatcher[154]). Seine magnetische Suszeptibilität von $8,8.10^{-7}$ ist größer als die des Wassers.

Dissoziation. Die Lösungen des Wasserstoffperoxyds röten Lackmus nicht, hingegen werden Lackmus- und Curcumapapier allmählich gebleicht. Nach Hanriot[155] reagiert reines Wasserstoffperoxyd sauer. Eine verdünnte, z. B. 1,5%ige Lösung reagiert aber vollkommen neutral. In quantitativen Versuchen wurde von Bredig und H. T. Calvert[156] die Eigenschaft des Wasserstoffperoxyds, als Säure wirken zu können, festgelegt. Dabei bildet das H_2O_2 vornehmlich die Ionen H· und OOH′. Sie fanden durch Versuche, daß Wasserstoffperoxyd in wäßriger Natronlauge chemisch gebunden wird, wobei sich Salze der Formel $MeHO_2$ bilden, die in Lösung sehr stark hydrolysiert sind, wobei die

Hydrolyse durch Zugabe von mehr H_2O_2 zurückgedrängt werden kann, bis sogar
die Bildung eines Peroxyds der Formel MeO_2 mit einwertigem O_2' eintreten soll:

$$H_2O_2 + NaOH \rightleftharpoons NaOOH + H_2O; \quad 2\,NaOOH + H_2O_2 \rightleftharpoons 2\,NaO_2 + 2\,H_2O.$$

Auch Carrara und Bringhenti[157] schlossen aus ihren Versuchen, daß das
Wasserstoffperoxyd als einbasische Säure auftritt und in die Ionen H· und
—OOH′ zerfallen ist, aber auch weiter als zweibasische Säure in H· und O″-Ionen
gespalten sein soll. Für die ziemlich unwahrscheinliche Annahme des Zerfalls
des Wasserstoffperoxyds in das einwertige O_2-Ion liegen noch keine verläßlichen
Untersuchungen vor (s. z. B. J. Meyer[158]). Hingegen sind in wäßriger alkalischer
Lösung nach J. D'Ans und W. Friederich[159] die Ionen $(O_2)''$ und HOO′ an-
zunehmen.

Leitfähigkeit. Die spezifische elektrische Leitfähigkeit von Perhydrol wurde
von Joyner[162] bei 25⁰ zu rund 7.10^{-6} reziproke Ohm, jene einer 4,5%igen Lösung
von Calvert[160] zu $2,89.10^{-8}$ gefunden. Von Mumm[161] wurde außer der Dissoziation in die Ionen H· und —OOH′ auch eine solche in OH· und HO′ sowie
HO· und OH′ angenommen, die jedoch wenig wahrscheinlich ist. Nach der Bestimmung der Dissoziationskonstante der Dissoziationsstufe in H· und —OOH′
durch R. A. Joyner[162], der bei 0⁰ für K einen Wert von $6,7.10^{-13}$ und bei 25⁰
von $2,4.10^{-12}$ ermittelte, ist schon die Dissoziation des Wasserstoffperoxyds für
die erste Dissoziationsstufe sehr gering, so daß man praktisch nur mit H· und
—OOH′ zu rechnen hat. Bei dem Zerfall des Wasserstoffperoxyds nach
$H_2O_2 \rightleftharpoons H· + OOH′$ werden nach Joyner pro Mol rund $8,6.10^3$ cal als Ionisa-
tionswärme verbraucht. Von A. C. Cuthberton und O. Maaß[163] wurde in
Einklang mit Joyner ein oberer Grenzwert der Leitfähigkeit von reinem Wasserstoffperoxyd von 2.10^{-6} ermittelt. Auf Grund dieser Dissoziation kann man die
Peroxyde usw. als Salze des Wasserstoffperoxyds auffassen, aus denen durch
verdünnte Mineralsäuren das H_2O_2 in ähnlicher Weise in Freiheit gesetzt wird wie
sonst eine schwache Säure durch eine starke.

Die Leitfähigkeitsmessungen von Lösungen von Kaliumchlorid und Essigsäure
in Wasserstoffperoxyd ergaben, daß der Dissoziationsgrad von KCl in H_2O_2 etwa
der gleiche ist wie in Wasser, hingegen zeigte die Essigsäure eine viel kleinere
Leitfähigkeit als die entsprechende wäßrige Lösung. Untersuchungen der Leitfähigkeit von Ameisen-, Glykol-, Essig- und Propionsäure mit H_2O_2 (W. H.
Hatcher und M. G. Scurrock[164]) bei 0,5⁰ zeigen zeitliche Änderungen, die
auf die Bildung von Persäuren zurückzuführen sind. Aus der Gefrierpunktserniedrigung von Lösungen von Natriumchlorid, Natriumnitrat, Natriumsulfat
und Rohrzucker geht hervor, daß beim Wasserstoffperoxyd fast dasselbe Disso-
ziationsvermögen vorhanden ist als beim Wasser (O. Maaß und ·W. H. Hatcher[165]).

Die spektroskopisch bestimmte Dissoziationsarbeit des Wasserstoffperoxyds
nach $H_2O_2 \rightleftharpoons 2\,OH′$ von H. C. Urey, L. H. Dawsey und F. O. Rice[175] ergab
eine Dissoziationsarbeit von weniger als 2,0 Volt und eine Dissoziationswärme
von weniger als 46 kcal, nach der Methode der kontinuierlichen Absorption und
Bandenfluoreszenz ermittelt.

Assoziation. Über die Teilchengröße des gelösten Wasserstoffperoxyds liegen
gleichfalls Untersuchungen und Berechnungen vor. Aus Messungen der Ober-

flächenspannung des reinen Wasserstoffperoxyds bei $0,2^0$ und $18,2^0$ berechneten Maaß und Hatcher[146] nach der Formel von Ramsay und Shields einen Assoziationsgrad, das ist das Verhältnis von scheinbarem Molekulargewicht zum einfachen Molekulargewicht von 34 zu 3,48 bei 0^0. A. Rieche[120] leitete daraus sowie aus kryoskopischen Molekulargewichtsbestimmungen an Alkylperoxyden, namentlich in organischen Lösungsmitteln, die Annahme ab, daß die konzentrierten Lösungen des Wasserstoffperoxyds assoziiert sind. Für diese Anschauung spricht auch die von Scheibe[166] und seinen Mitarbeitern und Rieche auf optischem Wege nachgewiesene Dipolnatur der Peroxyde mit Einschluß des Wasserstoffperoxyds, was besonders durch Verschiebung der Absorption durch polare Lösungsmittel in Abhängigkeit vom Dipolmoment nachgewiesen wurde. So erleiden meistens die Absorptionsbande der Peroxyde und besonders deutlich des Wasserstoffperoxyds in wäßriger Lösung eine Verschiebung nach kürzeren Wellen hin gegenüber der Normallage in Heptan. Die Annahme der Assoziation als Ursache einer geringeren Beweglichkeit der Wasserstoffperoxydteilchen besitzt daher eine große Wahrscheinlichkeit, obwohl z. B. kryoskopische Messungen von G. Tammann[167], W. Orndorff und J. Waite[168], G. Carrara[169] und H. T. Calvert[156] zu der Annahme führten, daß das Wasserstoffperoxyd in wäßrigen Lösungen verschiedener Konzentration in einer monomolekularen Verteilung vorhanden sei. Kurt G. Stern[170] berechnete hingegen aus der Diffusionsgeschwindigkeit des Wasserstoffperoxyds in Wasser, Methylalkohol,

Azeton und Äther auf Grund der Eulerschen Gleichung $\dfrac{D_1}{D_2} = \dfrac{\sqrt{M_2}}{\sqrt{M_1}}$ für Wasserstoffperoxyd in Wasser einen Assoziationsgrad von 2,7, in 99,4%igem Äthylalkohol von 5,1, in Methylalkohol von 20, in Aceton von 24 und in Äther von 10, so daß das Wasserstoffperoxyd in gelöster Form sehr wahrscheinlich assoziiert anzunehmen ist. Die Messungen der Diffusionsgeschwindigkeit durch Stern ergaben ferner, daß diese mit der Konzentration des Wasserstoffperoxyds merklich ansteigt.

Potential. Das Wasserstoffperoxyd vermag einer Platin- oder Palladiumelektrode zwei Potentiale zu verleihen, ein Reduktions- und ein Oxydationspotential. Das erstere beträgt nach K. Bornemann[171] wahrscheinlich $\varepsilon_0 = {} = + 0,66 \pm 0,03$ V, das letztere $\varepsilon_0 = + 1,80 \pm 0,03$ V, nach S. Hakomori[172] $+ 0,6819$ bzw. $+ 1,7693$ V. Das Potential einer reversiblen Wasserstoffperoxydelektrode wird von Hakomori zu $\varepsilon_0 - + 0,7855 \pm 0,004$ V angegeben.

Dielektrizitätskonstante. Die Dielektrizitätskonstante von Wasserstoffperoxyd und Gemischen mit Wasser wurde von Cuthberton und Maaß[163] gemessen und folgende Werte gefunden (Tab. 4):

Tabelle 4.

% H_2O_2	99,45	98,87	81,27	63,8	50,23	20,8	14,0	6,9
DE.	98,2	91,2	101,6	108,8	115,0	113,5	108,5	94,0

Es zeigt sich demnach bei einer Konzentration von 35% ein Maximum in der DE. Nach neueren Messungen von L. B. Linton und O. Maaß[173] beträgt die DE. für das reine Wasserstoffperoxyd 93,7 gegenüber jener des Wassers von 84,4 bei 0^0. Von diesen Forschern wurde das Dipolmoment des Wasserstoffperoxyds in Äther und Dioxan als nicht polare Lösungsmittel bestimmt und zu 2,06 bzw. $2,13.10^{-18}$ e._st. E. (Wasser als Vergleich 1,71 bzw. $1,90.10^{-18}$ e._st. E.) gefunden.

Ausdehnungskoeffizient. Der mittlere Ausdehnungskoeffizient des reinen Wasserstoffperoxyds zwischen Temperaturen von -10^0 bis 20^0 beträgt nach Maaß und Hatcher[146] 0,00107, die latente Schmelzwärme 74 cal/g, die spezifische Wärme des flüssigen reinen Wasserstoffperoxyds 0,579, jene des festen 0,470. Besonders hoch ist die Verdampfungswärme, die 11610 cal/Mol beträgt. Nach de Forcrand[174] beträgt die Schmelzwärme von Wasserstoffperoxyd 2,70 cal/g bzw. 9,18 kcal/Mol.

Viskosität. Die innere Reibung beträgt bei $0,04^0$ 0,01828, bei $12,20^0$ 0,01447 und bei $19,60^0$ 0,01272. Die Viskosität der wäßrigen Lösungen bei 0^0 und 18^0 wird durch folgende Wertepaare wiedergegeben. (Tab. 5; alle Angaben nach Maaß und Hatcher[146]).

Tabelle 5.

% H_2O_2	5,71	14,98	44,83	68,50	83,15
0^0	0,01662	0,01734	0,01846	0,01938	0,01909
18^0	0,01061	0,01072	0,01204	0,01285	0,01300

Brechungsindizes. Als Brechungsindex des flüssigen Wasserstoffperoxyds erhielten Maaß und Hatcher[146] für n_D^{22} den Wert von 1,4139. Für die Brechungsindizes eines Wasserstoffperoxyds der Dichte $s_4^0 = 1,4581$ und einem Siedepunkt von $69,2^0$ bei 26 mm Druck bei verschiedenen Wellenlängen gibt Brühl[20] für eine Temperatur von $20,4^0$ folgende Werte an (Tab. 6):

Tabelle 6.

Li	H_α	Na	Tl	H_β	H_γ
1,40379	1,40421	1,40624	1,40850	1,41100	1,41494

Spezifische Refraktion und Dispersion: $\dfrac{n^2-1}{(n^2+2)\,d} = n.$

n_α	n_{Na}	n_γ	$n_\gamma - n_\alpha$
0,1703	0,1710	0,1742	0,0039

Molekulare Dispersion und Refraktion: $\dfrac{n^2-1}{n_2+2} \cdot \dfrac{P}{d} = m.$

m_α	m_{Na}	m_γ	$m_\gamma - m_\alpha$
5,789	5,814	5,924	0,135

Der Atomraum des flüssigen Wasserstoffperoxyds in Steren wurde von J. Traub[176] zu 7,5 gefunden. Das Absorptionsspektrum von H_2O_2-Dampf im UV-Spektralbereich zeigt keine Bande. Es setzt bei 2055 Å scharf ein, entsprechend einer Energie von 139,7 kcal. Auch das Rekombinationsspektrum ist kontinuierlich und beginnt bei 4800 Å entsprechend 59,6 kcal[176a].

Bildungswärme. Das Wasserstoffperoxyd ist eine endotherme Verbindung in bezug auf das Wasser, da die Bildungswärme aus den Elementen $H_2 + O_2 = = H_2O_2$ (flüssig) $-$ 45320 cal beträgt (J. Thomsen[177]). Es besitzt somit die Neigung, nach der Gleichung $H_2O_2 = H_2O + O + 23450$ cal in Wasser und Sauerstoff zu zerfallen, d. h. es befindet sich in einem Gleichgewichtszustand, der fast vollkommen zugunsten des Wassers verschoben ist (Matheson und Maaß[153]). Für die Reaktion $H_2O + O = H_2O_2$ beträgt die Bildungswärme nach

Berthelot[178] —21 600 cal, nach Thomsen[177] —23 059 cal. Die maximale Nutzarbeit A'_m von gasförmigem Wasserstoffperoxyd beträgt nach Lewis und Randall[99] 24 730 kcal, des flüssigen 28 230 kcal und des festen 27 980 kcal, der erste Wert nach der Dampfdruckmethode, die letzteren aus der Schmelzwärme bestimmt.

Mischbarkeit. Mit Wasser ist das Wasserstoffperoxyd in allen Verhältnissen mischbar. Aus diesen Lösungen friert in der Kälte ein Teil des Wassers aus. Die Lösungswärme von flüssigem Wasserstoffperoxyd in Wasser beträgt ungefähr 460 cal (Forcrand[179]). Auf die Haut gebracht, macht es in sehr kurzer Zeit die Epidermis weiß und verursacht ein starkes Jucken, das jedoch nach 15 bis 20 Minuten wieder vergeht. Die weißen Flecken selbst verschwinden erst nach einigen Stunden, ohne irgendwelche Schädigungen bewirkt zu haben. Dabei hat sich gezeigt, daß die Wirkung z. B. einer 30%igen Wasserstoffperoxydlösung die Tätigkeit der Schweißdrüsen sehr stark herabsetzt, so daß das Perhydrol in der Therapie direkt zur Verringerung der Schweißabsonderung verwendet wird. 99,6- bis 88,4%iges Wasserstoffperoxyd ist in allen Verhältnissen mit Alkohol mischbar, jedoch nur teilweise mit Äther. In reinem trockenen Benzol ist reines H_2O_2 unlöslich, auch beim Zusatz von Alkohol zeigt sich keine vollständige Mischbarkeit. In nicht zu verdünnten wäßrigen Lösungen kann es dem Wasser durch verschiedene Lösungsmittel wieder entzogen werden. So beträgt der Verteilungskoeffizient von Wasserstoffperoxyd zwischen Wasser und Äther 0,043 (Perschke und Tschufarow[181]). Es ist daher möglich, mit viel Äther aus wäßrigem Wasserstoffperoxyd dieses zu entziehen. In der ätherischen Lösung ist es weit beständiger als in wäßriger. Bei der Destillation destilliert es unzersetzt mit. Aus der ätherischen Lösung kann das Wasserstoffperoxyd wieder umgekehrt mit mindestens der vierfachen Menge Wasser oder schon geringeren Mengen Kalilauge wieder herausgelöst werden. Für H_2O_2 in Wasser zu H_2O_2 in Chinolin fanden J. H. Walton und H. A. Lewis[182] einen Wert von 0,276 bei 0^0.

Dichte. Die Angabe der Konzentration der wäßrigen Lösung des Wasserstoffperoxyds erfolgt in der Medizin nach Gewichtsprozent, d. i. g H_2O_2 in 100 g Lösung, ansonsten in Volumprozenten, d. h. nach g H_2O_2 in 100 ccm der Lösung. In manchen Ländern steht auch die Angabe nach jenem Volumen aktiven Sauerstoffs in Litern in Gebrauch die aus der betreffenden Wasserstoffperoxydlösung durch Zersetzung entwickelt werden kann. In der nebenstehenden Tabelle 7 sind für die verschiedenen Konzentrationen wäßriger

Tabelle 7.

Dichte D_4^{18}	Gewichts-%	Vol.-%	Vol. akt. O
0,9986	0	0	0
1,0018	1,0	1,0	3,3
1,0034	1,5	1,5	5
1,0050	2	2,0	6,6
1,0083	3	3,0	10
1,0134	4,55	4,55	15
1,0151	5	5,1	17
1,0187	6	6,15	20
1,0241	7,5	7,7	25
1,0336	10,0	10,35	34
1,0526	15,0	15,8	52
1,0717	20,0	21,45	70
1,0911	25,0	27,3	90
1,1023	27,2	30,0	100
1,1111	30,0	33,33	110
1,1331	35,0	39,7	132
1,1561	40,0	46,25	153
1,1796	45,0	53,1	175
1,2031	50,0	63,15	208
1,2505	60,0	75,05	248
1,2980	70,0	90,85	300
1,3456	80,0	107,65	355
1,3936	90,0	125,4	415
1,4649	100,0	144,4	475

Wasserstoffperoxydlösungen die Dichte der betreffenden Lösung bei 18°, die Gewichtsprozente, Volumprozente und Volumina an aktivem Sauerstoff in Litern angegeben[183].

Es entsprechen daher 1 kg 30-vol.-%iges H_2O_2 0,77 kg 40-vol.-%igem H_2O_2 oder 1 l 30-vol.-%iges H_2O_2 0,75 l 40-vol.-%igem H_2O_2, bzw. 1 kg 40-vol.-%iges H_2O_2 1,30 kg 30-vol.-%igem H_2O_2 oder 1 l 40-vol.-%iges H_2O_2 gleich 1,33 l 30%igem H_2O_2.

Reines wasserfreies Wasserstoffperoxyd ist nur um 0° vollkommen beständig, während es sich beim Erhitzen in Glas zersetzt. Holz zersetzt es, bei Gegenwart einer kleinen Menge Säure sogar unter Feuererscheinung. Wolle kommt beim Auftropfen von wasserfreiem Wasserstoffperoxyd gleichfalls zur Entzündung. Metalle bewirken Zersetzung, Natrium z. B. ruft Explosionen hervor. Lebendes tierisches Gewebe wird durch reines Wasserstoffperoxyd nicht verletzt, totes aber in immer stürmischer werdender Reaktion zerstört. Blut zersetzt stürmisch. Gegen Erschütterungen ist reines Wasserstoffperoxyd sehr empfindlich, es tritt Sauerstoffentwicklung auf, die sich bis zur Explosion steigern kann, so daß es z. B. in 100%iger Lösung einen Eisenbahntransport nicht verträgt. Beim heftigen Reiben oder der Berührung mit oxydablen Körpern ereignen sich außerordentlich starke Explosionen. Selbst 90%iges Wasserstoffperoxyd gibt bei Berührung mit Platin oder Mangandioxyd eine Explosion. Reines Wasserstoffperoxyd ist durch eine Knallquecksilbersprengkapsel nicht zur Explosion zu bringen, liefert aber mit organischen Beimischungen wirksame Sprengstoffe. Viele organische Stoffe, wie Stärke, Zellulose und deren Abbauprodukte, von Proteinen das Eiweiß und die Seide, sind in konzentriertem, mindestens 60%igem Wasserstoffperoxyd löslich. Wolle löst sich nicht auf, wird aber nach dem Auswaschen kautschuk- artig elastisch und verliert diese Eigenschaft nach dem Trocknen wieder (M. Bam- berger und J. Nußbaum[180]).

Strahlung. Sehr interessant und Gegenstand zahlreicher Untersuchungen ist auch die schwärzende Wirkung des Wasserstoffperoxyds und mancher Derivate auf die photographische Platte gewesen. Es tritt hierbei bei hochempfindlichen Trockenplatten eine Reduktion des Bromsilbers auch an solchen Stellen ein, die überhaupt kein Licht erhalten haben Da sich auch bei der Einwirkung von Dämpfen von Terpentin, Harzen und Firnis auf die photographische Platte Schwärzungen einstellen, ist die Annahme sehr wahrscheinlich, daß vor allem das Wasserstoffperoxyd bei der Einwirkung dieser und anderer Körper, wie Metalle, die im Dunkeln die Bromsuberplatte schwärzen, das wirksame Agens ist, das durch Autoxydation dieser Stoffe an feuchter Luft entstanden ist. Wasser- stoffperoxyde und andere Peroxyde üben auch auf das latente photographische Bild eine bemerkenswerte verstärkende Wirkung aus, so daß z. B. das m-Chlor- benzoylperoxyd eine praktisch verwertbare Verstärkung zeigt (C. B. Barnes, W. R. Whitstone und W. A. Lawrence[184]). Für eine Schwärzung der Platten ist es nicht erforderlich, daß die Wasserstoffperoxydlösung mit dieser in Berührung kommt, so daß die Annahme aufgetaucht ist, daß vom Wasserstoffperoxyd eine Strahlung ausgeht (Graetz[185]). S. E. Sheppard und E. P. Wightman[186] fassen die verschleiernde Wirkung des Wasserstoffperoxyds als eine Chemilumines- zenzerscheinung mit kurzer Wellenlänge auf, die durch seine fortschreitende Zersetzung hervorgerufen wird. Auch E. Fuchs[187] schließt sich der Auffassung der Schleierbildung durch eine Lumineszenzstrahlung an (Näheres s. auch Lüppo-Cramer, Die Grundlagen der photographischen Negativverfahren, 3. Aufl., S. 337ff., Knapp, 1927). Eine allgemein anerkannte Erklärung für den Verschleierungsvorgang gibt es jedoch noch nicht.

In der folgenden Zusammenstellung sind die wichtigsten physikalischen Konstanten des Wasserstoffperoxyds angegeben:

Spezifisches Gewicht (flussig)............... $s_4^0 =$ 1,4649
  „   „   (Kristalle) .... $s^0{}_{-7,5} =$ 1,4637
Schmelzpunkt des reinen wasserfreien H_2O_2 ...... — 0,89° C
Siedepunkt bei normalem Druck................. 151,4°
Molare Verdampfungswärme.................... 11 610 Cal/Mol
Troutonsche Konstante....................... 27,3
Oberflachenspannung des reinen H_2O_2 bei 18,2° C . 75,94 Dyn
Magnetische Suszeptibilitat .... $8,8 . 10^{-7}$ e.-st. E.
Spez. Leitfähigkeit von Perhydrol bei 25° .... $7 . 10^{-6}$ Ohm^{-1}
  „   „   einer 4,5%igen H_2O_2-Lösung ... $2,89 . 10^{-8} . Ohm^{-1}$
Oberer Grenzwert der Leitfahigkeit von reinem H_2O_2 $2 . 10^{-6} . Ohm^{-1}$
Dissotiationskonstante von $H_2O_2 \rightleftharpoons H\cdot + OOH'$
  bei 25°......................... $2,4 . 10^{-12}$
Ionisationswarme pro Mol..................... $8,6 . 10^3$ cal
Oxydationspotential von H_2O_2................... + 1,80 ± 0,03 Volt
Reduktionspotential von H_2O_2................... + 0,66 ± 0,03 „
Dielektrizitatskonstante von reinem H_2O_2 93,7
  „   „   20,8% H_2O_2......... 113,5
Mittlerer Ausdehnungskoeffizient von reinem H_2O_2
  zwischen — 10 und 20° 0,00107
Latente Schmelzwärme .... 74 cal/g
Spezifische Wärme von flussigem H_2O_2 0,579
  „   „   „ festem H_2O_2............. 0,470
Schmelzwärme .... 9,18 kcal/Mol
Innere Reibung von reinem H_2O_2 bei 19,60° 0,01272
  „   „   „ 5,71% H_2O_2 bei 18°......... 0,01061
Brechungsindex .... $n_D^{22} =$ 1,6139
Bildungswärme...... $H_2 + O_2 = H_2O_2$ (flüssig) = 45 320 cal
Zerfall .... $H_2O_2 \rightarrow H_2O + O + 23\,450$ cal
Lösungswärme von flussigem H_2O_2 in Wasser..... 460 cal
Verteilungskoeffizient von H_2O_2 zwischen Wasser
  und Äther.................................... 0,043

Literaturverzeichnis.

[146] Journ. Amer. chem. Soc. 42, 2548, 1920; Chem. Ztrbl. 1921 I, 555. — [147] Ber. Dtsch. chem. Ges. 28, 2247, 1895. — [148] Ztschr. anorgan. allg. Chem. 8, 424; 9, 205, 1895. — [149] Ztschr. angew. Chem. 15, 642, 1902. — [150] Journ. Amer. chem. Soc. 42, 2569, 1920; Chem. Ztrbl. 1921 I, 535. — [151] Ztschr. anorgan. allg. Chem. 164, 10, 1927. — [152] Journ. Amer. chem. Soc. 46, 2693, 1924; Chem. Ztrbl. 1925 I, 2213. — [153] Journ. Amer. chem. Soc. 51, 674, 1929; Chem. Ztrbl. 1929 I, 2289. — [154] Journ. Amer. chem. Soc. 44, 2472, 1922; Chem. Ztrbl. 1923 I, 1211. — [155] Compt. rend. Acad. Sciences 100, 772, 1885; J. B. 1885, 378. — [156] Ztschr. physikal. Chem. 38, 513, 1901; Ztschr. Elektrochem. 7, 622, 1901. — [157] Gazz. chim. Ital. 33, 362, 1903; Chem. Ztrbl. 1904 I, 246. — [158] Journ. prakt. Chem. 72, 278, 1905. — [159] Ztschr. anorgan. allg. Chem. 73, 325, 1912. — [160] Ann. Physik (4), 1, 483, 1900. — [161] Ztschr. physikal. Chem. 59, 459, 492, 497, 1907. — [162] Ztschr. anorgan. allg. Chem. 77, 103, 1912. — [163] Journ. Amer. chem. Soc. 52, 489, 1930; Chem. Ztrbl. 1930 I, 3408. — [164] Canadian Journ. Res. 4, 35, 1931; Chem. Ztrbl. 1931 II, 967. — [165] Journ. Amer. chem. Soc. 44, 2472, 1922; Chem. Ztrbl. 1923 I, 1211. — [166] Ber. Dtsch. chem. Ges.

59, 1321, 2616, 2617, 1926. — [167] Ztschr. physikal. Chem. **4**, 441, 1889; **42**, 431, 1893. — [168] Ebenda **12**, 63, 1893. — [169] Ebenda **12**, 498, 1893. — [170] Ber. Dtsch. chem. Ges. **66**, 547, 1933. — [171] Nernst-Festschr. 1912, 118; Chem. Ztrbl. **1912 II**, 999. — [172] Chem. Ztrbl. **1931 II**, 1109. — [173] Canadian Journ. Res. **4**, 322, 1931; Chem. Ztrbl. **1931 I**, 3334; Chem. Ztrbl. **1931 II**, 2571. — [174] Compt. rend. Acad. Sciences **130**, 1620, 1900. — [175] Journ. Amer. chem. Soc. **51**, 1371, 1929. — [176] Ber. Dtsch. chem. Ges. **40**, 431, 1907. — [176a] Chem. Ztrbl. **1935 I**, 3888. — [177] Thermodynam. Unters. Leipzig 2, 58. — [178] Compt. rend. Acad. Sciences **90**, 331, 897, 1880; J. B. **1880**, 109, 136. — [179] Compt. rend. Acad. Sciences **130**, 1250, 1620, 1900. — [180] Monatsh. Chem. **40**, 411, 1920. — [181] Chem. Ztrbl. **1926 I**, 2427; Ztschr. anorgan. allg. Chem. **151**, 121, 1926. — [182] Journ. Amer chem. Soc. **38**, 633, 1916; Chem. Ztrbl. **1916 I**, 1009. — [183] Ullmanns Enzyklop. Techn. Chem., 2. Aufl., 10. Bd., S. 421, 1932. — [184] Journ. physical Chem. **35**, 2637, 1931; Chem. Ztrbl. **1932 I**, 1614. — [185] Physikal. Ztschr. **5**, 688, 1904; Chem. Ztrbl. **1904 II**, 1561. — [186] Journ. Franklin Inst. **195**, 337, 1923; Chem. Ztrbl. **1923 IV**, 555. — [187] Photogr. Industrie **1924**, Nr. 3/4, 5/6.

V. Die chemischen Eigenschaften des Wasserstoffperoxyds.

Die überaus mannigfaltigen Reaktions- und Verbindungsmöglichkeiten des Wasserstoffperoxyds haben diesen Körper schon bald nach seiner Entdeckung zu der interessantesten anorganischen Verbindung werden lassen. Besonders das Vermögen, unter Umständen sowohl oxydierende als auch reduzierende Wirkungen hervorzurufen, bildeten den größten Anreiz für viele Forscher, sich mit dieser merkwürdigen Verbindung näher zu befassen und ihre Reaktionen gründlicheren Untersuchungen zu unterziehen. Auch die richtige Erwägung, daß auf Grund einer genaueren Kenntnis des Verhaltens des Wasserstoffperoxyds unter Umständen ein näherer Einblick in den Reaktionsmechanismus der Lebensvorgänge erhalten werden könnte, war der Anlaß für zahlreiche Untersuchungen.

Die vielen Reaktionen des Wasserstoffperoxyds lassen sich im allgemeinen in folgende große Gruppen einteilen: 1. Die Oxydationserscheinungen. 2. Die Reduktionsvorgänge. 3. Die Übertragung der —OO—-Brücke. 4. die Molekülanlagerung.

Oxydation. Die Oxydationsfähigkeit des Wasserstoffperoxyds beruht darauf, daß ein Atom Sauerstoff verhältnismäßig leicht abgespalten wird. Bringt man z. B. ein Sulfit oder schweflige Säure mit Wasserstoffperoxyd zusammen, so werden diese glatt zu Sulfat oder Schwefelsäure oxydieren. Auch bei der Einwirkung auf Bleisulfid entsteht Bleisulfat, während bei der Oxydation von Arsensulfid neben Arsen- auch Schwefelsäure gebildet wird. Phosphorige und arsenige Säure werden schnell in die entsprechenden Säuren übergeführt. Die Umwandlung der niedrigeren Wertigkeitsstufe der komplexen Kaliumcyanverbindungen des Eisens oder Kobalts in die höhere erfolgt mittels Wasserstoffperoxyds ganz leicht. Thiosulfat wird nach Willstädter[189] in zwei Phasen zu Sulfat oxydiert:

$$\text{a) } 3\,Na_2S_2O_3 + 4\,H_2O_2 = 2\,Na_2S_3O_6 + 2\,NaOH + 3\,H_2O,$$
$$\text{b) } Na_2S_2O_3 + 2\,NaOH + 4\,H_2O_2 = 2\,Na_2SO_4 + 5\,H_2O.$$

Dieser Reaktionsverlauf wurde von N. Tarugi und G. Vitali[190] bestätigt.

Selen wird von reinem Wasserstoffperoxyd zu Selensäure, Arsen zu Arsensäure, Molybdän zu Molybdäntrioxyd, Wolfram zu Wolframtrioxyd, Chrom zu Chromsäure oxydiert (Thénard[3]). Kristallisiertes Tellur löst sich in 60%igem H_2O_2 schwer, amorphes und kolloidales Tellur aber leicht zu Tellursäure auf (G. Schluck[188]).

Wäßriges Ammoniak wird nach Schönbein, Weith und Weber[191] zu Ammonnitrat oxydiert. Desgleichen erfolgt bei 40° eine quantitative Oxydation von Hydroxylamin (Wurster[192]) nach folgendem Reaktionsschema:

$$\begin{pmatrix} NH_2OH \\ NH_2OH \end{pmatrix} \cdot H_2SO_4 + 6\,H_2O_2 = H_2SO_4 + 2\,HNO_3 + 6\,H_2O.$$

In alkalischer Lösung bildet sich aus Hydroxylamin durch Wasserstoffperoxyd neben N_2O und NO auch salpetrige Säure.

Mit Ausnahme der Flußsäure, die auf Wasserstoffperoxyd direkt als Stabilisator wirkt, verursachen alle anderen Halogenwasserstoffsäuren bei allen Konzentrationen eine Zersetzung, die bei Salzsäure mit relativ geringer Geschwindigkeit vor sich geht. O. Maaß und P. G. Hiebert[193] nehmen an, daß hierbei an der Reaktion undissoziierte H_2O_2-Moleküle teilnehmen, und zwar dürften sich die HCl-Moleküle mit dem Wasserstoffperoxyd zunächst zu einem Komplex nach $H_2O_2 + HCl \rightleftharpoons H_2O_2 \cdot HCl$ verbinden. Die Reaktion selbst würde dann nach folgenden Gleichungen vor sich gehen, wobei Maaß und Hiebert eine unsymmetrische Konstitution des Wasserstoffperoxyds mit vierwertigem Sauerstoff annehmen.

1. $H_2O_2 \cdot HCl \rightarrow H_2O \!\!\begin{array}{c} \diagup OH \\[-2pt] \diagdown Cl \end{array}\!\! \rightarrow H_2O + HOCl.$

2. $HOCl + H_2O_2 \rightarrow H_2O + O_2 + HCl.$

3. $HOCl + HCl \rightleftharpoons Cl_2 + H_2O.$

Eine Stütze für den wahrscheinlichen Reaktionsverlauf über die unterchlorige Säure bietet die experimentell bewiesene Tatsache, daß die Zersetzung des Wasserstoffperoxyds durch Halogene allein offenbar durch die Hydrolyse der letzteren verursacht wird und daß die resultierende Oxysäure (Gleichung 3) die Zersetzung des Wasserstoffperoxyds unter gleichzeitiger Bildung von Halogenwasserstoff (Gleichung 2) bewirkt. Gasförmiger Bromwasserstoff verhält sich sehr ähnlich. Beim Einleiten in reines wasserfreies Wasserstoffperoxyd sinken in der Flüssigkeit Tropfen von Brom zu Boden (O. Maaß und W. H. Hatcher[194]). In 87%iger und 70%iger Lösung von H_2O_2 entwickelt sich beim Einleiten von HCl Chlor, dagegen nicht in 21%iger Lösung, in 50%iger erst nach einiger Zeit. Reines wasserfreies Wasserstoffperoxyd ist ein vorzügliches Mittel, um Chlorgas von den kleinsten Spuren von Salzsäure zu befreien. Aus den Bromiden und Jodiden von Natrium und Kalium wird von reinem H_2O_2 stürmisch Brom und Jod abgeschieden. M. Bobdelsky[195] gibt an, daß Chlorwasserstoff- und Bromwasserstoffsäure durch Wasserstoffperoxyd nur in konzentrierten Elektrolytlösungen oxydiert werden, nicht aber in verdünnteren. Die Reaktionsgeschwindigkeit ist dabei direkt dem Bromgehalt proportional. Der Salzeffekt scheint hauptsächlich auf der Wirkung des Kations zu beruhen, da besonders beim Chlorwasserstoff die Reaktionsgeschwindigkeit vom Kation abhängig ist.

Reaktion mit Jodverbindungen. Sehr eingehend ist die Einwirkung des

Wasserstoffperoxyds auf Lösungen von Kaliumjodid untersucht worden. Versetzt man eine Wasserstoffperoxydlösung mit Kaliumjodid, so nimmt die Lösung eine deutlich alkalische Reaktion an, was auf eine intermediäre Bildung von Hypojodit schließen läßt. Die Reaktion, die zur Ausscheidung von freiem Jod führt und äußerst empfindlich ist — es kann mit Hilfe der Kaliumjodid-Stärke-Reaktion nach Schöne[196] noch ein Teil H_2O_2 in 5 Millionen Teilen Lösung nachgewiesen werden —, nimmt einen äußerst langsamen Verlauf, der nach dem Zeitgesetz der Reaktionen erster Ordnung vor sich geht: $H_2O_2 + J' = H_2O + JO'$. Es bildet sich demnach durch monomolekularen Zerfall des Wasserstoffperoxyds das Hypojodition, das dann in äußerst kurzer Zeit mit einem zweiten Molekül Wasserstoffperoxyd nach der Gleichung

$$H_2O_2 + JO' = H_2O + O_2 + \frac{J_2}{2}.$$

reagiert. In saurer Lösung erfolgt die Einwirkung von Wasserstoffperoxyd auf Jodide viel rascher als in neutraler oder alkalischer Lösung. Die Reaktion

$$H_2O_2 + 2\,KJ + H_2SO_4 = J_2 + K_2SO_4 + 2\,H_2O$$

wird vielfach zur quantitativen Bestimmung des Wasserstoffperoxyds herangezogen, jedoch verläuft die Oxydation der Jodwasserstofflösung zu Jod nur in nicht allzu verdünnten Lösungen entsprechend rasch. Schöne[197] gibt an, daß in einer Lösung von 1 g Wasserstoffperoxyd in 1 l Wasser fast 24 Stunden zur Vollendung der Reaktion erforderlich sind. Sehr stark beschleunigt wird aber die Reaktion von Kaliumjodid und Wasserstoffperoxyd durch Gegenwart geringerer Mengen von Ferrosulfat, Kupfersulfat, Wolfram- oder Molybdänsäure (Brodie[196]).

Die Kinetik der Jodion- und Wasserstoffperoxydreaktion ist sehr eingehend von E. Abel[197] bearbeitet worden. Eine Zusammenstellung für die Möglichkeiten der Reaktionen zwischen Wasserstoffperoxyd, Jod, Jodion und Jodation bringen W. C. Bray und H. A. Liebhafsky[168], die in nachstehender Tabelle wiedergegeben ist.

p_H	J'	J_2	$J_2 + JO_3'$	JO_3'
13	—	$J_2 \rightarrow J'$ sehr schnell	$J_2 \rightarrow J'$ sehr schnell	– –
5	$J' \rightarrow J_2$ mäßig rasch	$J_2 \rightarrow J'$ mäßig rasch (a)	—	$JO_3' \rightarrow J_2 + J'$ sehr langsam (b)
1	$J' \rightarrow J_2$ schneller als (a)	—	$J_2 \rightarrow JO_3'$ schnell	$JO_3' \rightarrow J_2$ schneller als (b)

Von diesen Reaktionen sind besondere interessant $J_2 + 5\,H_2O_2 = 2\,H\cdot + 2\,JO_3' + 4\,H_2O$ und $2\,JO_3' + 2\,H\cdot + 5\,H_2O_2 = J_2 + 6\,H_2O + 5\,O_2$. Die Bromide, wie z. B. Kaliumbromid, wirken auf Wasserstoffperoxyd langsamer, die Chloride am langsamsten und auch nur unvollständig ein.

Bildung von Peroxyden als Zwischenstufe. Im Hinblick auf zahlreiche Oxydationsvorgänge in der lebenden Zelle sowie bei der Autoxydation und Katalyse ist die Einwirkung von Wasserstoffperoxyd auf Ferrosalze bereits Gegenstand zahlreicher Untersuchungen gewesen. Ferroeisen wird durch Wasserstoffperoxyd unter allen Umständen mit außerordentlich großer Geschwindigkeit in Ferrieisen übergeführt. W. Manchot und Wilhelms[199] waren zu dem Ergebnis gekommen, daß das zweiwertige Eisen ungefähr drei Äquivalente Sauerstoff oder $1^1/_2$ Mole Wasserstoffperoxyd verbraucht, woraus sie den Schluß gezogen hatten, daß das Eisen ein „Primäroxyd" von der Stufe Fe_2O_5 bildet. Dieses höherwertige, besonders aktive Eisenperoxyd soll nun seinen Sauerstoff besonders leicht an fremde Substrate unter Zurücksinken auf Ferrieisen abgeben und dadurch sehr leicht Oxydationen bewirken können. Nach dieser Auffassung wäre demnach von einer katalytischen Aktivierung des zweiwertigen Eisens nicht die Rede, da der Oxydationsvorgang sein Ende mit dem Übergang von Ferroeisen in Ferrieisen finden müßte.

Nach neueren Untersuchungen von W. Manchot und G. Lehmann[200] beansprucht bei großer Verdünnung (etwa 1 Mol H_2O_2 auf mindestens 500 l Wasser) ein Atom Fe^{II} drei Äquivalente H_2O_2, von denen zwei als Sauerstoff gasförmig entweichen oder bei Gegenwart eines Akzeptors, wie z. B. von Kaliumjodid oder irgendeiner anderen oxydablen Substanz, auf diese übertragen werden, während sich gleichzeitig Ferrihydroxyd bildet. Die Reaktion ist nicht katalytisch und endet mit dem Übergang des gesamten Eisens in die Ferriform. Diese Umsetzung ist in dieser Form auch nur mit Ferrosalzen, aber nicht mit Ferrisalzen zu erzielen. Dabei entsteht nach der Auffassung von Manchot dreiwertiges Eisen überhaupt nicht direkt aus der Ferrostufe, sondern nur über das Eisenperoxyd, welches entweder sofort zu Fe^{III} zerfällt oder aber durch Ferrosalz zum dreiwertigen Eisen reduziert wird. Es spielen sich demnach nach Manchot folgende Einzelvorgänge in verdünnten Lösungen ab:

$$2\,FeSO_4 + 3\,H_2O_2 = Fe_2O_5 + 2\,H_2SO_4 + H_2O;\ Fe_2O_5 \rightarrow Fe_2O_3 + 2\,O.$$

Bei Gegenwart des Kaliumjodidakzeptors verläuft die Reaktion folgendermaßen:

$$2\,FeJ_2 + 3\,H_2O_2 + 6\,KJ = 2\,FeJ_5 + 6\,KOH;$$
$$2\,FeJ_5 \rightarrow 2\,FeJ_3 + 2\,J_2;$$
$$2\,FeJ_3 + 6\,KOH = 2\,Fe(OH)_3 + 6\,KJ.$$

Für die Annahme eines Primäroxyds sprechen nach Manchot folgende Untersuchungsergebnisse: 1. Der quantitative Umsatz von drei Äquivalenten Wasserstoffperoxyd ist stets reproduzierbar. 2. Vom Kaliumjodidakzeptor wird eine bestimmte Anzahl von Äquivalenten mitoxydiert, was auch als Zerfall eines Eisenpentajodids aufgefaßt werden kann. Aus der Annahme eines Eisenperoxyds ergibt sich auch eine Erklärung für die Verminderung des Verbrauches von Wasserstoffperoxyd und des Umfanges der Oxydation des Kaliumjodids durch lokale Anhäufungen des Eisens.

Auch zeigt sich bei der Bestimmung der Potentialkurve bei der potentiometrischen Titration von verdünnten Wasserstoffperoxydlösungen mit Ferrosalzlösungen im Äquivalenzpunkt bei Zusatz von $1^1/_2$ Molen H_2O_2 nicht sogleich ein steiler Abfall des Potentials, sondern eine Verzögerung, die sehr fur die Existenz des Eisenperoxyds spricht. In dem eigentümlichen Verhalten der Potentialkurve erblickten auch Goard und Rideal[201] einen direkten Beweis für das Auftreten des Eisenperoxyds. Es scheint demnach ein Eisenperoxyd der Formel Fe_2O_5 als intermediäres Zwischenprodukt bei der Einwirkung von Wasserstoffperoxyd auf Ferrosalzlösungen in sehr verdünnter Lösung aufzutreten, obwohl dieses hauptsächlich infolge seiner kurzen Lebensdauer noch nie isoliert werden konnte.

Wesentlich andere Resultate werden bei der Reaktion zwischen Ferrosalzen und neutralen Wasserstoffperoxydlösungen von stärkerer Konzentration erhalten. Mit Zunahme der Wasserstoffperoxydmenge wächst die Menge des freiwerdenden Sauerstoffes immer mehr und geht schließlich über jedes stöchiometrische Verhältnis hinaus. So werden z. B. bei einer Konzentration von 1 Mol H_2O_2 in 0,468 l Wasser pro Atom Fe^{II} bereits 24,5 Äquivalente Wasserstoffperoxyd verbraucht. Als Erklärung für den Mehrverbrauch des Wasserstoffperoxyds kann man annehmen, daß auf Grund der bekannten Eigenschaft des Wasserstoffperoxyds, sauerstoffreiche Substanzen unter Sauerstoffentwicklung zu reduzieren, bei höherer Konzentration das entstandene höhere Eisenperoxyd sofort wieder durch Wasserstoffperoxyd reduziert wird. Dabei bildet sich wieder Ferrosalz zurück, das dann immer wieder aufs neue reagiert. Tatsächlich konnte in den konzentrierteren Wasserstoffperoxydlösungen im Gegensatz zu den verdünnteren bei der Einwirkung auf Ferrosalzlösungen noch nach zwei Minuten mittels des Reagens α, α'-Dipyridyl in Aceton, das die Gegenwart von Ferrosalz an der auftretenden blutroten Farbe erkennen läßt, eindeutig das Vorhandensein von Eisen in der Ferrostufe nachgewiesen werden. Dieser Nachweis gelingt auch, wenn man vom Ferrisalz ausgeht. Aber selbst in den stärkeren Wasserstoffperoxydkonzentrationen ist die Reaktion nicht katalytisch, weil die H_2O_2-Konzentration durch die stärkere Anfangswirkung sehr schnell erheblich heruntergeht und damit auch die reduzierende Wirkung des Wasserstoffperoxyds abnimmt. Gleichzeitig geht auch das zweiwertige Eisen in die viel unwirksamere dreiwertige Stufe über. Diese übt wohl eine katalytische Wirkung aus, die aber gegenüber dem ungleich stärkeren Effekt der zweiwertigen Stufe zu vernachlässigen ist.

In saurer Lösung gehen im allgemeinen wohl die gleichen Vorgänge vor sich, jedoch sind die Verhältnisse schwieriger zu überblicken als in neutralem Medium. Durch die Anwesenheit der Säure wird namentlich das Verhältnis der Geschwindigkeiten der einzelnen Reaktionen zueinander verschoben und dadurch ihre Trennung voneinander erschwert. Bei sehr großer Verdünnung wird durch Zugabe von wenig Säure das Verschwinden des zweiwertigen Eisens verzögert, der Oxydationsvorgang durch die Säure demnach verlangsamt. Setzt man hingegen mehr Säure zu, so wird das zweiwertige Eisen besonders schnell oxydiert. Es hat demnach den Anschein, als ob der primäre Oxydationsprozeß, d. i. die Bildung des Eisenperoxyds, durch die Säure verzögert, der sekundäre Reduktionsprozeß des Eisenperoxyds durch noch vorhandenes Ferrosalz hingegen sehr stark beschleunigt wird. Der gesamte Umsatz, den ein Atom Fe^{II} bewirkt, ist in Anwesenheit von Säure viel geringer als in neutraler Lösung, wenngleich er auch hier den Umsatz von drei Äquivalenten H_2O_2 pro Atom Fe^{II} weit übersteigt. Die Säure vermittelt somit den Umsatz des Wasserstoffperoxyds und verlangsamt ihn gegenüber den Verhältnissen in neutraler Lösung.

Manchot und Lehmann nehmen auch in einem System Fe^{II}, H_2O_2 und organischem Akzeptor eine Reaktion von Wasserstoffperoxyd und Ferroeisen an, die vorerst zur Bildung von Eisenperoxyd führt, worauf sekundär Eisenperoxyd mit noch vorhandenem Fe^{II}-Salz reagiert. Schließlich ist in diesen Systemen auch die Reduktionswirkung von nicht allzu verdünnten Wasserstoffperoxydlösungen auf das Eisenperoxyd möglich, so daß im Grunde genommen auch bei Gegenwart z. B. einer organischen Säure, wie Ameisensäure, der Vorgang zwischen Wasserstoffperoxyd und Ferrosalz prinzipiell nicht verändert wird.

Eine sehr ähnliche Auffassung vertreten H. Goldschmidt, P. Askenasy und Sp. Pierros[202]. Im Gegensatz dazu nehmen H. Wieland und W. Franke[203] an, daß wohl ein Übergang des Eisenions durch Wasserstoffperoxyd in eine höhere Oxydationsstufe möglich sei, diese aber bei der Aktivierung des H_2O_2 in Gegenwart organischer Akzeptoren keine wesentliche Rolle spiele. Vielmehr sei der primäre Oxydationsstoß, der weit über das Äquivalent jedes stöchiometrischen Verhältnisses für ein Eisenperoxyd hinausgeht, von wesentlicher Bedeutung. Als Erklärung für das Wesen dieser Erscheinung nehmen Wieland und Franke an, daß Fe^{II} durch Komplexbildung mit dem Substrat vor der Oxydation zu Fe^{III} eine Zeitlang geschützt bleibt, so daß es das wahrscheinlich angelagerte Wasserstoffperoxyd zur Oxydation des Substrats aktivieren kann. Es wäre aber auch möglich, daß in dem Fe^{II}-Komplex die von der Oxydation betroffenen Wasserstoffatome aktiviert und so dem Wasserstoffperoxyd dargeboten werden, wodurch das Eisen längere Zeit geschützt bleibt. Die Frage, ob tatsächlich bei der Oxydation von Fe^{II} durch Wasserstoffperoxyd ein Primäroxyd, und zwar ein Eisenperoxyd, die wichtigste Rolle spielt, ist nach den Untersuchungen von Manchot für reine Lösungen wohl als wahrscheinlich anzusehen. Ob aber derselbe Reaktionsmechanismus auch bei Gegenwart eines oxydablen organischen Substrats vorliegt, ist noch nicht mit voller Eindeutigkeit geklärt.

Die oxydierende Wirkung des Wasserstoffperoxyds äußert sich auch bei der Einwirkung auf Metalle, die in Oxyde übergeführt werden. Von besonderem Interesse ist das Verhalten gegenüber Aluminium und Aluminiumlegierungen. Während in 60%igen Lösungen die oxydierende Wirkung des Wasserstoffperoxyds überwiegt, wobei sich Schutzschichten von Aluminiumoxyd ausbilden, die jeden weiteren Angriff verhindern, findet in ganz verdünnten Lösungen ein punktförmiger Angriff statt, der aber durch Zusatz von Natriumsilikat herabgemindert werden kann (W. Wiederholt[204]). Wasserstoffperoxyd begünstigt auch sehr stark die Auflösung vieler Metalle in Schwefelsäure, wie z. B. von Quecksilber, Kupfer und Nickel.

Promotorwirkung. Die Reaktionsgeschwindigkeit vieler Oxydationsvorgänge ist von der Anwesenheit von Promotoren abhängig, die gleichzeitig auf das Wasserstoffperoxyd katalytisch zersetzend einwirken. So werden in alkalischen Lösungen, in welchen es stark zur Zersetzung neigt, Chromoxyd zum Alkalichromat, Manganoxydul zum Mangandioxyd usw. oxydiert. Viele Oxydationen verlaufen überhaupt erst bei Gegenwart von Katalysatoren mit bedeutender Geschwindigkeit. Während Schwefelwasserstoff von Wasserstoffperoxyd nur sehr langsam oxydiert wird, erfolgt bei Anwesenheit von Eisensalzen, wie z. B. von Ferrichlorid oder von Hämin, ungleich raschere Oxydation. Als Reaktionsprodukte werden Schwefel und Schwefelsäure gebildet. Unter den optimalen Bedingungen der Wasserstoffionen-, Eisenkonzentration, Temperatur und Schüttelperiode vermag nach A. Wassermann[205] ein Atom Eisen pro Sekunde mindestens 7 Moleküle Wasserstoffperoxyd zur Reaktion zu bringen. Die peroxydatische Wirksamkeit des Eisens ist im vorliegenden Falle etwa 10^4 mal so groß als die katalytische oder oxydative Wirksamkeit mit Schwefelwasserstoff als Substrat.

Bei Gegenwart von Ferrieisen wird Alkohol durch Wasserstoffperoxyd quantitativ zu Essigsäure und schließlich zu Kohlensäure und Wasser oxydiert (J. H. Walton und C. J. Christensen[206]). Nebenher verläuft die Reaktion der katalytischen Zersetzung des Wasserstoffperoxyds durch das Ferriion, wobei beide Reaktionen annähernd monomolekular vor sich gehen. Die Oxydationsgeschwindigkeit wächst mit der Konzentration des Wasserstoffperoxyds, ein Säurezusatz wirkt hingegen in der Reihenfolge Essig-, Salpeter-, Salz- und Schwefelsäure stark hemmend. Ferroionen sind genau so wirksam als Ferriionen, da sie ja sofort in die dreiwertige Stufe übergeführt werden. Kupferionen sind ohne Einfluß, sie beschleunigen nur die Zersetzung des Wasserstoffperoxyds. Walton und Christensen nehmen an, daß die Oxydation über die Bildung von H_2FeO_4 (Eisensäure) vor sich geht.

Hydrazin, das von Wasserstoffperoxyd bei Abwesenheit von Katalysatoren, wie bereits erwähnt wurde, zu Salpetersäure oxydiert wird, wird bei Gegenwart von Eisen, Kupfer oder Eisen und Kupfer praktisch bis zum Stickstoff oxydiert: $N_2H_4 + 2\,H_2O_2 = 4\,H_2O + N_2$ (D. P. Graham[207]).

Typische Kohlehydrate, wie Rohrzucker, Maltose, Lactose usw., werden von Wasserstoffperoxyd bei gewöhnlicher Temperatur nicht angegriffen, wohl aber sehr rasch bei Anwesenheit von Eisensulfat. Beim Rohrzucker wird zuerst die CH_2OH-Gruppe oxydiert, wobei die so entstandene Säure eine Hydrolyse und Disaccharidbildung bewirkt. Es entsteht Ameisensäure und Essigsäure, aber keine Glukonsäure (J. Croik[208]). β-Glukosan ist bei gewöhnlicher Temperatur gegenüber Wasserstoffperoxyd allein gleichfalls beständig, erfährt dagegen bei Anwesenheit von Ferrosulfat eine rasche Veränderung, wobei neben flüchtigen und nicht flüchtigen Säuren auch eine erhebliche Menge von Glukose entsteht. Pyrogallol wird von Wasserstoffperoxyd gleichfalls in Gegenwart bestimmter metallischer Katalysatoren als Oxydationskatalysatoren oxydiert (S. F. Cook[209]). Die Wirksamkeit der Metalle nimmt in der Reihe Eisen, Kupfer, Silber, Kobalt und Mangan ab, wobei das Kupfer z. B. 1000mal so stark wirksam ist als das Kobalt und Mangan. Unwirksam waren Magnesium, Quecksilber, Kadmium, Zink, Zinn, Nickel und Wasserstoffionen (HCl). Die Katalyse der Metalle findet im homogenen System, also im ionisierten Zustande statt. Wahrscheinlich entstehen intermediär Peroxyde, die als Sauerstoffüberträger dienen. Beim Vergleich des Aufbaues der Katalysatormetalle ergibt sich, daß mit Ausnahme von Mangan einerseits und Nickel anderseits die äußeren Elektronenschalen der wirksamen Metalle aus einem einzigen Elektron oder aus einem Ring mit nur einem fehlenden Elektron bestehen.

Die Oxydation von Dicarbonsäuren, wie z. B. Oxalsäure, Weinsäure, Milchsäure, Apfelsäure sowie Ameisensäure, Äthylenglykol und Glyzerin, wird durch gleichzeitige Anwesenheit von Eisen oder Kupfer katalysiert (J. H. Walton und D. P. Graham[210]). Die Endprodukte der Oxydation sind meist Kohlensäure und Wasser, wobei die Oxygruppe die Säure leichter oxydierbar macht. Eine Erhöhung der Azidität vermindert die Geschwindigkeit der Zersetzung des Wasserstoffperoxyds und die Oxydation der Säure.

Indigo und zahlreiche Farbstoffe werden durch Wasserstoffperoxyd entfärbt und zerstört, von welcher Eigenschaft man in der Bleicherei von Textilien ausgedehnten Gebrauch macht. Gallenfarbstoffe, wie Bilirubin, werden durch Wasserstoffperoxyd über grün, blau, violett und farblos oxydiert (W. F. γ. Öttingen und T. Lohmann[211]). Steigende p_H und Temperaturerhöhung beschleunigen den Oxydationsvorgang, in gleichem Sinne wirken auch Eisen, Kupfer und Mangan, während Kadmium-, Merkuri- und Kuproionen sowie Chinon einen verzögernden Einfluß ausüben.

Die Oxydation von Aldehyden. Wichtig ist auch die Reaktion zwischen Wasserstoffperoxyd und Aldehyd, namentlich im Hinblick auf den Assimilationsprozeß in der lebenden Zelle. In alkalischer Lösung erfolgt glatt und quantitativ Oxydation zu ameisensaurem Kalium nach $2\,CH_2O + 2\,KOH + H_2O_2 = 2\,HCOOK + 2\,H_2O + H_2$. Diese Reaktion ist eine der merkwürdigsten des Wasserstoffperoxyds überhaupt, da bei dem Oxydationsvorgang molekularer Wasserstoff entweicht. Bei Abwesenheit von Alkali kommt die Reaktion, wahrscheinlich zufolge der hemmenden Wirkung der entstandenen Ameisensäure, vor dem völligen Verbrauch der Komponenten zum Stillstand. Wird Wasserstoffperoxyd im Überschuß verwendet, so bildet sich mehr Ameisensäure, als dem entwickelten Wasserstoff entspricht, woraus sich ergibt, daß in diesem Falle die Reaktion nicht nur nach

$$CH_2O + H_2O_2 = H_2C(OH).OOH = HCOOH + H_2O,$$

sondern auch unter Mitwirkung des Wassers nach

$$H_2O \cdot \boxed{O + \frac{H}{H}}\; \boxed{\frac{HCO}{HCO} + \frac{OH}{OH}}\frac{H}{H} = 2\,H_2O + 2\,HCOOH + H_2$$

verläuft. Der entwickelte Wasserstoff stammt hierbei nach Ansicht von A. Bach und A. Generosow[212] nur aus dem an der Reaktion beteiligten Wasser. Das Formaldehydmolekül als solches ist aber nicht imstande, sich auf Kosten des Wassers zu Ameisensäure unter Entwicklung von Wasserstoff zu oxydieren. Dagegen wird es dazu befähigt, wenn ihm durch irgendein Oxydationsmittel eines seiner Wasserstoffatome entzogen wird. Für die auffallende Tatsache, daß das Wasserstoffperoxyd durch den freiwerdenden Wasserstoff nicht reduziert wird, ist anscheinend der Umstand maßgebend, daß das Formaldehyd und Wasserstoffperoxyd sich zu einem Komplex vereinigen, in welchem der aktive Sauerstoff gegen den Angriff des Wasserstoffes geschützt ist (s. Blanck und Finkensteiner[213]). Die Oxydation des Formaldehyds kann daher auf eine primär vor sich gehende Addition des Wasserstoffperoxyds als H und OOH an die Carbonylgruppe zurückgeführt werden. Hierher gehört z. B. auch die Oxydation von Ketosäuren durch Wasserstoffperoxyd, die sehr rasch zu Kohlensäure und der nächst niederen Ketonsäure verbrannt werden, wie am Beispiel der Oxydation der Brenztraubensäure gezeigt werden soll:

$$CH_3.CO.COOH + HOOH \rightarrow CH_3.C(OH)(OOH)(COOH) \rightarrow CH_3.\underset{\underset{OH}{|}}{C} = O + CO_2 + H_2O.$$

Von H. Wieland[214] wird die Oxydation des Aldehyds durch Wasserstoffperoxyd als eine Dehydrierung aufgefaßt. Da der wasserfreie Aldehyd z. B. mit Silberoxyd nicht zur Carbonsäure oxydiert wird, wie Wieland am speziellen Fall der Lösung des Chlorals und des Chloralhydrats in trockenem Benzol gezeigt hat, von welchem nur die Lösung des Hydrats von Silberoxyd oxydiert wird, ist

anzunehmen, daß der Aldehyd in Form des Hydrats oxydiert wird. Aus diesem
wird nach

$$R-C\diagdown_{H}^{OH}\!\!\!\!\!-\!OH \xrightarrow{-2H} R-C-OH$$
$$\parallel$$
$$O$$

der Wasserstoff oxydativ abgespalten. Wieland nimmt im Sinne seiner Dehydrierungstheorie überhaupt an, daß das Wasserstoffperoxyd außer auf Grund
einer primären Addition auch durch direkte Aufnahme von Wasserstoff aus dem
zu oxydierenden Substrat oxydierend wirkt.

Die Anlagerung des Wasserstoffperoxyds beim Oxydationsvorgang in Form
von 2 OH-Gruppen ist ungleich seltener als jene als H und OOH. Ein Beispiel
für eine derartige Oxydation ist die der Krotonsäure. Aus dieser entsteht die
α,β-Dioxybuttersäure, die nach Wieland[214] unter Dehydrierung zu Acetaldehyd
und zwei Molen Kohlensäure abgebaut wird. Dabei ist aber in der ersten
Dehydrierungsstufe eine neuerliche Oxydation zur Säure die notwendige Voraussetzung dieses Reaktionsverlaufes.

$$CH_3.CH = CH.COOH + HOOH \rightarrow CH_3.CHOH.CHOH.COOH \xrightarrow{-2H} CH_3.$$
$$.CHOH.CO.COOH \rightarrow CH_3.CHOH.COOH + CO_2 \xrightarrow{-2H} CH_3.CHO + CO_2.$$

Die Krotonsäure kann aber durch Wasserstoffperoxyd nicht nur zu Acet
aldehyd, sondern auch zu Aceton unter Bildung von Acetessigsäure als Zwischenprodukt oxydiert werden. Diese Reaktionsweise ist aber nur möglich, wenn die
Anlagerung des Wasserstoffperoxyds an die Krotonsäure auch als H und OOH
vor sich gehen kann:

$$CH_3.CH = CH.COOH + H.OOH \rightarrow CH_3.CH.OOH.CH_2.COOH \rightarrow$$
$$\rightarrow CH_3.CO.CH_2.COOH \rightarrow CH_3.CO.CH_3 + CO_2$$

Auch bei der Bildung von Aminooxyden aus tertiären Aminen und Wasser
stoffperoxyd, wobei also dieses dem Amin Sauerstoff zuführt, ist eine primär
Addition anzunehmen:

$$R_3N + HOOH \rightarrow R_3N\diagdown_{O|OH}^{|H|} \rightarrow R_3N = O + H_2O.$$

In gleicher Weise können z. B. aus Sulfiden Sulfoxyde entstehen.

Übertragung der —OO—-Brücke. Als Oxydationsvorgänge sind schließlich
auch jene Reaktionen anzusprechen, bei denen durch Einwirkung von HOOH eine
Übertragung der —OO—-Bindung stattfindet. Hier reagiert das Wasserstoffperoxyd auf Grund seiner Säurenatur mit den Basen unter Bildung von Peroxyden. Bringt man z. B. Natronlauge in wäßriger Lösung mit Wasserstoffperoxyd zusammen, so entsteht Natriumperoxyd:

$$2\,NaOH + HOOH = Na_2O_2 + 2\,H_2O.$$

Nach D'Ans ist diese Reaktion aber als Substitution nach der Gleichung
$2\,Na + 2\,H_2O_2 \rightarrow 2\,NaOOH + H_2$ aufzufassen.

In ähnlicher Weise entstehen aus den wäßrigen Lösungen oder Aufschlem-
mungen der Hydrate der Erdalkalioxyde von Calcium, Barium, Magnesium sowie
von Kadmium- und Zinkhydroxyd bei der Einwirkung von Wasserstoffperoxyd

die Peroxyde der betreffenden Metalle, die als unlösliche Niederschläge ausfallen.

Auch bei der Einwirkung von konzentriertem Wasserstoffperoxyd auf Säuren, wie z. B. Schwefel- oder Essigsäure, bilden sich Persäuren, in denen eine Hydroxylgruppe durch die —OOH—-Gruppe ersetzt ist:

$$CH_3COOH + HOOH \rightleftharpoons CH_3COOOH + H_2O \text{ oder}$$

$$H_2SO_4 + H_2O_2 \rightleftharpoons H_2SO_5 + H_2O.$$

Es handelt sich bei diesen Bildungsweisen um umkehrbare chemische Reaktionen, bei welchen durch Erhöhung der Konzentration des Wasserstoffperoxyds das Gleichgewicht der Reaktion auf die Seite der Persäurebildung zu liegen kommt.

Eine der empfindlichsten Reaktionen des Wasserstoffperoxyds überhaupt, nämlich die Bildung von gelbgefärbter Pertitansäure TiO_3, beruht auf der Oxydation einer farblosen Lösung von Titandioxyd nach der Gleichung

$$TiO_2 + H_2O_2 = TiO_3 + H_2O.$$

Von M. Billy und J. Saugalli[215] wurde auch die Bildung der Peroxyde Ti_2O_5 und der Anlagerungsverbindung $Ti_2O_5 . 3H_2O_2$ nach Zusatz von bestimmten Mengen Wasserstoffperoxyd zu einer Titantetrachloridlösung festgestellt.

Auch der sehr empfindliche Nachweis der Bildung der blaugefärbten Überchromsäure beruht auf der Oxydation von Chromat durch Wasserstoffperoxyd. Diese Perchromsäuren werden aus Chromaten, z. B. Kaliumbichromat, in schwefelsaurer Lösung und Wasserstoffperoxyd erhalten. Den blauen Perchromaten kommt die Zusammensetzung $MeCrO_5$ zu, jedoch können diese auch noch ein Mol Kristallhydroperoxyd enthalten. So konnte ein Salz $NH_4CrO_5 . H_2O_2$ isoliert werden, welches ein violettschwarzes Pulver, ähnlich dem gepulverten Kaliumpermanganat, darstellt. R. Schwarz und H. Giese[216] geben den blauen Perchromaten der Zusammensetzung KH_2CrO_7 die Formel $KCrO_6 . H_2O$ und nicht $KCrO_5 . H_2O_2$, da diese nach der Methode von Willstädter[217] kein Wasserstoffperoxyd enthalten. Die blaue Lösung, welche bei der Einwirkung von Wasserstoffperoxyd auf Chromsäurelösungen erhalten wird, ist Gegenstand zahlreicher Untersuchungen gewesen. Durch Ausschütteln mit Äther wird die blaue Perchromsäure von diesem aufgenommen. Bei der Ausführung der Reaktion muß man aber jeden Überschuß von Wasserstoffperoxyd vermeiden, da sich gegenüber der sehr sauerstoffreichen Perchromsäure sofort nach ihrer Entstehung das Reduktionsvermögen des Wasserstoffperoxyds bemerkbar macht. So wird eine reine Chromsäurelösung nach anfänglicher Oxydation zu Überchromsäure sogleich wieder unter Sauerstoffentwicklung zu gelbem chromsaurem Chromoxyd, eine salpeter- oder schwefelsaure Lösung dagegen bis zum grünen Chromioxyd reduziert. In alkalischer Chromatlösung erhält man durch Zugabe von Wasserstoffperoxyd rote Perchromate der Formel Me_3CrO_8, am besten unter Anwendung von tiefen Temperaturen.

Auch mit vielen anderen Metallverbindungen, wie solchen von Molybdän, Wolfram, Uran, Vanadin, Tantal, Niob, entstehen bei der Einwirkung von Wasserstoffperoxyd die entsprechenden Persäuren. So erhält man aus Uranylnitrat oder fester Uransäure und Wasserstoffperoxyd z. B. die Peruransäure $UO_4 . n$ aqu. (A. Sieverts und E. L. Meyer[218]). Die konzentrierten Lösungen der

Kalisalze der Pertantalsäure K_3TaO_8 und $K_3TaO_8 \cdot 0,5\,H_2O$ ergeben nach **Sieverts** und **Meyer** bei Versetzen mit Schwefelsäure unter Vermeidung eines Überschusses die freie Pertantalsäure H_3TaO_8. Diese wird auch aus Tantalsäure und 30%igem Wasserstoffperoxyd und Aussalzen mit Natriumchlorid und Alkohol erhalten, wobei in ihr das Verhältnis von Tantal zu aktivem Sauerstoff wie 1 : 1 ist.

Cerosalze werden nach **Cleve**[199] mittels Ammoniaks und Wasserstoffperoxyds in ein höheres Oxyd des Cers von intensiv gelber Farbe, das Monoperoxycertrihydroxyd $Ce(OH)_3(OOH)$ übergeführt. Diese Reaktion wird bei vielen Umsetzungen des Sauerstoffes, bei denen sich durch Autoxydation usw. Peroxyd bildet, zum quantitativen Abfangen des bei dieser Reaktion entstehenden H_2O_2 verwendet. Nach **A. Lawson** und **E. W. Balson** (Journ. chem. Soc. London **1935**, 362; Chem. Ztrbl. **1935** I, 3770) erfolgt die Einwirkung von Wasserstoffperoxyd auf eine Suspension von $Ce(OH)_3$ in zwei Stufen:

1. $Ce(OH)_3 + H_2O_2 = Ce(OH)_2OOH + H_2O$ (sehr schnell).
2. $3\,Ce(OH)_2OOH + H_2O = 2\,Ce(OH)_3OOH + Ce(OH)_3$ (weniger schnell).

Langsamer verläuft die Reaktion $2\,Ce(OH)_3 + H_2O_2 = 2\,Ce(OH)_4$.

Sehr kompliziert sind die Reaktionsverhältnisse bei der Einwirkung von Wasserstoffperoxyd auf schwefelsaure Vanadinverbindungen. Es bildet sich hierbei eine braunrote, aktiven Sauerstoff enthaltende Verbindung, die nach Leitfähigkeits- und Überführungsmessungen von **J. Mayer** und **A. Pawleta**[219] aber nicht als eine Pervanadinsäure der Formel HVO_4, sondern als ein Peroxovanadat $[V(O_2)]_2(SO_4)_3$ aufzufassen ist, in dem das fünfwertige Vanadin als Kation enthalten ist. Sowohl die Konzentration der Schwefelsäure als auch jene des Wasserstoffperoxyds sind auf die Braunfärbung von Einfluß. So tritt bei Zusatz von Wasserstoffperoxyd zur braunroten Lösung Gelbfärbung ein. Die entstehende hellgelb gefärbte freie Peroxyvanadinsäure ist erst die wahre Pervanadinsäure, die der Orthophosphorsäure sehr ähnlich ist, da sie ungefähr so stark ist wie diese und ebenfalls eine dreibasische Säure der Formel $V(O_2)(OH)_3$ oder $H_3[V(O_2)(O_3)]$ darstellt. Konzentrierte Schwefelsäure und Wasserstoffperoxyd reagieren daher mit peroxovanadinsaurem Salz wie folgt:

$$V(O_2)(SO_4)_3 \text{ (rotbraun)} + 6\,H_2O \underset{H_2SO_4}{\overset{H_2O_2}{\rightleftarrows}} 2\,V(O_2)(OH)_3 \text{ (hellgelb)} + 3\,H_2SO_4.$$

Das Auftreten des rotbraun gefärbten Peroxovanadinsalzes ist eine sehr empfindliche qualitative Reaktion sowohl auf V_2O_5 als auch auf H_2O_2, da sie mit möglichst wenig Wasserstoffperoxyd in einer 15 bis 20%igen Schwefelsäure noch einen Teil V_2O_5 in 160 Teilen Lösung nachzuweisen gestattet.

Auch aus manchen Wolfram- und Molybdänverbindungen entstehen bei der Einwirkung von Wasserstoffperoxyd Perwolframate und Permolybdate. So bildet sich beim Versetzen von Lösungen von Wolframaten mit Wasserstoffperoxyd selbst bei Siedehitze Perwolframat der Formel $H_2WO_5 = \begin{array}{c} O \\ \diagdown \\ O \end{array}\!\!W\!\!\begin{array}{c} OOH \\ \diagup \\ \diagdown\, OH \end{array}$,

bei tiefen Temperaturen noch peroxydreichere Produkte, wie $K_2WO_8 \cdot H_2O$. Die Darstellung der Perwolframate $K_2WO_8 \cdot 0,5\,H_2O$, $Rb_2WO_8 \cdot 3\,H_2O$, $Na_2WO_8 \cdot H_2O$ und $BaWO_8 \cdot 4\,H_2O$ bei der Einwirkung von Wasserstoffperoxyd auf die wasserfreien Wolframate beschreiben **A. Rosenheim**, **N. Hakki** und **O. Krause**[220].

Etwas schwieriger gelingt die Herstellung von Permolybdaten der Formel $x R_2O . y MoO_4$. Als sauerstoffreichste Verbindung des Molybdäns wurde das Cäsiumsalz $CsO_2 . 4 MoO_4$ erhalten. Das Kaliumdimolybdat $K_2MoO_7 . H_2O$ z. B. gibt beim schwachen Erwärmen mit Perhydrol eine Lösung, aus der sich in groben Nadeln die Verbindung $8 K_2O . 2 MoO_3 . 4 O . 4 H_2O_2 . 4 H_2O$ mit einem peroxydisch gebundenen Sauerstoff abscheidet. Wasserstoffperoxyd verhindert die Fällung von Phosphorammonmolybdat, es entsteht nur eine gelbe Lösung. Für alle diese Metallpersäuren ist ihre Färbung charakteristisch, die häufig zum analytischen Nachweis der betreffenden Metalle oder des Wasserstoffperoxyds herangezogen wird. Ihre Färbung ist meist gelb bis orange, nur die Pertantalate sind farblos.

Reduktionswirkungen. Neben diesen zahlreichen und starken Oxydationswirkungen des Wasserstoffperoxyds ist dieses aber auch imstande, Reduktionswirkungen hervorzurufen. Dieses Verhalten ein und derselben Substanz mag vielleicht etwas merkwürdig erscheinen, wird aber ohne weiteres verständlich, wenn wir bedenken, daß es das erste Reduktionsprodukt des Sauerstoffmoleküls und eine sehr labile Verbindung darstellt, in welcher das eine Sauerstoffatom sehr leicht abgegeben werden kann. Die reduzierende Wirkung des Wasserstoffperoxyds erstreckt sich hauptsächlich auf solche Verbindungen, die gleichfalls lose gebundene Sauerstoffatome enthalten, wie z. B. Silberoxyd, Kaliumpermanganat, Ozon, Persäuren usw. Theoretisch ist diese Eigenschaft des H_2O_2 damit zu erklären, daß es auf Grund seines Reduktionspotentials von $+0,66$ Volt alle Substanzen mit einem höheren Oxydationspotential als $+0,66$ Volt zu reduzieren vermag. Bei der Reaktion von Wasserstoffperoxyd mit diesen Körpern tritt das eine leicht abgebbare Sauerstoffatom des H_2O_2 und jenes der zu reduzierenden Substanz zufolge deren gegenseitiger Anziehung, welche sie zu molekularem Sauerstoff zu vereinigen trachtet, zusammen. Diese Vereinigung kann natürlich nur dann vor sich gehen, wenn die Kraft der Bildung des Sauerstoffmoleküls größer ist als jene, mit welcher die beiden losen Sauerstoffatome einerseits im Wasserstoffperoxyd, anderseits in der sauerstoffreichen Verbindung gebunden sind. Es wird demnach bei der reduzierenden Wirkung sowohl dem Wasserstoffperoxyd als auch der zu reduzierenden Substanz je ein O-Atom entzogen, die vereinigt als gasförmiger Sauerstoff entweichen. Die H-Atome des HOOH sind daher nach dieser richtigeren Auffassung an der Reduktion von sauerstoffreichen Substanzen überhaupt nicht beteiligt (s. diesbezüglich B a y r l e y und B e r t h e l o t[221], B a c h[222] und T a n a t a r[223]). Den durch Wasserstoffperoxyd bewirkten Reduktionen gehen nach der Auffassung dieser Autoren immer Oxydationen voraus, so daß dieses nicht im eigentlichen Sinne als Reduktionsmittel bezeichnet werden kann. Nur der Umstand, daß die gebildeten Oxydationsprodukte meist nur von sehr kurzer Lebensdauer sind und bloß eine unbeständige Zwischenstufe darstellen, erweckt den Anschein eines Reduktionsvorganges. Beim Chrom konnte jedoch, wie oben gezeigt wurde, die Bildung von Perchromsäure bei der Überführung von Bichromaten in Chromiverbindungen eindeutig verfolgt werden.

Von manchen Autoren werden die reduzierenden Wirkungen des Wasserstoffperoxyds auch dadurch erklärt, daß das H_2O_2-Molekül wieder zum Sauerstoffmolekül wird und seine beiden H-Atome in statu nascendi an reduzierbare Körper abgibt. Die reduzierende Wirkung des Wasserstoffperoxyds kann daher auch durch seinen Gehalt an H-Atomen bedingt sein. Sind diese aber durch

Metalle ersetzt, wie z. B. im Natriumperoxyd, so wirkt diese Substanz immer nur mehr oxydierend. Es kann daher als ungefähre Richtlinie angesehen werden, daß in stark alkalischen Lösungen, in denen stets Salze des Wasserstoffperoxyds und nicht dieses selbst vorliegt, vorwiegend oxydierende Wirkungen, in sauren hingegen auch Reduktionen ausgeführt werden können. Jedoch ist diese Regel nicht allgemein gültig, da z. B. Jod in Gegenwart von kohlensaurem Alkali in HJ (Lenssen[224]) übergeführt, also zum Jodid reduziert wird, während in saurer Lösung aus HJ und KJ durch Wasserstoffperoxyd besonders leicht Jod in Freiheit gesetzt wird, also eine Oxydation vor sich geht. Auch werden gerade in alkalischer Lösung zahlreiche Metallverbindungen bis zum Metall reduziert.

Sehr häufig findet an ein und derselben Substanz sowohl eine Oxydation als auch eine Reduktion statt und sind für das Eintreten der einen oder der anderen Reaktion nur die jeweiligen Versuchsbedingungen maßgebend. So werden durch Wasserstoffperoxyd in saurer oder neutraler Lösung Ferrocyanide in Ferricyanide übergeführt, während in alkalischem Medium diese Reaktion in umgekehrter Richtung verläuft. Die Reaktion:

$$2\,K_3Fe(CN)_6 + 2\,KOH + H_2O_2 = 2\,K_4Fe(CN)_6 + 2\,H_2O + O_2$$

wurde von J. Quincke[225] zur quantitativen Bestimmung von Kaliumferricyanid und von Wasserstoffperoxyd empfohlen. Metallisches Quecksilber wird in saurer Lösung zum Oxyd oxydiert, während in alkalischem Medium Merkurisalze sogar quantitativ bis zum Metall reduziert werden, wenn die Lösung an Alkali mindestens 1-normal ist. Ferrosalze und metallisches Silber werden in saurem Medium oxydiert, in alkalischem hingegen werden Ferrisalze und Silberoxyd reduziert.

Kaliumpermanganat wird in saurer Lösung nach der Gleichung

$$2\,KMnO_4 + 5\,H_2O_2 + 3\,H_2SO_4 = K_2SO_4 + 2\,MnSO_4 + 8\,H_2O + 5\,O_2$$

sofort und in quantitativer Reaktion zum Mangansulfat reduziert. In Analogie mit der Bildung der Perchromsäure in saurer Lösung, die bei Überschuß von Wasserstoffperoxyd sofort wieder reduziert wird, kann man auch bei der Reduktion des Kaliumpermanganats oder der Permangansäure $HMnO_4$ durch HOOH die intermediäre Bildung einer Per-permangansäure annehmen (Ephraim: Lehrbuch der anorg. Chemie), die aber ein sehr labiles Produkt darstellt und daher in sehr kurzer Zeit bis zur Manganostufe zerfällt oder abgebaut wird. Über die Reaktionskinetik dieser Reaktion wird auch auf die Arbeiten von W. Simanowsky[226] verwiesen, dessen Ergebnisse auf eine autokatalytische Reaktion zwischen Kaliumpermanganat und dessen Reaktionsprodukten schließen lassen. Unter geänderten Versuchsbedingungen, wie z. B. in alkalischer Lösung, verläuft die Reaktion nach der Gleichung

$$2\,KMnO_4 + 3\,H_2O_2 = 2\,KOH + 2\,MnO_2 + 2\,H_2O + 3\,O_2,$$

wobei aber die Reduktion nur dann zu Produkten bestimmter Zusammensetzung führt, wenn NH_3 oder KOH in der theoretischen Menge vorhanden ist. So erhielt z. B. P. Dubois[227] bei einem p_H von 4,2 einen Niederschlag von $MnO_{1,58}$.

Mangandioxyd wird ebenso wie Kaliumpermanganat in saurer Lösung zum Manganosalz reduziert, welche Reaktion schon von Thénard beobachtet wurde, in alkalischer Lösung wird umgekehrt MnO zu MnO_2 oxydiert. Während aber in saurer Lösung bei der Einwirkung von Wasserstoffperoxyd auf Mangandioxyd auf 1 Mol H_2O_2 1 Molekül O_2 entwickelt wird, bleibt in alkalischer Lösung das Mangandioxyd unverändert, und es entwickelt sich nur 1 Atom Sauerstoff, das nach Weltzien[228] nur aus dem Wasserstoffperoxyd stammt.

Bei der Reaktion von Ozon und Wasserstoffperoxyd stellten V. Rothmund und A. Burgstaller[229] fest, daß die Reaktion $H_2O_2 + O_3 = H_2O + 2 O_2$ nur bei einem großen Ozonüberschuß nach dieser Formel verläuft. Mit abnehmender Konzentration des Wasserstoffperoxyds wird die Menge des verschwindenden Ozons immer größer, was auf eine Erhöhung der Zerfallsgeschwindigkeit des Ozons durch Wasserstoffperoxyd zurückgeführt wird.

Versetzt man eine Silbernitratlösung mit Wasserstoffperoxyd und dann mit Kalilauge, so fällt nicht Silberoxyd, sondern metallisches Silber aus, während Sauerstoff entweicht:

$$Ag_2O + H_2O_2 = 2 Ag + H_2O + O_2.$$

Perjodat wird durch Wasserstoffperoxyd sofort zu Jodat reduziert, Cerisalze zu den entsprechenden Ceroverbindungen. Eine $KAuCl_4$-Losung wird durch Wasserstoffperoxyd gleichfalls bis zum Metall reduziert. In der ersten Reduktionsstufe hydrolisiert das Goldsalz zu $Au(OH)_3$, das dann über $Au(OH)$ bis zum metallischer Gold reduziert wird. Auch $Pt(OH)_4$ wirkt nicht nur zersetzend auf das Wasserstoffperoxyd ein, sondern wird von diesem auch bis zum Metall reduziert. Phosgen wird in alkalischer Lösung zu Formaldehyd reduziert:

$$COCl_2 + 2 KOH + H_2O_2 = 2 KCl + CH_2O + \frac{3 O_2}{2} \quad (M. \; Kleinstuck^{230}).$$

Unterchlorige, unterbromige und unterjodige Säure werden in quantitativen, stöchiometrischen Verhältnissen zu den Chloriden, Bromiden und Jodiden reduziert:

$$NaOJ + H_2O_2 = NaJ + H_2O + O_2 \quad (Lunge^{231});$$

$$Ca(OCl)_2 + 2 H_2O_2 = CaCl_2 + 2 H_2O + 2 O_2 \quad (B. \; Dodt^{232}).$$

Die letztgenannte Reaktion wird in Laboratorien manchmal dazu benutzt, um aus gepreßten Chlorkalkstückchen und angesäuerter verdünnter Wasserstoffperoxydlösung einen regelmäßigen Sauerstoffstrom zu entwickeln. Auch durch Zusatz von Zersetzungsperlen (Hersteller Elektrochem. Werke, Munchen) kann man reinsten Sauerstoff aus Wasserstoffperoxydlosungen herstellen.

Auch Chlorgas kann nach $Cl_2 + H_2O_2 = 2 HCl + O_2$ eine Zersetzung, also Reduktion des Wasserstoffperoxyds bewirken. Offenbar fuhrt die Reaktion nach vorheriger Hydrolyse zu unterchloriger Saure, die dann im Sinne vorstehender Gleichungen reduzierend wirkt (Maaß und Hiebert[193]; s. S. 41).

Von R. Kuhn und A. Wassermann[233] wurde in quantitativen Versuchen gezeigt, daß Ferrisalz durch Wasserstoffperoxyd in Gemischen von α, α'-Dipyridil oder Orthophenantrolin vollstandig zu Ferroeisen reduziert wird. Bei Gegenwart von geringen Mengen von Ferrisalzen bildet sich in Lösungen von Natriumbicarbonat und Wasserstoffperoxyd Ameisensaure, die das erste Reduktionsprodukt der Kohlensaure darstellt.

Bei der Elektrolyse wird gelostes Wasserstoffperoxyd an der Kathode durch den naszierenden Wasserstoff zu Wasser reduziert, während es an der Anode durch den naszierenden Sauerstoff nach $O + H_2O_2 = H_2O + O_2$ zerlegt wird. Je konzentrierter die Wasserstoffperoxydlösung ist, um so stärker und vollständiger ist die Einwirkung dieser naszierenden Gase. Bei einem Gehalt von 3% Wasserstoffperoxyd ist die Einwirkung des Sauerstoffs quantitativ, bei 6% ist es auch jene des Wasserstoffes (Tanatar[233a]).

Zu den charakteristischsten Eigenschaften gehört das bereits beschriebene Verhalten, daß sauerstoffreiche Substanzen, wie Übermangansäure u. dgl., reduziert werden. Es besitzt insbesondere auch die Eigenschaft, Peroxyde, die es selbst erst gebildet hat, gleichzeitig wieder zu reduzieren, wie dies ebenfalls am Beispiel der Perchromsäure schon gezeigt wurde. Dies gilt auch für die Sulfomonopersäure, die Pervanadinsäure[219], Pertitansäure und ähnliche Säuren. Auch beim Versetzen einer konzentrierten Wasserstoffperoxydlösung mit gelöstem Bleiacetat bildet sich anfangs ein braunroter Niederschlag von wasserhaltigem Bleidioxyd, der bald wieder heller wird und sich unter Reduktion und Sauerstoffentwicklung in das wasserhaltige, farblose Bleioxyd umwandelt (Gawalowskyi[234]). Thallium oxydiert sich bei Gegenwart von Wasserstoffperoxyd vorerst zu Thallohydroperoxyd, TlOOH, welches sich dann mit überschüssigem Wasserstoffperoxyd wieder zu Wasser, Thallohydroxyd TlOH und Sauerstoff umsetzt.

Wie C. Neuberg und S. Miura[235] festgestellt haben, besitzt das Wasserstoffperoxyd auf hochmolekulare Verbindungen, wie Ovalbumin, Glykogen, Stärkearten, Inulin, Hefenukleinsäure, Chondroidinschwefelsäure und Lezithin eine deutliche hydrolysierende Wirkung.

Molanlagerung. Die Reaktionsmöglichkeiten des Wasserstoffperoxyds werden noch durch seine Fähigkeiten vermehrt, sich ähnlich dem Wasser als Molekül in Form von Kristallhydroperoxyd an anorganische oder organische Verbindungen anzulagern, wie z. B. an Natrium- oder Ammoniumsulfat, Metaborat, Natriumphosphat und -acetat oder -carbonat, Harnstoff usw. Seiner Säurenatur entsprechend vereinigt es sich auch als Molekul mit Basen, vor allem mit den Peroxyden der Alkali- und Erdalkalimetalle zu gut kristallisierten Verbindungen, wie $Na_2O_2 . 2\,H_2O_2$, $Ba_2O_2 . H_2O_2$ usw. Von Matheson und Maaß[153] wurden die Verbindungen $NH_3 . H_2O_2$, $C_2H_5 . NH_2 . 2\,H_2O_2$; $C_3H_7 . NH_2 . 2\,H_2O_2$; $C_4H_9 . NH_2 . 2\,H_2O_2$; n- und tert. Pyperidin $\cdot H_2O_2$; $(C_2H_5)_2 . NH . 3\,H_2O_2$ und $(C_2H_5)_3 . N . 4\,H_2O_2$ aufgefunden. Wie aus diesen Verbindungsmöglichkeiten ersichtlich ist, wachst die Zahl der angelagerten Wasserstoffperoxydverbindungen offenbar mit der Starke der Base.

Literaturverzeichnis.

[188] Monatsh. Chem. 37, 253, 1916. — [189] Ber. Dtsch. chem. Ges. 36, 1831, 1903. — [190] Gazz. chim. Ital. 39, I, 418, 1909; Chem. Ztrbl. 1909 II, 173. — [191] Ber. Dtsch. chem. Ges. 7, 174, 1874. — [192] Ber. Dtsch. chem. Ges. 20, 2631, 1887. — [193] Journ. Amer. chem. Soc. 46, 290, 1924; Chem. Ztrbl. 1924 I, 2079. — [194] Journ. Amer. chem. Soc. 44, 2472, 1922; Chem. Ztrbl. 1923 I, 1211. — [195] Chem. Ztrbl. 1932 II, 3049. — [196] Liebigs Ann. 195, 228, 1879; Chem. News 43, 149, 249, 1881. — [197] Ztschr. analyt. Chem. 18, 145, 1879. — [196a] Ztschr. physikal. Chem. 37, 257, 1901. — [197a] Ebenda 96, 1, 1920; Monatsh. Chem. 41, 405, 1920. — [198] Journ. Amer. chem. Soc. 53. 38, 1931; Chem. Ztrbl. 1931 I, 2158. — [199] Bull. Soc. chim. France (2), 43, 53, 1884. — [200] Liebigs Ann. 460, 179, 1928. — [201] Proceed. Roy. Soc., London, Serie A, 105, 135, 1924. — [202] Ber. Dtsch. chem. Ges. 61, 223, 1928. — [203] Liebigs Ann. 457, 1, 1927. — [204] Korrosion u. Metallschutz 8, 4, 1932. — [205] Ber. Dtsch. chem. Ges. 65, 704, 1932; Liebigs Ann. 503, 249, 1933. — [206] Journ. Amer. chem. Soc. 48, 2083,

1926; Chem. Ztrbl. **1926 II**, 2031. — [207] Journ. Amer. chem. Soc. **52**, 3035, 1930; Chem. Ztrbl. **1930 II**, 2482. — [208] Journ. Soc. chem. Ind. **43**, I, 171, 1924; Chem. Ztrbl. **1924 II**, 823. — [209] Journ. gen. Physiol. **10**, 289, 1926; Chem. Ztrbl. **1927 I**, 1264. — [210] Journ. Amer. chem. Soc. **50**, 1641, 1928; Chem. Ztrbl. **1929 I**, 636. — [211] Journ. biol. Chemistry **72**, 635, 1927. — [212] Ber. Dtsch. chem. Ges. **55**, 3560, 1922. — [213] Ber. Dtsch. chem. Ges. **31**, 2979, 1898. — [214] Über den Verlauf von Oxydationsvorgangen, 1931. — [215] Compt. rend. Acad. Sciences **194**, 1126, 1932; Chem. Ztrbl. **1932 I**, 3398. — [216] Ber. Dtsch. chem. Ges. **66**, 310, 1933. — [217] Ber. Dtsch. chem. Ges. **36**, 903, 1828, 1903. — [218] Ztschr. anorgan. allg. Chem. **173**, 297, 1928. — [219] Ztschr. angew. Chem. **39**, 1284, 1926; Ztschr. anorgan. allg. Chem. **161**, 321, 1927. — [220] Ztschr. anorgan. allg. Chem. **209**, 175, 1932. — [221] Compt. rend. Acad. Sciences **90**, 1880; Ann. Chim. Phys. (5), **21**, 146, 1880; Philos. Magazine (5), **7**, 126, 1879. — [222] Ber. Dtsch. chem. Ges. **33**, 1506, 1900. — [223] Ber. Dtsch. chem. Ges. **32**, 1013, 1899. — [224] Journ. prakt. Chem. **81**, 276, 1860. — [225] Ztschr. analyt. Chem. **31**, 1, 1892. — [226] Roczniki Chemji **12**, 638, 1933; Chem. Ztrbl. **1933 I**, 178. — [227] Compt. rend. Acad. Sciences **196**, 1401, 1933; Chem. Ztrbl. **1933 II**, 522. — [228] J. B. **1860**, 57. — [229] Monatsh. Chem. **38**, 295, 1917 — [230] Ber. Dtsch. chem. Ges. **51**, 108, 1918. — [231] Ber. Dtsch. chem. Ges. **19**, 154, 1886; **32**, 1013. 1899. — [232] Chem. News **80**, 193, 1889. — [233] Liebigs Ann. **503**, 203, 1933. — [234] Chem. Ztrbl. **1890 I**, 730. — [235] Biochem. Ztschr. **36**, 37, 1911; Chem. Ztrbl. **1911 II**, 1605.

VI. Die Zersetzung des Wasserstoffperoxyds.

Auf der Zersetzung des Wasserstoffperoxyds unter Freiwerden eines Atoms Sauerstoff beruht im Grunde genommen die ganze technische, medizinische, kosmetische und desinfiszierende usw. Anwendbarkeit des Wasserstoffperoxyds und seiner Derivate überhaupt, so daß es wegen der Wichtigkeit dieser Reaktion angezeigt erscheint, sich hier etwas näher mit ihr zu befassen.

Das Wasserstoffperoxyd gibt bei seinem Zerfall nach $H_2O_2 = H_2O + O +$ $+ 23\,450$ cal eine erhebliche Energiemenge ab. Als endotherme Verbindung in bezug auf das Wasser neigt es daher zum freiwilligen Zerfall unter Abgabe von Energie. Trotzdem ist die auch heute noch recht häufig vertretene Anschauung, daß das Wasserstoffperoxyd eine überaus leicht zersetzliche Substanz sei, unzutreffend. Vor einigen Jahrzehnten mag für eine derartige Ansicht vielleicht noch Grund gewesen sein, aber heute, wo fast alles Wasserstoffperoxyd auf elektrolytischem Wege und durch Destillation gewonnen wird, dieses daher praktisch frei von schädlichen Verunreinigungen und Katalysatoren ist, müssen derartige Einwände gegen die Haltbarkeit des Wasserstoffperoxyds als unbegründet fortfallen. Außer der Reinheit des auf elektrochemischem Weg erhaltenen Produktes ist dieses auch mindestens zehnmal so konzentriert als die früher aus Bariumperoxyd hergestellten, bloß 3%igen und dabei noch stark verunreinigten Lösungen, wodurch die Haltbarkeit abermals verbessert ist. Die heute aus BaO_2 erhaltenen, durch Destillation auf 30%iges H_2O_2 verarbeiteten Lösungen sind gleichfalls sehr rein. Durch Zusatz von Stabilisatoren wird die Beständigkeit derart gesteigert, daß man das Wasserstoffperoxyd heute ohne weiteres auch in die Tropen versenden kann. Da der freiwillige Zerfall nur äußerst langsam vor sich geht, kann man das Wasserstoffperoxyd heute als praktisch stabile Substanz ansprechen. Die Zersetzung des Wasserstoffperoxyds wird dann erst fühlbar, wenn es unter Bedingungen aufbewahrt wird oder mit Stoffen in Berührung kommt, die als Katalysatoren die Zerfallsgeschwindigkeit ins Vielfache steigern können.

Zersetzung durch das Licht, Bestrahlung. Entgegen der vielfach verbreiteten Ansicht hat das Licht nur einen ganz schwach beschleunigenden Einfluß. Von F. D'Arcy[237] ist nachgewiesen worden, daß die Zersetzung von Wasserstoffperoxydlösungen im Lichte größer ist als unter sonst gleichen Bedingungen im Dunkeln. Auch das Bestrahlen mit ultraviolettem Licht übt einen beschleunigenden Einfluß auf seine Zersetzung aus[237].

Obwohl die bei der Zersetzung des Wasserstoffperoxyds durch Licht vor sich gehende chemische Reaktion sehr einfach ist, ist ihr Mechanismus Gegenstand zahlreicher Untersuchungen gewesen, da die Erscheinungen äußerst schwierig zu erfassen sind. Erst in letzter Zeit ist einigermaßen eine Klarheit geschaffen worden.

Die Natur der Reaktion entspricht am ehesten der Auffassung von O. Stern und M. Volmer[238], wonach die primäre photochemische Reaktion im Übergang der Wasserstoffperoxydmoleküle durch Aufnahme von absorbierter Lichtenergie aus dem normalen in einen angeregten, d. h. also energiereicheren Zustand, besteht. Erst sekundär schließt sich dann eine Umsetzung der angeregten Moleküle an. Nach dem photochemischen Äquivalenzgesetz $E = hr$ müßte von einem Energiequant nur ein Molekül Wasserstoffperoxyd umgesetzt werden. Jedoch fand z. B. J. Kornfeld[239] bei einer wirksamen Bestrahlung mit Wellenlängen $\lambda < 4000$ Å eine Quantenausbeute von etwa 80, d. h. von einem Energiequant werden etwa 80 Moleküle Wasserstoffperoxyd zersetzt. Diese Zahl schwankt sehr, manche Autoren erhielten Quantenausbeuten von über 100, andere wieder von etwa 24 zersetzten Molekülen.

Von F. O. Rice und M. H. Kilpatrick[240] wurde eine sehr plausible Erklärung für diese schwankenden und auch unerwartet hohen Quantenausbeuten gegeben. Nach diesen Autoren ist vor allem eine Verunreinigung der verwendeten Ausgangslösungen für die Beobachtungsfehler verantwortlich zu machen. Sie fanden z. B., daß bei Verwendung von staubfreiem Wasser und von staubfreiem Wasserstoffperoxyd, das frei von Konservierungsmitteln war, pro eingestrahltem Quant nur ein Bruchteil der früher gefundenen Anzahl von zersetzten Wasserstoffperoxydmolekülen zersetzt wird. So entwickelt die staubfreie Wasserstoffperoxydlösung bei der Bestrahlung nur 1 ccm Sauerstoff, während die verunreinigte Lösung in gleicher Zeit 300 ccm Sauerstoff entwickelt. Durch bloßes Schütteln der Gefäße konnte schon eine starke Verschlechterung der reinen Lösung festgestellt werden. Rice und Kilpatrick schlossen daher aus ihren Versuchen, daß die Zersetzung des Wasserstoffperoxyds vom photochemischen Äquivalenzgesetz nicht abweicht. Die Abhängigkeit der Quantenausbeute von der Reinheit der Lösungen läßt auch vermuten, daß die photochemische Zersetzung des Wasserstoffperoxyds eine Kettenreaktion ist, wobei die Gefäßwände und die Staubteilchen als Starter der Kette dienen.

Von H. C. Urey, L. H. Dawsey und F. O. Rice[241] wurde weiters gezeigt, daß die Absorption sowohl von gasförmigem als auch von wäßrigem Wasserstoffperoxyd bei Wellenlängen von 3000 bis 3100 Å beginnt und nach dem Ultravioletten hin immer stärker wird. Nach diesen Autoren sind folgende Reaktionen möglich:

1. $H_2O_2 + hr \rightarrow 2\,OH$;
2. $H_2O_2 + hr \rightarrow HO_2 + H$;
3. $H_2O_2 + hr \rightarrow H_2O + O$:

außerdem könnte auch

4. $(H_2O_2)\,n + hr \rightarrow n\,H_2O_2$

auftreten. Die aufgenommenen Energiebeträge sind für jede der Reaktionen 1 bis 3 ausreichend, jedoch ergibt sich aus Versuchen über das Emissionsspektrum und die Fluoreszenz, daß eine größere Wahrscheinlichkeit für die Reaktion 1 vorliegt.

Diese Annahme wird auch durch Versuche von G. von Elbe[242] erhärtet, der tatsächlich bei Belichtung von Gemischen von Kohlenmonoxyd, Sauerstoff und Wasserstoff mit Licht unter 3000 Å eine sehr langsame Reaktion im Sinne von Reaktion 1, also Dissoziation in zwei Hydroxylradikale, feststellte. Wie weiters gefunden wurde, wird die photochemische Zersetzung des Wasserstoffperoxyds in alkalischer Lösung durch polarisierte und nicht polarisierte Strahlen gleicher Intensität gleich stark beschleunigt[242a].

Sehr eingehend wurde von A. J. Allmand und W. G. Style[243] der Einfluß der Strahlungsintensität I, der Wellenlänge λ und der Konzentration des Wasserstoffperoxyds $[H_2O_2]$ auf dessen Zersetzung untersucht. Als wichtigste Ergebnisse dieser Untersuchung sind folgende anzuführen: Über weite Grenzen von I, λ und $[H_2O_2]$ ist die Photolyse proportional $I_0^{0,5}$, wobei I_0 die Gesamtzahl der pro Stunde und Quadratzentimeter eingestrahlten Lichtquanten darstellt. Die Zerfallsgeschwindigkeit bei gleichbleibender Strahlungsstärke geht mit steigender $[H_2O_2]$ durch ein Maximum und fällt dann wieder herunter. Ähnlich steigt auch die Quantenausbeute γ mit steigender $[H_2O_2]$. Die Quantenausbeute und der Temperaturkoeffizient fallen mit steigender Lichtfrequenz. Eine verdünnte Wasserstoffperoxydlösung, die Stabilisatoren enthält, zersetzt sich mit steigender $[H_2O_2]$ mit zunehmender Geschwindigkeit in einem Ausmaße, das proportional ist der Quadratwurzel der absorbierten Energiemenge. Der Temperaturkoeffizient der thermischen Zersetzung ist normal und unabhängig von $[H_2O_2]$. Allmand und Style nehmen ebenfalls an, daß infolge Hydrolyse von Wasserstoffperoxyd nach $H_2O_2 + hr \rightarrow 2\,OH$ die OH-Gruppen die Katalysatoren der Reaktionskette sind, die unter Umständen von Staubteilchen aufgenommen werden und entweder nach $2\,OH \rightarrow H_2O_2$ oder $2\,OH \rightarrow H_2O + O$, ja selbst mit Wasserstoffperoxyd nach $H_2O_2 + OH \rightarrow H_3O_3$ reagieren können soll, welcher Körper aber sehr unbeständig ist und sofort mit anderen Molekülen unter Zerfall reagiert.

Bemerkenswert ist, daß die katalytische Zersetzung des Wasserstoffperoxyds durch ultraviolettes Licht durch Spuren von Merkurichlorid, Kaliumcyanid, Schwefelwasserstoff, Jod und Natriumbisulfit gehemmt wird[244]. Aminosäuren, wie Glyzin, begünstigen den Zerfall im ultravioletten Licht, Insulin hemmt ihn hingegen[245].

Auch Röntgenstrahlen zersetzen das Wasserstoffperoxyd. Die Röntgenphotolyse ist unabhängig von der eingestrahlten Wellenlänge[246]. Nach O. Risse[247] steigen bei sehr niedrigen Konzentrationen die zersetzten Mengen von Wasserstoffperoxyd linear mit dem Produkt aus Lichtintensität mal Belichtungszeit, d. h. also, daß die Reaktionsgeschwindigkeit praktisch unabhängig von der

Konzentration ist. Für höhere Wasserstoffperoxydreaktionen bis zu $^1/_{10}$ molar folgt der Reaktionsverlauf leidlich gut den Gleichungen für monomolekulare Reaktionen. Da die gefundenen Werte aber auch den Gleichungen für di- und trimolekulare Reaktionen nicht entsprechen, ist ein sehr komplizierter Reaktionsverlauf unter eventueller Beteiligung des Wassers anzunehmen. Bei der Röntgenphotolyse des Wasserstoffperoxyds entsteht im Gegensatz zu der Photolyse im ultravioletten Licht ein brennbares Gas, wahrscheinlich Wasserstoff, in Mengen von 1,5 bis 2% des entwickelten Sauerstoffes. Starke Säuren und Alkalien, wie z. B. $^1/_{1000}$ n HCl und NaOH, hemmen den Röntgenzerfall. Zur völligen Zersetzung eines Moleküls Wasserstoffperoxyd ist für eine $^1/_{600}$ molare Lösung eine Energie von 70 kcal erforderlich.

Zersetzung durch Wärmeeinwirkung. In vieler Hinsicht dem photochemischen Zerfall ähnlich ist die thermische Zersetzung des Wasserstoffperoxyds. Schon Wolffenstein[27] hatte nachgewiesen, daß entgegen der bis dahin verbreiteten Ansicht reines Wasserstoffperoxyd, das vor allem frei war von alkalisch reagierenden Verbindungen und von jeder Spur von Schwermetall, gegen den Einfluß der Wärme erheblich widerstandsfähiger ist und daher ohne weiteres destilliert und konzentriert werden kann. Die Dämpfe des Wasserstoffperoxyds sind demnach in der Hitze beständig. Von einer 9,3%igen Lösung blieben nach einem zweistundigen Erhitzen auf 80⁰ im Bombenrohr 96,9%, von einer 47,7%igen Losung 82,5% und von einer 68,1%igen 74,05% unzersetzt. Von C. N. Hinshelwood und Ch. R. Prichard[248] wurde hinsichtlich der thermischen Zersetzung von gasförmigem Wasserstoffperoxyd festgestellt, daß die Reaktion monomolekular verläuft und sich bei Temperaturen, bei denen die Geschwindigkeit des Zerfalles noch nicht allzu groß ist, an der Gefäßwand vollzieht. Die Zersetzung von 30%igem Perhydrol zeigt bei Anwesenheit von gereinigter Glaswolle im Reaktionsgefaß eine erheblich größere Reaktionsgeschwindigkeit als bei deren Abwesenheit. Es handelt sich demnach beim thermischen Zerfall des Wasserstoffperoxyds um eine typische ,,Wandreaktion''. F. O. Rice und O. M. Reiff[249] stellten weiterhin fest, daß bei alkalifreiem, jedoch staubhaltigem Wasserstoffperoxyd die thermische Zersetzung bei 80⁰ sehr langsam verläuft, und zwar im ganzen Konzentrationsbereich linear. Chloride und alkalisch reagierende Substanzen üben eine stark beschleunigende Wirkung aus, wobei der Reaktionsverlauf nie linear ist und haufig einer monomolekularen Zersetzung ähnlich ist. Beide Autoren kamen auf Grund ihrer Ergebnisse zu dem Schluß, daß vollständig staubfreie reine Wasserstoffperoxydlösungen in Beruhrung mit katalytisch unwirksamen Gefaßwänden wahrscheinlich eine verschwindend kleine Zersetzungsgeschwindigkeit aufweisen. Die thermische Zersetzung des Wasserstoffperoxyds wird von ihnen als Reaktion im heterogenen System angesehen, wobei die Reaktion selbst an der Oberflache vom Staubteilchen vor sich geht.

Diese Ergebnisse wurden von B. H. Williams[250] vollkommen bestätigt. An Reaktionsgefäßen aus Quarz oder Glas ist die thermische Zersetzung des Wasserstoffperoxyds anfanglich eine Reaktion 0-ter Ordnung. Für Glasoberflächen gilt diese Regel für alle Konzentrationsbereiche, im Falle von Quarzgefaßen jedoch nur für eine bestimmte Grenzkonzentration. Die Zersetzung des Wasserstoffperoxyds ist dabei auf eine Absorption von H_2O_2-Molekülen einmal an der Wand des Gefäßes und zweitens an der Oberfläche des in der

Lösung vorhandenen Staubes zurückzuführen. Ebenso wie bei der Photolyse des Wasserstoffperoxyds sind demnach auch bei der thermischen Zersetzung die vorhandenen Staubteilchen als Katalysatoren der Zersetzung anzusprechen.

Nach W. Clayton[251] wird die Zersetzung des Wasserstoffperoxyds durch Wärme durch organische kolloide Stoffe außerordentlich beschleunigt. Auch die Reinheit des Wassers ist von größter Bedeutung.

Zersetzung von H_2O_2-Dampf. Die thermische Zersetzung von Wasserstoffperoxyddampf wurde von Max Hauser[252] und von L. W. Elder und E. K. Rideal[253] untersucht. Nach Hauser wird Wasserstoffperoxyddampf bei Temperaturen von 100 bis 500⁰ nur wenig von Kupfer- oder Eisendraht zerstört, Glasscherben, Glaswolle und poröse Tonstücke sind ebenso wenig wirksam. Vollständige Zerstörung findet statt durch Asbest, Platin und Palladiumasbest, Bimsstein und Aluminiumgrieß. Von Elder und Rideal wurde festgestellt, daß bei 85⁰ die Zersetzung an Quarz als Reaktion 0-ter Ordnung verläuft, wobei Sauerstoffmoleküle hemmend wirken. Am Platindraht wird es monomolekular zersetzt, wobei die Reaktionsgeschwindigkeit anscheinend von der Diffusion durch eine absorbierte Sauerstoffschicht abhängt. Quecksilber beschleunigt gleichfalls die thermische Zersetzung des Wasserstoffperoxyddampfes, wobei zunächst Hg_2O und schließlich HgO gebildet wird.

Einfluß von festen Grenzflächen. Der allgemeinbekannte Einfluß von festen Grenzflächen auf chemische Reaktionen macht sich auch bei der Zersetzung des Wasserstoffperoxyds sehr stark bemerkbar. Unter anderem wurde von Tammann[167] auf die zersetzende Wirkung der Glaswände auf Wasserstoffperoxyd hingewiesen. Fester gereinigter Seesand beschleunigt nach W. Elissafoff[254] die Zersetzungsgeschwindigkeit bereits auf das Vierfache. Sehr fühlbar wird der beschleunigende Einfluß von Oberflächen auf die Zersetzung von Wasserstoffperoxyd dann, wenn die zum Aufbewahren dienenden Gefäße eine rauhe Oberfläche aufweisen oder aufgerauht werden. So ist in Gmelin-Krauts Handbuch der anorganischen Chemie, 7. Aufl., I. S. 137, erwähnt, daß eine 38%ige H_2O_2-Lösung in einer feinpolierten Platinschale ohne Zersetzung bis auf 60⁰ erwärmt werden kann, während in einer geritzten Platinschale schon bei gewöhnlicher Temperatur Zersetzung eintritt. Zur Verhinderung des Einflusses von Glas auf das H_2O_2 werden ja die Flaschen sehr häufig innen paraffiniert, wodurch auch die Möglichkeit des Herauslösens von Alkali nicht mehr besteht.

Von Elissafoff wurde auch die interessante Tatsache festgestellt, daß die durch die Oberfläche fester Stoffe beschleunigte Zersetzung durch den Zusatz von Schwermetallsalzen, wie Kupfer- oder Mangansulfat, weit stärker beschleunigt wird als der Summe der Einzelwirkungen entspricht. Die gemessenen Zersetzungsgeschwindigkeiten sind den von der Glaswolle absorbierten Mengen Schwermetallsalz direkt proportional. Diese Ergebnisse wurden von W. Wright[255] vollkommen bestätigt. Als besonders wirksam erwies sich Silbernitrat, Kupfersulfat und Bleiazetat. A. C. Robertson[256] kommt hingegen auf Grund von Reaktionsgeschwindigkeitsmessungen zum Schluß, daß von einer auf bloßer Adsorption beruhenden aktivierenden Wirkung der Glaswolle nicht gesprochen werden könne, vielmehr sei eine Änderung des Reaktionsmechanismus infolge Bildung von basischen Mangansalzen bzw. von Kupferperoxyden an der Oberfläche der Glaswolle anzunehmen. Als völlig geklärt kann demnach der gesteigerte

Einfluß von Schwermetallkatalysatoren auf die Oberflächenkatalyse noch nicht angesehen werden.

Kohle wirkt gleichfalls auf Wasserstoffperoxyd stark zersetzend ein, wobei das Ausmaß der katalytischen Wirkung von der Porosität und Oberflächengröße abhängig ist. So stellte G. Lemoine[257] fest, daß der Zusatz von $1/_{20}$ Gewichtsteil Kokosnußkohle von einer Korngröße von 1 bis 2 mm zu einer 3%igen H_2O_2-Lösung, deren Halbwertszeit bei 17° 240 Stunden beträgt, eine Herabminderung derselben auf 15,4 Stunden bewirkte, während das gleiche Gewicht Faulbaumkohle die Halbwertszeit nur auf 212 Stunden herabsetzte. Nach J. B. Firth und F. J. Watson[258] wird die an sich sehr langsame Zersetzung des Wasserstoffperoxyds durch Knochenkohle noch gesteigert, wenn sie nach sorgfältiger Reinigung im Vakuum bei Temperaturen von 600 und dann von 900° erhitzt wird. Die derart vorpräparierte Knochenkohle setzt innerhalb 1 Minute aus einer 10%igen Wasserstoffperoxydlösung 80% des Sauerstoffes in Freiheit. Die Zersetzung durch Kohle verläuft jedoch nicht nach der allgemeinen Formel für monomolekulare Reaktionen $\dfrac{d\,x}{d\,t} = k\,(a - x)$, sondern die Geschwindigkeit der Reaktion nimmt allmählich ab, um nach höchstens 10 Stunden fast Null zu werden[259]. Die freigemachte Menge Sauerstoff ist innerhalb der Versuchsfehler proportional der Menge der Kohle. Bei einer Erhöhung der Temperatur steigt die Einwirkung der Kohle auf das Wasserstoffperoxyd beträchtlich an. Setzt man der Zuckerlösung vor der Verkohlung des Zuckers Eisensalze zu und nimmt eine Aktivierung durch Erhitzen im Vakuum bei Temperaturen von 600 bis 900° vor, so wird die Aktivität der Kohle bedeutend erhöht[260]. Diese Wirkung scheint nicht bloß auf dem Gehalt an Eisen allein, sondern auch auf einer feineren Struktur der Kohle zu beruhen.

Die Geschwindigkeit der Zersetzung des Wasserstoffperoxyds an Oberflächen, wie normaler Zuckerkohle, aktivierter Zuckerkohle, Eisenoxyd, Magnesiumhydroxyd, Kaolin, Wolframtrioxyd, Glas, Chromtrichlorid, Zinkoxyd, Silberoxyd und Silikagel wird haufig durch Zusatz geringer Mengen Alkalien oder Sauren je nach der Natur der Oberflächen in verschiedenem Sinne beeinflußt. W. M. Wrigh und E. K. Rideal[261] fuhren dieses Verhalten darauf zurück, daß die größte Zersetzungsgeschwindigkeit bei jenem p_H-Wert auftreten muß, der zur Erreichung des isoelektrischen Punktes der Oberfläche notwendig ist. Mit Ausnahme der Wolframsäure, die von Wasserstoffperoxyd unter Bildung von löslicher Perwolframsäure angegriffen wird, konnte diese Hypothese für die vorstehend angeführten Stoffe innerhalb weiter p_H-Bereiche bestätigt werden. Wesentlich ist aber, daß von der gesamten zur Verfügung stehenden Oberfläche des Fremdkörpers meist nur ein sehr geringer Bruchteil an der Zersetzung beteiligt ist.

Zersetzung durch Fermente. Katalyse im homogenen und heterogenen System. Die stärksten Katalysatoren für die Zersetzung des Wasserstoffperoxyds sind gewisse, in fast allen pflanzlichen und tierischen Zellen vorkommende Fermente sowie zahlreiche Metalle und Metallverbindungen, die oft schon in unglaublich kleiner Konzentration den Zerfall der vielfachen Menge von Wasserstoffperoxyd zu beschleunigen vermögen. Da die Katalyse eine ausgesprochene Oberflächenreaktion ist, wird naturgemäß das Ausmaß der Verteilung und die Größe der

Oberfläche der Katalysatoren von stärkstem Einfluß sein. Am günstigsten liegen diese Verhältnisse im homogenen System, in welchem die Beweglichkeit aller Teilchen von gleicher Größenordnung ist und das Substrat mit dem Katalysator in innigster Berührung miteinander in Wechselwirkung treten kann. Alle Arten von Katalysen lassen sich grundsätzlich durch Annahme der Bildung einer instabilen Verbindung des Katalysators erklären, wobei die Reaktionsfolgen meist sehr schnell vor sich gehen. Katalysen im homogenen System liegen vor bei der durch Metallionen oder lösliche Fermente bewirkten Zersetzung.

Ein wesentlicher Faktor für die irreversible Zersetzung des Wasserstoffperoxyds ist die Menge des vorhandenen Wassers, das die Rolle eines Katalysators spielt. Im Zusammenhang damit steht die Tatsache, daß die Beständigkeit von Wasserstoffperoxydlösungen mit steigender Konzentration wächst.

Nach Untersuchungen von A. von Kiß und E. Lederer[262] über die Zersetzung des Wasserstoffperoxyds im Dunkeln bei 40° durch Calcium-, Kadmium-, Magnesium-, Strontium- und Zinkionen (Elemente mit konstanter Valenzzahl) in schwach saurer Lösung üben diese keine merkbare katalytische Wirkung aus, ebensowenig unter den Elementen mit wechselnder Valenzzahl Kobalt-, Manganund Nickelionen. Ausgeprägte katalytische Wirkung haben hingegen Kupfer- und Eisenionen und eine viel schwächere Chromionen, wobei diejenige des Eisens am größten ist. Die Katalyse durch Ferrosulfat verläuft in saurer Lösung nach einer Gleichung 1. Ordnung und stellt eine echte Katalyse mit genau reproduzierbarem Verlauf dar. Die Reaktionsgeschwindigkeit ist proportional der Eisenund umgekehrt proportional der Wasserstoffionenkonzentration[263].

Eine ausgesprochen beschleunigende Wirkung üben auch OH-Ionen aus. Die Zersetzungsgeschwindigkeit des Wasserstoffperoxyds in alkalischer Lösung ist abhängig von der OH-Ionenkonzentration, wobei nur die ziemlich stark alkalischen Natriumpyrophosphatlösungen eine Ausnahme machen, die sogar stabilisierend wirken. Aber auch dieser Schutz macht sich nur innerhalb gewisser Alkalitätsgrenzen bemerkbar, da ihn schon ein Zusatz kleiner Mengen von 0,05 n Kalilauge verhindert[264]. Die Gegenwart größerer Alkalimengen hingegen hemmt aber wieder die Zersetzungsgeschwindigkeit.

Die Katalyse durch OH-Ionen ist von großer praktischer Bedeutung, da durch die Aufbewahrung des Wasserstoffperoxyds in Glasballons dieses aus dem Glas Alkali löst, oder bei der Verwendung in alkalischen Lösungen, wie z. B. beim Bleichen, die Beständigkeit des Wasserstoffperoxyds sehr stark herabgesetzt wird. In der nebenstehenden Tabelle 8 ist der Einfluß von verschiedenen alkalisch reagierenden Stoffen auf die Zersetzung einer 4,2-vol.-%igen Wasserstoffperoxydlösung, die eine Stunde auf 72° C erwärmt wurde[265], angegeben:

In allen Lösungen ist die Zersetzung größer als die der reinen Wasserstoffperoxydlösung,

Tabelle 8.

Zusatz	Alkalinität		% O_2-Verlust
	ohne H_2O_2	mit H_2O_2	
H_2O_2 allein ...	—	—	3,6
NaOH	n/53,5	n/55,5	81
NH_3	n/55	n/59	42
Na_2CO_3	n/52	n/54	77
$NaHCO_3$	n/44,5	n/50	63
Na-Silikat	n/55,5	n/58	26
$Na_2P_4O_7$	n/45,5	n/49	6,0
Na_3PO_4	n/52	n/58	18
Seife	n/48	n/52	7,3
Borax	n/50	n/55	32

am stärksten in Natronlauge, am schwächsten in Natriumpyrophosphat-
lösung.

Die Tatsache, daß der katalytische Effekt nur den OH-Ionen und nicht einem
unvermeidlich vorhandenen Eisenhydroxyd. zuzuschreiben ist, hat C. Pina[266]
dadurch bewiesen, daß bei besonderer Zugabe von wechselnden Mengen von
Ferrihydroxyd (0,00001- bis 0,001-molar) das Ferrihydroxyd in Natronlauge-
lösungen deutlich negativ katalysiert. Nur bei reinem Wasser katalysiert Eisenhydroxyd etwas positiv, jedoch ist der Effekt zu gering, um den stärkeren Einfluß
der OH-Ionen verdunkeln zu können.

Aktivatorwirkung. In manchen Fällen zeigt sich eine bedeutend erhöhte
Wirksamkeit der Katalysatoren, wenn ein anderer zweiter oder gar dritter Katalysator gemeinsam wirksam ist. Derartige Stoffe werden als „Aktivatoren" oder
„Verstärker" bezeichnet. Erwähnt sei hier vor allem die Beschleunigung der
durch Eisensalze bewirkten katalytischen Zersetzung von Wasserstoffperoxyd
im homogenen System durch Kupfersalze. Schon geringe Mengen beschleunigen
diesen Prozeß sehr stark[267]. Andere Metalle scheinen diese Wirkung nicht zu
haben. Die optimale Menge liegt bei zirka 1 Millimol/l. Als Erklärung nimmt
A. C. Robertson[268] an, daß die bei der Katalyse intermediär durch das Wasserstoffperoxyd gebildete Eisensäure mit dem Kupfersalz unter Bildung einer Verbindung reagiert, die katalytisch aktiver ist als das Kupfer- und auch das Eisen-
salz. Dieser wieder sehr unbeständige Körper ist wahrscheinlich die Kupfersäure H_2CuO_3 und der Mechanismus der Beschleunigung der Katalyse besteht
darin, daß das Wasserstoffperoxyd das Ferrisalz ·zu Eisensäure oxydiert, diese
oxydiert das Kupfersalz schneller zu Kupfersäure, als es H_2O_2 allein vermag, und
die Kupfersäure ihrerseits wirkt dann wieder viel schneller als die Eisensäure auf
das Wasserstoffperoxyd ein. Der Gesamteffekt ist somit viel größer, als es Kupfer
oder Eisen allein in der gleichen Konzentration auszuüben vermögen.

Der Verlauf der Katalyse von Wasserstoffperoxyd durch Kupfersalze ist
proportional dem intermediär nach $Cu^{··} + H_2O_2 \rightarrow CuO_2 + 2\,H$; $CuO_2 + H_2O_2 \rightarrow$
$\rightarrow Cu^{··} + 2\,H_2O + O_2$ gebildeten CuO_2. Bei Zusatz von geringen Eisensalz-
mengen zu den kupferhaltigen Wasserstoffperoxydlösungen konnté eine Ge-
schwindigkeitszunahme von 2000% beobachtet werden, die viel größer ist als
die erwartete Summenwirkung von Eisen und Kupfer zusammen genommen.
Eine Beschleunigung der Katalyse von Wasserstoffperoxyd tritt im allgemeinen
dann ein, wenn die Möglichkeit zur Bildung einer zweiten intermediären Verbindung gegeben ist, die durch Wasserstoffperoxyd schneller autoreduziert wird
als die erste Zwischenverbindung. Derartige Fälle liegen z. B. auch bei der durch
Gegenwart von Mangansalzen aktivierten homogenen Katalyse von Wasserstoffperoxyd durch Kaliumbichromat vor[269]. Die Reaktion folgt völlig dem Massenwirkungsgesetz, wobei die starke katalytische Beschleunigung auf Grund des
Einschlagens völlig neuer Reaktionswege beruht. Die Aktivatorwirkung beruht
demnach auf der Überlagerung zweier Reaktionen. Umgekehrt wirkt die Anwesenheit von Bleichlorid, namentlich bei höherem p_H, verzögernd auf die
Zersetzung des Wasserstoffperoxyds durch Kupferionen[270]. Auch Kobalt-,
Kupfer-, Nickel- und Cersalze beschleunigen die Reaktion zwischen Kaliumbichromat und Wasserstoffperoxyd[271].

Ungleich häufiger kommen jedoch katalytische Zersetzungen des Wasserstoffperoxyds im heterogenen System, wie z. B. an Metallflächen, durch kolloide Metalle oder Hydroxyde vor. Schon von Thenard[272] und Berzelius[273] ist darauf hingewiesen worden, daß Silber, Gold, Platin, Palladium, Rhodium, Iridium, Osmium, Quecksilber, Manganpulver, Mangandioxyd, Kobaltoxyd, Eisenhydroxyd und -oxyd, Kupferoxyd sowie Blut die Zersetzung des Wasserstoffperoxyds beschleunigen. Schönbein[274] erkannte klar als katalytische Reaktion die Entfärbung von Indigoschwefelsäure durch Wasserstoffperoxyd bei Gegenwart von Platinmohr, Eisenvitriol oder roten Blutkörperchen, die sofortige Bläuung von Kaliumjodidstärkekleister in Gegenwart von Platinmohr und Luftsauerstoff[275] oder von Guajaktinktur bei gleichzeitiger Anwesenheit von Platin, Quecksilber, Gold, Silber, Osmium, Mangandioxyd, Bleidioxyd, Kobalttrioxyd usw. Da auch eine große Anzahl anderer Stoffe die Zersetzung des Wasserstoffperoxyds herbeiführen konnte, wie Kleber, Diastase, Myrosin, Hefe, Auszüge von Samen und Pflanzenteilen, Speichel usw., kam Schönbein bereits zur Auffassung, „daß die Platinkatalyse das Urbild aller Gärung ist"[276].

Sehr eingehend wurde sodann die Zersetzung des Wasserstoffperoxyds durch kolloide Lösungen von Platin, Silber, Gold, Palladium, Iridium, die durch Kathodenzerstäubung im elektrischen Lichtbogen unter Wasser hergestellt worden waren, von Bredig und seinen Schülern[277] untersucht. Diese Lösungen wirken ähnlich wie Platinmohr und wie organische Fermente auf die Zersetzung des Wasserstoffperoxyds ein, so daß sie Bredig als einfache Modelle der Enzymwirkung auffaßte und sie direkt als anorganische Fermente bezeichnete. Die feine Verteilung der kolloidalen Metalle hat den Vorteil, daß die Menge des Platins genau dosiert und das Sol beliebig verdünnt werden kann. Dadurch wurde die Platinkatalyse quantitativ mit den Methoden der chemischen Kinetik meßbar. Es wurde festgestellt, daß das Platin noch in einer Verdünnung von 1 g-Atom Platin in ungefähr 70 Millionen Litern Wasser die Wasserstoffperoxydzersetzung merklich beschleunigen kann. In alkalischen Lösungen katalysiert noch 1 Mol Mangandioxyd in ungefähr 10 Millionen Litern, Kobalttrioxyd in 2 Millionen, Kupferdioxyd in 1 Million und Bleidioxyd in 1000 l Wasser merklich die Wasserstoffperoxydzersetzung, nicht merklich aber Ferrihydroxyd. In saurer Lösung ist die Wirkung dieser Stoffe viel kleiner. Am stärksten wirkt hier das Eisen, dann folgen Kobalt, Kupfer, Mangan, Nickel und Blei. Kolloidales Eisenoxydhydrat wirkt viel langsamer als ein Zusatz der gleichen Menge von Ferrosulfat, wobei vermutlich basisches Ferrisulfat ausfällt. Ein Überschuß von Säure hat aber großen Einfluß, wahrscheinlich wegen Änderung der Hydrolyse. Bei konstanter Menge und konstantem Zustand des katalysierenden Platinsols erwies sich die Wasserstoffperoxydzersetzung im neutralen und sauren Medium als eine monomolekulare Reaktion. Der Zersetzungsvorgang am Metall selbst verläuft sehr rasch. Wenn die gesamte Umsetzung jedoch nicht momentan verläuft, so rührt dies davon her, daß vor allem im makroheterogenen System die Diffusion zum Metall eine gewisse Zeit beansprucht. Da das Metall immer wieder regeneriert wird, so genügen schon ungemein geringe Mengen Metallsol zur dauernden Zersetzung ungleich größerer Mengen von Wasserstoffperoxyd. Das Platin bildet vermutlich zuerst ein instabiles Oxyd, das dann mit dem Wasserstoffperoxyd unter Sauerstoffentwicklung reagiert. Die Möglichkeit eines derartigen Zwischenproduktes ist durch die Arbeiten Grubes[278] sehr wahrscheinlich gemacht worden.

Katalysatorgifte. Durch Elektrolyte wird der kolloide Zustand und damit auch die Aktivität des Platins sehr stark beeinflußt. Die Katalyse nimmt mit der Konzentration des Platins sehr schnell zu, und zwar nicht proportional derselben. Bei Verdünnung mit reinem Wasser wurde für die Geschwindigkeit eine einfache Exponentialfunktion der Platinkonzentration gefunden. Ganz auffallend ist die Analogie der Platinflüssigkeit zu den Fermenten und dem Blute hinsichtlich ihrer Eigenschaft, durch geringe Spuren gewisser Gifte inaktiviert zu werden. So verzögert bereits ein Zusatz von $^1/_{1\,000\,000}$ Mol Kaliumcyanid bereits sehr stark, etwas weniger Schwefelwasserstoff und sehr stark auch Mercurichlorid. Die Blausäure zeigt in Analogie zu den Fermenten gewisse Erholungserscheinungen, d. h. die lähmende Wirkung der Blausäure verschwindet allmählich und das Platin wird wieder wirksam. Sehr starke Platingifte sind weiters CS_2, Phenol, Strychnin, Jodcyan, Jod, Natriumthiosulfat, P, CO, PH_3 (die letzten drei mit Erholung), AsH_3, $HgCN_2$, mittelstarke Gifte sind Anilin, Hydroxylamin, Brom, Salzsäure, Oxalsäure, Amylnitrit, arsenige Säure, Natriumsulfit (mit Erholung), Ammonchlorid. Schwache Platingifte sind phosphorige Säure, Natriumnitrit, salpetrige Säure, Pyrogallol, Nitrobenzol, Flußsäure und Ammonfluorid. Beschleunigend wirken hingegen Ameisensäure, Hydrazin, verdünnte Salpetersäure. Nahezu unwirksam sind verdünnte Kaliumchloratlösung, Äthylalkohol, Amylalkohol, Äther, Glyzerin, Terpentinöl und Chloroform. Auch indifferente Narkotika hemmen nach dem Gesetz der homologen Reihen die Zersetzung durch Platinsol[279]. Die negativen Katalysatoren haben insofern eine gewisse technische Bedeutung, als einige der gebräuchlichen Stabilisatoren als ausgesprochene Katalysatorgifte anzusprechen sind.

Nach der Hochfrequenzmethode hergestelltes Platinsol hat sich nach F. Thorén[279a] dem im Lichtbogen hergestellten gegenüber sogar als doppelt aktiv erwiesen. R. Schwarz und W. Friedrich[280] stellten bei der katalytischen Zersetzung des Wasserstoffperoxyds durch Platinsol fest, daß eine Bestrahlung mit Röntgenstrahlen eine wesentliche Verzögerung der Zersetzung bis zu 71% bewirken kann. Das Sol erholt sich aber nach 16 bis 20 Stunden wieder vollständig. Wahrscheinlich dürfte sich die Oberfläche des Platinsols unter dem Einfluß der Strahlen mit Wasserstoff beladen, der erst vom Wasserstoffperoxyd verbrannt werden muß.

Dem Platinsol ähnlich verhält sich das Goldsol[281], dessen Wirksamkeit in neutraler und saurer Lösung gegen die des Platins sehr gering ist, durch einen Zusatz von Alkali aber sehr gesteigert werden kann. $^1/_{640\,000}$ Grammatome Au/1 machen sich noch deutlich bemerkbar. $^1/_{10\,000\,000}$ Mol Natriumsulfid oder $^1/_{50\,000\,000}$ KCN können noch eine verzögernde Wirkung ausüben. Quecksilberchlorid in alkalischer Lösung beschleunigt, und zwar durch Eintritt einer neuen Reaktion, da die Reduktion des $HgCl_2$ zum Metall durch Goldsol beschleunigt wird. 1 g kolloidales Palladium katalysiert die Wasserstoffperoxydzersetzung noch in zirka 260 000 000 g Wasser[282,283].

Die Wirkung der Katalysatorgifte auf die Zersetzung des Wasserstoffperoxyds ist von J. H. Kastle und A. S. Loewenhart[284] dahin erklärt worden, daß die verzögernde Wirkung auf der Bildung dünner unlöslicher und schützender Schichten beruht, die sich durch Einwirkung des Verzögerers auf das Metall ausbilden. Wahrscheinlich beruht die Wirkung der Katalysatorgifte aber darin, daß diese durch bloße Oberflächenkräfte besonders stark angezogen werden, wobei sich die Katalysatoroberfläche mit einer Schicht des Kontaktgiftes bedeckt. Der zu katalysierende Stoff wird demnach von der Oberfläche des Katalysators verdrängt und so dem Einfluß der Oberflächenkräfte entzogen.

Der stärkste metallische Katalysator für die Zersetzung des Wasserstoffperoxyds ist kolloides Osmium, worauf in absteigender Reihe Palladium, Platin und Iridium folgen[285]. Eine Osmiumlösung mit 0,00000000091 g Os in 1 ccm Wasser beschleunigt den Zerfall noch sehr stark.

Der Wirkung der kolloidalen Metalle Platin, Gold und Silber entspricht eine besondere Gruppe von Fermenten, die sog. Katalasen, die in lebenden Zellen von Pflanzen und Tieren überall verbreitet sind und die die spezifische Eigenschaft haben, das Wasserstoffperoxyd unter Freiwerden eines Sauerstoffatoms spalten zu können. Die Wirksamkeit der Katalase ist eine außerordentlich große, sie ist nach H. von Euler und K. Josephson[289] etwa 1000mal so groß wie die des kolloidalen Platins.

Theorie und Kinetik des Zersetzungsvorganges. Unter dem Einfluß von Platinmohr zerfällt das Wasserstoffperoxyd annähernd nach der Gleichung für monomolekulare Reaktionen. Geringe Mengen von Natronlauge erhöhen die Zersetzungsgeschwindigkeit, größere sowie ein Zusatz von Schwefelsäure verringern sie hingegen. Die Wirksamkeit des Platinmohrs steht zwischen dem kolloidalen und dem kompakten Platin (Platinblech)[286]. Die katalytische Wirksamkeit von kompaktem Platin, Palladium und Iridium, wird durch eine Vorbehandlung sehr beeinflußt. So kann eine sehr starke anodische Polarisierung die Katalyse direkt zum Stillstand bringen, eine kathodische aber sie um mehr als 50% erhöhen[287,288].

Bei sämtlichen katalytischen Reaktionen sind als geschwindigkeitserhöhende Faktoren die Zwischenreaktionen des Katalysators mit dem Substrat anzunehmen. So nehmen z. B. F. Haber und J. Weiß[290] für die Katalyse des Wasserstoffperoxyds durch Ferrosulfat an, daß es sich um eine Reaktionskette handelt, deren einzelne Zwischenglieder folgende sind:

A. $Fe^{II} + H_2O_2 = Fe^{III} + (OH)' + OH$,
B. $OH + H_2O_2 = H_2O + O_2H$,
C. $O_2H + H_2O_2 = O_2 + H_2O + OH$,
D. $Fe^{II} | OH = Fe^{III} + (OH)'$,

wobei $Fe OII$ eine unlösliche Form, wahrscheinlich $Fe(OH)SO_4$ bedeutet.

Nach H. Wieland[291] ist die katalytische Zersetzung des Wasserstoffperoxyds als Reaktion 1. Ordnung aufzufassen, die aber in zwei Phasen verläuft. In der 1. Phase erfolgt eine Dehydrierung eines Moleküls H_2O_2 unter Bildung von molekularem Sauerstoff: $HOOH \rightarrow O : O + 2 H$, die mit meßbarer Geschwindigkeit verläuft, während die hydrierende Spaltung eines zweiten Moleküls H_2O_2 nach $HOOH + 2 H \rightarrow 2 H_2O$ mit unmeßbar großer Geschwindigkeit verläuft. Die Katalysatoren bewirken dabei nur eine Beschleunigung des Dehydrierungsvorganges.

Die katalytische Zersetzung von Wasserstoffperoxyd durch Ferrisalze verläuft nach Van L. Bohnson[292] über folgende Zwischenstufen:

A. $2\,\mathrm{FeR_3} + 3\,\mathrm{H_2O_2} = 2\,\mathrm{H_2FeO_4} + 6\,\mathrm{HR}$,
B. $\mathrm{H_2FeO_4} + 3\,\mathrm{H_2O_2} = 2\,\mathrm{Fe(OH)_3} + 2\,\mathrm{H_2O} + 3\,\mathrm{O_2}$,
C. $2\,\mathrm{Fe(OH)_3} + 6\,\mathrm{HR} = 2\,\mathrm{FeR_3} + 6\,\mathrm{H_2O}$.

R ist ein einwertiges negatives Radikal. Die meßbare Reaktion ist B, die monomolekular verläuft, jedoch nimmt die Reaktionskonstante gegen Ende der Reaktion wahrscheinlich wegen der störenden Wirkung der Hydrolyse etwas ab. Bei Chloriden und Nitraten ist die Wirkung der Konzentration proportional, während Sulfate weniger wirksam sind. Glyzerin, Rohrzucker, Harnstoff und Acetanilid erwiesen sich als Antikatalysatoren.

R. J. Kepfer und J. H. Walton[293] nehmen bei der Katalyse des Wasserstoffperoxyds durch kolloidales Eisenoxyd, die annähernd monomolekular verläuft, gleichfalls die Bildung von Eisensäure $\mathrm{H_2FeO_4}$ oder höheren Eisenoxyden als Zwischenprodukten an, ebenso Van L. Bohnson und A. C. Robertson[294].

Bei der heterogenen Katalyse von Wasserstoffperoxyd durch Kupferverbindungen, deren Kinetik sehr kompliziert ist, konnte ein Zwischenprodukt, bestehend aus braunem Kupferoxyd und grünem -hydroxyd isoliert werden[295]. Die katalytische Wirksamkeit des Niederschlages sinkt mit der Zeit infolge von Alterungserscheinungen ab.

In alkalischen Lösungen von Mangandioxyd oder schwarzem Kobaltihydroxyd wird vorerst durch das Wasserstoffperoxyd das Mangani- bzw. Kobaltisalz zu Mangano- bzw. Kobaltosalz reduziert, sofort aber durch neues Wasserstoffperoxyd wieder zu den höherwertigen Verbindungen oxydiert, das dann abermals mit $\mathrm{H_2O_2}$ Sauerstoff liefert, welcher Vorgang sich so lange wiederholt, als noch unzersetztes Wasserstoffperoxyd vorhanden ist.

Ein ähnlicher, aber deutlich rhythmisch ausgeprägter Wechsel zwischen Zersetzung und Stillstand findet bei der Katalyse des Wasserstoffperoxyds an metallischem Quecksilber in schwach alkalischen Lösungen statt. Da gleichzeitig das Auftreten und Verschwinden eines gelben Häutchens zu beobachten ist, dürfte die Reaktionsfolge darin bestehen, daß vorerst das Quecksilber durch Wasserstoffperoxyd zum Peroxyd oxydiert, dieses dann durch $\mathrm{H_2O_2}$ unter Sauerstoffabgabe wieder zum Metall reduziert wird usw.

Beim katalytischen Zerfall des Wasserstoffperoxyds an kolloidem Silber wird nach E. Wiegel[296] vorerst ein Teil des Silbers aufgelöst, das dann an der Oberfläche der Silberteilchen zu AgOOH oxydiert wird, welches dann in gasförmigen Sauerstoff und Silber zerfällt.

Von wesentlicher Bedeutung fur die Wirksamkeit eines Katalysators ist dessen Dispersitätsgrad. Wie durch röntgenometrische Bestimmung der Teilchengröße von Platinkatalysatoren festgestellt wurde[297], nimmt die katalytische Aktivität mit der spezifischen Oberfläche sehr schnell zu. Anderseits kann man wieder aus der Zersetzungsgeschwindigkeit umgekehrt auf die Teilchengröße des verwendeten Katalysators schließen, wie dies z. B. Lottermoser bei der Katalyse des Wasserstoffperoxyds durch Wolfram getan hat[298]. Die Zersetzungsgeschwindigkeit von $\mathrm{H_2O_2}$ stellt z. B. auch ein unmittelbares Maß für den Hydrolysengrad von Ferrisalzlösungen dar[299].

Auch die spezifische Bindungsart ist für die Wirksamkeit eines Katalysators maßgebend. Die Katalase, deren Wirkung auf einem Eisengehalt des Enzymsystems zurückzuführen ist, ist ungleich wirksamer als einfache Eisensysteme, wie z. B. aus der nachstehenden Tabelle hervorgeht[300].

1 Mol (Grammatom) Katalaseeisen zerlegt bei 0^0 6.10^4 bis 2.10^5 Mole H_2O_2.

1 „ „ Hämin zerlegt bei 0^0 0,01 Mole H_2O_2, also 10^6 mal weniger.

Fe^{II} bzw. F^{III} zerlegen bei 0^0 nur 0,00001 Mole H_2O_2.

Schutzkolloide, wie Gelatine, Gummiarabikum, protalbin- und lysalbinsaures Natrium sowie Eieralbumin, Dextrin und Stärke, hemmen den katalytischen Zerfall des Wasserstoffperoxyds durch Platinsol, wahrscheinlich zufolge Verminderung der Diffusionsgeschwindigkeit.

Von ganz besonderer technischer Bedeutung für die Haltbarkeit der Wasserstoffperoxydlösungen sind die sog. Stabilisatoren, die die Eigenschaft besitzen, die Zersetzungsgeschwindigkeit des Wasserstoffperoxyds bedeutend herabzusetzen (s. Abschn. XVI, S. 185).

Erwähnt sei noch, daß in organischen Lösungsmitteln, wie z. B. Amylalkohol, Amylacetat, Isobutylalkohol und Chinolin, die Katalysatoren ebenso wirksam sind wie in wäßriger Lösung. In manchen Fällen findet nur eine Verschiebung der Reaktionsordnung statt[301].

Literaturverzeichnis.

[236] Philos. Magazine (6), 3, 42, 1902. — [237] Ber. Dtsch. chem. Ges. 40, 4914, 1907. — [238] Ztschr. wiss. Photogr., Photophysik u. Photochem. 19, 275, 1920. — [239] Ebenda 21, 66, 1921. — [240] Journ. physical Chem. 31, 1507, 1927; Chem. Ztrbl. 1927 II, 2641. — [241] Journ. Amer. chem. Soc. 51, 1371, 1929; Chem. Ztrbl. 1929 II, 260. — [242] Journ. Amer. chem. Soc. 54, 821, 1932; Chem. Ztrbl. 1932 I, 2139. — [242a] Chem. Ztrbl. 1928 I, 2577. — [243] Journ. chem. Soc. London I, 596, 1930. — [244] V. Henri u. R. Wurmser: Compt. rend. Acad. Sciences 157, 284, 1913; Chem. Ztrbl. 1913 II, 1195. — [245] Journ. physical Chem. 33, 825, 1929; Chem. Ztrbl. 1929 II, 2013. — [246] Ztschr. Physik 48, 845, 1928; Chem. Ztrbl. 1928 II, 14. — [247] Ztschr. physikal. Chem. (A), 140, 133, 1929; Chem. Ztrbl. 1929 I, 2273. — [248] Journ. chem. Soc. London 123, 2725, 1924; Chem. Ztrbl. 1924 I, 529. — [249] Journ. physical Chem. 31, 1352, 1927; Chem. Ztrbl. 1927 II, 2141. — [250] Trans. Faraday Soc. 24, 245, 1928; Chem. Ztrbl. 1928 II, 134. — [251] Chem. News 112, 309, 320, 1915; Chem. Ztrbl. 1917 I, 50. — [252] Ber. Dtsch. chem. Ges. 56, 888, 1923. — [253] Trans. Faraday Soc. 23, 545, 1927. — [254] Ztschr. Elektrochem. 21, 352, 1915. — [255] Ebenda 34, 298, 1928. — [256] Journ. Amer. chem. Soc. 53, 382, 1931; Chem. Ztrbl. 1931 I, 2967. — [257] Compt. rend. Acad. Sciences 162, 725, 1916. — [258] Trans. Faraday Soc. 20, 370, 1924; Chem. Ztrbl. 1925 I, 2541. — [259] Journ. chem. Soc. London 123, 1750, 1924; Chem. Ztrbl. 1924 I, 120. — [260] Trans. Faraday Soc. 19, 601, 1924; Chem. Ztrbl. 1924 II, 424. — [261] Trans. Faraday Soc. 24, 530, 1928; Chem. Ztrbl. 1928 II, 2322. — [262] Rec. Trav. chim. Pays Bas 46, 453, 1927; Chem. Ztrbl. 1927 II, 1783. — [263] E. Spitalsky u. N. Petin: Ztschr. physikal. Chem. 113, 161, 1924. — [264] R. Schenck, F. Vorländer u. W. Dux: Ztschr. angew. Chem. 27, 291, 1914. — [265] V. Makow: Chim. et Ind. 28, 785, 1932. — [266] Trans. Faraday Soc. 24, 486, 1928; Chem. Ztrbl. 1928 II, 1661. — [267] Van L. Bohnson u. A. C. Robertson: Journ. Amer. chem. Soc. 45, 2512, 1924; Chem. Ztrbl. 1924 I, 2761. — [268] Journ. Amer. chem. Soc. 47, 1299, 1925; Chem. Ztrbl. 1925 II, 635. — [269] A. C. Robertson: Journ. Amer. chem. Soc. 49, 1630, 1927; Chem. Ztrbl. 1927 II, 1661. — [270] H. W. Rudel u. M. M. Haring: Ind. engin. Chem. 22, 1234, 1930; Chem. Ztrbl. 1931 I, 2967. — [271] E. Spitalsky: Journ. Amer. chem. Soc. 48, 2072, 1926; Chem. Ztrbl. 1926 II, 2265. — [272] Mém. de l'Acad. Science 3, 385, 1818. — [273] Lehrbuch der Chemie, 3. Aufl., S. 41, 1835. — [274] Journ. prakt. Chem. 75, 79, 1858; 78, 90, 1859. — [275] Ebenda 105, 207, 1868. — [276] Ebenda (1), 89, 335, 1863. — [277] Ztschr. physikal. Chem. 31, 258, 1899; 37, 1, 1901; 66, 162, 1909. —

[278] Ztschr. Elektrochem. **16**, 621, 1910. — [279] O. Meyerhof: Pflugers Arch. Physiol. **157**, 307, 1914; Chem. Ztrbl. **1914** II, 2009. — [279a] Svensk Kem. Tidskr. **42**, 134, 1930; Chem. Ztrbl. **1930** II, 1654. — [280] Ber. Dtsch. chem. Ges. **55**, 1040, 1922. — [281] Ztschr. physikal. Chem. **37**, 313, 1901. — [282] Ber. Dtsch. chem. Ges. **37**, 798, 1904. — [283] Ztschr. physikal. Chem. **42**, 601, 1903. — [284] Journ. Amer. chem. Soc. **26**, 518, 1901; **29**, 397, 563, 1903. — [285] C. Paal u. K. Amberger: Ber. Dtsch. chem. Ges. **37**, 124, 1904; **38**, 1398, 1905; **40**, 1392, 2201, 220ᵈ, 1907. — [286] A. Sieverts u. H. Bruning: Ztschr. anorgan. allg. Chem. **204**, 291, 1932. — [287] E. Spitalsky u. M. Kagan: Ber. Dtsch. chem. Ges. **59**, 2900, 1926. — [288] W. G. Roiter u. M. G. Lepersson: Chem. J. Ser. W. J. physical Chem. (russ.: Chimitscheski Shurnal. Sher. W. Shurnal fisitscheski Chimii) **4**, 469—74, 1933; Chem. Ztrbl. **1934** II, 2651. — [290] Naturwiss. **20**, 948, 1932. — [291] Ber. Dtsch. chem. Ges. **54**, 2353, 1921. Liebigs Ann. **456**, 111, 1927. — [292] Journ. physical Chem. **25**, 19, 1920; Chem. Ztrbl. **1921** III, 87. — [293] Journ. physical Chem. **35**, 557, 1931; Chem. Ztrbl. **1931** II, 1114. — [294] Journ. Amer. chem. Soc. **45**, 2493, 1924; Chem. Ztrbl. **1924** I, 2559. — [295] E. Spitalsky, N. Petin u. B. Konowalowa: Chem. Ztrbl. **1929** I, 1534/35. — [296] Ztschr. physikal. Chem. (A), **143**, 81, 1929; Chem. Ztrbl. **1929** II, 2012. — [297] G. R. Levy u. R. Haardt: Gazz. chim. Ital. **56**, 424, 1926; Chem. Ztrbl. **1926** II, 1820. — [298] Ztschr. Elektrochem. **35**, 610, 1929. — [299] J. S. Teletow u. N. Simonowa: Chem. Ztrbl. **1931** II, 1815. — [300] Chem.-Ztg. **59**, 955, 1935. — [301] J. H. Walton u. De Witt, O. Jones: Journ. Amer. chem. Soc. **38**, 1956, 1916; Chem. Ztrbl. **1917** I, 302.

VII. Die Autoxydationsvorgänge.

(Siehe auch S. 3, 5 und 21.)

Ein ganz besonderes Interesse beanspruchen die Oxydationsvorgänge mit molekularem Sauerstoff. Während bei hohen Temperaturen alle organischen Stoffe ohne Ausnahme zu Kohlensäure, Wasser und schwefeliger Säure usw. verbrannt und die meisten anorganischen Körper oder Metalle in die Oxyde übergeführt werden, zeichnet sich der Sauerstoff bei gewöhnlicher Temperatur durch eine große Reaktionsträgheit aus. Es gibt jedoch eine ganze Reihe von Stoffen, die diese Passivität des Sauerstoffes bei niederen Temperaturen überwinden können. Welche Bedeutung die Oxydationsvorgänge mit molekularem Sauerstoff haben, geht am besten daraus hervor, daß bei allen biologischen Oxydationsvorgängen, die die Energiequellen für alles Leben darstellen, ausschließlich der molekulare Sauerstoff als universelles Mittel wirksam ist.

Die Sauerstoffaufnahme bei der langsamen Oxydation kann auf zweierlei Art vor sich gehen. Entweder lagert sich das Sauerstoffmolekül als ungesättigtes System an gleichfalls ungesättigte Systeme, wie z. B. an die —C=C—-Doppelbindung unter Bildung von Peroxyden oder sog. Primäroxyden (Moloxyden), an, oder aber, und dies gilt namentlich für die Autoxydationsreaktionen in Gegenwart von Wasser, wird der autoxydable Körper durch das intermediär gebildete Wasserstoffperoxyd oxydiert. Als Beispiel für die erstere Bildungsart durch bloße Addition eines Sauerstoffmoleküls an ungesättigte Verbindungen seien die Reaktionen von Stickoxyd, Triphenylmethyl oder Triphenylphosphin mit Sauerstoff angeführt:

$$2 (C_6H_5)_3C + O = O = (C_6H_5)_3C—OO—C(C_6H_5)_3, \text{ Ditriphenylperoxyd.}$$

Zwischen den beiden primären Autoxydationsvorgängen gibt es zahlreiche Übergänge und für viele Oxydationsvorgänge, wie z. B. von Zinnchlorür, Kupferchlorür, Chromo-, Ferro-, Mangano- und Kobaltionen, ist der Charakter des Vorganges, ob primär Peroxyd- oder Wasserstoffperoxydbildung erfolgt, noch nicht geklärt.

Die Autoxydationstheorien. Über den Mechanismus der Autoxydationsvorgänge ist eigentlich noch nicht genug verläßliches Material vorhanden. Man ist daher bei der Erklärung des Reaktionsverlaufes in den meisten Fällen nur auf Theorien und Hypothesen angewiesen. Von den zahlreichen vorgeschlagenen Theorien haben die drei folgenden die größte Bedeutung erlangt: 1. Die Primäroxydtheorie von Bach, Engler und Wild; 2. die namentlich für die biologischen Prozesse bedeutsame Schwermetallkatalysetheorie von Warburg, und 3. die Dehydrierungstheorie Wielands.

Nach dem Entdecker der Autoxydationsvorgänge Schönbein[302] hat diese zum ersten Male eigentlich M. Traube[83] näher studiert, der in planvollen Untersuchungen diesem Gebiete eine Auffassung zugrunde legte, die auch heute noch als brauchbare Erklärung angesehen werden kann. Im Gegensatz zu Schönbein, der annahm, daß das Sauerstoffmolekül zerlegt und dabei ein Atom O zur Oxydation des Wassers verwendet werde, ging Traube von der Anschauung aus, daß das Sauerstoffmolekül durch Zerlegung des Wassers, dessen Anwesenheit er für jeden Autoxydationsvorgang für notwendig hielt, zum Wasserstoffperoxyd reduziert werde. Es ist dies ein Beispiel für die von Ostwald[303] aufgestellte Regel, wonach bei allen chemischen Vorgängen nicht gleich der beständigste Zustand erreicht wird, sondern der energetisch nächstliegende, wenn er auch unter den gegebenen Bedingungen zur Bildung einer sehr unbeständigen Substanz führt. Die Theorie Traubes krankte jedoch daran, daß sie nur jene Autoxydationsvorgänge zu erklären vermochte, die bei Gegenwart von Wasser vor sich gehen.

Unabhängig voneinander und nahezu gleichzeitig begründeten dann A. Bach[304] und C. Engler und ihre Mitarbeiter[19,305] eine Theorie der Autoxydationsvorgänge, die den tatsächlichen Verhältnissen schon in viel allgemeineren Formen Rechnung trug. Sie sagt aus, daß bei den Autoxydationen ganze Sauerstoffmoleküle unter Bildung eines Peroxyds aufgenommen werden, welches leicht ein Atom O abgeben kann. Diese primären, mit Ausnahme des Rubren- und Ergosterinperoxyds sehr labilen Anlagerungsprodukte eines O_2-Moleküls an einen anderen Stoff bezeichnet man nach Engler auch als „Moloxyde". Diese Moloxyde können sich entweder durch intramolekulare Umsetzung oder Reaktion mit unverändertem Akzeptormolekül oder aber auch durch Wechselwirkung mit anderen Stoffen unter Bildung von anderen Peroxyden oder sauerstoffhaltigen Verbindungen umsetzen: A (Autoxydator) $+ O_2 = AO_2$; $AO_2 + B$ (Akzeptor) $= AO + BO$. Fehlt ein fremdartiger Akzeptor, so kann auch ein unveränderter Teil des Autoxydators als Akzeptor dienen: $AO_2 + A = 2 AO$. Der Akzeptor B wäre allein nicht imstande, mit molekularem Sauerstoff zu reagieren, seine Oxydation wird aber durch die Autoxydation des Autoxydators „induziert", da das primär gebildete Peroxyd ein höheres Oxydationspotential aufweist und dadurch in den Stand gesetzt wird, gegen den Sauerstoff ansonsten unempfindliche Stoffe anzugreifen.

Ähnlich wie bei der Auffassung von Traube wird daher auch von Engler und Bach angenommen, daß das O_2-Molekül ein ungesättigtes System ist, das das Bestreben hat, seine ungesättigten Valenzen abzusättigen, und zwar durch diejenigen eines anderen ungesättigten Körpers, des autoxydablen Stoffes.

Wahrend Bach aber annimmt, daß die Autoxydation die eine Bindung des Sauerstoffmoleküls leichter sprengt als die andere, glaubt Engler nur an eine teilweise Dissoziation des O_2-Moleküls unter Lösung einer Bindung nach $\begin{matrix} O & O- \\ & \to & | \\ O & O- \end{matrix}$. Die Bildung des Wasserstoffperoxyds kann dabei auf indirektem Wege mit Wasser durch Hydrolyse des primär gebildeten Peroxyds über ein Monosubstitutionsprodukt des H_2O_2 vor sich gehen:

$$A + O_2 \to A{\Large\diagdown}{\diagup}^{O}_{O}\Big| + H_2O \to A{\Large\diagdown}{\diagup}^{OO-H}_{OH} + H_2O \to A{\Large\diagdown}{\diagup}^{OH}_{OH} + H_2O_2.$$

$$\underbrace{\qquad\qquad}_{AO\,+\,H_2O}$$

Es kann sich aber auch der molekulare Sauerstoff direkt an reaktionsfähigen Wasserstoff anlagern: $\begin{matrix} H & O \\ & + & \| \\ H & O \end{matrix} \to H{-}OO{-}H$. Der reaktionsfähige Wasserstoff kann entweder in fertig gebildeter Form, aber in dissoziiertem Zustand (in statu nascendi, als Kathodenwasserstoff, Palladiumwasserstoff usw.) vorliegen, er kann aber auch erst durch einen sog. „Pseudoautoxydator", z. B. in wäßriger Lösung wahrend des Autoxydationsvorganges in dem Maße entstehen (etwa aus ionisiertem Wasserstoff), als er dem Sauerstoffmolekül dargeboten wird. Nach Engler und Bach ist demnach „aktivierter Sauerstoff" chemisch gebundener, aber leicht abspaltbarer Sauerstoff, aber nicht Sauerstoff in Gestalt freier Atome.

Eine wesentliche Stutze erhielt die Auffassung Englers und Bachs durch die Primaroxydtheorie von W. Manchot[306,199,200], wonach bei allen Oxydationsvorgängen vorerst ein Primäroxyd mit Peroxydcharakter entsteht, dessen weiteres Verhalten von den obwaltenden Verhältnissen abhängt.

Nach der Theorie Bodländers[307] erfolgt bei Abwesenheit von Wasser die Bildung von Peroxyden nur durch direkte Addition von Sauerstoffmolekülen. Auch bei Gegenwart von Wasser soll eine solche Addition in vielen Fällen wahrscheinlicher sein als eine vorhergehende Spaltung des Wassermoleküls und die Bildung von Wasserstoffperoxyd aus dem vom Wasser abgespaltenen Wasserstoff. Für die langsame Oxydation von Metallen schloß sich Bodländer der Auffassung Traubes an.

Auch F. Haber[308] vertrat die Ansicht, daß sowohl bei der nassen als auch trockenen, d. h. bei Abwesenheit von Wasser vor sich gehenden Autoxydation der Sauerstoff als Ganzes, demnach als Molekül angelagert wird. Ähnlich war die Theorie von v. Baeyer und Villiger[309] über die Oxydation des Benzaldehyds zur Benzoesäure.

Erwähnung verdient auch die Korrosionstheorie von W. R. Dunstan, H. A. D. Jowett und E. Gulding[310], die für das Rosten des Eisens gleichfalls die Autoxydation und vorübergehende Bildung von Wasserstoffperoxyd verantwortlich machten: $Fe + H_2O = FeO + H_2$; $H_2 + O_2 = H_2O_2$; $2\,FeO + H_2O_2 = FeO_2(OH)_2$. Da sie aber das Wasserstoffperoxyd als Zwischenprodukt wegen der katalytischen Einwirkung des Eisens im Rostprozeß nicht nachweisen konnten, gaben sie später ihre Rosttheorie wieder auf[310a]. In neuerer Zeit ist aber dieser Nachweis H. Wieland und Franke[311] gelungen, so daß damit die

Wasserstoffperoxydtheorie der Korrosion wieder einen Auftrieb erfahren hat (s. S. 45).

Von ganz anderen Gesichtspunkten als die bisher erwähnten Theorien betrachtet H. Wieland die Autoxydationsvorgänge[312]. Nach ihm soll der Oxydationswirkung nur da eine Anlagerung von Sauerstoff vorausgehen, wo ungesättigte Systeme oxydiert werden. Dagegen sollen die viel häufigeren Oxydationsvorgänge, die sich an formal gesättigten Systemen vollziehen, auf einem Entzug von Wasserstoff beruhen, d. h. also auf Dehydrierungserscheinungen, denen meist eine Wasseranlagerung vorangeht. Die Autoxydation eines Aldehyds ist daher nach Wieland derart aufzufassen:

$$R\!-\!C\!\!\underset{H}{\overset{O}{\lessgtr}} + H_2O \rightarrow R\!-\!C\!\!\underset{H}{\overset{OH}{\lessgtr}}\!\!OH \xrightarrow{\;-H_2\;} R\!-\!C\!\!\underset{OH}{\overset{O}{\lessgtr}}$$

Aldehyd   Wasser-   Akzeptor   Dehy-   Saure
addition   drierung

Zur Aufnahme des freiwerdenden Wasserstoffes bedarf es besonderer H-Akzeptoren, falls nicht Sauerstoff vorhanden ist und dazu auch bereit ist. An seine Stelle kann aber auch z. B. Methylenblau, m-Dinitrobenzol, Dithioglykolsäure usw. treten. Tatsächlich fördert z. B. Methylenblau die Verbrennung organischer Säuren nach Thunberg[313] ganz auffallend, ebenso wie es auch die anaerobe Atmung fördert. Nach Wieland übt also nicht der Sauerstoff, sondern das in erster Phase gebildete Wasserstoffperoxyd die starke Oxydationswirkung aus. Wird der Autoxydationsvorgang katalysiert, so setzt die Wirkung des Katalysators auch nicht am Sauerstoff, sondern an den abzugebenden H-Atomen an. Als Beweis für die Annahme einer Dehydrierung bei Autoxydationsprozessen führt Wieland das Auftreten von H_2O_2 bei der Autoxydation von Hydrochinon oder Kobaltoverbindungen an. Daß in manchen Fällen, wie z. B. bei Eisen, in neutraler oder saurer Lösung das Wasserstoffperoxyd nicht nachgewiesen werden kann, ist darauf zurückzuführen, daß die Geschwindigkeit der Reaktion der Oxydation des Eisens durch H_2O_2 bei einer Azidität unterhalb $p_H = 7$ etwa 2000mal größer ist als jene der Bildung durch Autoxydation, so daß ein Nachweis gar nicht möglich ist[314].

In sehr schönen Versuchen mit Palladiumschwarz und Wasserstoff zeigte Wieland, daß sowohl die Reduktion als auch die Oxydation bloß durch Übertritt von H erklärt werden kann. Bei der Reduktion lagert sich zunächst Palladiumwasserstoff an den zu hydrierenden Körper an, worauf Abspaltung des wasserstoffreien Palladiums erfolgt: $X + PdH \rightarrow XPdH \rightarrow XH + Pd$. Bei der Oxydation wird umgekehrt zuerst Palladium angelagert, das dann als Palladiumwasserstoff abgespalten wird: $XH + Pd \rightarrow XHPd \rightarrow X + PdH$. So gibt z. B. Alkohol auch unter Luftabschluß mit völlig sauerstoffreiem Palladiumschwarz Aldehyd, so daß der Reaktionsverlauf wie folgt anzunehmen ist: $CH_3CH_2OH + 2\,Pd \rightarrow {}\rightarrow CH_3CHO + 2\,PdH$. Die katalytische Wirkung von Palladium oder der Platinmetalle bei Oxydationsvorgängen besteht daher darin, daß intermediär Hydride gebildet werden und nicht, wie früher angenommen wurde, Peroxyde. Es wird nicht der Sauerstoff, sondern der Wasserstoff aktiviert. Es ist demnach nach Wieland das Anwesendsein von Wasser eine Grundbedingung für das Eintreten von Oxydationsvorgängen. Wieland erklärt z. B. die Verbrennung von CO durch eine intermediäre Bildung von Ameisensäure nach $CO + H_2O = HCOOH$, die dann in CO_2 und 2 H zerfällt. Diese Annahme erfährt dadurch eine Stütze, daß vollkommen trockenes CO überhaupt nicht brennt und von v. Wartenberg und Sieg[315] tatsächlich in der CO-Flamme H-Atome nachgewiesen wurden. Beim Abschrecken der Flamme wurde auch Ameisensäure gefunden. Die Dehydrierung tritt selbstverständlich nur dann ein, wenn sie thermodynamisch möglich ist, d. h. in gekoppelten Systemen, bei denen die Phase der Hydrierung eines Stoffes mehr Energie liefert, als in der Dehydrierung verbraucht wird.

N. A. Milas[316] nimmt als Erklärung der Autoxydationsvorgänge an, daß sich das Sauerstoffmolekül durch gemeinsamen Besitz zweier Elektronen an Atome oder Moleküle anlagert, wobei reaktionsbereite metastabile Peroxyde entstehen. Die Oxydation von CO soll daher wie folgt vor sich gehen:

$$:\overset{..}{\underset{..}{O}}:C + \overset{..}{\underset{..}{O}}:\overset{..}{\underset{..}{O}}: \rightarrow :\overset{..}{\underset{..}{O}}:C:\overset{..}{\underset{..}{O}}:\overset{..}{\underset{..}{O}}:$$

Durch Reaktion mit unverändertem CO entsteht dann $2\,CO_2$. Die autoxydablen Stoffe besitzen demnach nach der Elektronentheorie der Autoxydation an Bindungen nicht beteiligte Valenzelektronen, die als „molekulare Valenzelektronen" bezeichnet werden[317], deren Energieinhalt sich in der ersten Stufe der Autoxydation ändert. Moleküle ohne freie Elektronen reagieren erst bei äußerer Energiezufuhr. Der chemischen Reaktion geht daher eine gewisse Anregung des Moleküls durch Erhöhung der Umlaufsenergie seiner Valenzelektronen voraus. Den verzögernden Einfluß von Stoffen erklärt Milas damit, daß diese Substanzen mit ihren Valenzelektronen den angeregten Molekülen ihre Überschußenergie wegnehmen. Als Verstärker wirken hingegen jene Substanzen, deren Valenzelektronen dem sich oxydierenden Molekül Energie entweder direkt oder durch intermediäre Bildung eines Peroxyds zuführen. Dieses energiereiche Peroxyd kann dann Reaktionsketten einleiten.

Nach H. N. Stephens[318] soll der Primäreffekt bei allen Autoxydationen in einer Anlagerung von Sauerstoff an eine Bindung bestehen, deren Schwingung rein thermisch oder aber auch bei den durch Licht katalysierten Reaktionen durch Absorption von Lichtenergie angeregt wurde. Von M. Hosiv und S. Yamashita[318a] wurde die Peroxydbildung bei der Belichtung von Pflanzenölen und Fettsäuren durch einen Kettenmechanismus erklärt.

Die beste Erklärung der Autoxydationsvorgänge sowohl ungesättigter als auch gesättigter Systeme ist jedoch jene Wielands. Dadurch, daß er konsequent bei allen oxydoreduzierenden Vorgängen die Abspaltung und Verschiebung des Wasserstoffes in den Vordergrund der Betrachtungen stellt, hat er eine einheitliche und sehr einleuchtende Beschreibung der Autoxydationsvorgänge gegeben. Diese Theorie kann sehr allgemeine Gültigkeit für alle Oxydationsprozesse beanspruchen, da es vollkommen gleichgültig ist, woraus der die beiden H-Atome aufnehmende Akzeptor besteht, ob ein Chinon, Nitrat oder aber molekularer Sauerstoff diese Rolle spielt.

Katalysierte Autoxydation. Für die Autoxydationsprozesse können folgende Kriterien angegeben werden: sie sind autokatalytisch, sprechen auf positive und negative Katalysatoren an, induzieren die Oxydation von gegen molekularen Sauerstoff indifferenten Verbindungen, induzieren Polymerisationsvorgänge und sind häufig von der Struktur (s. Staudinger[319]) der Verbindungen abhängig.

Der autokatalytische Charakter hängt mit dem gewöhnlich exothermischen Verlauf der Autoxydationsprozesse zusammen. Fast alle Autoxydationen, die früher als spontan reaktionsfähig betrachtet wurden, haben sich bei genauerer Untersuchung als katalytische Reaktionen erwiesen, die durch Spuren von Verunreinigungen, wahrscheinlich Schwermetallverbindungen, erst überhaupt in die Wege geleitet wurden. Der Begriff der Reinheit der Reagenzien erfahrt gerade hier eine vielfach potenzierte Verschärfung, die noch weit unter der Grenze der analytischen Nachweisbarkeit liegt. Dies konnte z. B. R. Kuhn und Meyer[320] bei der Autoxydation des Benzaldehyds zeigen. Enthielt dieser keine Spur von Schwermetallsalzen mehr, war er auch nicht mehr autoxydabel. Von allen Chemikern und Biologen wird heute einheitlich angenommen, daß jene Vorgange im lebenden Organismus, die Sauerstoff verbrauchen, durch Fermente katalytisch beschleunigt werden. Die wirksamsten Katalysatoren sind Schwermetallsalze, namentlich Eisenverbindungen, von denen die zweiwertige Form wirksamer ist als die dreiwertige. Auf die Bedeutsamkeit des Eisens bei biologischen Oxydationsvorgängen hat vor allem O. Warburg[328] hingewiesen, von dem auch die wichtige Theorie der Eisenkatalyse bei der Atmung stammt. Hierbei sollen aber nicht Eisenperoxyde als Überträger des Sauerstoffes dienen, vielmehr dürfte sich das Eisen in einem Fe^{II}-Komplex befinden[321], in welcher Form es vor Oxydation geschützt ist. Dieser Komplex lagert dann molekularen Sauerstoff ein, der als H-Akzeptor dient, so daß Wasserstoffperoxyd als erstes Produkt der Dehydrierung entsteht. Das ebenfalls angelagerte H_2O_2 wird dann durch das Eisen zur Oxydation des Substrates aktiviert. Dieser Ansicht stimmt A. Bach[322] zu, während W. Manchot und H. Schmied[323] die primäre Bildung eines Eisenperoxyds annehmen.

Eine Belichtung wirkt ausgesprochen fördernd auf die Autoxydation ein, da hierbei der autoxydable Körper in Gegenwart von Sauerstoff viel mehr O_2 aufnimmt als der unbelichtete. So stellte z. B. H. Suida[324] den positiven Einfluß des Lichtes bei der Autoxydation von Xylol und Benzaldehyd fest. A. Windaus und Bounken[325] zeigten ihn am Beispiel des Ergosterins, weitere Beispiele führen G. Ciamician und P. Silber[326] an.

Auf dem Gehalt an Eisen beruht auch die Wirksamkeit von Hämoglobin und Methämoglobin als Katalysatoren für die Autoxydation.

Der Autoxydationsprozeß kann aber auch durch gewisse Stoffe, häufig Antioxygene oder Paralysatoren genannt, verzögert werden. In diesem Sinne wirken J_2, FeJ_2, NaJ, KJ, AgJ, MgJ_2, ZnJ_2, HgJ_2, NH_4J, CH_3NH_2J, CHJ_3, kurz alle Jodverbindungen verzögernd auf die Autoxydation von Aldehyden, Styrol oder Natriumsulfit und Leinöl. Hemmend wirken ferner insbesondere Phenole, Anthrachinon, Hydrochinon, Brenzkatechin, Pyrogallol usw. (Ch. Moureu und Ch. Dufraisse[329]). Schwefelverbindungen verhalten sich sowohl beschleunigend als auch antikatalytisch. So wirken trockenes MnS, CoS, CS_2 auf die Autoxydation von Benzaldehyd beschleunigend, während Äthylxanthogenanilid, Methylxanthogenanilid, Diphenylsulfid, P_4S_3, die Sulfide von As, Sb, Bi, Sn, Cd, Fe, Ni, Pb, Cu, Hg in absteigender Reihenfolge antioxygen wirken, und zwar noch in einer Verdünnung von $1 : 10\,000$[330].

Als Erklärung der antioxygenen Wirkung wird manchmal angenommen, daß die negativen Katalysatoren leicht oxydabel sein müssen. Wie jedoch N. A.

Milas[331], Ch. Moureu und Ch. Dufraisse[332] gezeigt haben, bleiben die Antioxygene während des Autoxydationsvorganges unoxydiert und können selbst nach einigen Monaten unverändert wieder isoliert werden. Nach diesen Autoren sind die Antioxygene daher negative Katalysatoren, die die Bildung eines Peroxyds oder Moloxyds AO_2 eines autoxydablen Körpers A durch Sauerstoff verhindern. Sie katalysieren die Zersetzung des Körpers AO_2 etwa in dem Sinne, wie sich peroxydartige Körper gegenseitig reduzieren.

Auch die Oxydation ungesättigter Kohlenwasserstoffe ist ähnlich den Autoxydationen zu deuten[333-338] (s. auch Kap. III, S. 26). Die Autoxydation von Äther kann am besten durch die Annahme gedeutet werden, daß primär ein Oxoniumperoxyd durch Addition von molekularem Sauerstoff an die Ätherbrücke entsteht.

Bedeutung für die Technik. Die Autoxydationsvorgänge haben für viele Gebiete der Technik eine erhebliche praktische Bedeutung. Dies gilt namentlich für die Autoxydation und Polymerisation der trocknenden Öle, die aber noch ziemlich ungeklärt ist. Nach F. Taradoire[340] erhitzt sich ein Baumwollappen, der mit trocknendem Öl, Terpentin und einem Trockenmittel, wie Mangan- oder Kobaltresinat, als Beschleuniger getränkt ist, bei der Autoxydation bis auf Temperaturen von 300°, so daß sogar Entflammung eintreten kann. Antioxygene verzögern die Reaktion noch in einer Menge von 1 : 100 in der Baumwolle, wie z. B. Phenol, β-Naphtol oder Hydrochinon, während Guajakol, α-Naphtol, Anilin, Dimethylanilin und Hexamethylentetramin eine Entflammung überhaupt verhindern.

Autoxydation und Altwerden des Kautschuks hängen enge zusammen. Allen chemischen Reaktionen des Kautschuks gehen Polymerisationen voraus, die bei Luftzutritt von einer mehr oder weniger starken Oxydation begleitet sind. Darauf beruht auch die in der Industrie häufig beobachtete „Umwandlung" des Rohkautschuks. Schon ein Zusatz von 0,1% öliger Substanz verzögert die Oxydation[341]. Als wirksame Antioxygene haben sich jedoch Trane und Hydrochinon in einer Menge von 5% erwiesen, die die Vulkanisation des Kautschuks nicht stören. Rohkautschuk zeigt erst bei Temperaturen über 130° Autoxydationserscheinungen, während nach der Vulkanisation die Autoxydation sehr stark ausgeprägt ist[342].

Die Ursache des Ranzigwerdens der Fette und Öle scheint gleichfalls in deren Autoxydation begründet zu sein[343]. Nach P. E. Fierz-David[345] wird die Ranzigkeit durch Luft, Licht und Wasser hervorgerufen, wodurch die ungesättigten Fettsäuren in Aldehyde und Säuren gespalten werden. Hingegen haben M. B. Coe und J. A. Le Clerc[346] gefunden, daß die Peroxydzahl bei vor Licht und Luft geschützten Ölen und Fetten kein Maß für die Ranzigkeitsprüfung ist, da Öle, die unter Lichtschutz aufbewahrt wurden, bei hoher Peroxydzahl noch nicht so ranzig schmeckten als an der Luft gelegene Öle, selbst wenn diese eine niedrigere Peroxydzahl aufwiesen. Auch die Erhärtung der Teere und das Ausbleichen von Farbstoffen scheint durch Autoxydation hervorgerufen zu werden.

Dissimilation und Assimilation; biologische Oxydationsvorgänge. Die Autoxydationsvorgänge leiten uns auch in ein ungemein wichtiges Grenzgebiet der Chemie hinüber, und zwar zur Assimilation und Dissimilation und zu den biologischen Oxydationsvorgängen. Durch eingehende Untersuchungen namentlich der letzten Jahre ist über den Abbau der Nährstoffe, wie Kohlehydrate, Fette und Eiweißkörper, bis zu den irreversiblen Endprodukten Wasser, Kohlensäure und Ammoniak weitgehende Klärung geschaffen worden.

Nach allgemeiner Ansicht spielt bei der Assimilation der Kohlensäure, also bei der Bildung der Kohlehydrate in der Natur, das intermediäre Auftreten von Peroxyden eine Rolle (Wo. Ostwald[347]). Nach Willstätter und Stoll[348] bildet sich primär eine Anlagerungsverbindung der Kohlensäure an das Chlorophyll, worauf unter Aufnahme von Lichtenergie ein Peroxyd der Kohlensäure (Perkohlensäure) entsteht. Die Perkohlensäure spaltet dann unter dem Einfluß des Protoplasmas Sauerstoff ab, wobei Formaldehyd entsteht, der bereits von Baeyer als das erste Assimilationsprodukt der Kohlensäure angesprochen wurde.

Wo. Ostwald[347] nimmt hingegen in der ersten Phase der Assimilation der Kohlensäure unter Beteiligung von Lichtenergie die autoxydative Bildung eines Lipoidperoxyds an. Das Chlorophyll nimmt an diesem Assimilationsvorgang selbst nur indirekt durch Sammlung und Filtration des Lichtes Anteil, keineswegs aber in stöchiometrischen Verhältnissen, da die Symbasie zwischen Kohlensäurereduktion und Chlorophyllgehalt völlig fehlt. Hingegen ist die Mitbeteiligung der protoplasmatischen Substanz, des Stromas, erwiesen. Als Lipoide fungieren hierbei Fette, Wachsarten, Öle, Phosphatide, ferner auch Terpene, Phytosterin, Karotene u. dgl., die sehr photoautoxydabel sind und Peroxyde bilden. Eisen, Mangan und andere Schwermetalle, vor allem aber das Eisen, können nach Warburg[328] als Katalysatoren bei dieser Autoxydation angenommen werden, die sich demnach nach folgendem Schema abspielen dürfte:

$$\text{Lipoid} + O_2\ (+ \text{Fe} + \text{Chlorophyll}) \xrightarrow{hr} \text{Lipoid} - O_2.$$

Nach Ostwald vermag das Plasmaprotein durch Bindung die Kohlensäure zu aktivieren, welche Verbindung in weiterer Teilphase mit dem Lipoidperoxyd in Reaktion tritt. Hierbei wirkt auch aktiviertes Wasser mit und lagert seine beiden H-Atome an den CO-Rest unter Bildung von Aldehyd HCHO an, während das O-Atom des Wassers das Lipoidperoxyd regeneriert. Die Reaktionsfolge ist demnach nach Ostwald folgende:

$$\text{Protein} \leftrightarrow CO_2 + H_2O_2 = \text{Protein} + \text{HCHO} + O_2\ (\text{entweicht}) + O$$
$$\text{Lipoid} - O + O = \text{Lipoid} - O_2$$
$$\text{Lipoid} - O_2 + \text{HOH (aktiv)} = \text{Lipoid} - O + H_2O_2.$$

Vom chemischen Standpunkt ganz besonderes Interesse haben auch die biologischen Oxydationsprozesse erlangt. Nach allgemeiner Auffassung werden die Oxydationsprozesse im lebenden Organismus katalytisch beschleunigt. In der lebenden Zelle bestehen die wirksamen Katalysatoren aus Fermenten oder Enzymen, deren Wirkung schon Bredig[277] mit jener der von ihm untersuchten Schwermetallsolen als sehr ähnlich erkannt hat. Bredig sprach direkt von anorganischen Fermentmodellen.

Vom chemischen Standpunkt aus sind die in der lebenden Zelle vor sich gehenden Verbrennungsvorgänge nur als Erscheinungen der langsamen Oxydation aufzufassen, wobei Peroxyde und Wasserstoffperoxyd als normale Oxydationsprodukte auftreten können. Die Bildung der Peroxyde gehört daher zu einem im Leben der Zelle konstant aufscheinenden Faktor, an den sich die Zelle in bestimmter Weise anpassen muß. Diese Anpassung besteht darin, daß die Zelle mit Hilfe von Fermenten imstande ist, Wasserstoffperoxyd einerseits katalytisch zu zersetzen, anderseits aber das Wasserstoffperoxyd und die Sauerstoffübertragung zu aktivieren. Die beiden Fermente, die diese beiden Umsetzungen zu bewirken vermögen, sind die Katalase und die Peroxydase. Vergleicht man die Wirkungen dieser Fermente mit anorganischen Katalysatoren, so ist die Katalasewirkung derjenigen von Platinsol, jene der Peroxydase der aktivierenden Eigenschaft des Ferrosulfats gleichzusetzen. Die nur in Aerobionten vorkommende Katalase ist nach Wieland eine Dehydrase mit Wasserstoffperoxyd als spezifischem H-Akzeptor, die die Aufgabe hat, das für die Zelle giftige Wasserstoffperoxyd zu beseitigen. Fehlt die Katalase in Zellen, wie z. B. in Anaerobionten, so treten durch das entstehende Wasserstoffperoxyd Wachstumsverzögerungen oder gar Absterben auf.

A. Bach nahm bei der direkten biologischen Oxydation unter dem Einfluß des Sauerstoffes an, daß sich dieser vorerst an eine Zwischensubstanz als Peroxyd anlagert, das dadurch ein höheres Oxydationspotential erhält und andere Stoffe, die gegen molekularen O_2 unempfindlich sind, angreifen kann. Das System: Zwischensubstanz $+$ Peroxyd nannte Bach Oxygenase, ohne aber für diese eine nähere Erklärung zu geben. Dann sollte ein Enzym angreifen, das die Abgabe des Peroxydsauerstoffes katalysiert, die Peroxydase.

Eine klare Auffassung über die Oxygenase von Bach wurde von O. Warburg gegeben, der diese als ein komplexes organisches Eisensystem erkannte. Die Zellstrukturen weisen nach Warburg an ihrer Oberfläche Eisenorte auf, an denen der Sauerstoff peroxydartig gebunden wird und dabei auf ein höheres Potential gebracht wird, so daß er das durch Adsorption aufgelockerte Substrat oxydierend angreifen kann. Das die Oxydation bewirkende Ferment, das die lebende Zelle zur Verbrennung der Nährstoffe unbedingt benötigt, wurde von Warburg als ein den Pyrolfarbstoffen zugehöriges Fermenthämin erkannt, das seine Stellung zwischen dem Blutfarbstoff und Chlorophyll als Phäohämin einnimmt. Nach Warburg[349] ist demnach die Aktivierung des Sauerstoffes an die Spitze der Betrachtungen des biologischen Oxydationsvorganges zu stellen, der an das Vorhandensein von Eisen in der Zelle gebunden ist.

Das krasseste Gegenteil behauptete H. Wieland, der die Aktivierung des Wasserstoffes in den Vordergrund stellte. Die Katalyse durch Enzyme sollte ebenso wie die Modellreaktion mit Palladiumwasserstoff gebundene paarige H-Atome lockern, so daß sich eine thermodynamisch mögliche Reaktion mit großer Geschwindigkeit abspielen kann. Das dazu nötige Energiegefälle wird dadurch erreicht, wenn ein Akzeptor, z. B. Methylenblau oder Sauerstoff, vorhanden ist, der den Wasserstoff aufnimmt und dabei mehr Energie liefert, als bei der Dehydrierung erforderlich ist. Das thermodynamische Potential, bei welchem die biologische Oxydation abzulaufen beginnt, wird „Redoxpotential" genannt, dem eine grundsätzliche Bedeutung zukommt. Der Katalysator für die Dehydrierung ist entweder Palladiumwasserstoff oder ein Enzym, die Dehydrase. Bei der biologischen Oxydation besteht der Akzeptor ganz einfach aus molekularem Sauerstoff, der in stark endothermer Reaktion den Wasserstoff aufnimmt und ihn in Wasserstoffperoxyd überführt. Dieses wird dann durch weiteren aktiven Wasserstoff endgültig zu Wasser reduziert.

Die Wielandsche Auffassung hatte für das ganze Gebiet der oxydoreduzierenden Vorgänge, bei denen also der Sauerstoff überhaupt keine Rolle spielt, allgemeine Geltung erlangt. Jedoch stieß sie bei der Erklärung der Oxydationen unter Mitwirkung des Sauerstoffes auf den stärksten Widerspruch Warburgs, der ja ausdrücklich die Aktivierung des Sauerstoffes als Grundlage der biologischen Oxydation hinstellte.

Zwischen diesen beiden sich konträr gegenüberstehenden Theorien schien sich die längste Zeit keine Brücke finden zu lassen. Jedoch hat sich in letzter Zeit eine Möglichkeit geboten, beide Auffassungen zu vereinigen, und zwar über den Begriff der Aktivierung. Warburg zeigte nämlich durch Vergiftungsversuche am Fermenthämin, daß in diesem beide Oxydationsstufen des Eisens vorhanden sein müssen. Das Substrat wird durch Fe^{III} oxydiert, dabei aber das Fermenthämin selbst zu Fe^{II} reduziert, um dann durch einen Autoxydationsvorgang mittels molekularen Sauerstoffes wieder in Fe^{III} überzugehen. Die Oxydation des Substrats durch Fe^{III} ist auch nach Warburg als Dehydrierung aufzufassen, da ja die Oxydation ohne Mitwirkung von Sauerstoff vor sich geht. Die Aktivierung besteht darin, daß das Fe^{III} im Fermenthämin mit dem Substrat eine Oberflächenverbindung eingeht, in welcher Form es oxydiert, d. h. dehydriert wird. Auch Wieland gibt für die katalytische Hydrierung durch Eisen genau die gleiche Erklärung[350], Fe^{III} wirkt auf das Substrat dehydrierend, geht dabei in Fe^{II} über, das dann durch molekularen Sauerstoff wieder zu Fe^{III} regeneriert wird[351]. Dieser Prozeß ist stets mit dem Auftreten von Wasserstoffperoxyd als Dehydrierungsprodukt des molekularen Sauerstoffes verbunden, das auch tatsächlich von Wieland bei der Autoxydation von Eisen in schwach alkalischer Lösung nachgewiesen wurde.

Die Gegensätze zwischen beiden Theorien sind demnach beseitigt, da sowohl das System unter Wirkung der Dehydrasen als auch mit Hilfe des Fermenthämins nach dem gleichen Schema arbeitet. Diesem zufolge muß aber auch in der Zelle das Auftreten von Wasserstoffperoxyd nachweisbar sein. Dieser Beweis war äußerst schwierig zu führen, da in fast sämtlichen Zellen das das Wasserstoffperoxyd mit größter Geschwindigkeit zerstörende Ferment Katalase vorhanden ist. Dieser Beweis ist aber, wie bereits erwähnt wurde, Bertho[70] bei der Atmung von Milchsäurebakterien gelungen, die kein eisenhältiges Fermenthämin enthalten.

So hoch man unsere neuen Erkenntnisse auf dem Gebiete der biologischen Zelloxydation auch einschätzen muß, wie z. B. die Auffindung von Zwischenkatalysatoren (das Keilinsche Cytochrom und das „gelbe Ferment Warburgs"), sind wir heute noch weit von einer allgemeinen und endgültigen Entscheidung über diese Frage entfernt. Feststehend ist nur, daß im Haushalte der Natur die Autoxydationsvorgänge, die Bildung von Peroxyden und von Wasserstoffperoxyd von maßgebendster Bedeutung sind, da durch sie erst der molekulare Sauerstoff auf jenes höhere Oxydationspotential gebracht werden kann, in welchem er befähigt ist, auch bei gewöhnlicher Temperatur mit organischen Verbindungen unter deren Überführung in die Endprodukte der Verbrennung die für die Lebensvorgänge erforderlichen Energiequellen zu beschaffen.

Hinsichtlich weiterer Einzelheiten bezüglich der biologischen Oxydationen kann hier jedoch nur auf die ausgezeichnete Übersicht von O. Oppenheimer[352] und von A. Bertho[353] verwiesen werden.

Literaturverzeichnis.

[302] Journ. prakt. Chem. **37**, 139, 1845; **75**, 97, 1858; **77**, 137, 1858; **86**, 65, 1862; **89**, 14, 1863; **93**, 24, 1864; **98**, 65, 257, 280, 1866; **99**, 11, 1866; **102**, 145, 155, 164, 1867. — [303] Ztschr. physikal. Chem. **22**, 306, 1897; **34**, 252, 1900. — [304] Compt. rend. Acad. Sciences **124**, 951, 1897; Moniteur scient. (4), **11**, II, 484, 1897; Chem.-Ztg. **21**, 398, 436, 1897. — [305] Verhandl. Naturwiss. Vereines Karlsruhe **13**, 72, 1896; Engler u. J. Weißberg: Ber. Dtsch. chem. Ges. **31**, 3046, 3055, 1898; **33**, 1097, 1900. — [306] Habilitationsschrift Göttingen, 1899; Liebigs Ann. **314**, 177, 1901; **316**, 318, 331, 1901; Ber. Dtsch. chem. Ges. **33**, 1742, 1900; Ztschr. anorgan. allg. Chem. **37**, 397, 420, 1901; Liebigs Ann. **325**, 105, 125, 1903. — [307] Über langsame Verbrennung, Ahrens Sammlung **3**, 385, 1898. — [308] Ztschr. physikal. Chem. **34**, 513, 1900; **35**, 81, 608, 1900; Ztschr. Elektrochem. **7**, 441, 1900; Physikal. Ztschr. **1**, 419, 1900; Ztschr. anorgan. allg. Chem. **18**, 37, 1898. — [309] Ber. Dtsch. chem. Ges. **33**, 1569, 1900. — [310] Proceed. chem. Soc., London **21**, 231, 1905. — [311] Liebigs Ann. **469**, 259, 1929. — [312] Ber. Dtsch. chem. Ges. **45**, 484, 1912; **46**, 3327, 1913; **47**, 2085, 1914; **54**, 2353, 1921. — [313] Skand. Arch. Physiol. **35**, 1917; **40**, 1920. — [314] Liebigs Ann. **473**, 289; **469**, 257, 1929. — [315] Ber. Dtsch. chem. Ges. **53**, 2192, 1920. — [316] Journ. physical Chem. **33**, 1204, 1929; Chem. Ztrbl. **1929 II**, 2144. — [317] Chem. Reviews **10**, 295, 1932; Chem. Ztrbl. **1932 II**, 489. — [318] Journ. physical Chem. **37**, 209, 1933; Chem. Ztrbl. **1933 I**, 2908. — [318a] Chem. Ztrbl. **1935 I**, 2748. — [319] Ber. Dtsch. chem. Ges. **46**, 3530, 1913. — [320] Naturwiss. **16**, 1028, 1928. — [321] Liebigs Ann. **464**, 101, 173, 1928; **475**, 1, 1929. — [322] Ber. Dtsch. chem. Ges. **65**, 1788, 1932. — [323] Ber. Dtsch. chem. Ges. **65**, 98, 1932. — [324] Ber. Dtsch. chem. Ges. **47**, 467, 1914. — [325] Liebigs Ann. **460**, 225, 1928. — [326] Ber. Dtsch. chem. Ges. **46**, 1558, 1913; **47**, 640, 1914. — [327] Biochemical Journ. **18**, 255, 1924. — [328] H. **92**, 231, 1914; Biochem. Ztschr. **152**, 479, 1924. — [329] Compt. rend. Acad. Sciences **174**, 258, 1922; Chem. Ztrbl. **1922 I**, 1317. — [330] Ch. Moureu, Ch. Dufraisse u. M. Badoche: Compt. rend. Acad. Sciences **179**, 237, 1924; Chem. Ztrbl. **1924 II**, 1430. — [331] Chem. Ztrbl. **1929 II**, 3100. — [332] Bull. Soc. chim. France (4), **31**, 1152; Chem. Ztrbl. **1923 II**, 194. — [333] Chem. Ztrbl. **1931 II**, 5. — [334] Ch. A. Young, R. R. Vogt u. I. A. Arenlend: Journ. Amer. chem. Soc. **56**, 1822, 1934; Chem. Ztrbl. **1934 II**, 2206. — [335] H. Hock u. W. Susemihl: Ber. Dtsch. chem. Ges. **66**, 61, 1933. — [336] P. Mondain-Monval u. B. Quanquin: Compt. rend. Acad. Sciences **191**, 299, 1930; Chem. Ztrbl. **1930 II**, 2628. — [337] E. Walter, J. Wardles: Journ. chem. Soc. London 872, 1928; Chem. Ztrbl. **1928 II**, 721. — [338] Ch. Dufraisse, Ch. Moureu u. R. Chaux: Compt. rend. Acad. Sciences **184**, 413, 1927; Chem. Ztrbl. **1927 I**, 2164. — [340] Compt. rend. Acad. Sciences **182**, 61, 1926; Chem. Ztrbl. **1926 I**, 1899. — [341] A. Helbronner u. G. Bernstein: Compt. rend. Acad. Sciences **177**, 204, 1923; Chem. Ztrbl. **1923 IV**, 883. — [342] Ch. Dufraisse u. N. Drisch: Rev. gén. Caoutchouc 8, Nr. 71, 9, 1931; Chem. Ztrbl. **1931 II**, 3278. — [343] Geuthe: Ztschr. angew. Chem. **19**, 2087, 1906. — [344] K. Täufel u. J. Muller: Ztschr. Unters. Lebensmittel **60**, 473, 1931; Chem. Ztrbl. **1931 I**, 2281; Ztschr. angew. Chem. **43**, 1108, 1930. — [345] Ztschr. angew. Chem. **38**, 6, 1925. — [346] Ind. engin. Chem. **26**, 245, 1934; Chem. Ztrbl. **1934 II**, 2309. — [347] Kolloid-Ztschr. **33**, 356, 1923. — [348] Untersuchungen uber die Assimilation der Kohlenstoffe, S. 242, 1928. Berlin, Springer. — [349] Katalytische Wirkungen der lebenden Substanz, 1928. — [350] Ztschr. angew. Chem. **44**, 579, 1931. — [351] F. Haber u. R. Willstadter: Ber. Dtsch. chem. Ges. **64**, 2844, 1931. — [352] Chem.-Ztg. **50**, 991, 1926; **52**, 709, 1928; **57**, 673, 694, 1933. — [353] Chem.-Ztg. **59**, 953, 1935.

VIII. Die Konstitution des Wasserstoffperoxyds und seiner Derivate.

H_2O_2. Beim Wasserstoffperoxyd zeigt sich die interessante Tatsache, daß, obwohl die Zusammensetzung in wäßriger Lösung durch Gefrierpunktserniedrigung und durch Siedepunktserhöhung einwandfrei zu H_2O_2 bestimmt wurde, selbst nach noch so eingehenden Untersuchungen immer noch keine allgemein anerkannte Auffassung über seine Konstitution vorhanden ist. Der hauptsächliche Grund für die zahlreichen verschiedenen Vorschläge für die Konstitution des Wasserstoffperoxyds liegt darin, daß tatsächlich nur sehr schwer eine einfache Beziehung zwischen seinen mannigfaltigen Reaktionsmöglichkeiten, wie Oxydation, Reduktion, katalytische Zersetzung, Bildung aus molekularem Sauerstoff usw., die seinem Verhalten in jeder Hinsicht Rechnung trägt, gefunden werden kann. Erst in allerjüngster Zeit und unter Aufwand der modernsten chemischen und physikalischen Hilfsmittel ist einigermaßen Klärung über seine Konstitution geschaffen worden.

Die Formeln HO_2 bzw. H_2O_4, die aufgestellt wurden, als man das Wasserstoffperoxyd noch als Oxydationsprodukt des Wassers ansah, sind schon von Traube als falsch erkannt worden. Schönbein gab ihm auf Grund seiner Ozon- und Antozontheorie die Formel $H_2O + O^+$ oder $H_2O\oplus$ bzw. $H_2O\overset{\circ}{\ominus}$. Carius[354] faßte das Wasserstoffperoxyd als höheres Oxydationsprodukt des Wasserstoffes auf und meinte, daß es aus zwei OH-Gruppen, OH—OH oder $(OH)_2$, bestehe.

M. Traube[355] gab ihm als erstes Reduktionsprodukt des molekularen Sauerstoffes die Formeln $(O_2)H_2$, H—$\boxed{O{=}O}$—H oder H—O=O—H oder $2\,H\cdot(O{=}O)$, hielt aber stets an der konstanten Zweiwertigkeit des Sauerstoffes fest. Das Sauerstoffmolekül $\boxed{O\ \ O}$ sollte zwei Valenzen besitzen, die es mit Wasserstoff absättigt.

Kingzett[356] schlug die Formeln $=\!O\overset{III}{-}O\!\!\big<{}^{H}_{H}$ oder $=\!O\overset{IV}{=}O\!\!\big<{}^{H}_{H}$ bzw. $H-\!\!\overset{O}{\overset{\|}{O}}\!\!-H$ mit drei- oder vierwertigem Sauerstoff vor.

C. Engler und Weißberg[19] gaben dem Wasserstoffperoxyd die Konstitutionsformel $H_2\!\!\big<{}^{O}_{O}\,|$.

Auf Grund seiner spektrometrischen Untersuchungen hielt Brühl[20] eine polyvalente Verkettung der beiden Sauerstoffatome für sehr wahrscheinlich, so daß er dem Wasserstoffperoxyd die Formel $H\cdot O{\equiv}O\cdot H$ mit vierwertigem Sauerstoff gab. Diese Auffassung sollte der Bildung aus molekularem Sauerstoff und atomarem Wasserstoff Rechnung tragen und die Reduktionswirkung durch die lockere Bindung erklärt werden. Zu dem gleichen Ergebnis gelangten J. Strecker und R. Spitaler[357], die aus den Untersuchungen der molekularen Refraktion und Dispersion von Diäthylperoxyd und von Diäthyläther den Schluß zogen, daß sowohl im Diäthylperoxyd als auch im Wasserstoffperoxyd eine dreifache Bindung zwischen den beiden O-Atomen vorliege.

Auch Spring[21,358] entschied sich auf Grund seiner spektrometrischen Untersuchungen des Wasserstoffperoxyds für die Formel H—O=O—H. J. Meyer[359] nahm an, daß bei der Autoxydation eines der beiden O-Atome vierwertig auftrete, das Wasserstoffperoxyd sich daher bei der Reduktion durch atomaren Wasser-

stoff nach $O=O\!\!\begin{array}{c} H \\ \diagup \\ \diagdown \\ H \end{array} + \begin{array}{c} H \\ \\ H \end{array} = O=O\!\!\begin{array}{c} H \\ \diagup \\ \diagdown \\ H \end{array} = (O=O\cdots H_2)$ bilde.

Die Symmetrie des Wasserstoffperoxydmoleküles. A. Baeyer und V. Villiger[361] zeigten, daß bei der Reduktion des Diäthylperoxyds mit Zinkstaub und Eisessig nicht Äther, sondern Alkohol entsteht: $C_2H_5.O \,|\, O.C_2H_5 \rightarrow 2\,C_2H_5OH$. Da
$$H \,|\, H$$
auch H_2O_2 bei der Reduktion mit Zink und Eisessig nach $HO \,|\, OH \rightarrow 2\,H_2O$,
$$H \,|\, H$$
also nur Wasser ergibt, war damit zum erstenmal ein eindeutiger Beweis für eine symmetrische Konstitution des Wasserstoffperoxyds erbracht. Baeyer und Villiger sprachen sich für eine Konstitution H.O.O.H aus, denn bei einer

asymmetrischen Formel mit vierwertigem Sauerstoff hätte nach $O=O\!\!\begin{array}{c} C_2H_5 \\ \diagup \\ \diagdown \\ C_2H_5 \end{array} +$

$+\,2\,H$ eine Verbindung, $O\!\!\begin{array}{c} CH_5 \\ \diagup C_2H_5 \\ -H \\ \diagdown OH \end{array}$, entstehen müssen, die weiterhin in Wasser und

Äther $O\!\!\begin{array}{c} \diagup C_2H_5 \\ \diagdown C_2H_5 \end{array}$ hätte zerfallen müssen.

In analoger Weise erhielten R. Willstädter und E. Hauenstein[362] bei gelinder Reduktion von Benzoperoxyd mit Wasserstoff bei Gegenwart von Platin
$$C_6H_5.CO.O$$
quantitativ Benzoesäure $\quad H \,|\, H \quad$ und nicht Benzoesäureanhydrid und
$$C_6H_5.CO.O$$

Wasser: $\begin{array}{c} C_6H_5.CO \diagdown \\ \\ C_6H_5.CO \diagup \end{array} O=O.\begin{array}{c} H \\ \\ H \end{array}$

Auch die Beobachtung der dem Hydroxylradikal zugeordneten sog. Wasserbande, nicht aber des Molekular- oder Atomspektrums des Wasserstoffes im Emissionsspektrum durch Urey, Dawsey und Rice[241] würde für einen Zerfall des Wasserstoffperoxyds nach $H_2O_2 \rightarrow 2\,OH$ mit der Strukturformel H.O.O.H sprechen. Auf jeden Fall geht aus diesen Versuchen von Baeyer und Villiger, Willstädter und Hauenstein sowie Urey, Dawsey und Rice hervor, daß das H_2O_2 symmetrisch gebaut ist, daß bei der Reduktion die Bindung zwischen den beiden O-Atomen gesprengt wird und dabei 2 OH- oder OR-Radikale entstehen.

Der Vollständigkeit halber seien noch einige Vertreter der Ansicht einer Konstitution mit mehreren Bindungen zwischen den beiden O-Atomen angeführt. So glaubt G. A. Hagemann[363] annehmen zu können, daß im H_2O_2 der Sauerstoff als Ozon vorhanden ist. A. Rius[364] gelangt durch Einführung von Partialvalenzen
$$H$$
zu der Formel $O \qquad O$, die insbesondere das dem molekularen Sauerstoff über-
$$H$$

legene Oxydationsvermögen des Wasserstoffperoxyds und seiner Derivate erklaren
soll. Weiters soll sie auch zum Ausdruck bringen, daß die Oxydationsfähigkeit
des Wasserstoffperoxyds als eine Übertragung von zwei OH-Gruppen sich äußern
kann und daß im Wasserstoffperoxyd der Sauerstoff einige seiner physikalischen
Eigenschaften des molekularen Zustandes bewahrt hat.

Gegenwärtige Ansichten über die Strukturformel des Wasserstoffperoxyds.
A. Rieche und E. Lederle[365] untersuchten die Ultraviolettabsorption von
Wasserstoffperoxyd und einigen organischen Peroxyden und wiesen die Existenz
der Ionen O_2'', $CH_3 \cdot O_2'$ und $C_2H_5 \cdot O_2'$ nach. Aus der großen DE. des H_2O_2
schlossen sie, daß dieses ein erhebliches Dipolmoment besitzen muß, wodurch eine
gestreckte Anordnung des Moleküls bedingt ist, demnach die Atome nicht auf
einer gemeinsamen Achse liegen können. In Analogie zu ringförmigen Kohlenwasserstoffen wurde weiterhin geschlossen, daß beim Sauerstoff O_2 die beiden
Valenzen gleichfalls zueinander gewinkelt liegen und einen Winkel von 110^0 einschließen (s. auch K. L. Wolf[366]). Es wurde daher aus diesen Gründen für das
Wasserstoffperoxyd ein Molekülmodell angenommen, bei dem die Valenzlinien
von Sauerstoff zum Wasserstoff um einen Winkel von 70^0 von der OO-Achse ab-
weichen und die beiden O-Kerne in gemeinsamer Elektronenhülle sitzen. Als
wahrscheinlichstes Molekülmodell der Peroxyde wird $R{\diagup}^{OO}{\diagdown}R$ angenommen,
wobei die Peroxydgruppe aus 2 O^{6+} mit gemeinsamer Elektronenhülle besteht.
Auf Grund chemischer Tatsachen und weil sich die Peroxydgruppe wie ein einheitlicher Chromophor verhält, halten Lederle und Rieche die Bindung der
beiden O-Atome durch mehrere Elektronenpaare für wahrscheinlicher.

In neuerer Zeit ist tatsächlich das Dipolmoment des Wasserstoffperoxyds von
Linton und Maaß[173] in Äther und Dioxan zu 2,06 bzw. 2,13 . 10^{-18} e.-st. E.
bestimmt worden. Linton und Maaß gaben auf Grund dieses hohen Dipol-
moments, wegen der Größe des Parachors (unter Parachor wird die Bezeichnung
$P' = \dfrac{M}{D} \cdot \gamma^{1/4}$ verstanden, wobei M das Molekulargewicht, D die Dichte und γ die
Oberflächenspannung bei derselben Temperatur bedeuten. Der Parachor wurde
zum erstenmal von S. Sugden[367] zur Konstitutionsbestimmung herangezogen),
der hohen DE. und Molekularrefraktion dem H_2O_2 die Formel $\overset{H}{\underset{H}{>}} O \rightarrow O$ mit
einer koordinativen, semipolaren koovalenten Bindung, die auch die leichte Ab-
gabe eines Sauerstoffatoms erklären sollte. Auf jeden Fall ergibt sich aber damit
die Annahme von Lederle und Rieche[365] als richtig, daß die gestreckte Form
des H_2O_2, H—O—O—H, oder eine symmetrische Form, $O{-}O{\diagup}^{H}_{\diagdown H}$, von vornherein ausscheiden müssen, da nach diesen Formeln das Dipolmoment des Wasserstoffperoxyds Null oder jedenfalls sehr klein sein müßte. Es verbleiben demnach
für die Konstitution noch die Möglichkeiten:

$$H{\diagup}^{O-O}{\diagdown}H, \qquad \overset{H}{\underset{H}{>}}O{=}O, \qquad \overset{H}{\underset{H}{>}}O \rightarrow O.$$

$$\text{I} \qquad\qquad\qquad \text{II} \qquad\qquad \text{III}$$

Für die Formel H—O(H) → O mit einer koordinativen Bindung hatte sich schon Cuthbertson und Maaß[163] ausgesprochen.

Wie jedoch W. Theilacker[368] gezeigt hat, kann das hohe Dipolmoment auch in volle Übereinstimmung mit der symmetrischen Formel I gebracht werden, wenn man für das H_2O_2 in Analogie zu den entsprechenden Kohlenwasserstoffverbindungen, z. B. dem Äthan, eine freie Drehbarkeit um die —O—O—-Achse annimmt. Es berechnet sich dann das Dipolmoment des H_2O_2 in Dioxan zu $2,20 . 10^{-18}$ e.-st. E. (gefunden $2,13 . 10^{-18}$) und in Äther zu $1,98 . 10^{-18}$ e.-st. E. (gefunden $2,06 . 10^{-18}$) in ausgezeichneter Übereinstimmung zwischen Berechnung und Experiment. Auch der von Linton und Maaß[173] angeführte Parachor ist nach Theilacker nicht beweisend für die Formel III, da z. B. die Berechnung des Parachors für Formel I 74,1, für Formel III 72,5 ergibt, während 69,6 gefunden wurde, demnach die Unterschiede zu gering sind, um eine Unterscheidung zwischen den beiden Formeln zuzulassen. Im übrigen sind aber Schlüsse aus dem Parachor auf die Konstitution überhaupt mit Vorsicht aufzunehmen. Theilacker entschied sich daher für die von Baeyer und Villiger, Willstätter und Hauenstein an organischen Peroxyden nachgewiesene Formel H·O·O·H. Wie hier bemerkt sei, sind die organischen Perverbindungen für eine Konstitutionsermittlung die geeignetsten Testobjekte überhaupt, da sie am übersichtlichsten und auch gut definiert aufgebaut sind.

H. G. Penny und G. B. M. Sutherland[369] zeigten dann aber, daß bei der Formel I die Molekülenergie bei der Verdrehung der beiden OH-Gruppen um die —OO—-Achse zwei Minima bei 90^0 und 270^0 aufweist, die durch einen Energieberg voneinander getrennt sind. Das Maximum der Energie liegt bei 180^0 und beträgt etwa $^1/_2$ e. V. oder ungefähr 6 kcal. Da aber die mittlere kinetische Energie des Moleküls bei gewöhnlicher Temperatur nur 0,3 kcal beträgt[370], so kann eine freie Drehbarkeit oder vollständige Rotation um die —O—O—-Achse beim Wasserstoffperoxyd nicht in Frage kommen. Die Formel I kann aber mit dem experimentell gefundenen Dipolmoment in Einklang gebracht werden, wenn man annimmt, daß die beiden OH-Pole einen Valenzwinkel von 110^0 mit der —O—O—-Achse bilden, aber um 90^0 aus der Ebene heraus gegeneinander verdreht sind, also der Formel IV entsprechen: H\O—O/H (IV). Es ist demnach das H_2O_2-Molekül nicht plan gebaut, sondern die Ebenen H_1—O—O— und H_2—O—O— bilden einen Winkel von 90^0.

Die Formel III von Linton und Maaß kommt auch um so weniger für das H_2O_2 in Betracht, da S. Venkarteswaran[371] auf Grund des Raman-Spektrums des H_2O_2 nachwies, daß die beiden O-Atome im Molekül wahrscheinlich nur durch eine einfache Bindung zusammengehalten werden, da keine der O=O- oder O≡O-Bindung entsprechende Valenzschwingung 1500 bzw. 2000 cm^{-1} auftrat, sondern nur die O—O-Frequenz 875 cm^{-1} neben zwei sehr schwachen unbestimmten Linien und der Wasserbande. Venkarteswaran entschied sich daher für die Formel HO—OH (I bzw. IV).

Da Venkarteswaran aber nur wäßrige Lösungen bis zu 30% untersucht hatte, wurde von A. Simon und F. Fehér[372] auch das Raman-Spektrum des 99,5%igen H_2O_2 untersucht. Als stärkste Linie wurde die bei 877 cm^{-1} gefunden, die die O—O-Schwingung veranlaßt, jedoch keine der O=O- oder O≡O-Bindung entsprechende Valenzschwingung. Sie hielten daher die Formel IV von Penny und Sutherland für richtig, wofür auch der Umstand spricht, daß das sonst bei der freien Drehbarkeit beobachtete Auftreten von Doppelfrequenzen[373] beim H_2O_2 nicht beobachtet werden konnte.

Interessant ist noch die experimentelle Feststellung von Simon und Fehér, daß die von ihnen beobachtete Doppelfrequenz bei 1421 cm^{-1} bei Verdünnung des Wasserstoffperoxyds immer schwächer wird und bei großer Verdünnung, z. B. bei 30% noch bemerkbar, bei 3% aber bereits vollkommen verschwunden ist. Es konnte noch nicht festgestellt werden, ob es sich um eine Dissoziation des HOOH in H-Ionen und OOH-Ionen oder um einen Konzentrationseffekt handelt. Die Bedeutung der Frequenz bei 1421 cm^{-1} ist daher noch nicht vollkommen geklärt.

Konstitution des Wasserstoffperoxyds in alkalischer Lösung. Besonders merkwürdig ist ferner das Ergebnis der Untersuchung des Raman-Effektes bei verschiedenen p_H. So verschwindet die in 3%iger Lösung noch recht gut sichtbare Linie bei 877 cm^{-1} in alkalischer Lösung überhaupt, wobei in den alkalischen Lösungen andere als die Wasserbande überhaupt nicht festgestellt werden konnten. Bei 10%igem H_2O_2, das auf 90 g H_2O_2 etwa 50 g NaOH enthielt, war die Linie 877 cm^{-1} zwar gerade noch sichtbar, nach Ansäuern trat sie aber wieder als stärkste Linie überhaupt auf. Es scheint demnach in alkalischen Lösungen nicht bloß eine Dissoziation in H- und OOH-Ionen, sondern auch eine Lockerung der —O—O—-Bindung aufzutreten. Es wäre daher auch ohne weiteres möglich, daß die Konstitution des H_2O_2 in alkalischen Lösungen eine andere ist als in saurer.

In diesem Zusammenhang sind auch frühere Untersuchungen von G. Bredig, H. L. Lehmann und W. Kuhn[374] zu erwähnen, die festgestellt hatten, daß das Wasserstoffperoxyd in neutralen und sauren Lösungen eine kurzwelligere Lichtabsorption besitzt als in alkalischen Lösungen und daß in alkalischen Lösungen eine Lockerung der Bindung vor sich geht, die mit einer Ionisation verbunden ist. Das HOO'-Ion besitzt eine gegenüber dem H_2O_2 stark gegen das Langwellige verschobene Absorption. Der Übergang in den Ionenzustand hat demnach beim H_2O_2 eine wesentliche Änderung der Bindungsverhältnisse zur Folge.

Obwohl also die Konstitutionsverhältnisse und die Ionisation des Wasserstoffperoxyds noch nicht vollständig geklärt sind, besitzt doch nach dem derzeitigen Stand unserer Kenntnisse die Konstitutionsformel IV in neutraler oder saurer Lösung die größte Wahrscheinlichkeit. Darnach sind also die beiden OH-Gruppen um 90° räumlich voneinander verdreht und nehmen gegen die —O—O—-Achse einen Winkel von 110° ein. Eine kräftige Stütze findet diese Annahme durch die Bestimmung der Kristallstruktur des H_2O_2 von F. Fehér und K. Klötzer[375] mit Hilfe der Röntgenmethode. Dadurch ergab sich, daß das Wasserstoffperoxyd in das tetragonale System einzuordnen ist, da die Äquatorialinterferenzen gleich groß zu 4,02 Å gefunden wurden. Die Einordnung dieser Frequenzen in das tetragonale System ist ein Grund mehr für die Annahme, daß der Winkel zwischen den beiden Achsen 90° beträgt. Die Anzahl der Moleküle in der Elementarzelle ergab sich bei —4,5° zu 3,95 Molekülen. Das H_2O_2 hat daher tetragonale Kristallstruktur mit den Achsen $c = 8,02$ Å und $a = b = 4,02$ Å.

Zwischen den beiden O-Atomen ist sehr wahrscheinlich nur eine Bindungsvalenz wirksam. Da aber doch verschiedene Anzeichen dafür sprechen, daß zwischen den beiden O-Atomen eine stärkere Bindung besteht als zwischen den H- und O-Atomen, ferner auch der Charakter des O_2-Moleküls im H_2O_2 noch starker ausgeprägt ist als z. B. im Wasser, schließlich Reaktionen des HOOH unter Anlagerung zweier OH-Gruppen sehr selten sind, entspricht eine Formel H—OO—H, in der bloß zwischen den H- und O-Atomen Valenzen eingezeichnet sind, am besten dem tatsächlichen Verhalten.

Tautomere Formen. Es sind auch bereits Theorien aufgestellt worden, die die verschiedenen Reaktionsmöglichkeiten des Wasserstoffperoxyds nicht bloß durch eine einzige Strukturformel erklären wollen, sondern eine Strukturänderung und Ausbildung von tautomeren Formen annehmen. Zum erstenmal hat diesen Gedanken O. Mumm[376] ausgesprochen, der eine Tautomerie des H_2O_2 mit zweiwertigem Sauerstoff mit einer Struktur mit vierwertigem Sauerstoff für möglich hielt (s. auch Bose[377]). P. N. Raikow[378] hielt das Wasserstoffperoxyd für ein allotropes Gemisch, bestehend aus zwei isomeren Wasserstoffperoxyden, von

$$\text{denen das eine die symmetrische Struktur } \begin{matrix} O-H \\ | \\ O-H \end{matrix} \text{ und das andere die unsymme-}$$

$$\text{trische } \begin{matrix} O< \\ \ddots\diagup H \\ O\diagdown \\ H \end{matrix} \text{ besitzen soll, die untereinander desmotrop sind. Reduzierend kann}$$

nach Raikow nur das symmetrische, oxydierend das unsymmetrische H_2O_2 wirken. Für die biologischen Reaktionen des H_2O_2 ist von Willstätter und Weber[379] eine aktive Form für möglich gehalten worden. A. Quartaroli[380]

$$\text{hielt gleichfalls eine Tautomerie des } H_2O_2 \text{ in den beiden Formen } \begin{matrix} O-H \\ | \\ O-H \end{matrix} \text{ und } O{=}O{\diagup\diagdown}\begin{matrix} H \\ H \end{matrix}$$

fur diskutierbar, wobei sich die Umwandlung der beiden Formen unter dem Einfluß von Änderungen der Temperatur oder der Konzentration vollziehen sollte.

Nach Absorptionsmessungen von Rieche[120] (l. c. S. 96) ist aber die Frage der Existenz zweier umwandelbarer Modifikationen des H_2O_2, die sich im Gleichgewicht befinden, zu verneinen. Hingegen ist noch weiteres Material zur Klärung der Frage der Konstitution in alkalischer Lösung abzuwarten.

Zu erwähnen ist noch, daß K. H. Geib und P. Harteck[381] bei der Einwirkung von H-Atomen auf Sauerstoff ein Produkt erhielten, das nur bei sehr tiefen Temperaturen beständig ist und sich schon bei -115^0 in das normale H_2O_2 umlagerte. Geib und Harteck glaubten in dem neuen Produkt, das sich vom normalen H_2O_2 durch ungleich tieferen Schmelzpunkt unterscheidet, das H_2O_2 der Formel II erhalten zu haben. Eine Bestätigung dieses Versuches steht aber noch aus.

Peroxyde. Fur die echten Derivate des Wasserstoffperoxyds ist charakteristisch, daß sie das H_2O_2-Radikal —OO— aufweisen müssen. Hinsichtlich der organischen Derivate ist durch die Untersuchungen von Baeyer und Villiger[361], von Willstätter und Hauenstein[362] sowie die eingehenden Untersuchungen von A. Rieche[120] auf Grund der Bildungsweisen, des Zerfalles, der refraktometrischen und spektrometrischen Messungen anzunehmen, daß sie echte Derivate des Wasserstoffperoxyds sind.

Für die Peroxyde der einwertigen Alkalimetalle, wie Na_2O_2, K_2O_2 usw., ist im

festen Zustande gleichfalls die Konstitution der echten Perverbindungen anzunehmen, also z. B. fur das Na_2O_2 Na—OO—Na. Es ist zwar verschiedentlich
behauptet worden, daß die Konstitution der Peroxyde eine andere sein könnte als
die des H_2O_2, aber mit Ausnahme der bereits oben erwähnten Untersuchungen
uber das Verhalten des H_2O_2 in alkalischer wäßriger Lösung liegen darüber noch
keine näheren und verläßlichen Versuchsergebnisse vor. Es scheint vielmehr,
daß zumindest bei den Salzen des H_2O_2, in denen einwertige Metalle an die Stelle
der H-Atome getreten sind, die Konstitution des H_2O_2 erhalten geblieben ist.

Für das Kaliumperoxyd K_2O_4 hat E. W. Neumann[382] gefunden, daß es
paramagnetisch ist und eine Suszeptibilität besitzt, die der Formel KO_2 im Dreier-
ring entspricht. Es ist aber auch angenommen worden, daß die Konstitution der
Formel KO·OO·OK, also dem Kalisalz der Ozonsäure entspricht.

Den Peroxyden der zweiwertigen Metalle, wie BaO_2, CaO_2, SrO_2, MgO_2,
ZnO_2 usw., wird im allgemeinen die Struktur $\overset{II}{Me}\!\!<\!\!\begin{smallmatrix}O\\|\\O\end{smallmatrix}$ gegeben. C. Nogareda[383]
nimmt eine derartige Konstitution auch für die Oktohydrate der Peroxyde des
Calciums, Strontiums und Bariums, nämlich $Me\!\!<\!\!\begin{smallmatrix}O\\|\\O\end{smallmatrix}\,8\cdot H_2O$, an.

Jedoch sind gegen eine derartige Formulierung zahlreiche Bedenken auf-
getaucht. So schlossen A. Baeyer und V. Villiger[384] aus der Existenz des
Bariumathylperoxyds sowie auf Grund ihrer Spannungstheorien, daß ein stabiler
Ring nach $Ba\!\!<\!\!\begin{smallmatrix}O\\|\\O\end{smallmatrix}$ (I) nicht bestehen könne. Sie schrieben daher trotz der großen
Verschiedenheiten zwischen Bariumperoxyd und Bariumäthylperoxyd den beiaen
Verbindungen eine ähnliche Struktur zu:

$$Ba\!\!<\!\!\begin{smallmatrix}OOC_2H_5\\OOC_2H_5\end{smallmatrix}\ ;\quad Ba\!\!<\!\!\begin{smallmatrix}O—O\\O—O\end{smallmatrix}\!\!>\!\!Ba\ (II).$$

Auch S. Piccard[385] hielt die Strukturformel I fur unzulässig, da bei der
Bildung von Bariumperoxyd aus BaO und O_2 für die Formel I eine Valenzbindung
des O_2-Molekuls gesprengt werden müßte:

$$Ba\!=\!O + O\!=\!O + O\!=\!Ba = Ba\!\!<\!\!\begin{smallmatrix}O\\|\\O\end{smallmatrix}\ +\ \begin{smallmatrix}O\\|\\O\end{smallmatrix}\!\!>\!\!Ba.$$

Zwanglos wurde sich dagegen die Bildung von Bariumperoxyd der Formel II
erklaren nach

$$Ba\!\!<\!\!\begin{smallmatrix}O\\O=O\end{smallmatrix}\ +\ \begin{smallmatrix}O\\\end{smallmatrix}\!\!>\!\!Ba = Ba\!\!<\!\!\begin{smallmatrix}O—O\\O—O\end{smallmatrix}\!\!>\!\!Ba.$$

Es ist daher sehr wahrscheinlich, daß in Analogie mit organischen Verbindungen
wie den recht beständigen Cyklopentan- und Cyklohexanringen und dem sehr unbe-
standigen Cyklopopanring sowie der außerordentlichen Unbeständigkeit der mono-
meren Formaldehydperoxyde $RHC\!\!<\!\!\begin{smallmatrix}O\\|\\O\end{smallmatrix}$ und $\overset{R}{\underset{R}{C}}\!\!<\!\!\begin{smallmatrix}O\\|\\O\end{smallmatrix}$ gegenuber den recht beständigen,

von den Ketonen sich ableitenden polymeren Alkylidendiperoxyden $RHC{<}^{\,OO}_{\,OO}{>}CHR$

und unter Berücksichtigung des Umstandes, daß sich das Bariumperoxyd mit maximalster Ausbeute bei etwa 500° bildet, daß dieses eine polymere Formel Ba_2O_4 mit der Struktur II besitzt. Diese Temperaturbeständigkeit findet eine weitere Analogie bei den organischen Peroxyden. Während sich z. B. die Produkte $RHC{<}^{\,O}_{\,O}{|}$ schon bei Zimmertemperatur in die isomere Säure RCOOH umlagern und auch in Lösung sehr rasch zerfallen, kann man das kristalline Dibenzaldiperoxyd $C_6H_5{\cdot}CH{<}^{\,OO}_{\,OO}{>}CH{\cdot}C_6H_5$ ohne weiteres bis auf die Temperatur des Schmelzpunktes von 202° erwärmen (Baeyer und Villiger[386]).

Die von F. Ephraim[387] angegebene Strukturformel der Erdalkaliperoxyde mit vierwertigem Metall, $O{=}Me{=}O$, scheint nicht recht wahrscheinlich zu sein.

Die Ähnlichkeit der Bildung des Peroxyds von Calcium und Strontium aus den Oxyden bei hoher Temperatur und hohem Sauerstoffdruck[388,389] läßt schließen, daß auch bei diesen Verbindungen eine Strukturformel II, demnach eine polymere Formel Ca_2O_4 bzw. Sr_2O_4 als die wahrscheinlichere anzusehen ist. Beim Calcium glaubt Blumenthal die Existenz zweier verschiedener Modifikationen des Calciumperoxyds annehmen zu können, und zwar ein α-CaO_2, beständig bei niedrigen Temperaturen und langsam dissoziierbar, sowie ein β-CaO_2, das bei hohen Temperaturen beständig ist, aber leichter dissoziiert[390]. Möglicherweise kommt der α-Modifikation die Konstitution I, der bei hohen Temperaturen noch beständigen β-Modifikation aber die Struktur II zu.

Die gelbgefärbten sauerstoffreichsten Oxyde des Bariums und Calciums der Formel BaO_4 und CaO_4 haben nach W. Traube und W. Schulze[391] die Formel $MeO_2{\cdot}O_2$.

Die sog. ozonsauren Alkalien, die bei der Einwirkung von Ozon auf Alkalihydroxyde entstehen, sind nach W. Traube[392] als Oxyhydroxyde $(KOH)_2{\cdot}O_2$, also überhaupt nicht als Perverbindungen anzusprechen. Dies geht auch aus dem unterschiedlichen Verhalten gegenüber Wasser im Vergleich zum Kaliumperoxyd K_2O_4 hervor, dem Traube die Struktur $K_2O_2{\cdot}O_2$ zuschreibt. Die ozonsauren Alkalien zerfallen nämlich mit Säuren unter Salzbildung und Entwicklung von nicht aktivem O_2, aber ohne gleichzeitige Bildung von H_2O_2, während die Alkali- und Erdalkalitetroxyde bei der Salzbildung mit Säuren indifferenten O_2 und H_2O_2 im molekularen Verhältnis entstehen lassen.

Für die Peroxyde des Zinks und Kadmiums wird die Konstitution $Me{<}^{\,O}_{\,O}{|}$ angenommen[393,394]. Elber und Krause[394] konnten durch Einwirkung von wasserfreiem Magnesium- und Kadmiumamid oder Kadmium-, Magnesium- und Zinkäthyl auf wasserfreie ätherische Wasserstoffperoxydlösung nach dem Schema

$$\begin{matrix} O{-}H \\ | \\ O{-}H \end{matrix} + \begin{matrix} R \\ {>}Me \\ R \end{matrix} = 2\,RH + \begin{matrix} O \\ |{>}Me \\ O \end{matrix}$$

einheitlich zusammengesetzte Peroxyde MgO_2 und CdO_2, sowie das Zinkperoxyd $ZnO_2{\cdot}0{,}5\,H_2O$ erhalten.

Carosche Säure, Perschwefelsäure. Die Strukturformel für die Sulfomonopersäure H_2SO_5 und die Perschwefelsäure $H_2S_2O_8$ wurde bereits von Baeyer und Villiger[395] aufgestellt und bewiesen:

$$\begin{array}{cc} O \diagdown \diagup O & O \diagdown \diagup O \quad O \diagdown \diagup O \\ S & \text{und} \quad S \qquad\qquad S \\ HO \diagup \diagdown OOH & HO \diagup \diagdown OO \diagup \diagdown OH \end{array}$$

Ahrle[396] und Willstätter und Hauenstein[362] konnten diese Strukturformel vollkommen bestätigen. Auch die schöne Synthese der Caroschen Säure und der Überschwefelsäure aus Chlorsulfonsäure und Wasserstoffperoxyd durch J. D'Ans und W. Friederich[397] nach den allgemeinen Gleichungen:

$$\begin{array}{l} \quad\; O \qquad\qquad O \\ \quad\; \| \qquad\qquad \| \\ 1.\; R\,|Cl + H\,|OOH = ROOH + HCl, \\ \\ \quad\; O \\ \quad\; \| \\ 2.\; R\,|Cl + H\,|OO\,|H + Cl\,|R = OR \cdot OO \cdot RO + 2\,HCl, \\ \qquad\qquad\qquad\qquad\quad \| \\ \qquad\qquad\qquad\qquad\quad O \end{array}$$

wobei ein oder beide H-Atome des HOOH durch Säureradikale ersetzt werden, beweist die Strukturformel von Baeyer und Villiger. Wirkt ein Mol Säurechlorid auf ein Mol HOOH, so entstehen Persäuren, bei Anwendung von 2 Molen Säurechlorid die entsprechenden Säureperoxyde. Die Sulfomonopersäure und die Überschwefelsäure stellen demnach echte Acylderivate des Wasserstoffperoxyds dar.

Perphosphorsäuren. Auch die von Schmidlin und Massini[46] und J. D'Ans und W. Friederich[398] erhaltene echte Phosphormonopersäure H_3PO_5 und Überphosphorsäure $H_4P_2O_8$ entsprechen konstitutionell der Caroschen und Überschwefelsäure:

$$\begin{array}{cc} HO \diagdown \diagup O & HO \diagdown \diagup O \quad O \diagdown \diagup OH \\ P & \text{und} \quad P \qquad\qquad P \\ HO \diagup \diagdown OOH & HO \diagup \diagdown OO \diagup \diagdown OH \end{array}$$

Metallpersäuren. Den gelben, aus sauren Lösungen entstehenden Permolybdaten H_2MoO_5 und H_2MoO_6 ist die Konstitution

$$\begin{array}{cc} O \diagdown \diagup OOH & O \diagdown \diagup OOH \\ Mo & \text{und} \quad Mo \\ O \diagup \diagdown OH & O \diagup \diagdown OOH \end{array}$$

zuzuschreiben[399], während die roten Permolybdate der Formel K_2MoO_8 die

Struktur

$$\begin{array}{c} O_2 \diagdown \diagup OOK \\ Mo \\ O_2 \diagup \diagdown OOK \end{array}$$

besitzen[220]. Die gleiche Struktur kommt den aus wasserfreien Wolframaten und Wasserstoffperoxyd entstandenen Perwolframaten der Formel $K_2WO_8 \cdot 0,5\,H_2O$, $Rb_2WO_8 \cdot 3\,H_2O$, $Na_2WO_8 \cdot H_2O$ und $BaWO_8 \cdot 4\,H_2O$ zu[220].

Die roten Perchromate der Formel K_3CrO_8 haben die Strukturformel

$$\begin{array}{l} O{=}Cr{\equiv}(OOK)_3 \\ \quad | \\ (O_2) \qquad\qquad \text{die blauen Perchromate der Formel } KH_2CrO_7 = KCrO_6 \cdot H_2O, \\ \quad | \\ O{=}Cr{\equiv}(OOK)_3 \end{array}$$

die aus Chrompentoxyd, Kalilauge und Wasserstoffperoxyd entstehen[216] und für die die Aufstellung einer Konstitutionsformel nur unter Verdopplung des Moleküls

gelingt, die Formel KO—$\underset{O\underline{\quad}O}{\overset{O\underline{\quad}O}{>}}Cr<$—OO—$>Cr\underset{O\underline{\quad}O}{\overset{O\underline{\quad}O}{<}}$—OK. Durch Umsetzung mit Kaliumpermanganat und Zusatz kleiner Mengen Molybdat, die die langsam verlaufende
Reaktion beschleunigen, konnten 5 —OO— -Brücken nachgewiesen werden[216].

Percarbonate. Besonders schwierig gestaltete sich die Frage nach der Konstitutionsermittlung bei den Percarbonaten und Perboraten. Hier ist nämlich die Unterscheidung, ob ein sog. echtes Persalz, also ein Derivat des Wasserstoffperoxyds, oder nur eine Anlagerungsverbindung des H_2O_2 an einen Molekülkomplex als Kristallhydroperoxyd vorliegt, erst nach eingehenden Untersuchungen möglich. Bei den Perboraten kann in manchen Fällen auch heute noch nicht eine eindeutige Entscheidung über ihre Konstitution gegeben werden.

Die Behelfe, die zur Überprüfung der Frage, ob ein echtes Persalz oder eine Anlagerungsverbindung vorliegt, zur Verfügung stehen, sind vorläufig nur ganz kurz folgende: Echte Peroxyde lassen sich ohne Sauerstoffverlust entwässern, sie machen nach Riesenfeld und Reinhold[400] aus einer 30%igen neutralen Kaliumjodidlösung Jod frei, während Anlagerungsverbindungen unter Sauerstoffentwicklung zersetzt werden. Weiters kann man aus festen Additionsverbindungen nach Willstätter[401] das Wasserstoffperoxyd durch Erhitzen im Vakuum oder Schütteln mit Äther abspalten.

Auf Grund dieser Reaktionen hat man bei den Percarbonaten zwei Gruppen von echten Persalzen, die sich von der Perkohlensäure und dem Kohlensäureperoxyd ableiten, nämlich Na_2CO_4 und $Na_2C_2O_6$, sowie eine ganze Reihe von Anlagerungsverbindungen feststellen können. Die Existenz der Verbindung $NaHCO_4$ ist noch zweifelhaft, sie wäre aber als echtes Persalz anzusprechen. Ihm kommt als Monosubstitutionsprodukt des Wasserstoffperoxyds die Konstitution
$$C\underset{ONa}{\overset{OOH}{<}}=O$$
zu, da es aus dem den Persulfaten und Perphosphaten sehr ähnlichen $Na_2C_2O_6$ durch hydrolytische Aufspaltung entsteht:
$$C\underset{ONa}{\overset{OO}{<}}=O \quad O\overset{}{=}C\underset{NaO}{\overset{}{<}} + HOH = C\underset{ONa}{\overset{OOH}{<}}=O \quad + \quad O=C\underset{NaO}{\overset{HO}{<}}{}^{402}.$$
In der Verbindung Na_2CO_4 ist dann auch noch das zweite H-Atom der —OOH— -Gruppe durch Natrium ersetzt.

In den Additionsverbindungen des Natriumcarbonats mit Wasserstoffperoxyd (Carbonatperhydraten) ist das H_2O_2 auf Grund seiner Säurenatur an die Base Na_2CO_3 mit Restvalenzen ebenso wie das Kristallwasser gebunden. Dies gilt auch für die übrigen Anlagerungsverbindungen.

Perborate. Auf Grund der oben angegebenen Unterscheidungsreaktionen zwischen echten Perverbindungen und Anlagerungsverbindungen erwiesen sich als echte Perborate das $NH_4BO_3 \cdot H_2O$ von Tanatar[403] und Constam und Bennet[404], nach H. Menzel[405] aber nur mit einem halben Mol Kristallwasser $NH_4BO_3 \cdot 0,5\, H_2O$; das $KBO_3 \cdot 0,5\, H_2O$ von v. Girsewald und Wolotkin[406] sowie ein nur in gesättigter Lösung beständiges $NaBO_3$[402] mit der Konstitution
$$NH_4\text{—OO—B—O} \quad \overset{H_2O}{} \quad \text{und} \quad Na\text{—OO—B}=O.$$

Das kristallisierte Natriumperborat des Handels mit der Summenformel $NaBO_3 \cdot 4\,H_2O$ wurde von F. Foerster[407] nicht als echtes Persalz, sondern als ein Wasserstoffperoxydsalz der Formel $NaBO_2 \cdot H_2O_2 \cdot 3\,H_2O$ erkannt. Es sind daher drei Wassermoleküle und ein Wasserstoffperoxydmolekül an vier Nebenvalenzen des Bors gebunden, wie folgende Strukturformel zeigt:

Wie eingehende Untersuchungen von Le Blanc und Zell-mann[402] ergeben haben, sprechen die Entwässerung, die nur bis zu 3 Molekülen Wasser leicht vor sich geht; das Verhalten bei Zimmertemperatur gegenüber 30%iger KJ-Lösung als Additionsprodukt, bei 0° aber als echtes Persalz, ohne aber wie ein solches Jodausscheidung zu geben; das Mißlingen des Nachweises von H_2O_2 im Destillat und nach dem Schütteln mit Äther eher für eine festere, komplexe und nicht bloß additive Bindung des Wasserstoffperoxyds im kristallisierten Natriumperborat des Handels. Sie schrieben ihm daher folgende Konstitutionsformel zu: $Na[BO_2 \cdot H_2O_2] \cdot 3\,H_2O$. Le Blanc und Zellmann bezeichneten diese Verbindung mit komplex gebundenem H_2O_2 als „Pseudoperverbindung", das Natriumperborat demnach als Natriumpseudoperborat.

Die Struktur des Natriumperborats des Handels ist jedoch noch nicht vollständig geklärt. So formulieren Boßhard und Zwicky[408] das Natrium- und Kaliumperborat, auf dem Boden der Constamschen[408a] Anschauung stehend, als

$$MeO-B\!\!\begin{array}{c} O \\ | \\ O \end{array}\cdot aqua$$

und nur mit geringerer Wahrscheinlichkeit als $MeO-O-BO$.

H. Menzel[405], der feststellte, daß die Perborsäure in verdünnten Lösungen als einbasische, in konzentrierteren aber als zweibasische Säure aufzufassen ist, wodurch auch die Schwierigkeiten wegen des halben Kristallwassers des Ammoniumperborats behoben werden können[409], unterscheidet überhaupt nicht zwischen echten und „Pseudopersalzen", da ihm die Kaliumjodidreaktion bei den Perboraten zu wenig eindeutig erscheint. Er gibt daher den Perboraten die Formeln $Me^I_2(B_2O_6 \cdot 2\,H_2O)$, wobei Me Lithium oder Natrium bedeutet und $Me^I_2(B_2O_6 \cdot H_2O) \cdot H_2O$, worin Me Kalium oder Ammonium bedeutet. Für die Perborate vom Typus $MeBO_3 \cdot 0{,}5\,H_2O$ (Kalium- oder Ammoniumsalz) schreibt Mentzel:

$$\left[\begin{array}{c} HOO-B^{IV}-O-B^{IV}-OOH \\ \| \qquad\quad \| \\ O \qquad\quad O \end{array}\right]\cdot Me_2, \text{ vgl.} \left[\begin{array}{c} OBO-B^{IV}-O-B^{IV}-OBO \\ \| \qquad\quad \| \\ O \qquad\quad O \end{array}\right]K_2;$$

und für die Perborate $MeBO_2 \cdot H_2O_2$ bzw. $MeBO_3 \cdot H_2O$ (Lithium- oder Natriumsalz):

$$\left[\begin{array}{c} HOO \\ HO \end{array}\!\!B^{IV}\!\!\begin{array}{c} O \\ O \end{array}\!\!B^{IV}\!\!\begin{array}{c} OOH \\ OH \end{array}\right]\cdot Me_2, \text{ vgl.} \left[\begin{array}{c} OBO \\ HO \end{array}\!\!B^{IV}\!\!\begin{array}{c} O \\ O \end{array}\!\!B^{IV}\!\!\begin{array}{c} OBO \\ OH \end{array}\right]\cdot Na_2.$$

F. Krauß und C. Oettner[410] bestreiten hingegen die Existenz von echten Perboraten überhaupt und betrachten alle aktiven Sauerstoff enthaltenden Borverbindungen als Additionsprodukte. Sie stützen ihre Ansicht mit Debye-Scherrer-Aufnahmen von H. Menzel[405], wonach bei starker Entwässerung sowohl von nach bisheriger Auffassung echten als auch von Additionsprodukten strukturverwandte Stoffe entstehen.

Abschließend läßt sich sagen, daß trotz der so einfachen chemischen Zusammensetzung des Wasserstoffperoxyds und seiner Derivate sichere Grundlagen für ihre innere Struktur noch nicht vorliegen, so daß diese interessante Verbindung für die Forscher noch ein dankbares Betätigungsfeld bietet.

Literaturverzeichnis.

[354] Liebigs Ann. 126, 209, 1863. — [355] Ber. Dtsch. chem. Ges. 19, 1111, 1886. [356] Chem. News 46, 41, 183, 1882. — [357] Ber. Dtsch. chem. Ges. 59, 1760, 1926. [358] Ztschr. anorgan. allg. Chem. 9, 205, 1895. — [359] Journ. prakt. Chem. 72, 278, 1905. — [361] Ber. Dtsch. chem. Ges. 33, 3387, 1901. — [362] Ber. Dtsch. chem. Ges. 42, 1842, 1909. — [363] Ztschr. Elektrochem. 21, 495, 1915. — [364] Helv. chim. Acta 3, 847, 1920; Chem. Ztrbl. 1920 III, 71. — [365] Ber. Dtsch. chem. Ges. 62, 2573, 1929. — [366] Ztschr. physikal. Chem. (B), 3, 128, 1929. — [367] A. Sippel: Ztschr. angew. Chem. 42, 849, 873, 1929. — [368] Ztschr. physikal. Chem. (B), 20, 142, 1933. — [369] Journ. Chem. Physics 2, 492, 1934; Trans. Faraday Soc. 30, 898, 1934; Chem. Ztrbl. 1934 II, 3597. — [370] Hand- und Jahrbuch der chemischen Physik 6, I, S. 394, Leipzig, 1935. — [371] Philos. Magazine (7), 15, 263, 280, 1933; Chem. Ztrbl. 1933 I, 3285; Nature 127, 406, 1931; Chem. Ztrbl. 1931 I, 3213. — [372] Ztschr. Elektrochem. 41, 290, 1935. — [373] K. W. F. Kohlrausch: Naturwiss. 22, 166, 1934; Ztschr. physikal. Chem. (B), 18, 61, 1932. — [374] Ztschr. anorgan. allg. Chem. 218, 16, 1934. — [375] Ztschr. Elektrochem. 41, 850, 1935. — [376] Ztschr. physikal. Chem. 59, 459, 1907. — [377] Ztschr. physikal. Chem. 38, 1, 1901. — [378] Ztschr. anorgan. allg. Chem. 168, 297, 1928. — [379] Liebigs Ann. 449, 175, 1926; Ber. Dtsch. chem. Ges. 59, 1871, 1926. — [380] Gazz. chim. Ital. 64, 243, 1934; Chem. Ztrbl. 1934 II, 1255. — [381] Ber. Dtsch. chem. Ges. 65, 1551, 1932. — [382] Journ. Chem. Physics 2, 31, 1934; Chem. Ztrbl. 1934 I, 1792. — [383] An. Españ. 29, 140, 1931; Chem. Ztrbl. 1931 II, 401. — [384] Ber. Dtsch. chem. Ges. 34, 743, 1901. — [385] Helv. chim. Acta 6, 1036, 1923; Chem. Ztrbl. 1924 I, 466. — [386] Ber. Dtsch. chem. Ges. 33, 2484, 1900. — [387] Lehrbuch der anorganischen Chemie, S. 345, Verlag Th. Steinkopf, 1929. — [388] Ztschr. anorgan. allg. Chem. 75, 10, 1912. — [389] Bergius: Nernst-Festschrift, S. 65, 1912; Ztschr. Elektrochem. 18, 660, 1912. — [390] Roczniki Chemji 12, 232, 1932; Chem. Ztrbl. 1932 II, 2589. — [391] Ber. Dtsch. chem. Ges. 54, 1626, 1921. — [392] Ber. Dtsch. chem. Ges. 49, 1674, 1916. — [393] Ztschr. anorgan. allg. Chem. 90, 150, 1915. — [394] Ebenda 71, 150, 1911. — [395] Ber. Dtsch. chem. Ges. 33, 124, 1900; 34, 853, 1901. — [396] Journ. prakt. Chem. 79, 129, 1909. — [397] Ber. Dtsch. chem. Ges. 43, 1880, 1910; Ztschr. Elektrochem. 17, 849, 1911; Ztschr. anorgan. allg. Chem. 73, 345, 1912. — [398] Ber. Dtsch. chem. Ges. 43, 1880, 1910. — [399] L. Pissarjewsky: Ztschr. anorgan. allg. Chem. 24, 119, 1900. — [400] Ber. Dtsch. chem. Ges. 42, 4377, 1909. — [401] Ber. Dtsch. chem. Ges. 36, 1828, 1903. — [402] N. Le Blanc u. R. Zellmann: Ztschr. Elektrochem. 29, 198, 1923. — [403] Ztschr. physikal. Chem. 26, 132, 1898; 29, 162, 1899. — [404] Ztschr. anorgan. allg. Chem. 25, 265, 1900. — [405] Ebenda 167, 214, 1927. — [406] Ber. Dtsch. chem. Ges. 42, 865, 1909. — [407] Ztschr. angew. Chem. 34, 354, 1921. — [408] Ztschr. angew. Chem. 25, 993, 1912. — [408a] Ztschr. anorgan. allg. Chem. 25, 165, 1900. — [409] Ztschr. anorgan. allg. Chem. 164, 25, 1927. — [410] Ebenda 218, 21, 1934.

IX. Die Darstellung von Wasserstoffperoxyd aus Wasser oder den Elementen.

(Patentliteraturzusammenstellung S. 348, 350.)

Wie bereits im Abschnitt III, S. 20 ff. über die Bildung des Wasserstoffperoxyds bei der Verbrennung von Wasserstoff und Sauerstoff und bei der photochemisch eingeleiteten oder mit Quecksilber, Ammoniak, Nitrit oder Chlor sensibilisierten Knallgasreaktion gezeigt wurde, bildet sich bei allen diesen Vorgängen als erstes Einwirkungsprodukt des Wasserstoffes auf den Sauerstoff Wasserstoffperoxyd. Erst durch weitere Reaktionsfolge wird dieses Zwischenprodukt, wenn es nicht durch Abschrecken des Gleichgewichtszustandes oder rasches Entfernen aus der Reaktionszone vor Zersetzungen bewahrt wurde, in das Endprodukt der Wasserstoffverbrennung, nämlich zu Wasser, umgewandelt. Es ist begreiflich, daß man bereits frühzeitig daran dachte, diese Bildungsweise des H_2O_2 auch zu technischen Darstellungsmethoden auszuarbeiten, da ja die Synthese aus den Elementen die Verwendung anderer Rohstoffe, mit denen fast immer Fremdprodukte, also Verunreinigungen, in das Endprodukt hineingelangen, zu vermeiden gestatten würde. Auf diesem Wege wäre es daher auch leichter möglich, das Wasserstoffperoxyd unter Umständen rein und sogar in konzentrierter Form gewinnen zu können und so die kostspielige und schwierige Reinigung und Gewinnung auf dem Umwege über die Derivate umgehen zu können.

Energieverhältnisse. Auch vom energetischen Standpunkt aus würden die Bildungsverhältnisse nicht ungünstig liegen, da nach der Grundgleichung $H_2O + \frac{1}{2} O_2 = H_2O_2 - 23500$ cal für 1000 g H_2O_2 ein Energieverbrauch von 691 cal oder ungefähr 0,8 kWh erforderlich wäre. Die angegebene Gleichung hat, wie bemerkt sei, auch für die Verwendung von Wasserstoff und Sauerstoff an Stelle von Wasser als Ausgangsmaterial Gültigkeit, da der zur Synthese verwendete Wasserstoff stets durch Wasserzersetzung gewonnen wurde, so daß man thermisch auf dieselbe Gleichung kommt. Die theoretische Ausbeute sollte demnach pro Kilowattstunde 1250 g H_2O_2 betragen. Wie jedoch die Praxis gezeigt hat, werden im Betriebe bei der Synthese von H_2O_2 aus den Elementen oder aus Wasserdampf nur maximale Energieausbeuten von ungefähr 10% der Theorie erhalten. Diese großen Energieverluste sind neben dem Umstande, daß die erhaltenen Wasserstoffperoxydlösungen meist nur sehr verdünnt anfallen und daher eine kostspielige und wirtschaftlich aussichtslose Konzentrierung erfordern, die Ursache dafür, daß in der Technik kein einziges der im nachstehenden angeführten Verfahren zur Darstellung des Wasserstoffperoxyds aus den Elementen durchgeführt wird. Sehr hinderlich sind z. B. auch bei den Verfahren der Herstellung von H_2O_2 mit Hilfe der stillen elektrischen Entladungen die geringen, mit einer Apparatur stündlich umgesetzten Mengen.

Bildung bei hohen Temperaturen in der Flamme. Der älteste Vorschlag zur technischen Herstellung von H_2O_2 aus H_2 und O_2 stammt von M. Traube, der im Jahre 1884 auf ein Verfahren zur Herstellung von Wasserstoffperoxyd durch Einwirkung von Wasser auf die Flamme von CO, H_2 oder einer Mischung dieser Gase, von Wassergas, Leuchtgas u. dgl., das DRP. 27163 nahm. Das in der Flamme gebildete Wasserstoffperoxyd entgeht der Zerstörung durch die hohe Temperatur infolge der abkühlenden Wirkung des Wassers. Die Ausbeute an H_2O_2 konnte durch Einblasen von Luft in die Flamme gesteigert werden, am günstigsten waren die Ergebnisse, wenn die brennbaren Gase unter Druck aus Rohren ausströmten, an deren Mündung sie angezündet und in Wasser hineingetrieben wurden. Kleinere Flammen waren gleichfalls für eine größere Ausbeute förderlich, da die Berührungsfläche dieser Flamme im Verhältnis zu ihrem Volumen eine größere ist als bei großen Flammen. Tatsächlich erhielt Traube bei seinen Versuchen im günstigsten Falle aber nur eine 0,7%ige H_2O_2-Lösung.

Schon aus den Versuchen von Traube sowie auch Wolf[411] ist zu ersehen, daß bei der Synthese von H_2O_2 auf thermischem Wege nur sehr verdünnte Lösungen erhalten werden können, da die rasche Zerfallsgeschwindigkeit des H_2O_2 bei hohen Temperaturen das Erreichen höherer Konzentrationen sehr erschwert. Über einen gewissen Betrag der Wasserstoffperoxydkonzentrationen von etwa 1% erlaubt keines der nachstehend geschilderten Verfahren der Darstellung von H_2O_2 aus Wasser oder den Elementen hinauszugehen, da beim Überschreiten einer gewissen Grenzkonzentration durch den gleichzeitig einsetzenden Zersetzungsvorgang Bildung und Zersetzung einander die Waage halten. Sucht man aber durch einzelne Maßnahmen die Konzentration des Wasserstoffperoxyds zu erhöhen, so sinkt auf der anderen Seite die Energieausbeute so beträchtlich, daß der aufgewendete Mehrverbrauch an Energie in keinem Verhältnis zu der erreichten Konzentrationsvermehrung steht.

Nach der deutschen Patentschrift Nr. 197023 von C. A. F. Kahlbaum (1908) sollte durch vorübergehende Erhitzung von Wasserdampf H_2O_2 dargestellt werden, wenn die Gase die Zone der Erhitzung mit genügender Geschwindigkeit, und zwar mindestens mit 1 m/sek., passieren. Da es nur auf die Relativbewegung ankam, konnten auch die Heizquellen, z. B. glühend gehaltene Stifte, elektrische Lichtbögen, Wasserstoffflammen u. dgl., bewegt werden. Da sich bei diesen Verfahren aber nur eine etwa $0,1\%$ige H_2O_2-Lösung gewinnen ließ, schlug G. Teichner[411a] vor, nur einen Teil, und zwar etwa 10% des gegen die heißen Gegenstände geblasenen Wasserdampfes zu kondensieren, wobei etwa 50% und mehr des im ganzen Dampf enthaltenen Wasserstoffperoxyds zur Abscheidung gelangten.

Da die Reaktion der Bildung von Wasserstoffperoxyd nach der Gleichung $H_2 + O_2 = H_2O_2 + 45500$ cal unter Volumabnahme vor sich geht, muß eine Erhöhung des Druckes für eine größere Ausbeute günstig sein. Es wird daher in dem Schweiz. P. 140403 der L'Air Liquide vorgeschlagen, die Vereinigung von H_2 und O_2 bei Drücken von 300 Atm., bei möglichst hoher Temperatur und bei Gegenwart von Katalysatoren vor sich gehen zu lassen. Zur Vermeidung von Explosionen werden die Gase mit inerten Gasen oder überschüssigem Wasserstoff verdünnt. Als Katalysator dient platinierter Bimsstein, der sich in einem durch elektrische Widerstandsheizung beheizten druckfesten Apparat befindet. Man kann auch in einem gegen H_2O_2 widerstandsfähigen Apparat einen Strom von Sauerstoff unter einem Druck von 300 Atm. einleiten und in dieser Atmosphäre eine Flamme von Wasserstoff, der mit geringem Überdruck durch einen Brenner eingeführt wird, brennen lassen. Die Flamme wird sehr stark abgeschreckt und der Wasserstoffperoxyddampf kondensiert.

Da sich herausgestellt hat, daß die Verbrennungstemperaturen bei diesem Verfahren am Katalyten zu hoch sind, wodurch wieder ein großer Teil des primär gebildeten H_2O_2 zersetzt wird, werden gemäß dem DRP. 558431 (Chem. Fabr. Coswig-Anhalt) die zur Reaktion kommenden Gase möglichst tief abgekühlt. Ein nicht explosibles Gemisch von O_2 und H_2 wird, eventuell verdünnt mit N_2, bei 100 bis 250 Atm. auf eine Temperatur bis knapp oberhalb der kritischen Temperatur bei diesem Druck gekühlt (-80^0 bei 100 Atm. bzw. -10^0 bei 250 Atm.) und über Platinbimsstein oder Eisenasbest geleitet. Die Reaktionsprodukte werden möglichst rasch und tief gekühlt, indem man sie in einen auf etwa -80^0 gekühlten Strom von O_2, H_2 oder N_2 eintreten läßt. Die Verbrennung kann durch elektrische Beheizung eingeleitet werden. Auch Hochfrequenzströme sollen zur Katalyse befähigt sein. Das Wasserstoffperoxyd wird bei diesem Verfahren in fester Form vom Kühlgasstrom mitgenommen und in Absetzkammern abgeschieden. Die Abkühlung kann auch durch Entspannung der unter Hochdruck stehenden Gase vorgenommen werden. Die Ausbeute soll, auf O_2 bezogen, 90% gegenüber 54% ohne Anwendung von Druck betragen.

Im Gegensatz zu diesem Verfahren, das unter hohem Druck arbeitet, wird nach dem Österr. P. 140189 (Österr. Chem. Werke) die Reaktion zwischen O_2 und H_2 bei normalem Druck eingeleitet und darnach in einem Vakuum von etwa 100 mm Hg fortgesetzt, indem die Flamme in das Vakuum eingezogen und an Wasser abgekühlt wird. Durch die Verbrennung im Vakuum wird die Oberfläche, an der sich die Reaktion vollzieht, vergrößert, wodurch die Bildung von H_2O_2 begünstigt wird. Auch ist der Energieaufwand kein so großer als beim Arbeiten unter Druck.

Wegen des niedrigen Gehaltes der Reaktionsgase an Wasserstoff, der wegen der Gefahr von Explosionen eine untere Grenze einhalten muß, ist der Gehalt des Gasgemisches an H_2O_2 bei allen diesen Verfahren aber nur gering.

Stille elektrische Entladung. Die Anwendung stiller elektrischer Entladungen innerhalb eines nichtexplosiblen Gemisches von H_2 mit 3 bis 4% O_2 wurde zum erstenmal von A. de Hemptinne[412] vorgeschlagen. Ein Gemisch von 95% O_2 und 5% H_2 ist zwar auch nicht explosiv, jedoch sind in diesem Falle die Ausbeuten 10mal kleiner, da sich dann zuviel Ozon bildet, das sich mit Wasserstoffperoxyd unter Freiwerden von O_2 umsetzt. Das Verfahren wird in einem gasdicht geschlossenen Gefäß ausgeführt, in dem sich eine Reihe von Entladungsröhren befindet. Die Röhren bestehen aus zwei konzentrischen Glaszylindern von etwa 10 cm Länge und einem Zwischenraum von etwa 2 mm. Mit Hilfe einer Pumpe wird das Gasgemisch durch die Entladungsröhre gesaugt. Das gebildete Wasserstoffperoxyd wird vom Gasstrom entfernt und zum Boden des Gefäßes geführt, wo es vom dort befindlichen Wasser aufgenommen wird. Die Gase zirkulieren im Kreislauf, wobei der dem Gemisch als H_2O_2 entzogene O_2 dauernd ergänzt wird.

Arbeitet man während der Durchführung der Reaktion durch stille elektrische Entladung bei einer solchen Temperatur, daß sich höchstens ein kleiner Teil des Reaktionsproduktes an der Wandung des Entladungsraumes kondensieren kann[413], so wird dadurch die Durchschlagsfähigkeit der Entladungsröhre und die Energieausbeute erhöht, der Kühlwasserverbrauch vermindert und der in Wärme umgesetzte Stromanteil in Form von heißem Wasser oder Dampf gewonnen. Auch ist dadurch die Möglichkeit der Anwendung von Strömen hoher Frequenz gegeben. Es genügt aber unter Umständen, nur jenen Teil der Wandung des Reaktionsgefäßes, der die Elektrode bildet, auf dieser Temperatur zu halten[414]. Die Ausbeuten, die nach diesem Verfahren erhalten werden, sind jedoch im Hinblick auf die aufgewendeten Energiebeträge sehr gering. So wird in dem A. P. 1890793 von E. Noack und O. Nitzsche (I. G. Farbenindustrie A. G.), das dem Schweiz. P. 137202 entspricht, im Ausführungsbeispiel angegeben, daß bei Verwendung einer Entladungsröhre aus Glas mit einem ringförmigen Entladungsraum, dessen Durchmesser 6 mm und deren Länge 1250 mm betrug, beim Betriebe mit Wechselstrom von 50 Perioden und 18000 Volt und unter Durchleiten von 800 l/Stunde einer Mischung von 80% O_2 und 20% H_2 pro Stunde nur 1,52 g H_2O_2 erhalten wurden. Der Energieverbrauch betrug pro 1 kg H_2O_2 108 kWh. Vergleicht man damit den Energieverbrauch beim elektrolytischen

Verfahren der Herstellung von Perschwefelsäure und deren Salzen mit nachheriger Destillation von etwa 4 bis 7 kWh/1 kg 30%igem H_2O_2, so ist die wirtschaftliche Überlegenheit des elektrolytischen Verfahrens klar ersichtlich.

In dem A. P. 2015040 von A. Pietsch wird die Erkenntnis ausgenutzt, daß bei der stillen elektrischen Entladung optimale Ausbeuten von H_2O_2 erhalten werden können, wenn dem Gasgemisch Wasserdampf zugesetzt wird und eine Wasserdampfkonzentration von einer Sättigungstemperatur von mindestens 40° C, z. B. 60°, eingehalten wird. Dadurch werden die Ausbeuten in einer bestimmten Apparatur von 0,098 g H_2O_2 pro Stunde auf 0,217 g H_2O_2/Stunde bei einer Feuchtigkeit von 20% erhöht. Die warmen Gase können dabei direkt zum Betriebe einer Destillationskolonne ausgenutzt werden, so daß ohne weiteren Energieaufwand höher konzentrierte Wasserstoffperoxydlösungen erhalten werden können. Durch geeignete Bemessung der Kolonne kann erreicht werden, daß direkt eine 30%ige H_2O_2-Lösung anfällt, während die abziehenden Gase nur mehr 0,5% H_2O_2 enthalten und wieder im Kreislauf nach Ergänzung des verbrauchten Wasserstoffes und Sauerstoffes der Entladungsapparatur zugeführt werden.

Sensibilisierte Oxydation. Wasserstoffperoxyd kann man auch erhalten, wenn man H_2 und O_2 enthaltende Gase oder Dämpfe mit Metalldämpfen beladet und sie in strömendem Zustande den Strahlungen einer Metalldampflampe aussetzt. Wie bereits im Abschnitt III hervorgehoben wurde, bildet sich hierbei durch Absorption von Lichtenergie eine energiereichere Form der Quecksilberatome, die als angeregte Quecksilberatome bezeichnet werden. Derartige Atome dissoziieren das Wasserstoffmolekül in freie Wasserstoffatome, die äußerst reaktionsfähig sind und sich rasch mit Sauerstoff verbinden können. Es ist aber auch eine Wiedervereinigung zum Wasserstoffmolekül möglich, wobei große Wärmemengen frei werden. Dabei hat es sich für gute Ausbeuten an Wasserstoffperoxyd als sehr vorteilhaft erwiesen, wenn man nur eine niedrige Sauerstoffkonzentration und hohe Strömungsgeschwindigkeit wählt[415]. Die Ausbeuten können durch diese Maßnahmen auf das Hundertfache gesteigert werden. Nach dem A. P. 1659382 von H. St. Taylor wird zur Bestrahlung des H_2O_2-Gemisches nur die Energie der sog. Resonanzstrahlung, das ist eines Teiles des ultravioletten Lichtes, und zwar eine Quecksilberlinie mit $\lambda = 2536{,}7$ Å, verwendet. Mit dieser Strahlung wird die Strahlungsenergie zur Gänze zur Bildung von Wasserstoffperoxyd und nicht von Wasser verwendet. Die Resonanzstrahlung kann durch niedrigen Quecksilberdruck im Lichtbogensystem und durch eine gekühlte Quecksilberdampflampe erhalten werden.

Nach dem A. P. 1844420 und 1844421 der General Electric Vapor Lamp Co. erfolgt die Anregung des Quecksilbers durch ein magnetisches Feld, das durch hochfrequenten Wechselstrom erzeugt wird. Beim Verfahren nach dem A. P. 1904101 von M. C. Taylor und Ch. N. Richardson wird ein Gemisch von 3% O_2 und 97% H_2 bei 20° mit Quecksilberdampf gesättigt und durch die sog. Koronaentladung hindurchgeschickt. Bei einer Spannungsdifferenz von 18000 V zwischen den Elektroden und 25 Perioden pro Sekunde werden ungefähr 6% in Wasserstoffperoxyd umgewandelt, wobei 130 kWh/kg 100%iges H_2O_2 verbraucht werden. Die Produktion beträgt täglich ungefähr 8,1 g H_2O_2/1 Koronavolumen, d. i. der gasgefüllte Raum, durch den die Koronaentladung stattfindet.

Die Photosynthese wäre vom theoretischen Standpunkt aus äußerst interessant, da die Lichtenergie des Streifens des Spektrums von 2636 Å nahezu quantitativ zur Bildung von H_2O_2 ausgenutzt wird. Könnte man die ganze elektrische Energie ausschließlich zur Erregung dieser optischen Frequenz nutzbar machen, so würde dieses Verfahren einen idealen Prozeß zur Herstellung von H_2O_2 bilden. Da dies aber heute noch nicht möglich ist, finden wir nur einige Bruchteile der aufgewandten Energie in Form der wirksamen Strahlungsenergie wieder.

Autoxydation. Man hat auch bereits versucht, die hohen Kosten der technischen Herstellungsverfahren dadurch zu umgehen, daß man sich die Bildung des Wasserstoffperoxyds bei natürlich verlaufenden Oxydationsvorgängen autoxydabler Stoffe zunutze macht. Der älteste Vorschlag dieser Art stammt von S. Rosenblum, S. Rideal und The Commercial Ozone Syndicat Ltd. aus dem Jahre 1897 (E. P. 12274/1897), wonach auf Terpene, Polyterpene, Kampfer, Terpentin, Äther, Öle, Harze, Balsame in feinzerstäubter Form Ozon und Wasser oder Wasserdampf einwirken gelassen werden sollte. Dieses Verfahren ist ohne jede technische Bedeutung geblieben.

Ein anderer Vorschlag geht dahin, eine Lösung von Hydrazobenzol in Benzol mit Sauerstoff unter Druck zu oxydieren, wobei sich Wasserstoffperoxyd in flüssiger Form abscheidet, das dabei entstehende Azobenzol wieder zu Hydrazobenzol zu reduzieren und dieses dann von neuem für die Oxydation zu verwenden. Ähnlich wie Hydrazobenzol verhalten sich auch gewisse andere organische Verbindungen, die zwei verhältnismäßig leicht abspaltbare H-Atome enthalten, wie Indigweiß, Anthrahydrochinon, Aminohydrazoverbindungen und Oxanthrol.

Wie J. H. Walton und G. W. Filson[416] festgestellt haben, geht die Autoxydation von Hydrazobenzol unter Bildung von H_2O_2 in alkoholischer Lösung praktisch quantitativ vor sich. Die bimolekulare Reaktion erfolgt in der Lösung und nicht in der Grenzschicht Gas—Flüssigkeit. In benzoliger Lösung scheidet sich bei einem Sauerstoffdruck von 370 pounds/Zoll² eine Flüssigkeit ab, die aus etwa 94%igem H_2O_2 besteht. Die Gesamtausbeute, bezogen auf Hydrabenzol, beträgt 97%.

Die I. G. Farbenindustrie A. G. hat erst im Jahre 1935 ein Patent (F. 790497) auf die Herstellung von Alkaliperoxyden erteilt erhalten, bei welchem Hydrazobenzol in alkoholischer Lösung im Kreislauf oxydiert wird, das ausgefallene Peroxyd abgetrennt und das Azobenzol mittels Natriumamalgams wieder reduziert wird. Der Prozeß kann, wie folgt, dargestellt werden:

a) bei einigen Prozenten H_2O in der Lösung:

$$C_6H_5NH{-}NHC_6H_5 + O_2 + 2\,C_2H_5ONa + 8\,H_2O = C_6H_5NNC_6H_5 +$$
$$+ 2\,C_2H_5OH + Na_2O_2 \cdot 8\,H_2O;$$

b) bei sehr wenig H_2O in der Lösung:

$$C_6H_5NH{-}NHC_6H_5 + O_2 + C_2H_5ONa = C_6H_5NNC_6H_5 + C_2H_5OH + NaOOH.$$

Die Rückgewinnung des Hydrazobenzols erfolgt nach c:

c) $C_6H_5NNC_6H_5 + 2\,C_2H_5OH + 2\,Na = C_6H_5NHNHC_6H_5 + 2\,C_2H_5ONa.$

Nach Henckel und Cie. und W. Weber[418] läßt man O_2 oder O_2-haltige Gase unter Überdruck bei Gegenwart von Wasser auf gasförmigen H_2 unter Anwesenheit von Wasserstoffüberträgern einwirken. Als Katalysator wird Platin, Palladium oder Nickel verwendet. Man tränkt z. B. ein poröses Tonrohr mit einer Palladiumlösung und bringt das Rohr unter Wasser in ein Gefäß, welches von außen von Sauerstoff umspült wird. In den Innenraum des porösen Rohres preßt man gasförmigen Wasserstoff, der sich mit dem Sauerstoff vereinigt. Sehr ähnlich ist das Verfahren von R. Moritz[419], wonach das Palladium in Form eines Rohres, Bandes oder Drahtes mit Wasserstoff gesättigt wird, worauf eine Lösung von Sauerstoff in Wasser einwirken gelassen wird.

Kathodische Reduktion von O_2. Wie schon M. Traube[420] als sein wichtigstes Argument gegen die Autozontheorie Schönbeins hervorgehoben hat, entsteht Wasserstoffperoxyd auch an der Kathode durch Reduktion von molekularem Sauerstoff durch freiwerdenden Wasserstoff. Traube fand bereits, daß hohe Sauerstoffkonzentration im Elektrolyten an der Kathode, die Verwendung von Quecksilberkathoden sowie kleine Stromdichten für eine gute Ausbeute erforderlich sind. Er erhielt so unter Verwendung eines amalgamierten Golddrahtes als Kathode bei kathodischen Stromdichten von etwa $2 . 10^{-4}$ Amp/qcm fast theoretische Ausbeuten an Wasserstoffperoxyd, die aber mit der Zeit schließlich fast bis auf 0 heruntergingen, da mit wachsender Wasserstoffperoxydkonzentration der Vorgang $H_2O_2 + 2 H = 2 H_2O$ immer stärker wird. Traube erhielt daher nur maximal eine 0,26%ige Wasserstoffperoxydlösung unter Verwendung von 1%iger Schwefelsäure als Elektrolyt. Ähnliche Ergebnisse erhielt F. Foerster[421].

Der Vorgang während der Elektrolyse an einer Platinelektrode ist eigentlich noch nicht recht untersucht worden. Bloß K. Bornemann[422] erhielt an Platinkathoden bei Potentialen $\varepsilon_0 = 0$ bis $-1,08$ V quantitative Stromausbeuten, jedoch wurden bei den von ihm angewandten Stromstärken von einigen Milliampere nur Bruchteile von Milligramm H_2O_2 gebildet.

Über die Verhältnisse an Quecksilberkathoden liegt jedoch eine sehr eingehende Arbeit von E. Tiede und A. Scheede[423] vor. An Quecksilberkathoden wird zunächst der im Elektrolyten gelöste Sauerstoff durch naszierenden Wasserstoff nach $O_2 + 2 H = H_2O_2$ zum Wasserstoffperoxyd reduziert (a). Als Sekundärreaktion kann dessen Übergang in Wasser nach $H_2O_2 + 2 H = 2 H_2O$ (b) erfolgen. Für kleinere Wasserstoffperoxydkonzentrationen beansprucht nun Vorgang (a) am Quecksilber eine geringere Polarisation als Vorgang (b), so daß damit die theoretische Möglichkeit einer Wasserstoffperoxydbildung durch kathodische Reduktion gegeben ist. Da in wäßrigen Elektrolyten die Löslichkeit des Sauerstoffes nur eine geringe ist, kann man nur mit kleinen Stromdichten arbeiten. Für größere Stromstärken muß man daher große Kathodenflächen, z. B. Drahtnetze von amalgamierten Metallen, wie Silber oder Kupfer, verwenden. An solchen Amalgamdrahtnetzkathoden beträgt bei 10^0 bei einer Stromdichte von 0,1 bis $2,0 . 10^{-3}$ Amp/qcm das Potential der Elektrode $\varepsilon_0 = +0,20$ bis $-0,30$ V, wenn Vorgang (a) mit theoretischer Stromausbeute vor sich geht. Die Wasserbildung nach Vorgang (b) findet an derselben Elektrode bei 10^0 und $2,0 . 10^{-3}$ Amp/qcm Stromdichte für 0,23%iges Wasserstoffperoxyd bei $-0,60$ V, für 0,49%iges H_2O_2 bei $-0,50$ V und für 0,93%iges H_2O_2 bei $-0,36$ V statt. Mit steigender Konzentration an Wasserstoffperoxyd nähert sich also das Gleichgewichtspotential des Vorganges (b) immer mehr jenem des Prozesses der Wasserstoffperoxydbildung (a), so daß von einer Konzentration von etwa 1% H_2O_2 an eine Wiederzerstörung des nach (a) gebildeten Wasserstoffperoxyds möglich ist.

Diese Konzentration soll daher beim praktischen Arbeiten im Hinblick auf gute Stromausbeuten nicht überschritten werden. Für Lösungen von etwa 0,5 bis 0,7% H_2O_2-Gehalt sind jedoch die Stromausbeuten noch recht gute.

Die hohe Stromausbeute bei der elektrochemischen Reduktion von Sauerstoff bot aber Anreiz genug, sich mit diesen Verfahren näher zu befassen. Namentlich von der Firma Henkel und Cie. sowie der Firma I. G. Farbenindustrie A. G. sind diese Verfahren ziemlich weitgehend ausgebaut und auch technisch brauchbar gestaltet worden. Eine praktische Anwendbarkeit dieser Verfahren zur Herstellung höherer Wasserstoffperoxydkonzentrationen ist jedoch derzeit noch nicht möglich, da die Konzentrierung der bei diesen Verfahren erhaltenen sehr verdünnten Wasserstoffperoxydlösungen ein technisch aussichtsloses Bemühen darstellt.

Vor allem hat man daher getrachtet, höhere Konzentrationen an Wasserstoffperoxyd zu erreichen, da nur dann das Konzentrieren der verdünnteren Lösungen wirtschaftlich ausgeführt werden kann. Da sich aus den Versuchen Traubes ergeben hatte, daß eine technische Darstellung des Wasserstoffperoxyds aus Sauerstoff bei gewöhnlichem Druck nicht möglich ist, wird nach dem DRP. 266516 von Henkel und Cie. unter Druck elektrolysiert, indem man den Elektrolyten unter einem Druck von etwa 100 Atm. mit O_2 oder O_2-haltigen Gasen sättigt. Bei voneinander durch ein Diaphragma getrenntem Anoden- und Kathodenraum arbeitet man mit Spannungen von nur 2 V und Stromdichten von 0,05 Amp/qcm, da die Sättigung des Elektrolyten mit Sauerstoff auch die Zersetzungsspannung herabsetzt. Durch Erhöhung des Druckes wird vor allem die Konzentration des im Elektrolyten gelösten Sauerstoffes erhöht. Während bei gewöhnlichem Druck und einer Temperatur von etwa 10^0 bloß 50 mg O_2 im Liter Wasser löslich sind, ergibt sich, wenn man die Gültigkeit des Henryschen Verteilungssatzes auch für hohe Drücke voraussetzt, bei 100 Atm. bereits eine Konzentration des gelösten Sauerstoffes von 5 g.

Die Maßnahme der Anwendung von hohem Sauerstoffdruck bei der Elektrolyse bei Henkel stützt sich vor allem auf Versuche von F. Fischer und O. Prieß[423]. Diese erhielten in 1%iger Schwefelsäure als Elektrolyt an amalgamiertem Goldblech als Kathode und Platin als Anode unter Verwendung einer Tonzelle als Diaphragma bei 25 Atm. Sauerstoffdruck eine Ausbeute von 30%, bei 50 Atm. von 60% und bei 100 Atm. von 90%, wenn mit 2 bis 7 Amp/qdm 10 Minuten lang elektrolysiert wurde. Beim höchsten Sauerstoffdruck von 100 Atm. wurde mit 0,33 Amp innerhalb 2 Stunden 0,43 ccm H_2O_2 in 30 ccm Katholyt erzeugt. Eine 2,5%ige H_2O_2-Lösung konnte noch mit 50% Ausbeute erhalten werden, bei höheren Konzentrationen, wie 4,8% H_2O_2, waren die Ausbeuten aber schon sehr schlecht. Von Fischer und Prieß wurde weiters auch festgestellt, daß die reduzierende Wirkung der Kathode mit der Zeit nachläßt, sie also Ermüdungserscheinungen zeigt.

Die amalgamierte Golddrahtkathode Traubes wird nach dem DRP. 273269 von Henkel und Cie. durch eine Kathode aus Tantal, Wolfram, Niob oder Molybdän ersetzt, da namentlich bei der Goldkathode sehr häufig Ermüdungserscheinungen auftraten. Noch billiger als diese teuren Metalle erwiesen sich jedoch Quecksilber- oder Silber- und Kupferamalgamkathoden[424]. Brauchbar sind auch Kathoden aus auf Hochglanz poliertem Kruppschem V2A in 1%iger Salpetersäure[425] und aus Silberdraht in 0,7%iger Phosphorsäurelösung[426]. Mit bewegten Quecksilberkathoden arbeiteten E. Müller und K. Mehlhorn (Ztschr. anorgan. allg. Chem. **223**, 199, 1935), wobei sie 3%ige H_2O_2-Lösungen bei 50%iger Ausbeute erhielten. Bei Verwendung von 80 Mol.-% Methylalkohol, der 2-molar an Schwefelsäure war, wurde mit 70% Ausbeute sogar eine 5%ige Lösung gewonnen.

Wie Potentialmessungen von F. Foerster[427] ergeben haben, beträgt die Depolarisation der Wasserstoffentladung an amalgamierten Kupfer- oder Silberkathoden, wenn der Elektrolyt mit Sauerstoff unter Atmosphärendruck gesättigt ist, bei einer kathodischen Stromdichte von $2 \cdot 10^{-3}$ Amp/qcm etwa 0,9 V, während noch eine 0,5%ige Wasserstoffperoxydlösung nur um 0,6 V depolarisiert. Da sich diese Depolarisationswerte bei Sättigung des Elektrolyten mit Sauerstoff unter Druck noch bedeutend erhöhen, ist das Arbeiten bei hohem Sauerstoffdruck nur sehr vorteilhaft.

Zur Überwindung der apparativen Schwierigkeiten bei der Elektrolyse unter hohem Druck wird in den DRP. 276540 und 283957 von Henkel u. Cie. eine Vorrichtung zur kontinuierlichen Darstellung von Wasserstoffperoxyd beschrieben, die aus einem röhrenförmigen langgestreckten Hochdruckgefäß A besteht (Abb. 1), dessen Innenwand mit einem geeigneten Metall uberzogen ist, das als Kathode dient, während die Anode C in der Mitte des Rohres als Stab angeordnet und mit einem Diaphragmenschlauch aus Asbestgewebe K versehen ist. Die Anode besteht aus Blei, das in Bleidioxyd übergeht, die Kathode aus amalgamiertem Kupfer oder Silber. Durch die Anordnung des Hochdruckgefäßes und die Anbringung der Kathode an der Innenwand des Rohres A kann durch Versehung des Metallrohres mit einem Kühlmantel H die Kathode und der Elektrolyt ohne weiteres gekühlt werden. Das 60 bis

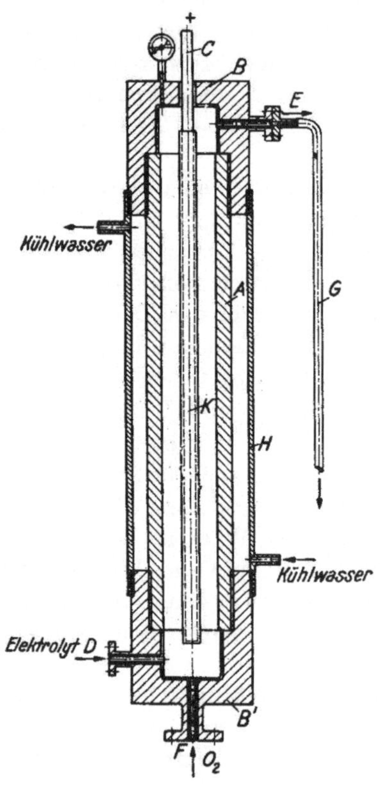

Abb. 1. Vorrichtung zur Darstellung von H_2O_2 durch kathodische Reduktion von O_2 (DRP. 283957).

75 mm starke Rohr A wird durch zwei druckfeste aufschraubbare Kappen B und B' verschlossen. Der Elektrolyt wird bei D in das Rohr eingepumpt und verläßt es bei E. Bei F wird Sauerstoff durch eine Düse in den Elektrolyten eingepreßt, der in feinen Bläschen in dem Rohr A gleichmäßig emporperlt. Durch das Rohr G treten Sauerstoff und Elektrolyt in eine zweite, dann in eine dritte Vorrichtung usw., bis sie schließlich am Ende der Kolonne in einem Gefäß voneinander geschieden werden. Der Elektrolyt darf mit der Anode nicht in Beruhrung kommen, da sonst eine sofortige Zersetzung des Wasserstoffperoxyds stattfinden würde. Der Sauerstoff geht in den Kompressor zurück, während die Wasserstoffperoxydlösung abgezogen oder zur weiteren Konzentrationserhöhung noch einmal durch die Kolonne geschickt werden kann. Als Elektrolyt dient entweder eine 1%ige Schwefelsäure oder eine verdunnte Alkalisalz-, z. B. Natriumsulfatlösung, die schwach angesäuert wird.

Bei den Versuchen von Fischer und Prieß[428] wurde bei 100 Atm. Sauerstoffdruck bei einer Stromausbeute von 83% eine 2,7%ige Wasserstoffperoxydlösung erzielt, die Spannung betrug bei $2,4 \cdot 10^{-2}$ Amp/qcm nur 2,0 V. Bei der gleichen Stromdichte wurde bei einem Druck von 25 Atm. eine 2%ige Lösung, aber mit nur 34% Stromausbeute erhalten. Mit höherem Sauerstoffdruck bei der Elektrolyse steigen demnach die Ausbeuten ganz beträchtlich. Ob aber die geringen Konzentrationserhöhungen des Wasserstoffperoxyds die apparativen Schwierigkeiten der Druckerhöhung von 25 auf 100 Atm. aufwiegen, ist sehr unwahrscheinlich.

Um die Unannehmlichkeiten durch die anfallenden schwachen Konzentrationen des Wasserstoffperoxyds zu vermeiden, wird im DRP. 302735 von Henkel und Cie., vorgeschlagen, unmittelbar feste Perverbindungen kathodisch herzustellen, wobei man sogar bei gewöhnlichem Druck arbeiten kann. Man verwendet als Elektrolyten Lösungen von Alkalien oder nicht sauren Salzen, in die man O_2 oder O_2-haltige Gase einleitet und wasserlösliche Stoffe zusetzt, die mit Wasserstoffperoxyd in Wasser unlösliche oder wenig lösliche Perverbindungen bilden, wie z. B. Perborat. Man kann auch von Haus aus nur solche Verbindungen als Elektrolyt benutzen. Zweckmäßig arbeitet man für gute Ausbeuten bei 0^0 und setzt noch kolloide Stoffe, wie Natronwasserglas, Stärke, Gelatine, Albumin u. dgl., zu. Man kann auf diese Weise Peroxydhydrate der Erdalkalien sowie Magnesiumperoxyd und Natriumperborat herstellen. Bei einer Stromdichte von 0,002 Amp/qcm kann man, auf H_2O_2 berechnet, eine Stromausbeute von etwa 80% und etwa 0,5%ige Wasserstoffperoxydlösungen erzielen, von welcher etwa zwei Drittel in Form von z. B. schwer löslichem Natriumperborat gewonnen werden können.

Zur Vermeidung von Korrosionen an den amalgamierten Kathoden wird in den DRP. 463794 und 485714 der I. G. Farbenindustrie A. G. vorgeschlagen, diese entweder dauernd mit Quecksilber zu benetzen oder die Benetzung durch elektrolytische Abscheidung von Quecksilber durch Zufügen von kleinen Mengen von Quecksilbersalzen dauernd oder zeitweise vorzunehmen. Der Elektrolyt wird dabei während der Elektrolyse an schwer löslichen Quecksilberverbindungen gesättigt erhalten, in dem diese als Bodenkörper in dem Elektrolyten zugegen sind. Der Gasraum soll im Verhältnis zum Elektrolytvolumen so groß gewählt werden, daß bei einer eventuellen plötzlichen und vollständigen Zersetzung des Wasserstoffperoxyds der zulässige Höchstdruck der Zelle nicht überschritten wird[428].

Im DRP. 485053 der I. G. Farbenindustrie A. G. findet sich ein Vorschlag, in einem einzigen Arbeitsgang durch kathodische Reduktion von Sauerstoff konzentriertere, z. B. auch 30%ige reine Wasserstoffperoxydlösungen herzustellen. Dies soll dadurch ermöglicht werden, daß der zur Erzielung eines guten Rührens erforderliche Sauerstoffstrom zugleich zum Konzentrieren und Destillieren der im Elektrolysen befindlichen, etwa 1%igen H_2O_2-Lösung verwendet wird. Man verfährt dabei so, daß die Temperatur im Verdampfungsgefäß höher gehalten wird als im Elektrolyseur, z. B. 35^0 und 13^0, und der Sauerstoffstrom nach dem Verlassen des Rieselturmes wieder auf 13^0 gekühlt oder bei gleicher Temperatur im Elektrolysier- und Verdampfungsgefäß vor Eintritt in das Konzentrations- bzw. Destillationsgefäß getrocknet wird.

Nach einem weiteren Vorschlag der I. G. Farbenindustrie A. G.[429] ist es nicht unbedingt erforderlich, mit Sauerstoff unter Druck zu elektrolysieren, sondern es genügt, wenn der Elektrolyt vorerst unter einem hohen Druck, z. B. 25 Atm., mit Sauerstoff gesättigt wurde, worauf man den Druck abblasen läßt. Man elektrolysiert dann bei Atmosphärendruck mit einer Kathode aus amalgamiertem Gold und einer Platinanode mit Stromdichten bis zu 0,04 Amp/qcm. Am besten wird die Lösung im Kreislauf durch das Sättigungsgefäß und den Elektrolyseur kontinuierlich strömen gelassen. Man soll so mit einer durchschnittlichen Stromausbeute von etwa 80% bis zu einer 3%igen H_2O_2-Lösung gelangen können.

Zur Vermeidung von störenden Konzentrationsänderungen im Anoden- oder Kathodenraum bei der Dauerelektrolyse nach dem DRP. 514172 der I. G. Farbenindustrie A. G. wird der Anolyt und Katholyt kontinuierlich oder periodisch erneuert. Der Anolyt kann auch im Kreislauf geführt werden, wobei man ihn zwischendurch nach Bedarf mit Wasser verdünnt und eventuell gelöstes Anodenmetall, das als Zersetzungskatalysator für das Wasserstoffperoxyd im Kathodenraum schädlich wirken kann, auf elektrolytischem Wege entfernt.

Normalerweise entsteht an der Kathode bei der Elektrolyse kein Wasserstoff, so daß man den Sauerstoff ohne Bedenken im Kreislauf immer wieder verwenden kann. Wird aber infolge irgendwelcher Störungen Wasserstoff gebildet, so besteht die Gefahr, daß er sich im Sauerstoff anreichert und besonders beim Arbeiten unter Druck explosible Gasgemische entstehen können. Nach dem DRP. 547003 der I. G. Farbenindustrie A. G. wird daher der Sauerstoff am besten selbsttätig auf Wasserstoff geprüft, z. B. durch Messung der Dichte, der Warmeleitung oder der Wärmetönung bei der katalytischen Verbrennung. Die selbsttätig analysierende Sicherheitsvorrichtung ist dabei mit einer Alarmvorrichtung ausgestattet, die bei Erreichen einer bestimmten Wasserstoffkonzentration, welche noch unterhalb der Explosionsgrenze liegt, z. B. 1%, den Strom ausschaltet. Der Wasserstoff wird fortlaufend oder von Zeit zu Zeit, z. B. in einem Verbrennungsofen, in dem der Wasserstoff an einem Katalysator verbrannt wird, beseitigt.

Von Interesse ist noch ein Verfahren der I. G. Farbenindustrie A. G.[430], wonach sowohl der Vorgang an der Anode als auch an der Kathode zur Bildung von Perverbindungen herangezogen wird. Infolge der doppelten Ausnützung des Stromes beträgt zwar die für eine bestimmte Menge aktiven Sauerstoffes aufzuwendende Strommenge nur etwa die Hälfte der bisher notwendigen und wird auch die Apparatur viel besser ausgenützt, die Zellenspannung beträgt jedoch gleichfalls das Doppelte des Üblichen, nämlich 3,7 Volt. Man bringt in den Anodenraum einer durch Tondiaphragma getrennten Elektrolysierzelle eine mit Schwefelsäure versetzte Ammonsulfatlösung, in den Kathodenraum eine 0,5%ige Schwefelsäure, durch die man einen lebhaften Sauerstoffstrom leitet. Elektrolysiert man mit Platinanoden und amalgamierten Goldkathoden mit einer anodischen Stromdichte von 0,02 Amp/qcm und einer kathodischen Stromdichte von 0,004 Amp/qcm, so erhält man im Anodenraum Ammonpersulfat und im Kathodenraum Wasserstoffperoxyd.

Bemerkenswert ist auch ein Vorschlag von Berl[431], durch Verwendung von hohlen Elektroden aus hochaktiver Kohle, die Sauerstoff und Wasserstoff sehr stark adsorbiert, die Anwendung von hohen Drücken zu umgehen. Die hohle Elektrode bildet die Kathode, durch die der Sauerstoff oder die Luft von innen durchgepreßt wird. Die stark katalytische Eigenschaft der Aktivkohle wird dieser durch eine Präparierung mit hydrophoben Stoffen, wie Paraffin, in sehr dünner Schicht genommen. Bei 5 Amp/qdm kathodischer Stromdichte, 2 bis 3 Volt Spannung und 5^0 soll sich eine bis 5%ige H_2O_2-Lösung mit 66%iger Stromausbeute herstellen lassen. Die hohle Elektrode soll sich auch zur Herstellung von Persulfat- und Perboratlösungen eignen, wobei Diaphragmen überflüssig sind.

Die Hydrierung des molekularen Sauerstoffes an der Kathode ist unter Umständen die einzige Methode, die von allen synthetischen Herstellungsverfahren Aussichten auf eine technische Durchführbarkeit besitzt. Als Vorteil dieses Verfahrens wäre anzuführen die niedrige Betriebsspannung von etwa 2 Volt und die hohe Stromausbeute von 90%, nachteilig sind aber Komplizierung der Apparatur durch die hohen Betriebsdrücke, die geringen derzeit anwendbaren Strombelastungen und die Tatsache, daß die anfallende Wasserstoffperoxydlösung viel zu verdünnt ist, daher derzeit praktisch zur Weiterverarbeitung auf 30%ige Ware wirtschaftlich unbrauchbar ist.

Literaturverzeichnis.

[411] Ztschr. Elektrochem. 20, 204, 1914. — [411a] DRP. 205262. — [412] DRP. 229573. — [413] Schweiz. P. 137202, I. G. Farbenindustrie A. G. — [414] Schweiz. P. 141864. — [415] DRP. 461635. — [416] Journ. Amer. chem. Soc. 54, 3228, 1932; Chem. Ztrbl. 1932 II, 2440. — [417] Österr.P. 144363. — [418] DRP. 296357. — [419] E.P. 120045. — [420] Sitzungsber. Preuß. Akad. Wiss., Berlin 1887, 1041; Ber. Dtsch. chem. Ges. 15, 2434, 1882. — [421] Ztschr. angew. Chem. 34, 354, 1921. — [422] Ztschr. anorgan. allg. Chem. 34, 1, 1903. — [423] Ber. Dtsch. chem. Ges. 46, 698, 1913. — [424] DRP. 279073. — [425] Schweiz.P. 127517. — [426] F.P. 636330. — [427] Elektrochem. wasser. Lösungen, 4. Aufl., S. 349, 1923. — [428] DRP. 464288. — [429] DRP. 486481. — [430] Schweiz.P. 126402. — [431] Österr.P. 136366

X. Die Darstellung des Wasserstoffperoxyds auf chemischem Wege.

(Patentliteraturzusammenstellung S. 351 und 369.)

A. Die Gewinnung von Wasserstoffperoxyd aus Bariumperoxyd.

Die Synthese des Wasserstoffperoxyds aus den Elementen ist nie in der Praxis zu industriellen Zwecken durchgeführt worden. Sämtliche technische Herstellungsmethoden beruhen vielmehr auf indirekten Verfahren, indem vorerst Zwischenverbindungen mit fixiertem aktiven Sauerstoff hergestellt und erst durch weitere Maßnahmen aus den Perverbindungen das Wasserstoffperoxyd durch Säuren oder Wasser in Freiheit gesetzt wird.

Im vorliegenden Abschnitt sollen nun jene technischen Herstellungsverfahren behandelt werden, die sich rein chemischer Methoden bedienen, wie z. B. die Darstellung aus Bariumperoxyd mit Säuren. Betriebstechnische Erfahrungen und Einzelheiten werden aber von den Erzeugerfirmen als ängstlich gehütetes Fabriksgeheimnis behandelt, so daß über die tatsächlichen Verfahrenseinzelheiten nur sehr schwierig eine Aufklärung zu erhalten ist. Da es sich bei der Verwendung von Schwefelsäure als Aufschlußsäure um ein seit langem bekanntes Verfahren handelt, existiert darüber auch so gut wie gar keine Patentliteratur.

Thénard, der ja bei der Einwirkung von Schwefelsäure auf Bariumperoxyd zum ersten Male die Bildung von Wasserstoffperoxyd beobachtete, ist der eigentliche Begründer des Verfahrens zur Gewinnung von H_2O_2 aus Peroxyden. Dieser von ihm vorgezeichnete Weg blieb durch fast ein Jahrhundert das einzige technische Darstellungsverfahren für Wasserstoffperoxyd. Dazu trug wesentlich der Umstand bei, daß diese Darstellungsmethode verhältnismäßig einfach ist und auch in kleinem Maßstabe mit guten Ausbeuten durchgeführt werden kann. Erst durch Einführung der auf elektrochemischer Grundlage arbeitenden Verfahren über die Perschwefelsäure und ihre Salze wurde die Gewinnung von Wasserstoffperoxyd aus Bariumperoxyd in eine ziemlich untergeordnete Rolle zurückgedrängt, die aber auch angesichts der diesem Verfahren und dem daraus erhaltenen Produkt damals anhaftenden Mängel leicht verständlich ist.

Es gibt heute noch eine ganze Reihe von Fabriken, die mit großer Zähigkeit an diesem Verfahren festhalten. Die Wirtschaftlichkeit des Verfahrens hängt heute vor allem mit der Frage der Absatzbeschaffung für das als Endprodukt bei der Umsetzung von Bariumperoxyd schließlich stets anfallende Bariumsulfat, dem Blanc fix, zusammen. Während in früheren Jahrzehnten, als die erzeugten Wasserstoffperoxydmengen noch gering waren, die kommerzielle Verwertung dieses Produktes noch verhältnismäßig leicht möglich war, ist heute nach dem dauernden Ansteigen der Weltproduktion an Wasserstoffperoxyd der Absatz größerer Mengen von Blanc fix schon ein schwieriges Problem. Gegenwärtig ist die Absatzfrage des Blanc fix der springendste Punkt der auf der Bariumperoxydgrundlage arbeitenden Wasserstoffperoxydfabriken. Würde die Nachfrage und der Bedarf nach Blanc fix aufhören, so wäre die Wasserstoffperoxydherstellung aus Bariumperoxyd sofort unwirtschaftlich. Man muß daher nicht nur sein Hauptaugenmerk auf das Wasserstoffperoxyd, sondern auch auf ein schönes Bariumsulfat richten.

Einer der schwerwiegendsten Nachteile der Wasserstoffperoxydfabrikation aus Bariumperoxyd besteht darin, daß das BaO_2 nur einen Gehalt von etwa 8,5% aktivem Sauerstoff aufweist, so daß bei der Behandlung mit verdünnten Säuren gewöhnlich nur 3- bis 5%ige Wasserstoffperoxydlösungen anfallen. Bei der heutigen Marktlage sind derart verdünnte Lösungen wegen der hohen Transportkosten fast nicht absetzbar, daher sie meist auch auf eine hochkonzentrierte, etwa 30%ige Ware durch Destillation gebracht werden müssen. Eine derartige Destillation, womit auch eine weitgehende Reinigung verbunden ist, ist vor allem für die Anforderungen, die an medizinisches Wasserstoffperoxyd, das säure- und möglichst rückstandsfrei sein muß, zu stellen sind, erforderlich. Erst die vor etwa einem Jahrzehnt geschaffene Möglichkeit, auch aus Bariumperoxyd reines und konzentriertes Wasserstoffperoxyd herstellen zu können, hat dieser Industrie wieder neues Leben gegeben.

Ein weiterer Nachteil besteht darin, daß alle im Ausgangsmaterial vorhandenen Verunreinigungen durch dessen Auflösung in Säuren in die Wasserstoffperoxydlösung gelangen. Man muß daher an das Ausgangsmaterial die Forderung höchster Reinheit, namentlich in bezug auf Schwermetallkatalysatoren, wie Eisen und Mangan, stellen, die entweder ganz abwesend sein sollen oder nur in kaum nachweisbaren Mengen vorhanden sein dürfen. Die stets vorhandenen Metallspuren genügen aber bereits, um eine Erreichung höherer Konzentrationen bei-

spielsweise durch bloßes Konzentrieren sehr zu erschweren. Auch die weniger
stark katalytisch wirksamen Stoffe, wie Calcium-, Magnesium- oder Alkaliverbindungen, sind unerwünscht, weil sie beim Verdunsten des Wasserstoffperoxyds einen hohen Trockenrückstand ergeben, wodurch das Produkt im Werte
sinkt. Die Haltbarkeit der aus Bariumperoxyd und Säuren hergestellten Lösungen
war früher wegen des Vorhandenseins dieser Verunreinigungen keine besonders
gute. Waren in den Ausgangsmaterialien aber Eisen- oder Manganverbindungen
u. dgl. enthalten, so werden diese aus der verdünnten Wasserstoffperoxydlösung
nach der Umsetzung durch Fällung beseitigt. Wegen der zu starken Verunreinigungen des natürlichen Bariumcarbonats, des Minerals Witherit, wird heute
für die Bariumoxydherstellung nur mehr ein auf chemischem Weg, insbesondere
aus Bariumsulfid- oder Bariumsulfhydratlösungen mittels Kohlensäure oder
Alkalicarbonaten gefälltes sehr reines Präparat verwendet. Das Ausgangsmaterial für die Bariumoxydgewinnung mit dem Ziele der späteren Weiterverarbeitung auf Bariumperoxyd ist Schwerspat sowie das künstlich bei der
Melasseentzuckerung anfallende Bariumcarbonat. Das Bariumhydroxyd, das
gleichfalls schon zur Bariumoxyddarstellung vorgeschlagen wurde, erfordert eine
Vertrocknung bei Temperaturen bis auf etwa 150°, worauf erst bei rund 1200°
im Gemisch mit Kohle entwässert werden kann. Die Porosität des aus dem Hydroxyd hergestellten Bariumoxyds kann durch Zusätze, die sich unter Gasentwicklung zersetzen, verbessert werden. Der Angriff des stark ätzenden Bariumoxyds
auf die Ofensohle kann durch eine Schicht von Kohle vermindert werden.

Man könnte versucht sein zu glauben, daß bei der Behandlung von Bariumperoxyd mit konzentrierteren Säuren auch die Konzentration der erhaltenen
Wasserstoffperoxydlösung erhöht werden könnte. Dies ist wohl theoretisch
richtig, jedoch sinken mit steigender Säurekonzentration auch die Ausbeuten
der Umsetzungsreaktion ganz rapid. Verwendet man z. B. konzentriertere
Schwefelsäure, so zeigt diese vor allem den Nachteil, daß sie zu langsam reagiert.
Anderseits wird das ausgefällte Bariumsulfat derart schleimig, daß es schlecht
zu filtrieren und auszuwaschen ist. Außerdem schließt es stets unzersetztes
Bariumperoxyd ein, dessen Menge steigt, je höher die Konzentration der Säure
gewählt ist. Es bilden sich dabei unlösliche Salze, die das noch nicht umgesetzte
Bariumperoxyd einschließen und an einer weiteren Reaktion nicht mehr teilnehmen lassen. Konzentrierte Salz- und Salpetersäure wirken ihrerseits wieder
zersetzend auf Wasserstoffperoxydlösungen ein, so daß diese Säuren gleichfalls
in konzentrierterer Form nicht anzuwenden sind. Auch beim Arbeiten mit
Kohlensäure sind die Ausbeuten nur beim Ansatz der Komponenten auf eine
etwa 4%ige H_2O_2-Lösung befriedigend. Während man z. B. beim Arbeiten auf
4%ige Lösungen eine 75%ige Ausbeute an aktivem Sauerstoff erzielen kann,
erreicht man beim Arbeiten auf 6% nur mehr 25% Ausbeute, bei der Voraus-
berechnung des Ansatzes auf 8%ige Lösungen zersetzt sich aber überhaupt alles
Wasserstoffperoxyd. Bei der Umsetzung von Bariumperoxyd mit Säuren, wie z. B.
mit Schwefelsäure, erhält man daher bloß Lösungen, die 3 bis 5% H_2O_2 enthalten.
Eine höhere Konzentration wird durch die eintretende Zersetzung des Wasserstoffperoxyds in Sauerstoff und Wasser verhindert. Günstiger liegen die Verhältnisse bei der Behandlung von Natriumperoxyd mit Säuren. Hier machen
sich aber wieder die ausscheidenden Salze, wie Glaubersalz, unangenehm bemerk-

bar, da sie das zwecks Herstellung höherer Konzentrationen mit guter Ausbeute erforderliche gute Rühren unmöglich machen. In einer Operation gelangt man höchstens zu einer etwa 10%igen Wasserstoffperoxydlösung. Höhere Konzentrationen, wie 20%, lassen sich nur so herstellen, daß man das Natriumperoxyd stufenweise in die Säure einträgt und den Niederschlag in mehreren Operationen abnutscht, worauf nach jedesmaliger Filtration abermals Natriumperoxyd eingetragen wird. Bloß mit Phosphor- oder Arsensäure lassen sich in einer einzigen Operation Konzentrationen von etwa 15% aus Bariumperoxyd gewinnen. Heute werden jedoch konzentrierte H_2O_2-Lösungen aus BaO_2 nur durch Destillation der rohen, verdünnten Lösung technisch hergestellt.

a) Die Darstellung von Bariumoxyd und Bariumperoxyd.

Das Bariumperoxyd wird durch Überleiten von Luft bei 500 bis 600° über lockeres, poröses, wasserfreies Bariumoxyd erhalten. Die Darstellung eines gleichzeitig hochprozentigen und porösen, gut in Bariumperoxyd überführbaren Bariumoxyds aus dem Carbonat ist mit beträchtlichen Schwierigkeiten verbunden, weil unter den gewöhnlich angewandten Bedingungen die Zersetzung erst bei solchen Temperaturen ausführbar ist, bei denen die Reaktionsmasse bereits in erheblichem Maße die Neigung besitzt, in stark gesinterten und sogar teilweise geschmolzenen Zustand überzugehen. Außerdem muß das Bariumoxyd, wie bereits angeführt, äußerst rein sein. Die Porosität des Bariumoxyds ist erforderlich, damit es bei seiner vollständigen Überführung in Bariumperoxyd bei der Behandlung mit Luft eine genügend große Oberfläche darbietet. Den hohen Prozentgehalt an Bariumperoxyd braucht man deshalb, um eine möglichst hochprozentige H_2O_2-Lösung ohne zu großen Säureverbrauch herstellen zu können.

Das poröseste und am leichtesten herstellbare Bariumoxyd wurde aus Bariumnitrat erhalten, jedoch ist diese Arbeitsweise heute viel zu teuer und gänzlich aufgegeben. Allgemein erfolgt die Darstellung des porösen Bariumoxyds heute durch Erhitzen von Bariumcarbonat. Zwecks Vermeidung des Sinterns oder Schmelzens der Reaktionsmasse und Erzielung des Bariumperoxyds in möglichst lockerer und poröser Form arbeitet man unter Zusatz verschiedener Zuschläge, am allgemeinsten mit einem solchen von Kohle oder aschefreiem Petrolkoks. Bei deren Anwesenheit entstehen auch Gase, die zur Auflockerung des Bariumoxyds beitragen. Hierdurch wird auch das System $(BaO — CO_2)$ in $(BaO — 2\,CO)$ umgewandelt, wodurch die Reaktionstemperatur wesentlich herabgesetzt werden kann, da die bei der thermischen Dissoziation des Bariumcarbonats nach der umkehrbaren Reaktion $BaCO_3 \rightleftarrows BaO + CO_2$ entstehende Kohlensäure sofort aus dem Gleichgewicht entfernt wird: $BaCO_3 + C = BaO + 2\,CO$. Die verstärkte Gasentwicklung trägt gleichfalls zur Erhöhung der Porosität bei. Zu diesem Zweck setzt man dem Bariumcarbonat auch noch andere leicht zersetzbare Substanzen, wie Bariumperoxyd, -nitrat, Teer, flüchtige Kohlenwasserstoffe usw., zu[432]. Man hat auch bereits im Vakuum gearbeitet, um die Zersetzungstemperatur des Bariumcarbonats zu erniedrigen.

Interessant ist die Tatsache, daß eine glatte Umwandlung des Bariumcarbonats in das Oxyd nur bei Abwesenheit von Feuchtigkeit glatt vor sich geht. Man soll daher keine Wasserdampf bildenden Feuergase direkt mit dem Bariumcarbonat in Berührung treten lassen und verwendet deshalb entweder geschlossene Muffeln und Generatorgas- oder neuerdings auch elektrische Heizung. Nach den Untersuchungen der Chemischen Fabrik Grünau, Landshoff und Meyer[434] ist es unbedingt erforderlich, daß die Kohlensäure der Heizgase vom Brenngut durch Anwendung von völlig gasdichtem Gefäßmaterial abgehalten wird, weshalb Gefäße aus hochschmelzenden Eisensorten, Porzellan oder Quarz verwendet werden. Auch der Wasserdampf der Feuergase wirkt sehr schädlich, da er durch Bildung von Bariumhydroxyd zu einem Schmelzen der Reaktionsmasse führt.

Die üblichste Art der Bariumoxydgewinnung erfolgt in der Weise, daß man ein aus reinem Bariumcarbonat und Kohle bestehendes Gemisch in Tiegeln, geschlossenen Kapseln oder Retorten, schließlich auch in Schachtöfen aus keramischem Material auf Temperaturen von etwa 1200^0 erhitzt. Dabei wird zur Verhinderung des Angriffes der Tiegel durch das Bariumoxyd die Innenwand mit Papier, Karton oder einer ähnlichen pflanzlichen Fasermasse ausgekleidet. Dadurch ist auch eine Aufnahme von Tonerde, Eisen usw. aus dem Tiegelmaterial weitgehendst unmöglich gemacht. Auch die Einwirkung des Wasserdampfes und der Kohlensäure der Heizgase wird auf diese Weise vermindert. Das aus Kohle und Bariumcarbonat und eventuellen Zusätzen bestehende Reaktionsgemisch kann auch in Formen gefüllt werden, deren äußere Umgrenzung aus starkem Papier, Karton oder einer ähnlichen pflanzlichen Masse gebildet wird, hierauf einem leichten Druck ausgesetzt und sodann samt der äußeren Umhüllung auf hohe Temperaturen erhitzt werden[435]. Die Erhitzung kann auch durch die strahlende Wärme von mittels elektrischen Stromes geheizten Widerstandsaggregaten erfolgen[436]. Auch im Drehrohr kann die Bariumoxyddarstellung vorgenommen werden. Zur Erniedrigung der Reaktionstemperatur verwendet man auch Spülgase, wie Stickstoff oder Wasserstoff, die das bei der Reaktion entstehende Kohlenmonoxyd abführen sollen[437]. Beim Brennen auf elektrothermischem Wege kann die Wärmeregulierung viel leichter und effektiver als bei den anderen Verfahren vorgenommen werden, jedoch ist die elektrische Heizung teurer.

Je nach den bei der Bariumoxydherstellung verwendeten Ofentypen unterscheidet man vier Gruppen dieses rein thermochemischen Verfahrens: 1. Das Tiegelofenverfahren, 2. das Schachtofenverfahren, die beide mit Generatorgasheizung arbeiten, 3. das Vakuumdrehofenverfahren und 4. die elektrothermischen Verfahren.

Das Schachtofenverfahren, das im Brennen von Bariumcarbonat unter Zusatz bestimmter Stoffe in einem mit hochbasischen Steinmaterial ausgekleideten Schachtofen besteht[438], hat sich bis heute in einigen Fabriken gehalten. Das Vakuumdrehofenverfahren wird von der Chemischen Fabrik Coswig[439] in elektrisch beheizten Vakuumdrehöfen oder Rührwerksöfen durchgeführt, wobei das Bariumcarbonat unter Beimengung von reduzierend wirkenden Mitteln, wie Holzkohle, Pech oder Ruß, unter ständigem Aufrechthalten eines sehr hohen Teilvakuums in ungeschmolzenem Zustand einer fortlaufenden Umlagerung unterworfen wird. Auch Tunnel-[439a] oder Ringöfen[439b] sind schon zum Brennen des Bariumcarbonats vorgeschlagen worden.

Eine große Bedeutung hat bei allen Verfahren die gleichmäßige Erhitzung der Reaktionsmasse. Es darf nicht vorkommen, daß das Bariumcarbonat der Beschickung bereits außen zersetzt ist und vielleicht schon zu sintern beginnt, während es im Inneren der Stücke noch untersetztes Carbonat enthält. Zur Verhinderung dieses Nachteiles hat man besonders konstruierte Tiegel, z. B. von ovalem Querschnitt[441], konstruiert, die in derartigen Reihen mit ihrer Längsrichtung zu der Richtung der Feuergase parallel stehen, daß die eine Reihe in die Zwischenräume der anderen Reihe eingeschoben ist. Auch eine bestimmte Führung der Feuergase parallel zur Achse der Kapselstöße hat man zur Erzielung einer gleichmäßigen Erhitzung des Gemisches von Bariumcarbonat und Kohle vorgeschlagen[442]. L. Lindemann[440] versuchte auch auf kontinuierlichem Wege direkt in einem Arbeitsgang aus Bariumcarbonat das Peroxyd zu gewinnen. Das Verfahren wird in einer Art Tunnelofen durchgeführt, wobei dem Reduktionsofen eine Verlängerung für die Oxydationsstufe angeschlossen ist. Das Material wird dauernd bewegt und langsam in einer gleichmäßig dünnen Schicht unter elektrischen Heizkörpern vorbeibewegt.

Geschmolzenes Bariumoxyd, das durch elektrische Lichtbogenerhitzung oder Widerstandserhitzung erhalten wurde, ist hart und nicht porös, daher für eine Sauerstoffaufnahme ungeeignet. Nach einem Vorschlage der Soc. Ital. dei Fornei Elletrici und von G. A. Barbieri[443] soll zwar die Sauerstoffaufnahme nach dem Mahlen, das mindestens einmal nach der Behandlung mit Sauerstoff bei 500^0 wiederholt wird, sehr gut sein, jedoch ist die Fabrik, die nach diesem Verfahren in Italien arbeitete, nach kurzer Zeit stillgelegt worden, so daß anzunehmen ist, daß bei dieser Arbeitsweise sehr große Schwierigkeiten bestehen.

Zur Erzielung eines lockeren Bariumoxyds wurde bis zum Jahre 1906 fast ausschließlich Bariumnitrat verwendet, das allein man bis dahin in ein besonders poröses Bariumoxyd überzuführen verstand. Wegen der Verwendung des teuren Bariumnitrats bzw. der Salpetersaure, waren die Produktionskosten dieses Verfahrens aber sehr hoch, so daß nach Aufkommen des Natriumperoxyds und der elektrochemischen Verfahren zur Herstellung von Wasserstoffperoxyd das Bariumnitratverfahren nicht mehr konkurrenzfähig war. Man setzte Bariumchloridlösungen mit Salpeter um und erhielt durch einmaliges Umkristallisieren ein sehr reines Bariumnitrat, das in hessischen Tiegeln von etwa 15 bis 20 kg Fassungsvermögen mit geschlossenem Tiegel zu einem sehr lockeren Oxyd praktisch frei von Verunreinigungen geglüht wurde. Die nitrosen Gase gingen dabei verloren. Eine Wiedergewinnung war höchstens bis zu 30% möglich. Bloß Leo Löwenstein[444] erwähnt, daß er 90% der beim Glühprozeß entstehenden nitrosen Gase durch Darüberleiten von Luft im Vakuum über das Bariumnitrat während des Glühens zurückgewinnen konnte.

Infolge der auftretenden uberaus starken Konkurrenz der elektrochemisch arbeitenden Verfahren mußte man damals auch daran denken, auch aus dem billigeren Bariumcarbonat sowie auch aus dem -sulfat, -hydroxyd und -sulfid ein poröses Bariumoxyd herstellen zu können. Die teure Darstellungsweise von Bariumoxyd aus Bariumnitrat ist heute vollständig verlassen. Gegenwärtig besitzt nur mehr das Verfahren der Herstellung aus Bariumcarbonat technische Bedeutung. Dieses Verfahren ist in letzter Zeit zu einer derart hohen Stufe ausgebildet worden, daß heute nach der Bariumperoxydmethode durch Destillation der verdünnten Lösungen eine medizinale Ware erhalten werden kann, die direkt den Vorschriften des D. A. B. VI. entspricht.

Das Bariumcarbonat, das meist durch Umsetzung von Bariumsulfid oder

Bariumsulfhydratlösungen, die aus Bariumsulfat (Schwerspat) durch Reduktion mit Kohle oder Kohlenoxyd hergestellt wurden, mit sauerstoffreier Kohlensäure oder Alkalicarbonaten erhalten wird, neigt dazu, daß es Schwefelverbindungen in einer solchen Menge festhält, die es für die Herstellung von Bariumperoxyd ungeeignet machen. Durch bloße Verdünnung der Bariumsulfidlösungen kann 'der Schwefelgehalt des Carbonats nicht auf einen derartig niederen Betrag heruntergedrückt werden, der nicht mehr schädlich wäre. Man muß daher das gefällte Bariumcarbonat nachträglich mit wäßrigen Lösungen von Alkalilaugen oder -carbonaten in der Wärme behandeln, um die Schwefelverbindungen zu entfernen[445]. Auch das Abrösten des schwefelhaltigen Bariumcarbonats mit Alkalilaugen oder -carbonaten, wodurch die Schwefelverbindungen an Alkali gebunden und vom Bariumcarbonat durch Auslaugen getrennt werden können, wurde angewendet. Das Auslaugen nach dem Abrösten soll sich nach dem Verfahren von F. Falco[445a] vermeiden lassen, wenn man dem Bariumcarbonat reduzierend wirkende Substanzen, wie Formaldehyd oder Oxalsäure, zusetzt.

Zu erwähnen ist noch eine Reihe weiterer Vorschläge zur technischen Herstellung von Bariumperoxyd, die aber nur geringere Bedeutung besitzen. Nach dem Verfahren von V. Bollo und E. Cardenaccio[446] soll dem Bariumcarbonat vor dem Erhitzen mit Kohle noch ein Metallsalz, aus welchem sich ein metallischer Katalysator bildet, wie Eisen, Kupfer, Nickel, Chrom, Kobalt oder Mangan, zugesetzt werden, wobei unmittelbare Gewinnung des Peroxyds von Barium oder Strontium aus dem Carbonat möglich sein soll. Der Wert dieses Verfahrens ist aber ein sehr zweifelhafter. Nach dem Verfahren von E. Bergius[447] löst man das Bariumoxyd in geschmolzenem Natriumhydroxyd auf und leitet in die Schmelze Luft oder Sauerstoff ein.

Auf rein chemischem Wege arbeitet A. Meyerhofer[448], indem Bariumphosphat, das bei der Herstellung von Wasserstoffperoxyd aus Bariumperoxyd und Phosphorsäure angefallen ist, mit Kieselfluorwasserstoffsäure in Bariumfluorsilicat und Phosphorsäure übergeführt wird, dieses durch Erwärmen in Bariumfluorid und Siliziumtetrafluorid bzw. Kieselfluorwasserstoffsäure umgewandelt, das Bariumfluorid mit Calciumhydroxyd in das Bariumhydroxyd und dieses schließlich in Bariumperoxyd übergeführt wird.

Es ist schon versucht worden, über elektrolytisch abgeschiedenes Bariumperoxydhydrat Bariumperoxyd für die Wasserstoffperoxydgewinnung darzustellen[449].

Die reversible Reaktion $2\,BaO + O_2 \rightleftharpoons 2\,BaO_2$ bzw. Ba_2O_4 und die bei dieser Bildung einzuhaltenden Bedingungen von Temperatur, Druck, Feuchtigkeit, Einfluß von Katalysatoren usw. werden im Abschnitt XIX noch eingehender behandelt werden. Hier genügt es vorläufig zu sagen, daß die Überführung von Bariumoxyd in Bariumperoxyd bei Temperaturen von etwa 500 bis 600^0 in horizontalen, senkrecht oder schräg liegenden Öfen vorgenommen wird. Die Verwendung von Muffeln ist ungleich seltener. Der zur Peroxydbildung erforderliche Sauerstoff wird in Form von Druckluft in die Öfen eingeblasen, aber vor dem Eintritt in den Ofen mittels Ätznatrons und Kalks von Kohlensäure und Wasser befreit. Es entsteht in kurzer Zeit ein lockeres, etwa 85 bis 90%iges Bariumperoxyd von meist grünlichem Aussehen, das von den minderwertigen grauen und weißen Stücken, die auf Bariumhydroxyd weiterverarbeitet werden, aussortiert wird.

Die Herstellung des Bariumperoxyds ist ungleich einfacher als jene des dazu
erforderlichen Bariumoxyds. Die Schwierigkeiten der Bariumperoxydherstellung
liegen daher nur in der Gewinnung eines hochporösen Oxyds. Das grünliche
Aussehen des technischen Bariumperoxyds tritt nur dann auf, wenn dieses Eisen
als Verunreinigung enthält.

b) Die Umsetzung des Bariumperoxyds mit Schwefelsäure.

Aus dem erhaltenen Peroxyd wird durch Behandeln mit Säuren das Wasserstoffperoxyd in Freiheit gesetzt, wobei das Barium gleichzeitig als unlösliches
Bariumsalz, wie Bariumsulfat, -phosphat, -carbonat, auch als Chlorid oder Nitrat abgeschieden wird.

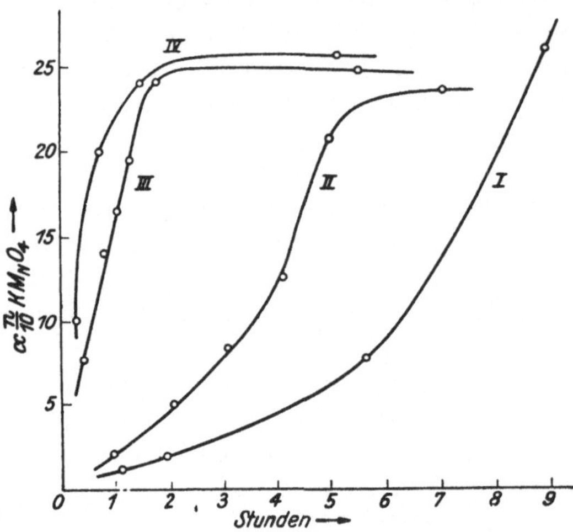

Abb. 2. Einfluß von Salzsäure auf die Umsetzung von
Bariumperoxyd mit Schwefelsäure;

Kurve I: 2% HCl (25%ige H_2SO_4),
Kurve II: 2% HCl (20%ige H_2SO_4),
Kurve III: 3% HCl (20%ige H_2SO_4),
Kurve IV: 4% HCl (20%ige H_2SO_4).

Versetzt man Bariumperoxyd in der Kälte mit etwa 50%iger Schwefelsäure oder verreibt man es mit der Schwefelsäure, so findet gar keine Bildung von Wasserstoffperoxyd statt. Der Rückstand erweist sich nach dem Filtrieren als nahezu unverändertes Bariumperoxyd mit oberflächlich gebildetem Bariumsulfat. Bariumperoxydhydrat gibt mit 50%iger Schwefelsäure nur maximal 40% Ausbeute der Theorie. Im Rückstand findet sich immer noch eine erhebliche Menge von unverändertem Bariumperoxydhydrat[445b].

Ungleich günstiger verläuft die Umsetzung mit Schwefelsäure, wenn dieser
kleine Mengen von Salzsäure zugesetzt werden. Es genügen bereits ungleich geringere Mengen, als stöchiometrisch auf Grund der Reaktion $BaO_2 + 2\,HCl =$
$= BaCl_2 + H_2O_2$ erforderlich wären. Dieses Verhalten ist damit zu erklären, daß
auf Grund der von W. J. Müller und mir begründeten Porentheorie der Korrosion (W. Machu[450]) die Poren der Deckschicht von Bariumsulfat auf dem
Bariumperoxyd wohl durch die ungleich kleineren Chlorionen durchdrungen
werden können, die dann mit dem Bariumperoxyd reagieren und die Umsetzung
mit der Schwefelsäure vermitteln, nicht aber auch durch die einen erheblich
größeren Anionendurchmesser aufweisenden Sulfationen.

Der Einfluß geringer Mengen Salzsäure auf die Einwirkungsgeschwindigkeit
von 20%iger Schwefelsäure auf Bariumperoxyd, verglichen am Permanganatverbrauch der erhaltenen Wasserstoffperoxydlösung, geht sehr deutlich aus der
Abb. 2 hervor[445b]. Die prozentischen Angaben der Salzsäuremengen beziehen
sich auf die Prozente der stöchiometrisch zur völligen Umwandlung des Bariumperoxyds in Bariumchlorid erforderlichen Menge Salzsäure. Wie aus dieser Abbildung hervorgeht, ist der Prozeß der Bildung des Wasserstoffperoxyds schon **bei**

einem Gehalt der Schwefelsäure von 3 bis 4% HCl nach $1^1/_2$ Stunden beendet, während er mit 2% HCl 6 Stunden dauert.

In der Technik werden daher bei der Zersetzung des Bariumperoxyds mit 20%iger Schwefelsäure dieser einige Prozente Salzsäure zugesetzt. Das Bariumperoxyd wird dabei in angefeuchtetem Zustande in die Schwefelsäure unter gutem Rühren so lange eingetragen, bis die Lösung fast neutral ist. Völlige Neutralisation wird mit Barytwasser bewirkt. Der Prozeß wird meist in mit Blei ausgeschlagenen Holzbottichen durchgeführt. Auch Glas- oder keramische Gefäße oder mit Zinn ausgeschlagene Bottiche werden verwendet. Vom Bariumsulfat wird dann in Filterpressen mit hölzernen Rahmen filtriert, abgepreßt und ausgewaschen. Man erhält eine etwa 3- bis maximal 6%ige Lösung von H_2O_2, die aber häufig noch stark verunreinigt ist. Die Destillation dieser Lösungen auf höhere Konzentration ist wegen der vorhandenen Verunreinigungen, die starke Zersetzungen bewirken können, nur unter besonderer Vorsicht durchzuführen. Jedoch ist man heute bereits durchaus in der Lage, eine von Katalysatoren nahezu freie 4%ige H_2O_2-Lösung herstellen zu können, die sich auch ohne allzu große Sauerstoffverluste konzentrieren läßt. Wegen dieses großen Wasserballastes kam ein' Transport der verdünnten Lösung auf weitere Entfernungen nicht in Betracht, weshalb sich früher viele Firmen ihr Wasserstoffperoxyd selbst herstellten. Die Haltbarkeit und Reinheit der aus Bariumperoxyd erzeugten Wasserstoffperoxydlösungen ist heute wegen der Verbesserung der Herstellungs- und Reinigungsverfahren nahezu ebensogut als jene der nach der elektrochemischen Methode gewonnenen Lösungen. Konzentrierte Lösungen der gleichen Haltbarkeit und Reinheit wie die aus Überschwefelsäure und deren Salzen gewonnenen, können z. B. nicht nur durch vollständige Destillation, sondern auch ohne erhebliche Sauerstoffverluste auch durch bloßes Einengen erhalten werden. Man ist daher heute bereits imstande, auch aus dem aus Bariumperoxyd erhaltenen verdünnten und verunreinigten Wasserstoffperoxydlösungen reines und selbst für medizinische Zwecke brauchbares 30- und 40%iges H_2O_2 herzustellen[449a] (s. S. 157).

Der Umsatz des Bariumperoxyds mit Säuren wird mit zahlreichen geringfügigen Modifikationen ausgeführt. So kann man derart verfahren, daß man zunächst in verdünnter Salzsäure löst und nach und nach soviel Schwefelsäure oder Sulfat zusetzt, daß das durch die Salzsäure gelöste Barium als Bariumsulfat ausgefällt wird. Da sich aber auch bei diesem Verfahren die meisten Verunreinigungen des Bariumperoxyds, wie Eisen-, Mangan-, Aluminium-, Calciumverbindungen usw., in der Säure auflösen, setzt man dieser Lösung auch Phosphorsäure oder lösliche Phosphate in solcher Menge zu, daß die Verunreinigungen als Phosphate ausgefällt werden. Eine vollständige Ausfällung gelingt jedoch nicht, da die Wasserstoffperoxydlösung am Schluß der Operation schwach sauer sein muß, wobei aber die Phosphate etwas löslich sind.

Das Bariumperoxyd enthält häufig noch geringere Anteile, die im angesinterten oder geschmolzenen Zustande vorliegen. Das Auftreten von gesinterten oder geschmolzenen Stellen wird durch das Vorhandensein von geringen Spuren von Aluminiumoxyd oder Kieselsäure sehr stark gefördert. Selbst bei feinster Pulverisierung sind stets geringe Anteile des Bariumperoxyds auch in verdünnten Mineralsäuren nicht löslich. Da die nicht gelösten Teile immer noch geringe Mengen von unverändertem Bariumperoxyd enthalten, wird fast immer eine

Hydratation des Bariumperoxyds vor der Behandlung mit Säuren durch kaltes oder heißes Wasser oder verdünnter Salz- oder Phosphorsäure durchgeführt. Die Hydratation ist von größter Wichtigkeit, da sie ein leicht umzusetzendes Bariumperoxydhydrat ergibt, das sich auch mit jenen Säuren glatt umsetzt, die mit Barium unlösliche Salze bilden. An Stelle der Hydratisierung mit Wasser kann man auch eine Lösung von Bariumhydroxyd verwenden. Eine verlustlose, rasche und glatte Umsetzung von Bariumperoxyd kann nach dem Vorschlage der Scheideanstalt durch Vermahlen von BaO_2 mit Wasser in einer Kugelmühle vorgenommen werden[449b].

Diese Operation hat die Wirkung, daß einmal das Bariumoxyd abgelöscht und in Bariumhydroxyd übergeführt wird. Zu einem gewissen Anteile werden auch die verklinkerten Teile des Bariumperoxyds aufgeschlossen und dieses gleichzeitig in das Oktohydrat übergeführt, in welcher Form es leichter säurelöslich ist. Die Hydratation des Bariumperoxyds mit heißem Wasser muß aber sehr vorsichtig vorgenommen werden, da Bariumperoxyd in Gegenwart von Feuchtigkeit und Alkali bei hoher Temperatur leicht Sauerstoff verliert. Eine vollständige Hydratation wäre ohne beträchtliche Sauerstoffverluste nicht möglich, weshalb diese meist nur bis zu einem gewissen zulässigen Höchstbetrag durchgeführt werden kann, wobei aber die widerstandsfähigeren Teilchen durch den Hydratationsprozeß nur wenig verändert werden. Dieses hydratisierte, zum Teil noch unveränderte Bariumperoxyd wird sodann in eine Mischung von Schwefelsäure und Salzsäure, seltener von Phosphorsäure und Schwefelsäure, Salzsäure und Phosphorsäure oder Phosphorsäure allein unter ständiger Kühlung und Rührung eingetragen. Sehr wesentlich ist eine starke Rührung des Gemisches, da sich sonst Klumpen bilden, die nicht aufgeschlossenes Bariumperoxyd einschließen. Die Eintragung des Bariumperoxyds in die Schwefelsäure kann nicht mit Schaufeln oder dergleichen vorgenommen werden, sondern erfolgt mittels eines Siebes, damit eine möglichst feine Verteilung erreicht wird. Man kann auch so verfahren, daß das Bariumperoxyd vorerst mit Sieben in ein kleineres Gefäß mit sehr kräftigem Rührwerk eingebracht und diese Mischung erst in einen größeren Reaktionsbottich umgeleitet wird.

Eine gute Kühlung ist notwendig, da die gesamte Neutralisationswärme frei wird und eine übermäßige Erwärmung nur unnötige Sauerstoffverluste bedingen könnte. Man trachtet im allgemeinen, die Temperatur nicht über maximal 40° ansteigen zu lassen, arbeitet jedoch vorteilhaft bei etwa 10 bis 25°.

Wie die Erfahrung gezeigt hat, muß beim Einbringen des Bariumperoxyds in die Lösung diese stets sauer reagieren, da sonst das gebildete Wasserstoffperoxyd im alkalischen Medium zersetzt werden würde. Um den Reaktionsverlauf stets genau kontrollieren zu können, werden entweder definierte Mengen BaO_2 und Säure, und zwar mehr Säure, als zur Reaktion erforderlich ist, miteinander vermischt oder abwechselnd Säure und Bariumperoxyd in den Bottich zugegeben, wobei genau mit Hilfe von Indikatoren, wie Lackmus, Phenophtalein oder Methylorange, auf stets saure Reaktion geprüft wird. Neuerdings verwendet man mit Vorteil an Stelle der Indikatoren Wasserstoffionenbestimmungsvorrichtungen, die gegenüber den Indikatoren den Vorzug aufweisen, daß ein zu hoher Gehalt an freier Säure vermieden wird, da ja konzentriertere Säuren eine Zersetzung des H_2O_2 verursachen können. Ist man von Salzsäure oder Phosphorsäure ausgegangen, so wird durch Zusatz von Schwefelsäure oder Sulfaten das Barium ausgefällt. Im technischen Betriebe erzielt man bei der Zersetzung des Bariumperoxyds mit Säuren Ausbeuten von etwa 95%.

c) Die Umsetzung des Bariumperoxyds mit Phosphorsäure.

Neben den mit Schwefelsäure arbeitenden Verfahren haben auch jene, bei denen das Bariumperoxyd mit Phosphorsäure zersetzt und dann erst das Sulfat gefällt wird, in jüngster Zeit eine gewisse technische Bedeutung erlangt, nachdem die schwierige Regeneration des als Nebenprodukt anfallenden Bariumphosphats wirtschaftlich gelungen ist. Die Phosphorsäure bietet den Vorteil, daß man sofort höhere Konzentrationen des H_2O_2 erhalten kann. Dies wird dadurch ermöglicht, daß auch bei Verwendung von konzentrierterer Phosphorsäure eine vollständige Zersetzung des Bariumperoxyds vor sich geht. Bei der Umsetzung fällt kristallinisches und leicht filtrierbares Bariumphosphat aus, das alle Verunreinigungen, wie Eisen, Mangan, Aluminium usw., mit sich zu Boden reißt. Auch durch vorsichtiges Neutralisieren der sauren Lösung mit Bariumhydroxyd können diese Verunreinigungen als basische Phosphate gefällt werden. Die Verunreinigungen können auch durch mehrmaliges Ansäuern mit Phosphorsäure und Alkalischmachen mit Bariumhydroxyd unlöslicher gemacht werden. Man filtriert dann von dem ausgefallenen Bariumphosphat und den Verunreinigungen ab, wäscht aus und erzielt so eine ziemlich reine Wasserstoffperoxydlösung, die wegen des Gehaltes an Phosphorsäure, die zugleich als Stabilisator dient, recht beständig ist. Durch Umsetzung des Bariumphosphats mit Schwefelsäure wird dann die Phosphorsäure regeneriert und Blanc fix gewonnen. Ohne Wiedergewinnung der Phosphorsäure würden die Kosten der Säure das Verfahren unwirtschaftlich machen.

Über die Darstellungsmethode des Wasserstoffperoxyds aus Bariumperoxyd mit Phosphorsäure gibt es bereits eine Reihe von Patentschriften. Der älteste Vorschlag dieser Art wird im DRP. 294 874 von der Bariumoxyd Ges. m. b. H. gemacht. In eine Mischung von Phosphorsäure der Dichte 1,7 mit der doppelten Menge Wasser trägt man in einem Kühlbehälter, der mit einem Rührwerk versehen ist, Bariumperoxyd unter stetigem Umrühren ein. Die Temperatur darf dabei nicht über 50 bis 70⁰ ansteigen. Nach dem sorgfältigen Neutralisieren wird filtriert, gewaschen und der Niederschlag von Bariumphosphat mit Schwefelsäure in Phosphorsäure und Bariumsulfat umgewandelt. Man soll so Lösungen von etwa 15% H_2O_2-Gehalt erhalten können.

Bei der Arbeitsweise mit konzentrierter Phosphorsäure wird das Bariumperoxyd nur sehr unvollständig ausgenützt. Die konzentrierte Phosphorsäure weist nämlich ebenso wie die von Askenasy im DRP. 298 320 vorgeschlagene konzentrierte Arsensäure immer noch in sehr störendem Maße die Eigenschaft auf, daß ein Teil des Bariumperoxyds von unlöslichem Bariumphosphat eingehüllt und so der Reaktion entzogen wird. Dies tritt namentlich dann ein, wenn man auf die praktisch unlöslichen sekundären und tertiären Salze der Phosphorsäure, nämlich $BaHPO_4$ und $Ba_3(PO_4)_2$, hinarbeitet, also je weiter dem Ende die Neutralisation der Phosphorsäure durch das Bariumperoxyd zugeht. Es kann daher keine quantitative Ausbeute an H_2O_2 erhalten werden. Dazu kommt noch, daß im Ausmaße, als die Säure immer mehr durch das BaO_2 neutralisiert wird, die alkalische Reaktion des Bariumperoxyds in den den festen Teilchen benachbarten Teilen der Lösung zu überwiegen beginnt, wodurch ein Teil des bereits gebildeten Wasserstoffperoxyds wieder zerfällt.

Um diese Schwierigkeiten zu überwinden, wird im DRP. 428707 der E. de Haen A. G. vorgeschlagen, dem Bariumperoxyd Bariumcarbonat zuzusetzen. Die aus dem Carbonat in Freiheit gesetzte Kohlensäure verhindert nicht nur das Alkalischwerden der Lösung, sondern sorgt auch durch kräftige Durchmischung der Flüssigkeit für rasche Nachdiffusion der Säure. Da die Störungen ja erst im vorgeschrittenen Verlaufe des Auflösungsprozesses auftreten, beginnt man mit dem Zusatz von Bariumcarbonat erst dann, wenn etwa auf 1 H_3PO_4 $^1/_2$ BaO_2 eingetragen ist. Bei diesen Mengenverhältnissen ist die Reaktion in der ganzen Lösung noch sauer genug, um eine Konservierung des H_2O_2 bewirken zu können. Von da ab setzt man aber dem Bariumperoxyd steigend kleine Mengen Bariumcarbonat zu, bis schließlich die letzte Neutralisation nur mit reinem Bariumcarbonat vorgenommen wird. An Stelle von Bariumcarbonat können auch andere Carbonate, wie die von Calcium, Strontium, Magnesium, oder die Bicarbonate der Alkalien verwendet werden.

Bei der Wiedergewinnung der Phosphorsäure aus dem Bariumphosphat mit Schwefelsäure gehen alle Verunreinigungen in die regenerierte Phosphorsäure, die daher bei oftmaliger Wiederholung immer unreiner in den Kreislauf eintritt. Es fällt daher die Ausbeute an H_2O_2 ab, weshalb eine neue Phosphorsäure verwendet werden muß. Um diese Kosten zu vermeiden, wird im DRP. 435900 von J. E. Weber, H. E. Alcock und B. Laporte Ltd. vorgeschlagen, nach der Herstellung der Lösung von Bariumphosphat, die durch Eintragen von Bariumphosphat in Phosphorsäure erhalten wurde, nicht wie bisher mit Schwefelsäure zu fällen, da sonst die Verunreinigungen wieder in die Phosphorsäure gelangen würden, sondern vor dem Zusatz der Schwefelsäure abzufiltrieren. Dabei werden auch die Kohleteilchen, die von der Bariumoxydherstellung im Peroxyd enthalten waren, gleichfalls abgetrennt, und man erhält daher bei der darauffolgenden Fällung mit Schwefelsäure ein sehr schönes, reinweißes Blanc fix.

Im Gegensatze zu diesem Vorschlag wird nach den DRP. 582925 und 585518 der Kalichemie A. G. das gefällte Bariumphosphat nicht mit Phosphorsäure, sondern mit flüchtigen Säuren, wie Salz- oder Salpetersäure, behandelt, beispielsweise mit 20%iger HCl. Durch weiteren Zusatz von konzentrierter Salzsäure oder Salpetersäure und Kühlen wird unlösliches Bariumchlorid bzw. -nitrat ausgeschieden. Beim Erhitzen der mit Bariumsalzen und Salzsäure verunreinigten Phosphorsäure wird die Salzsäure abgetrieben und unlösliches Bariumphosphat gebildet. Die Verunreinigungen können durch Umkristallisieren des Bariumchlorids abgetrennt werden. Die Mutterlauge, bestehend aus Bariumsalz, Salzsäure und Phosphorsäure kann auch mit Soda neutralisiert werden, bis $BaHPO_4$ ausfällt, um dann auf Na_2HPO_4 oder $(NH_4)_2HPO_4$ weiter verarbeitet zu werden. Die Salz- oder Salpetersäure kann auch in gasförmigem Zustande eingeleitet werden.

Bei fast allen der vorstehend angeführten Verfahren der Herstellung von H_2O_2 aus BaO_2 und H_3PO_4 besteht der Übelstand, daß das Barium in Form des Bariumsulfats für den Prozeß verlorengeht. Für die Herstellung hochkonzentrierter Wasserstoffperoxydlösungen muß auch die regenerierte Phosphorsäure mit einem erheblichen Kostenaufwand konzentriert werden. Bodenstein[449c] trägt daher zur Vermeidung dieser Nachteile in eine verdünnte Phosphorsäurelösung unter lebhaftem Rühren und Kühlen bei etwa 15 bis 25° BaO_2 bis zur Bildung von primärem löslichen Bariumphosphat ein und setzt dieses mit Flußsäure in Phosphorsäure und Bariumfluorid um. Bis zur Entstehung einer breiigen Masse wird dann abwechselnd BaO_2 und H_2F_2 zugesetzt, das ausgefällte BaF_2 abgetrennt und eine hochkonzentrierte, schwach phosphorsaure Wasserstoffperoxydlösung erhalten. Diese Lösung wird nunmehr mit BaO_2 völlig neutralisiert und Bariumphosphat und eine reine H_2O_2-Lösung gewonnen. Das Bariumfluorid wird sodann mit Calciumnitrat zu Bariumnitrat umgesetzt und dieses dann nach dem altbekannten Verfahren in BaO umgesetzt, während aus dem Calciumfluorid mittels Schwefelsäure die für den Prozeß benötigte Flußsäure in Freiheit gesetzt wird. Der Kreislauf des Prozesses ist geschlossen. Sehr ähnlich ist das DRP. 458190 von Bodenstein, nur wird hier an Stelle der Flußsäure auch Kieselfluorwasserstoffsäure oder Borfluorwasserstoffsäure, beide auch in Gasform, verwendet. Die Ausbeuten der beiden Verfahren sollen nahezu 100% betragen. Ob sie aber auch wirtschaftlich sind, mag dahingestellt bleiben.

Das bei der Herstellung von Wasserstoffperoxyd aus Bariumperoxyd und Phosphorsäure anfallende Bariumphosphat kann nach dem Vorschlage der Chemischen Fabrik Coswig-Anhalt[450a] mittels Kohle geglüht, der freigemachte Phosphor aufgefangen und eventuell zu Phosphorsäure weiterverarbeitet, das erhaltene Bariumcarbid dagegen mit Wasser zu Acetylen und Bariumhydroxyd umgesetzt werden.

d) Aufschluß mit Salzsäure.

Die Salzsäure wird zum Aufschluß von Bariumperoxyd nur seltener verwendet, da eine große Menge von Bariumchlorid im Wasserstoffperoxyd verbleibt, das die Konservierung namentlich von konzentrierteren Lösungen ungünstig beeinflußt. Man hat daher sogar versucht, aus diesen verdünnten Lösungen das H_2O_2 durch Äther auszuziehen[451], jedoch hat dieses Verfahren keine technische Bedeutung erlangt. Auch die Arbeitsweise der Rhenania[452], wobei konzentrierte Salzsäure, ja selbst mit Salzsäuregas bei 0° gesättigte Salzsäure mit etwa 40% HCl-Gehalt auf BaO_2 einwirken gelassen wird, dürfte wegen der Reaktion der konzentrierten Salzsäure mit dem Wasserstoffperoxyd unter dessen Zerfall nur schlechte Ausbeuten ergeben.

e) Die Umsetzung mit Kohlensäure.

Sehr beachtlich sind jene Vorschläge, die den Aufschluß des Bariumperoxyds mit Kohlensäure betreffen. Diese Verfahren weisen den Vorteil auf, daß das bei der Umsetzung entstehende Bariumcarbonat wieder zur Erzeugung von Bariumoxyd und -peroxyd verwendet werden könnte. Weiters hat sich auch gezeigt[453], daß das als Ausgangsmaterial verwendete Bariumperoxyd nicht derart rein zu sein braucht, als es für den Aufschluß mit anderen Säuren benötigt wird, da beim Aufschluß mit Kohlensäure die Verunreinigungen überhaupt nicht stören.

Der Kreisprozeß

$$BaO_2 + CO_2 + H_2O \rightarrow BaCO_3 + H_2O_2$$
$$\uparrow \qquad\qquad\qquad\qquad \downarrow$$
$$BaO_2 \longleftarrow \quad {}^1\!/_2O_2 + BaO + CO_2$$

wäre an und für sich sehr verlockend, seine Durchführung hat sich aber in der Praxis bisher noch nicht einführen können, da die Herstellung eines hochkonzentrierten Produktes unter guter Ausbeute mit Kohlensäure nicht möglich ist. Bloß Lunge[454] erwähnt, daß eine Fabrik in Frankreich im Jahre 1890 aus Bariumperoxyd mit Kohlensäure unter Druck H_2O_2 hergestellt habe.

Trägt man Bariumperoxyd in Wasser ein und leitet in diese Suspension einen raschen Strom von Kohlensäure ein, so entstehen nur geringe Mengen von H_2O_2[455]. Die Umsetzung erfolgt nur sehr langsam und mit sehr schlechter Ausbeute, wofür sehr wahrscheinlich ebenso wie bei den anderen Aufschlußverfahren eine Umhüllung der Bariumperoxydteilchen durch Bariumcarbonat verantwortlich gemacht werden kann. Die Ausbeute an aktivem Sauerstoff beträgt maximal etwa 25%. Nach den Angaben des DRP. 179771 von E. Merck soll sich aber die Ausbeute nahezu quantitativ gestalten lassen, wenn man vorerst nur langsam Kohlensäure einleitet, so daß die Lösung zunächst alkalisch bleibt und dann erst sauer wird, also erst durch Zerlegung des intermediär gebildeten Bariumpercarbonats Wasserstoffperoxyd dargestellt wird. Es setzt sich dadurch kein unlöslicher fremder Niederschlag am Bariumperoxyd an und hüllt dieses ein, sondern das ganze Bariumperoxyd geht in Bariumpercarbonat über. Bei der weiteren Einwirkung von neuen Mengen Kohlensäure tritt dann weitere Zersetzung des entstandenen Percarbonats in Bariumcarbonat und Wasserstoffperoxyd ein, wahrscheinlich unter vorheriger Bildung von Bariumbicarbonat oder aber von

$$Ba\Big\langle{}^{CO_3H}_{\ OOH}\ ,\ \text{das in schwach saurer Lösung äußerst rasch in } BaCO_3 \text{ und } H_2O_2$$

umgewandelt wird (D'Ans).

Wolffenstein und Peltner[44] geben an, daß bei der Darstellung von Bariumpercarbonat und dessen nachfolgender Überführung in Wasserstoffperoxyd das BaO_2 im Überschuß gegenüber der Kohlensäure vorhanden sein, also alkalische Reaktion herrschen müsse. Nach Merck[457] läßt sich durch bloße Einwirkung von Wasser oder einer Säure, wie Schwefelsäure, auf Bariumpercarbonat leicht Wasserstoffperoxyd darstellen.

In höheren Konzentrationen, also unter Druck, wurde die Kohlensäure das erstemal von H. E. Doerner[458] angewendet. Er leitete in ein auf 0° abgekühltes Wasser Kohlensäure unter einem Druck von etwa 7 Atm. ein und trug allmählich Bariumperoxyd ein, ohne aber die Lösung alkalisch werden zu lassen. Als günstigste Säurekonzentration wurde von Doerner eine solche von 0,2 n angegeben. Mehr Säure oder Alkali verursachen Zersetzungen von Wasserstoffperoxyd. Während des Eintragens wurde die Lösung stark gerührt und der Kohlensäuredruck dauernd gleich hoch gehalten. War die gewünschte Wasserstoffperoxydkonzentration erreicht, wurde die Zufuhr von Bariumperoxyd und Kohlensäure abgebrochen und noch etwa 15 Minuten bis zur völligen Umsetzung weiter gerührt. Dann wurde vom feinverteilten Bariumcarbonat abfiltriert, ausgewaschen und die in der Wasserstoffperoxydlösung verbliebene geringe Menge von Bariumbicarbonat mittels Schwefelsäure gefällt. Die Ausbeute soll 50 bis 80% der Theorie betragen haben. Das erzielte Wasserstoffperoxyd war sehr rein, es erwies sich jedoch wiederholt als sehr unbeständig, ohne daß eine Ursache für dieses Verhalten hätte festgestellt werden können.

Wie jedoch aus Versuchen von Stüssel[445,459] hervorgeht, konnte bei der Einwirkung von Kohlensäure unter einem Druck von 5 bis 10 Atm. auf Bariumperoxyd und einer Dauer von 20 bis 150 Minuten im wäßrigen Filtrat überhaupt kein aktiver Sauerstoff nachgewiesen werden, während die Bildung von Bariumpercarbonat sehr glatt gelang.

Askenasy und Rose[445b] konnten hingegen beim Arbeiten in einem Stahlautoklaven mit steigendem Druck zunehmende Ausbeuten erzielen, die bei etwa 25 Atm. einen Höchstwert von etwa 80 bis 90% erreichten, wie aus der nachstehenden Tabelle hervorgeht.

Versuchsdauer 7 Minuten; Zimmertemperatur; 12,5 g BaO_2 (86%ig).

Druck in Atm.	1	3	5	10	15	20	25	30	40
Umsatz in %	76,4	81,1	81,8	88,9	86,8	86,9	88,6	87,3	89,9

Die Ausbeute sinkt mit steigender Temperatur. Am günstigsten erwies sich eine Versuchsdauer von etwa 5 bis 7 Minuten. Längeres Einleiten führte nur zu Zersetzungen des bereits gebildeten Wasserstoffperoxyds und daher zu schlechteren Ausbeuten. Auf den raschen Aufschluß von Bariumperoxyd unter einem Kohlensäuredruck von über 20 Atm. ist P. Askenasy, R. Rose und G. Hornung das DRP. 460030 erteilt worden. Man erhält bei diesem Verfahren maximal eine etwa 6%ige Wasserstoffperoxydlösung bei einer Ausbeute von nahezu 90%. Es wurde zwar versucht, dadurch zu konzentrierteren Lösungen zu gelangen, daß man für einen neuen Aufschluß das Filtrat des vorherigen verwendete. Es ließ sich zwar, so die Konzentration bis auf eine etwa 10%ige Lösung erhöhen, jedoch sank die Ausbeute auf etwa 75% ab. Hingegen war eine Steigerung des Umsatzes durch Zusatz von Säuren zu erzielen, die mit dem Barium lösliche Salze zu bilden vermögen, wie z. B. von 1% Salzsäure oder Essigsäure. Die stärkere Salzsäure erwies sich als vorteilhafter. Die Erklärung für diese Erscheinung ist darin zu suchen, daß durch die Hydrolyse des entstandenen Bariumcarbonats die Lösung lokal alkalisch wird und so Zersetzungen des Wasserstoffperoxyds hervorgerufen werden oder ebenso wie beim Zusatz von Salzsäure zur Schwefelsäure die Säuren als Lösungsvermittler wirken. Während ohne den Säurezusatz eine 4%ige Wasserstoffperoxydlösung mit 75% Ausbeute gewonnen werden konnte, konnte durch Zusatz von 1% Salzsäure eine 5,5%ige Lösung mit etwa 90% Ausbeute erhalten werden. Der Säurezusatz bewirkt auch, daß der Niederschlag nicht feinkörnig, schlammig und schlecht filtrierbar ausfällt, sondern in viel gröberer, fast sandartiger Form, die beim Filtrieren eine große Erleichterung bedeutet[460].

Als Deutung des Reaktionsverlaufes der Zersetzung von Bariumperoxyd mittels Kohlensäure nehmen Askenasy und Rose[445b] im Gegensatz zu Wolffenstein und Peltner[456], Merck[457] und Stüssel[459] nicht die primäre Bildung von Bariumpercarbonat nach $BaO_2 + CO_2 = BaCO_4$ an, da sie dieses nicht nachweisen konnten, sondern glauben, daß die unter Druck gesetzte Kohlensäure in wäßriger Lösung als H_2CO_3 vorhanden sei (Wilke[461]), so daß sich die Reaktionen: $CO_2 + H_2O = H_2CO_3$ und $BaO_2 + H_2CO_3 = BaCO_3 + H_2O_2$ abspielen sollen. Die Kohlensäure würde dann ebenso wie jede andere Säure auf das Bariumperoxyd einwirken. Wie weitere Versuche von Askenasy und Rose ergeben haben, läßt sich die erhaltene verdünnte, etwa 2- bis 5%ige Wasserstoffperoxydlösung, die durch Bariumbicarbonat, Kalk und etwas Bariumphosphat, von der als Stabilisator beim Filtrieren zugesetzten Phosphorsäure herstammend, verunreinigt ist, durch Destillation im Vakuum praktisch ohne Zersetzung reinigen und konzentrieren, wobei Ausbeuten von 95 bis 100% erzielt wurden.

Der Kreisprozeß mit Kohlensäure erfordert theoretisch nur Wasser und Sauerstoff der Luft, praktisch jedoch noch Reaktionskohle und Wärme. Seine Wirtschaftlichkeit hängt von der Vollkommenheit der technischen Anlagen sowie vom Preis der Kohlensäure, Reaktionskohle und Wärme ab. Gegenwärtig arbeitet keine Wasserstoffperoxydfabrik nach dem Aufschlußverfahren mittels Kohlensäure.

B. Die Herstellung von Wasserstoffperoxyd aus Natriumperoxyd.

Das Prinzip der Wasserstoffperoxydgewinnung aus Natriumperoxyd beruht ebenso wie bei der Darstellung aus Bariumperoxyd auf der Zersetzung durch Säuren, wie Schwefelsäure, Flußsäure oder Salzsäure. Die Darstellung aus Natriumperoxyd ist mit jener aus Bariumperoxyd als technisch gleichwertig anzusehen, jedoch liegen beim Natriumperoxyd die wirtschaftlichen Verhältnisse noch ungünstiger als beim Bariumsalz. Da Natriumperoxyd nur durch Verbrennung von metallischem Natrium bei höheren Temperaturen erhalten wird, Natrium aber wieder ausschließlich durch Elektrolyse von geschmolzenem Natriumchlorid oder -hydroxyd gewonnen wird, liegen hier die ersten Anfänge einer auf elektrochemischer Grundlage beruhenden technischen Darstellung von Wasserstoffperoxyd vor.

Die Salzsäure hat sich für die Umsetzung noch am wenigsten bewährt, da das entstehende Natriumchlorid aus der Wasserstoffperoxydlösung nicht entfernt werden kann. Sie wird nur dort verwendet, wo die erhaltene Lösung sogleich ihrem Verwendungszweck zugeführt wird und wo das Natriumchlorid nicht schadet. Hingegen wird die Darstellung mit Schwefelsäure auch heute noch in kleineren Betrieben und zur Darstellung geringer Mengen Wasserstoffperoxyd, fast ausschließlich für den Eigenbedarf bestimmt, angewendet. Die Arbeitsweise ist eine sehr einfache. Man tragt unter guter Kühlung in eine verdünnte (etwa 20%ige) Schwefelsaurelösung nach und nach Natriumperoxyd ein, wobei gut geruhrt wird. Die Lösung soll schließlich neutral oder gegen Lackmus noch ganz schwach sauer reagieren. Die Temperatur der Lösung soll, wenn möglich, unterhalb 10^0 gehalten werden, um Sauerstoffverluste zu vermeiden.

Durch den Kunstgriff, vom Glaubersalz, das einen erheblichen Teil des Wassers als Kristallwasser aufnimmt und dadurch eine Konzentrierung bewirkt, abzufiltrieren, nachdem die Saure nahezu abgestumpft war, neuerlich Schwefelsäure zuzugeben und wieder mit dem Eintragen einer zweiten Menge von Natriumperoxyd zu beginnen, was unter Umständen noch wiederholt werden kann, kann die Konzentration der H_2O_2-Lösung auf etwa 15 bis 20% getrieben werden.

Als Behalter dienen entweder mit Blei ausgeschlagene Holzbottiche oder innen verbleite oder emaillierte Eisengefäße. Das Eintragen erfolgt entweder durch Streubüchsen oder aber, da diese wegen der Hygroskopizität des Natriumperoxyds leicht verstopft werden können, läßt man es nach dem Austritt aus dem Vorratsgefäß durch eine Mahlvorrichtung hindurchgehen[462]. Eine möglichst feine Zerkleinerung ist notwendig, da sonst durch übermäßige Erwärmung der Lösung in unmittelbarer Nähe des Natriumperoxydteilchens oder durch lokales Alkalischwerden Sauerstoffverluste durch Zersetzung des Wasserstoffperoxyds auftreten können.

Die erhaltene natriumsulfathaltige Lösung kann, da das Natriumperoxyd einen Gehalt von etwa 19% aktiven Sauerstoff aufweist, ziemlich konzentriert sein. Sie wird entweder sofort im Betriebe verwendet oder aber durch Destillation vom Glaubersalz befreit. Nach diesem Verfahren stellte Merck[463] schon im Jahre 1904 30%iges H_2O_2 her (s. auch Anm. 464). Die Ausbeute bei der Destillation war aber nicht sehr hoch, da alle Katalysatoren der Chemikalien wahrend des ganzen Prozesses mit der Lösung in Berührung waren. Das Verfahren ließ sich daher nur so lange halten, als das Wasserstoffperoxyd nicht auf elektrolytischem Wege über die Perschwefelsäure hergestellt wurde.

Sehr interessant ist das Verhalten des Natriumperoxyds gegen Flußsäure. Durch Einwirkung von einem oder zwei Molekülen Flußsäure auf ein Molekül Natriumperoxyd kann entweder ein neutrales Salz Na_2F_2 oder aber ein saures Salz $NaF.HF$ entstehen:

1. $Na_2O_2 + H_2F_2 = Na_2F_2 + H_2O_2$;
2. $Na_2O_2 + 2 H_2F_2 = 2 NaF.HF + H_2O_2$.

Durch Regelung der zugesetzten Menge Flußsäure hat man es demnach in der Hand, neutrales oder saures Salz abzuscheiden, wobei man aber nach Gleichung 2 die doppelte Menge Flußsäure benötigt. Nach der ersten Reaktionsgleichung arbeitete P. L. Hulin[465], indem Natriumperoxyd mit den erforderlichen Vorsichtsmaßregeln in einer Lösung von Flußsäure bei niedriger Temperatur gelöst wurde. Aus der erhaltenen natriumfluoridhaltigen Wasserstoffperoxydlösung wurde sodann durch Zusatz von Aluminiumfluorid das unlösliche Doppelfluorid des Aluminiums und Natriums, der künstliche Kryolith $Al_2F_6.6 NaF$ ausgefällt. Auf diese Weise wurde das Natriumchlorid samt dem größten Teil der Verunreinigungen aus der H_2O_2-Lösung entfernt und gleichzeitig ein wertvolles Nebenprodukt gewonnen, das in der Aluminiumindustrie Verwendung fand.

Auf ein saures Natriumfluorid nach Gleichung 2 arbeitete man in Aussig[466], da sich gezeigt hatte, daß nach Hulin beim Arbeiten auf konzentriertere Wasserstoffperoxydlösungen eine teilweise Zersetzung des Wasserstoffperoxyds auftrat. Die Erklärung für diese Erscheinung ergibt sich daraus, daß beim Eintragen von Natriumperoxyd in Flußsäure sich zunächst das schwerlösliche saure Salz abscheidet. Daher ist bereits nach dem Eintragen der halben, zur Neutralisation der Flußsäure erforderlichen Menge von Na_2O_2 der Säuregehalt der Lösung bis auf wenige g/L verschwunden. Beim weiteren Eintragen setzt sich das saure Salz nur langsam in das neutrale um, so daß jedes Natriumperoxydkörnchen eine alkalische Flüssigkeit um sich schaffen kann. Während in verdünnteren Lösungen die Zersetzung des H_2O_2 unter diesen Umständen noch langsam verläuft, erfolgt beim Arbeiten auf konzentriertere Lösungen eine stürmische Zersetzung des in Freiheit gesetzten Wasserstoffperoxyds.

Bei der Arbeitsweise nach Reaktionsgleichung 2 ist hingegen während der ganzen Zusatzperiode von Natriumperoxyd ein hinreichend großer Säureüberschuß vorhanden, der ein lokales Alkalischwerden der Lösung mit Sicherheit verhindern kann. Da sich aber anderseits wieder durch zu hohe Flußsäurekonzentration infolge zu stürmischer Reaktion Überhitzung und eine damit verbundene Wasserstoffperoxydzersetzung einstellen kann, darf man die Konzentration der Flußsäure auf nicht mehr als 80 g/L ansteigen lassen. Die untere Grenzkonzentration beträgt 20 g H_2F_2/L. Man arbeitete daher wie folgt: In die Waschwässer des Niederschlages von $NaF \cdot HF$, die aus einer etwa 15%iger H_2O_2-Lösung bestehen, trägt man konzentrierte Flußsäure oder leitet besser gasförmige Flußsäure ein, bis die Konzentration auf 80 g H_2F_2/L gestiegen ist. Nun sättigt man die Flußsäure unter Rühren und Kühlen durch Eintragen von kleinen Portionen gepulvertem Na_2O_2 bis auf einen Gehalt von 20 g H_2F_2/L ab, setzt Flußsaure, dann wieder Natriumperoxyd zu usw. Schließlich wird der entstandene dicke Brei von $NaF \cdot HF$ abgenutscht, wobei eine etwa 20 bis 30%ige H_2O_2-Lösung erhalten wird, die noch etwas Flußsäure enthält, welche mit einer Base abgestumpft wird.

C. Die Darstellung aus anderen Perverbindungen.

Zu erwähnen wären schließlich noch jene Darstellungsverfahren für Wasserstoffperoxyd, die sich der Perborate und Percarbonate bedienen. Aus diesen wurde durch Zersetzen mit Wasser und Entfernen des entstandenen H_2O_2 durch Ausäthern vom Konsortium[467] Wasserstoffperoxyd dargestellt. Nach dem DRP. 355866 der Scheideanstalt wird zur Zersetzung von Perborat eine Schwefelsäure mit einem Mindestgehalt von 180 g H_2SO_4/L, z. B. konzentrierte Schwefelsäure, verwendet. Selbst beim Umsetzen mit konzentrierter Schwefelsäure ist trotz starker Ausscheidung von Glaubersalzkristallen eine mechanische Durcharbeitung möglich, was vermutlich durch die ausgeschiedenen Borsäurekristalle, die gleichsam als Schmiermittel für die Glaubersalzkristalle dienen, bewirkt wird. Die Ausbeute an Wasserstoffperoxyd ist eine sehr gute. Gegenüber Natriumperoxyd braucht man nur die halbe Menge an Schwefelsäure. Die ausgeschiedene Borsäure kann wieder zur Perboratherstellung verwendet werden.

Mit Ausnahme der Herstellung von Wasserstoffperoxyd aus Bariumperoxyd mit Schwefelsäure und Salzsäure ist keines der angeführten Verfahren derzeit in Verwendung. Bloß aus Natriumperoxyd wird auch noch, aber nicht fabrikmäßig, für den sofortigen Eigenbedarf, z. B. in Bleichereien, Wasserstoffperoxyd hergestellt.

Literaturverzeichnis.

[432] DRP. 158950, Gebruder Siemens; DRP. 195285, M. Herzberg. — [433] DRP. 258593. — [434] DRP. 259997. — [435] DRP. 440382, Rhenania. — [436] DRP. 396214, 431617, 478166. — [437] DRP. 590854. — [438] R. Heinz: Chem.-Ztg. 25, 200, 1901. — [439] DRP. 396214. — [439a] E. P. 360503. — [439b] Am. P. 649202. — [440] DRP. 577319. — [441] DRP. 149803, W. Feld. — [442] DRP. 190955. — [443] DRP. 254314, 258235. — [444] Chem.-Ztg. 53, 821, 1929. — [445] DRP. 427223, 493267, Kali-Chemie, J. Marwedel u. J. Looser. — [445a] DRP. 442135. — [445b] Ztschr. anorgan. allg. Chem. 189, 4, 10, 1930. — [446] DRP. 250417. — [447] DRP. 232001. — [448] DRP. 426034, 426735. — [449] E. P. 1687/1915; DRP. 422531, 482344. — [449a] DRP. 587888, 588822, Kali-Chemie. — [449b] DRP. 403116. — [449c] DRP. 458189. — [450] W. Machu: Über den Einfluß von Deckschichten auf die Korrosion, Österr. Chem.-Ztg. 37, 46, 64, 1934. — [450a] DRP. 620170. — [451] A. P. 1364558. — [452] DRP. 403253. — [453] DRP. 460029. — [454] Ztschr. angew. Chem. 3, 3, 1890. — [455] Duprey: Compt. rend. Acad. Sciences 55, 736, 1863. Balard: Ebenda 55, 738, 1863. — [456] Ber. Dtsch. chem. Ges. 41, 275, 1908. — [457] DRP. 179826. — [458] A. P. 1235664. — [459] Beitrage zur technischen Gewinnung von konz. H_2O_2, Dissertation, Hannover, 1924. — [460] DRP 452266.

465763. — [461] Ztschr. anorgan. allg. Chem. 119, 365, 1921. — [462] Schweiz. P: 53582, 62846. — [463] DRP. 152173. — [464] Kilpatrick, Reiff u. Rice: Journ. Amer. chem. Soc. 48, 3019, 1926; Chem. Ztrbl. 1927 I, 1276. — [465] DRP. 132090. — [466] DRP. 253284. — [467] DRP. 195351.

XI. Die theoretischen Grundlagen der elektrolytischen Oxydation der Schwefelsäure und ihrer Salze zu Perschwefelsäure und deren Salzen.

Die direkten Methoden der elektrochemischen Darstellung des Wasserstoffperoxyds durch kathodische Reduktion von gelöstem Sauerstoff durch noch atomaren Wasserstoff haben keine technische Bedeutung erlangen können, da die Konzentration der erhaltenen Lösungen gering bleibt und die apparative Durchführung dieser Verfahren große Schwierigkeiten bereitet. Eine Weiterverarbeitung der anfallenden, sehr verdünnten, etwa 0,5- bis 1%igen Wasserstoffperoxydlösungen auf die erforderliche hohe Konzentration ist aber wirtschaftlich vollkommen aussichtslos.

Bildung von H_2O_2 an der Anode. An der Anode schien eine mengenmäßig bedeutsamere Bildung von Wasserstoffperoxyd nach $2\ OH' + 2 \oplus \rightarrow H_2O_2$ auf Grund rein thermodynamischer Überlegungen durchaus möglich zu sein. In der Wirklichkeit ist es aber nicht möglich, beim Oxydationspotential des Wasserstoffperoxyds von $\varepsilon_0 = + 1{,}77$ Volt an Platinanoden durch anodische Polarisierung auch nur eine Spur von H_2O_2 erzeugen zu können. Zur Erklärung für dieses Verhalten kommen nur Geschwindigkeitsphänomene in Betracht.

Das Wasserstoffperoxyd besitzt zwei charakteristische Gleichgewichtspotentiale, das Oxydationspotential $H_2O_2 + 2 \oplus \rightarrow 2\ OH'$ mit einem Wert von $\varepsilon_0 = + 1{,}77$ Volt[467a, 171, 172] und das Reduktionspotential $H_2O_2 + 2 \ominus \rightarrow O_2 + 2\ H$ bei $+ 0{,}67$ Volt. Der Oxydationsvorgang würde der anodischen Wasserstoffperoxydbildung, der Reduktionsvorgang der Bildung durch Autoxydation entsprechen. Das für diese Vorgänge fast ausschließlich in Betracht kommende Elektrodenmaterial Platin hat nun die Eigenschaft, bei anodischer Sauerstoffbeladung ein höheres Oxyd zu bilden, das schon freiwillig unter Sauerstoffentwicklung zerfällt (G. Grube[468]). Seine Zusammensetzung dürfte am ehesten den Formeln PtO_2, PtO_3 bis PtO_4 entsprechen. Die Neigung dieser Platinoxyde zum Zerfall wird natürlich noch unterstützt, wenn Wasserstoffperoxyd, das an sich schon ein sehr leicht zersetzlicher Körper ist, mit diesem in Berührung tritt. Haber[467a] und Foerster[469] nehmen an, daß die ganze Entbindung von Sauerstoff an der Platinanode indirekt über eine Wasserstoffperoxydbildung erfolgt, das als Oxydationsmittel zuerst Platinprimäroxyd erzeugt, bzw. dessen Konzentration vermehrt: $Pt + x\,H_2O_2 \rightarrow PtO_x + x\,H_2O$ (Oxydationsvorgang). Als Stoff mit einem leicht abspaltbarem O-Atom reagiert nun das H_2O_2 äußerst rasch mit den höheren Platinoxyden unter Freiwerden von molekularem Sauerstoff: $PtO_x + (x-2)\,H_2O_2 = PtO_2 + (x-2)\,H_2O + (x-2)\,O_2$ (Reduktionsvorgang).

Die Geschwindigkeit des Reduktionsvorganges ist klein, so lange die Konzentration des PtO_x und des H_2O_2 gering sind. In diesem Falle kann sich das Wasserstoffoxyd als Oxydationsmittel betätigen. Ein kleiner Zusatz von H_2O_2

kann daher die EMK. der Groveschen Knallgaskette sogar noch um einen geringen Betrag steigern[470]. Jedoch schon bei weiterer geringfügiger Vermehrung der Wasserstoffperoxydkonzentration fällt das Potential der Platinelektrode merklich, da der Zerfall des Wasserstoffperoxyds eine erhebliche Reaktionsgeschwindigkeit besitzt und H_2O_2 gegenüber dem Platin nur ein schwaches Oxydationsmittel ist. Es wird daher der Reduktionsvorgang den Oxydationsvorgang überwiegen und damit eine Konzentrationsverminderung des PtO_x Platz greifen. Ist daher durch eine anodische Polarisierung einer Platinanode ein beträchtlicher Gehalt an PtO_x erteilt, so wird in Berührung mit Wasserstoffperoxyd nur der Reduktionsvorgang, d. h. der Zerfall des H_2O_2, in Erscheinung treten. Die Mengen von Wasserstoffperoxyd, die die Selbstentladung einer anodisch polarisierten Platinelektrode schon stark zu beschleunigen vermögen, sind außerordentlich gering, es genügt dazu z. B. schon das an der Kathode gebildete und zur Anode diffundierte Wasserstoffperoxyd[471].

Das Auftreten von Wasserstoffperoxyd an der Platinelektrode, welche vor allen anderen Metallen derart hohe Potentiale, die zur Bildung von H_2O_2 erforderlich sind, zu erreichen gestattet, ist daher nur unter solchen Bedingungen möglich, wenn entweder der zersetzende Einfluß der Platinoxyde weitgehend ausgeschaltet werden kann oder wenn Gelegenheit zur Bildung stabilerer Derivate gegeben ist. Der erste Fall wurde verwirklicht von Riesenfeld und Reinhold[77], als sie an der Platinanode bei —40⁰ in gesättigter Kalilauge geringe Mengen von Wasserstoffperoxyd nachweisen konnten. Bei dieser niedrigen Temperatur und bei Verwendung von Kalilauge verlaufen die die Zersetzung herbeiführenden Nebenreaktionen derart langsam, daß eine nachweisbare Menge H_2O_2 an der Platinanode gebildet werden kann. In Natronlauge gelingt es jedoch unter ähnlichen Bedingungen nicht, Wasserstoffperoxyd am Platin in nachweisbaren Mengen entstehen zu lassen, da wegen der stark zersetzenden Wirkung der Natronlauge sämtliches primär entstandenes Wasserstoffperoxyd sofort wieder zersetzt wird.

Bildung von Perschwefelsäure an der Anode. Die größere Tendenz zur Zerstörung des Wasserstoffperoxyds gegenüber der Bildung kann nun vermieden werden, wenn gleichsam ein Katalysator vorhanden ist, der das Verhältnis des großen Reaktionswiderstandes der chemischen Reaktion $O + H_2O = H_2O_2$ und des geringeren des Zerfalles $H_2O_2 = 2H + O_2$ direkt umkehrt. Als derartige Form des Wasserstoffperoxyds kommt nun sein stabiles Derivat, die Perschwefelsäure, in Betracht. Die anodische Bildung von Perschwefelsäure, auf welcher Reaktion heute in der Technik zum überwiegenden Teil die fabriksmäßige Erzeugung von Wasserstoffperoxyd beruht, ist nur dadurch möglich, daß die Perschwefelsäure reduzierende Eigenschaften gegenüber den Platinoxyden nur in dem Ausmaße besitzt, als sie Wasserstoffperoxyd abspaltet. Die Zerstörung von Überschwefelsäure an der Platinanode erfolgt daher nur mit jener Geschwindigkeit, mit der sie in Carosche Säure bzw. Wasserstoffperoxyd und Schwefelsäure übergeht. Zur Erzielung größerer Ausbeuten an Überschwefelsäure muß man daher alle Einflüsse so weitgehend wie nur möglich ausschalten, die auf eine Verseifung der Überschwefelsäure hinarbeiten. Es wird die Aufgabe nachstehender Ausführungen sein, die Bedingungen, unter welchen dieses Ziel erreichbar ist, zu erörtern.

Die oxydierende Eigenschaft einer die Platinanode umgebenden Schwefelsäure war schon 1853 von Meidinger beobachtet worden, jedoch war es erst Berthelot[472], der erkannte, daß hier eine besondere Form der Schwefelsäure für diese Oxydationswirkungen verantwortlich zu machen sei. Er nannte diese Säure „Acide persulfurique", gab ihr schon die richtige Formel $H_2S_2O_8$ und untersuchte auch sehr eingehend ihre Eigenschaften.

Die Überführung der Schwefelsäure in wäßriger Lösung in Überschwefelsäure ist bisher nur mit Hilfe des elektrischen Stromes und Fluors möglich gewesen. Die Ursache für diese wenigen Oxydationsmöglichkeiten ist darin gelegen, daß das zur Oxydation erforderliche hohe Oxydationspotential nur an einer mit Sauerstoff polarisierten Platinanode und mit Fluor erreichbar ist. Am Platin ist das Auftreten von freiem Sauerstoff stets mit einer erheblichen Steigerung des Anodenpotentials verbunden. Besonders stark ist der Potentialanstieg am glatten Platin, so daß an diesem die stärksten Oxydationswirkungen des elektrolytischen Sauerstoffes zu erhalten sind.

Berthelot führte die Bildung der Überschwefelsäure an der Anode auf eine Oxydation durch primär entstandenes Wasserstoffperoxyd zurück:

$$2\,H_2SO_4 + H_2O_2 = H_2S_2O_8 + 2\,H_2O.$$

Diese Anschauung beruhte jedoch auf einem Irrtum, da das von Berthelot bei der Elektrolyse von konzentrierter Schwefelsäure beobachtete Auftreten von Wasserstoffperoxyd nur durch sekundäre Umsetzung der Überschwefelsäure gebildet wurde. Nach der heute allgemein geltenden Anschauung entsteht die Überschwefelsäure an der Anode durch Vereinigung zweier HSO_4'-Ionen. Richarz[473], der als erster diese Ansicht vertrat, nahm an, daß eine an der Anode durch Umladung entstandene positive HSO_4-Gruppe sich mit einer anderen noch negativen HSO_4-Gruppe zur Perschwefelsäure vereinigt.

Für die Entstehung der Überschwefelsäure aus zwei HSO_4-Gruppen spricht vor allem der Umstand, daß die Ausbeute an Überschwefelsäure, wie später noch eingehender gezeigt werden soll, in verdünnter Schwefelsäurelösung noch sehr gering ist, mit steigender Schwefelsäurekonzentration aber zunimmt. Bei großer Verdünnung der Schwefelsäure tritt eine Dissoziation in die Ionen $2\,H^{\cdot}$ und SO_4'', bei mäßiger Verdünnung aber in die Ionen $H^{\cdot}$ und HSO_4' ein. Während in verdünnter Schwefelsäure daher vor allem SO_4''-Ionen an der Anode entladen werden, die sich mit dem Wasser zu Schwefelsäure und Sauerstoff umsetzen, ist die Bildung von Perschwefelsäure in konzentrierterer Schwefelsäure nicht von den SO_4''-Ionen, sondern vielmehr von der Menge der HSO_4-Ionen abhängig. Der Streit um die Frage, ob die Überschwefelsäure einbasisch sei und ihr die Formel HSO_4, oder ob sie zweibasisch ist, daher ihr die Formel $H_2S_2O_8$ zukommt, ist durch die Untersuchungen von O. Loewenherz[474], Bredig[475] und Moeller[476] eindeutig zugunsten der doppelten Formel $H_2S_2O_8$ entschieden worden. Loewenherz berechnete auf Grund der molekularen Leitfähigkeit und Gefrierpunktserniedrigungen von verdünnten Kaliumpersulfatlösungen den van 'tHoffschen Faktor i, d. i. das Verhältnis der unzersetzten Moleküle plus Ionen zur ursprünglichen Molekülanzahl, der für Kaliumpersulfat $K_2S_2O_8$ ungleich geringere Abweichungen ergab (7% Abweichung) als für die Formel KSO_4 (36% Abweichung). Bredig schloß aus der Änderung der molekularen Leitfähigkeit mit der Verdünnung, Moeller aus der Gefrierpunkterniedrigung und der Zunahme der Leitfähigkeit auf die Formel $K_2S_2O_8$ bzw. $H_2S_2O_8$.

Während bei den meisten elektrolytischen Oxydationen Ladungsänderungen von Ionen, und zwar entweder Vermehrung der positiven Ladung ($Fe^{\cdot\cdot} \rightarrow Fe^{\cdot\cdot\cdot} + \ominus$) oder Verminderung der negativen Ladung ($FeCN_6'''' \rightarrow FeCN_6''' + \ominus$) auftreten, liegt bei der anodischen Oxydation der Schwefelsäure zu Überschwefelsäure der interessante Fall vor, daß unter Ladungsänderung mehrere gleichartige Ionen zu einem neuen polymeren Ion zusammentreten. Wie ein genaueres Studium dieses Oxydationsvorganges ergeben hat, läßt sich aber der Prozeß wahrscheinlich nicht einfach durch die Formel $2\,SO_4'' \rightarrow S_2O_8'' + 2\,\ominus$ beschreiben, da sich das Gleichgewichtspotential dieses Prozesses nur mit großer Unsicherheit bestimmen läßt. Vor allem spricht die große Empfindlichkeit des Platins als Elektrodenmaterial dafür, daß dem Übergang des HSO_4-Ions in das S_2O_8-Ion große Reaktionswiderstände entgegenstehen, zu deren Überwindung der primär an der Anode abgeschiedene Sauerstoff in entscheidendem Maße beiträgt. Dem tatsächlichen Reaktionsverlauf entspricht daher eher eine Formel $2\,HSO_4' + O + H_2O \rightarrow H_2S_2O_8 + 2\,OH'$[477].

Reaktionen der Überschwefel- und Caroschen Säure. Bevor noch auf die Verhältnisse bei der Elektrolyse näher eingegangen werden kann, ist es vorher noch notwendig, zum besseren Verständnis der Vorgänge bei der Elektrolyse die wichtigsten Reaktionen der Überschwefelsäure zu besprechen. Die rein wäßrige Lösung der Perschwefelsäure ist bei niedriger Temperatur ziemlich beständig, jedoch geht sie unter der Einwirkung von Wasser, ungleich schneller jedoch unter dem beschleunigenden Einfluß von starker Schwefelsäure, infolge Hydrolyse vorerst in Carosche Säure und Schwefelsäure

$$O_2S \underset{OH\ OH}{\overset{OO}{<\,\,\,\,>}} SO_2 + HOH \rightleftharpoons SO_2 \underset{OH}{\overset{OOH}{<}} + SO_2 \underset{OH}{\overset{OH}{<}}$$

und schließlich in Schwefelsäure und Wasserstoffperoxyd über:

$$O_2S \underset{OH}{\overset{OOH}{<}} + HOH \rightleftharpoons SO_2 \underset{OH}{\overset{OH}{<}} + HOOH\,[478].$$

Während in 40%iger Schwefelsäure diese Umwandlung in Carosche Säure auch bei 0^0 noch zwei Tage benötigt, geht sie in konzentrierterer Säure schon während der Elektrolyse vor sich, ebenso findet die weitere Spaltung in Schwefelsäure und Wasserstoffperoxyd wohl langsamer, aber gleichfalls in kurzer Zeit statt. Die Geschwindigkeit der Umwandlung der Perschwefelsäure in Carosche Säure bei gewöhnlicher Temperatur und einer Konzentration der Perschwefelsäure von 12 g aktivem O/l ist etwa 40mal so groß als die Bildung von Wasserstoffperoxyd durch Verseifung der Caroschen Säure. Die Umwandlung erfolgt um so rascher, je konzentrierter die Schwefelsäure ist, auch eine Temperaturerhöhung beschleunigt die Verseifung. Wie Baeyer und Villiger[479] weiters gezeigt haben, läßt sich die ursprünglich von Caro[480] durch Einwirkung von konzentrierter Schwefelsäure auf Persulfate in der Kälte erhaltene Sulfomonopersäure auch aus Wasserstoffperoxyd und konzentrierter Schwefelsäure darstellen, so daß wir es mit den vollständig umkehrbaren Reaktionen

$$2\,H_2SO_4 + H_2O_2 \rightleftharpoons H_2S_2O_8 + 2\,H_2O;$$
$$H_2SO_4 + H_2O_2 \rightleftharpoons H_2SO_5 + H_2O;\ \text{sowie}$$
$$H_2SO_4 + H_2SO_5 \rightleftharpoons H_2S_2O_8 + H_2O\,[480]$$

zu tun haben. Das Gleichgewicht der Perschwefelsäurebildung aus H_2SO_4 und H_2O_2 liegt aber viel weniger stark auf der Seite der Überschwefelsäurebildung als auf der Seite der Sulfomonopersäurebildung, da Willstätter und Hauenstein[480] beim Zusammenbringen von wasserfreiem Perhydratammonsulfat mit 20,74% H_2O_2 und Schwefelsäuremonohydrat bei —10° 85,7 bis 93,5% des aktiven Sauerstoffes in Form von Caroscher Säure und nur 13,5 bis 5,1% Perschwefelsäure neben bloß 0,8 bis 1,4% H_2O_2 erhielten. Ahrle[481] entging bei der Darstellung der reinen Caroschen Säure aus SO_3 und wasserfreiem Wasserstoffperoxyd die Bildung der Perschwefelsäure überhaupt.

Im Elektrolyten ist stets nur ein kleiner Betrag des aktiven Sauerstoffes in Form der Caroschen Säure vorhanden, deren Menge mit Erhöhung der Schwefelsäurekonzentration ansteigt. Bei ihrer Bildung liegt ebenso wie bei der Verseifung eines Esters ein vollkommen umkehrbares Gleichgewicht vor, so daß weder die Perschwefelsäure noch die Carosche Säure verschwinden, so lange Schwefelsäure und Wasserstoffperoxyd in einer Lösung vorhanden sind.

Neben diesen Reaktionen, die durchwegs zur Bildung von aktiven Sauerstoff enthaltenden Verbindungen führen, gibt es in schwefelsauren Lösungen noch Vorgänge, durch welche die Perverbindungen zersetzt und daher Ausbeuteverluste hervorgerufen werden. So zersetzen sich sowohl die Perschwefelsäure als auch ihre Salze nach $R_2S_2O_8 + H_2O = 2\,RHSO_4 + O$. Diese bei gewöhnlicher Temperatur noch ziemlich langsam verlaufende Reaktion zeigt deutlich, daß wir es bei der Überschwefelsäure und ihren Salzen nur um einen durch das angewandte hohe Potential zustande gekommenen Zwangszustand zu tun. haben. Dies geht auch aus der hohen Warmetönung der Reaktion $2\,H_2SO_4 + O + 34,8\,\text{kcal} = = H_2S_2O_8 + H_2O$ hervor. Besonders schädlich wirkt sich ein Gehalt von Caroscher Säure aus, da diese neben der Zersetzung an der Anode auch mit Wasserstoffperoxyd unter Sauerstoffentwicklung ähnlich wie andere Persäuren reagiert: $H_2SO_5 + H_2O_2 = H_2SO_4 + H_2O + O_2$. Zum Unterschiede von der Perschwefelsäure kann die Carosche Saure ebenso wie Wasserstoffperoxyd durch anodischen Sauerstoff zerstört werden, indem sie nach $H_2SO_5 + O \rightarrow H_2SO_4 + O_2$ unter Sauerstoffentwicklung zu Schwefelsäure reduziert wird.

An der Anode gehen daher folgende Reaktionen vor sich:

1. Entwicklung von gasförmigem Sauerstoff: $4\,OH' + 4\,\oplus \rightarrow O_2 + 2\,H_2O$.

2a. Entladung von OH': $2\,OH' + 2\,\oplus \rightarrow H_2O + O$ ⎫ Bildung von Perschwefel-
2b. $2\,HSO_4' + O + H_2O \rightarrow H_2S_2O_8 + 2\,OH'$ ⎬ saure durch anodische Oxydation.

2c. Entwicklung von gasformigem Sauerstoff: $2\,O \rightarrow O_2$.

3. Zersetzung von Caroscher Säure durch den Anodensauerstoff:

$$SO_5'' + O \rightarrow SO_4'' + O_2.$$

Außerdem finden im Elektrolyten folgende Vorgänge statt:

4. Verseifung der Überschwefelsäure zu Sulfomonopersaure:

$$H_2S_2O_8 + HOH \rightarrow H_2SO_5 + H_2SO_4.$$

5. Bildung von Wasserstoffperoxyd: $H_2SO_5 + H_2O \rightarrow H_2SO_4 + H_2O_2$.

6. Zersetzung der Sulfomonopersäure durch Wasserstoffperoxyd:

$$H_2SO_5 + H_2O_2 \rightarrow H_2SO_4 + O_2 + H_2O.$$

7. Zersetzung der Überschwefelsäure: $H_2S_2O_8 + H_2O \rightarrow 2\,H_2SO_4 + O$ (sehr langsam).

Wie aus diesen Gleichungen hervorgeht, kann die Perschwefelsäure durch die gleiche Strommenge, die für ihre Bildung aufgewendet wurde (2b), wieder vollständig zersetzt werden (3). Es ist daher vor allem notwendig, daß diese Zersetzung nach 3, die durch Hydrolyse der Perschwefelsäure zu Caroscher Säure nach 4 bedingt ist, durch geeignete Führung der Elektrolyse so weitgehend wie nur möglich verhindert wird. Man muß ferner trachten, die für die Bildung der Perschwefelsäure notwendigen Reaktionen 1, 2a und 2b vorherrschen zu lassen und die Geschwindigkeit der die Ausbeute verringernden Vorgänge 3 bis 7 sowohl an der Anode als auch im Elektrolyten so klein wie nur möglich zu gestalten.

Die Carosche Säure ist unter den bei der Elektrolyse der Schwefelsäure entstehenden Perverbindungen am wenigsten beständig, weshalb man ihre Bildung möglichst unterdrücken soll. Die Carosche Säure ist aber nicht nur wegen der durch Zersetzung hervorgerufenen Verluste an aktivem Sauerstoff schädlich, sie übt auch, wie E. Müller und Schellhaas[482] gezeigt haben, eine depolarisierende Wirkung auf die Platinanode aus, so daß wegen des auftretenden Potentialabfalls in gleichem Maße die Produktion von Perschwefelsäure herabgesetzt wird. Die Sauerstoffverluste können direkt als Funktion des Gehaltes an Caroscher Säure angesetzt werden. Auffallend ist dabei, daß schon verhältnismäßig kleine Mengen von Caroscher Säure sehr große Ausbeuteverluste verursachen. Während z. B. die Ausbeute bei der anodischen Oxydation einer mit 1% Natriumperchlorat versetzten gesättigten Natriumsulfatlösung etwa 70% beträgt, sinkt diese beim Zusatz von 1% Caroscher Säure auf etwa 45% und bei weiterer Zugabe von 1% auf etwa 30%.

Die Bedeutsamkeit der Reaktion 1 für die Überschwefelsäurebildung liegt darin, daß der entwickelte Sauerstoff das Potential der Platinanode steigert, wodurch die Ausbeute an Perschwefelsäure durch Beschleunigung des Vorganges 2b wesentlich erwöht wird. Da das Sulfation schwerer oxydiert wird als die Sauerstoffentwicklung nach 1 erfolgt, ist die Perschwefelsäurebildung stets von einer O_2-Entwicklung begleitet. Der entwickelte Sauerstoff ist schwach ozonhältig. Da in der starken Schwefelsäure aber nur eine geringe Hydroxylionenkonzentration herrscht, hält sich die Sauerstoffentwicklung in erträglichen Grenzen.

Einfluß der Schwefelsäurekonzentration. Die Bedingungen, die die Perschwefelsäurebildung und die verschiedenen Nebenreaktionen beeinflussen, wurden ganz besonders durch die Untersuchungen von K. Elbs und O. Schönherr[483] und E. Müller und seinen Mitarbeitern geklärt. Von sehr großem Einfluß auf die Stromausbeute ist die Konzentration der Schwefelsäure. Während bis zu einem spezifischen Gewicht der Säure von 1,20 nur wenig Überschwefelsäure gebildet wird, erreicht diese bei einer Dichte von 1,30 bis 1,45 ein Maximum, um darüber hinaus wieder abzunehmen.

Stromdichte. Da die Oxydation der Sulfationen stets von einer Sauerstoffentwicklung begleitet ist, bewirkt eine Stromdichtesteigerung eine besonders kräftige Erhöhung des Anodenpotentials, da ja bei erhöhtem Potential eine stärkere Sauerstoffentwicklung, namentlich an glattem Platin, vor sich geht. Da eine Steigerung des Anodenpotentials wieder den Oxydationsvorgang begünstigt, fördert eine Erhöhung der Stromdichte allgemein solche Anodenvorgänge, die an hohe Anodenpotentiale gebunden sind, wie z. B. die Perschwefelsäurebildung. Aus der folgenden Tabelle 9 ist der Einfluß der Schwefelsäurekonzentration und der Stromdichte auf die Ausbeute der Perschwefelsäure ersichtlich. Die Versuche stammen von Elbs und Schönherr, die in einem mit Eis gekühlten Becherglas arbeiteten. In einer Tonzelle befand sich eine Platinkathode, während sich die Platinanode, die aus einem frisch ausgeglühten Draht bestand, im Zwischenraum zwischen Becherglas und Tonzelle befand.

Tabelle 9.

Spez. Gew. der H_2SO_4 bei gewöhnlicher Temperatur	g H_2SO_4/L	Zur Bildung von Überschwefelsäure verwendeter Stromanteil		
		D_A = 0,05 Amp/qcm	0,5 Amp/qcm	1,0 Amp/qcm
1,15	239	—	—	7,0%
1,20	328	—	4,4%	20,9%
1,25	418	—	29,3%	43,5%
1,30	510	1,8%	47,2%	51,6%
1,35	605	3,9%	60,5%	71,3%
1,40	702	23,0%	67,7%	75,6%
1,45	798	32,9%	73,1%	78,4%
1,50	896	52,0%	74,5%	71,8%
1,55	996	59,6%	66,7%	65,3%
1,60	1096	60,1%	63,8%	50,8%
1,65	1292	55,8%	52,0%	—
1,70	1312	40,0%	—	—

Das Maximum der Perschwefelsäurebildung weist also um so höhere Werte auf, je größer die Stromdichte ist. Es wird auch bei niederen Stromdichten erst bei höheren Schwefelsäurekonzentrationen erreicht. Wie aus der Tabelle weiters ersichtlich ist, sind mit steigender Konzentration der Schwefelsäure bis zu einem bestimmten Werte steigende Ausbeuten an Perschwefelsäure zu erhalten. Die Schwefelsäure sollte eigentlich nach dem Massenwirkungsgesetz in einer Lösung von Perschwefelsäure deren Bildung entgegenwirken. Dieser hemmende Einfluß macht sich erst bei Konzentrationen über D = 1,50 bemerkbar, so daß von dieser Dichte ab wieder sinkende Ausbeuten erhalten werden. Die Verseifung der Überschwefelsäure zu Caroscher Säure und weiterhin zu Schwefelsäure und Wasserstoffperoxyd wird hingegen durch Erhöhung der Schwefelsäurekonzentration beschleunigt, das Verhältnis der beiden Reaktionsgeschwindigkeiten zueinander aber bleibt mit und ohne Säure das gleiche[484].

Stromausbeute. Die Zahlenwerte der Tabelle 9 bezogen sich nur auf die in den ersten Minuten der Elektrolyse erhaltenen Ausbeuten von Perschwefelsäure. Verfolgt man jedoch den zeitlichen Verlauf der Elektrolyse weiter, so zeigt sich, daß die Stromausbeuten nach einem Ansteigen bis zu einem Maximum, dessen Relativwerte von der Schwefelsäurekonzentration abhängig sind, mit steigender Schwefelsäurekonzentration immer steiler bis zum Nullwert absinken, um schließlich sogar negative Stromausbeuten zu ergeben. In der folgenden Abb. 3 sind diese Verhältnisse für 12n, 15n und 16n H_2SO_4 wiedergegeben[485]. Die Stromausbeutekurven für noch höhere Schwefelsäurekonzentrationen liegen alle innerhalb der bezeichneten Kurven, so daß man durch Erhöhung der Schwefelsäurekonzentration nicht zu 100%iger Ausbeute an Perschwefelsäure gelangen kann. Mit vermehrtem Schwefelsäuregehalt des Elektrolyten steigt vielmehr, wie aus den punktierten Kurven 12, 15 und 16 hervorgeht, die sich immer auf die entsprechend normalen Schwefelsäurelösungen beziehen, wegen der durch die Schwefelsäure beschleunigten Umwandlung der Überschwefelsäure in Carosche Säure auch der schädliche Gehalt an dieser. Die gestrichelten Linien zeigen das Ansteigen des gesamten vorhandenen aktiven Sauerstoffes bei der Elektrolyse. Vollkommen frei von Caroscher Säure ist der Elektrolyt wegen der auch bei gewöhnlicher Temperatur verhältnismäßig rasch vor sich gehenden Verseifung der Überschwefelsäure demnach nie. Mit steigender Schwefelsäurekonzentration nimmt die Menge der Caroschen Säure zu, wie deutlich aus der folgenden Tabelle 10 hervorgeht[485].

Die Versuche wurden bei 14 bis 16° mit einer Platindrahtanode bei einer Stromstärke von 3 Amp und einer Stromdichte von 2 Amp/qcm durchgeführt. Das Volumen des Anolyten betrug anfangs 110 ccm, um im Verlaufe der Versuche auf 91 bis 93 ccm zurückzugehen. Es besteht demnach, wie aus der Tabelle ersichtlich ist, für die Ausbeute an aktivem Sauerstoff ein Maximum in der 11n H_2SO_4, während das Maximum der Stromausbeute bei einem Schwefelsäuregehalt von 15n liegt. Es werden sich daher Schwefelsäurelösungen mit einem spezifischen Gewicht von 1,30 bis 1,45 am besten zur elektrolytischen Darstellung von Überschwefelsäure eignen.

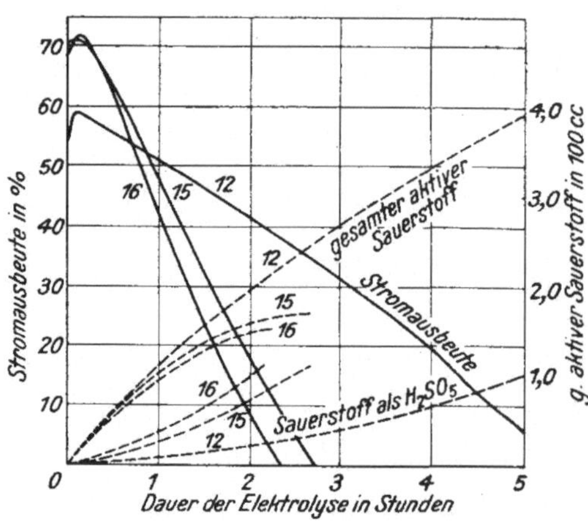

Abb. 3 Zeitlicher Verlauf der Elektrolyse von Schwefelsäure.

Tabelle 10.

Konzentration der H_2SO_4 in Grammäquival./L	8	11	12	13	14	15	16	17
Spezifisches Gewicht bei gewöhnlicher Temperatur ...	1,236	1,316	1,341	1,367	1,392	1,418	1,443	1,468
Maximum der Stromausbeute in Prozent	38,8	65,0	68,1	73,0	73,8	76,4	74,2	73,4
Mittlere Stromausbeute bis zum Nullwert in Prozent .	18,9	28,8	32,5	33,6	33,3	33,9	32,6	28,7
Gramm aktiver O auf 100 ccm beim Nullwert der Stromausbeute	2,53	2,86	2,24	2,18	1,68	1,60	1,26	1,29
Davon als Carosche Säure { g	0,91	0,90	1,09	1,14	1,14	1,14	1,05	1,07
{ %	36,0	31,5	48,6	52,0	68,8	71,5	83,4	83,2
Als H_2O_2 in Prozent........	0,0	0,0	0,0	Spur	Spur	1,0	2,5	3,7
Strommenge, aufgewandt bis zur Stromausbeute 0 in Amp. Std..............	38,0	27,0	20,5	19,3	15,0	14,0	> 12	13,5

Zeitlicher Verlauf der Elektrolyse. Der zeitliche Verlauf einer Elektrolyse läßt sich wie folgt darstellen: Anfangs wird mit guter Ausbeute der Vorgang der potentialerhöhenden Sauerstoffentwicklung (1) vor sich gehen. Dadurch wird auch die Überschwefelsäurebildung nach 2 b beschleunigt. Mit zunehmender Überschwefelsäurekonzentration wird diese auf Grund des Massenwirkungsgesetzes immer mehr der Verseifung zu Caroscher Säure unterliegen (4). Je mehr Carosche Säure vorhanden ist, um so stärker wird gleichzeitig die Stromausbeute durch anodische Zersetzung dieser Säure nach 3 sinken. Durch die Carosche Säure wird ferner auch das Anodenpotential heruntergedrückt, so daß dadurch ein weiterer Rückgang in der Perschwefelsäurebildung zustande kommt (E. Müller und Schellhaas[482]). Mit

steigender Schwefelsäurekonzentration wird daher nicht nur die Verseifung der Überschwefelsäure beschleunigt, sondern auch der Vorgang 3 der anodischen Zersetzung der Caroschen Säure immer mehr hervortreten. Dies kann so weit gehen, daß nicht nur in der Zeiteinheit gleich viel Perschwefelsäure an der Anode gebildet wird, als gleichzeitig durch die Stromarbeit an der Anode wieder zerfällt, also zu diesem Zeitpunkte die Stromausbeute Null ist, sondern daß beim weiteren Verlauf durch Erhöhung der

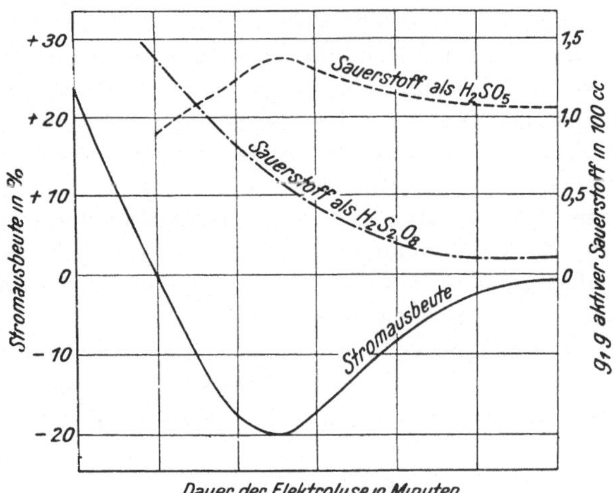

Abb. 4 Ausbildung des stationären Zustandes bei der Schwefelsäureelektrolyse.

Konzentration der Caroschen Säure die Sauerstoffentwicklung infolge Zersetzung mehr Sauerstoff in Freiheit setzt, als an der Anode in Form von Überschwefelsäure gebunden wird. Die Stromausbeute wird in diesem Falle sogar negativ sein. Dies tritt dann ein, wenn im Momente der Stromausbeute Null die ja noch immer reichlich vorhandene Perschwefelsäure neuerlich durch Verseifung Carosche Säure nachliefert, wodurch wieder die Überschwefelsäurebildung infolge Depolarisation der Anode zurückgeht, während durch Konzentrationserhöhung der Caroschen Säure der Stromanteil für Vorgang 3 neuerlich größer wird. Auf ein vom Strome geliefertes O-Atom werden deren zwei an der Anode entwickelt. Schließlich wird aber durch das dauernde Absinken der Überschwefelsäurekonzentration auch die Nachlieferung von Caroscher Säure vermindert werden, so daß die negativen Stromausbeutewerte zurückgehen und schließlich ein stationärer Zustand sich in der Nähe des Nullwertes der Stromausbeute einstellen wird. In diesem stationären Zustand, der aber wegen der Trägheit der Ionenwanderung erst nach längerer Zeit erreicht wird, hält sich die Überschwefelsäurebildung nach 2 b und die Zersetzung der Caroschen Säure nach 3 die Waage, ebenso aber die Bildung von Caroscher Säure durch Verseifung von Perschwefelsäure nach 4 mit deren Bildung nach 2 b. In der Abb. 4 sind diese Verhältnisse wiedergegeben[486].

Diese Elektrolyse wurde bei 7° und in einer 14n H_2SO_4 mit $D_A = 0,75$ Amp/qcm und 40 Amp/L durchgeführt, wobei gegen Schluß der Elektrolyse die Schwefelsäurekonzentration auf 19,3n gestiegen war.

Wie zu ersehen ist, steigt die Konzentration der Caroschen Säure selbst nach Erreichen des Nullwertes der Stromausbeute auf Kosten der Überschwefelsäurekonzentration noch weiter an, um schließlich gleichzeitig mit dem Minimum der Stromausbeutekurve wieder kleiner zu werden. Im stationären Zustand ist ungleich mehr Carosche Saure als Perschwefelsäure vorhanden. Ihre sehr weitgehende Unabhängigkeit von der Konzentration der Schwefelsäure (s. vorige Tabelle) deutet darauf hin, daß die anodische Zersetzung der Caroschen Säure mit der Schwefelsäurekonzentration primär nicht zusammenhängt. Durch Erhöhung der Schwefelsäurekonzentration wird aber der Vorgang der Perschwefelsäurebildung (2 b) und die Verseifung zu Caroscher Säure (4) beschleunigt, und zwar 2 b in verdünnterer Lösung mehr als 4, während in konzentrierterer Schwefelsäure das Verhaltnis der Geschwindigkeiten zugunsten der H_2SO_5-Bildung verschoben ist. In sehr konzentrierter Schwefelsäure würde daher die an der Anode entstehende Überschwefelsäure äußerst rasch zu Caroscher Säure verseift werden, dadurch aber nach 3 die Stromausbeuten bis auf Null herabgesetzt werden. Die Zurückdrängung der Bildung von schädlicher Caroscher Säure läßt sich daher am ehesten noch bei einer Dichte der Schwefelsäure von 1,30 bis 1,45 mit einer guten Stromausbeute vereinbaren.

Die bei hoher Überschwefelsäurekonzentration verstärkte Bildung von Caroscher Säure ist auch die Ursache dafür, daß man mit der Stromdichte nicht bis zu extrem hohen Werten hinaufgehen kann. Wie bereits erwähnt, wäre an sich eine möglichst hohe Stromdichte wegen der damit verbundenen Erhöhung des Anodenpotentials für eine gute Überschwefelsäureausbeute förderlich. Bei zu hoher Stromdichte erfolgt jedoch durch Temperaturerhöhung des Elektrolyten sekundar eine ungünstige Beeinflussung des Prozesses. Auch würde unmittelbar an der Anode eine zu hohe Perschwefelsäurekonzentration entstehen, wobei die Abwanderung und Abdiffusion der Überschwefelsäure aber mit geringerer Geschwindigkeit erfolgen kann als ihre Verseifung zu Caroscher Säure. Die so unmittelbar an der Anode entstehende große Menge von Caroscher Säure würde aber sofort wieder durch den Strom nach 3 zersetzt und dadurch die Stromausbeute und das Potential der Anode erniedrigt werden. Es gibt daher auch ein Optimum der Stromdichte, das um so niedriger liegen muß, je höher die Schwefelsäurekonzentration ist. Dies geht auch aus der Tabelle auf S. 125 hervor.

Einfluß der Temperatur. Da namentlich die Bildung von Caroscher Säure die Stromausbeute an aktivem Sauerstoff herabsetzt, sind alle Einflüsse schädlich, die ihre Bildung begunstigen, und umgekehrt alle Maßnahmen förderlich, die ihre Entstehung verhindern. Eindeutig ist der Einfluß der Temperatur auf den Vorgang bei der Elektrolyse. Durch Temperaturerhöhung wird vor allem die Verseifungsgeschwindigkeit der Überschwefelsäure zu Caroscher Säure außerordentlich beschleunigt. Die Bildung der Persulfate selbst ist von der Temperatur ziemlich unabhängig[487]. Weiters wirkt eine Temperaturerhöhung einer Potentialsteigerung entgegen, so daß bei erhöhter Temperatur auf jeden Fall nur schlechtere Ausbeuten an Überschwefelsäure zu erwarten sind. Man arbeitet daher in der Praxis stets unter guter Kühlung des Elektrolyten. Da es sich namentlich um eine gute Kühlung der Grenzschicht zwischen Anode und Flüssigkeit handelt, hat man auch schon vorgeschlagen, zur Kühlung und Abführung der durch die Stromarbeit hervorgerufenen Wärme auch gekühlte hohle Anoden zu verwenden[488] Den guten Einfluß einer niederen Temperatur bei der Elektrolyse ersieht man deutlich aus der folgenden Tabelle 11[485] (l. c. S. 41, 61, 69):

Tabelle 11.

Art der Anode und der Kuhlung	Platindraht, Kuhlung der Anodenlosung mit Leitungswasser von 10^0		Hohles Platinrohr; Kühlung der Anode und auch des Anodenraumes durch Eiswasser	
Konzentration der H_2SO_4..........	12 n, $D=1{,}341$	15 n, $D=1{,}418$	12 n	15 n
D_A in Amp/qcm	2,0 | 2.0	2,0 | 2,0	0,67 | 2,0	0,33 | 0,67
Stromkonzentration in Amp/L	27,5 | 55,0	27,5 | 55,0	55,0 | 55,0	27,5 | 55,0
Temperatur in Grad	15,3 | 11,2	14,3 | 16,4	3,6 | 9,8	3,1 | 4,0
Mittlere Stromausbeute in %.	32,5 | 35,0	33,9 | 35,1	37,1 | 35,4	39,8 | 38,9
Gramm aktiver O in 100 ccm	2,44 | 3,85	1,60 | 1,70	4,83 | 3,62	2,91 | 3,68

Auch die Verseifung der Caroschen Säure zu Wasserstoffperoxyd nach 5 wird durch eine Temperaturerhöhung sehr stark beschleunigt. Während z. B. eine verdünnte Lösung von Caroscher Säure auch in Gegenwart von Schwefelsäure längere Zeit haltbar ist, erfolgt ihre Umwandlung in Wasserstoffperoxyd und Schwefelsäure sehr rasch bei einer Erwärmung auf 70 bis 90°. Da sich aber das zufolge 5 gebildete Wasserstoffperoxyd sehr schnell nach 6 mit der Caroschen Säure unter Sauerstoffentwicklung zersetzt, ist dieser aktive Sauerstoff verloren. Die Badtemperatur bei der Überschwefelsäureelektrolyse muß wegen der Verseifungsgefahr niedriger sein als bei der Persulfatelektrolyse, bei welcher man selbst Temperaturen von 35 bis 40° noch als zulässig ansieht.

Einfluß von Zusätzen. Man hat auch bereits versucht, durch Einführung von Reduktionsmitteln, die nur mit der Caroschen Säure reagieren, wie schwefelige Säure, Schwefelwasserstoff oder Nitrite, die Bildung von Caroscher Säure und die Depolarisation der Anode zu verhindern[482]. Man bedient sich dabei der Tatsache, daß die Carosche Säure bei gewöhnlicher Temperatur ein viel kräftigeres Oxydationsmittel ist als die Perschwefelsäure. Bei der Ammonpersulfatherstellung kann man auch Natriumbisulfit, -sulfit, Salzsäure und Natriumchlorid als Reduktionsmittel verwenden[489]. Man muß dann aber gleichfalls jenen aktiven Sauerstoff, der in Form der Caroschen Säure vorhanden ist, verloren geben.

Ungleich wichtiger sind Zusätze anderer Art, die vornehmlich zur Erhöhung des Anodenpotentials wirksam sind. Setzt man zur Schwefelsäure Flußsäure zu, so wird schon durch kleine Mengen das Potential der Sauerstoffentwicklung um einige Hundertstel- bis Zehntelvolt, je nach der Stromdichte und Temperatur, erhöht, und zwar auch um so mehr, je mehr Flußsäure verwendet wird, bis man schließlich die Werte der reinen Flußsäure erhält (E. Müller[490]). Salzsäure und Bromwasserstoffsäure wirken ähnlich, wobei hier schon sehr kleine Zusätze das Höchstausmaß der Potentialveredelung hervorrufen. Die Anwesenheit von Chlor-, Fluor-, Sulfat-, Perchlorat- und Bichromationen fördert daher alle Vorgänge, die eines besonders hohen Anodenpotentials bedürfen, wie die Perschwefelsäurebildung, ganz besonders. Als erste haben Elbs und Schönherr[491] auf diese merkwürdige Erscheinung bei der Perschwefelsäureelektrolyse hingewiesen. Sie setzten zu

50 ccm einer Schwefelsäure, die 43,9% Ausbeute an Überschwefelsäure ergab, nur einen Tropfen konzentrierte Salzsäure zu, wodurch die Ausbeute sofort auf 69% anstieg. Die Flüssigkeit roch nach Chlor und gab selbst nach einstündiger Elektrolyse noch eine Ausbeute von 67,4%, obwohl ein Chlorgeruch nicht mehr auffällig war. Die Trübung mit Silbernitrat war nach dieser Zeit schon viel schwächer, wurde aber auch nicht stärker nach Zusatz von Ferrosulfat, so daß Sauerstoffsäuren des Chlors nicht als Ursache der Ausbeuteverbesserung angesehen werden können. Ebensowenig beruht diese auf einer Veränderung der Anodenoberfläche, da beim Austausch des Elektrolyten durch reine Schwefelsäure sofort wieder die entsprechend niedrigeren Ausbeuten erhalten wurden. Die zugesetzte Salzsäuremenge betrug nur 0,03 g HCl, kann also unmöglich für einen eventuellen Fehler bei der Analyse der Perschwefelsäure bestimmend gewesen sein. Geringe Mengen von Salpetersäure sind von keinem Einfluß auf die Überschwefelsäurebildung.

Wie genauere Messungen von E. Müller und A. Scheller[492] ergeben haben, erhöhen die Zusätze von Salzsäure und Flußsäure zum Anolyten das Anodenpotential von z. B. 1,747 Volt innerhalb 7 Minuten auf 1,99 Volt, und zwar beide Ionen etwa gleich stark. Bromionen wirken schwächer, Jodionen wirken sogar eher depolarisierend. Zwischen den Chlor- und Fluorionen besteht jedoch ein für die Praxis sehr bedeutsamer Unterschied hinsichtlich der Bildung der Überschwefelsäure und der Zerstörung der Caroschen Säure. Während z. B. bei einem Versuche von E. Müller und A. Schellhaas[482] die Stromausbeute nach 6 Stunden auf 24% gesunken war, konnte durch einen Zusatz von 1 ccm 40%iger Flußsäure innerhalb 10 Minuten bei gleichzeitigem Potentialanstieg die Stromausbeute an Überschwefelsäure auf 71,2% erhöht werden. Der Gehalt an Caroscher Säure war aber nach dem Zusatz der Flußsäure von 0,37% gleichfalls auf 0,39% angestiegen, so daß die Flußsäure auf die Bildung der Caroschen Säure ohne Einfluß war. Wurde jedoch an Stelle der Flußsäure derselben Lösung Salzsäure zugesetzt, so stieg das Anodenpotential und die Stromausbeute an Überschwefelsäure in gleicher Weise wie bei der Flußsäure, der Gehalt an Caroscher Säure sank jedoch ganz beträchtlich. Die Salzsäure hat daher die spezifisch uberaus günstige Eigenschaft, schon in kleiner Menge die Stromausbeuten an Überschwefelsäure sehr stark zu erhöhen, jedoch durch Zerstörung der Caroschen Säure die Sauerstoffverluste zu vermindern, so daß mit ihrer Hilfe die Ausbeute an Überschwefelsäure hoch, die Menge von Caroscher Säure aber niedrig gehalten werden kann. Tatsächlich erfolgt in der Praxis fast immer ein potentialerhöhender Zusatz von Salzsäure und/oder irgendeinem anderen der zu diesem Zwecke vorgeschlagenen Stoffe, wie Cyanverbindungen (Kaliumcyanid, Kaliumferri- und -ferrocyanid), Salzen der Cyansäure, Rhodanwasserstoffsäure oder des Cyanamids[493].

Von R. Wolffenstein und V. Makow[494] ist vorgeschlagen worden, als potentialerhöhenden Zusatz an Stelle der Salzsäure etwa 0,5% hochmolekulare organische Verbindungen, wie Gelatine, Gummi arabicum o. dgl., zuzusetzen, wodurch das Anodenpotential erhöht und gleichzeitig verhindert werden soll, daß aus dem Elektrodenmaterial Verunreinigungen in den Elektrolyten eintreten. Erwahnt sei noch die Annahme von A. Rius y Miro[495], der als Ursache der Wirkung dieser Zusätze, insbesondere der Fluoride, eine direkte Oxydation der oxydierbaren Stoffe durch entladenes Fluor oder über sekundär gebildete Platinperoxyde annahm.

Stromkonzentration. Der rein elektrochemische Vorgang der Überschwefelsäurebildung 2 b kann, wie bereits ausgeführt wurde,. mit der sekundär verlaufenden rein chemischen Verseifung der Überschwefelsäure zu Caroscher Säure 4, wenn deren Geschwindigkeit von gleicher Größenordnung geworden ist, nicht mehr erfolgreich in Wettbewerb treten. Man muß daher auch trachten, die Geschwindigkeit des elektrochemischen Vorganges 2 b gegenüber dem chemischen Prozeß 4 so groß wie nur möglich zu machen. Neben einer Temperaturverminderung, die die Reaktionsgeschwindigkeit der Nebenvorgänge herabsetzt, kann man die Geschwindigkeit des elektrochemischen Vorganges bei gleicher Temperatur durch Erhöhung der Stromstärke steigern. Eine bestimmte Menge des zu oxydierenden Stoffes wird man daher wegen der erstrebten Verschiebung der Geschwindigkeiten des chemischen und elektrochemischen Vorganges mit möglichst hoher Stromstärke oxydieren. Die Konzentration des zu oxydierenden Stoffes wird man anderseits wieder aus Gründen der Erzielung einer möglichst hohen Leitfähigkeit und Stromstärke nicht zu klein wählen dürfen, obwohl dadurch auf Grund des Massenwirkungsgesetzes die Reaktionsgeschwindigkeit der Nebenreaktionen beschleunigt wird. Es ist daher notwendig, dem Elektrolytvolumen, das ja die Konzentration einer Lösung bestimmt, und der Stromstärke zur Regelung der Reaktionsgeschwindigkeit des elektrochemischen und chemischen Vorganges ein ganz bestimmtes Verhältnis Stromstärke zu Volumen der Anodenlösung zu geben, dem man nach J. Tafel[496] den Namen „Stromkonzentration" gegeben hat. Sie wird in Ampere auf einen Liter Elektrolyt ausgedrückt. Eine Stromkonzentration von 100 Amp. ist z. B. bei einer Stromstärke von 50 Amp. und einem Volumen des Anolyten von 500 ccm vorhanden. Wie E. Müller und R. Emslander[497] festgestellt haben, ist tatsächlich die bei andauernder Elektrolyse schließlich konstant werdende Konzentration der Überschwefelsäure unter sonst gleichen Bedingungen um so größer, je größer die Stromkonzentration ist.

Für die Bildung der Überschwefelsäure ist der chemische Vorgang der Bildung der Caroschen Säure der schädliche Prozeß, der durch möglichst hohe Stromkonzentration und damit rascherer Überschwefelsäurebildung zurückgedrängt werden kann. Während der kurzen Zeit der Überschwefelsäurebildung bleibt für ihre Verseifung keine Zeit über, so daß die Stromausbeute bei hohen Stromkonzentrationen günstiger ist.

Einfluß des Kations. Besonders merkwürdig ist die Erscheinung, daß bei Gegenwart mancher Metallsulfate, wie z. B. von Ammonium, Kalium und Aluminium, ungleich größere Stromausbeuten als in reiner Schwefelsäure erhalten werden. Elbs und Schönherr[498] stellten bereits fest, daß namentlich ein Zusatz von Ammonsulfat sich auf die Ausbeute von Perschwefelsäure überaus günstig auswirkt. In der nachstehenden Tabelle 12 ist eine Versuchsreihe dieser Forscher wiedergegeben, die bei einer Temperatur von 6 bis 9⁰ und einer Dauer der Einzelversuche von je 30 Minuten erhalten wurde. Die zu untersuchende Lösung (50 ccm mit 400 g SO_4-Jon/L) wurde in ein durch Eis gekühltes Becherglas eingefüllt, in welchem eine Tonzelle die Kathodenflüssigkeit enthielt. Als Kathode diente ein Platinblech, als Anode ein Platindraht, der die Tonzelle ringförmig umschloß.

Tabelle 12.

Je 50 ccm Anolyt mit 400 g SO_4/L	2,5 Amp, $D_A = 0,1$ Amp/qcm		2,5 Amp, $D_A = 0,50$ Amp/qcm		2,5 Amp, $D_A = 1,00$ Amp/qcm	
davon an NH_4 gebunden/frei	Spannung Volt	Stromausbeute	Spannung Volt	Stromausbeute	Spannung Volt	Stromausbeute
0/400	3,90	1,7%	4,25	15,3%	4,85	28,5%
80/320	4,05	5,4%	4,25	42,4%	4,85	48,5%
160/240	4,20	16,2%	4,30	55,3%	4,95	59,6%
240/160	4,25	28,4%	4,45	68,7%	5,05	69,3%
320/80	4,40	47,3%	4,55	75,3%	5,30	79,0%
400/0	4,55	53,1%	4,65	81,7%	5,50	84,9%

Durch die Anwesenheit des Ammonsulfats ist demnach die Ausbeute von 28,5 auf 84,9% angestiegen.

Als Vergleich ist in der nachstehenden Tabelle 13 noch der Einfluß der Konzentration von freiem Ammonsulfat gegenüber der reinen Schwefelsäure angeführt, aus der ein ungemein starkes Ansteigen der Ausbeute von Überschwefelsäure mit wachsendem Ammonsulfatgehalt hervorgeht. Die Ausbeuten liegen bei gleichhoher Ammonsulfat- und Schwefelsäurekonzentration beim ersteren ungleich höher als beim letzteren. Die Versuchsbedingungen waren die gleichen wie bei der Tabelle 12[498].

Tabelle 13.

g H_2SO_4/L	2,5 Amp, $D_A = 0,5$ Amp/qcm			
	neutrales $(NH_4)_2SO_4$		freie H_2SO_4	
	Spannung Volt	Stromausbeute	Spannung Volt	Stromausbeute
80	5,50	11,1%	4,80	0,0%
160	5,05	37,2%	4,25	0,5%
240	5,00	59,1%	4,20	1,0%
320	4,90	73,8%	4,15	4,4%
400	4,95	82,2%	4,15	15,3%

Die besten Ausbeuten ergibt demnach eine neutrale Ammonsulfatlösung, und zwar etwa 85 bis 90%. Die neutrale Lösung wird sofort nach Beginn der Elektrolyse an der Anode sauer und an der Kathode alkalisch:

$$2\,(NH_4)_2SO_4 + O = (NH_4)_2S_2O_8 + 2\,NH_3 + H_2O.$$

Die alkalische Reaktion der Kathodenlösung bietet den Nachteil, daß durch Verflüchtigung von in Freiheit gesetztem Ammoniak Verluste entstehen. Auch nehmen in alkalischer Lösung in zunehmendem Ausmaße OH-Ionen an der Ionenwanderung teil, so daß damit ein Sinken der Stromausbeute verbunden ist. An der Anode geht auch eine Oxydation des Ammoniaks zu Stickstoff vor sich, die mit steigendem Ammoniumgehalt immer stärker wird. Man läßt daher bei der Herstellung von Salzen der Überschwefelsäure, die wegen der guten Löslichkeit des Ammonsulfats und des Ammonpersulfats meist über dieses durch doppelte Umsetzung hergestellt werden, dem Elektrolyten unter starkem Umrühren konzentrierte Schwefelsäure zutropfen, um dauernd das in Freiheit gesetzte Ammoniak zu neutralisieren. Das Arbeiten in neutraler Lösung hat den großen Vorteil, daß Nebenreaktionen, wie die Bildung von Caroscher Säure, so gut wie gar nicht auftreten, so daß leicht außerordentlich hohe Ausbeuten erhalten werden können.

Da das Ammonpersulfat erheblich schwerer löslich ist als das -sulfat — bei 0^0 lösen sich in 100 g Lösung 100 g $(NH_4)_2SO_4$ bzw. 36,7 g $(NH_4)_2S_2O_8$ —, kristallisiert das Reaktionsprodukt rein aus der Lösung aus und braucht nur von Zeit zu Zeit abgenutscht zu werden. Sättigt man mit Ammonsulfat dauernd nach, so kann man beliebig große Mengen von Ammonpersulfat mit sehr hoher Stromausbeute herstellen. In neutraler Lösung finden an der Anode bei genügend hohen Stromdichten (2 Amp/qcm) und hoher Sulfatkonzentration nur zwei Elektrodenprozesse statt:

a) $2\,SO_4'' - 2\,\ominus \rightarrow S_2O_8''$.

b) $S_2O_8'' - 2\,\ominus \rightarrow S_2O_7 + {}^1/_2\,O_2$ \
$S_2O_7 + H_2O \rightarrow S_2O_8'' + 2\,H^{\,\cdot}$ $\Big\}$ Persulfatbildung.

Bei niedrigerer Stromdichte geht auch noch der Vorgang der Entladung von SO_4''-Ionen unter Sauerstoffentwicklung vor sich:

c) $SO_4'' - 2\,\ominus \rightarrow SO_3 + {}^1/_2\,O_2$. \
$SO_3 + H_2O \rightarrow SO_4'' + 2\,H^{\,\cdot}$.

Man kann bei diesem Verfahren nach dem Vorschlage von E. Müller und O. Friedberger[499] auch ohne Diaphragma arbeiten, wenn man dem Elektrolyten etwa 0,2% Chromat zusetzt, wodurch sich an der Anode ein dünnes Häutchen von Chromhydroxyd oder -oxyd bildet, das die kathodische Reduktion des Persulfats verhindert. Das Häutchen übernimmt dann die Rolle des Diaphragmas. Da das Chromhydroxydhäutchen aber in starken Säuren löslich ist, kommt diese Arbeitsweise nur für neutrale oder ganz schwach alkalische Elektrolyte in Betracht. Die Ausbildung des Chromhydroxyddiaphragmas erfolgt nur dann, wenn das Chromat zur alkalischen Lösung zugesetzt wurde, andernfalls, z. B. wenn man von einer sauren chromathaltigen Ammonsulfatlösung ausgeht, scheidet sich nur metallisches Chrom ab. Man arbeitet daher in alkalischer Lösung und setzt tropfenweise Schwefelsäure zu, indem man Proben mit n H_2SO_4 und ·Lackmus als Indikator titriert. Ein Zuviel an Säure zeigt der Elektrolyt übrigens auch selbsttätig an, indem die gelbgrüne Farbe des Ammonchromats in die rotgelbe des Bichromats übergeht. Man kann bei genauer Einhaltung der Arbeitsvorschrift Ammonpersulfat ohne Diaphragma mit guter Ausbeute (85%) herstellen. Die Ausbeute steht daher nicht sehr hinter der mit Diaphragma nach, bietet aber den Vorteil, die widerstandsvermehrenden Diaphragmen zu sparen und so die Spannung des Bades herabsetzen zu können. Das erhaltene Produkt ist aber etwas mit Chromsalz verunreinigt, kann aber durch Waschen mit Wasser oberflächlich etwas gereinigt werden. Dieses Produkt eignet sich daher nicht zur Herstellung von Wasserstoffperoxyd, da durch das Chrom bei der Destillation sehr starke Verluste an aktivem Sauerstoff auftreten würden. An Stelle des Chromhydroxyds läßt sich jedoch mit gutem Erfolg ein um die Kathode gewickeltes Asbestdiaphragma verwenden.

Zu erwähnen wäre auch die interessante Methode der Darstellung von Ammonpersulfat von E. H. Riesenfeld und A. Solowjan[500], bei welcher mit strömendem Elektrolyten und gleichzeitiger kathodischer Reduktion des Sauerstoffes gearbeitet wird. Die Kathode ist über der Anode angebracht, so daß der an der Anode entwickelte Sauerstoff an der Kathode vorüberstreicht. Der Elektrolyt strömt zunächst an der Kathode und dann an der Anode vorbei.

Für die technische Darstellung des Wasserstoffperoxyds kommt praktisch nur die Elektrolyse der Schwefelsäure und von Ammonbisulfatlösungen in Betracht, da beim Natrium- und Kaliumsulfat nicht bloß die Löslichkeitsverhältnisse ungünstiger liegen — 100 g Lösung lösen bei 0^0 z. B. nur 1,72 g $K_2S_2O_8$ —, sondern auch die Stromausbeuten geringer sind als beim Ammoniumsalz. Die direkten Verfahren der elektrolytischen Herstellung von Kaliumpersulfat werden auch deshalb nicht ausgeführt, weil ihre Ausbeute schon bei Beginn der Vorgänge ungenügend ist und sich außerdem infolge der Kaliumpersulfatniederschläge an der Anode rasch verkleinert.

Berechnung der Ausbeute. Zur Berechnung der Ausbeute bei der Ammonpersulfatelektrolyse unter Verwendung einer neutralen Ammonsulfatlösung hat O. Essin[501] die Beziehung $A = \dfrac{c_0 - 2c_2}{c_0 - c_2} \cdot 100\%$ angegeben, wo A die Stromausbeute, c_0 die Anfangskonzentration der (gesättigten) Ammonsulfatlösung und c_2 die Konzentration des Persulfats in dem gegebenen Moment der Elektrolyse bedeuten (s. diesbezüglich auch Anm.[500], O. Essin und E. Alfimova[503]). Die Stromausbeute ist in gesättigter Ammoniumsulfatlösung nicht mehr von der Stromdichte abhängig, wenn diese gleich oder größer als 2 Amp/qcm ist. Trägt man für eine ununterbrochene Sättigung des Elektrolyten durch Eintragen von frischen Portionen von Ammonsulfat Sorge, wie dies ja auch bei der Herstellung von Ammonpersulfat üblich ist, so kann man für Stromdichten über 2 Amp/qcm und Temperaturen zwischen 10 und 30^0 zur Bestimmung der Stromausbeuten die Gleichung $A = \dfrac{c_1}{c_1 + c_2} \cdot 100\%$ verwenden, wobei c_1 und c_2, d. s. die Konzentrationen des Sulfats und Persulfats, konstant sind entsprechend ihrer gegenseitigen Lösungsfähigkeit dieser Salze bei der Temperatur des Elektrolyten.

Für niedrigere Stromdichten als etwa 1 bis 2 Amp/qcm hatte sich zwischen den beobachteten Stromausbeuten und den berechneten keine Übereinstimmung ergeben. Essin[504] führt dies auf Entladungen von SO_4-Ionen an der Anode zurück, die entweder nach c oder nach $2\,SO_4'' \rightarrow S_2O_8'' + 2\ominus$ vor sich gehen kann. Die nach c gebildete Schwefelsäure tritt dann mit der Überschwefelsäure unter Bildung von Caroscher Säure in Reaktion, die ihrerseits wieder unter Schwefelsäurebildung an der Anode zersetzt wird. Diese Nebenreaktionen können durch dauerndes Neutralisieren durch Zugabe von Ammoniumhydroxyd verhindert werden. Die Versuchsergebnisse stimmen dann mit der Formel $A = (c_0 - 2\,c_2/[c_0 - c_2] - k) \cdot 100\%$ überein, wobei k die Menge SO_4-Ionen darstellt, die sich an der Anode nach Schema c unter Sauerstoffentwicklung entladen, demnach keine S_2O_8-Ionen bilden.

Auf Grund der Wahrscheinlichkeitstheorie leitet Essin für die Konstante K die Beziehung $K = 1 - \int_0^{L_1} e^{-L^2} \cdot L^2\, dL$ ab, wo $L_1 = 1,9 \cdot D_A^{1/2}$ ist und die maximale Entfernung darstellt, bei der die Ionen bei der Entladung und der darauffolgenden Polymerisation in den Kreis der chemischen Wirkung gelangen und sich polymerisieren. Diese Entfernung, bei und unterhalb welcher die polymerisierenden SO_4-Ionen Persulfat bilden, wurde von O. Essin[505] zu 10^{-6} cm berechnet.

Diese beiden bisher angeführten Beziehungen Essins zur Ermittlung der Stromausbeuten haben jedoch nur für neutrale Elektrolyte Gültigkeit, in denen eine Bildung von Caroscher Säure und deren Nebenreaktionen nicht in Betracht kommt. Für saure Elektrolyte selbst von jener geringen H-Ionenkonzentration, wie sie in einer wäßrigen Natriumsulfatlösung vorliegt, leitete O. Essin und E. Alfimova[503,506] für die Berechnung der Stromausbeuten die Beziehung

$$A = \frac{c_0 - 2c_8 - c_5}{c_0 - c_8} - k - k_1 \cdot \frac{c_5(1-A)}{c_0 - c_8}$$

ab, in der die jeweilige Konzentration der SO_4-Ionen, SO_5-Ionen und S_2O_8-Ionen mit c_4, c_5 und c_8 sowie die Anfangskonzentration der SO_4-Ionen mit c_0 bezeichnet ist. k gibt den Stromanteil an, den die SO_4-Ionen zu ihrer Entladung unter Sauerstoffentwicklung verbrauchen, während k_1 jenen Stromanteil darstellt, der infolge Zerstörung der Caroschen Säure durch anodischen Sauerstoff und der dadurch bedingten Depolarisation der Anode verloren wird. Ein Teil des Stromes A wird für die Bildung von Persulfat durch Oxydation von Sulfationen (Reaktion 2b) bzw. von: $2\,SO_4'' + O + H_2O \rightarrow S_2O_8'' + 2\,OH'$ verbraucht, der Rest $(1-A)$ dient zur Sauerstoffentwicklung. Der gasförmige Sauerstoff entsteht teils durch Reaktion 1 bzw. 2a, teils durch Entladung von SO_4-Ionen unter Sauerstoffentwicklung, wofür ein Teil des Stromes $-k$ aufgewendet wird. Weitere Bildungsmöglichkeiten des Sauerstoffes sind dadurch gegeben, daß die an der Anode ankommenden SO_5- und S_2O_8-Ionen nicht weiter oxydiert werden können, wobei der dazu nötige Stromanteil $\dfrac{c_5 + c_8}{c_4 + c_5 + c_8}$ ist. Schließlich wird auch Sauerstoff durch die Zersetzung der Sulfomonopersäure an der Anode nach 3 gebildet, wofür der Stromanteil $k_1 \cdot \dfrac{c_5(1-A)}{c_4 + c_5 + c_8}$ aufzuwenden ist. k ist daher nur von den Geschwindigkeitskonstanten der Oxydation der SO_4-Ionen zu S_2O_8'' und der Entladung des gasförmigen Sauerstoffes nach $2\,O \rightarrow O_2$, k_1 von der Reaktion der SO_5'' mit dem Anodensauerstoff abhängig. Essin und Alfimova konnten diese Gleichung für verschiedene Stromdichten, Stromkonzentrationen, Flußsäurezusatz zum Elektrolyten, für die Quecksilberkathode, Platinanode, Platinkathode sowie beim

<table>
<tr><td rowspan="2" style="text-align:center">Reaktionen</td><td colspan="7" style="text-align:center">Kationen</td></tr>
<tr><td>H</td><td>Zn</td><td>Mg</td><td>Na</td><td>Al</td><td>NH₄</td><td>K</td></tr>
<tr><td rowspan="2">1. Die schädliche Reaktion:
$SO_5'' + O \rightarrow SO_4'' + O_2$ (die Größe k_1) wird von Kation zu Kation ....</td><td>12</td><td>18</td><td>25</td><td>40</td><td>52</td><td>60</td><td>73</td></tr>
<tr><td colspan="7" style="text-align:center">beschleunigt</td></tr>
<tr><td>2. Die schädliche Reaktion:
$O + O \rightarrow O_2$, die durch die begrenzte Geschwindigkeit der Reaktion $2\,SO_4'' + H_2O + O \rightarrow S_2O_8'' + 2\,OH'$ bedingt ist (d. h. die Größe k), wird mit der Vergrößerung der Kationenkonzentration ....</td><td>—</td><td colspan="2" style="text-align:center">beschleunigt</td><td>—</td><td>beschleunigt</td><td>verzögert</td><td>—</td></tr>
<tr><td>3. Die schädliche Reaktion:
$S_2O_8'' + H_2O \rightarrow H_2SO_5 + SO_4''$ wird mit der Vergrößerung der Konzentration des Kations ...</td><td colspan="3" style="text-align:center">beschleunigt</td><td>—</td><td>fast unverändert</td><td>verzögert</td><td>—</td></tr>
</table>

Arbeiten mit und ohne Diaphragma bestätigen[507]. Bei der elektrolytischen Bildung der Persulfate des K, NH_4, Al, Na, Mg und Zn konnte gezeigt werden[508], daß die in der Lösung vorhandenen Kationen die Einzelvorgänge an der Anode und im Elektrolyten in der verschiedensten Weise beeinflussen, wodurch die merkwürdige Wirkung des Kations bei der Persulfatelektrolyse zustande kommt. Die Ergebnisse Essins und Alfimovas über den Einfluß des Kations sind in der vorstehenden Tabelle zusammengefaßt.

Die Natur des Kations übt demnach einen sehr komplizierten Einfluß auf die Geschwindigkeit aller Reaktionen aus. Essin und Alfimova ziehen aus ihren Ergebnissen folgenden Schluß: „Je mehr das Kation die Geschwindigkeit der Oxydation der SO_4'' nach $2\,SO_4'' + O + H_2O \rightarrow S_2O_8'' + 2\,OH'$ vergrößert, um so stärker verzögert es die schädliche Reaktion der Verseifung $S_2O_8'' + H_2O \rightarrow$ $\rightarrow H_2SO_5 + SO_4''$, mit anderen Worten, je stabiler das Kation die S_2O_8-Ionen macht, desto stärker beschleunigt es die schädliche Wechselwirkung zwischen Caroscher Säure und Anodensauerstoff: $SO_5'' + O \rightarrow SO_4'' + O_2.$"

Literaturverzeichnis.

[467a] Ztschr. Elektrochem. 7, 441, 1901; Ztschr. anorgan. allg. Chem. 51, 361, 1906. — [468] Ztschr. Elektrochem. 16, 627, 1910. — [469] Ztschr. physikal. Chem. 69, 254, 1909. — [470] Glaser: Ztschr. Elektrochem. 4, 374, 1898. — [471] P. Stachelin: Dissertation, Zurich, 1908. — [472] Compt. rend. Acad. Sciences 86, 20, 277, 1878; 90, 269, 331, 1880; Bull. Soc. chim. France (2), 33, 242, 1880; Ber. Dtsch. chem. Ges. 12, 275, 1879; 13, 775, 1880; Compt. rend. Acad. Sciences 112, 1418, 1891. — [473] Ber. Dtsch. chem. Ges. 21, 1669, 1888. — [474] Chem.-Ztg. 1892, 838. — [475] Ztschr. physikal. Chem. 12, 230, 1893. — [476] Ebenda 12, 555, 1893. — [477] A. Frießner: Ztschr. Elektrochem. 10, 287, 1904. — [478] Baeyer u. Villiger: Ber. Dtsch. chem. Ges. 34, 856, 1901. — [479] Ber. Dtsch. chem. Ges. 33, 124, 1900. — [480] Ztschr. angew. Chem. 11, 845, 1898. — [480] Willstadter u. Hauenstein: Ber. Dtsch. chem. Ges. 42, 1839, 1909. — [481] Journ. prakt. Chem. (2), 79, 129, 1909. — [482] Ztschr. Elektrochem. 13, 257, 1907. — [483] Ebenda 1, 417, 468, 1894/95; 2, 162, 245, 1895/96. — [484] T. M. Lowry u. J. H. West: Journ. chem. Soc. London 77, 950, 1900; H. Palme: Ztschr. anorgan. allg. Chem. 112, 97, 1920. — [485] K. Anders: Dissertation, Dresden, 1913, S. 41, 42, 35. — [486] H. von Ferber: Dissertation, Dresden, 1913, S. 47. — [487] Levy: Ztschr. Elektrochem. 9, 427, 1903. — [488] DRP. 237764. — [489] DRP. 173977. — [490] Ztschr. Elektrochem. 10, 780, 1904. — [491] Ebenda 2, 250, 1895. — [492] Ztschr. anorgan. allg. Chem. 48, 112, 1905. — [493] Chem. Ztrbl. 1923 III, 1249. — [494] E. P. 226391. — [495] DRP. 205067, 205068. — [496] Ber. Dtsch. chem. Ges. 33, 2212, 1900. — [497] Ztschr. Elektrochem. 18, 752, 1912. — [498] Ebenda 1895, 247. — [499] Ebenda 8, 230, 1902. — [500] Ztschr. physikal. Chem., Bodenstein-Festband 405, 1931. — [501] Ztschr. Elektrochem. 32, 267, 1926. — [503] Ztschr. physikal. Chem. (A), 162, 44, 1932. — [504] Ztschr. Elektrochem. 33, 107, 1927. — [505] Ebenda 34, 758, 1928. — [506] Ztschr. physikal. Chem. (A), 164, 87, 1933. — [507] Ztschr. Elektrochem. 39, 891, 1933. — [508] Ebenda 41, 261, 1935.

XII. Die technische Darstellung von Überschwefel-
säure und deren Salzen.

(Patentliteraturzusammenstellung S. 354.)

Allgemeines. Mit der Schaffung der elektrochemischen Darstellungsmethoden für die Perschwefelsäure und ihre Salze wurde erst die Grundlage für den Aufschwung der Industrie des Wasserstoffperoxyds geschaffen, da es durch diese

Methoden ermöglicht wurde, reine und dabei hochkonzentrierte Wasserstoff-peroxydlösungen herstellen zu können.

Die elektrolytischen Verfahren zur Herstellung von Perschwefelsäure und ihrer Salze weisen den Vorteil auf, theoretisch nur Wasser und Strom zu ver-brauchen, weshalb der Materialverbrauch hier kaum ins Gewicht fällt. Unter den heute technisch im größten Maßstabe ausgeführten Verfahren unterscheidet man im Prinzip drei verschiedene elektrochemische Fabrikationsmethoden für das Wasserstoffperoxyd:

1. Das älteste, von den Österreichisch-Chemischen Werken und der Deutschen Gold- und Silber-Scheideanstalt in Weißenstein a. d. Drau in Kärnten ausge-bildete Verfahren besteht darin, daß aus Schwefelsäure elektrolytisch Über-schwefelsäure hergestellt und aus diesen Lösungen das Wasserstoffperoxyd in der Wärme und im Vakuum abdestilliert wird.

2. Das etwas jüngere Verfahren der Elektrochemischen Werke in München von Dr. G. Adolph und Dr. A. Pietsch, bei welchem keine Lösungen von Schwefel-säure, sondern eine schwefelsaure Ammonsulfatlösung elektrolysiert wird, aus welcher mit Kaliumbisulfat das schwerlösliche Kaliumpersulfat ausgefällt und aus diesem mittels Schwefelsäure und Wasserdampf das Wasserstoffperoxyd durch Vakuumdestillation in Freiheit gesetzt wird.

3. Das jüngste, erst 1930 in die Technik eingeführte Verfahren von Dr. Leo Löwenstein und der I. D. Riedel-E. de Haën A. G. in Berlin-Britz, bei welchem die Ammonpersulfatlösung direkt, wie sie aus dem Elektrolyseur herauskommt, also ohne Überführung in das Kaliumpersulfat, der Vakuumdestillation unter-worfen wird.

Bei sämtlichen diesen Verfahren kehrt der Destillationsrückstand wieder in den Prozeß zurück, so daß man es mit vollständig geschlossenen Kreisprozessen zu tun hat.

Die Bedingungen zur elektrolytischen Gewinnung von Überschwefelsäure und ihrer Salze waren durch die Arbeiten von Elbs und Schönherr[30,491,498], Marshall[510], Foster und Smith[511], sowie Erich Müller und seinen Mit-arbeitern studiert und sehr weitgehend geklärt worden. Wie im vorhergehenden Abschnitt gezeigt wurde, erwies sich dabei der für die Herstellung der Über-schwefelsäure und ihrer Salze maßgebliche Reaktionsmechanismus als ein äußerst komplizierter Prozeß sowohl chemischer als auch elektrochemischer Natur. Die große Mannigfaltigkeit der Vorgänge und ihre hohe Empfindlichkeit durch gegen-seitige Beeinflussung sowie die starke Abhängigkeit und Empfindlichkeit gegen-über äußeren Einflüssen stempeln diesen Prozeß zu einem der schwierigsten der chemischen Technik überhaupt.

Es zeigte sich bald, daß die eigentlichen Schwierigkeiten weniger bei der Elektrolyse als bei der Destillation liegen. So war man ursprünglich gezwungen, trotz der geringeren Stromausbeuten bei der Perschwefelsäurebildung diese und nicht das mit besserer Ausbeute herstellbare Ammonpersulfat als Zwischen-produkt für die Aufspeicherung des aktiven Sauerstoffes zu wählen, da die Destil-lation von Ammonpersulfatlösungen bis vor einigen Jahren noch unüberwind-liche Schwierigkeiten bereitete.

Von dem Konsortium für elektrochemische Industrie in Nürnberg wurde im Jahre 1905 vom Betriebschemiker Dr. Teichner ein Verfahren gefunden, das die Herstellung von Wasserstoffperoxyd über die Überschwefelsäure ermöglichte. Nach Ausprobierung und Durchbildung des Verfahrens in den Laboratorien und einem Versuchsbetriebe des Konsortiums wurde im Jahre 1908 von den Österreichischen Werken als Lizenznehmerin des Konsortiums in Weißenstein a. d. Drau eine Anlage zur Durchführung dieses Verfahrens errichtet, die, selbstverständlich nach entsprechenden Vergrößerungen und Verbesserungen, auch heute noch nach diesem Verfahren arbeitet.

Bevor auf die näheren Einzelheiten des Verfahrens und der Elektrolyseure eingegangen werden soll, mögen kurz einige allgemeinere Angaben über die elektrochemische Wasserstoffperoxyddarstellung gemacht werden.

Reinheit der Chemikalien. Eine der grundlegendsten Bedingungen ist angesichts der großen Empfindlichkeit des Wasserstoffperoxyds und seiner Derivate gegen Katalysatoren die weitgehendste Entfernung aller Verunreinigungen. Es ist daher für größte Reinlichkeit im Betriebe und Vermeidung des Verseuchens der Lösungen usw. mit Katalysatoren Sorge zu tragen. Die Reinlichkeit in der Betriebs- und Arbeitsweise ist eine der wichtigsten Vorbedingungen für eine gute Ausbeute. Dies gilt natürlich auch für die verwendeten Elektrolyte. Man darf nur die reinste Schwefelsäure oder Chemikalien verwenden, die durch Destillation, Umkristallisation usw. noch weiter sorgfältigst gereinigt wurden. Das Wasser, das dauernd dem Elektrolyten nach der Destillation zugesetzt wird, wird entweder von der Kondensation des Wasserdampfes aus der Destillationsapparatur genommen oder aber besonders gereinigt. Die Reinigung der Reagenzien und des Wassers muß sich in diesem Falle aber auch auf die Entfernung des katalytisch äußerst wirksamen Eisens erstrecken, die durch Fällung als Berlinerblau vorgenommen wird. Die Reinheit des Wassers und der Reagenzien muß weiter getrieben werden, als innerhalb der praktischen Nachweisbarkeit liegt, da bereits äußerst geringe Spuren von Schwermetallen, von welchen besonders Eisen, Mangan, Platin und Kupfer in Betracht kommen, die Ausbeuten sowohl bei der Elektrolyse als insbesondere bei der nachfolgenden Destillation sehr ungünstig beeinflussen.

Trotz peinlichster Reinlichkeit ist es aber nicht zu vermeiden, daß sich bei der immerwährenden Wiederverwendung des Elektrolyten die Verunreinigungen immer stärker anreichern, weshalb auch der Elektrolyt von Zeit zu Zeit gereinigt werden muß. Bei der Schwefelsäureelektrolyse erfolgt die Reinigung dadurch, daß nach erfolgter Destillation der Überschwefelsäurelösung ein gewisser Betrag der regenerierten Schwefelsäure, meist etwa 20%, von der übrigen Lösung abgetrennt und durch Destillation aus Quarzgefäßen gereinigt wird. Die Reinigung des Ammonbisulfatelektrolyten wird in der Weise vorgenommen, daß von Zeit zu Zeit das Ammonsulfat auskristallisieren gelassen und umkristallisiert wird. Je höher die Reinheit der Chemikalien im Betriebe ist, um so größer ist die Ausbeute. Bei vielen Perverbindungen, wie z. B. den Perboraten oder Percarbonaten, ist auch die Haltbarkeit der festen Produkte eine um so bessere, je reiner die Ausgangsmaterialien waren.

Zur Verhinderung von unerwünschten Zersetzungen wird manchmal dem Elektrolyten etwas Stabilisator zugegeben, dessen Menge aber genau bemessen sein muß. Würde nämlich der Stabilisator zu wirksam sein, so würde bei der Destillation das Persulfat zu schwer hydrolysieren und das Wasserstoffperoxyd nur schwer und unter Sauerstoffverlusten wegen zu langer Erhitzung aus dem Elektrolyten auszutreiben sein.

Wegen der Möglichkeit, daß von elektrischen Kupferleitungen gelöstes Kupfer in den Elektrolyten gelangen könnte, verwendet man entweder Blei- oder Aluminiumleiter oder verbleite Kupferleiter. Schließlich kann auch eine derartige Anordnung des Kupferleiters vorgenommen werden, daß eine Verseuchung des Elektrolyten mit Kupferverbindungen nicht möglich ist.

Auf den zersetzenden Wirkungen von Katalysatoren beruht auch die eigenartige Erscheinung, daß eine neue Elektrolysenanlage auf jeden Fall schlechtere Ausbeuten ergibt, da der Elektrolyt aus den Gefäßen, Leitungen, Diaphragmen, besonders aber den Elektroden katalytisch wirkende Substanzen herauslöst. Im längeren Verlaufe der Elektrolyse und der Destillation, etwa nach ein bis zwei Wochen, hat sich an den mit dem Elektrolyten oder Wasserstoffperoxyd in Berührung kommenden Teilen der Apparatur ein praktisch stabiler Oberflächenzustand ausgebildet, so daß ohne weiteres Zutun die Ausbeuten immer besser werden und schließlich normale Werte annehmen. Die in Betracht kommenden Geräte und Apparaturteile müssen daher aus möglichst säurefesten und katalysatorfreien Materialien hergestellt sein. Auch empfiehlt es sich, sie einige Male vor der Verwendung mit verdünnter Schwefelsäure auszukochen.

Elektroden. Die Wahl der Elektroden ist von großer Bedeutung, da die Ausbeute an Perschwefelsäure um so größer ist, mit um so höherem Potential die Sauerstoffentwicklung vor sich geht. Praktisch lassen sich die für die Überschwefelsäurebildung erforderlichen hohen Potentiale nur an glattem Platin erreichen. Platiniertes Platin ergibt viel schlechtere Ausbeuten. Ein geringer Iridiumgehalt im Platin verursacht schon geringere Stromausbeuten, so daß nur möglichst reines Platin mit über 99% Platingehalt verwendet werden soll[512]. Gold- und Iridiumanoden sind ungeeignet[513]. Wegen des hohen Preises des Platins und der großen Platinmengen, die bei der Vielzahl der Zellen erforderlich sind, hat man bereits öfter versucht, das kostspielige Platin durch andere Materialien zu ersetzen, jedoch sind alle derartigen Versuche bisher erfolglos geblieben.

Die erforderlichen hohen Stromdichten bei der elektrolytischen Oxydation der Schwefelsäure helfen der Industrie insofern sparen, als die Anoden zur Erzielung möglichst hoher Stromdichte eine kleine Oberfläche haben müssen. Die angewendete Stromdichte schwankt zwischen 0,5 bis 5 Amp/qcm, beträgt jedoch meist 0,6 bis 1 Amp/qcm. Je höher die Stromdichte gewählt wird, desto weniger Platin braucht man. Jedoch kann man diese Ersparnis nicht allzu hoch treiben, da andernfalls mit steigender Stromdichte, wie bereits ausgeführt, Stromausbeuteverluste durch zu langsame Abdiffusion der gebildeten Überschwefelsäure aus der Grenzschicht Anode—Elektrolyt auftreten würden. Es gibt daher ein Optimum der Stromdichte. Hinsichtlich der Platinmengen, die in einem Betrieb investiert werden sollen, muß man daher zwischen der Gewichtsersparnis an Platin bei sehr hoher Stromdichte oder dem Mehraufwand von Kilowattstunden bei zu hoher Stromdichte wählen.

Legierungen des Platins mit mindestens 50% Platin und Kupfer oder Nickel sind von der Scheideanstalt vorgeschlagen worden[514]. Eine etwa 70%ige Platinlegierung soll gegen die Angriffe der Lösung und des Sauerstoffes vollkommen beständig sein und keinerlei katalytische Wirkungen auf die Perverbindungen ausüben.

Selbstverständlich trachtet man aber am Platin zu sparen, so weit dies nur möglich ist. Man stellt daher nur die tatsächlich als Anode wirksamen Teile der Elektrode aus Platin her und verwendet als Stromzuführungs- und Stützungsmaterial andere, billigere Metalle, die auf die Überschwefelsäure nicht zersetzend wirken. Eine sehr praktische Lösung dieses Problems stellt die Platin-Tantal-Elektrode der Chemischen Fabrik Weißenstein[515] dar, die aus einer Kombination von wenig Platin und viel Tantal besteht. Das Tantal wir hierbei als Band von z. B. 10 mm Breite, 500 mm Länge und 0,2 mm Dicke auf die in Abb. 5 wiedergegebene Weise mit einer 3 mm breiten und gleichlangen Platinfolie von

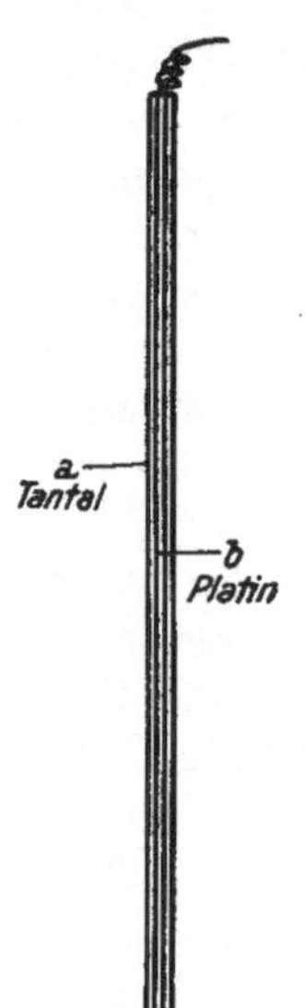

Abb. 5. Platin-
Tantal-Elektrode.

0,0025 mm Stärke durch Aufschweißen, -walzen oder -hämmern vereinigt. Man erreicht auf diese Weise eine Konstruktion stabiler Platinanoden mit einem Minimum von Platin und zugleich die Erzielung hoher anodischer Stromdichten mit einem Minimum an Zersetzungsverlusten. Das Tantal überzieht sich im sauren Elektrolyten, als Anode geschaltet, sofort mit einer Oxydschicht, die jeden weiteren Stromdurchgang verhindert. Die Ionenentladung findet daher nur am Platin und nicht am Tantal statt. Das Tantal dient nur als Stromzuführung für das Platin. Weder das blanke Tantal noch das mit einer Oxydhaut bedeckte wirken auf Perverbindungen zersetzend ein. In der Fabrik in Weißenstein werden nur solche Platin-Tantal-Elektroden verwendet.

Von der Kali-Chemie A. G.[516] wird als stromzuführendes und versteifendes Material für das Platin Aluminium verwendet, dessen chemische Beständigkeit durch eine anodische Polarisierung in einer gesättigten Ammonbisulfatlösung mit bis 10 V steigender Spannung während 18 Stunden erreicht wurde. Auf der Aluminiumoberfläche bildet sich eine passivierende Deckschicht aus, die seine Verwendung auch bei der Perschwefelsäure- oder Ammonpersulfatelektrolyse ermöglicht.

Das Kathodenmaterial muß nur den Anforderungen entsprechen, gegen die Elektrolytlösungen wie Schwefelsäure oder Überschwefelsäure beständig zu sein. Es spielt im allgemeinen nur dann eine spezifische Rolle, wenn ohne Diaphragma gearbeitet wird, welche Arbeitsweise aber im Hinblick auf die Vermeidung der Reduktion der Überschwefelsäure an der Kathode viel seltener angewendet wird. Das häufigste Kathodenmaterial ist das Blei, das meist in Form von Bleischlangen, die von Kühlwasser durchflossen werden und daher gleichzeitig als Kühlung dienen, verwendet wird. Nach Blumer[517] soll die Ausbeute bei Verwendung von Kupfer- oder Nickelkathoden zwar steigen, eine praktische Verwendung dieser Metalle kommt aber für den technischen Betrieb nicht in Betracht.

Diaphragmen. Das Diaphragma, dessen Nachteil einmal in den höheren Anlage- und Betriebskosten sowie im erhöhten Badwiderstand und einer damit verbundenen höheren Zellenspannung besteht, hat man vielfach zu umgehen versucht. Als störend wird auch bei der Verwendung von Diaphragmen die Teilung des Elektrolytraumes in zwei voneinander getrennte Abteilungen empfunden. Das Verfahren mit einem Chromatzusatz von Müller und Friedberger[518] bei der Elektrolyse einer neutralen oder schwach ammoniakalischen Ammonsulfatlösung ohne Diaphragma bei Temperaturen von 7 bis 8° ergab jedoch in der

Praxis, daß bei den üblichen Temperaturen von 18 bis 20° die Ausbildung der Chromhydroxydschicht nur sehr mangelhaft und unsicher erfolgt.

Das Konsortium für elektrochemische Industrie[519] hat nun festgestellt, daß in saurer Lösung durch Erhöhung des kathodischen Stroms auf mindestens 20 Amp/qdm auch ohne Diaphragma die kathodische Reduktion verhindert werden kann. Während bei einer kathodischen Stromdichte von 10 Amp/qcm in saurer Ammonsulfatlösung die Stromausbeute etwa 25% beträgt, ist sie bei 300 Amp/qdm schon auf etwa 70% des Stromäquivalents gestiegen. Von Pietsch und Adolph ist auch vorgeschlagen worden[520], Graphitkathoden ohne Diaphragmen zu verwenden und die Kathode mit einem Asbestgewebe zu umgeben, das als Diaphragma wirkt. Dadurch wird eine Unterteilung des Elektrodenraumes in zwei Teile vermieden und eine gute Durchmischung des Elektrolyten ermöglicht, eine Diffusion zur Kathode und Reduktion an derselben aber hinreichend vermieden.

Von den Farbenfabriken vorm. Friedrich Bayer & Co.[521] sind als Kathodenmaterialien bei der Elektrolyse von Schwefelsäure ohne Verwendung eines Diaphragmas Zinn oder Aluminium, bei jener von Bisulfaten Legierungen des Zinns mit Aluminium oder Legierungen dieser Metalle mit Magnesium, Zink, Kadmium oder Silizium, eventuell auch mit Schwermetallen, wie Kupfer oder Mangan, in Vorschlag gebracht worden. Siemens und Halske[522] verwenden als Kathodenmaterial Gold. Alle diese Metalle weisen die Eigenschaft auf, eine sehr geringe Überspannung für den Wasserstoff zu besitzen, so daß die Wasserstoffentwicklung sehr leicht und ohne Aufwand von überschüssiger Energie vonstatten geht. Die Arbeitsweise mit Bleikathoden und Diaphragmen ist jedoch die in der Technik fast ausnahmslos übliche.

An der Kathode erfolgt eine sehr lebhafte Entwicklung von Wasserstoff. Da durch eine eventuell auftretende Funkenbildung unter Umständen eine Knallgasexplosion auftreten könnte, ist es notwendig, den Wasserstoffgehalt der Luft über dem Elektrolyseur dauernd derartig gering zu halten, daß kein explosives Wasserstoff-Luft-Gemisch vorliegt. Dies wird meist dadurch erreicht, daß man mit Hilfe eines sehr kräftigen Ventilators die Luft über dem Elektrolyseur ständig erneuert. Im Elektrolysenraum ist eine Alarmvorrichtung angebracht, die dem Arbeiter sofort ein eventuelles Nichtfunktionieren des Ventilators anzeigt. Der Ventilator hat auch noch den Vorteil, daß die von den Gasbläschen mitgerissenen Säurenebel, die ansonsten das Arbeiten im Elektrolysenraum ungesund machen würden, ins Freie befördert werden. Die Gewinnung des Wasserstoffes ist apparativ sehr schwer durchzuführen und wird daher auch nur sehr selten durchgeführt, z. B. in einer Fabrik an den Niagarafällen, wo der Wasserstoff zur Gewinnung von Cyanamiden verwendet wird.

Das Diaphragma besteht aus einem porösen Körper, der die Aufgabe zu erfüllen hat, die Diffusion der Anoden- zur Kathodenflüssigkeit zu erschweren, da sonst die in den hindurchdiffundierten Teilen des Anolyten enthaltenen Anodenprodukte, wie die Perschwefelsäure, an der Kathode zerstört würden. Das Diaphragma soll einen möglichst geringen elektrischen Widerstand und eine möglichst große Dichtigkeit in bezug auf den Flüssigkeitsdurchlaß besitzen. Meist bestehen die Diaphragmen aus porösem keramischen Material, wie unglasiertem Porzellan oder Ton. Auch Kieselgurdiaphragmen (Gurocel) oder Kunstharz-

gewebe haben sich gut bewährt, da sie chemisch recht beständig sind und einen
sehr guten Porositätsgrad aufweisen.

Zur Verminderung des Widerstandes des Diaphragmas haben die Chemische
Fabrik Weißenstein und R. Walter[523] vorgeschlagen, die Wandstärke dadurch
so gering als möglich zu bemessen, daß an Stelle der Diaphragmenplatten mit
vollem Wandquerschnitt (Abb. 6) zahlreiche Aussparungen vorgesehen werden,
die ihm einen wellenförmigen Verlauf geben (Abb. 7 bis 10). Dadurch wird erreicht,
daß die durch die Platte gehenden Stromlinien nach allen Richtungen eine gleichmäßig verringerte Wandstärke passieren müssen. Durch die Wellenform hat die
Diaphragmenwand bei gleicher Außendimen-
nsion auch eine größere Oberfläche, wodurch
eine weitere Verringerung des elektrischen
Widerstandes bedingt ist. Vorteilhaft wirkt
sich die Vergrößerung der Diaphragmenober-
fläche bei runden Zellen aus (Abb. 11), wenn,
wie bei der Perschwefelsäurebildung, eine
möglichst hohe Stromdichte, aber kleines
Elektrolytvolumen, also hohe Stromkonzentration, eingehalten werden sollen. Die gegenwärtig in Verwendung stehenden Diaphragmen haben jedoch fast alle rein zylindrischen
Querschnitt.

Stromkonzentration. Bei der praktischen
Ausführung der Elektrolyse von verdünnten
Schwefelsäurelösungen mit Platinanoden und
Bleikathoden mit porösem Diaphragma hat
sich jedoch in der Technik eine Reihe von
Schwierigkeiten ergeben, die ursprünglich

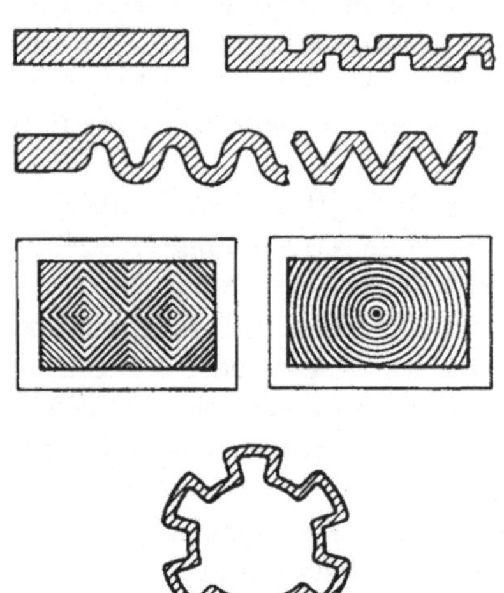

Abb. 6 bis 11. Diaphragmenquerschnitte
(DRP. 320316).

nur geringe Ausbeuten von etwa 40 bis 50% zu erreichen gestatteten.
Übermäßige Erwärmung des Elektrolyten durch die Stromwärme infolge
des verhältnismäßig hohen inneren Widerstandes und damit verbundene Zer-
setzungs- und Nebenreaktionen; zu niedrige Stromdichten, wenn man die
Erwärmung nicht verhindern wollte; Verunreinigungen des Elektrolyten; zu
lange zeitliche Ausdehnung der Elektrolyse, Polarisationen der Anode usw.
ließen selbst bei Verwendung eines gekühlten Elektrolyten und gekühlter
Anoden im technischen Betriebe keine höheren Ausbeuten erzielen. Von den
Österreichischen Chemischen Werken und Gustav Baum[524] wurde nun gefunden,
daß bei einer Erhöhung der Stromkonzentration über die in der Technik bis
dahin üblichen Grenzen von etwa 50 bis maximal 100 Amp/l nicht nur eine
kontinuierliche Steigerung der Stromausbeute, sondern von einem Werte von
etwa 200 Amp/l ein ausgesprochen sprunghafter Anstieg der Stromausbeute
auftritt. Hält man z. B. die Stromkonzentration auf einem Werte von etwa
400 Amp/l, so wird die Geschwindigkeit der Bildung der Überschwefelsäure
derart gesteigert, daß die Verseifung der Überschwefelsäure zu Caroscher Säure
äußerst gering wird und dementsprechend auch die Reduktion von Caroscher
Säure an der Anode praktisch unterbleibt. Dabei ist die Anwendbarkeit dieser
hohen Stromkonzentration nicht an die Verwendung gekühlter Anoden ge-

bunden, sondern läßt sich auch bei Temperaturen von etwa 20 bis 25⁰ durchführen. Nur derart hohe Stromkonzentrationen führen bei Temperaturen von
etwa 20⁰ zu der für Überschwefelsäure großen Stromausbeute von etwa 70%.
Dies ist insofern von größter technischer Bedeutung, da laboratoriumsmäßig
eine nachteilige Wirkung einer Temperaturerhöhung durch sehr gute Kühlung
des Elektrolyten und der Anode wohl auf ein brauchbares Maß eingeschränkt
werden kann, nicht aber ohne weiteres im technischen Betriebe.

Für die Erreichung derartig hoher Stromkonzentrationen ist die Verwendung
von Diaphragmen mit möglichst geringem elektrischen Widerstand sehr vorteilhaft. Die Österreichischen Chemischen Werke und G. Baum[525] haben gefunden,
daß Zersetzungen und Nebenreaktionen bei der Elektrolyse von Schwefelsäure
oder deren Salzen in einer Zelle mit einer hohen Stromkonzentration und sehr
niedrigem inneren Widerstand am besten dann vermieden werden können, wenn
die Menge des Anolyten zwischen der Anode und dem Diaphragma so gering wie
nur möglich gehalten wird. Der Anolyt soll nur ein dünnes Blatt oder einen
dünnen Film bilden, wobei dieser Flüssigkeitsfilm ständig zirkulieren muß, um
erstens die in hoher Konzentration gebildete Überschwefelsäure aus der unmittelbaren Grenzschicht Anode/Elektrolyt so schnell, wie sie gebildet wird, wieder
herauszuführen, zweitens die Wärme abzuleiten und drittens die Tendenz zur
Polarisation herabzudrücken. Sowohl der Anolyt als auch der Katholyt werden
gekühlt, wobei Temperaturen von etwa 10 bis 15⁰ eingehalten werden.

Beschreibung der Elektrolyseure beim Weißensteiner Verfahren. Das Verfahren wird in einer Vielzahl von Zellen ausgeführt, in welchen der Anolyt, das
Diaphragma, der Katholyt und die Kathode konzentrisch um die im Zentrum
der Zelle angebrachte Anode gelagert sind, weil dadurch die gesamte Oberfläche
und das Volumen auf ein Mindestmaß herabgedrückt werden. Der kathodenseitig
vom Diaphragma begrenzte Anodenraum besitzt die Form eines in der Richtung
der Stromlinien sehr schmalen Kanals, dessen Breite nur etwa 3 mm beträgt.
In einer vom Diaphragma abgegrenzten Mittelkammer ist ein den Vertikalquerschnitt dieser Kammer fast vollständig ausfüllender Tauchkörper von annähernd gleicher Gestalt so eingebaut, daß ein konzentrischer enger Zwischenraum für den Durchfluß des Anolyten entsteht. Der Tauchkörper ist von einem
Rohr zur Zuführung des Anolyten durchsetzt und in der zylindrischen Diaphragma-
zelle derart eingebaut, daß das Zuflußrohr mit dem engen ringförmigen Zwischenraum zwischen Tauchkörper und Diaphragma kommuniziert.

Bei anderen Anlagen zur Herstellung von Perschwefelsäure oder Lösungen
von Persulfaten in hoher Konzentration war die Elektrolyse fast immer in einem
Elektrolyseur mit verhältnismäßig großem Volumen ausgeführt worden. Diese
Anordnung verhinderte eine rasche Diffusion der Perschwefelsäure von den Anoden und gab Anlaß zu Überhitzungen und Zersetzungen. Bei der Zelle der Österreichischen Chemischen Werke ist hingegen das Volumen des Anolyten pro
Anodenoberfläche einer einzelnen Zelle zur Erzielung einer sehr hohen Stromkonzentration auf einen geringen Betrag herabgesetzt. Um hohe Perschwefel-
säurekonzentrationen zu erzielen, ist die Anordnung der Zellen derart getroffen,
daß diese in der Wasserstoffperoxydfabrik in Weißenstein in Kaskadenform
aufgestellt sind, wobei der Elektrolyt nur durch bloße Schwerkraft von einer
Zelle zur anderen fließt. Der Umlauf des Elektrolyten durch die einzelnen Zellen

kann aber auch durch Druckluft bewirkt werden, wie dies z. B. in der Anlage an den Niagarafällen der Fall ist. Der Anolyt bewegt sich bei Durchführung der Elektrolyse in dünner Schicht mit großer Durchflußgeschwindigkeit durch die Zellen, während die Ausgangsschwefelsäure an der anderen Seite des Diaphragmas als gekühlte Flüssigkeitssäule sich langsam durch den Kathodenraum bewegt. Die hohe Durchflußgeschwindigkeit des Anolyten wirkt mit der Kühlung des Diaphragmas durch die langsam bewegte Ausgangslösung zusammen, um eine schädliche Wärmekonzentration zu vermeiden. Die konzentrische Anordnung der Platinanode im Zentrum erlaubt es auch, mit verhältnismäßig wenig Platin das Auslangen zu finden. An Stelle der kaskadenförmigen Anordnung kann man den Elektrolyten in einer Elektrolyseneinheit im Kreislauf zirkulieren lassen. Bei der Zirkulation des Katholyten, der aus dem Anolyten der letzten Zelle nach erfolgter Destillation besteht, werden durch kathodische Wirkungen auf die regenerierte Schwefelsäure Stoffe wie die Carosche Säure entfernt, die ansonsten im Anodenraum auf die Platinanode depolarisierend wirken würden. Da die Schwefelsäure aber vor ihrem Eintritt in den Anodenraum alle Kathodenräume durchlaufen hat, sind dort bereits alle schädlichen Stoffe aus ihr entfernt.

Im folgenden soll nun an Hand des DRP. 567542 eine genaue Beschreibung eines Elektrolyseurs gegeben werden (Abbildung 12 bis 17), wie er derzeit in Weißenstein in Verwendung steht.

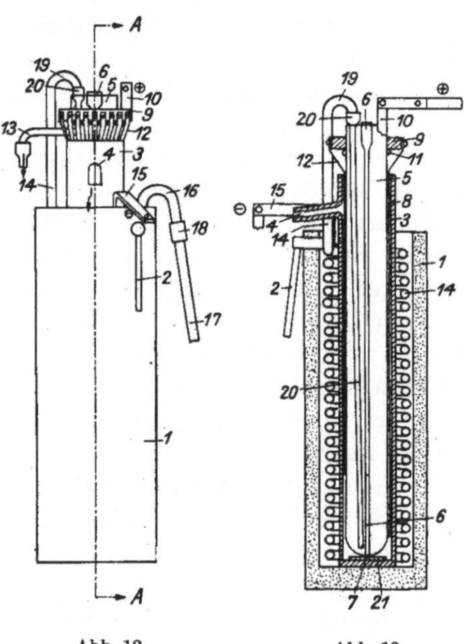

Abb. 12   Abb. 13

Vorderansicht und Schnitt durch die Weißensteinerzelle (DRP. 567542).

Abb. 12 ist die Vorderansicht einer Zelle, Abb. 13 ein vertikaler Schnitt nach der Linie A—A der Abb. 12, aus welchen die Gesamtanordnung aller Teile ersichtlich ist. Abb. 14 zeigt stufenförmig angeordnete Zellen in Reihenschaltung. Die Abb. 15, 16 und 17 veranschaulichen Einzelheiten der Anodenzelle, und zwar Abb. 15 die Einführungsart der Anode in die Anodenräume, Abb. 16 eine Stützplatte und Abb. 17 eine Streifenanode.

1 ist der äußere Behälter, der aus einem gegen den Elektrolyten beständigen Material hergestellt oder mit einem solchen ausgekleidet ist, z. B. mit Blei oder einer Bleilegierung oder mit einer Harzmasse. Am oberen Ende des Gefäßes oder nahe demselben ist ein Überlauf *2* vorgesehen. Der dargestellte Behälter hat quadratischen Querschnitt, er könnte aber auch kreisrund oder oval sein. In der Mitte ist ein zylindrisches Diaphragma *3* aus dünnem porösem Material eingesetzt, das unten geschlossen ist und aus unglasiertem Ton oder Porzellan besteht. Der Raum zwischen dieser Diaphragmenzelle und der Behälterwand bildet die Kathodenkammer, welche eine als Kathode dienende Bleischlange *14* aufnimmt. Die Diaphragmenzelle *3* ist nahe an ihrem oberen Ende und oberhalb des äußeren Behälters *1* mit einem Überlauf *4* versehen. In diese Diaphragmenzelle ist ein ihren Vertikalquerschnitt fast völlig ausfüllendes rohrförmiges Glasgefäß *5* eingesetzt, das durch Füllung mit einem flüssigen Medium entsprechend beschwert ist. Der Boden dieses Tauchkörpers ist von einem Glasrohr *6* durchsetzt, das bei *7* mit dem Anodenraum kommuniziert.

Nahe dem oberen Ende des Gefäßes *5* ist ein Überlauf *13* vorgesehen, der uber den Rand des Diaphragmas *3* hinweggeführt ist. Der Durchmesser des Tauchkörpers *5* wird so gewählt, daß zwischen ihm und dem Diaphragma *3* ein schmaler Abstand (etwa 3 mm) verbleibt. Es entsteht so ein enger ringförmiger Zwischenraum *8*, der die Anodenkammer bildet. Der Tauchkörper *5* ruht auf einer mit einem entsprechenden Ausschnitt versehenen Stützplatte *21* (Abb. 13).

Die in der Anodenkammer *8* angeordnete Anode ist wie folgt ausgeführt: Ein Bleiring *9* mit einem Stromzuführungsorgan *10* ist auf das Glasgefäß *5* aufgeschoben und ruht auf einem ringförmigen Ansatz *11* desselben auf. Am Umfang des Ringes *9* sind Streifen *12* aus Platin befestigt, die so lang sind, daß sie in die Anodenkammer tief hineinragen. Durch Variation der Länge und Anzahl dieser Streifen kann die Anodenoberfläche auf das gewunschte Ausmaß gebracht werden. Die Anodenstreifen *17* bestehen aus der

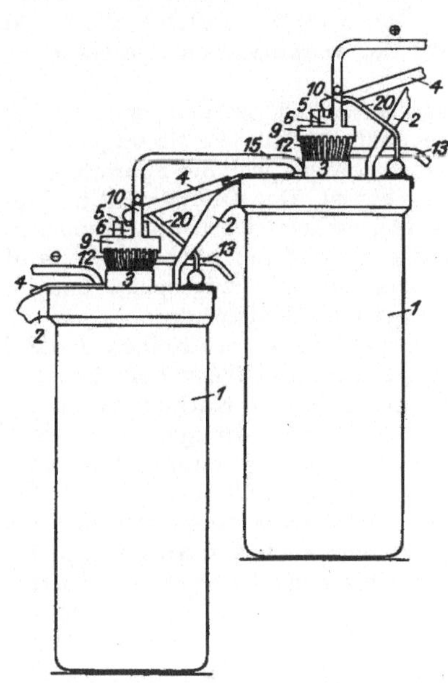

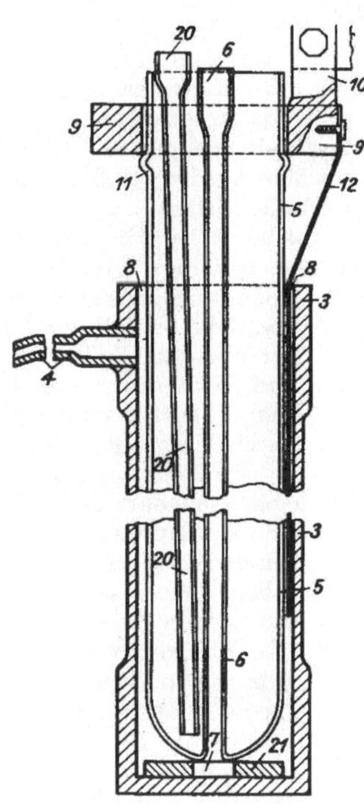

Abb. 14. Kaskadenschaltung.   Abb. 15. Einführung der Anode in den Anodenraum.

in Abb. 5 samt zugehörigem Text beschriebenen Kombination Tantal mit Platin. Die Streifen sind mit dem Bleiring *9* durch Nieten oder Schrauben befestigt oder auf diesen aufgelötet. Der Bleiring *9* wird zum Schutze gegen elektrolytische Angriffe allenfalls mit einem Hartgummiuberzug versehen, der auch die Anodenstreifen zum Teil belegen kann.

Die als Kathode dienende Bleischlange *14*, die mit einem Stromanschlußorgan *15* versehen ist, ist am unteren Ende aufwärts gebogen und geht als Krümmer *16* über die Kante des Behälters *1* hinweg (Abb. 12). Dieser Krümmer ist durch eine Muffel *18* aus Kautschuk oder sonstigem nicht leitenden Werkstoff mit einem Zuflußrohr *17* verbunden. Das obere Ende der Schlange *14* ist als Krümmer *19* ausgebildet, der oberhalb des Gefäßes *5* ausmundet und mit einem Rohr *20* verbunden ist, das im Gefäß *5*, mit der unteren Kante nahe bis zum Boden reichend, untergebracht ist. Das Zuflußrohr *17* dient zur Zuleitung von Kühlwasser zu der Kathodenschlange *14*, aus welcher sich das Wasser hernach bei der dargestellten Anordnung durch den Krümmer *19* und das Rohr *20* in das Gefäß *5* entleert, um in diesem nach oben zu steigen und schließlich durch den Überlauf *13* abzufließen (Abb. 12). In dieser Weise wird gleichzeitig der Katholyt durch die Berührung mit der Schlange *14* und der Anolyt durch die Beruhrung mit der Außenseite des Glaskörpers *5* gekühlt.

Beim Betriebe fließt der Anolyt durch das mittlere Rohr *6* zum Boden des zylindrischen Diaphragmas und steigt dann im schmalen Raum *8* in Berührung mit der Anode auf, um schließlich bei *4* überzufließen. Der Katholyt fließt aus dem Kathodenraum durch Überlauf *2* ab.

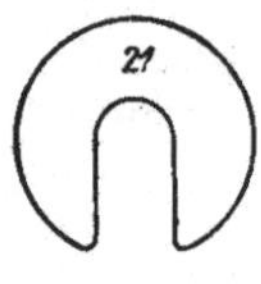

Abb. 16.
Stutzplatte.

Dieser Elektrolyseur zeichnet sich vor allem auch dadurch aus, daß er nur wenig Raum einnimmt und dank seiner Bauart auch gegen Beschädigungen durch äußere Einflüsse sehr unempfindlich ist. Ferner weist die Apparatur einen sehr hohen Grad von Betriebssicherheit auf. Die Konstruktion der Zelle ermöglicht es weiter, Diaphragmen zu verwenden, deren innerer Widerstand gering ist. Das Diaphragma kann sehr dünn ausgeführt werden, weil es kein Gewicht zu tragen hat und nur Drucken ausgesetzt ist, die sich gegenseitig aufheben. Man kann daher erreichen, daß der durch das poröse Diaphragma verursachte Spannungsabfall weniger als 0,5 Volt beträgt. Die Bedeutung dieses Wertes kann daraus ersehen werden, daß bei anderen Zellen der Diaphragmenwiderstand meist 0,8 bis 1,0 Volt beträgt.

Wenn solche Zellen in Kaskadenschaltung verwendet werden, so kann man sozusagen eine beliebige Anzahl von Zellen (je nach der zur Verfügung stehenden Spannung), wie z. B. 20, hintereinanderschalten, weil der Spannungsabfall von Zelle zu Zelle verhältnismäßig gering ist. Der Anolyt wird im Rohr *6* der obersten Zelle zugeführt (Abb. 14), strömt durch den Anodenraum und fließt durch den Überlauf in das Rohr *6* der nächsten Zelle über. Der Katholyt wird gleichfalls der obersten Zelle zugespeist und fließt durch Überlauf *2* von Kathodenraum zu Kathodenraum.

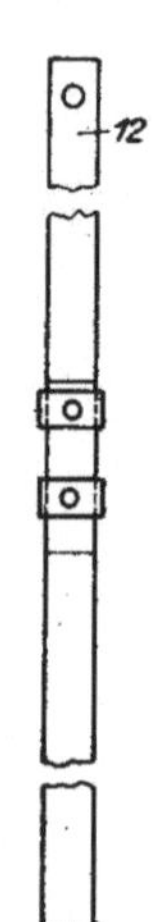

Abb. 17.
Platin-Tantal-
Anode.

Zur Erhöhung der Kapazität sind mehrere solcher Reihen von Zellen elektrisch parallelgeschaltet. Man kann auf diese Weise eine Anzahl von Anodendiaphragmenzellen in einer gemeinsamen Kathodenzelle unterbringen und mit einer gemeinsamen schlangenförmigen Kathode umgeben. Dabei sind die einzelnen Anodensysteme untereinander und mit der vorhergehenden Zelle leitend verbunden, so daß sich in dieser Weise eine Reihenparallelschaltung ergibt. Der Anolyt fließt bei dieser Anordnung von einer Anodeneinheit in die entsprechende Anodeneinheit des nächsten Satzes, der Katholyt aus einer Kathodenkammer in die nächste.

Fur die Darstellung von Überschwefelsäure oder Persulfaten durch elektrolytische Oxydation von Schwefelsäure ist die Anodenfläche so gewählt, daß die anodische Stromdichte weniger als 2 Amp/qcm, und zwar ungefähr 0,6 bis 0,8 Amp/qcm beträgt. Wenn der Anodenraum einen mittleren Durchmesser von etwa 5 cm, eine Höhe von 50 cm und eine Breite von 0,2 bis 0,3 cm besitzt, beträgt der Fassungsraum 0,18 bis 0,23 l. Werden 80 bis 100 Amp hindurchgeschickt, so liegt demnach die erreichte Stromkonzentration zwischen 300 bis 550 Amp/l Anolyt. Die Strömungsgeschwindigkeit des Anolyten kann innerhalb weiterer Grenzen schwanken. Für Zellen der oben angegebenen Ausmaße wurde das Verhältnis von ungefähr 3,25 ccm pro Ampere und Minute als zweckmäßig gefunden. Werden 20 solcher Zellen vereinigt, so beträgt das Gesamtvolumen der Anodenräume 3,4 bis 4,6 l. Der Elektrolyt bleibt in diesem Falle der Anodenwirkung insgesamt 10 bis 15 Minuten ausgesetzt. Bei Speisung eines Anolyten vom spezifischen Gewicht 1,285 ergaben sich unter diesen Bedingungen Überschwefelsäurelösungen von 25 bis 30% bei einer Stromausbeute von mehr als 70%.

Der Betrieb des Elektrolyseurs erfordert selbstverständlich ständige Überwachung. Es muß die Stromausbeute sämtlicher Zellen von Zeit zu Zeit nachkontrolliert werden, da sich nur so Fehlerquellen, wie z. B. der Bruch eines Diaphragmas u. dgl., feststellen lassen.

Um das Überlaufen von Elektrolyten oder das Undichtwerden einer Zelle feststellen zu können, wobei der Elektrolyt in das Kühlwasser gelangen würde, sind in dieses auf dem Leitfähigkeitsprinzip beruhende Alarmvorrichtungen eingebaut, die sofort einen Säuregehalt im Kühlwasser anzeigen.

Der zwecks Erhöhung des Potentials erforderliche Zusatz von Salzsäure, Ammonrhodanid u. dgl. erfolgt in Form von konzentrierten Lösungen in der obersten Stufe der Kaskade bei Übertritt der Schwefelsäure in den ersten Anodenraum. Die Lösungen werden langsam und dauernd in solchen Mengen zutropfen gelassen, daß stets eine geringe Menge davon im Elektrolyten unzersetzt vorhanden ist.

Da die Stromkonzentration durch das Volumen und die Strömungsgeschwindigkeit gemessen wird, müssen diese genau bestimmt werden, was durch automatische Zuflußregler erfolgt.

Die Konstruktion dieser Zelle weist noch den großen Vorteil auf, daß sie bei einer eventuellen Reinigung oder beim Ersatz einer Anode oder einem Bruch eines Diaphragmas sehr leicht auseinandergenommen und wieder zusammengesetzt werden kann, da sie aus drei, bzw. aus vier Teilen besteht, die einfach der Reihe nach herauszuheben sind, nämlich 1. der Ring mit den Anoden, der am inneren Glasansatz sitzt und mit diesem mit einem Griff herauszunehmen ist; 2. das Diaphragma kann nach dem Herausheben des inneren Kühleinsatzes mit den Anodenstreifen gleichfalls einfach herausgenommen werden; 3. nach Entfernung des Diaphragmas ist auch die Bleischlange ohne weiteres herausnehmbar; 4. schließlich bleibt nur mehr das Außengefäß übrig, das gegebenenfalls leicht gereinigt werden kann.

Die Spannung beträgt pro Zelle 5 bis 6 V. Die Zelle hat sich in jahrelangem Betrieb außerordentlich gut bewährt.

Die übrigen elektrolytischen Verfahren zur Herstellung von Perschwefelsäure oder Persulfaten. Nach dieser ausführlichen Schilderung des Elektrolyseurs der Österreichischen Chemischen Werke können die übrigen elektrolytischen Oxydationsverfahren der Schwefelsäure oder deren Salze zu Perschwefelsäure oder Persulfaten kürzer behandelt werden, zumal sie im wesentlichen nicht sehr verschieden sind. Auch finden sich in der Literatur über andere Zellenkonstruktionen keine derartig detaillierten Angaben wie über die beschriebene Zelle.

Beim Verfahren von L. Löwenstein und der J. D. Riedel-E. de Haën A. G. wird als Elektrolyt eine schwefelsaure, etwa 20- bis 30%ige Ammonbisulfatlösung verwendet. Nach dem französischen Patent 634195 sollen Lösungen mit mehr als einem Mol Schwefelsäure auf ein Mol Ammonsulfat und Ammonpersulfat, z. B. solche von 1,5 Molen Ammonsulfat und 2,1 Molen Schwefelsäure verwendet werden, die bei der Elektrolyse eine höhere Ausbeute ergeben als die reine Schwefelsäure. Die anwesende Schwefelsäure muß hinreichend stark genug sein, um das Ammoniakalischwerden des Elektrolyten zu verhindern, aber anderseits zu schwach sein, um die Bildung wesentlicher Mengen von Caroscher Säure zu ermöglichen. Der Elektrolyt muß auch nach Verlassen der letzten Zelle noch stark sauer reagieren. Das Arbeiten in saurer Ammonsulfatlösung hat gegenüber jenem in neutraler Lösung, in welcher sogar noch etwas höhere Stromausbeuten zu erzielen wären, den Vorzug, daß der Prozeß keine dauernde Überwachung erfordert. Das Optimum der Säurekonzentration für die Elektrolyse liegt beim Ammonium-

bisulfat, jedoch muß man im Hinblick auf den störungsfreien Betrieb der Destillation etwa 1,3 Moleküle Schwefelsäure auf ein Mol Persulfat wählen, wobei die
anwesenden Sulfate durch einen weiteren Säureüberschuß in die Bisulfate übergeführt sein müssen. Bei diesem Verfahren erzielt man eine Stromausbeute von
etwa 85 bis 90%. Es werden Bleikathoden und Platinanoden verwendet, die
durch ein poröses Diaphragma u. dgl. voneinander getrennt sind. Die Bleikathode ist als Bleischlange ausgebildet und dient gleichzeitig zur Kühlung des
Elektrolyten. Die Elektrolyse kann wegen der nur geringen anwesenden Mengen
von Caroscher Säure selbst noch bei Temperaturen von etwa 30° vorgenommen
werden. Dadurch wird ermöglicht, daß man wegen der besseren Leitfähigkeit
bei höherer Temperatur eine etwas geringere Zellenspannung aufzubringen hat.
Die Elektrolyseure können hintereinander oder aber auch in Kaskadenform
aufgestellt werden, wobei sowohl Anolyt als auch Katholyt die Zellen ziemlich
rasch durchfließen. Der Anolyt der ersten Zelle fließt durch einen Überlauf in
den Anodenraum der folgenden Zelle, während der Katholyt von Kathodenraum
zu Kathodenraum der einzelnen Zellen strömt. Am Ende der Zellenreihe hat der
Elektrolyt einen Gehalt von etwa 25% Ammonpersulfat ($=$ etwa 16 g aktiver
Sauerstoff pro Liter) und gelangt nunmehr zur Destillation. Wesentlich höhere
Konzentrationen von Ammonpersulfat werden nicht angestrebt, da dieses sonst
auskristallisieren würde. Krebs (F. P. 782102) verwendet einen Elektrolyten,
der etwa 5 Grammoleküle NH_4HSO_4/l (330 g $(NH_4)_2SO_4 + 245$ g H_2SO_4) enthält, oxydiert aber nur bis 10 g aktiven Sauerstoff pro Liter.

Bei der Elektrolyse von Kaliumsulfat- oder Kaliumbisulfatlösungen tritt
wegen der geringen Löslichkeit des Kaliumpersulfats bald eine Übersättigung
des Elektrolyten mit diesem Salz ein, so daß sich der Elektrolyt schon während
der Elektrolyse durch auskristallisiertes Kaliumpersulfat trübt. Dieses Ausfallen
im Elektrolyseur selbst ist aber mit dem Nachteil verbunden, daß man die Zellen
öfters auseinandernehmen und reinigen muß. Man stellt sich daher viel besser
das leicht darstellbare Ammonpersulfat her und setzt dieses dann mit Kaliumsulfat oder -bisulfat zum Kaliumpersulfat um, das wegen seiner Schwerlöslichkeit
ausfällt. Dieses Verfahren wird in größtem Maßstabe von Pietsch und Adolph
bei den Elektrochemischen Werken in München, Höllriegelskreuth, ausgeführt.
Über dieses Verfahren wird in einem gesonderten Abschnitt noch näher berichtet
werden (Abschn. XIV, S. 176).

Natriumpersulfat wird auf direktem elektrolytischen Wege kaum hergestellt,
da es einerseits bei der Elektrolyse nur mit sehr schlechter Ausbeute dargestellt
werden kann, anderseits die Abscheidung des Salzes aus dem Elektrolyten eine
sehr schwere ist. Durch Zusätze, wie Fluß- oder Salzsäure, kann zwar die Ausbeute
bei der Elektrolyse erhöht werden[526] und noch mehr dadurch, daß man eine gesättigte Lösung von Natriumsulfat mit starker Schwefelsäure elektrolysiert[527],
wobei man Ausbeuten von etwa 75% erhält. Jedoch scheidet sich aus der sauren
Lösung das Natriumpersulfat derartig fein verteilt aus, daß eine vollkommene
Abtrennung von der Mutterlauge fast nicht möglich ist.

Nach dem Filterpressensystem ist die Zelle von Kratky[528] konstruiert. Die
einzelnen Zellen, etwa 36 an der Zahl, deren jede etwa 6·V aufnimmt, werden
filterpressenartig zu einem Bauelement vereint. Jede Zelle besteht aus einer
kastenförmigen hohlen Kathode zur Aufnahme des Kühlwassers, einem rahmen-

förmigen Gefäß aus Porzellan, Hartgummi oder Glas, einem Diaphragma und einer Anodenplatte. Der Katholyt befindet sich in einem Hohlraum zwischen Diaphragma und Kathode, der Anolyt dagegen zwischen Anodenplatte und Diaphragma. Die Anode wird durch Anpressen an die Kathode der nächstfolgenden Zelle kühl gehalten. Der Elektrolyt wird in der Richtung Kathode—Diaphragma durch die Zelle geschickt. Es soll sich bei einer Anlage in Brooklyn in Amerika nach einer Privatmitteilung von A. Kratky bei Anodenplatten von 30 bis 40 cm und einer anodischen Stromdichte von 0,7 Amp/qcm eine 28%ige Überschwefelsäurelösung mit 70%iger Ausbeute darstellen gelassen haben.

Die ganze Vorrichtung nimmt wohl nur sehr wenig Raum ein, weist aber den Nachteil aller Filterpressenanlagen auf, wonach bei einem eventuellen Undichtwerden einer Dichtung zwischen zwei Zellen, die aus einer mit Asphalt od. dgl. imprägnierten Schnur besteht, die ganze Batterie auseinandergenommen, wieder zusammengesetzt und gedichtet werden muß, wozu ein Zeitaufwand von ungefähr einer Woche erforderlich ist.

Von F. Krauß und A. Köpke[529] wird als Elektrolyt eine sehr stark saure Ammonsulfatlösung verwendet, die bei der Destillation keines Zusatzes von Schwefelsäure mehr bedarf. Zwei ineinander gestellte, zylindrische und sich nach unten zu konisch verjüngende Gefäße bilden die Anode und die Kathode, in deren Zwischenraum der Elektrolyt zirkuliert. Es wird ohne Diaphragma, aber mit sehr kleiner Kathodenfläche, daher sehr hoher kathodischer Stromdichte gearbeitet, indem große Teile der Kathodenoberfläche mit nicht leitendem Material, wie Glas, Porzellan od. dgl., abgedeckt sind.

Von der Eckelt G. m. b. H. in Berlin ist unter der Mitwirkung von Zotos ein Verfahren ausgebildet worden, bei welchem eine Ammonsulfatlösung ohne eigentliches Diaphragma, sondern unter Zuhilfenahme eines Gitters aus sehr dünnen Glasplatten mit kapillaren Zwischenräumen elektrolysiert wird. Die Mutterlauge wird rasch mittels einer Schicht von hoch erhitztem Paraffinöl unmittelbar nach der Elektrolyse im Vakuum abdestilliert. Die Wasserstoffperoxyddämpfe sollen durch bloße Stoßionisation niedergeschlagen werden.

Literaturverzeichnis.

[512] A. Pietsch u. G. Adolph: E. P. 23252/1910. — [513] J. Salauce: Bull. Soc. chim. France (4), **33**, 1738, 1923; Chem. Ztrbl. 1924 I, 870. — [514] DRP. 405711. — [515] DRP. 386514. — [516] DRP. 591263. — [517] Ztschr. Elektrochem. 17, 965, 1911. — [518] Ebenda 8, 230, 1902. — [519] DRP. 195811. — [520] DRP. 257276. — [521] DRP. 271642, 276985. — [522] F. P. 603043. — [523] DRP. 320316. — [524] DRP. 560583. [525] DRP. 567542. — [526] DRP. 155805, 170311. — [527] DRP. 172508. — [528] DRP. 580849. — [529] F. P. 781506.

XIII. Die Gewinnung von konzentriertem Wasserstoffperoxyd durch Konzentration und Destillation.

(Patentliteraturzusammenstellung s. S. 356.)

A. Die Darstellung konzentrierten Wasserstoffperoxyds aus den verdünnten Lösungen, die aus Peroxyden durch Umsetzung mit Säuren erhalten werden.

a) Allgemeines, Siedekurve, Rektifikation usw.

Wie bereits ausgeführt wurde, fällt bei der Zersetzung von Bariumperoxyd mit Säuren nur eine 3- bis 5%ige Wasserstoffperoxydlösung an, die noch mit Säureresten und mit sämtlichen Katalysatoren der Ausgangsmaterialien verunreinigt ist. Die Nachteile der niedrigen Konzentration und der geringen Haltbarkeit machten sich aber bei der Einführung des Wasserstoffperoxyds in die Technik derart unangenehm bemerkbar, daß bald nach Wegen gesucht wurde, aus den verdünnteren Lösungen hochprozentige und reinere zu erhalten. Man muß sich ja nur die Ersparnisse beim Transport vor Augen halten, die sich z. B. im Ersatz von 10 Ballons 3%iger Wasserstoffperoxydlösung durch nur einen einzigen gleichviel aktiven Sauerstoff enthaltenden Ballon mit 30%iger Ware ergeben. Weiters zeigte sich, daß für eine längere Haltbarkeit auch der verdünnten Lösungen die Entfernung der Katalysatoren erforderlich ist, was aber nur durch Destillation mit durchgreifender Wirksamkeit erfolgen kann.

Bevor aber noch auf die einzelnen Verfahren näher eingegangen wird, sollen vorerst noch kurz die Siedeverhältnisse des Wasserstoffperoxyds besprochen werden. Nach Maaß und Hiebert[152] beträgt der Siedepunkt des Wasserstoffperoxyds bei einem Druck von 0,55 mm Hg 4,65°, und steigt dann mit größer werdendem Druck bis 72,3 mm Hg auf 90,35° C. Bei 90° beginnt sich das Wasserstoffperoxyd beim Sieden auch unter vermindertem Druck zu zersetzen, weshalb eine Destillation nur bei stark vermindertem Druck und bei Temperaturen von etwa 60 bis 80° vorgenommen wird.

Wie aus der folgenden Abb. 18 hervorgeht, in welcher die Siedepunkte von Wasserstoffperoxyd nach Maaß und Hiebert[152] (s. S. 33), und von Wasser nach Landolt-Börnstein[530] in Abhängigkeit vom Druck wiedergegeben sind, weist das Wasserstoffperoxyd bei jedem Druck einen erheblich höheren Siedepunkt als das Wasser auf. Es wird demnach beim Erhitzen einer wäßrigen Lösung von Wasserstoffperoxyd vorerst das Wasser verdampfen und die Wasserstoffperoxydlösung sich dauernd ankonzentrieren. Es ist daher möglich, wegen der Verschiedenheit der beiden Siede- und damit auch Kondensationspunkte von Wasser und Wasserstoffperoxyd eine ziemlich weitgehende Trennung beider Komponenten vorzunehmen. Eine vollständige Zerlegung ist jedoch durch bloße Erhitzung und Verdampfung eines Teiles der Lösung nicht möglich, weil nach Erreichung einer gewissen Konzentration der Wasserstoffperoxydlösung neben dem Wasser auf Grund des immer erheblichere Werte erreichenden Partialdruckes des Wasserstoffperoxyddampfes unter gleichzeitigem Ansteigen des Siedepunktes der Lösung auch immer reichlichere Mengen H_2O_2 in das Destillat übergehen, bei der Kondensation aber umgekehrt immer auch Wasser mitkondensiert wird.

Will man aus einer Wasserstoffperoxydlösung mit hinreichender Geschwindigkeit auch dieses austreiben, so muß man die Lösung auf eine Temperatur erhitzen, die höher liegt als der Siedepunkt des reinen Wasserstoffperoxyds bei der betreffenden Temperatur. Kühlt man die erhaltenen Dämpfe, die, wenn sie z. B. aus einer 5%igen Lösung durch Verdampfen erhalten wurden, bis unterhalb der Kondensationstemperatur auch des Wasserdampfes ab, so wird das ganze Dampfgemisch verdichtet und man erhält in der flüssigen Phase die Konzentration der Ausgangslösung. In der Technik will man aber gerade aus verdünnten Lösungen konzentrierte gewinnen, und zwar einer genau bestimmten, gewollten Konzen-

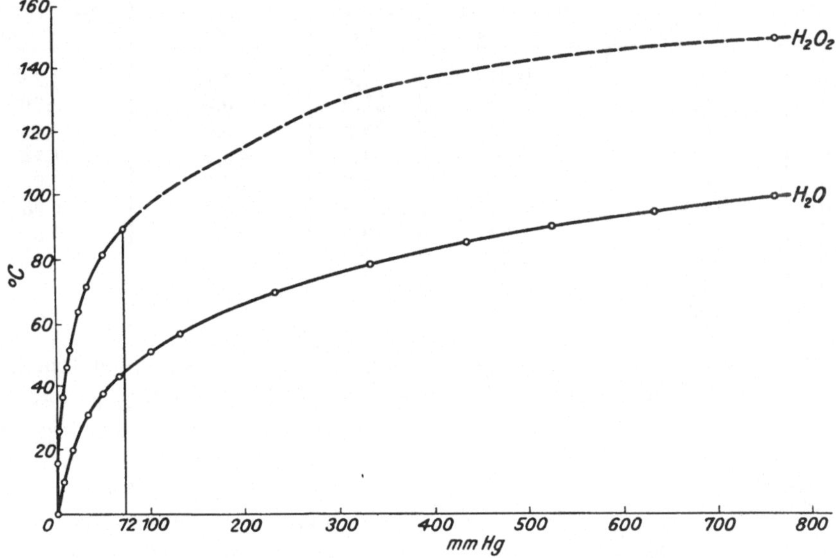

Abb. 18. Siedepunktskurve von Wasser und Wasserstoffperoxyd.

tration. Es besteht daher das Problem, aus einem Gemisch von Wasserstoffperoxyd- und Wasserdampf bloß den ersteren in überwiegendem Ausmaße niederzuschlagen. Dieses Ziel kann man aber nur erreichen, wenn man über das Verhalten des Wasserstoffperoxyd-Wasserdampf-Gemisches bei der Kondensation und über die Siedekurve der wäßrigen Wasserstoffperoxydlösungen unterrichtet ist. Obwohl die Industrie tatsächlich nur auf dem Wege der Destillation und Kondensation reine und konzentrierte Wasserstoffperoxydlösungen herstellt, daher diese Verhältnisse beherrschen muß, findet sich in der Literatur darüber eine einzige Angabe in der Dissertation von H. Sidersky[531]. Dieser stellte sich durch Verdünnen von Perhydrol Merck eine 5%ige Wasserstoffperoxydlösung her, brachte diese in einem Kolben bei einem Druck von 17 und 30 mm Hg zum Sieden und ermittelte nach bestimmten Zeiten genau die Siedetemperatur sowie die Konzentration des Rückstandes und des Destillats. In den folgenden Tabellen 14 und 15 sind diese Versuchsergebnisse zusammengestellt.

In den Abb. 19 und 20 ist der graphische Verlauf der Destillation bei 17 und 30 mm Hg wiedergegeben. Einem bestimmten Wasserstoffperoxydgehalt der Lösung entspricht daher ein ganz bestimmter H_2O_2-Gehalt im abziehenden

Dampfgemisch, wenn der Druck konstant gehalten wird. So sind z. B. bei einer unter 17 mm Hg siedenden 30%igen Wasserstoffperoxydlösung in der Dampfphase nur 2% H_2O_2 vorhanden, während bei einer 35%igen Lösung im Dampf schon 4% H_2O_2 enthalten sind. Mit steigender Konzentration des siedenden Wasserstoffperoxyds gehen daher immer größere Mengen H_2O_2 in das Destillat über. Für die Konzentrierung durch bloßes Einengen liegen die Verhältnisse bis etwa 30% daher besonders günstig.

Tabelle 14. 17 mm Hg Vakuum.

Siedetemperatur °C	Konzentration des Rückstandes in Gew.-%	Konzentration des Destillates in Gew.-%
21,0	5,5	0,21
23,0	5,7	0,22
25,5	6,85	0,23
26,6	8,0	0,34
28,5	9,8	0,45
30,8	14,2	0,58
33,3	19,2	1,05
35,5	24,5	1,3
38,2	32,0	2,9
40,5	48,8	10,4

Tabelle 15. 30 mm Hg Vakuum.

Siedetemperatur °C	Konzentration des Rückstandes in Gew.-%	Konzentration des Destillates in Gew.-%
30,8	7,25	0,24
32,0	10,4	0,30
33,8	16,0	0,45
34,9	24,0	1,15
36,9	32,5	2,0
39,8	45,5	4,80
42,5	56,5	9,6

Weiters ergibt sich aus diesen Schaubildern, daß z. B. bei einem Druck von 17 mm zu einem Dampf mit 8% H_2O_2 eine flüssige Phase von 45% gehört. Will man daher hochprozentige Wasserstoffperoxydlösungen aus der Dampfphase erhalten, so braucht man zu diesem Zwecke die Dämpfe nur fraktioniert zu kondensieren und die Kondensationstemperatur derart einzustellen, daß diese niedriger als der Siedepunkt des Wasserstoffperoxyds, aber höher als derjenige des Wassers bei dem betreffenden Druck liegt. Durch beliebige Veränderung der Kondensationstemperatur ist man in der Lage, aus dem Dampfgemisch den Wasserstoffperoxyddampf in jeder gewünschten Konzentration zu kondensieren.

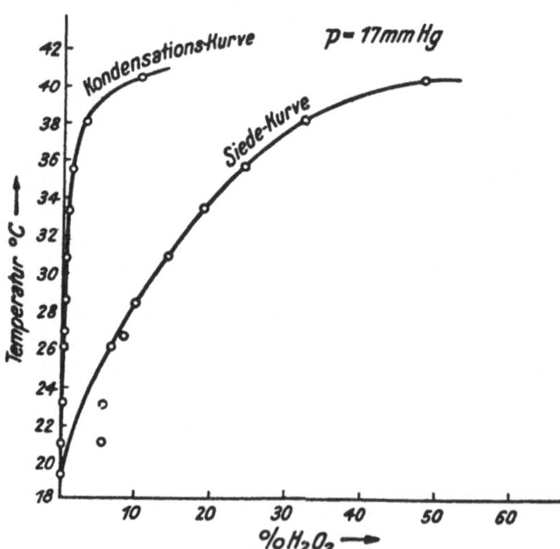

Abb. 19. Siede- und Kondensationskurven von H_2O-H_2O_2-Gemischen.

Bei der fraktionierten Kühlung von Dämpfen im Vakuum besteht die größte Schwierigkeit darin, die Temperatur der Kühlflüssigkeit im Kondensator der jeweiligen Kondensationstemperatur des zu kondensierenden Dampfes anzupassen. Diese Temperatur hängt nämlich insbesondere von dem gerade herrschenden Druck ab, der sich im Betriebe rasch ändert. Diese Schwierigkeiten lassen sich überwinden, wenn man nach dem Vorschlage der Österreichischen Chemischen Werke und von L. Löwenstein im DRP. 208038 zur Kühlung der Dämpfe siedende Flüssigkeiten verwendet, die unter demselben Druck stehen wie die Dämpfe, da sie pneumatisch mit diesen verbunden, sind. Die zu destillierende Flüssigkeit und die Kühlflüssigkeit sieden dann unter demselben Vakuum, so daß sich bei einer Druckänderung die Kondensations- und Siedetemperatur in derselben Weise und gleichschnell ändern. Die Dämpfe des Wasserstoffperoxyd-Wasser-Gemisches unterhalten dabei allein das Kochen der Kühlflüssigkeit im Kühler. Es kon-

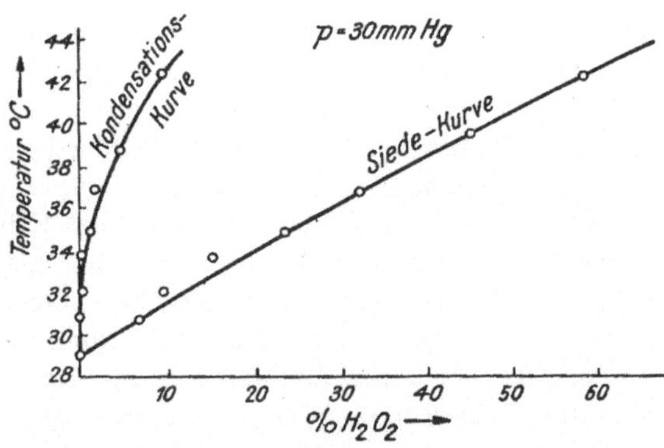

Abb. 20. Siede- und Kondensationskurven von H₂O-H₂O₂-Gemischen.

densiert dann im Kühler fast alles Wasserstoffperoxyd mit nur wenig Wasser, während fast alles Wasser und nur sehr wenig Wasserstoffperoxyd in einem zweiten Kühler niedergeschlagen werden.

In der Technik löst man die Aufgabe, aus dem aus verdünnten Wasserstoffperoxydlösungen oder beim Erhitzen von Überschwefelsäurelösungen erhaltenen Dampfgemisch, das etwa 5% H_2O_2-Dampf enthält, eine z. B. 30%ige Wasserstoffperoxydlösung zu kondensieren, in der Weise, daß man mit Hilfe einer Kolonne, die an ihrem oberen Ende einen Dephlegmator, z. B. aus Aluminium, enthält, die fraktionierte Kondensation der Dämpfe vornimmt. Wegen des Arbeitens im Vakuum und den zu verarbeitenden großen Dampfmengen haben die Dephlegmatoren meist verhältnismäßig große Querschnitte und Abmessungen. Als Kühlflüssigkeit dient Wasser, die Temperaturregelung des Kühlwassers wird durch Beschränkung der Wassermenge vorgenommen. Man schlägt das Wasserstoffperoxyd meist als 35%ige Lösung nieder, obwohl auch die Gewinnung z. B. der 60%igen Wasserstoffperoxydlösung keine Schwierigkeit bereitet.

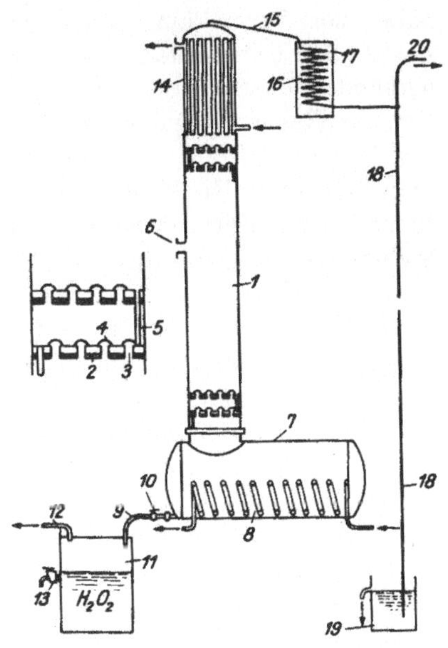

Abb. 21. Anlage zur Rektifikation von verdünnten H₂O₂-Lösungen (F. P. 563908).

Man kann natürlich auch eine Trennung der Wasserstoffperoxyddämpfe aus dem Gemisch mit dem Wasserdampf nach den üblichen Prinzipien der Rektifikation vornehmen. So ist z. B. ein Verfahren von M. Jaubert[532] bekannt, nach welchem verdünnte Wasserstoffperoxydlösungen in einem Kessel 7 (Abb. 21), durch eine Dampfschlange 8 erhitzt und die entweichenden Dämpfe von H_2O_2 und H_2O durch eine Rektifikationskolonne *1* mit den üblichen Böden *2* geführt werden. Die aufsteigenden Dämpfe treffen auf den Böden mit einer in der Mitte der Kolonne bei *6* aufgegebenen verdünnten Wasserstoffperoxydlösung, die über die Böden nach abwärts rieselt, zusammen, geben die schwerer siedenden Wasserstoffperoxydanteile an die Flüssigkeit ab, während aus der Lösung Wasserdampf aufgenommen wird. Die letzte Trennung des Dampfgemisches wird in einem am oberen Ende der Rektifikationskolonne angebrachten Rückflußkühler *14* vorgenommen. Der Wasserdampf wird durch einen Schlangenkühler *16* kondensiert und durch ein barometrisches Fallrohr *18* abgeführt. Sobald in dem unter der Kolonne angebrachten Kessel *7* die Wasserstoffperoxydlösung die gewünschte Konzentration von etwa 30% erreicht hat, wird diese nach *11* abgelassen. Das Verfahren kann kontinuierlich durchgeführt werden. Um eine Verunreinigung der konzentrierten Lösung durch die bei *6* aufgegebene Fremdstoffe enthaltende verdünnte Wasserstoffperoxydlösung zu vermeiden, werden an deren Stelle die Dämpfe von Wasserstoffperoxyd und Wasser in der Mitte der Kolonne eingeleitet, die entweder aus verdünnter Wasserstoffperoxydlösung entwickelt oder durch Destillation von Überschwefelsäure oder Persulfatlösungen erhalten wurden. Die Kolonne und die Böden bestehen aus keramischem Material.

Reinigung der Ausgangsmaterialien. Die Destillation wird mit um so größerer Ausbeute vor sich gehen, je reiner die verwendete Ausgangslösung war. Es ist daher zur Vermeidung von unerwünschten Sauerstoffverlusten während der Destillation erforderlich, die in der Lösung vorhandenen, katalytisch zersetzend wirkenden Basen und Säuren, Metalloxyde, Silikate usw. vorher zu entfernen. Von der Rhenania und F. Martin[533] wird zu diesem Zwecke vorgeschlagen, zur Reinigung der Rohlösung lösliche Phosphate und Fluoride zu verwenden. Man setzt der sauren Rohlösung eine kleine Menge Natriumphosphat, fest oder gelöst, zu und neutralisiert dann mit Bariumcarbonat. Nach einige Stunden langem Stehenlassen in der Kälte wird filtriert und nunmehr etwas saures oder neutrales Natriumfluorid unter schwachem Ansäuern zugefügt. Nach einigem Stehen kann die Lösung entweder nach abermaliger Filtration oder direkt mit neutraler oder schwach saurer Reaktion destilliert werden. An Stelle der sauren Fluoride kann auch Flußsäure verwendet werden. Ist freie Salzsäure vorhanden, so wird diese mit Alkali in Natriumchlorid übergeführt. Freies Alkali darf die Lösung jedoch nicht enthalten, da dieses sehr stark zersetzend wirkt. Über weitere Reinigungsverfahren wird im Abschnitt XVII, S. 195ff., über die besondere Art der Reinigung auf dem Prinzip der Elektroosmose auf S. 197ff. berichtet werden.

Die Wirksamkeit metallischer Katalysatoren, wie Spuren von Eisen, Platin u. dgl., kann nach dem Vorschlage der Österreichischen Chemischen Werke und L. Löwenstein[534] durch geringe Mengen (etwa 0,2%) eines Cyanids oder Blausäure, Cyanwasserstoffsäure oder deren Salzen gelähmt werden.

b) Baumaterialien der Destillationsapparate.

Die Lösung der Materialfrage beim Konzentrieren und Destillieren ist nicht leicht. Geeignet sind Tonwaren, Steinzeug, Porzellan, Havog, Glas, Quarz u. dgl., die aber nur schlechte Wärmeleiter sind, gegen höhere Drücke nicht standhalten und außerdem noch den Mißstand einer leichten Zerbrechlichkeit zeigen. Durch die Verwendung von Metallen als Baustoff ist natürlich apparativ eine viel vorteilhaftere Anpassung an die chemischen und thermischen Verhältnisse möglich als bei keramischen Materialien. Bei Metallen ist nämlich wegen der ungleich besseren Wärmeleitung eine raschere Verdampfung des Wasserstoffperoxyds aus der meist nur sehr dünnen Flüssigkeitsschicht möglich.

Die edlen Metalle, wie Gold oder Platin, sind wohl beständig, aber zu teuer. Die erste Voraussetzung für die erfolgreiche Verwendung metallischer Heizflächen zur Gewinnung von Wasserstoffperoxyd durch Destillation von Perschwefelsäure oder Persulfatlösungen besteht darin, daß die mit kalter, wasserstoffperoxydhaltiger Flüssigkeit und mit Wasserstoffperoxyddämpfen in Berührung kommenden Teile der Apparatur aus gegen Perschwefelsäure bzw. Persulfatlösungen und gegen Wasserstoffperoxyddampf indifferentem Material bestehen. Man darf daher nur die Heizfläche, nicht aber auch die Kondensationseinrichtung aus metallischem Material herstellen. Die Heizkörper, deren Flächen von der zu destillierenden oder zu konzentrierenden Flüssigkeit bedeckt oder berieselt werden, können aus Materialien hergestellt werden, welche zwar auf Perschwefelsäure bzw. Persulfat und Wasserstoffperoxyd katalytisch einwirken, hingegen von der Rückstandslauge, wie konz. Schwefelsäure, konz. Sulfatlösungen, nicht merklich angegriffen werden. Dabei ist aber immer noch die zwingende Bedingung zu erfüllen, daß die Metallflächen stets von einer geschlossenen Flüssigkeitsschicht überzogen sind, welche die Wasserstoffperoxyddämpfe von der metallischen Oberfläche sicher und ständig fernhält. Diese Erkenntnisse sind vor etwa 10 Jahren in Weißenstein auf Grund eingehender Untersuchungen gewonnen worden[535].

Von der Chemischen Fabrik Weißenstein[536] wurde gefunden, daß das Tantal das Wasserstoffperoxyd weder in freier noch in latenter Form, und zwar auch nicht bei hoher Temperatur katalytisch beeinflußt. Es könnte daher ohne weiteres zur Herstellung von Destillations-, Kondensations- und Konzentrationsgefäßen, wie Röhren, Retorten oder Kühlern, verwendet werden, wenn es nicht ein derart teures und seltenes Metall wäre.

Von A. L. Halvorsen[537] werden als Materialien für die Verdampfungs- und Kondensationsapparatur Zinn, Antimon, oder gegen das Wasserstoffperoxyd beständige Legierungen, wie Britanniametall, frei von Blei und Zink, vorgeschlagen. In dieser Patentschrift ist auch die fraktionierte Kondensation von Wasserstoffperoxyd in mehr als zwei Fraktionen beschrieben.

In dem F. P. 634195 der J. D. Riedel A. G. werden auch noch Silizium-Eisen-Legierungen als geeignete Materialien zum Bau von Destillationsapparaturen angeführt. Chrom-Nickel-Eisen-Legierungen, wie z. B. der V2A-Stahl, sind nur bis zu einem Gehalt von 0,05 bis 0,1% aktivem Sauerstoff unangreifbar. Besser verhalten sich reine Chrom-Nickel-Legierungen, die nach dem Vakuumschmelzverfahren hergestellt sind und die geringere Eisenmengen enthalten. Auch Aluminium, Blei und Bleilegierungen (Blei-Zinn-, Blei-Antimon-, Blei-Silber-Legierungen) sind von den Österreichischen Chemischen Werken vorgeschlagen worden[537a]. Das Aluminium und seine Legierungen kommen nur dort in Betracht, wo es sich nur um eine kurzdauernde Berührung der wasserstoffperoxydhaltigen Lösungen mit den Gefäßwandungen handelt, wie z. B. für Kühler, Sammelgefäße, Rohrleitungen für Destillationseinrichtungen usw. Der Vorschlag, solche Teile der Apparatur, die längere Zeit mit den Lösungen bei erhöhter Temperatur in Berührung sind, aus Chromstahl herzustellen[538], hat in der Praxis aber keinen Eingang finden können, weil beim Arbeiten mit Chromstahlrohren die saure Rückstandsflüssigkeit Katalysatoren aufnimmt, die ihre Wiederverwendung verhindern. Das billigste und heute weitgehend als Material für die Heizrohre verwendete Metall ist das Blei. Blei wird von Überschwefelsäure und Caroscher Säure nur dann angegriffen, wenn diese Lösungen Wasserstoffperoxyd enthalten. Durch eine sehr hohe Strömungsgeschwindigkeit kann aber der Angriff des Bleies auch durch wasserstoffperoxydhaltige Säuren oder Dämpfe sehr gering gehalten werden.

c) Konzentrierung, Ausätherung.

Die ersten Versuche zur Konzentrierung von verdünnten Wasserstoffperoxydlösungen wurden von Houzeau angestellt, der sich die Eigenschaft zunutze machte, daß aus wäßrigen Lösungen bei starkem Abkühlen vorerst das Wasser ausfriert, demnach auf diese Weise eine Anreicherung des Wasserstoffperoxyds möglich ist. Auf diesem Wege stellten auch Ahrle[481] und Staedel[539] hochprozentiges Wasserstoffperoxyd her.

Hanriot[540] engte verdünnte Wasserstoffperoxydlösungen vorerst auf dem Wasserbade bis zu einer Konzentration von etwa 15 Vol.-% ein, worauf diese Lösung dann durch wiederholtes Ausfrieren und weiteres Erwärmen im Vakuum bis auf etwa 65% gebracht wurde. Eine weitere Einengung ließ sich aber nicht mehr erzielen, denn bei Fortsetzung der Konzentrierungsversuche begann sich das Wasserstoffperoxyd unter Sauerstoffentwicklung derart stark zu zersetzen, daß ein Vakuum überhaupt nicht mehr zu halten war. Ein nicht viel günstigeres Ergebnis erreichten Talbot und Moody[541].

Bei dieser Arbeitsweise blieben sämtliche Verunreinigungen der Ausgangslösung auch in der konzentrierten Wasserstoffperoxydlösung zurück, die daher nur wenig haltbar war.

Zum erstenmal wurde der Weg der Herstellung von reinen Wasserstoffperoxydlösungen durch Destillation von R. Wolffenstein[27,542] beschritten. Er hatte vorerst festgestellt, daß eine 4,5%ige Wasserstoffperoxydlösung durch Erwärmen auf dem Wasserbad bei 75⁰ auf ein 8,7%iges H_2O_2 mit 89,7% Ausbeute, auf 50,7%iges mit 64,1% und auf 66,6%iges mit nur 28,3% Ausbeute eingeengt werden kann. Die Ausbeute nimmt daher bei einer weiteren Konzentrierung der eingeengten Wasserstoffperoxydlösung unverhältnismäßig rasch im Verhältnis zur erzielten Gehaltserhöhung ab. Bei reinen Wasserstoffperoxydlösungen sind die niedrigen Ausbeuten aber weniger durch eine Zersetzung als durch unveränderte Verdampfung von Wasserstoffperoxyd bedingt, das sich größtenteils im Destillat vorfindet.

Die Methode, durch bloßes Konzentrieren von verdünnten Wasserstoffperoxydlösungen hochprozentige zu erhalten, hat sich daher recht bald als nicht rationell erwiesen. Man muß fast das ganze Wasserstoffperoxyd in Form einer niedrigprozentigen Lösung verdampfen und kondensieren, um zwar einen sehr hochprozentigen Rückstand, aber nur in sehr geringer Menge zu erhalten, der noch dazu alle Verunreinigungen enthält.

Um noch konzentriertere als 50 bis 60%ige Wasserstoffperoxydlösungen herzustellen, bediente sich Wolffenstein der Methode des Ausätherns, wodurch die Lösung auch von unlöslichen Verunreinigungen weitgehend befreit werden konnte. So ergab eine 45%ige Wasserstoffperoxydlösung nach der Extraktion mit Äther und dessen Verdunstenlassen eine 73,5%ige Lösung, die bei der Vakuumdestillation mit 90,2% Ausbeute eine erste Fraktion von 44,4%iger Lösung und eine Restfraktion von 90,5%igem H_2O_2 ergab. Aus dieser Lösung konnte durch nochmalige Vakuumdestillation ein 99,1%iges reines Wasserstoffperoxyd erhalten werden.

Die Ätherextraktionsmethode ist jedoch nicht ohne eine gewisse Gefährlichkeit durchzuführen, da bisweilen bei auf diesem Wege hergestellten hochprozentigen Wasserstoffperoxydlösungen äußerst heftige Explosionen auftraten. So berichten W. Spring[543] und J. W. Brühl[544], daß der bei der Vakuumdestillation im Glasgefäß verbliebene Rückstand schon bei der bloßen Berührung mit einem scharfkantigen Glasstab mit äußerster Gewalt detonierte. Als Ursache dieser Explosion ist aber nicht eine besonders leichte Zersetzlichkeit des hochprozentigen Wasserstoffperoxyds anzusehen, vielmehr ist dafür ein Gehalt an organischen Peroxyden, die aus dem Äther stammten, verantwortlich zu machen. Brühl stellte daher das für seine Untersuchungen der physikalischen Eigenschaften benötigte wasserfreie reine Wasserstoffperoxyd durch bloße Vakuumdestillation unter oftmalig wiederholter Fraktionierung her, wobei er gewöhnliche Vakuumkolben verwendete. Das von organischen Peroxyden freie, durch bloße Vakuumdestillation erhaltene konzentrierte Wasserstoffperoxyd läßt sich dabei ohne Gefahr mit guter Ausbeute destillieren.

d) Destillationsverfahren.

Das wertvollste Ergebnis der Arbeiten Wolffensteins, Springs und Brühls war, daß sie gezeigt haben, daß ein konzentriertes und absolut chemisch reines und infolgedessen auch haltbares Wasserstoffperoxyd nur durch Destillation herstellbar ist.

Wie bereits erwähnt, stellte die Firma Merck[463] reines 30%iges H_2O_2 längere Zeit durch Destillation einer aus Natriumperoxyd und Schwefelsäure erhaltenen Wasserstoffperoxydlösung her. Bei der Vakuumdestillation schieden sich bei zunehmender Konzentration Natriumsulfatkristalle ab, die aber entgegen der Ansicht Wolffensteins[27,542] unschädlich sind und das Wasserstoffperoxyd nicht zersetzen. Aus wirtschaftlichen Gründen wurde dieses Verfahren aber bald aufgegeben (s. S. 114).

Die Chemische Fabrik Flörsheim Dr. H. Noerdlinger (DRP. 219 154) führte die Destillation von Wasserstoffperoxydlösungen unter gewöhnlichem Druck bei Temperaturen unterhalb 85° unter Hindurchleiten eines kräftigen Luftstromes durch. Die Verfahren zur Konzentration und Destillation von verdünnten Wasserstoffperoxydlösungen, wie sie aus Peroxyden, namentlich Bariumperoxyd, durch Umsetzung mit Säuren erhalten wurden, sind später noch derart verbessert worden, daß heute schon den auf elektrochemischem Wege erhaltenen konzentrierten und reinen Wasserstoffperoxydlösungen gleichwertige Produkte hergestellt werden können. So führt die Peroxydwerk Siesel A. G.[544] die Destillation von etwa 4%igen Wasserstoffperoxydlösungen in der Weise durch, daß diese Lösung portionenweise in das Destillationsgefäß eingebracht und mit der Zugabe eines neuen Teiles so lange gewartet wird, bis die vorher zugesetzte Lösung abdestilliert

ist. Dadurch wird vermieden, daß die zu destillierende Lösung unnötig lange der
Einwirkung der Wärme ausgesetzt ist, wodurch Sauerstoffverluste durch Zersetzung bedingt sind. Es werden in einen Vakuumdestillationskessel von etwa
40 l Inhalt immer nur 4 bis 5 l der verdünnten Wasserstoffperoxydlösung eingetragen. Der Destillationskessel ist mit derartigen Heizvorrichtungen versehen,
daß das Wasserstoffperoxyd aus der Lösung sehr rasch verdampft. Die Temperatur beträgt etwa 70 bis 80° bei einem Druck von 60 mm. Im Kessel verbleiben nur
die anorganischen Verunreinigungen, während das Wasser und das Wasserstoffperoxyd gleichzeitig verdampfen. Eine noch schnellere Verdampfung und feinere
Verteilung kann erzielt werden, wenn die verdünnte Wasserstoffperoxydlösung
mit einer Streudüse aus unangreifbarem Material, wie Hartgummi, Glas oder
Hartblei, in den Destillationskessel eingeblasen wird. Auf diese Weise können von
einem Quadratmeter Heizfläche in einer Stunde 60- bis 80 l 3%ige Wasserstoffperoxydlösung verdampft werden. In der Kondensationsanlage wird das Wasserstoffperoxyd zum allergrößten Teil als 30%ige Lösung vor dem Wasserdampf
niedergeschlagen, der weitergeführt und gesondert kondensiert wird, wobei auch
die Reste des Wasserstoffperoxyds niedergeschlagen werden. Aus 1000 kg 4%iger
Wasserstoffperoxydlösung mit 0,5% Säuregehalt wurden z. B. als erste Fraktion
120 kg 30%iges H_2O_2, also mit einer fast 90%igen Ausbeute, und als zweite
Fraktion 870 kg einer nur 0,1- bis 0,2%igen Lösung erhalten.

Eine Apparatur zur Konzentration von verdünnten Wasserstoffperoxydlösungen, wobei die Konzentration durch fraktionierte Destillation von ver-
flüchtigten niederprozentigen, etwa 0,1% Säure enthaltenden Lösungen im hohen
Vakuum erfolgt, ist von der Peroxydwerk Siesel A. G.[545a] beschrieben worden.
Die niederprozentige Wasserstoffperoxydlösung wird der Apparatur mittels Streudüsen in fein vernebelter Form und nur in der Menge zugeführt, die der Ver-
dampfungsmöglichkeit entspricht, also auf dem Grundsatz des oben erörterten
Verfahrens[544] beruht. Die Apparatur[545a] besteht aus einem mit heizbaren Wandungen ausgestatteten Verdampfersystem, das unter Zwischenschaltung eines
Abscheiders mit einem Kondensatorsystem verbunden ist und durch eine gemein-
schaftliche Vakuumpumpe unter Vakuum gehalten wird. Zur getrennten Aufnahme des Wasserstoffperoxyds und zur Aufnahme des ausgeschiedenen Wassers
sind Vorlagen angeordnet. Weitere wesentliche Bestandteile der Vorrichtung sind
am Boden der Verdampfer angebrachte Streudüsen, mittels welcher das niedrig-
prozentige Wasserstoffperoxyd unter Verwendung eines mit Preßluft arbeitenden
Druckautomaten zugeführt wird.

Die Abb. 22 und 23 geben die Gesamtanordnung der Apparatur im Aufriß und
Grundriß wieder, während die Abb. 24 und 25 einzelne Teile der Apparatur darstellen. Die Verdampfer 1 werden aus senkrecht angeordneten zylindrischen Gefäßen von verhältnismäßig großer Höhe und geringem Durchmesser gebildet, die
an ihrem unteren Ende Streudüsen 2 für den Eintritt der Wasserstoffperoxydlösung
und an ihrem oberen Ende Krümmer 3 besitzen, welche die Dämpfe einem Sammler 4
zuführen. Die Zuführung des Ausgangsmaterials, das einem Vorratsbehälter 5
entnommen wird, zu den Streudüsen 2 erfolgt mittels eines Druckautomaten 6,
der von einem Kompressor mit Druckluft versorgt wird.
Die zur Verflüchtigung des Wasserstoffperoxyds nötige Wärme wird den Verdampfern durch mit Dampf geheizte Mäntel zugeführt. Die Anordnung der Dampf-
mäntel kann so getroffen werden, daß entweder jeder einzelne Verdampfer mit einem
eigenen Dampfmantel umgeben ist (Abb. 24) oder daß die Verdampfer zusammen

in einem gleichachsig angeordneten, gemeinschaftlichen, mit Dampf geheizten Kessel untergebracht sind (Abb. 25).

An die Sammelleitung 4 für die Dämpfe ist zunächst ein Säureabscheider 7 angeschlossen, von dem aus die Dämpfe in die Raschig-Kolonne 8 ubertreten, während die abgeschiedene Säure in einem senkrecht unter dem Säureabscheider angeordneten Säuresammler 9 aufgefangen wird, der auch das etwa in den Verdampfern 1 nicht verdampfte, ihm durch die Sammelleitung 10 zugefuhrte Wasserstoffperoxyd aufnimmt.

Senkrecht uber der Rasching-Kolonne 8 ist ein Kondensator 11 angeschlossen, aus dem der noch nicht kondensierte Wasserdampf durch einen Doppelkrümmer 12

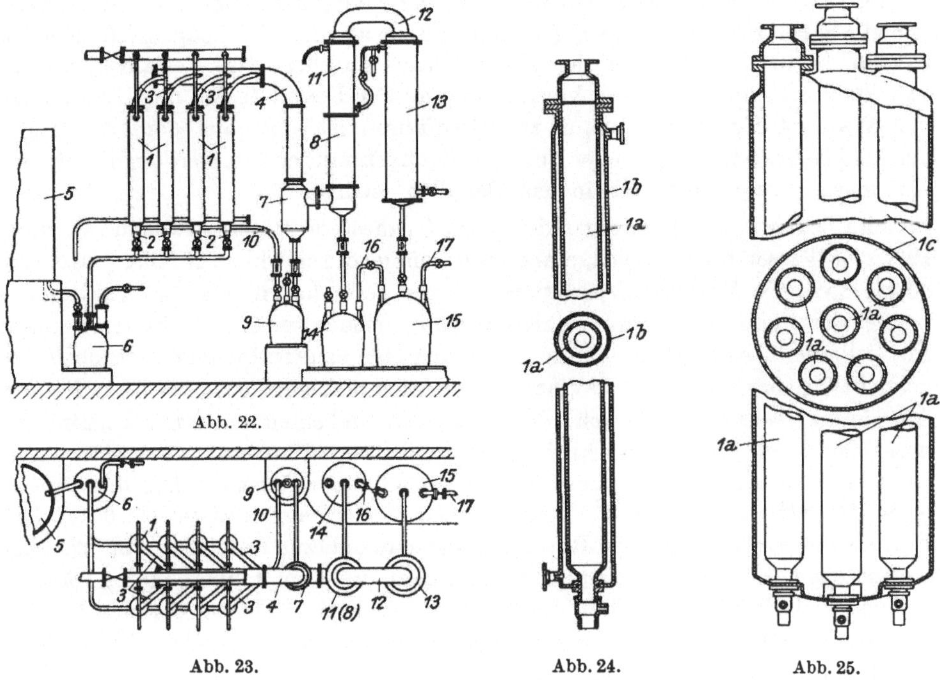

Abb. 22.

Abb. 23. Abb. 24. Abb. 25.

Abb. 22 u. 23. Apparatur zur Konzentration von verdünnten H_2O_2-Lösungen durch fraktionierte Destillation im Auf- und Grundriß. Abb. 24. Verdampfer mit gesondertem Heizmantel. Abb. 25. Mehrere Verdampfer in einem einzigen Heizkessel (DRP. 525923).

in den Wasserdampfkondensator 13 übergeleitet wird, während das kondensierte und konzentrierte Wasserstoffperoxyd der senkrecht unter der Raschig-Kolonne 8 aufgestellten Vorlage 14 zufließt. Ebenso ist senkrecht unter dem Kondensator für den Wasserdampf eine Vorlage 15 für das Kondenswasser vorgesehen. Die beiden Vorlagen 14 und 15 sind durch eine in ihrem oberen Teil einmündende Verbindungsleitung 16 miteinander und durch die Leitung 17 mit einer Vakuumpumpe verbunden, durch welche unmittelbar die Luft aus den Kondensatoren abgesaugt und dadurch gleichzeitig die gesamte Vorrichtung unter Vakuum gehalten wird.

Die konstruktive Ausbildung der Verdampfer ist in den Abb. 24 und 25 besonders dargestellt. Die beiden Ausführungsformen unterscheiden sich lediglich dadurch, daß im ersten Falle jeder Verdampfungszylinder 1a mit einem eigenen, mit Dampf geheizten Mantel 1b umgeben ist, während im zweiten Falle (Abb. 25) mehrere, beispielsweise acht Verdampfungszylinder 1a in einem gemeinschaftlichen, mit Dampf geheizten Kessel 1c untergebracht sind. Die Vorrichtung wird noch ergänzt durch die Dampfzuführung und Kondenswasserableitung für die Heizmäntel der Verdampfer und die Kühlwasserzu- und -ableitung für die Kondensatoren, die in der für Kondensationsanlagen üblichen Weise ausgebildet sind. Die Aufstellung der Apparatur erfolgt in der Weise, daß die Mäntel der Verdampfer und Kondensatoren mit Tragflanschen ausgestattet werden, mit denen sie auf einer aus Profileisen hergestellten Tragkonstruktion ruhen, während die Vorlage sowie der Druckautomat und der Säureabscheider auf Fundamenten aufgesetzt sind.

Zur Entfernung der Verunreinigungen und zum Zwecke der unmittelbaren Herstellung von reinen, auch für medizinische Zwecke geeigneten konzentrierten Wasserstoffperoxydlösungen aus verdünnten, verunreinigten Rohlösungen in einem einzigen Arbeitsgang werden nach dem Vorschlage der Kali-Chemie A. G.[449a] die bei der Destillation entstehenden Dämpfe einer Reinigung in der Art unterworfen, daß alle nebel- und tropfenförmigen Bestandteile aus dem Dampfgemisch entfernt werden, bevor man dasselbe der Kondensation zuführt. Das Verfahren beruht auf der Feststellung, daß die Verunreinigung der Destillate bei der Herstellung von Wasserstoffperoxyd darauf zurückzuführen ist, daß aus dem Ausgangsmaterial Nebel oder Tropfen der Verunreinigungen mitgerissen werden, die bis zur Kondensation und demnach in das Destillat gelangen.

Man bedient sich dazu entweder eines Turmes von Raschig-Ringen, wo rund 10% des Wasserstoffperoxyds, stark verunreinigt durch Chlor, anfallen, während 80 bis 85% des Wasserstoffperoxyds in einer gesonderten Kolonne fraktioniert kondensiert und frei von Verunreinigungen, namentlich von Chlor, erhalten werden. An Stelle der Raschig-Ringe kann man auch eine elektrostatische Entnebelungsvorrichtung verwenden, die aus einem Glasgefäß mit einem dicht passenden dünnen Aluminiumblechzylinder besteht, der geerdet ist, und einem mittleren Aluminiumdraht, der durch einen eingeschliffenen Porzellanstöpsel hochspannungssicher und vakuumdicht eingeführt ist. Die vorstehend beschriebenen Destillationsanlagen[449a,544,545a] arbeiten mit einem Wirkungsfaktor von etwa 90 bis 95%. Die Entnebelungsvorrichtung aus Raschig-Ringen u. dgl. zur Reinigung von Wasserstoffperoxyd- und Wasserdampfgemischen kann auch zur Reinigung der Dämpfe beliebiger Herkunft verwendet werden, z. B. auch von solchen, die sich bei der Destillation von Überschwefelsäure und Persulfatlösungen entwickeln. Diese Verfahren haben erst wieder der Industrie zur Verarbeitung von BaO$_2$ auf H$_2$O$_2$ neuen Auftrieb gegeben.

Während bei den vorstehend beschriebenen Konzentrierungseinrichtungen die Verdampfung der verdünnten Wasserstoffperoxydlösung durch Zerstäubung vorgenommen wird, wird nach dem Vorschlage der I. G. Farbenindustrie A. G.[546] die Wasserstoffperoxydlösung durch vertikal oder schräg geführte Rohre, welche von außen auf etwa 70° erhitzt werden, fein zerstäubt herabfallen oder an der Rohrwand entlang fließen gelassen, während von unten nach oben ein vorgewärmter getrockneter und von katalytisch wirkenden Verunreinigungen, wie Staub u. dgl., befreiter Luftstrom der Lösung entgegengeschickt wird. Man kann auch durch Heizschlangen erwärmte Rieseltürme verwenden, welche Glockenböden von geringer Tellerhöhe oder Glas- oder Porzellankugeln als Füllkörper enthalten. Die warme Luft nimmt aus der Wasserstoffperoxydlösung das Wasser auf und konzentriert diese dadurch. Man kann dieses Verfahren auch in der Weise ausführen, daß man zwei Rieseltürme hintereinander oder aufeinander anordnet, von denen im ersten durch Einhalten einer bestimmten Temperatur und durch Einstellen einer bestimmten Geschwindigkeit der zufließenden Lösung und des entgegengeschickten Gasstromes die verdünnte Wasserstoffperoxydlösung auf eine derart hohe Konzentration gebracht wird, daß diese Lösung bei der nachfolgenden Destillation im zweiten Turm eine reine Wasserstoffperoxydlösung der gewünschten Konzentration ergibt.

Erwähnenswert ist noch ein Destillationsverfahren von Ch. D. Hurd und M. P. Puterbaugh[547a], bei welchem aber nicht das Wasserstoffperoxyd, sondern das Wasser abdestilliert wird. Es handelt sich also um eine umgekehrte Wasserdampfdestillation, wobei nach Zusatz von Kohlenwasserstoffen, wie Xylol oder Cymol, das Wasser mit diesen übergeht und das angereicherte Wasserstoffperoxyd sich im Rückstand befindet. Mit Cymol kann man auf diese Weise bis zu 90%igen Lösungen gelangen, die Verluste betragen 2 bis 9%, wenn keine höhere Destillation als bis auf etwa 57% durchgeführt wird.

B. Destillation des Wasserstoffperoxyds aus Lösungen von Perschwefelsäure und Persulfaten.

a) Destillation aus Perschwefelsäurelösungen.

Entwicklung der Kreislaufprozesse; Theorie. Während es sich bei der bisher besprochenen Art der Gewinnung von konzentrierteren Wasserstoffperoxydlösungen nur um die Konzentration oder Destillation von solchen Lösungen gehandelt hat, die Wasserstoffperoxyd bereits in vorgebildetem Zustand enthalten hatten, liegt dieses in den Lösungen der Perschwefelsäure oder der Persulfate nur in gebundener Form vor. Es besteht daher bei der Herstellung des Wasserstoffperoxyds über die Überschwefelsäure oder deren Salze die Aufgabe, diese Perverbindungen möglichst ohne wesentliche Verluste an aktivem Sauerstoff in Wasserstoffperoxyd überzuführen und dieses dann aus den schwefelsäurehaltigen Lösungen auszutreiben.

Wie aus den Ausführungen auf S. 122 hervorgegangen ist, sind die Reaktionen

1. $H_2S_2O_8 + H_2O \rightleftharpoons H_2SO_5 + H_2SO_4$ und
2. $H_2SO_5 + H_2O \rightleftharpoons H_2SO_4 + H_2O_2$

vollständig umkehrbar, so daß das Gleichgewicht von beiden Seiten erreicht werden kann. Die Lösung der Perschwefelsäure kann daher nach den Gleichungen 1 oder 2, namentlich leicht beim Erhitzen und beschleunigt durch die Konzentration der Schwefelsäure, wieder in Schwefelsäure und Wasserstoffperoxyd übergehen. Wie die Untersuchung der Reaktionsgeschwindigkeiten dieser beiden Reaktionen durch Reichel[547] bei Zimmertemperatur ergeben hat, verläuft die Hydrolyse der Überschwefelsäure zu Caroscher Säure und Schwefelsäure sehr schnell, jene der Caroschen Säure in Schwefelsäure und Wasserstoffperoxyd aber viel langsamer. Erst wenn sich Carosche Säure in einer Menge von etwa 80 bis 90% gebildet hat, tritt auch Wasserstoffperoxyd auf. Da ganz allgemein der Verlauf einer chemischen Reaktion, die in Zwischenstufen vor sich geht, durch die Geschwindigkeit des am langsamsten vor sich gehenden Prozesses beherrscht wird, ist für die Bildung des Wasserstoffperoxyds aus Perschwefelsäure vorwiegend die Umwandlung der Caroschen Säure in Wasserstoffperoxyd und Schwefelsäure von maßgeblicher Bedeutung.

Bei der Destillation von Überschwefelsäurelösungen wird demnach zunächst die Überschwefelsäure in Carosche Säure umgewandelt, ohne daß sich vorerst Wasserstoffperoxyd bilden würde. Erst wenn fast die ganze Überschwefelsäure in Carosche Säure übergegangen ist, setzt die Wasserstoffperoxydbildung ein. Eine 100%ige Umwandlung in Wasserstoffperoxyd tritt aber selbst bei der bestgeführten Destillation nie ein, sondern stets bleiben geringe Reste (etwa 1 bis 3%) aktiver Sauerstoff in Form von Caroscher Säure in der abfließenden Schwefelsäure zurück. Diese zersetzt sich teilweise im Absatzbehälter für das Bleisulfat, zur Gänze wird sie aber beim Durchfließenlassen des Elektrolyten durch die Kathodenräume zerstört. Werden Persulfatlösungen destilliert, so muß immer hinreichend freie Schwefelsäure vorhanden sein, um die Bildung der freien Perschwefelsäure und der Caroschen Säure ermöglichen zu können.

Die Umwandlung der Überschwefelsäure in Wasserstoffperoxyd bei Zimmertemperatur verläuft außerordentlich langsam und unter beträchtlichen Sauerstoffverlusten, während beim Erwärmen zwar die Umwandlungsgeschwindigkeit erhöht, gleichzeitig aber auch die Zersetzungsgeschwindigkeit so sehr beschleunigt wird, daß eine sehr lebhafte Sauerstoffentwicklung zu beobachten ist.

Diese große Zersetzlichkeit ist darauf zurückzuführen, daß das Wasserstoffperoxyd, wie schon Friend und Price[548] festgestellt haben, sowohl mit der Schwefelsäure als auch der Caroschen Säure leicht unter Sauerstoffentwicklung in Reaktion treten:

3. $H_2S_2O_8 + H_2O_2 = 2\,H_2SO_4 + O_2$.
4. $H_2SO_5 + H_2O_2 = H_2SO_4 + H_2O + O_2$.

Außerdem geht auch noch die Reaktion

5. $2\,H_2S_2O_8 + H_2O = 4\,H_2SO_4 + O_2$

vor sich, die gleichfalls zu einem Sauerstoffverlust führt. Ist durch die Verdampfung von Wasser und Wasserstoffperoxyd die Konzentration des Schwefelsäuregemisches sehr stark angestiegen, so kann auch, wenn das Wasserstoffperoxyd nicht sofort abdestilliert wird und daher längere Zeit mit der Schwefelsäure in Berührung steht, die Reaktion

6. $H_2SO_4 + H_2O_2 = H_2O + H_2SO_5$,

also die umgekehrte Reaktion 2, vor sich gehen. Sämtliche dieser Reaktionen werden sowohl durch Wärme als auch durch Katalysatoren stark beschleunigt.

Die technische Darstellung von Wasserstoffperoxyd aus den Lösungen der Perschwefelsäure ist demnach ein äußerst schwierig zu lösendes Problem. Es schien anfangs nahezu aussichtslos, bei den verwickelten Reaktionsverhältnissen die Umwandlung der Überschwefelsäure in Wasserstoffperoxyd vollständig und ohne allzu große Sauerstoffverluste durchführen und reines Wasserstoffperoxyd mit guter Ausbeute gewinnen zu können. Das Verdienst, diese Schwierigkeiten das erstemal gemeistert zu haben, gebührt Dr. Gustav Teichner, der im Jahre 1905 gemeinsam mit dem Konsortium für elektrochemische Industrie in Nürnberg ein Verfahren ausarbeitete[549], nach welchem auch aus Perschwefelsäurelösungen das Wasserstoffperoxyd mit guter Ausbeute abdestilliert werden konnte.

Das Prinzip des Verfahrens beruhte auf der Feststellung Teichners, daß ähnlich wie Wolffenstein die Durchführbarkeit der Destillation von Wasserstoffperoxydlösungen an sich an die Bedingung der vollständigen Reinheit knüpfte, die Sauerstoffverluste auch bei der Umwandlung der Perschwefelsäure in Wasserstoffperoxyd an die Anwesenheit von Katalysatoren gebunden seien. Hält man die Katalysatoren aus dem System ferne, so ist es möglich, die Lösungen im Vakuum zum Sieden zu erhitzen, das erhaltene Wasserstoffperoxyd abzudestillieren und durch die Entfernung des Reaktionsproduktes die Umsetzung zu Ende zu führen, d. h. also, das Wasserstoffperoxyd aus den Überschwefelsäurelösungen mit guter Ausbeute in reiner und konzentrierter Form gewinnen zu können. Durch die Möglichkeit, die Perschwefelsäurelösungen erhitzen zu können, konnte auch die Reaktionsgeschwindigkeit der Reaktion 2 derart beschleunigt werden, daß die zur Umwandlung erforderliche Zeit ganz außerordentlich verkürzt werden konnte, ohne größere Sauerstoffverluste in Form von nicht umgesetzter Perschwefel- oder Caroscher Säure befürchten zu müssen[550]. Es ist daher nicht nur äußerste Reinheit der Reagenzien, sondern auch peinlichste Reinlichkeit und Sauberkeit der Apparatur erforderlich. Die Platinelektroden dürfen daher auch aus diesem Grund keine irgendwelche anodisch löslichen Metalle enthalten, sondern müssen aus reinstem Platin bestehen.

Die Überschwefelsäure und Carosche Säure wandeln sich noch während der Destillation in Wasserstoffperoxyd um, das in dem Maße, wie es entsteht, aus der Lösung heraus destilliert. Die Umsetzung verläuft in der Wärme außerordentlich rasch, so daß die Komponenten keine Zeit haben, untereinander unter Sauerstoffentwicklung und Zersetzung reagieren zu können. Bei genügend rascher Destillation und hinreichend reinen Lösungen gelingt es daher in kurzer Zeit, nahezu das ganze Wasserstoffperoxyd in reiner Form zur Kondensation zu treiben. Ein hohes Vakuum begünstigt die schnelle Abführung des Wasserstoffperoxyds durch Erniedrigung des Siedepunktes der Lösung. Eine hohe Destillationsgeschwindigkeit ist namentlich bei der Destillation von Lösungen der Perschwefelsäure oder ihrer Salze für eine gute Ausbeute auch aus dem Grunde notwendig, da diese Lösungen mit allen Verunreinigungen zur Destillation gelangen. Durch die kurze Einwirkungsdauer der Katalysatoren kann ihr schädlicher Einfluß sehr stark eingeschränkt werden. Immerhin sind aber die Sauerstoffverluste bei der Destillation von Lösungen der Perschwefelsäure um einige Prozente größer als bei der Gewinnung von H_2O_2 aus festem $K_2S_2O_8$ durch Destillation.

Da nunmehr die Möglichkeit geschaffen war, aus Überschwefelsäurelösungen das Wasserstoffperoxyd gewinnen zu können, war damit der erste technische Kreisprozeß der elektrolytischen Wasserstoffperoxydherstellung geschaffen worden, da die nach der Destillation erhaltene Schwefelsäurelösung nach Verdünnung mit Wasser ohne weiteres wieder in den Elektrolyseur zurückgebracht werden kann. Tatsächlich konnte nunmehr mit dem Bau der ersten Anlage nach diesem Verfahren in Weißenstein an der Drau durch die Österreichischen Chemischen Werke als Lizenznehmerin des Konsortiums für elektrochemische Industrie im Jahre 1908 begonnen werden.

Destillationsverfahren. Von den Österreichischen Chemischen Werken und L. Löwenstein wurde in Fortsetzung dieser Arbeiten eine Destillationsapparatur geschaffen[551], die auf dem Prinzip der „Rieseldestillation" in senkrecht oder geneigt stehenden Rohren beruhte. Bei diesem Destillationsverfahren strömte die Überschwefelsäure kontinuierlich zu und Schwefelsäure kontinuierlich ab, wobei das Hauptaugenmerk auf eine möglichste Destillationsbeschleunigung gelenkt wurde, um das labile Wasserstoffperoxyd rasch und mit guter Ausbeute abdampfen zu können. Dabei soll auch der den Apparat durchströmende Elektrolyt in möglichst vielen, voneinander verschiedenen Portionen nacheinander destilliert werden und die höheren Konzentrationen nicht zu den niedrigeren zurückgelangen können. Diese Destillationsapparatur bestand im wesentlichen aus vertikal stehenden Rohren A (Abb. 26), die von einem Dampfmantel B umgeben waren. Die zu destillierende Überschwefelsäure wurde bei c oben eingeführt und floß in äußerst dünner Schicht über eine große Heizfläche bei starker Wärmezufuhr auf dem ganzen inneren Rohrmantel von oben nach unten. Es stellte sich

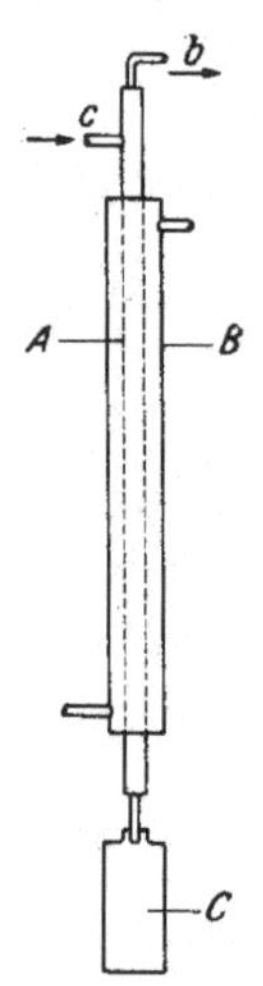

daher von oben nach unten ein Konzentrationsgefälle mit sehr vielen Konzentrationsstufen ein. Diese Art der Destillation bot auch den Vorteil, daß das Verhältnis von Heizfläche zur Flüssigkeitsmenge das größtmögliche war, daher die Wärmezufuhr und die Verdampfungsgeschwindigkeit sehr groß waren. Das Wasserstoffperoxyd destillierte bei b ab, während die Schwefelsäure in das Gefäß C abfloß.

Nach diesem Verfahren, das bei der Destillation Ausbeuten bis zu etwa 85% ergibt, wurde sehr lange Zeit in Weißenstein gearbeitet. Bei dieser Destillationsweise besteht aber die Gefahr, daß die erzeugten Wasserstoffperoxyddämpfe beim Aufsteigen im Heizrohr durch die Berührung mit der an den Wänden herabfließenden, oben noch kalten Lösung, die, je weiter die Dämpfe zum oberen Ende des Rohres gelangen, immer reicher an aktivem Sauerstoff sind, in Wechselwirkung treten können. Durch diese unvermeidliche Rückflußkondensation wird nicht nur die Ausbeute vermindert, sondern bei Verwendung von metallischen Heizrohren deren Angriff sehr stark begünstigt.

Abb. 26. Apparatur nach dem Prinzipe der „Rieseldestillation" (DRP. 249 893)

Das überraschendste Merkmal dieses Verfahrens bestand aber darin, daß man infolge der großen Destillationsgeschwindigkeit auch katalysatorhaltige Elektrolyte verarbeiten konnte, demnach die von Teichner geforderte überaus hohe Reinheit, die den technischen Betrieb nur sehr erschwert, nicht notwendig ist. Dieses Verfahren war von grundlegender Bedeutung für die Gewinnung des Wasserstoffperoxyds aus Perschwefelsäurelösungen. Das wesentlichste Merkmal, die Destillation der Perschwefelsäure in fließender dünner Schicht über eine große Heizfläche unter rascher Verdampfung auszuführen, findet man in fast allen Patentschriften, die die Destillation von Überschwefelsäure zum Gegenstand haben, der nächsten zwei Jahrzehnte wieder.

Über die Frage, wem das größte Verdienst an der technischen Durchführbarkeit des Kreislaufprozesses mit Perschwefelsäure und die Urheberschaft der Erfindung des Rieselverfahrens zukommt, fand im Anschluß an einen Aufsatz von G. Zotos[552] ein längerer Meinungsaustausch zwischen Löwenstein und Teichner statt[553]. Soweit sich aus der Patent- und Fachliteratur ersehen läßt, können beide Erfinder ungefähr gleiche Verdienste an der wirtschaftlichen Durchführbarkeit zur Gewinnung von Wasserstoffperoxyd über die Perschwefelsäure für sich in Anspruch nehmen. Während Teichner allgemein, auch von Löwenstein[554], als der Urheber des Kreisprozesses für die industrielle Herstellung von Wasserstoffperoxyd aus elektrolytisch hergestellter Perschwefelsäure angesehen wird, kann Löwenstein das Verdienst für sich in Anspruch nehmen, eine Destillationsapparatur erfunden zu haben, die aus Perschwefelsäurelösungen in kontinuierlichem Betriebe Wasserstoffperoxyd mit guten Ausbeuten zu gewinnen gestattete. In Amerika, wo der Erfinder als Patentinhaber aufscheint, lautet das Patent 916900, das den Kreisprozeß mit Perschwefelsäure betrifft, auf Dr. Gustav Teichner, die Destillationsapparatur nach Patent 1013791 auf Löwenstein.

Nach der Veröffentlichung der Verfahren der Österreichischen Chemischen Werke[551] wurden A. Hempel auf ein Destillationsverfahren die französische Patentschrift 445096 und Zusatzpatent 17505 erteilt. Die Lösung der Perschwefelsäure sollte durch flach liegende Destillationsrohre, z. B. ein in horizontaler Ebene gewickeltes Schlangenrohr, hindurchgeschickt werden, wobei die Wasserstoffperoxyddämpfe durch eine Mehrzahl von Flüssigkeitsauslässen, die in der Richtung des Flüssigkeitsweges aufeinanderfolgend angeordnet waren, aus dem Heizrohr im Augenblick ihrer Entstehung an verschiedenen Stellen gleichzeitig herausgeschafft werden sollten. Nach dem F. P. 17505 von Hempel sollten stehende oder geneigte Rohre zur Ausführung der Destillation verwendet werden, welche von außen geheizt und an ihrem oberen Ende mit Rohrschlangen ausgestattet sind, um die Wasserstoffperoxyddämpfe sofort nach ihrer Bildung im Vakuum zu entfernen. Dadurch sollte eine Berührung der Dämpfe weder mit der Ausgangslösung noch der erschöpften Rückstandslauge in Berührung kommen können.

Verdampfer. Einen wesentlichen Fortschritt in der Destillation von Überschwefelsäurelösungen bedeutete das Verfahren von D. Levin und L. A. Molin[555]. Diese schlugen vor, als Material für die Heizrohre an Stelle von Gold oder Platin, die sich zwar gut bewährt hatten, aus Billigkeitsgründen auch einfachere und billigere Metalle, wie z. B. das Blei, zu verwenden. Die Lösung der Perschwefelsäure wurde am oberen Ende eines senkrecht stehenden Bleirohres, das von einem eisernen Dampfheizmantel umgeben war, aufgegeben, wobei diese an der großen Innenfläche des Bleirohres als dünner Flüssigkeitsfilm herabfließen gelassen wurde. Der Flüssigkeitsfilm sollte die Fläche der Rohre vor der Einwirkung der Wasserstoffperoxyddampfe bewahren, wenn diese Dämpfe schnell aus dem Erhitzungsbereich herausgeschafft und kondensiert werden, so daß die Destillationsgeschwindigkeit größer ist als die Zersetzungsgeschwindigkeit. Es wurden daher Bleirohre von verhältnismäßig großer lichter Weite und verhältnismäßig geringer, eine rasche Wärmeübertragung gestattender Wandstärke gewählt. Bei Anwendung des Bleies als Baustoff für die Destillationsapparate ist demnach die Destillationsgeschwindigkeit größer als die Zerfallsgeschwindigkeit des Wasserstoffperoxyds am Blei. Dieses Verfahren konnte sich aber nicht in die Technik einführen, weil die Bleirohre namentlich an der Eintrittsstelle der Perschwefelsäurelösung rascher Zerstörung anheimfallen und die Ausbeuten bei der Destillation auch nicht über etwa 70% hinausgingen. Zu dieser geringen Ausbeute trug auch der Umstand bei, daß Levin und Molin auch die Krümmer zur Ableitung der Dämpfe aus dem Destillationsrohr und den Kühler für die Wasserstoffperoxyddämpfe aus Blei herstellten, das aber bei Anwesenheit von freiem Wasserstoffperoxyd und Fehlen von Schwefelsäure leicht zerstört wird.

Die Erhitzung der Perschwefelsäure hat daher nicht nur ihre Umwandlung in Wasserstoffperoxyd, sondern gleichzeitig auch dessen rasche Verdampfung zu bewirken. Dabei muß die Erhitzungsdauer derart gewählt sein, daß nicht **nur** die Umwandlung der Perschwefelsäure in Wasserstoffperoxyd beendet ist, sondern auch im gleichen Zeitraum das letztere abdestilliert ist. Würde die Zeit der Erhitzung nicht ganz genau geregelt sein, würden sofort Verluste an aktivem Sauerstoff entweder durch ungenügende Bildung von Wasserstoffperoxyd oder durch einen zu hohen Gehalt der abfließenden Schwefelsäure an aktivem Sauerstoff auftreten. Eines der wichtigsten Probleme bei der Destillation des Wasserstoffperoxyds aus Perverbindungen ist daher die Art und Geschwindigkeit der Wärmeübertragung an die Flüssigkeit und die Schnelligkeit, mit der das Wasserstoffperoxyd aus der Lösung ausgetrieben wird. Man stellt daher bei allen Destillationsverfahren die Durchflußgeschwindigkeit so ein, daß die Summe aus Zersetzungsverlust und dem durch ungenügende Verwertung des aktiven Sauerstoffes eintretenden Verlust möglichst gering ist, d. h. also, man läßt, da man die Erhitzungsdauer wegen der Gefahr einer Zersetzung nicht zu groß wählen kann, einen gewissen Teil der Perschwefelsäurelösung, und zwar in Form der Caroschen Säure, das Heizrohr unzersetzt passieren. Praktisch fallen diese Verluste, die etwa 1 bis 3% betragen, nicht sehr ins Gewicht.

Erwähnenswert ist der Vorschlag von J. Patek gewesen[556], der die Verdampfung des Wasserstoffperoxyds aus verdünnten Perschwefelsäure- oder Persulfatlösungen in der Weise vornahm, daß er diese in Form eines Sprühregens auf ein Bad von Schwefelsäure oder einer Schmelze von Natriumbisulfat brachte. Die Abführung des Wasserstoffperoxyds wurde durch Einblasen eines Luftstromes in die erhitzte Flüssigkeit unterstützt. Ähnlich ist das Destillationsverfahren von F. Krauß (E. P. 434488), der die Ammonpersulfatlösungen ohne Dampfzufuhr über erhitzte Flächen fließen läßt.

Die elektrische Erhitzungsart ist gleichfalls schon vorgeschlagen worden, jedoch scheint der hohe Preis des elektrischen Stromes gegenüber dem Dampf mit wirtschaftlichen Nachteilen verbunden zu sein. So schlugen z. B. die Österreichischen Chemischen Werke vor[557], eine direkte Flüssigkeitserhitzung mit Wechselstrom für die Destillation der Perschwefelsäure und ihrer Salze anzuwenden. Bei Verwendung von Platinelektroden ist eine Wechselzahl von mindestens 500 Perioden pro Sekunde erforderlich, mit Kohlenelektroden genügt aber eine Wechselzahl von nur 50 Perioden pro Sekunde. Die größere Zahl der Frequenzen an Platinelektroden ist zur Vermeidung von elektrischen Zersetzungen notwendig, die an Kohlenelektroden wegen der geringeren Geschwindigkeit der Erreichung des Abscheidungspotentials nicht eintreten. Die Kohlenelektroden werden vor Gebrauch mit Überschwefelsäurelösung ausgelaugt. Die Stromstärke soll unter 1 Amp/qcm liegen.

Die Chemische Fabrik Coswig-Anhalt[558] verwendete zur Beheizung der Überschwefelsäurelösung dünne Heizdrähte oder Heizgitter aus Tantal, die zwischen starken Blechen aus Tantal als Stromzu- und Abführungsleiter tief in das Bad hineingelegt wurden. Die Tantaldrähte wurden durch elektrischen Strom auf Temperaturen über 100° erhitzt und übertrugen ihre Wärme direkt auf das Wasserstoffperoxyd, das destilliert oder konzentriert werden sollte. Der elektrische Heizwiderstand konnte schließlich auch von den metallischen Gefäßwänden selbst gebildet werden.

Nach dem Vorschlage der Deberag[559] werden Persulfatlösungen derart destilliert, daß die entstandenen Gase oder Dämpfe unmittelbar nach dem Augenblick ihrer Entstehung von der Flüssigkeit getrennt werden und verhindert wird, daß von dem Flüssigkeitsrest Tröpfchen in die Dampfphase gelangen. Zur Durchführung der Destillation wird eine Art Zentrifuge verwendet, deren Trommel geheizt ist. Die zu destillierende Flüssigkeit gelangt durch die Welle der Drehtrommel in das Innere derselben, wobei sie sich je nach der Drehgeschwindigkeit der Trommel auf ein Umdrehungsparaboloid einstellt. Man wählt die Geschwindigkeit so groß, daß sich die Flüssigkeit in gleichmäßig dünner Schicht an der Innenwand der Trommel befindet. Die Flüssigkeit wird durch die Zentrifugalwirkung an die Innenwand der Trommel gepreßt, während die Dämpfe von Wasserstoffperoxyd und Wasser durch das von oben wirkende Vakuum abgesaugt werden. Der Zufluß zur Flüssigkeit wird so geregelt, daß beim Überlaufen der Flüssigkeit an der oberen Kante der Drehtrommel das Wasserstoffperoxyd restlos herausdestilliert ist.

Zulauf. Die gleichmäßige Zuführung der zu destillierenden Flüssigkeit ist von wesentlicher Bedeutung, aber schwierig durchzuführen, da ja stets mehrere Verdampfungsapparate gleichzeitig im Betriebe sind. Nach einem Vorschlag der Deberag[560] erfolgt die automatische Regelung der Zufuhr der Destillationsflüssigkeit in der Weise, daß deren Zuleitung mit der Dampfzuleitung und Vakuumpumpe gekuppelt wird. Die Destillationsflüssigkeit wird einer Zentrifugalwirkung in rotierenden geheizten Destillationsröhren ausgesetzt, in welchen die zu destillierende Lösung mit Hilfe von Streudüsen zerstäubt wird. Durch die Rotation des Heizrohres wird die Flüssigkeit stets von neuem an die Wandungen geworfen und dadurch äußerst schnell mit dem Heizdampf in Berührung gebracht. Die Apparatur bedarf nach einmaliger Einstellung keiner besonderen Wartung mehr, da Schwankungen des Druckes oder in der Zufuhr der Wärme oder der Destillationsflüssigkeit automatisch ausgeglichen werden. Die Steuerung des Flüssigkeitszulaufes erfolgt durch einen Hahn mit zwei Küken, deren Bewegung gegenläufig ist. Das eine Küken ist an die Dampfleitung, das andere an die Vakuumleitung angeschlossen, wobei jedes Küken durch einen in einem Zylinder hin und her gehenden Kolben, der vom Dampfdruck bzw. dem Vakuum beeinflußt ist, gesteuert wird. Bei höchstem Dampfdruck bzw. höchstem Vakuum gibt das Küken den Durchgang für die Flüssigkeit ganz frei, während bei fallendem Dampfdruck bzw. Vakuum der freie Durchgangsquerschnitt verkleinert wird. Da beide Küken gegenläufig arbeiten, wird der Durchgang durch die Flüssigkeit stets entsprechend dem im Augenblicke herrschenden Dampfdruck und Vakuum eingestellt. Dadurch wird vermieden, daß sich in dem röhrenförmigen Destillationsapparat mehr oder weniger Destillationsflüssigkeit ansammelt, wodurch zum Schaden für die Ausbeute ein Teil der Apparatur für die Überführung des Destillationsgutes in den dampfförmigen Zustand ausgeschaltet wird.

Nach einer weiteren Verbesserung der Deberag[561] kann die Wirkung dieser Vorrichtung noch vergrößert werden, wenn man die Destillationsflüssigkeit vor Einführung in den Verdampfungskörper mittels eines Wasserbades auf eine Temperatur erwärmt, bei der die Hydrolyse der Überschwefelsäure in Carosche Säure und Wasserstoffperoxyd stattfindet. Dadurch soll vermieden werden, daß die Wasserstoffperoxyd enthaltende Flüssigkeit längere Zeit mit den als Heizrohre dienenden Bleirohren in Berührung steht, da diese von der Flüssigkeit sonst leicht zerstört werden.

Beheizung. Die Größe der Heizflächen und damit der zugeführten Wärme-
menge stehen in einem bestimmten Verhältnis zu der Menge der zur Destillation
kommenden Flüssigkeit, also zum Querschnitt der Destillationsrohre. Bei Rohren
von kleinem Querschnitt ist das Verhältnis vom Umfang zum Querschnitt am
günstigsten. Dieses Verhältnis verschlechtert sich aber mit zunehmendem Durchmesser der Rohre. Um auch die Verwendung von Rohren mit größeren Quer-
schnitten zu ermöglichen, sollen diese[562] nach einem Vorschlage der Deberag nicht
mehr zylindrisch, sondern mit gewellter Oberfläche ausgebildet werden. Dadurch
besitzen diese bei gleichbleibendem Durchmesser gegenüber den zylindrischen
Rohren eine vergrößerte Heizfläche. Neben der Vergrößerung der Oberfläche
bewirkt die Anordnung der Wellen auch eine Erhöhung der Widerstandsfähigkeit
der Bleirohre gegen die Wirkung des Vakuums, so daß eine Deformation ziemlich weitgehend vermieden werden kann.

Neben einer Beheizung der Destillationsrohre nur von außen hat man auch
schon vorgeschlagen, auch eine Innenheizung oder beide Heizungen gemeinsam

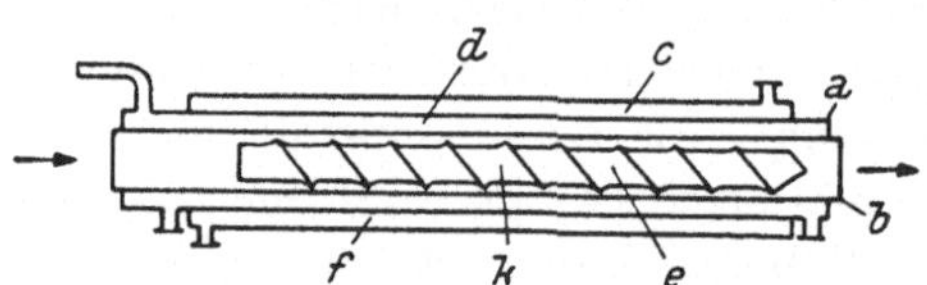

Abb. 27. Röhrenverdampfer mit Innen- und Außen-
beheizung (Schw. P. 174 343).

vorzunehmen[563,564,565]. Man kann auch
den Destillationsrohren eine kontinuierliche oder diskontinuierliche konische
Form geben[566], wobei sich das Rohr
in der Richtung der entweichenden
Dämpfe erweitert. Dadurch kann der
sich entwickelnde Dampf immer schnell
genug entweichen, so daß das Auf-
treten eines hohen Druckes verhindert wird, welcher die Durchflußgeschwindigkeit und damit die Leistung des Rohres vermindern würde.

Horizontale Verdampfungsrohre, durch die die zu destillierende Flüssigkeit
geleitet wird und die von innen bzw. von innen und außen mit Dampf beheizt
werden, sind gleichfalls bekannt[567]. In Abb. 27 ist ein derartiger Röhrenverdampfer dargestellt. Er besteht aus einem horizontal liegenden Destillationsrohr a, einem in dem Destillationsrohr angeordneten Heizrohr d und einem das
Destillationsrohr a abschließenden Außenrohr c. Der ringförmige Destillationsraum d ist also durch einen inneren Heizraum und einen äußeren Heizraum f begrenzt. Die zu destillierende Flüssigkeit strömt durch den Ringraum d, wobei
die Verdampfung hauptsächlich durch die Innenbeheizung bewirkt wird. Das
Heizrohr b besteht aus Blei oder einer Bleilegierung, während das Destillationsrohr a entweder ebenfalls aus Blei oder zur Vermeidung des Zusammendrückens
durch den hohen Dampfdruck aus einer keramischen Masse, wie Porzellan, Steinzeug oder Havog, bestehen kann. An Stelle der Bleirohre kann man auch Eisen-
oder Kupferrohre verwenden, die an jenen Stellen, wo sie mit der sauren Flüssigkeit und Wasserstoffperoxyd in Berührung kommen, durch homogene Verbleiung
geschützt sind. Diese Rohre können durch den Dampfdruck dann nicht mehr
zusammengedrückt werden.

Das innere Heizrohr kann auch exzentrisch angeordnet sein, so daß der Teil,
in welchem das exzentrische innere Heizrohr liegt, mit Flüssigkeit gefüllt ist,
während der darüber liegende Raum für die Destillationsgase freigehalten ist.
Zur Erzielung einer möglichst weitgehenden Dampfausnützung wird in das innere
Heizrohr ein eventuell schraubenförmig ausgebildeter Füllkörper k gelegt. Bei

der praktischen Durchführung sind mehrere Horizontalverdampfer derart hintereinandergeschaltet, daß die Flüssigkeit nach Durchströmen des ersten Verdampfers durch einen zweiten, von diesem in einen dritten usw. tritt. Dabei können die Verdampfer auch treppenförmig oder übereinander angeordnet sein.

In der Abb. 28 sind vier hintereinandergeschaltete, übereinandergelagerte Röhrenverdampfer zu einem solchen System zusammengeschaltet. Die zu destillierende Flüssigkeit tritt durch g in den Destillationsraum d des Verdampfers I ein und durchströmt das Verdampfersystem unter dem Einfluß des Vakuums. Vom Verdampfer I fließt die Flüssigkeit durch die Leitung g_1 in den Verdampfer II, durch Leitung g_2 in Verdampfer III, durch Leitung g_3 in Verdampfer IV und verläßt den letzteren durch Leitung g_4. Das abziehende Gemisch von Wasserstoffperoxyd- und Wasserdampf verläßt die Verdampferräume durch die Leitungen h und h_1, die dieselben zu dem Kondensator führen. Kondensiert man die in den einzelnen Verdampfern entstehenden Dämpfe nicht gemeinsam, sondern getrennt, so gewinnt man Wasserstoffperoxyd von hoher Konzentration ohne Anwendung der üblichen fraktionierten Kondensation. Da der Wasserstoffperoxydgehalt des Dampfes mit fortschreitender Destillation zunimmt, so wird das aus Rohr IV und eventuell auch das aus Rohr III abgehende Dampfgemisch durch direkte Kühlung kondensiert und dabei Wasserstoffperoxyd hoher Konzentration gewonnen. Das aus den ersten Rohren, insbesondere Rohr I, abziehende, verhältnismäßig wasserstoffperoxydarme Dampfgemisch kann dann durch fraktionierte Kondensation auf höhere Konzentration gebracht werden.

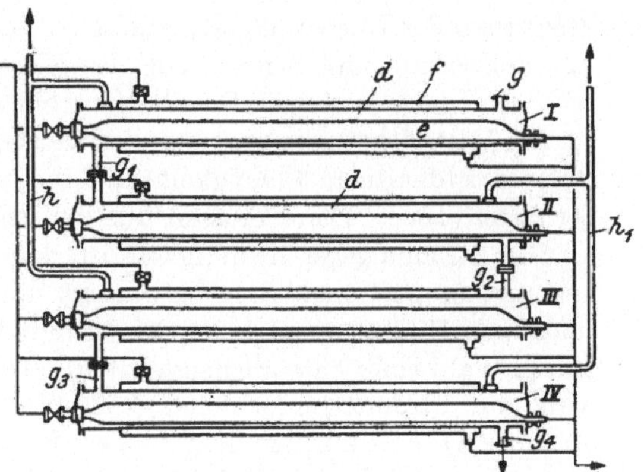

Abb. 28. Hintereinandergeschaltete, übereinandergelagerte Röhrenverdampfer (Schw. P. 174 343).

Beschreibung der Destillationsanlage in Weißenstein. Von besonderem Interesse ist die moderne Anlage der Österreichischen Chemischen Werke in Weißenstein[568]. Dieser Firma ist es durch Anstellung sorgfältiger Versuche gelungen, die Bedingungen zu ermitteln, die es ermöglichen, das billige Blei, das wie alle Schwermetalle auf Wasserstoffperoxyd katalytisch einwirkt und auch selbst von diesem angegriffen wird, sich aber gegen die Rückstandslauge indifferent verhält, für die Destillation von Wasserstoffperoxyd liefernden Lösungen im praktischen Betriebe ohne baldige Zerstörung heranziehen zu können. Man erreicht dies dadurch, daß die Flüssigkeit in engen Heizrohren auf langem geschlossenem Wege mit den Wasserstoffperoxyddämpfen im Gleichstrom mit hoher Durchflußgeschwindigkeit fortbewegt wird. Unter diesen Bedingungen treiben die Dämpfe die Flüssigkeit mit außerordentlich hoher Geschwindigkeit vor sich her. Es ist anzunehmen, daß hierdurch die Mutterlauge in ununterbrochener dünner Schicht auf der Rohrwandung verteilt wird, und zwar auch in Rohrteilen, die nicht senkrecht oder annähernd senkrecht stehen, so daß sie die Rohrwand vor der Berührung mit Wasserstoffperoxyddämpfen sicher schützt. Offenbar wirkt ferner die erreichbare außerordentlich hohe Geschwindigkeit auch an sich schon der Gefahr einer gegenseitigen schädlichen Beeinflussung von Bestandteilen des Reaktionsgemisches und des Rohrmaterials entgegen. Auch ist in der ersten Strecke des sehr langen Heizrohres nur Schwefelsäure neben Caroscher Säure und Perschwefelsäure, aber noch kein Wasserstoffperoxyd vorhanden, das Bleirohr daher noch nicht gefährdet. Erst wenn die ganze Perschwefelsäure in Carosche Säure übergegangen ist, setzt die Wasserstoffperoxydbildung ein, in welchem Zeitpunkte aber in den engen Heizrohren schon eine derart hohe Strömungsgeschwindigkeit erreicht ist, daß eine gegenseitige Beeinflussung des Bleies und der Wasserstoffperoxyddämpfe nicht eintritt. Die Strömungsgeschwindigkeit der Lösung und der Dämpfe beträgt in den engen Bleirohren bis zu 200 km pro Stunde.

Dank der Vergrößerung der Heizfläche besteht auch die Möglichkeit, dicke Bleirohre zu verwenden, um die Gefahr von Deformationen zu vermeiden, die dadurch droht, daß die Rohre von außen dem hohen Druck des Heizdampfes ausgesetzt sind, während im Innern der Rohre Unterdruck herrscht. Die Größe der Heizfläche ist auch für eine gute Ausbeute maßgebend, da sie trotz wesentlicher Steigerung der Durchflußgeschwindigkeit eine praktisch völlige Umwandlung der Ausgangslösung und Abtrennung des Wasserstoffperoxyds schon vor dem Austritt der Lauge aus dem Destillationsrohr ermöglicht.

Die Heizfläche kann man aus Blei herstellen, nicht aber die von kalter wasserstoffperoxydhaltiger Flüssigkeit und die von den Wasserstoffperoxyddämpfen berührten Teile. Diese müssen aus keramischen Materialien verfertigt werden.

Die Strömungsgeschwindigkeit ist dem Querschnitt des Destillationsrohres verkehrt proportional, d. h. sie nimmt mit abnehmendem Querschnitt proportional zu. Hingegen steigt die Geschwindigkeit proportional mit dem Durchsatz. Durch Wahl eines entsprechenden Verhältnisses von Rohrlänge und Querschnitt wird die Strömungsgeschwindigkeit der Dämpfe derart gesteigert (bis zu 300 m/sek.), daß auch in sehr langen Rohren eine Zersetzung des Wasserstoffperoxyds vermieden wird. Wegen dieser hohen Geschwindigkeit werden nämlich die durch Hydrolyse entstandenen Wasserstoffperoxyddämpfe nur Bruchteile einer Sekunde erhitzt. Man muß nur durch einfaches Ausprobieren trachten, Rohrlänge, Rohrbreite, Durchflußgeschwindigkeit usw. in ein solches Verhältnis zu bringen, daß trotz sehr großer Durchsatzgeschwindigkeit eine vollständige Austreibung des Wasserstoffperoxyds unter Vermeidung von Zersetzungen erreicht wird. Für Rohre, deren Länge 30 bis 60 m beträgt, beträgt die lichte Weite etwa 75 mm. Aus Gründen der Raumersparnis wird den Rohren Spiralform gegeben. In Form von Spiralrohren von stetig schwacher Neigung bietet sich auch noch der große Vorteil, daß die Flüssigkeits- und Gasströmung gleichmäßiger ist.

Das überraschend Neue an diesem Verfahren ist die Tatsache, daß in Bleirohren, die auf Wasserstoffperoxyd katalytisch zersetzend wirken, das Wasserstoffperoxyd auf derartig langem Wege ohne Zersetzungsverluste destilliert werden kann. Bei den übrigen Destillationsverfahren war man bis dahin stets bestrebt gewesen, zur Vermeidung von Zersetzungsverlusten den Weg der zu destillierenden Lösung und der Dämpfe möglichst abzukürzen, d. h. man verwendete bloß Rohre von $1^{1}/_{2}$ bis höchstens $2^{1}/_{2}$ bis 3 m Länge. Die technische Durchführbarkeit dieses Destillationsverfahrens ist nur dadurch möglich geworden, daß eben eine derart hohe Durchflußgeschwindigkeit eingehalten wurde. Wie sich im praktischen Betriebe in Weißenstein gezeigt hat, werden die Bleirohre tatsächlich fast gar nicht angegriffen, so daß sie leicht 1 bis 2 Jahre in Verwendung stehen können. Diese lange Lebensdauer wird auch dadurch bedingt, daß die langen Bleirohre mit einem geringeren Heizdampfdruck erhitzt werden können.

In Abb. 29 ist schematisch ein solcher Strömungsverdampfer wiedergegeben, dessen Heizrohr als Schlangenrohr ausgebildet ist. Das metallische Schlangenrohr *12* ist von einem Behälter *13* umgeben. Der Heizdampf wird durch den Rohrstutzen *14* eingeleitet und durch den Rohrstutzen *15* abgeführt. Die zu behandelnde Flüssigkeit tritt aus dem Behälter *16* durch das Anschlußstück *17* in das metallische Rohr *12* ein. Behälter *16* und Rohrstück *17* sowie vor allem der anschließende, zur Trennung von Dampf und flüssigem Rückstand bestimmte Teil der Apparatur bestehen aus keramischem Material, wie z. B. Glas oder Steinzeug. Die Flussigkeit und die Gas-

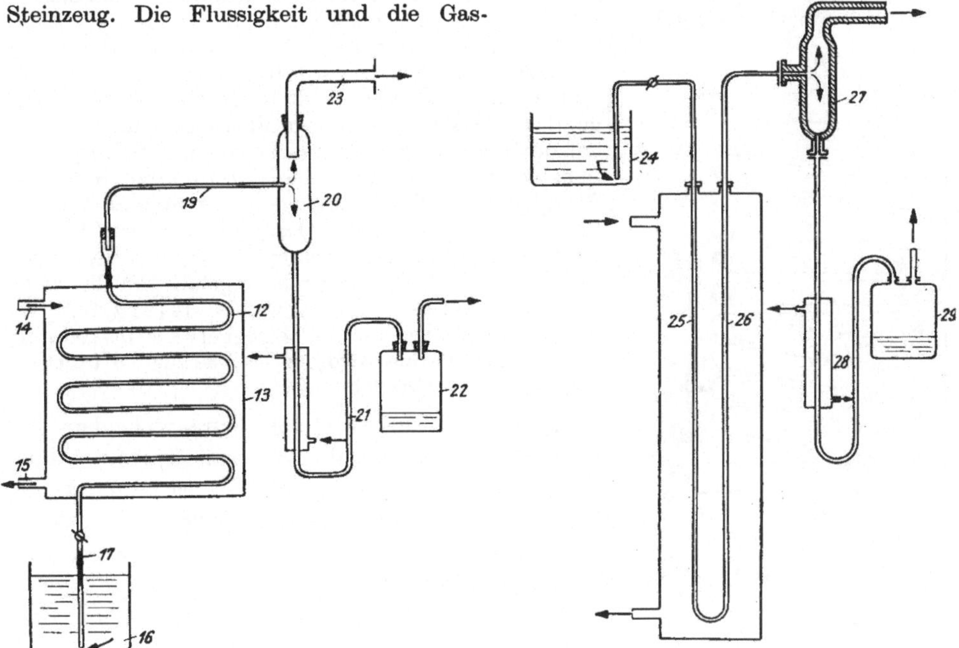

Abb. 29. und 30. Schema eines Strömungsverdampfers.

blasen verlassen das metallische Destillationsrohr durch die Leitung *19*, welche das Gemisch zu dem Abscheideraum *20* führt, in den das gasförmige Wasserstoffperoxyd von der mitgerissenen Flüssigkeit abgesondert wird. Diese letztere fließt durch das gekühlte U-Rohr *21* in den Rückstandsbehälter *22*, der mit der Vakuumpumpe verbunden ist. Der von der mitgerissenen Flüssigkeit befreite Dampf wird durch das Knierohr *23* abgeführt. Die Flüssigkeit wird an der Wandung des Rohres aufwärtsbewegt, wobei die an den Heizflächen anliegenden Teile bei genügend schneller Verdampfung des Wasserstoffperoxyds aus konzentrierter Schwefelsäure oder konzentrierter Persulfatlösung bestehen, gegen die sich das Blei oder sonstige metallische Materialien indifferent verhalten. Die Flüssigkeit und die Gasblasen verlassen das metallische Destillationsrohr *12* am Austrittsende bei stärkerem Zufluß in Form eines Sprühregens. Die Ausbeute an aktivem Sauerstoff beträgt beim Ausgehen von einem Elektrolysenprodukt, das 280 g Perschwefelsäure pro Liter enthält, etwa 95%, der Rest befindet sich in der Rückstandslauge.

Eine andere Ausführungsform ist in Abb. 30 im vertikalen Schnitt wiedergegeben. Die zu behandelnde Flussigkeit wird aus dem Behälter *24* in ununterbrochenem Strome in das metallische U-Rohr *25, 26* eingebracht, das annähernd in senkrechter Richtung ab- und aufwärts geführt ist. Aus dem aufwärtsgerichteten Schenkel *26*

gelangt das Destillationsgemisch (Flüssigkeit und Gasblasen) in den Abscheideraum *27*,
aus welchem die Flüssigkeit durch einen Kühler *28* hindurch in den Rückstandsbehälter *29* gebracht wird. Das Gefäß *24*, das Abscheidegefäß *27* und die nicht gezeichnete Kondensationseinrichtung müssen aus indifferentem, z. B. keramischem
Material hergestellt sein.

Die tatsächlich in Weißenstein in Verwendung stehende Apparatur wird aber
durch Abb. 31 veranschaulicht. Innerhalb eines Dampfmantels *1* befindet sich das
in Form einer Spirale gewundene Heizrohr *2*. Das Heizrohr besteht aus einem 75 mm
dicken, starkwandigen Bleirohr von 60 m Länge, das etwa 15 bis 25 Windungen
aufweist. Durch das Rohr *4* wird Dampf zugeleitet und das Kondenswasser durch
das Rohr *4'* abgezogen. Die zu destillierende Überschwefelsäurelösung wird am oberen
Ende der Spirale aufgegeben und fließt von oben nach unten durch das lange Bleirohr. Unmittelbar nach dem Austritt des Bleirohres
aus dem Dampfmantel wird dieses sofort in den Rohrstutzen aus indifferentem keramischem Material eingeführt. Das Gemisch von Flüssigkeit und Dampf
gelangt dann in den Saurescheider, in welchem diese
voneinander getrennt werden. Im Steinzeugrohr sind
Siebplatten aus Porzellan angebracht, die zum Zurück-
halten und zum Trennen der Säure von den Wasser-
stoffperoxyd- und Wasserdampfen dienen. Durch diese
Schlangen werden pro Stunde ungefähr 200 bis 250 l
überschwefelsäurehaltige Schwefelsäure (25% $H_2S_2O_8$)
durchgesaugt. Das Vakuum beträgt etwa 60 bis 100 mm.
Bei der Destillation wird für 1 kg 30%ige Ware etwa
5 kg Dampf verbraucht.

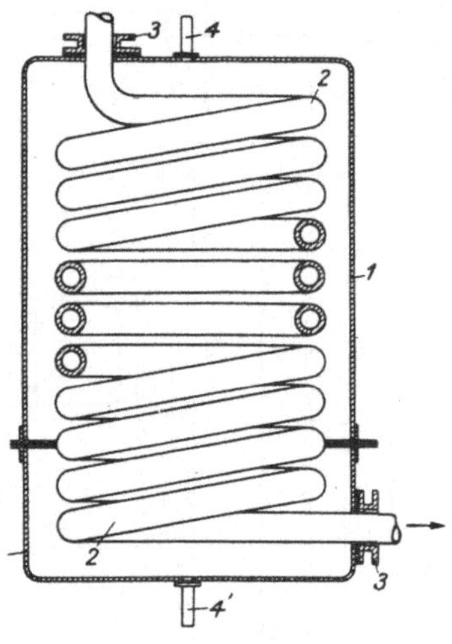

Abb. 31. Bleischlange mit Dampfmantel.

Nach dem Verlassen des Säureabscheiders ge-
langt das Gemisch von Wasserstoffperoxyd und
Wasserdampf in die Kondensationstürme. Diese
bestehen aus keramischem Material, weisen eine
Höhe von etwa 3 bis 4 m, einen Durchmesser von
etwa 1 m auf und sind mit Füllkörpern, wie Porzellankugeln, Raschig-Ringen u. dgl., gefüllt. Aus den
Dämpfen, die einen Gehalt von etwa 5% H_2O_2 haben, wird dieses in zwei
Fraktionen kondensiert, wobei schließlich eine 35%ige Lösung erhalten wird.
Die Wasserdämpfe werden in einem eigenen Turm durch Einspritzen von kaltem
Wasser kondensiert, das anfallende Kondenswasser enthält nur mehr 0,1 bis
0,2% H_2O_2 und dient zum Verdünnen der von der Destillation kommenden sehr
konzentrierten Schwefelsäure (56° Bé) auf die für die Elektrolyse erforderliche
Konzentration von etwa 23° Bé.

Weitere Destillationsverfahren, Wasserdampfdestillation. Während bei den
bisher beschriebenen Verfahren während der Destillation auch eine weitere Konzentration der Lösung vor sich ging und die Verhältnisse derart gewählt waren,
daß die Hydrolyse der Lösung und Bildung des Wasserstoffperoxyds beendet war,
sobald die Lösung die Heizrohre passiert hatte, wird nach dem Vorschlage der
B. Laporte Ltd.[569] die Hydrolyse der Perschwefelsäure oder Persulfatlösung in
den Rohren auf höchstens 50% begrenzt und durch eine Wasserdampfdestillation
beendet, wodurch eine weitere Konzentration vermieden wird, die Zersetzungsverluste verursachen könnte. Das wesentlichste Merkmal dieses Verfahrens liegt
demnach in einer Dampfdestillation in einer mit Füllmaterial beschickten Kolonne. Die Wasserstoffperoxyd liefernde Flüssigkeit wird vor Erreichung der

Destillationsvorrichtung vorgewärmt und diese Vorwärmung bedingt eine Hydrolyse, die aber so niedrig als möglich gehalten wird, da das erzeugte Wasserstoffperoxyd in der Flüssigkeit bleibt und sich daher leicht bei vollkommener Hydrolyse zersetzen könnte. Man unterbricht daher die Konzentrierung, wenn mehr als 50% der Perschwefelsäure oder des Persulfats hydrolysiert sind, und unterwirft die konzentrierte Lösung der Wasserdampfkonzentration ohne weitere Verdampfung des Wassers.

Der Destillationsapparat hat die Form einer mit Skrubbermasse, z. B. Raschig-Ringen, gefüllten Kolonne. In der Abb. 32 ist eine Anlage zur Durchführung des Verfahrens dargestellt. In eine Batterie a aus mit Heizmänteln versehenen Vakuumröhren wird die Persulfatlösung durch eine Speisevorrichtung, die aus einem Kapillarrohr zum Ansaugen bestimmter kleiner Flüssigkeitsmengen besteht (nach Art des E. P. 358654), angebracht und verdampft. Die konzentrierte Lösung verläßt das Rohr a und fließt nach abwärts durch eine Kolonne d, die mit Raschig-Ringen oder anderem Skrubbermaterial gefüllt ist und einen Mantel f aus wärmeisolierenden Stoffen besitzt. Bei c angesaugter Wasserdampf steigt in der Kolonne nach oben und verläßt sie mit dem Wasserstoffperoxyddampf durch das Rohr d, um in einen Kondensator oder, wenn konzentrierteres Wasserstoffperoxyd erwünscht ist, in eine Rektifizierkolonne einzutreten. Der Bisulfatrückstand tritt aus dem Boden der Hydrolysierkolonne b über ein unter Flüssigkeitsverschluß stehendes Rohr e aus. Die gesamte Vorrichtung steht unter vermindertem Druck. Die erzielte Ausbeute an Wasserstoffperoxyd soll 97% des theoretischen Wertes betragen.

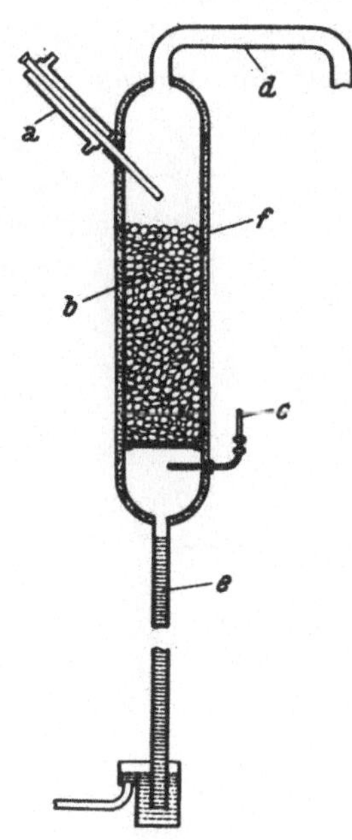

Abb. 32.
Apparat zur „Wasserdampfdestillation" (Ö. P. 141472).

b) Die Destillation von Ammonpersulfatlösungen.

Zur Herstellung von Wasserstoffperoxyd durch unmittelbare Destillation aus Lösungen von Perverbindungen war man bis zum Jahre 1924 gezwungen, von Lösungen der Überschwefelsäure auszugehen. Aus den Persulfaten, die man in ausgezeichneter Stromausbeute elektrolytisch darstellen konnte, war bis dahin nur das von Pietsch und Adolph angegebene Verfahren über das feste Kaliumpersulfat als Zwischenprodukt bekanntgeworden. Aus der wäßrigen Lösung des Ammonpersulfats konnte man jedoch nicht in praktisch brauchbarer Ausbeute Wasserstoffperoxyd abdestillieren, was wahrscheinlich darauf zurückzuführen ist, daß während der Destillation an verschiedenen Stellen der Apparatur kristallinische Massen abgeschieden werden, die die Ausbeuten herabsetzen. Man war daher gezwungen, aus den Ammonpersulfatlösungen vorerst durch Umsetzung mit Kaliumbisulfat das Kaliumpersulfat abzuscheiden und aus diesen dann mit Schwefelsäure und Dampf das Wasserstoffperoxyd auszutreiben. Von L. Löwenstein[571] wurde nun gefunden, daß sich auch Ammonpersulfatlösungen mit sehr guter Ausbeute unmittelbar nach dem Verlassen des Elektrolyseurs destillieren lassen, wenn eine schwefelsaure Ammonpersulfatlösung in ein enges, aufrecht stehendes, von außen beheiztes und am oberen Ende mit dem Vakuum in Verbindung stehendes Rohr an dessen unterem Ende eingesogen wird. Die Flüssigkeit steigt dann in dem Rohr vermischt mit Dampf von unten nach oben. Das Verfahren beruht demnach in der Anwendung des Prinzips der Kastnerschen Kletterverdampfer auf die Destillation von Wasserstoffperoxyd aus Ammonpersulfatlösungen. Während nun die angesammelten Dämpfe von Wasserstoffperoxyd und Wasser der Kondensationseinrichtung zugeführt werden, fließt der Rückstand oben ab. Man erhält auf diese Weise selbst aus katalysatorhaltigen Persulfatlösungen noch bei guter Ausbeute Wasserstoffperoxyd.

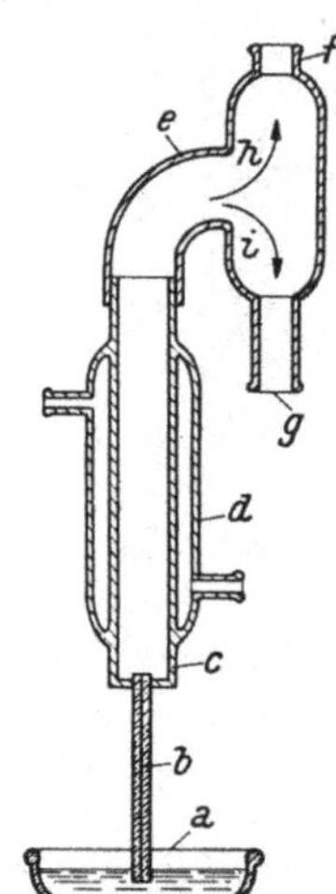

Abb. 33. Apparatur zur Destillation von Ammonpersulfatlösungen (DRP. 510064).

Der Destillationsapparat besteht aus gegen die vorliegenden Lösungen beständigen Schwermetallen, wie Edelmetalle, Eisensiliziumlegierungen oder keramischem Material. Für eine regelmäßige Zuführung der Destillationsflüssigkeit in die einzelnen Destillationsapparate ist Sorge zu tragen, was durch Verwendung von Kapillaren ermöglicht wird, die den einzelnen Apparaturen vorgeschaltet werden. Die Flüssigkeit wird dabei selbsttätig durch die Wirkung der Luftleere eingesaugt. Auch bei etwaigen Schwankungen des Vakuums bleibt der Zufluß der zu destillierenden Lösung durch eine mehrere Zentimeter lange Kapillare praktisch konstant.

Wie aus der Abb. 33 hervorgeht, kann die zu destillierende, Wasserstoffperoxyd liefernde Lösung in einer Schale oder einem Vorratsbottich a enthalten sein. Die Lösung wird durch ein Kapillarrohr d in ein Rohr c hinausgesaugt, das von einem Heizmantel d umgeben ist. Die Flüssigkeitsmenge, die pro Stunde in einen Verdampfungsapparat eingesaugt wird, beträgt etwa 20 bis 25 l. Am oberen Ende ist das Rohr c mit einer Vorlage e verbunden, die zwei Rohrstutzen f und g trägt, von denen der eine mit der Luftpumpe in Verbindung steht, während der andere so angeordnet ist, daß er den Destillationsrückstand abführt. Der Pfeil h bezeichnet den Weg der Dämpfe zur Kondensationsanlage, der Pfeil i den Weg des Destillationsrückstandes, der schwefelsauren Ammonbisulfatlösung, die nur mehr sehr wenig aktiven Sauerstoff enthält.

Nach einer Ausgestaltung dieses Verfahrens durch die J. D. Riedel-E. de Haën A. G.[572] ist es für die Erzielung guter Ausbeuten wichtig, daß die ansonsten unerläßlich genaue Regelung der Geschwindigkeit des Durchflusses der Lösungen durch die Destillationsrohre nicht sehr streng gehandhabt zu werden braucht. Eine vollständige Austreibung des gesamten vorhandenen Wasserstoffperoxyds wäre in normaler Weise wohl bei sehr niedriger Durchflußgeschwindigkeit möglich, kann aber im Hinblick auf die leichte Zersetzlichkeit des Wasserstoffperoxyds bei zu lang andauernder Einwirkung der hohen Heiztemperatur nicht eingehalten werden. Um Schwankungen im Betriebe, Unachtsamkeiten der Arbeiter usw. bei der genauen Einstellung und Beobachtung der Durchflußgeschwindigkeit zu vermeiden, wird der Durchfluß von vornherein höher als dem Optimum entsprechend gewählt und der Destillationsrückstand, der noch erhebliche Mengen an aktivem Sauerstoff enthält, in einem anschließenden zweiten Arbeitsgang einer erneuten Destillation in einem zweiten Rohr des Destillationsaggregats unterworfen, dessen unteres Ende jedoch etwas tiefer angebracht ist als das des ersteren. Vor der zweiten Destillation wird der Rückstand noch mit Wasser, z. B. durch Einleiten von Wasserdampf, verdünnt. Durch die Unterteilung des Destillationsprozesses und das Verdünnen mit Wasser erhält man eine Ausbeutesteigerung, die dadurch zu erklären ist, daß gegen Schluß der Destillation infolge hoher Konzentration der Lösung ihre Siedetemperatur und damit die Gefahr einer Zersetzung sehr stark ansteigt, daß aber schon durch verhältnismäßig geringe Mengen Wasser die Konzentration und Temperatur unter der für die Zersetzung kritischen Grenze gehalten werden können. Die Ausbeuten bei der Destillation von Ammonper-

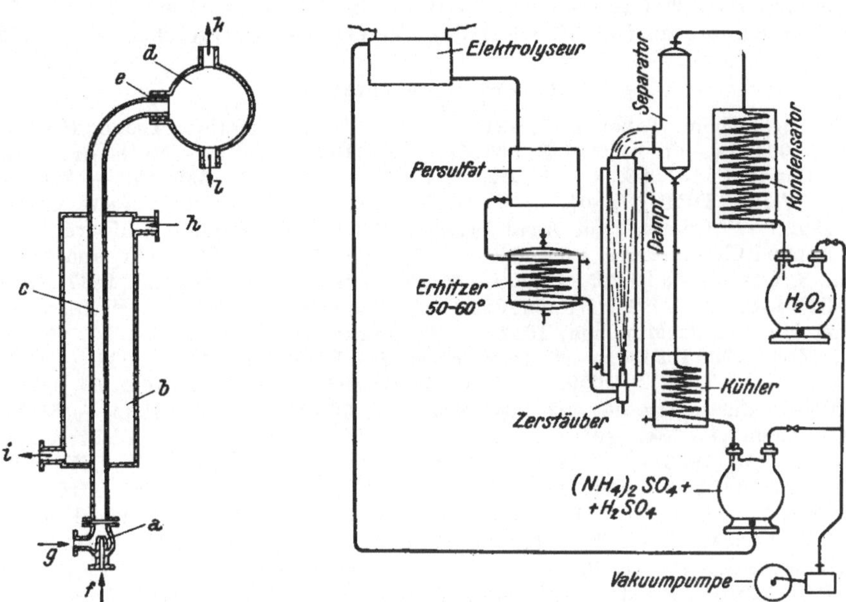

Abb. 34. Destillationsapparate für Ammonpersulfatlösungen mit Zerstäuber.

Abb. 35. Schema einer mit Zerstäuber arbeitenden Destillationsanlage für Ammonpersulfatlösungen (F. P. 733 201).

sulfatlösungen nach dem Löwenstein-J. D. Riedel-E. de Haën A. G.-Verfahren betragen im praktischen Betriebe etwa 90%.

Die gleiche stufenweise Destillation, wobei zwischen jeder neuerlichen Destillation ebenfalls eine Verdünnung mit Wasser vorgenommen wird, ist für die Perschwefelsäureverarbeitung von der E. I. Dupont de Nemours[573] beschrieben worden.

Nach einem weiteren Vorschlage der J. D. Riedel-E. de Haën A. G. erfolgt die Erhitzung der zu destillierenden Persulfatlösung dadurch, daß man diese mit überhitztem Wasserdampf unter Anwendung einer Düse in einem mit dem Vakuum in Verbindung stehenden Rohr zerstäubt. Das Rohr wird gleichzeitig durch einen Dampfmantel geheizt, wodurch die Ausbeuten nach dem Verfahren des DRP. 510064[571] noch um etwa 5% erhöht werden, so daß sie nahe an die theoretischen heranreichen.

Das Verfahren wird in einer Apparatur durchgeführt, wie sie in der Abb. 34 schematisch wiedergegeben ist. Die von der Elektrolyse kommende Ammonpersulfatlösung mit etwa 20% $(NH_4)_2S_2O_8$, etwa 10% Schwefelsäure neben etwas Ammonsulfat, wird bei g unter Einwirkung des Vakuums (30 bis 40 mm) eingesaugt, in der

Duse *a* durch den bei *f* eintretenden überhitzten Wasserdampf von 220° und 5 Atm. Überdruck zerstäubt und durch das aus gegen Schwefelsäure beständigem Material bestehende Rohr *c* befördert, welches von einem Dampfmantel *b* mit den Dampfanschlüssen *h* und *i* umgeben ist. Aus dem Destillationsrohr, das aus Blei besteht und eine Länge von etwa 2,75 m sowie einen lichten Durchmesser von 20 mm aufweist, tritt das heiße Dampfgemisch und der Rückstand in die Glocke *d* aus keramischem Material, in welcher der Wasserstoffperoxyd- und Wasserdampf von der Ruckstandslauge getrennt werden. Die Dämpfe werden durch die Leitung *k* zu den mittels einer Luftpumpe evakuierten Kondensatoren geführt, während die Lauge durch *l* in den Ruckstandsbehälter abfließt. Pro Stunde treten bei einem Vakuum von 50 mm etwa 20 l Ammonpersulfatlösung in den Apparat ein. In Abb. 35 ist eine Gesamtanlage zur Durchführung dieses Verfahrens wiedergegeben (F. P. 733201).

Literaturverzeichnis.

[530] Phys. Chem. Tabellen II, 1316, 1923. — [531] Dissertation, Techn. Hochschule Berlin, 1934, 14—17. — [532] F. P. 563908. — [533] DRP. 418321. — [534] Österr. P. 42809. — [535] Österr. P. 131083. — [536] DRP. 374975. — [537] A. P. 1536213. — [537a] Österr. Chem. Werke: DRP. 572801. — [538] DRP. 439834. — [539] Ztschr. angew. Chem. 15, 642, 1902. — [540] Compt. rend. Acad. Sciences 100, 57, 172, 1885. — [541] Journ. Analytic and Applied Chem. Amer. 1892, 650. — [542] DRP. 85802. — [543] Ztschr. anorgan. allg. Chem. 8, 424, 1895; 9, 205, 1895. — [544] Ber. Dtsch. chem. Ges. 28, 2847, 1895. — [545] DRP. 482725. — [545a] DRP. 525923. — [546] Schweiz. P. 126577. — [547] Dissertation, Techn. Hochschule Munchen, 1912. — [547a] Journ. Amer. chem. Soc. 52, 950, 1930; Chem. Ztrbl. 1930 I, 3534. — [548] Journ. chem. Soc. London 85, 1526, 1533, — [549] DRP. 199958. — [550] DRP. 217539. — [551] DRP. 249893. — [552] Chem.-Ztg. 54, 665, 686, 1930. — [553] Chem.-Ztg. 55, 402, 784, 876, 1931; 56, 32, 108, 248, 1932. — [554] Ztschr. Elektrochem. 34, 784, 1928; Engelhardt: Handbuch Techn. Elektrochem. II, 2. Teil, S. 153, 1933. — [555] A. P. 1323075. — [556] E. P. 186840. — [557] DRP. 402151. — [558] DRP. 441259. — [559] DRP. 553274. — [560] DRP. 567601. — [561] DRP. 572112. — [562] DRP. 572615. — [563] D. Lewin: A. P. 1299485. — [564] J. D. Riedel-E. de Haën A. G.: F. P. 634195. — [565] A. Kratky: Schweiz. P. 172357. — [566] J. D. Riedel-E. de Haén A. G.: Österr. P. 143313. — [567] Scheideanstalt: Schweiz. P. 174343. — [568] DRP. 572801, 573906. — [569] Österr. P. 141472. — [571] DRP. 510064. — [572] DRP. 567602. — [573] E. P. 442029.

XIV. Die Gewinnung von Wasserstoffperoxyd aus festem Kaliumpersulfat.

(Patentliteraturzusammenstellung s. S. 360.)

Wie bereits ausgeführt, war in den Jahren 1905 bis 1908 vom Konsortium für elektrochemische Industrie ein Kreisprozeß zur Herstellung von Wasserstoffperoxyd über die Überschwefelsäure geschaffen worden. Dieses Verfahren wurde dann von den Österreichischen Chemischen Werken in der Anlage in Weißenstein in großtechnischem Maßstabe in Betrieb genommen und ist nach manchen Verbesserungen auch heute noch unser wichtigstes technisches Herstellungsverfahren fur das Wasserstoffperoxyd.

Im Jahre 1909 und 1910 gingen nun A. Pietsch und G. Adolph in München daran, auch über die Salze der Perschwefelsäure, die ja mit ungleich höherer Stromausbeute und niedrigeren Spannungen dargestellt werden können als die reine Perschwefelsäure, Wasserstoffperoxyd herzustellen. Pietsch und Adolph ist es gelungen, dieses Verfahren auch in einem Kreisprozeß ausführen zu können.

Dieser Prozeß ist nur an die Namen dieser beiden Erfinder geknüpft. Auch heute noch wird im Prinzip genau so wie vor 20 Jahren gearbeitet und sind neuere Vorschläge zur Herstellung von Wasserstoffperoxyd aus Kaliumpersulfat in der Patentliteratur nicht mehr aufgetaucht.

Der erste brauchbare Weg zur Verwirklichung dieses Zieles findet sich im DRP. 241702. Da es sich gezeigt hatte, daß die Darstellung von Wasserstoffperoxyd aus festen Persulfaten nur über das Kaliumpersulfat möglich ist, mußte vorerst eine wirtschaftliche Darstellungsart für dieses Salz gefunden werden. Zu diesem Zwecke wurde von dem elektrolytisch leicht mit guter Ausbeute herstellbaren Ammonpersulfat ausgegangen. Nach dem DRP. 243366 von A. Pietsch und G. Adolph erfolgt die Darstellung von Kaliumpersulfat aus der vom Elektrolyseur kommenden Ammonpersulfatlauge durch Umsetzung mit Kaliumbisulfat nach $(NH_4)_2S_2O_8 + 2\,KHSO_4 = K_2S_2O_8 + 2\,(NH_4)HSO_4$, also unter Regenerierung der für die Elektrolyse erforderlichen Ammonbisulfatlösung, die direkt oder nach Zusatz von Schwefelsäure auf elektrolytischem Wege wieder in das Persulfat umgewandelt wird.

Bei der praktischen Darstellung des Kaliumpersulfats wird der Elektrolyt mit der berechneten Menge von Kaliumbisulfat unter kräftigem Rühren und gelindem Erwärmen umgesetzt. Das Kaliumpersulfat scheidet sich sofort in Form feiner Kristallplättchen aus und wird durch Abnutschen gewonnen. Diese Art der Darstellung des Kaliumpersulfats ist von besonderem Vorteil, da es durch die Kristallisation von den schädlichen Verunreinigungen, wie Platin, befreit wird, die während der Elektrolyse in die Ammonpersulfatlösung hineingelangt sind. An den Kristallen bleibt nur sehr wenig Elektrolyt haften, so daß man nicht einmal von besonders vorgereinigter Schwefelsäure ausgehen muß, sondern gewöhnliche, chemisch reine, bleifreie Schwefelsäure verwenden kann.

Aus dem so erhaltenen Kaliumpersulfat kann man nun, wie sich gezeigt hat[574], direkt durch Einwirkung von Schwefelsäure in der Wärme konzentrierte Lösungen von Wasserstoffperoxyd erhalten. Die bei der Einwirkung der Säure auf das Kaliumpersulfat sich abspielenden Reaktionen sind folgende:

1. $K_2S_2O_8 + H_2SO_4 = K_2S_2O_7 + H_2SO_5$.
2. $H_2SO_5 + H_2O = H_2SO_4 + H_2O_2$.
3. $K_2S_2O_7 + H_2O = 2\,KHSO_4$ (fest).

Freie Perschwefelsäure tritt merkwürdigerweise bei der Umsetzung höchstens nur als sehr rasch verschwindendes Zwischenprodukt auf, da sie während des ganzen Reaktionsverlaufes praktisch nicht nachweisbar ist. Wichtig ist ferner, daß bei der Umsetzung keine Schwefelsäure frei wird, denn die aus dem Persulfat gebildete Schwefelsäure wird sofort in das unlösliche Kaliumbisulfat übergeführt, so daß sich also die Konzentration der freien Säure nicht ändert. Die praktische Abwesenheit von Überschwefelsäure ist auch für die Ausbeuten an aktivem Sauerstoff sehr wesentlich, da die Reaktion $H_2S_2O_8 + H_2O_2 = 2\,H_2SO_4 + O_2$ nicht auftreten kann. Es gelingt auf diese Weise, auch 30%ige Wasserstoffperoxydlösungen mit guter Ausbeute herstellen zu können. Die angewandte Schwefelsäure hat ein spezifisches Gewicht von 1,40, die Temperatur der Säure, in welche das Kaliumpersulfat unter ständigem Rühren eingetragen wird, beträgt 50 bis 55°. Man trennt von dem ausgefallenen Kaliumbisulfat durch Abnutschen und erhält so auf direktem Wege ohne Destillation eine etwa 30%ige Lösung von Wasserstoffperoxyd, die nur wenig freie Schwefelsäure enthält. Die Konzentration der Wasserstoffperoxydlösung kann dadurch eingestellt werden, daß man in eine bestimmte Menge von Schwefelsäure mehr oder weniger Kaliumpersulfat einträgt. Das Verfahren wird aber heute nicht mehr ausgeübt.

Mit viel besserem Erfolg unterwirft man das Gemisch von Kaliumpersulfat und Schwefelsäure der Destillation[575], wobei der aktive Sauerstoff des Persulfats mit fast theoretischer Ausbeute als Wasserstoffperoxyd abdestilliert und das angewendete Salz als Bisulfat zurückbleibt, das, von der Schwefelsäure durch Zentrifugieren getrennt, erneut zur Umsetzung mit der Ammonpersulfatlösung Verwendung findet, womit das Wasserstoffperoxyd in vollständig geschlossenem Kreislauf ohne Verbrauch an Chemikalien hergestellt wird. Es ist dazu nur erforderlich, die Einwirkung der Schwefelsäure auf das Kaliumpersulfat unter Vakuum und Wärmezufuhr vorzunehmen, wobei mit der Bildung des Wasserstoffperoxyds zugleich durch Destillation dessen Isolierung von den Chemikalien bewirkt wird. Bei der Destillation wird der Schwefelsäure das in Wasserstoffperoxyd umgewandelte Wasser entzogen. Es wird daher das verdampfte Wasser durch ständigen Zusatz von Wasser in Form von Wasserdampf während der Destillation ergänzt.

Nach der Auffassung von Pietsch und Adolph geht die Wasserstoffperoxydbildung bei diesem Prozeß durch Oxydation des Wassers vor sich. Es ist dies die einzig bekannte Reaktion, wo sehr wahrscheinlich die älteste Anschauung über die Bildung des Wasserstoffperoxyds verwirklicht ist. Bei der Umsetzung dürften folgende Reaktionen vor sich gehen:

$$K_2S_2O_8 + H_2O + (H_2SO_4) = KHSO_5 + KHSO_4 + (H_2SO_4);$$
$$KHSO_5 + H_2O + (H_2SO_4) = KHSO_4 + H_2O_2 + (H_2SO_4).$$

Darnach wäre die Schwefelsäure nur der Katalysator zur Übertragung des Persulfatsauerstoffes auf das Wasser. Die Schwefelsäure tritt auf der linken und rechten Seite der Gleichung in gleichen Mengen auf, hebt sich daher heraus.

Der Vorgang geht so vor sich, daß zu Beginn des Prozesses während des Anwärmens in der Mischung von Persulfat, Schwefelsäure und Wasser Wasserstoffperoxyd gebildet wird und dieses dann durch weitere Wärmezufuhr verdampft wird. Während des Verdampfens bleibt einmal die Schwefelsäurekonzentration durch Zuführung von Wasser erhalten und zweitens wird durch neue Bildung von Wasserstoffperoxyd aus dem Persulfat dafür gesorgt, daß ständig im Destillationsgefäß eine möglichst konzentrierte Wasserstoffperoxydlösung vorhanden ist, so daß auf diese Weise auch konzentriertere Dämpfe von Wasserstoffperoxyd erhalten werden als bei den anderen Destillationsverfahren aus Lösungen von Perschwefelsäure oder Persulfaten, die dann beim Kondensieren reine, sehr konzentrierte Lösungen ergeben. Das Wasser wird während der Destillation in die Retorte in Dampfform in einer derartigen Menge zugeführt, als das Wasserstoffperoxyd abdestilliert, wobei auch dafür Sorge getragen wird, daß die ursprüngliche Konzentration der Schwefelsäure konstant gehalten wird. Der eingeblasene Wasserdampf stellt die einzige Wärmequelle dar. Er verläßt die Retorte als Wasserstoffperoxyddampf wieder.

Wegen des höheren Gehaltes des abziehenden Dampfgemisches an Wasserstoffperoxyddampf (er beträgt während des größten Teiles der Destillation mehr als 8 bis 10%!) ist die Kondensation dieser Dämpfe auch mit kleineren Dephlegmatoren und leichter durchzuführen als jene von Dämpfen, die aus Perschwefelsäure- oder Persulfatlösungen durch Destillation abgetrieben werden. Man braucht auch nur geringere Dampfmengen zum Übertreiben des Wasserstoffperoxyds als nach dem Flüssigkeitsverfahren. Die Wasserstoffperoxyddämpfe werden in zwei Fraktionen niedergeschlagen, wobei in einem einzigen Arbeitsgang eine 40- bis 60%ige Wasserstoffperoxydlösung gewonnen wird.

Die Ausbeuten bei diesem Destillationsverfahren betragen etwa 95%, da das gebildete Wasserstoffperoxyd fast momentan aus der Retorte entfernt wird, ohne mit Caroscher Säure oder Perschwefelsäure nennenswert in Berührung getreten zu sein, und das durch Kristallisation erhaltene Kaliumpersulfat äußerst rein ist. Der Prozeß ist daher auch gegen hohe Temperaturen sehr widerstandsfähig. Man kann also selbst katalysatorhaltige Lösungen ohne Schaden bis selbst auf 95° erwärmen. Im praktischen Betriebe wird im Vakuum eine Temperatur von etwa 65 bis 85° eingehalten. Die Schwefelsäure spielt im Grunde genommen nur die Rolle eines Katalysators, da nach den oben angegebenen Gleichungen die Schwefelsäure selbst während des Prozesses keine Veränderung erfährt. Es ist ganz gleichgültig, von welcher Konzentration der Schwefelsäure man ausgeht. Man kann daher auch ohne weiteres höhere Konzentrationen als vom spez. Gewicht 1,4 verwenden. Das ist aber insofern wichtig, als man es dadurch in der Hand hat, Wasserstoffperoxyd von jeder gewünschten Konzentration herzustellen, da dieses nämlich mit um so höherer Konzentration abdestilliert, je höher das spez. Gewicht der angewendeten Schwefelsäure war. So geht z. B. aus Schwefelsäure vom spez. Gewicht 1,4 Wasserstoffperoxyd von 10%, aus solcher vom spez. Gewicht 1,7 von 25% über. Im allgemeinen kann die Konzentration der Schwefelsäure von 1,3 bis 1,7 schwanken. Die Menge der Schwefelsäure ist verhältnismäßig gering. Man kann ohne weiteres das in die Schwefelsäure eingetragene Salz mit dieser einen dünnen Brei bilden lassen, so daß z. B. auf 1 kg Schwefelsäure bis zu 2 kg und mehr Kaliumpersulfat in die Retorte gegeben werden können.

Man kann den Prozeß auch kontinuierlich durchführen, indem man an der Retorte einen Salzseparator anbringt, aus dem das ausgeschiedene Bisulfat entnommen wird, während in der Retorte entsprechend viel neues Persulfat zugegeben wird, so daß also mit einer bestimmten Menge Schwefelsäure beliebig große Mengen Persulfat in Wasserstoffperoxyd umgewandelt werden können. Die Retorten brauchen daher verhältnismäßig nur klein gehalten werden. So kann man z. B. mit einer Retorte von 200 l Inhalt bei 10stündiger Arbeitszeit 600 kg Wasserstoffperoxyd von 25% herstellen.

Vollständig glatt gelingt die Destillation von Wasserstoffperoxyd aus Kaliumpersulfat und Schwefelsäure, wenn man das Persulfat eben nur mit verdünnter Schwefelsäure anfeuchtet, so daß an der Oberfläche der Kristallmasse ein Brei entsteht und sodann über oder durch diese Masse im Vakuum Wasserdampf geblasen wird[576]. Dieses Verfahren ist die eleganteste Lösung des Problems der Darstellung von Wasserstoffperoxyd und wird auch in dieser Form im größten Maßstabe in der Wasserstoffperoxydfabrik der Elektrochemischen Werke in Höllriegelskreuth bei München durchgeführt. Das nach Pietsch und Adolph erhaltene Wasserstoffperoxyd ist äußerst rein. Da keine Lösungen verdampft werden und die Destillationsretorte auch nur aus Steinzeug besteht, ist die H_2O_2-Lösung nahezu säure- und rückstandsfrei.

Von festem Kaliumpersulfat, das durch Elektrolyse einer schwefelsauren Kaliumbisulfatlösung erhalten wurde, geht die Firma L'Air Liquide[577] aus. Schon dadurch allein muß man wegen der ungünstigeren Stromausbeute bei der Elektrolyse einen schwerwiegenden Nachteil in Kauf nehmen. Das im Elektrolyten ausgefallene Kaliumpersulfat wird abfiltriert und von der überschüssigen Flüssigkeit abtropfen gelassen. Dabei bleibt bis zu 10% des Elektrolyten an den Persulfatkristallen haften. In diesem Zustande werden die festen Kristalle in eine horizontale und von außen mit Dampf beheizte Röhre gebracht. Das Rohr wird von einem Dampfstrom durchströmen gelassen, wobei beim Anstellen einer Vakuumpumpe Wasserstoffperoxyd abdestilliert. Das regenerierte Bisulfat wird wieder aufgelöst und nach Zugeben von Wasser für eine neuerliche Elektrolyse verwendet. Mit dem Verfahren von Pietsch und Adolph, das bei der Elektrolyse von Ammonbisulfatlösungen ungleich höhere Stromausbeuten hat als das vorstehende Verfahren, kann sich dieses daher nicht messen.

Literaturverzeichnis.

[574] DRP. 241702. — [575] DRP. 256148. — [576] DRP. 293087. — [577] E. P. 141758.

XV. Die drei technologisch wichtigsten Kreisprozesse auf elektrochemischer Grundlage zur technischen Darstellung von Wasserstoffperoxydlösung*).

Der weitaus größte Teil der Weltproduktion von Wasserstoffperoxyd, und zwar mehr als 80%, wird auf elektrochemischem Wege nach dem Verfahren von Weißenstein, Pietsch und Adolph sowie Löwenstein - J. D. Riedel-E. de Haën A. G. hergestellt. Die übrigen in Verwendung stehenden Verfahren unterscheiden sich nur geringfügig von diesen grundlegenden Methoden und haben auch ungleich geringere Bedeutung.

Das älteste, das Weißensteiner Verfahren des Konsortiums für elektrochemische Industrie, beruht auf der elektrolytischen Oxydation einer Schwefelsäurelösung von einer Dichte von 1,3 bis 1,4. Die Badtemperatur beträgt 15 bis 20⁰, die Spannung 5 bis 6 Volt, die Stromkonzentration etwa 500 Amp/l und die Ausbeute bei der Elektrolyse 70%. Jede Zellenreihe von etwa 20 Zellen nimmt etwa 100 Amp auf. Unmittelbar an die Elektrolyse anschließend erfolgt die Destillation der Überschwefelsäurelösung, die etwa 300 g Perschwefelsäurelösung pro Liter enthält, mit einer Bleischlange von etwa 60 m Länge und einem Vakuum von etwa 20 bis 40 mm. In der darauffolgenden fraktionierten Kondensation, die in zwei Stufen vorgenommen wird, wird eine 35%ige Wasserstoffperoxydlösung niedergeschlagen. Bei der Destillation wird eine Ausbeute von etwa 90 bis 95% erzielt. Die den Destillationsapparat verlassende Schwefelsäure von etwa 56⁰ Bé

---

* Einzelheiten der Kreisprozesse siehe die Abschnitte XII bis XIV.

wird mit dem im Kondensator niedergeschlagenen Wasser verdünnt und in die Absatzbehälter für das Bleisulfat geführt. Nach der Klärung, die auch durch Filtration bewirkt werden kann, und einer eventuellen Reinigung der Lösung tritt diese von neuem in den Kreisprozeß ein. Für diesen ergibt sich daher folgendes Schema:

$$
\begin{array}{c}
\text{Elektrolyse} \\[2pt]
\uparrow \text{H}_2 \\[2pt]
2\,\text{H}_2\text{SO}_4 \xrightarrow{+\,2\,\oplus} \text{H}_2\text{S}_2\text{O}_8 \longleftarrow +\,2\,\text{H}_2\text{O} \\[4pt]
2\,\text{H}_2\text{SO}_4 \longleftarrow \text{H}_2\text{S}_2\text{O}_8 + 2\,\text{H}_2\text{O} \xrightarrow{\text{Destillation}} \text{H}_2\text{O}_2
\end{array}
$$

Der Kreisprozeß liefert Wasserstoffperoxyd und Wasserstoff, verbraucht aber außer elektrischer Energie theoretisch nur Wasser. In der Abb. 36 ist übersichtlich die Aneinanderreihung der einzelnen Phasen des Kreisprozesses dargestellt.

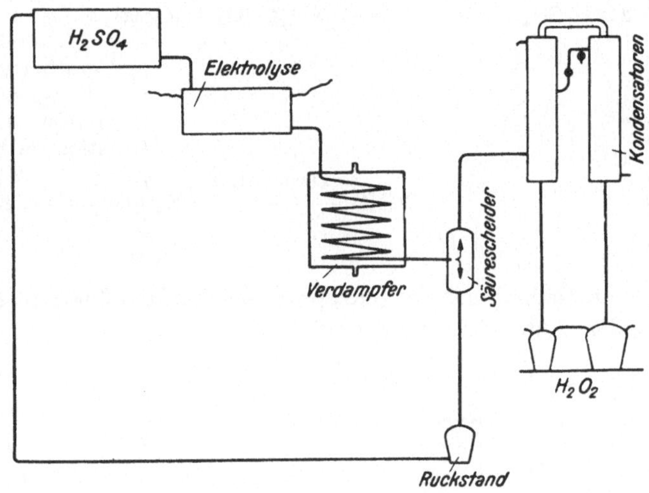

Abb. 36. Schema des Weißensteiner Verfahrens.

Das zweitälteste Verfahren von Pietsch und Adolph, wonach Wasserstoffperoxyd über Ammonpersulfat und festes Kaliumpersulfat hergestellt wird, wurde zum erstenmal im Jahre 1910 in Höllriegelskreuth bei München technisch durchgeführt. Eine Ammonbisulfatlösung mit etwa 2 bis 10% freier Schwefelsäure, die außerdem noch etwas Kaliumbisulfat enthält, da sich das Ammonpersulfat nicht quantitativ zu Kaliumpersulfat umsetzt, wird ohne Diaphragma mit Hilfe von mit Asbestschnüren umwickelten Kohlenkathoden und Platinanoden bis auf einen Gehalt von ungefähr 15 g aktiven Sauerstoff pro Liter elektrolytisch oxydiert. Aus dieser Lösung wird in einem ersten Kreisprozeß mit Kaliumbisulfat festes Kaliumpersulfat ausgefällt und der Elektrolyt regeneriert. In einem zweiten Kreisprozeß wird das abgenutschte Kaliumpersulfat mit Schwefelsäure angeteigt und durch Überleiten von Wasserdampf im Vakuum das Wasserstoffperoxyd abdestilliert. Eine äußere Erhitzung ist nicht notwendig, da die Reaktionswärme und die im Dampf enthaltene Wärme genügen, um die für die Destillation erforderliche Temperatur aufrecht zu erhalten. Die Umsetzung kann daher in Steinzeugretorten vorgenommen werden. Die Destillation verläuft vollkommen automatisch und ist weniger heikel auszuführen als beim Weißensteiner Verfahren. Die Wasserstoffperoxyddämpfe werden gleichfalls fraktioniert zu 40- bis 60%iger Wasserstoffperoxydlösung kondensiert. Das von der Destillation kommende feste Kaliumbisulfat wird von der Schwefelsäure durch Zentrifugieren getrennt und diese auf diese Weise für eine neue Umsetzung wieder zurückgewonnen. Die Elektrolyse hat eine Ausbeute von etwa 85 bis 90%, die Destillation von etwa 95%.

Das Verfahren von Pietsch und Adolph besteht demnach aus zwei ineinandergreifenden Kreisprozessen, die wie folgt schematisch dargestellt werden können:

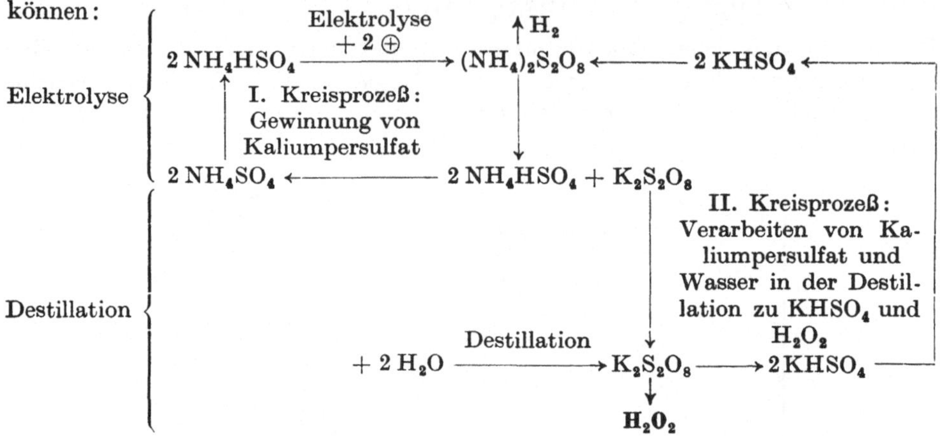

Die verschiedenen Maßnahmen des Kreisprozesses in ihrem Zusammenwirken sind aus der folgenden Abb. 37 zu entnehmen.

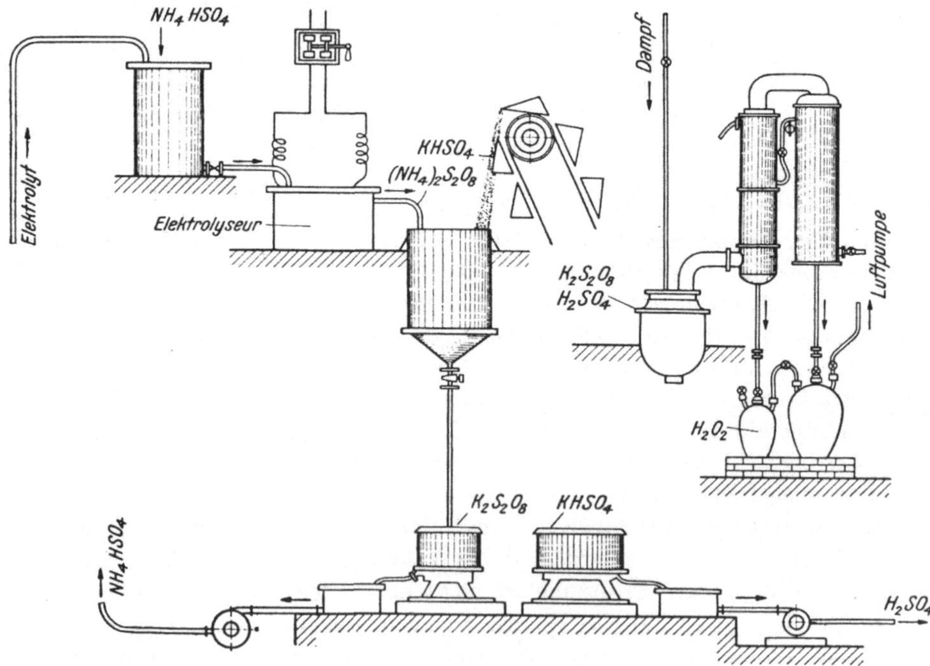

Abb. 37. Schema des Kreislaufprozesses mit Kaliumpersulfat (Verfahren von Pietsch und Adolph).

Der jüngste technisch ausgeführte Kreisprczeß ist der von Löwenstein und J. D. Riedel-E. de Haën A. G., welcher erst im Jahre 1927 in einer der Soc. d'Electro-Chimie gehörenden Versuchsanlage in Villers-Saint-Sépulcre (Oise) in die Technik eingeführt wurde. Dieses Verfahren beruht auf der Elektrolyse einer schwefelsauren Ammonbisulfatlösung, die nach der elektrolytischen Oxydation ohne Überführung in das feste Kaliumpersulfat unmittelbar in aufrecht stehenden Röhren von unten nach oben durch das Vakuum angesaugt wird, wobei durch Erwärmen das Wasserstoffperoxyd in Freiheit gesetzt und abdestilliert wird. Die bei der Elektrolyse entstehende Ammonpersulfatlösung wird in die Rohre unten eingeleitet; ein mit dem oberen Ende in Verbindung stehender Abscheider trennt das Dampfgemisch vom sauren Rückstand. Dieser wandert in die Elektrolyse zurück, während das Wasserstoffperoxyd aus dem Dampfgemisch durch fraktionierte Kondensation als 35%ige Lösung abgeschieden wird. Bei der Elektrolyse kann eine Ausbeute von 85 bis 90%, bei der Destillation eine solche von etwa 95% erreicht werden.

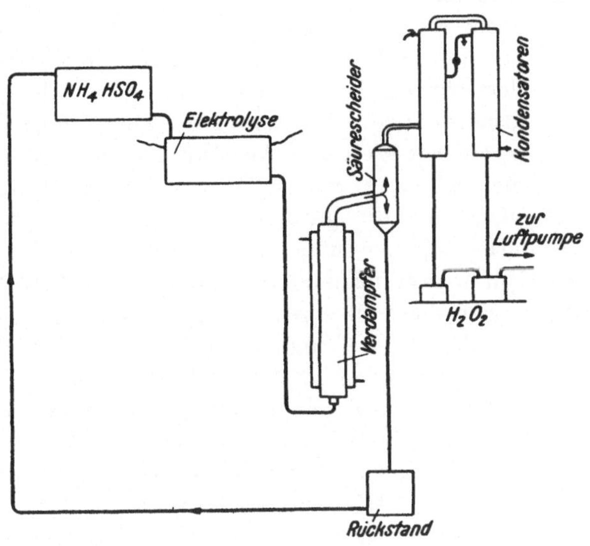

Abb. 38. Graphische Darstellung des Löwenstein-Riedel-Verfahrens.

Der Kreisprozeß kann durch folgendes Schema veranschaulicht werden:

$$2\,NH_4HSO_4 \xrightarrow[\;+\,2\,\oplus\;]{\text{Elektrolyse}} (NH_4)_2S_2O_8 \;\uparrow H_2$$

$$2\,NH_4HSO_4 \longleftarrow (NH_4)_2S_2O_8 + 2\,H_2O \xrightarrow{\text{Destillation}} H_2O_2.$$

Er ähnelt demnach in seinem Chemismus dem Weißensteiner Prozeß, nur daß an Stelle von Schwefelsäure eine Lösung von Ammonbisulfat elektrolytisch oxydiert und statt einer Überschwefelsäurelösung eine schwefelsaure Lösung von Ammonpersulfat destilliert wird. Die Abb. 38 gibt eine graphische Veranschaulichung des Kreisprozesses wieder. Vergleicht man diese drei Kreisprozesse miteinander, so ergibt sich folgendes: Bei allen Prozessen erhält man bei der Destillation eine Ausbeute von etwa 95%. Das Weißensteiner Verfahren arbeitet ausschließlich mit Lösungen, die leicht zu und von der Elektrolyse und Destillation vollkommen automatisch ohne besonders großen Arbeitsaufwand bewegt werden können. Der Kreisprozeß Elektrolyse—Destillation—Kondensation erfordert daher nur geringen Aufwand von Arbeit. Nachteilig ist die am Ammonpersulfat gemessene geringere Ausbeute des Stromes bei der Elektrolyse von etwa 70%. Insgesamt ergibt sich demnach eine totale Energieausbeute von rund 67%.

Bei der Ammonpersulfatelektrolyse, wie sie bei Pietsch und Adolph sowie von Löwenstein-J. D. Riedel-E. de Haën A. G. durchgeführt wird, kann eine mittlere Stromausbeute von etwa 85% erzielt werden. Die Destillation von Wasserstoffperoxyd aus festem Kaliumpersulfat oder Ammonpersulfatlösungen ergibt eine Ausbeute von etwa 95%, so daß die gesamte Energieausbeute insgesamt zu rund 83% veranschlagt werden kann. Die Elektrolyse kann demnach bei diesen Verfahren in besserer Ausbeute und auch weniger heikel durchgeführt werden als beim Weißensteiner Verfahren. Jedoch bedingt das Arbeiten beim Verfahren mit festem Kaliumpersulfat in zwei ineinandergreifenden Kreisprozessen mit zwei verschiedenen Salzen, nämlich Ammonbisulfat und Kaliumpersulfat, von denen das eine eine flüssige Lösung, das andere aber fest ist, eine Komplizierung der Apparatur, Vermehrung der Manipulationen und daher auch einen größeren Aufwand von Arbeitslöhnen. Der Dampfverbrauch bei der Destillation ist aber beim Verfahren von Pietsch und Adolph kleiner als bei den Flüssigkeitsverfahren.

Beim Löwenstein-J. D. Riedel-E. de Haën A. G.-Verfahren macht man sich gleichfalls die gute Stromausbeute bei der Elektrolyse einer Ammonbisulfatlösung von rund 85% zunutze, arbeitet aber nicht wie Pietsch und Adolph in zwei ineinandergreifenden Kreisprozessen, sondern wie beim Weißensteiner Verfahren in einem einzigen Kreisprozeß. Da die Destillationsausbeute wie bei den beiden anderen Verfahren etwa 95% beträgt, würde sich für das Löwenstein-J. D. Riedel-E. de Haën A. G.-Verfahren ebenso wie für das Verfahren von Pietsch und Adolph eine durchschnittliche Energieausbeute von etwa 83% berechnen, ohne aber die Nachteile der Arbeitsweise mit einem festen und flüssigen Körper in Kauf nehmen zu müssen. Das Weißensteiner Verfahren und das Verfahren von Pietsch und Adolph dürften in der Gesamtbilanz einander ebenbürtig sein, während das Verfahren von Löwenstein-J. D. Riedel-E. de Haën A. G. nach den bisher vorhandenen Literaturangaben noch etwas günstigere Ausbeuten liefern dürfte.

Der gesamte Kraftaufwand beträgt für 1 kg 30%iges Wasserstoffperoxyd bei allen drei Verfahren etwa 4 bis 5 kWh. Der Chemikalienverbrauch ist nur sehr gering, jedoch spielt der unvermeidliche Platinverbrauch wirtschaftlich eine große Rolle. Nach den Untersuchungen von Tafel und Emmertz[578] wird in schwefelsaurer Lösung von den Platinanoden in 84 Stunden bei einer Stromdichte von 1,2 Amp ca. 0,8 mg Platin aufgelöst. Da in einem größeren Betriebe zahlreiche Platinelektroden vorhanden sind und die Elektrolyse kontinuierlich geführt wird, können bei einer größeren Tagesleistung von Wasserstoffperoxyd erhebliche Platinmengen in Lösung gehen. Für eine Tagesproduktion von 100 kg 30%iges Wasserstoffperoxyd rechnet man ja etwa 600 bis 800 g Platin, es können sich daher in größeren Anlagen jährliche Verluste von mehreren Kilogrammen Platin ergeben. Es ist zwar bereits vorgeschlagen worden[579], zur Vermeidung der Anreicherung des Elektrolyten mit Platin, das dann ja auch katalytische Zersetzungen hervorrufen würde, durch eine gesonderte Elektrolyse oder durch Einhangen einer Hilfskathode in den Anodenraum oder mit Hilfe eines in die Lösung eingeführten Aluminiumstabes das in Lösung gegangene Platin zu entfernen, jedoch scheint dieses Verfahren wegen des kolloidalen Zustandes des Platins nicht allzu große Aussichten auf Erfolg zu haben. Über die tatsächliche Art der Wiedergewinnung des Platins bewahren die Firmen strengstes Schweigen. Die ganze Platinmenge kann natürlich nicht wiedergewonnen werden, jedoch wird der größere Teil des Platins im Absitzbottich für das Bleisulfat im Bleisulfatschlamm zurückgewonnen.

Literaturverzeichnis.

[578] Ztschr. physikal. Chem. **52**, 357, 1905. — [579] Konsortium: DRP. 217538.

XVI. Das Haltbarmachen oder Stabilisieren von Wasserstoffperoxydlösungen oder dessen Derivaten.

(Patentliteraturzusammenstellung s. S. 360.)

Das Wasserstoffperoxyd läßt sich trotz sorgfältigster Einhaltung von allen möglichen Vorsichtsmaßnahmen und peinlichster Sauberkeit im Betriebe nicht im vollkommen katalysatorenfreien Zustande herstellen. Dies gilt insbesondere für die Lösungen, die auf chemischem Wege aus Bariumperoxyd hergestellt wurden, da alle Verunreinigungen des Ausgangsmaterials, wie Eisen-, Mangan-, Aluminium- und Siliziumverbindungen usw., in das Endprodukt hineingelangen. Aber auch die durch Destillation gewonnenen Wasserstoffperoxydlösungen enthalten immer noch Spuren von Katalysatoren oder nehmen solche bei der Lagerung auf, so daß sie für längere Zeiträume nicht ohne erhebliche Verluste an aktivem Sauerstoff aufbewahrt werden können. Würde man das Wasserstoffperoxyd vollständig katalysatorfrei herstellen und aufbewahren können, so wäre dieser Reinheitsgrad die beste Gewähr für eine gute Haltbarkeit des Wasserstoffperoxyds. Die Bedeutung der Stabilisatoren ist aber angesichts des ungleich höheren Reinheitsgrades der durch Destillation erhaltenen Wasserstoffperoxydlösungen erheblich zurückgegangen. So bedarf z. B. das aus festem Kaliumpersulfat gewonnene, sehr reine H_2O_2 nur mehr geringer oder gar keiner Konservierungsmethoden. Wichtiger ist die Stabilisierung bei den aus Perschwefelsäure oder ihren Salzen erhaltenen H_2O_2-Lösungen, da hier ja in der Destillation Blei verwendet wird.

Wie sich nun gezeigt hat, gelingt es, durch gewisse Zusätze zur Wasserstoffperoxydlösung oder den festen, aktiven Sauerstoff enthaltenden Produkten ihre Haltbarkeit und Beständigkeit derart zu erhöhen, daß sie heute als praktisch stabil bezeichnet werden müssen. Dabei haben manche der als Stabilisatoren verwendeten Stoffe noch die angenehme Eigenschaft, daß sie eine antikatalytische Wirkung gegen zersetzende Einflüsse von Metallen aufweisen.

Unter „Stabilität" versteht man jene Eigenschaft des Wasserstoffperoxyds, seinen aktiven Sauerstoff längere Zeit unverändert bewahren zu können. Eine stabilisierte Lösung darf unter normalen Umständen monatelang ihren aktiven Sauerstoff nicht einbüßen, sie muß ihren Titer vielmehr unverändert beibehalten.

Bei vielen Anwendungen des Wasserstoffperoxyds oder seiner Derivate treten oft notwendigerweise Bedingungen auf, unter welchen der Zerfall begünstigt ist, wie z. B. beim Bleichen, das in schwach alkalischer Lösung und bei erhöhter Temperatur vorgenommen wird. Auch in den Sauerstoff abgebenden Waschmitteln, die meist Natriumperborat enthalten, sind ungünstige Beeinflussungen durch andere Komponenten des Waschmittels, wie Seife oder Natriumcarbonat, nicht zu vermeiden. Da auch nicht nur eine zu rasche und frühzeitige Sauerstoffentwicklung in alkalischer Lösung bei erhöhter Temperatur die Flotte zu rasch verbrauchen, sondern auch Faserschädigungen bewirken würde, muß man auch den Bleichbädern Stoffe zusetzen, die die Abgabe des Sauerstoffes verzögern und regeln. Das gleiche gilt für die aktiven Sauerstoff enthaltenden Waschmittel, die zwecks Erreichung der Lagerbeständigkeit stabilisierende Zusätze erhalten. Die Stabilisatoren sind daher für die technische Brauchbarkeit des Wasserstoffperoxyds und seiner Derivate äußerst wichtige Stoffe.

Von einem guten Stabilisator verlangt man, daß er schon in geringer Konzentration und sehr lange wirksam ist, diese Wirksamkeit auch bei erhöhter Temperatur in erheblichem Maße beibehält und wenn möglich nicht nur in saurer und neutraler, sondern auch in alkalischer Lösung brauchbar ist. Für gewisse Verwendungszwecke, wie in der Medizin und Kosmetik, ist es auch erwünscht, daß er keinen unangenehmen Geruch oder Geschmack aufweist, zu keinen unlöslichen Ausscheidungen führt, ungiftig und nicht ätzend ist. Zur Vermeidung von Verlusten an aktivem Sauerstoff ist fast jede Wasserstoffperoxydlösung des Handels oder die diese liefernden Produkte mit Stabilisatoren versehen.

Die zuzusetzende Menge des Stabilisators richtet sich nach seiner Wirksamkeit. Sehr stark wirksame Konservierungsmittel, wie z. B. Phenacetin, Acetanilid, Benzoesäure, Tannin, Harnsäure u. a., sind schon in einer Menge von nur $0,1^{0}/_{00}$ ausreichend, um den Titer einer verdünnten Wasserstoffperoxydlösung während eines Jahres fast konstant zu halten. Bei konzentrierteren Wasserstoffperoxydlösungen ist wegen der Oxydation des organischen Stabilisators die Konservierung nicht so lange anhaltend. Von anderen Stabilisatoren genügt meist eine Menge von 0,1 bis 0,5%, von manchen aber, wie z. B. Alkohol, sind mindestens 10% erforderlich.

Bei der großen Anzahl von Faktoren, die die Zersetzung des Wasserstoffperoxyds katalytisch zu beschleunigen vermögen, ist es nicht allzu verwunderlich, wenn zur Verhinderung dieser Zersetzungen bereits eine Unzahl Mittel vorgeschlagen wurden. Sie lassen sich in drei größere Gruppen einteilen, und zwar in Körper saurer Natur sowie in neutral oder alkalisch reagierende, anorganische oder organische Substanzen.

Stabilisieren mit Säuren. Das Wasserstoffperoxyd als schwache Säure ist vorwiegend in die Ionen H· und OOH′ dissoziiert. Es hat sich nun herausgestellt, daß man einen beträchtlichen Grad von Beständigkeit erreichen kann, wenn man die Wasserstoffperoxydlösungen durch Zusatz von Säuren oder sauer reagierenden Stoffen, namentlich Schwefelsäure, Salzsäure, Phosphorsäure, Pyrophosphorsäure, Oxalsäure u. dgl., sauer hält. Die Bereiche der Wasserstoffionenkonzentration liegen normalerweise zwischen $p_H = 1$ bis 3. Durch den Zusatz dieser starken Säuren wird die Dissoziation des Wasserstoffperoxyds zurückgedrängt, wodurch sehr wahrscheinlich die Beständigkeit bewirkt wird. Es hat sich aber überraschenderweise herausgestellt, daß nicht alle Säuren befähigt sind, eine Konservierungswirkung auf das Wasserstoffperoxyd auszuüben. Vielmehr kommen nur gewisse Säuren für diesen Zweck in Betracht, so daß die Zurückdrängung der Dissoziation des Wasserstoffperoxyds allein nicht die Ursache der Stabilität sein dürfte. Essigsäure z. B. vermag die Zersetzung nur in sehr hoher Konzentration etwas zu verringern. Bei Phosphorsäure und Benzoesäure scheint die Wirkung auf Verbindungsbildung mit dem Wasserstoffperoxyd zu beruhen.

Durch den Zusatz derart starker Säuren wird die Anwendbarkeit des Wasserstoffperoxyds aber stark eingeschränkt. So sind z. B. die Mineralsäuren für die Zwecke der Medizin und der Zahnpflege unanwendbar. Man hat daher auch andere und weniger schädliche Säuren, wie Borsäure oder organische Säuren, als Konservierungsmittel vorgeschlagen. Die Mineralsäuren werden demnach nur für technische Zwecke, die organischen Säuren aber für die medizinische Ware und für die Kosmetik als Stabilisatoren verwendet. Geeignete sauer reagierende organische Substanzen sind Gerbsäuren, wie Gallussäuren oder Pyrogallussäuren*, Harnsäure, Barbitursäure, Zitronensäure, Salicylsäure. Weiters kann man auch Kalium- und Natriumbisulfat, die sauren Salze der Phosphor- und Borsäure, wie Mononatriumphosphat, Natriummetaphosphat oder saures Natriumpyrophosphat, Benzoesäure sowie Sulfanilsäure verwenden.

An Stelle der Schwefelsäure lassen sich mit gleichem Erfolg auch die Verbindungen der Schwefelsäure mit aromatischen Kohlenwasserstoffen verwenden, die sog. aromatischen Sulfonsäuren. Obwohl diese bedeutend weniger dissoziiert sind als die freie Schwefelsäure, eignen sie sich doch sehr gut als Konservierungsmittel für wäßrige Wasserstoffperoxydlösungen. Derartige aromatische Sulfonsäuren sind Benzolsulfonsäure, Naphtalin- und Anthrazensulfonsäuren, desgleichen die entsprechenden Disulfonsäuren. Auch Milchsäure und Hippursäure sind als Konservierungsmittel für Wasserstoffperoxydlösungen oder feste Produkte vorgeschlagen worden.

Wie sich jedoch gezeigt hat, ist eine Stabilisierung mit Säuren nur teilweise befriedigend, da selbst Wasserstoffperoxydlösungen großer Reinheit nach Zusatz von Säuren nach einigen Monaten trotzdem Sauerstoffverluste zeigen, anderseits für gewisse Verwendungszwecke, wie in der Medizin, der Säurezusatz ein Hindernis bildet.

Stabilisierung mit anorganischen Stoffen. Rein anorganische Körper neutraler, ja selbst alkalischer Reaktion sind bereits verschiedentlich als Konservierungsmittel für Wasserstoffperoxydlösungen oder feste Produkte vorgeschlagen worden. Diese Stoffe weisen gegenüber den Säurezugaben unter Umständen den Vorteil auf, daß bei einer Verwendung des Wasserstoffperoxyds in alkalischer Lösung, wie für Bleichereizwecke, die Säure unwirksam ist, daher viel Sauerstoff unausgenützt entweichen würde. Für diesen Zweck hat sich ein Zusatz von Tonerde oder einem basischen Tonerdesalz, z. B. Tonerdesilikat in feiner Verteilung, Natriumsilikat, Magnesiumverbindungen, als viel geeigneter erwiesen.

Sehr gute Konservierungsmittel sind die Salze der Phosphorsäure, wie namentlich das Natriumpyrophosphat, Natriumhypophosphit und -metaphosphat sowie verschiedene Polyphosphate der Formel $Na_9P_5O_{17}$, $Na_5P_3O_{10}$, $Na_6P_4O_{13}$ oder $Na_{12}P_{10}O_{31}$. Natriumchlorid konserviert nur in stark konzentrierten Lösungen.

Die interessante Erscheinung, daß zwei Katalysatoren gemeinsam stärker wirken, als die Summenwirkung beider Katalysatoren einzeln ausmachen würde (s. S. 62), treffen wir auch bei den Stabilisatoren an. Dies geht z. B. deutlich aus der Tabelle 16 hervor[580], in welcher die Ergebnisse von Kochversuchen mit

---

* Patentnummer und Patentinhaber siehe Patentliteraturzusammenstellung.

nicht stabilisiertem H_2O_2 sowie mit Natriummetaphosphat und Phenazetin allein und sodann beiden gemeinsam wiedergegeben ist.

Tabelle 16.

	Anfangs-konzentration in Vol. akt. O	Vol. akt. O nach 6 Std. Kochen	Verluste an Vol. akt. O in %
Unstabilisiertes H_2O_2...................	104,6	22,4	78,6
Unstabilisiertes H_2O_2 + 0,01% Natrium-metaphosphat	104,6	93,5	10,6
Unstabilisiertes H_2O_2 + 0,01% Phenacetin.	104,6	73,7	29,5
Unstabilisiertes H_2O_2 + 0,01% Natrium-metaphosphat + 0,01% Phenacetin	104,6	101,9	2,6
Unstabilisiertes H_2O_2 + 0,01% Natrium-metaphosphat + 0,01% Natriumsalicylat.	104,6	101,4	3,1

Die Kochprobe wird derart vorgenommen, daß eine bestimmte Menge Wasserstoffperoxydlösung in einem gut ausgekochten Glaskolben einige Stunden auf dem Wasserbade gekocht wird, das verdampfte Wasser genau ergänzt und der Titer der Lösung wieder geprüft wird. Eine andere Prüfungsart auf die Brauchbarkeit eines Stabilisators besteht darin, daß man eine bestimmte Menge Wasserstoffperoxydlösung auf dem Wasserbade zwei Stunden lang bei 70° erhitzt, das verdampfte Wasser wieder nachfüllt und den Verlust an aktivem Sauerstoff durch Analyse ermittelt. Bei dieser Probe darf nicht mehr als 1% der Anfangskonzentration des aktiven Sauerstoffes verlorengehen.

Aus obigen Versuchsergebnissen mit Natriummetaphosphat und Phenacetin ist zu ersehen, daß sich eine mit diesen Stoffen stabilisierte Wasserstoffperoxydlösung selbst für den Transport in die Tropen eignen würde, wo ja die Temperaturverhältnisse die Lagerung sehr ungünstig beeinflussen.

Andere Stabilisatoren auf Grundlage der Phosphorsäure sind die löslichen Salze der Pyrophosphorsäureester oder höher molekularen aliphatischen Alkohole. Diese Stoffe sind noch bessere Stabilisatoren als z. B. Natriumpyrophosphat, wobei sie wegen ihrer starken Oberflächenaktivität die Berührung des aktiven Sauerstoffes in Bleichflotten mit dem Bleichgut beschleunigen. Derartige Ester sind z. B. die Natriumsalze des Dodekanolpyrophosphorsäureesters oder des Laurinalkohol-, Myristin-, Oleyl-, Ricinolalkoholpyrophosphorsäureesters[581].

Tabelle 17.

Stabilisator	Aktiver Sauerstoff			
	zu Beginn	nach $^1/_2$ Std.	nach $1^1/_2$ Std.	nach $3^1/_2$ Std.
Neutralisiertes Na-pyrophosphat	100%	85%	59%	27%
Na-1 : 4-acetylaminobenzolsulfonat........	100%	13%	—	—
Eine Mischung beider im Verhältnis 4 : 1 .	100%	88%	72%	58%
Na-pyrophosphat	100%	76,5%	59,5%	36%
Na-sulfanilat...........................	100%	26%	7,6%	—
Eine Mischung beider im Verhältnis 4 : 1 .	100%	87%	74%	58%

Auf dem gleichen Prinzip der gemeinsamen Verwendung zweier Stabilisatoren beruht die Konservierung nach dem E. P. 405532. Sie bestehen aus einem Gemisch von Salzen der Pyrophosphorsäure mit Säuren von Aminen der aromatischen Reihe bzw. deren Salzen oder von sulfonsauren Erdalkalisalzen. Diese Stoffe können auch stark alkalische Bäder noch gut stabilisieren, was aus der vorstehenden Tabelle 17 ersichtlich ist, in welcher die Sauerstoffverluste einer Lösung von 1,2 ccm 30%igem H_2O_2 in 150 ccm Wasser mit 1,2 ccm n Natronlauge und 0,5 g Stabilisator nach dem Erhitzen auf 95° wiedergegeben sind ($p_H = 9,4$).

Abermals ist die Wirkung der Mischung beider Stabilisatoren gemeinsam ungleich größer als die Summe beider Einzelwirkungen. In ähnlicher Weise wirken Mischungen von neutralisiertem Natriumpyrophosphat mit benzylaminosulfosaurem Natrium, Na-metanilat, K-diäthylmetanilat, Na-äthylbenzylanilinsulfonat, die in einer Menge von 0,5 g und im Verhältnis von 9 Teilen Pyrophosphat zu 1 Teil Sulfonat nach 5 Stunden langem Erhitzen der Wasserstoffperoxydlösung auf 95° noch 65 bis 69% des ursprünglich vorhandenen aktiven Sauerstoffes erhalten. Neutralisiertes Na-pyrophosphat im Verhältnis 10:1 mit Na-meta- oder -orthoaminobenzoat sowie Na-2,5-aminonaphtalinsulfonat stabilisiert bei 95° und 3 Stunden langem Erhitzen 86 bis 89%, nach 7 Stunden 73 bis 77% des aktiven Sauerstoffes.

Der Stabilisator, bestehend aus Verbindungen der Pyrophosphorsäure und Zinn[582], der aus Zinnchlorür und Orthophosphorsäure hergestellt wird, vermag in einer Menge von 0,2 g $H_4P_2O_7$ und 0,5 mg Sn pro Liter Wasserstoffperoxydlösung bei einem p_H von 3,5 in einer 100 Vol. aktiven Sauerstoff enthaltenden Wasserstoffperoxydlösung den Sauerstoffverlust beim 30tägigen Lagern von 6,0% auf 0,2% herabzudrücken. Eine Verbindung aus 0,5 g $H_4P_2O_7$ und 5 mg Zinn ergibt für eine Wasserstoffperoxydlösung von 160 bis 170 Vol. Stärke nach 16stündiger Lagerung bei 100° nur einen Sauerstoffverlust von 2% des Anfangswertes.

Ein ausgezeichneter Stabilisator für alkalische Wasserstoffperoxydlösungen ist das Natriumsilikat (Wasserglas), das einen ständigen Zusatz zu Bleichflotten darstellt. Vordem wurde bei der Sauerstoffbleiche mit Natriumperoxyd das Alkali mit freier Säure oder einem Neutralsalz, wie Magnesiumchlorid oder -sulfat oder Calciumchlorid, ganz oder vollständig neutralisiert. Diese nachteilige Arbeitsweise, die teils eine das Bleichen verteuernde Säure erforderte, teils zur Bildung verschlammender Magnesium- oder Calciumniederschläge führte, braucht man heute nicht mehr anzuwenden, da im Natriumsilikat und den Magnesiumverbindungen, insbesondere dem Magnesiumsilikat, Stabilisatoren gefunden worden sind[583], die den zersetzenden Einfluß des Alkalis bereits in geringen Mengen, und zwar auch in der Wärme, in erheblichem Maße auszuschalten vermögen. Am wirksamsten hat sich eine möglichst weitgehende Verteilung der Antikatalysatoren, z. B. in kolloidaler Form, in der Bleichflotte, erwiesen. Dieser Umstand deutet darauf hin, daß für die antikatalytische Wirksamkeit Adsorptionserscheinungen in Frage kommen. Man versetzt entweder die alkalische Wasserstoffperoxydlösung mit den betreffenden Kolloiden (Natrium- oder Magnesiumsilikat), oder man erzeugt eine kolloide Fällung in der Flüssigkeit selbst aus Wasserglas und Magnesiumchlorid. Mit derartig stabilisierten Sauerstoffbleichbädern kann unter Verwendung von Natriumperoxyd Baumwolle und Stroh mit sehr gutem Erfolg gebleicht werden.

Die Mischungen von Alkalisilikaten und einer in Wasser löslichen oder schwer löslichen Magnesiumverbindung vermögen auch Perborat-Seifenpulver gut zu stabilisieren[584]. Man muß nur für eine genügend feine Verteilung der Bestandteile mit dem Seifenpulver Sorge tragen. Dies kann z. B. dadurch erreicht werden, daß man die Bestandteile gelöst bzw. suspendiert mit der Seife vermischt und das Perborat zur Vermeidung von Verlusten an aktivem Sauerstoff erst zuletzt zusetzt.

Erdalkali-, Magnesium- und Aluminiumsalze der Sulfonierungsprodukte von höheren gesättigten oder ungesättigten höheren Fettsäurealkoholen werden nach dem Vorschlage der H. Th. Böhme A. G.[585] als Stabilisatoren, namentlich für alkalische Sauerstoffbleichbäder, verwendet. Die betreffenden Produkte werden durch Einwirkung von Chlorsulfonsäure auf eine Mischung von Oleylalkohol und die Alkohole, die bei der Reduktion der Fettsäuren von Kokosnußöl erhalten werden, und Bindung z. B. an Magnesium dargestellt. Sie sind alkalibeständig, bilden keine störenden festen Niederschläge und sind zufolge ihrer kolloidalen Beschaffenheit in Lösung sehr wirksam. Die Anwendung in der Bleichflotte erfolgt gemeinsam mit Wasserglas.

Nach einem Vorschlage der Scheideanstalt[586] wird den Wasserstoffperoxyd enthaltenden sauren, alkalischen oder neutralen Lösungen eine unlösliche Aluminium- oder Zinnverbindung zugesetzt, um sie zu stabilisieren. Die Haltbarmachung gelingt auf diese Weise zwar sehr gut, aber die erhaltenen Lösungen sind undurchsichtig und trüb, so daß sie ein unerwünschtes Aussehen haben und für manche Anwendungszwecke, wie z. B. das Bleichen von Mehl oder Lezithin, unbrauchbar sind. Die unlösliche Aluminium- oder Zinnverbindung wird entweder in der haltbar zu machenden Lösung durch Fällung selbst erzeugt oder man setzt diese im festen Zustande, wie z. B. als frisch gefällte Zinnsäure oder Metazinnsäure, Zinnphosphat o. dgl., zu.

Nach einer Verbesserung dieses Verfahrens[587] werden zwar auch Zinnverbindungen zum Stabilisieren verwendet, diese aber in löslicher Form, z. B. als Natriumstannat, der Lösung zugesetzt und die Ausfällung unlöslicher Zinnverbindungen dadurch vermieden, daß man die Lösung in p_H-Bereichen zwischen 3,5 bis 6, vorzugsweise zwischen 4 und 5, hält. Die Bedeutung des p_H-Wertes geht aus der folgenden Tabelle 18 hervor, in welcher der Sauerstoffverlust verschiedener Proben von 30,4 vol.-%iger Wasserstoffperoxydlösung, die durch Auflösung von einer bestimmten Menge Natriumstannat stabilisiert war, angegeben

Tabelle 18.

Muster	Zusatz von n H_2SO_4 oder n NaOH in ccm/l	p_H nach Zusatz des Stannats	Zustand der Lösung	Verlust an entwickelbarem O in %
1	562 ccm H_2SO_4	—	trüb	2,0
2	188 ,, ,,	—	,,	2,0
3	94 ,, ,,	—	,,	3,1
4	3,0 ,, ,,	2,0	,,	1,9
5	0,5 ,, ,,	3,5	klar	0,1
6	0,0 ,, ,,	4,1	,,	0,2
7	0,5 ,, NaOH	4,9	,,	0,06
8	1,0 ,, ,,	6,0	,,	0,1
9	mehr als 1,0 ,, ,,	7,6	,,	2,2

ist. Die Menge von Natriumstannat entspricht 50 mg Zinn pro Liter. Jede Probe wurde drei Monate auf 32⁰ gehalten und das Ausmaß der Sauerstoffentwicklung bestimmt. Das p_H wurde durch Zusatz von n Schwefelsäure oder n Natronlauge auf verschiedene Werte eingestellt.

Zwei Proben 30%ige Wasserstoffperoxydlösung mit 10 mg Sn/l als Natriumstannat stabilisiert, ergaben nach 10 Monate langer Aufbewahrung in säurebeständigen Glasbehältern bei 32⁰ Sauerstoffverluste von 0,8 bzw. 0,9%.

Die Stabilisierungswirkung des Natriumstannats kann dadurch noch erhöht werden, daß eine teilweise Hydrolyse der Zinnverbindung, z. B. durch mehrtägiges Stehenlassen, Erhitzen, Zusatz von Natriumbicarbonat oder Einleiten von Kohlensäure hervorgerufen wird. Diese schwache Trübung beeinflußt in keiner Weise die Klarheit der Wasserstoffperoxydlösung, wenn das Stannat in der üblichen Menge von 5 bis 100 mg Sn/l der Wasserstoffperoxydlösung zugesetzt wird. Eine geringe Zugabe von Pyrophosphat verhindert die Ausfällung des Zinns auch bei Gegenwart koagulierend wirkender mehrwertiger positiver Ionen, wie Aluminium- oder Nickelionen, die mitunter als Verunreinigungen von Wasserstoffperoxydlösungen vorkommen.

Erwähnt seien ferner noch die Versuche, mit Natriumchlorid, -acetat, Strontiumhydroxyd, Zinkchlorid u. dgl. das Wasserstoffperoxyd zu stabilisieren, die aber keinerlei technische Bedeutung haben.

Stabilisierung mit organischen Stoffen. Sehr zahlreich sind die Vorschläge gewesen, durch Zusätze organischer Verbindungen die Zersetzung des Wasserstoffperoxyds zu verhindern. Derartige Stoffe sind Phenol, Salicylsäure, Thymol, schwefelsaures Chinin, Fomaldehyd, Paraformaldehyd, Alkohol, Acetamid, Benzamid, Succinimid, Phtalimid, Acetylxylidid, Acetanilid, Acetphenetidin (Phenazetin), Laktylphenetidin (Laktophenin), Thymacetin, Toluolsulfphenetidid, Phenylharnstoff, Stilben, Gummi arabicum, Methylurazil, Harnsäure, Barbitursäure, Benzoesäure, Naphtalin, Oxalsäure, Paraacetylamidophenol, Eikonogen (Natriumsalz einer Amidonaphtolsulfosäure), Marseillerseife, Monopolseife, lösliche Acylester von Aminooxycarbonsäure, wie α-Benzoyloxy-β-Dimethylaminoisobuttersäure, Benzoylecgonin, α-Benzoyl-β-Piperidopropionsäure, Amylose, Dextrin, Glykogen, trockene Weizenstärke, Phenoläther, wie z. B. Guajakol, Kresol, Orzinmonomethyläther, Resorzin, hydrierte Kohlenwasserstoffe oder deren Sauerstoff- oder Halogenabkömmlinge, Traubenzucker, Anilin, Phosphornatriumsalicylat der Formel

$$\left[C_6H_4 \overset{\text{OH}}{\underset{\text{COONa}}{\diagup\diagdown}} + C_6H_4 \overset{\text{OH}}{\underset{\text{COO(PO)}}{\diagup\diagdown}} \right],$$

komplexe Salze der Salicylsäure mit Borax, eine Lösung von oxychinolinschwefelsaurem Kalium in Formaldehyd, Gelatine, Tragant, aus Hühnereigelb hergestellte Lezithinextrakte, Phosphatide, wasserlösliche Verbindungen mit ätherartig gebundenem Sauerstoff ohne Anwesenheit phenolischen Hydroxyls, Diäthyläther und seine Homologen, Alkyläther mit Oxgruppen, einfach und mehrfach alkylierte oder arylierte höhere und mehrwertige Alkohole, welche auch acyliert sein können, wie die Äther des Glykols, Acetylglykols, Glyzerins und der Kohlehydrate, besonders Aryläther der mehrwertigen Alkohole, sowie Kohlehydrate mit und ohne aliphatische oder olefinische Seitengruppen oder Alkoxygruppen oder Halogen in aromatischem Rest, wie z. B. Glyzerinphenyläther und seine

Alkoxy- bzw. Halogensubstitutionsprodukte, Glyzerin- oder Glykoläther des Oxyallylbenzols; ringförmige Äther mit einem oder mehreren Sauerstoffatomen im Ring. wie z. B. Dioxan, Isoamyläther, Äthylglykol, Monoacetylglykoläther, Resorzindiglyzerinäther, Methylzellulose, Methoxyphenylglyzerinäther, Chlorphenylglyzerinäther; saures benzolsulfosaures Natrium; Proteine, wie Leim, Casein, Keratin, Glutenin, Gliadin, Albumin; Succinsäure, Benzoesäure, Sulfanilsäure, Hippursäure, Weinsäure, Phtalsäure; Lavendelöl, Fichten- und Thymianöl; Antipyrin; Cinchonidin, Hydrazin, Harnstoff, Thiocarbamid und seine Derivate, Hexamethylentetramin, Hydrochinon, Chlor- und Bromhydrochinon, Hydroxyhydrochinon, Hexahydroxybenzol, Antifebrin, Aspirin, Luminal, Nipagin[588] (Paraoxybenzoesäuremethylester), Natriumbenzoat[588].

Alle diese organischen Verbindungen sind mehr oder weniger wirksam in Bezug auf die Stabilisierung von Peroxydlösungen für verhältnismäßig kurze Zeiträume, jedoch für längere Dauer, wie z. B. 6 Monate oder länger, sind sie nicht vollkommen zufriedenstellend. Der Grund dafür liegt möglicherweise darin, daß das Peroxyd die organischen Stabilisatoren oxydiert und sie allmählich im Laufe der Zeit vollkommen zerstört. Auch bringt diese Oxydation in der Lösung mitunter eine gelbliche Farbe und einen unerwünschten Geruch hervor. Den idealen Stabilisator, der eine Zersetzungsmöglichkeit des Wasserstoffperoxyds überhaupt vollkommen ausschaltet, hat man noch nicht gefunden. Man muß sich vielmehr mit einem Optimum begnügen, das allerdings für die besten Vertreter der Stabilisatoren bereits bei etwa 1% Sauerstoffverlust innerhalb einer Lagerung von einem Jahre liegt, optimale Lagerungsverhältnisse vorausgesetzt. Diese Stabilität ist aber als praktisch vollkommen ausreichend· zu bezeichnen.

Stabilisierung von festen Verbindungen, die aktiven Sauerstoff enthalten. Die Verfahren, das Wasserstoffperoxyd durch Überführung in eine feste Form, wie z. B. Auflösen in Gelatine unter mäßiger Erwärmung, Glyzerinzusatz beim Auflösen und Erstarrenlassen[589] oder als Träger für das Wasserstoffperoxyd Stärkekleister, Pflanzenschleime, wie Tragant, zu verwenden[590], haben keine länger dauernde Haltbarkeit bewirken können.

Viel besser haltbar sind die festen Präparate aus Wasserstoffperoxyd und Harnstoff (Carbamid), das sog. feste Wasserstoffperoxyd des Handels, aus Hexamethylentetramin usw., die eine erhebliche technische Bedeutung besitzen. Jedoch bedürfen alle diese Verbindungen noch gesonderter stabilisierender Zusätze, um ihre Beständigkeit sicherstellen zu können. Die dazu benutzten Verbindungen sind vorwiegend schwach saurer Natur, die die Aufgabe haben, schädliches Alkali zu binden. Die Stabilisatoren werden in geringer Menge entweder dem fertigen Produkt zugesetzt, oder aber die alkalibindenden Stoffe werden vor der Abscheidung der Doppelverbindung bereits der wäßrigen Lösung ihrer Bestandteile einverleibt. Die zuzusetzende Menge Stabilisator kann dabei bis zu 10% der angewandten Menge Harnstoff betragen. Derartige Stoffe sind Zitronensäure, Gerbsäure, Borsäure, Kalium- und Natriumbisulfat, die sauren Salze der Phosphorsäure, wie z. B. Mononatriumphosphat, Natriummetaphosphat, saures Natriumpyrophosphat, Stärke oder stärkeähnliche Substanzen, wie Amylose, Dextrin oder Glykogen, Verbindungen mit ätherartig gebundenem Sauerstoff, wie Phenylglyzerinäther, o-Methoxyphenylglyzerinäther, Benzyloxäthyläther, Acetanilid und andere.

Einige dieser Körper, wie z. B. der Phenylglyzerinäther, sind imstande, den Zerfall von Carbamidperhydrat derart zu verlangsamen, daß dieses auch in feuchter Luft bei erhöhter Temperatur längere Zeit unzersetzt bleibt. Durch die Stabilisierung wird der Anwendungsbereich des Wasserstoffperoxyds in Form seiner festen Verbindungen wesentlich erweitert. Ein Vorteil für die Konservierung der festen Wasserstoffperoxydverbindungen ist ferner der Umstand, daß es vollkommen gleichgültig ist, ob wasserlösliche oder wasserunlösliche Stabilisatoren verwendet werden, weil diese Verbindungen ohnehin in Form von undurchsichtigen Salzen vorliegen.

Die Zersetzung von Magnesiumperoxyd kann durch einen Zusatz von Luminal, Urotropin, Coffein, Zitronensäure, Anthrazen und Brucin verzögert werden. Man setzt diese Stoffe in einer Menge von 0,02% bei der Herstellung des Magnesiumperoxyds aus Magnesiumhydroxyd und 30%igem Wasserstoffperoxyd zu[591].

Die Wirkungsweise der Stabilisatoren. Eine einwandfreie Erklärung der Stabilisierungswirkung der zahlreichen anorganischen und organischen Konservierungsmittel für das Wasserstoffperoxyd läßt sich heute noch nicht geben. Dafür mag vielleicht auch das bisher nur spärlich vorliegende wissenschaftliche Versuchsmaterial maßgebend sein. Bei den Säuren kann man eine Zurückdrängung der Dissoziation des Wasserstoffperoxyds, bei manchen anderen Stoffen die Bildung von gegen die Zersetzung besonders widerstandsfähigen Absorptions- oder Perverbindungen annehmen, wie z. B. beim Natriumsilicat, bei der Phosphorsäure und ihren Salzen, der Benzoesäure u. dgl. Einige Stoffe sind als ausgesprochene Katalysatorengifte bekannt, wie z. B. Anilin, andere wieder sind bekannte Schutzkolloide. Für viele Körper aber sind all diese Erklärungen nicht anwendbar.

Es ist bereits versucht worden, als Ursache für die Konservierung eine Verminderung der Oberflächenspannung verantwortlich zu machen[592].

V. Kubelka und J. Wagner[593] führen die hemmende Wirkung der Kolloide, wie Leim, Gelatine, Stärke, oder von Zucker auf eine Viskositätserhöhung oder Änderung der Oberflächenbeschaffenheit, vor allem aber auf die Bildung einer Absorptionsverbindung von Wasserstoffperoxyd an Gelatine, die einen größeren Widerstand gegen die Zersetzung aufweisen soll als das gelöste Wasserstoffperoxyd, zurück.

E. Bauer[594] ist der Anschauung, daß die Wirkung der Inhibitoren auf einem reversiblen Oxydations- und Reduktionsvorgang beruht.

Die Meinungen über die Wirkungsweise der Stabilisatoren sind demnach weit auseinandergehend. Aus den bisherigen experimentellen Befunden geht nur das eine mit Sicherheit hervor, daß die negativen Katalysatoren und Stabilisatoren das chemische Gleichgewicht der Wasserstoffperoxydzersetzung nicht verschieben. Die Reaktion wird zwar gehemmt, ohne daß aber ihr monomolekularer Charakter verändert werden würde.

Wahrscheinlich vermögen die negativen Katalysatoren und Stabilisatoren die Bildung sog. „aktivierter" Moleküle zu verhindern. Man wird zu dieser Annahme auf Grund der weitgehenden Übereinstimmung geführt, die die Erscheinungen der Autoxydation, Fluoreszenz und photochemischen Reaktionen bei einer Einwirkung reaktionshemmender Fremdstoffe zeigen. Da als Träger für photochemische Reaktionen „angeregte Moleküle" als sichergestellt gelten können, kann man aus Analogiegründen annehmen, daß die Inhibitoren, wie die Fremdstoffe oder Stabilisatoren auch genannt werden, die aktivierten Moleküle wieder desaktivieren oder ihre Bildung überhaupt von vornherein verhindern.

Von V. Henry und R. Wurmser[595] sowie von W. Th. Anderson jun. und H. St. Taylor[596] ist die Verhinderung der photochemischen Zersetzung des Wasserstoffperoxyds durch eine Reihe organischer und anorganischer Stoffe mit bekanntem Ultraviolettabsorptionsspektrum untersucht worden. Nach diesen Versuchen ließ sich eine strenge Gesetzmäßigkeit zwischen dem Verzögerungsvermögen der Wasserstoffperoxydzersetzung und dem Lichtabsorptionsvermögen für Benzol, Ester, Säuren, Amide, Ketone und Alkaloide feststellen, nicht aber für Amine und Alkohol, was vermutlich mit dem Salzbildungsvermögen des Wasserstoffperoxyds mit den Aminen bzw. mit einer Esterbildung mit den Alkoholen zusammenhängen dürfte. Jedenfalls sind diese Versuche eine Stütze für die Annahme, daß die Hemmungsstoffe entweder die Lichtenergie selbst oder die Aktivierungsenergie angeregter Moleküle aufnehmen, ohne diese wieder auf andere Substratmoleküle übertragen zu können (s. auch K. Bodendorf[597]). Damit gewinnt auch die Möglichkeit, die Kettenreaktionstheorie von Christiansen[598] und von H. L. J. Bäckström[598a] auf die Verhinderung der Zersetzung des Wasserstoffperoxyds anwenden zu können, sehr an Wahrscheinlichkeit. Die Inhibitor- oder Stabilisatorwirkung würde darnach in einem frühzeitigen Abbrechen von Reaktionsketten durch Verlöschen angeregter Moleküle bestehen.

Hinweise für die Kettenreaktion der Wasserstoffperoxydspaltung sind in der Literatur bereits vorhanden. So erklärt D. Richter[599] die katalytische Wasserstoffperoxydspaltung mit Kettenreaktionen, welche an sich nach den Untersuchungen von G. M. Schwab, D. Rosenfeld und L. Rudolph[600] als sehr wahrscheinlich anzusehen ist. Es scheint demnach die Theorie der Verhinderung der Bildung angeregter Moleküle und die Kettenabbruchstheorie die Wirkung der Stabilisatoren am besten wiedergeben zu können, jedoch liegt eine völlige Klärung der Ansichten noch nicht vor.

Literaturverzeichnis.

[580] E. P. 435401. — [581] DRP. 594806. — [582] E. P. 433470. — [583] Österr. P. 88372. — [584] Österr. P. 140048. — [585] E. P. 403035. — [586] Österr. P. 65734. — [587] DRP. 610185. — [588] G. Tellera: Bull. chim. Pharmac. **68**, 773, 1929; Pharmaz. Zentralhalle **70**, 727, 1929. — [589] DRP. 185597. — [590] DRP. 196700. — [591] M. Katz: Chem. Ztrbl. **1931** I, 3710. — [592] A. Lisievici-Dragenescu: Bulet. Soc. Chim. România **6**, 42, 1924; Chem. Ztrbl. **1924** II, 16. — [593] Kolloidchem. Beih. **22**, 102, 1926; Chem. Ztrbl. **1926** II, 2045. — [594] Helv. chim. Acta 1, 186, 1918; Ztschr. physikal. Chem. (B), **16**, 465, 1932. — [595] Compt. rend. Acad. Sciences **156**, 1012, 1913; **157**, 284, 1913. — [596] Journ. Amer. chem. Soc. **45**, 650, 1210, 1923; Chem. Ztrbl. **1924** I, 1011, 1012. — [597] Ber. Dtsch. chem. Ges. **1933**, 18. — [598] Journ. Amer. chem. Soc. **28**, 145, 1924; Chem. Ztrbl. **1924** I, 1621. — [598a] Trans. Faraday Soc. **24**, 601, 1928. — [599] Nature **129**, 870, 1932. — [600] Ber. Dtsch. chem. Ges. **1933**, 661.

XVII. Die Reinigung von technischen Wasserstoffperoxydlösungen.

(Patentliteraturzusammenstellung s. S. 364.)

Die Beständigkeit der Wasserstoffperoxydlösungen hängt in beträchtlichem Maße von ihrer Reinheit ab. Gewisse Verunreinigungen, wie z. B. Oxyde oder Salze von Schwermetallverbindungen, die gelöst oder in Suspension vorhanden sein können, können katalytische Zersetzungen hervorrufen. Auch Säuren, von der Fabrikation herstammend, sind stets in kleinerer oder größerer Menge vorhanden. Die Reinigung derartiger technischer Wasserstoffperoxydlösungen wird meist durch Destillation im Vakuum vorgenommen. So wird z. B. das Perhydrol durch zweimalige Destillation von konzentrierten Wasserstoffperoxydlösungen im Vakuum aus Quarzgefäßen gewonnen. Es ist aber nicht zu verleugnen, daß die Vakuumdestillation auch einige Nachteile aufweist; sie erfordert kostspielige Apparaturen, die im Betriebe verhältnismäßig teuer sind, ferner sind Sauerstoffverluste infolge des Gehaltes der Lösungen an Verunreinigungen nicht zu vermeiden. Schließlich liefert die Vakuumdestillation, wenn die Ausgangsmaterialien flüchtige Verunreinigungen, wie z. B. Salzsäure, enthielten, nur bei Anwendung von besonderen Entnebelungsvorrichtungen[447a] ein Produkt höchster Reinheit. Aber auch die Lösungen, die durch Destillation von Überschwefelsäure- oder Ammonpersulfatlösungen gewonnen wurden, enthalten stets noch einen Säureüberschuß, der über das für medizinische Zwecke zulässige Ausmaß hinausgeht, sowie Spuren katalytisch wirkender Verunreinigungen.

Man trachtet daher nicht nur aus Gründen der Vermeidung von Zersetzungen, sondern auch wegen der Werterhöhung des technischen Produktes, eine weitere Reinigung der erhaltenen Wasserstoffperoxydlösungen vorzunehmen. Durch Überschreitung eines bestimmten Säuregehaltes sowie durch einen Gehalt größerer Mengen von Schwermetallionen oder -verbindungen in kolloidaler Form wird der Verkaufswert von Wasserstoffperoxydlösungen erheblich beeinträchtigt. Das reinste, konzentrierte Wasserstoffperoxyd des Handels, das Perhydrol, ist absolut säurefrei, daher für medizinische Zwecke geeignet.

Eine Beseitigung des Säureüberschusses durch Behandlung mit alkalischen Lösungen oder Substanzen, wie Natriumperoxyd oder Natriumcarbonat, ist zwar versucht worden, jedoch wird bei diesen Verfahren ein lösliches Metallsalz, wie z. B. Natriumsulfat, gebildet, das sich nur schwer aus den Peroxydlösungen entfernen läßt. Ein derartiges Produkt wird aber entweder abgelehnt oder wesentlich geringer bewertet, wenn bei Prüfung durch Eindampfung einer Probe zur Trockene und Bestimmung des Gehaltes an nicht flüchtigen Resten unerwünschte Mengen solcher ermittelt wurden. Selbstverständlich werden auch Lösungen, die unerwünschte Reste an katalytischen Verunreinigungen enthalten, beanstandet. Es herrscht daher das größte Interesse, nicht nur die aus Bariumperoxyd hergestellten Wasserstoffperoxydlösungen, sondern auch die aus Überschwefelsäure durch Destillation erhaltenen konzentrierteren Lösungen auf einfache und billige Weise zu reinigen. Man hat dazu entweder rein chemische Reinigungsverfahren oder solche auf elektrochemischer Grundlage vorgeschlagen.

A. Chemische Reinigungsmethoden.

Einer der ältesten Vorschläge bestand darin, daß man die Schwermetallverunreinigungen dadurch aus den Wasserstoffperoxydlösungen zu entfernen versuchte, daß man in diesen Zinnhydroxyd ausfällte. Dies geschah beispielsweise in der Art, daß man nach Zugabe eines Zinnsalzes oder Alkalistannats die Lösung ansäuerte und der Niederschlag von Zinnhydroxyd durch Dekantieren oder Filtrieren entfernt wurde. Das kolloidale Zinnhydroxyd spielte dabei die Rolle eines Adsorptionsmittels, das zufolge seiner großen Oberflächenaktivität die Schwermetalle aus der Lösung aufnimmt und sie so zur Abscheidung bringt. Wie sich jedoch herausgestellt hat[601], ist das Ergebnis der Reinigung von Wasserstoffperoxydlösungen mittels Fällungen von Zinnhydroxyd durch den Säuregrad der Lösung während der Fällung bedingt. Bei einem p_H-Wert von 1,4 oder weniger ist die Menge der Verunreinigungen, die sich durch das Zinnhydroxyd entfernen lassen, erheblich geringer als bei einem p_H-Wert von mehr als 1,4. Bei Überschreitung dieses Wertes läßt sich praktisch der gesamte Gehalt an Verunreinigungen mittels einer einzigen Fällung und mit Hilfe einer geringen Menge von Zinnhydroxyd entfernen. Eine Peptisierung des Zinnhydroxydniederschlages durch gewisse in der Lösung eventuell vorhandene Stoffe kann durch Zusatz von polyvalenten positiven Ionen, wie z. B. Aluminium- oder Bariumionen, verhindert werden. Bei der Durchführung des Reinigungsprozesses setzt man der zu behandelnden Wasserstoffperoxydlösung eine lösliche Zinnverbindung, wie z. B. Zinnchlorid oder Natriumstannat, in einer Menge von 20 bis 400 mg Sn/l zu, gibt hierauf Schwefelsäure zu, um einen p_H-Wert über 1,4, vorzugsweise zwischen 2,0 und 3,5 einzustellen, erwärmt unter Umständen zur Begünstigung der Fällung auf 80° und dekantiert oder filtriert. Die Beständigkeit einer 30%igen Wasserstoffperoxydlösung, die nach diesem Verfahren behandelt war, kann daraus ersehen werden, daß der Verlust an Wasserstoffperoxyd, in Gewichtsprozenten ausgedrückt, nach 30tägiger Lagerung bei 32° bei einem p_H-Wert von weniger als 1,2 nach Zusatz des Natriumstannats 1,66% betrug, während beim p_H-Wert von 3,8 nach Zusatz des Natriumstannats der Gewichtsverlust nur mehr 0,0024% ausmachte.

Die Entfernung der Schwefelsäurereste und anderer Verunreinigungen in konzentrierten Wasserstoffperoxydlösungen, die aus Perschwefelsäurelösungen durch Destillation gewonnen wurden, wird nach dem Vorschlage der Dupont de Nemours Cie.[602] durch Fällung mit Hilfe von Bariumhydroxydlösungen vorgenommen, wobei darauf geachtet wird, daß ein Überschuß von Bariumionen vermieden wird, so daß das p_H nach der Fällung einen Wert von 1,5 bis 2,5 aufweist. Sind nur geringe Mengen katalytisch wirkender Verunreinigungen vorhanden, so werden sie durch die Fällung von Bariumsulfat vollkommen entfernt. Größere Mengen werden durch gleichzeitigen Zusatz von kolloidaler Zinnsäure oder von Aluminiumhydroxyd in einer Menge von etwa 0,1 bis 1,2 g SnO_2/l-Lösung entfernt. Die Menge der Zinnsäure richtet sich nach dem Grade der vorhandenen katalytisch wirkenden Verunreinigungen. Am geeignetsten erwies sich die Verwendung eines Zinnsäuresols, das durch Peptisation einer frisch gefällten Zinnsäure mit Ammoniak oder Natronlauge hergestellt worden war. An Stelle einer gesättigten Bariumhydroxydlösung kann man auch festes, fein verteiltes Bariumhydroxyd,

Bariumoxyd, Bariumperoxyd oder Bariumcarbonat zur Fällung des Bariumsulfats benützen. Das nach dieser Reinigungsmethode erhaltene Wasserstoffperoxyd weist eine zufriedenstellende Azidität auf, ist praktisch frei von Verunreinigungen und enthält ein Minimum von nicht flüchtigen Substanzen.

B. Reinigung auf elektrochemischem Wege.

Sehr interessant ist das Reinigungsverfahren der Kali Chemie A. G.[603], nach welchem Wasserstoffperoxydlösungen, namentlich solche, die nach dem Bariumperoxydverfahren hergestellt wurden, auf dem Wege der Elektroosmose gereinigt werden. Derartige Lösungen enthalten, von der Fabrikation herstammend, als Verunreinigungen in der Hauptsache Natriumchlorid und eine geringe Menge Natriumphosphat. Die Tatsache, daß sich Wasserstoffperoxydlösungen nach dem Verfahren der Elektroosmose reinigen lassen, muß an sich schon als überraschend angesehen werden, da auf Grund der Konstitution und dem Säurecharakter des Wasserstoffperoxyds eigentlich anzunehmen wäre, daß es sich wie ein Elektrolyt verhält. Ein derartiges Verhalten des Wasserstoffperoxyds würde aber durch die geringsten Verluste an Wasserstoffperoxyd, die bei der Elektroosmose in die Kathoden- oder Anodenzellen eintreten würden, das Reinigungsverfahren unbrauchbar machen, da Verluste an Wasserstoffperoxyd wegen des hohen Wertes des Wasserstoffperoxyds untragbar wären. Tatsächlich wirkt aber das Wasserstoffperoxyd als Nichtelektrolyt und kommt hinsichtlich seiner Fähigkeit, gelöste Salze zu dissozieren, dem Wasser gleich, weshalb es einer osmotischen Behandlung nach Art der Wasserreinigungsverfahren unterworfen werden kann. Die Reinigung der Wasserstoffperoxydlösung findet dabei zu Beginn des Prozesses durch die infolge der Einwirkung des elektrischen Stromes bewirkte Ionenwanderung statt. Später treten dann auch rein elektroosmotische Erscheinungen hinzu.

Bei der praktischen Durchführung des Verfahrens verwendet man dreizellige Elektrolyseure. Die beiden äußeren Zellen nehmen die Elektroden auf und werden mit Wasser gespeist. Die mittlere Zelle, die von den beiden äußeren durch poröse Diaphragmen aus keramischem Material getrennt ist, enthält die zu reinigende Wasserstoffperoxydlösung. Die Verunreinigungen wandern unter dem Einfluß des Spannungsgefälles durch die Diaphragmen in den Anoden- bzw. in den Kathodenraum und werden von dort mit dem durchströmenden Wasser entfernt. Mehrere Zellen sind zu einer Einheit vereinigt, wobei an die einzelnen Zellengruppen steigende Spannungen angelegt werden, beispielsweise bis 90 Volt. Durch die Elektroosmose werden aus den Wasserstoffperoxydlösungen die Verunreinigungen, wie Natriumchlorid, Natriumphosphat, Eisen- und Aluminiumverbindungen, kolloidale Kieselsäure, Reste von Schwefelsäure usw., entfernt, so daß die Lösungen bei der Verarbeitung auf konzentrierte Wasserstoffperoxydlösungen ohne größere Verluste destilliert werden können oder sogar nur konzentriert zu werden brauchen. Auch konzentrierte Wasserstoffperoxydlösungen lassen sich auf diese Weise von den von der Destillation herrührenden Verunreinigungen, wie Katalysatoren oder Schwefelsäurereste, befreien.

Die Reinigung und Entsäuerung von technischen Wasserstoffperoxydlösungen wird nach einem Vorschlage der Österreichischen Chemischen Werke[604] auf sehr ähnliche Weise vorgenommen, obwohl in der Patentschrift angegeben wird, daß die Reinigung der Wasserstoffperoxydlösungen in einer Elektrolyse bestehe. Die technischen Wasserstoffperoxydlösungen werden in einer Diaphragmenzelle als Anoden- oder als Kathodenflüssigkeit der Elektrolyse unterworfen, wobei die Verunreinigungen, die zur Anode wandern, wie Metallionen, bei der Behandlung der Lösung als Anodenflüssigkeit, Anionen wie Säurereste hingegen bei der Behandlung als Kathodenflüssigkeit entfernt werden. Durch aufeinanderfolgende anodische und kathodische Behandlung können sowohl die Verunreinigungen elektronegativer als auch elektropositiver Natur aus den Lösungen entfernt werden. Die so behandelten Lösungen sind sehr rein und auch für medizinische Zwecke brauchbar.

Wenn die zu reinigende Wasserstoffperoxydlösung die Kathodenflüssigkeit bildet, so kann als Anodenflüssigkeit angesäuertes destilliertes Wasser verwendet werden. Zur Vermeidung von Konzentrationsverlusten durch Diffusion kann auch als Anoden-

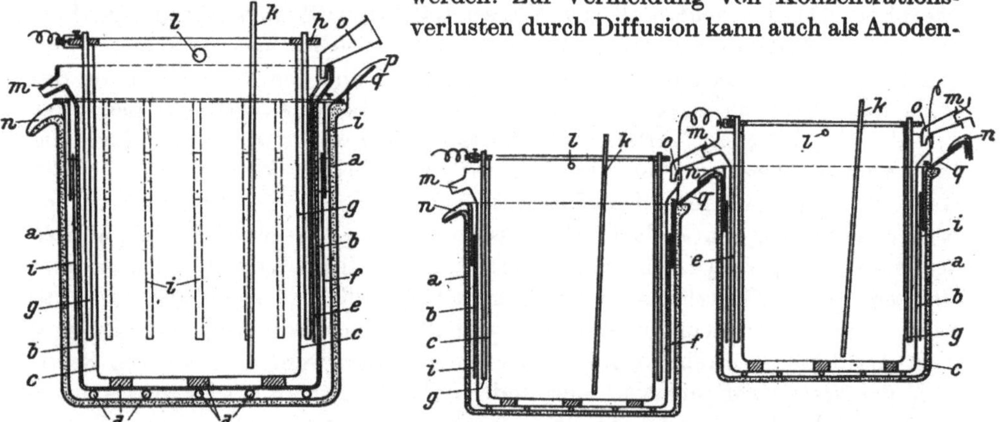

Abb. 39 und 40. Vorrichtung zur elektrochemischen Reinigung von Wasserstoffperoxyd-Rohlösungen (DRP. 588 267).

flüssigkeit eine Wasserstoffperoxydlösung gleicher Konzentration gewählt werden. Wird die Wasserstoffperoxydlösung anodisch gereinigt, so bildet in diesem Falle ein mit Natronlauge leitend gemachtes destilliertes Wasser die Kathodenflüssigkeit. Die Strömungsgeschwindigkeit wird so eingestellt, daß die gebildete Lösung bei einer Anzahl von Zellen in Serienschaltung, die sie kontinuierlich hintereinander durchfließt, die letzte Zelle in gereinigtem Zustand verläßt.

Eine Vorrichtung zur elektrolytischen Reinigung von Wasserstoffperoxyd, von Säuren und metallischen Verunreinigungen, bei welcher die zu reinigende Lösung unmittelbar an den Elektroden behandelt wird, wird in den Abb. 39 und 40 dargestellt[605]. Sie besteht aus einer Reihe von Zellen mit durch Diaphragmen getrennten Elektrodenräumen, die die Form schmaler Kanäle aufweisen. Die innere Elektrode ist durch den Einsatz eines seinen Vertikalquerschnitt fast ganz ausfüllenden Tauchkörpers sehr verengt. Die Zelle ist mit je einer Zuführungsvorrichtung für die im inneren Elektrodenraum und im äußeren Elektrodenraum zu behandelnde Flüssigkeit und mit Abläufen ausgestattet. Die Abb. 39 zeigt einen Querschnitt durch eine Zelle, die Abb. 40 die Schaltung mehrerer Zellen.

In den aus einem gegen den Elektrolyten widerstandsfähigen Material, z. B. Ton, hergestellten oder mit einem widerstandsfähigen Belag ausgekleideten Behälter a ist das Diaphragma d und in dieses der Tauchkörper c, der aus einem hohlen Glaskörper besteht, eingesetzt. Das Diaphragma besteht aus dünnem porösem Material, wie aus glasiertem Porzellan, Ton, Gurocel oder Kunstharzgewebe. Diaphragma und Tauchkörper werden in ihrer Lage durch Stützplatten d festgehalten. Die Großenverhältnisse sind derart gewählt, daß zwischen der Diaphragmenwand und der Behälterwand einerseits und zwischen der Wand des Tauchkörpers und der Diaphragmenwand anderseits Kanäle entstehen, nämlich der innere Elektrodenraum e und der äußere Elektrodenraum f. Die Breite der die Elektrodenräume bildenden Kanäle beträgt 5 bis 20 mm. Im inneren Elektrodenraum ist die Kathode g angeordnet, und zwar in Form von ringförmig angeordneten Graphitstaben, die durch einen Metallring h aus Aluminium untereinander und mit der Stromquelle leitend verbunden sind. Im äußeren Elektrodenraum befindet sich die Anode i, die aus Platin-Tantal-Streifen besteht.

Im Tauchkörper c wird Kühlwasser durch ein bis fast zum Boden reichendes Rohr k zugefuhrt. Durch den Ablauf l wird das Kuhlwasser abgefuhrt. Die Zufuhrung des Elektrolyten zum inneren Elektrodenraum e erfolgt bei o, die des äußeren Elektrolyten bei g. m ist der Ablauf fur den inneren, n fur den außeren Elektrodenraum.

Beim Betriebe werden die beiden Elektrodenräume mit den betreffenden Flussigkeiten gefullt, und zwar dient als Kathodenflussigkeit verdunnte Phosphorsäure oder die Lösung eines Phosphats oder Pyrophosphats und als Anodenflussigkeit eine technische Wasserstoffperoxydlösung. Mehrere Zellen sind kaskadenförmig geschaltet, wobei die Flüssigkeit von innerem zu innerem Elektrodenraum durch die Abläufe m, wahrend die Flussigkeit in den außeren Elektrodenraumen vom Ablauf n uber die Leitrinnen q in den äußeren Elektrodenraum abtropft.

Mit Hilfe dieser Vorrichtung wird in der Wasserstoffabrik in Weißenstein aus den technischen konzentrierten Wasserstoffperoxydlösungen, wie sie durch Destillation aus einer Perschwefelsäurelösung gewonnen wurden, reinstes und säurefreies konzentriertes Wasserstoffperoxyd für medizinische Zwecke hergestellt. Der Strombedarf ist nur gering, die Sauerstoffverluste betragen nur etwa 1%, so daß die Reinigung mit 99%iger Ausbeute an aktivem Sauerstoff durchgeführt wird.

Literaturverzeichnis.

[601] Scheideanstalt: Österr. P. 141484. — [602] Schweiz. P. 175020. — [603] DRP. 534283. — [604] DRP. 588267. — [605] Österreichische Chemische Werke: DRP. 548366.

XVIII. Lagerung, Transport und Versand von Wasserstoffperoxydlösungen und dessen Derivaten.

(Patentliteraturzusammenstellung s. S. 365.)

Bei der Lagerung und dem Versand von Wasserstoffperoxydlösungen oder testen Perverbindungen hat man sich immer vor Augen zu halten, daß alle aktiven Sauerstoff enthaltenden Verbindungen unter ungünstigen Verhältnissen sehr leicht zersetzliche Körper darstellen. Ganz abgesehen davon, daß derartige Zersetzungen zu einer Wertverminderung oder vollständigen Zerstörung des Produktes führen, kann die starke Oxydationskraft, die den konzentrierteren Produkten innewohnt, im Falle des Zusammentreffens mit organischen oxydablen Körpern unter Umständen zu Bränden führen.

Wegen des bekannten stark beschleunigenden Einflusses von Verunreinigungen, Alkalien, Staub, rauhen Oberflächen, Schwermetallverbindungen u. dgl. auf die Zersetzung des Wasserstoffperoxyds ist das wichtigste Erfordernis der Apparate und Gefäße, in denen dieses aufbewahrt oder verwendet werden soll, daß sie selbst nicht auf das Wasserstoffperoxyd zersetzend einwirken oder katalytisch wirkende Substanzen bilden. Anderseits darf wieder das Wasserstoffperoxyd das Material des Behälters nicht derart stark angreifen, daß es zerstört wird.

Den Anforderungen, die an das Material der Aufbewahrungsgefäße für Wasserstoffperoxyd oder Lösungen von dessen Derivaten gestellt werden, genügen am vollkommensten keramische Materialien, wie Glas, Ton, Steinzeug, Porzellan, Quarz, das R-Glas u. dgl. Nach den Untersuchungen von P. B. Place[606] verhalten sich die Apparategläser von Jena und Murano gegenüber dem Wasserstoffperoxyd am günstigsten. Im Quarzglas können geringe Prozente der Kieselsäure durch Titanoxyd, Zirkonoxyd oder andere saure Oxyde ersetzt werden[607]. Zur Verhinderung der Zersetzung durch das Licht wird das Wasserstoffperoxyd häufig entweder im Dunkeln aufbewahrt oder in braunen Flaschen vor den Einwirkungen der Strahlen geschützt, jedoch ist die Gefahr der Zersetzung durch Licht nur gering, weshalb die Aufbewahrung im Dunkeln oder in braunen Flaschen nicht unbedingt erforderlich ist. Eine kühle Lagerung wirkt sich aber auf jeden Fall günstig aus.

Die Aufbewahrung in Glas- oder aber auch Metallgefäßen kann durch einen inneren Überzug mit einer Paraffinschicht besonders günstig gestaltet werden. Schon Brühl[544] hatte festgestellt, daß Paraffin von Wasserstoffperoxydlösungen nicht benetzt wird und sich gegen dieses vollkommen indifferent verhält. Der Gefahr, daß das Wasserstoffperoxyd aus der Glaswand Alkali herauslöst, von denen schon sehr geringe Mengen zu einer starken Beschleunigung des Zersetzungsvorganges führen, wird durch einen Säurezusatz und Zugabe eines Stabilisators entgegengearbeitet. Konzentriertes 30%iges Wasserstoffperoxyd, das für medizinische Zwecke bestimmt ist und daher säurefrei sein muß, wurde in kleineren Packungen früher nur in paraffinierten Flaschen verschickt, heute erfolgt jedoch der Versand in gewöhnlichen Glasgefäßen.

Da im Falle einer unvorhergesehenen Zersetzung des Wasserstoffperoxyds durch Katalysatoren große Mengen Sauerstoff frei werden, sind die Aufbewahrungs- und Versandgefäße für Wasserstoffperoxydmengen über 200 g nicht vollkommen geschlossen, damit nicht durch zu großes Ansteigen des Druckes die Aufbewahrungsgefäße zertrümmert werden. Wasserstoffperoxydmengen bis zu 200 g können auch in vollkommen verschlossenen Glasgefäßen verschickt werden, jedoch muß dann das Volumen des Glasgefäßes 300 ccm betragen, so daß mehr als ein Drittel der Füllung aus einem Gasraum besteht.

Durch die Herstellung konzentrierter und haltbarer Wasserstoffperoxydlösungen ist heute der Versand sogar in überseeische Länder und in die Tropen möglich geworden. Die Haltbarkeit der heute fast ausnahmslos durch Destillation erhaltenen konzentrierten und reinen Wasserstoffperoxydlösungen ist dabei eine derart gute, daß Sauerstoffverluste nicht zu befürchten sind. Wegen des tiefen Gefrierpunktes von 30%igem Wasserstoffperoxyd bei —30° C kann die Ware auch bei strenger Winterkälte gefahrlos offen versandt werden.

Zum Versand der Wasserstoffperoxydlösungen werden entweder Glasballons oder für größere Mengen Steinzeuggefäße verwendet. Die Glasballons haben einen Inhalt von 25 bis 50 l und sind zur Vermeidung von Brüchen in Weidenkörben verpackt. Die Glasballons werden vor der Füllung sorgfältig mit einer kräftig wirkenden Wasserbrause von innen ausgewaschen. Das 30%ige Wasserstoffperoxyd wird aus dem bei der Kondensation erhaltenen 35%igen durch Verdünnen mit der berechneten Menge Wasser eingestellt, wobei die meisten Firmen zur Vermeidung von eventuellen Reklamationen den Titer etwas höher als 30% einstellen. Verschlossen sind die Ballons mit einem eingeschliffenen Glasstöpsel, der in seinem Inneren mit einer rechtwinkeligen Bohrung versehen ist, so daß das Innere des Glasballons mit der Außenatmosphäre in Verbindung steht. Zur Vermeidung des Verstaubens des Wasserstoffperoxyds wird über den Glasstöpsel noch eine mit Nitrozellulose imprägnierte Pergament- oder Papierkappe darübergestülpt.

Größere Mengen von Wasserstoffperoxydlösungen werden in Steinzeuggefäßen verschickt oder aufbewahrt, die in Größen von 500, 750, 1000 und 2000 l verwendet werden. Da diese großen Steinzeugflaschen auf offenen Waggons zur Verwendung gelangen, sind sie der Sonnenbestrahlung direkt ausgesetzt. Da aber die Zersetzungsgeschwindigkeit des Wasserstoffperoxyds mit der Temperatur ansteigt, werden die Steinzeuggefäße zur Wärmerückstrahlung sehr häufig mit einem Aluminiumanstrich versehen, da sich gezeigt hat, daß in einem mit Aluminiumfarbe gestrichenen Aluminiumbehälter das Wasserstoffperoxyd im Sonnenlicht eine bis 20° niedrigere Temperatur aufweisen kann als ohne einen Aluminiumanstrich.

Das reine, 99- bis 100%ige Wasserstoffperoxyd ist nicht transportfähig, da es sich schon beim bloßen Schütteln unter Sauerstoffentwicklung zu zersetzen beginnt. Das feste reine Wasserstoffperoxyd würde zwar den Eisenbahntransport vertragen, jedoch ist wegen des tiefen Schmelzpunktes von Wasserstoffperoxydlösungen ein Transport nicht wirtschaftlich. Die nach dem internationalen Gütertarif höchst zulässige transportierbare Konzentration beträgt 60%.

Die Baustoffe für Apparate und Gefäße der Wasserstoffperoxydtechnik aus keramischem Material sind wohl chemisch gegen die Wasserstoffperoxydlösungen beständig und wirken auf diese auch kaum zersetzend ein, sind aber nicht vollkommen mechanisch widerstandsfähig genug, was besonders für eine größere Dimension der Behälter und Apparate gilt. Ein eventueller Bruch oder nur Sprung eines Glasballons, der z. B. mit einer 30%igen Wasserstoffperoxydlösung gefüllt ist, kann unter Umständen ziemlich gefährlich werden. Durch die Verdunstung des Wassers wird nämlich die ausgetretene Wasserstoffperoxydlösung immer konzentrierter, wobei schließlich sogar derart hohe Konzentrationen erreicht werden können, die organische Substanzen, wie Holz, Stroh, Papier od. dgl., namentlich wenn Katalysatoren, wie Staub, Sand, Eisenverbindungen usw., anwesend sind, mit solcher Heftigkeit oxydieren, daß die Oxydation unter dauernder Selbstbeschleunigung schließlich unter Flammenerscheinung vor sich geht. Feuergefährlich wird aber das Wasserstoffperoxyd erst von Konzentrationen von etwa über 60%, das 30%ige ist ganz ungefährlich.

Man hat daher auch schon Metallgefäße zur Aufbewahrung von Wasserstoffperoxydlösungen vorgeschlagen. Blei- und Zinngefäße wurden bereits benützt, jedoch werden sie von Lösungen des Wasserstoffperoxyds, Perborats, Percarbonats, Natriumperoxyds u. dgl. stark angegriffen. Außerdem wirkt das Blei zersetzend ein, da es zu Bleidioxyd oxydiert wird, das dann ein sehr starker Zersetzungskatalysator ist.

In Gefäßen aus Aluminium kann das Wasserstoffperoxyd nur ganz kurze Zeit

aufbewahrt werden, da es von diesem angegriffen wird. Auch findet eine geringe
Zersetzung des Wasserstoffperoxyds statt. Das Aluminium bietet aber die Möglichkeit zum Versand größerer Mengen von Wasserstoffperoxyd in Kesselwagen,
wobei die Gefäßwände innen poliert oder durch eine chemische Behandlung
widerstandsfest gemacht werden, da sich an glatten Wänden eine geringere Zersetzung zeigt[608]. Durch Zusatz von etwa 0,1 bis 1 g Ammonnitrat oder Salpetersäure zur konzentrierten H_2O_2-Lösung kann bei einem p_H der Lösung von 3,5 bis 6
die Korrosion des Aluminiums verhindert werden. Die mit den H_2O_2-Dämpfen
in Berührung kommenden Teile des Aluminiumbehälters können durch Behandeln
mit starker Salpetersäure inaktiviert werden[608b]. Für ätzalkalische Wasserstoff-

Abb 41. Kesselwagen der E. J. Dupont de Nemours aus Aluminium, fur den Transport
von Wasserstoffperoxydlösungen.

peroxydlösungen, wie für Bleichbäder, kann das Aluminium als Behältermaterial
verwendet werden, wenn man den Lösungen einen Alkalisilikatzusatz macht[608].
Noch günstiger als Reinaluminiumbehälter verhalten sich solche aus Aluminium-
Magnesium-Legierungen. Namentlich in Amerika ist das Aluminium als Baustoff
für Kesselwagen für den Transport von Wasserstoffperoxydlösungen stark in
Verwendung. In Amerika gibt es Zisternenwagen aus einer Aluminium-Mangan-
Kupfer-Legierung von 36 t Inhalt, die samt dem Chassis ein Gewicht von etwa
55 t haben (Abb. 41).

Das Tantal wäre an sich als Material für Aufbewahrungsgefäße, Destillationsanlagen usw. wegen seiner guten Beständigkeit und dem Umstand, daß es die
Zersetzung von Wasserstoffperoxyd in freier oder latenter Form nicht beeinflußt,
geeignet[536], jedoch steht seiner ausgedehnteren Verwendung sein hoher Preis entgegen.

Von G. Schmidt wurde die Beobachtung gemacht[609], daß Chromstähle, insbesondere die Kruppschen V2A-Stähle (18 bis 40% Chrom und 5 bis 20% Nickel)
und V1M (10 bis 15% Chrom und geringer Nickelgehalt) u. a. keinerlei zersetzende
Wirkung auf neutrale, saure oder alkalische Wasserstoffperoxydlösungen, auf
Lösungen von Perborat, Alkaliperoxyden usw. ausüben. Sie können daher nach
dem Vorschlage von Schmidt als Baustoffe für Aufbewahrungsgefäße und Ver-
sandbehälter verwendet werden.

Nach dem Österr. P. 124524 der I. G. Farbenindustrie A. G. sollen sich auch alle Metalle der 4. Gruppe des periodischen Systems der Elemente sowie Kupfer und Zink sowie deren Legierungen zum gleichen Zwecke eignen, wenn nur die mit den Lösungen oder den Dämpfen in Berührung kommenden Teile der Apparatur oder der Aufbewahrungsgefäße eine Oberfläche auf Hochglanz besitzen.

Ob sich die Nickel-Aluminium-Legierungen der Österreichischen Chemischen Werke[610] als brauchbar erwiesen haben, muß als sehr zweifelhaft angesehen werden, da diese Legierungen sehr schlecht bearbeitbar sind.

Sehr originell ist der Vorschlag von W. J. Knoxe[611], der das Wasserstoffperoxyd in Paraffinkügelchen einschmelzen will. Aber auch dieses Verfahren dürfte sich kaum in die Praxis eingeführt haben, zumindest nicht in Europa.

Die I. G. Farbenindustrie A. G. schlägt zur Herstellung, Verarbeitung und Aufbewahrung von Wasserstoffperoxydlösungen Apparate aus emaillierten Metallen vor, wobei das Email säurebeständig sein soll. Sehr ähnlich ist das Verfahren des F. P. 718576, wonach die Wandungen der für die Peroxydbleiche bestimmten Metallgefäße mit einer dünnen Schicht von Kalk und Zement überzogen werden. Nach dem Austrocknen dieser Masse werden die Behälter mit einer Lösung von 1,5% Wasserglas und 0,75% Natriumcarbonat ausgekocht.

Die festen anorganischen Perverbindungen, wie Bariumperoxyd oder Natriumperoxyd, können gleichfalls in Berührung mit organischen Substanzen, namentlich bei Reibung, zu Oxydation unter Entflammung führen. So machen B. Müller[613] und C. P. Beistle[614] auf einen Schiffsbrand aufmerksam, dessen Ursache Selbstentzündung von Bariumperoxyd in Berührung mit Säcken war. Diese Stoffe dürfen daher nicht in innen paraffinierten Holzfässern, sondern müssen in eisernen (Blech-) Behältern verschickt werden. Für die Persulfate, wie Kalium- und Ammoniumpersulfat, ist nach den Untersuchungen von G. Agde und E. Alberti[615] über deren Explosions- und Feuergefährlichkeit das Verpacken und Verschiffen in innen mit einer Paraffinschicht ausgekleideten Holzfässern als gefahrlos anzusehen. Nach diesen Untersuchungen erfolgt die Zersetzung des Kalium- und Ammoniumpersulfats bei einer Temperatursteigerung von 1^0 und von 20^0/Minute mit und ohne Zusatz von 10% organischen Substanzen zwischen 160 bis 196^0. Ein Fallgewicht von 10 kg von 1 m Höhe brachte die Persulfate nicht zum Verpuffen. Bei diesen besteht daher auch in Berührung mit organischen Substanzen keine Explosions- oder Feuersgefahr.

Versandbestimmungen nach dem internationalen Eisenbahngütertarif (IGT). Klasse V. Ätzende Stoffe. 450 (11). Für wäßrige Wasserstoffperoxydlösungen mit mehr als 6%, aber höchstens 35% H_2O_2 der Ziffer 7a müssen starke Glas- oder Tongefäße oder von den zuständigen Behörden anerkannte Gefäße aus anderen Werkstoffen verwendet werden, die das H_2O_2 nicht zersetzen und nicht völlig luftdicht verschlossen sind oder auf andere Weise die Entstehung eines inneren Überdruckes verhindern. Ballons, Flaschen und Kruken (Anmerkung: Krüge) müssen in starke, mit guten Handhaben versehene Kisten oder unverpackt in Körben, die mit einer Schutzabdeckung gut abgedeckt sind, gut verpackt sein.

Wegen Beförderung in Behälterwagen (Topfwagen) siehe Randziffer 472.

451. (12) Wäßrige Wasserstoffperoxydlösungen mit einem Gehalt von mehr als 35%, aber höchstens 45% H_2O_2 der Ziffer 7b sind zu verpacken:

a) Bei Mengen bis zu 200 g in festen Glasflaschen mit mindestens 300 ccm Rauminhalt, die unter Verwendung von Kieselgur als Füllmaterial in dichte Blechbüchsen einzusetzen sind. Die Büchsen müssen in starken Holzkisten eingesetzt sein.

b) Bei Mengen von mehr als 200 g in Glasbehälter, bei denen das Rohgewicht eines Versandstückes 75 kg nicht übersteigen darf. Die Behälter müssen mit einer Vorrichtung (Ventil) versehen sein, die einen Druckausgleich gestattet. Die einzelnen Behälter müssen mit festem Geflecht vollständig eingeflochten und in starke, gut passende Weiden- oder Eisenkörbe mit Schutzabdeckungen (Überkörbe) fest eingesetzt sein. Eisenkörbe müssen einen Schutzanstrich aus Lackfarbe haben. Packstroh und Holzwolle dürfen zur Verpackung nicht verwendet werden.

Statt der vorbezeichneten Verpackung sind auch Gefäße aus anderen Werkstoffen, die das H_2O_2 nicht zersetzen und auch selbst nicht angegriffen werden, zulässig, sofern diese Gefäße von der zuständigen Behörde anerkannt sind. Bezüglich des Verschlusses siehe Randziffer 452, Absatz a.

452. (13) Wäßrige H_2O_2-Lösungen mit mehr als 45%, aber höchstens 60% H_2O_2 der Ziffer 7c sind zu verpacken:

a) In Glasgefäße. Jedes Glasgefäß ist in einen dichten, geteerten eisernen Blechvollmantelkorb einzusetzen. Der Zwischenraum zwischen Glasgefäß und Mantelkorb ist mit einer unverbrennbaren Schutzmasse auszufüllen, die derart beschaffen sein muß, daß sie die Flüssigkeit aufsaugt. Der Mantelkorb selbst ist in eine Überkiste mit Pultdach einzusetzen. Der Verschluß der Glasgefäße ist so auszuführen, daß er Druckausgleich gestattet, gleichzeitig aber auch Sicherheit gegen ein Ausfließen von Flüssigkeit bietet.

b) In Gefäße aus anderen Werkstoffen, die das H_2O_2 nicht zersetzen und auch selbst nicht angegriffen werden, sofern diese Gefäße von der zuständigen Behörde anerkannt sind. Bezüglich des Verschlusses siehe Absatz a.

472. b) Für Behälterwagen (Topfwagen) zur Beförderung von wäßrigen H_2O_2-Lösungen gelten auch die in Randziffer 452, Absatz a gegebenen Vorschriften, welche die Entstehung eines Überdruckes verhindern.

Literaturverzeichnis.

[606] Glashutte **60**, 39, 1930; Chem. Ztrbl. **1930** I, 1827. — [607] DRP. 278589. — [608] DRP. 570468. — [608b] A. P. 2008726. — [609] DRP. 439834. — [610] E. P. 386293. — [611] A. P. 1139774. — [612] F. P. 695498. — [613] Chem.-Ztg. **49**, 488, 1925. — [614] Chem. Trade Journ. **65**, 245, 1919. — [615] Chem.-Ztg. **52**, 229, 1928.

XIX. Die Derivate des Wasserstoffperoxyds (Peroxyde, Persäuren und Persalze).

Vom Wasserstoffperoxyd leiten sich als Ursubstanz die unter dem Sammelnamen „Perverbindungen" bezeichneten sauerstoffreichen Körper ab, die den Sauerstoff in einer besonders wirksamen „aktiven" Form enthalten. Auf Grund seiner Säurenatur ist das Wasserstoffperoxyd befähigt, eines oder beide seiner Wasserstoffatome durch Metalle, Säurereste oder sonstige Radikale zu ersetzen, wodurch die Peroxyde, Persäuren, Säureperoxyde, d. s. also wahre Salze der

Wasserstoffperoxydsäure oder Persalze, entstehen. Unter den Perverbindungen haben namentlich die anorganischen erhebliche technische Bedeutung erlangt. Sie stellen feste Produkte mit einem hohen Gehalt an aktivem Sauerstoff dar, die auch mit guter Haltbarkeit hergestellt werden können. Die organischen Perverbindungen sind der Zahl nach den anorganischen wohl beträchtlich überlegen, mit Ausnahme des Carbamidperhydrats und des Benzoylperoxyds hat sich jedoch keine andere organische Verbindung mit aktivem Sauerstoff dauernden Eingang in die Technik verschaffen können.

Unter den festen anorganischen Verbindungen mit aktivem Sauerstoff ist das Perborat der wichtigste Vertreter, unter den Peroxyden das Barium- und Natriumperoxyd. Vor einigen Jahrzehnten spielten diese auf dem Gebiete der Perverbindungen noch eine führende Rolle, das Natriumperoxyd vornehmlich wegen seines hohen Gehaltes an aktivem Sauerstoff von fast 20%, das Bariumperoxyd als das einzige Ausgangsmaterial für die technische Wasserstoffperoxydherstellung. Die Bedeutung beider Peroxyde ist aber heute sehr zurückgegangen, da die Perborate, Percarbonate und Perphosphate das Natriumperoxyd wegen ihrer höheren Beständigkeit an der Atmosphäre, ihrer nicht so stark ätzenden Eigenschaften und dem geringeren Angriff auf organische Substanzen übertreffen und heute die Herstellung des Wasserstoffperoxyds über die Perschwefelsäure und ihre Salze wegen der größeren Reinheit und Konzentration des so erhaltenen Produktes die Gewinnung aus Bariumperoxyd weit überholt hat.

1. Die anorganischen Peroxyde.

Durch Ersatz eines oder beider Wasserstoffatome im Wasserstoffperoxyd durch Metalle entstehen die Peroxyde. Alle Elemente der 1. und 2. Gruppe des periodischen Systems der Elemente bilden Peroxyde der Formel $Me^I_2O_2$ bzw. $Me^{II}O_2$, nur beim Gold und Beryllium ist nichts Sicheres bekannt. Zu ihrer Herstellung lassen sich im allgemeinen je nach der Art des Peroxyds folgende Methoden verwenden:

1. Verbrennung des Metalles in Sauerstoff oder in Luft;
2. Synthese aus dem Metall in flüssigem Ammoniak und Sauerstoff;
3. Einwirkung von Wasserstoffperoxyd auf die Hydroxyde oder andere Salze der betreffenden Metalle (meist in alkalischer Lösung).

Die Explosivität und Zersetzlichkeit der Peroxyde nimmt in der Reihe Na, Li, Ba, Mg, Zn, Cd, Cu und Hg mit Abnahme der Elektroaffinität ihrer Metalle ebenso zu wie bei den Aziden dieser Metalle (G. Bredig[616]). Ebenso wie man die Alkaliazide in festem Zustande ziemlich hoch erhitzen kann, ohne daß Explosion eintritt, kann dies auch mit den Alkaliperoxyden geschehen.

A. Die Peroxyde der Alkalien.

Von den Alkalimetallen sind bisher folgende Peroxyde bekanntgeworden:

Li_2O_2	—	—
Na_2O_2	(Na_2O_3)?	—
K_2O_2	K_2O_3	K_2O_4
Rb_2O_2	Rb_2O_3	Rb_2O_4
Cs_2O_2	Cs_2O_3	Cs_2O_4

Die Oxyde Li_2O, Na_2O_2, K_2O_4, Rb_2O_4 und Cs_2O_4 stellen die Endprodukte der Verbrennung der Metalle mit überschüssigem Sauerstoff dar. Die Hydroxyde des Kaliums, Rubidiums und Cäsiums, nicht aber von Lithium und Natrium, bilden im elektrischen Druckofen bei Gegenwart von Sauerstoff in einem mit dem Atomgewichte steigenden Maße Peroxyde[617]. Mit entsprechendem Atomgewicht findet eine Farbvertiefung statt. Lithiumperoxyd ist rein weiß, Natriumperoxyd schwach gelblich, Kaliumperoxyd orangerot, Rubidiumperoxyd dunkelbraun. Beim Erhitzen findet ein Schmelzen, eine Dissociation oder Zersetzung meist aber erst oberhalb des Schmelzpunktes statt. Man kann die Formel der Verbindungen der Formel K_2O_4, Rb_2O_4 und Cs_2O_4 halbieren und sie auch als KO_2, RbO_2 und CsO_2 auffassen, jedoch ist eine Formulierung mit der doppelten Formel vorzuziehen, da man diese Körper als Verbindungen höherer Ordnung, und zwar als $Me_2O_2.O_2$ auffassen kann. Alle Peroxyde wirken, namentlich in geschmolzenem Zustande, als sehr kräftige Oxydationsmittel.

a) Das Natriumperoxyd Na_2O_2 (s. auch S. 365).

Das Natriumperoxyd ist eines der ältesten bekannten Peroxyde, da es bereits im Jahre 1811 von Gay-Lussac und Thénard[618] durch Verbrennen von metallischem Natrium in einem Überschuß von Sauerstoff dargestellt wurde. Diese Methode ist auch bis heute im Prinzip beibehalten worden und bildet die Grundlage nahezu aller technischer Darstellungsverfahren. Die Vorschläge in der Patentliteratur, aus Natriumnitrat oder Natriumnitrit durch Mischung mit Calcium- oder Magnesiumoxyd sowie Natriumhydroxyd, Erhitzen und Behandeln der Mischung mit Luft sowie aus Natriumcarbonat, Eisenoxyd und Kohle, führen teils nicht bis zum Natriumperoxyd, teils nur zu sehr geringen Konzentrationen an aktivem Sauerstoff, so daß sie keine technische Bedeutung erlangt haben.

Bildung. Die Einwirkung des Sauerstoffes auf das Natrium beginnt bei etwa 200^0 C, wobei aber der Sauerstoff nicht vollkommen trocken sein darf[619]. Das metallische Natrium fängt bei der Einwirkung des mäßig trockenen Sauerstoffes vorerst bei etwa 180^0 Feuer, wobei es zum Natriummonoxyd Na_2O verbrennt, das dann durch Einwirkung eines weiteren Überschusses von Sauerstoff in der Hitze in Natriumperoxyd umgewandelt wird. Die für die Einwirkung des Sauerstoffes günstigste Temperatur liegt zwischen 300 und 400^0 C.

Eine Lösung von Natrium in flüssigem Ammoniak gibt beim Durchleiten von Luft oder Sauerstoff je nach deren Menge entweder Na_2O oder bei einem Überschuß von Sauerstoff Na_2O_2 oder gar Na_2O_3, dessen Existenz jedoch noch nicht sichergestellt ist (Joannis[620,621,622]).

Im dampfförmigen Zustande wirkt der Sauerstoff auf Natriumdampf in einer Argon-, Helium- oder Stickstoffatmosphäre (einige Millimeter) augenblicklich ein, und zwar nach einer Dreierstoßreaktion: $Na + O_2 + M = NaO_2 + M$ (M ist ein beliebiges Molekül, das aus der Stoßreaktion unverändert wieder hervorgeht). Die Natriumoxydation entspricht daher der von Engler, Bach und Wild[19] entwickelten Autoxydationstheorie, indem sich zuerst das unbeständige „Moloxyd" NaO_2 bildet[623]. Das Moloxyd reagiert dann mit einem zweiten Natriumatom nach $NaO_2 + Na = 2\,NaO$, worauf schließlich 2 Moleküle NaO sich zu Na_2O_2 kondensieren.

Eigenschaften. Das Natriumperoxyd ist bei gewöhnlicher Temperatur eine feste Substanz von etwa 90 bis 95% reinem Na_2O_2-Gehalt, was etwa 19 bis 20% aktivem Sauerstoff entspricht. Es bildet ein gelblich-weißes Pulver, bei sehr großer Mahlfeinheit ist es nahezu rein weiß, größere Stücke haben immer ein gelbliches Aussehen, Eine rein weiße Farbe auch größerer Stücke deutet auf eine Verunreinigung mit Natriumcarbonat hin. Natriumperoxyd ist nicht amorph, sondern seine Teilchen zeigen bei einer mikroskopischen Untersuchung semi-kristalline Formen[624]. Beim Erhitzen wird das pulverige Natriumperoxyd ähnlich wie Zinkoxyd erst dunkelgelb, später dunkelbraun, um nach dem Abkühlen die ursprünglich gelblich-weiße Farbe wieder anzunehmen. Es schmilzt unzersetzt, wobei der Schmelzpunkt bei 460⁰ liegt. Die thermische Dissoziation des Natrium-peroxyds beginnt erst oberhalb des Schmelzpunktes. Die Dissoziationswärme beträgt 37,7 cal[625]. Bei Rotglut findet Zersetzung unter Sauerstoffentwicklung statt. Die Bildungswärme beträgt nach M. Centnerszwer und M. Blumen-thal[626] 190,8 kcal, die vollkommen mit der von de Forcrand[627] aus den Lösungs-wärmen von Natriumperoxyd in verdünnter Salzsäure berechneten überein-stimmt: $Na_{2\,fest} + O_{2\,gasförmig} = Na_2O_{2\,fest} + 119{,}79\,kcal$; $Na_2O_{fest} + \frac{1}{2}O_{2\,gasförmig} =$ $= Na_2O_{2\,fest} + 19{,}03\,kcal$. Die Dichte des pulverförmigen Produktes beträgt etwa 1,25, nach dem Abkühlen und Schmelzen ungefähr 1,6.

Das Natriumperoxyd ist ein sehr reaktionsfähiger Stoff. Mit metallischem Natrium setzt es sich zu Na_2O um. Äquimolekulare Mischungen von Magnesium- und Natriumperoxyd explodieren beim Befeuchten mit Wasser. Ähnlich heftig reagieren Aluminiumpulver, Ammonrhodanid, Arsentrioxyd und Antimon-trichlorid beim Zutritt von Wasser mit Natriumperoxyd. Kupfer, Eisen, Nickel, Zinn, Gold, Silber, Platin, Ruthenium, Palladium usw. werden namentlich bei erhöhter Temperatur sehr stark angegriffen. Neben einem Befeuchten mit Wasser wirkt auch die Kohlensäure in vielen Fällen reaktionsbeschleunigend.

Wasser und Kohlensäure werden an der Luft begierig aufgenommen, wobei sich Natriumcarbonat und -hydroxyd bilden. Im Handelsprodukt sind daher stets diese Verunreinigungen vorhanden. Das Natriumperoxyd kann an der Luft in 24 Stunden bis zu einem Fünftel seines Gewichtes zunehmen. Ein Zerfließen des Produktes findet aber nicht statt, da das sich bildende Natriumhydroxyd durch die Kohlensäure der Luft weiter in das Carbonat umgewandelt wird.

Würde man das feste Natriumperoxyd bei gewöhnlicher Temperatur in Wasser eintragen, so würde unter starker Erwärmung des Wassers eine sehr weitgehende Zersetzung stattfinden. Durch Erniedrigung der Temperatur des Wassers bis auf 0⁰ und sehr langsames Eintragen kann die Zersetzung und Sauerstoffentwicklung fast vollständig vermieden werden, wobei sich eine alkalische Lösung von Wasser-stoffperoxyd bildet. In verdünnten Säuren, namentlich unter Kühlung, löst sich das Natriumperoxyd gleichfalls ohne Sauerstoffentwicklung auf. Eine wäßrige alkalische Lösung des Wasserstoffperoxyds zersetzt sich, wie bereits ausgeführt, bei Erwärmen sehr rasch, wobei Schwermetallverbindungen, wie Eisen, Kupfer, Mangan und Silbersalze u. a., beschleunigend wirken.

Mit gepulverter Holzkohle reagiert Natriumperoxyd beim Erhitzen auf 300⁰ unter heftigem Erglühen nach der Gleichung $3\,Na_2O_2 + 2\,C = 2\,Na_2CO_3 + Na_2$[628]. Kohlenmonoxyd und -dioxyd bilden unter sehr lebhafter Reaktion Natrium-carbonat: $Na_2O_2 + CO = Na_2CO_3 + 123330\,cal$ und $Na_2O_2 + CO_2 = Na_2CO_3 +$ $+ O + 55250\,cal$, namentlich schnell bei erhöhter Temperatur[629]. Mit vielen organischen Verbindungen erfolgt die Reaktion derart heftig, daß sie unter Feuererscheinung vor sich geht, wie z. B. mit Eisessig, Glyzerin, Paraformaldehyd, Zuckerarten, Milchsäure, Äther, Bittermandelöl. Mischungen von Sägespänen, Wolle, Baumwolle, Schwefel usw. mit Natriumperoxyd explodieren beim Befeuchten mit Wasser heftig[630]. Gepulvertes Eisen verbrennt lebhaft unter Bildung von Natriumferrat Na_2FeO_4[631]. Schwefelwasserstoff kann durch Natriumperoxyd bei starkem Luftzutritt unter Explosion zu Sulfat und Schwefel oxydiert werden[632]. Phosphortrichlorid und Aluminiumnitrit reagieren unter Feuererscheinung. Die Trisulfide des Arsens, Antimons und Zinns werden zu den Natriumsalzen der entsprechenden fünfwertigen Säuren oxydiert. Manganoverbindungen werden zu hydratisiertem Mangandioxyd, Fe^{II}-, Co^{II}- und Cr^{III}-Salze werden zu den Fe^{III}- und Co^{III}-Hydroxyden sowie Chromaten oxydiert, Silber-, Gold- und Quecksilberverbindungen bis zu Metall reduziert. Durch Schlag, Stoß oder Erhitzen in der freien Flamme kann das Natriumperoxyd nicht zur Explosion oder Entzündung gebracht werden.

Darstellung. Das älteste und bekannteste der technisch durchgeführten Darstellungsverfahren für das Natriumperoxyd besteht in der Oxydation von Natrium mit Luft in großen Tunnelöfen nach dem Gegenstromprinzip (H. Y. Castner[633]). Das Natrium wurde hierbei in kontinuierlichem Betrieb in Aluminiumwägelchen allmählich der oxydierenden Wirkung eines immer sauerstoffreicheren Gemisches von Sauerstoff und Stickstoff und schließlich reiner Luft bei einer Temperatur von 300 bis 350⁰ C unterworfen. Obwohl die sich abspielenden Reaktionen stark exotherm verlaufen, kann die Reaktion nicht die erforderliche Temperatur von 350⁰ aufrechterhalten, so daß die Reaktionsgefäße von außen erhitzt werden mußten. Die Oxydation verläuft in dünnen Schichten schneller als in dickeren, wenn das Material ruhig in Pfannen ausgebreitet liegt.

Die kleinen fahrbaren Aluminiumwägelchen wurden beim Castnerschen Verfahren in ein von außen in einem Ofen erhitztes Eisenrohr eingeführt und in diesem die ganze Länge des Ofens entlang gefahren. Während dieses Durchwanderns durch den Ofen wurde das Natrium der Einwirkung von Luft, die von Feuchtigkeit und Kohlensäure weitgehend befreit war, derart ausgesetzt, daß die mit frischem Metall beschickten Behälter mit der sauerstoffärmsten, gegen den Austritt aus dem Ofen zu aber mit der frischen Luft behandelt wurden. Dabei ging das Natrium bei der Oxydation mit der sauerstoffarmen Luft vorerst in das Natriummonoxyd über. Die Überführung in das Peroxyd erfolgte erst im letzten Teile des Apparates an der Ausstoßseite bei der Berührung mit der frischen Luft. Die erforderliche Luft wurde durch Staubfilter nach vollkommener Trocknung mittels Gebläses in den Ofen eingesaugt. Die Trocknung erfolgte meist durch Lungetürme, die mit Schwefelsäure berieselt waren.

Dieses Verfahren wies eine Reihe von Nachteilen auf. Wegen der nur sehr langsam vor sich gehenden Oxydation erforderte es eine Ausbreitung des Natriums in dünner Schicht, daher ausgedehnte und teure Apparaturen, die wieder mit großen Arbeitslöhnen verbunden waren. Zur Vornahme einer Zerkleinerung der Reaktionsmasse mußte das Verfahren auch öfters unterbrochen werden.

Wie hier gleich erwähnt sei, hat man schon alle Variationen hinsichtlich des Sauerstoffes vorgeschlagen, so Ozon, reinen Sauerstoff, Luft, Luft mit einem höheren oder niedrigeren Sauerstoffgehalt als normal, z. B. eine Mischung von nur 5 bis 10% Sauerstoff mit 90 bis 95% Stickstoff. Da alle diese Vorschläge mit Ausnahme des Ozons, das zu einer Zersetzung des Natriumperoxyds führt, Natriumperoxyd ergeben, folgt daraus, daß für die Oxydation als solche der Sauerstoffgehalt der Reaktionsgase nicht maßgebend ist. Mit steigendem Sauerstoffgehalt nimmt die Reaktionsgeschwindigkeit zu.

Dem Prinzip nach unterscheiden sich alle übrigen bekannten Verfahren nur wenig von der Castnerschen Arbeitsweise. Sie betreffen meist nur Abänderungen apparativer Natur. So wurde nach dem Vorschlage von H. Neuendorf[634] das Natrium nicht in einem Tunnelofen, sondern in einer Art Ringofen in einem System von flachen gußeisernen Kästen oxydiert. In einem zweietagigen Ofen, in welchem sich horizontal liegende Retorten aus Stahl oder Gußeisen befanden, wurde nach dem Verfahren der Soc. Électrochimie und P. L. Hulin[635] gearbeitet. Die untere Retorte, die von außen beheizt wurde, wurde mit Aluminiumschiffchen mit metallischem Natrium beschickt und mit Luft oxydiert. Nach Verlauf von gewöhnlich 4 Stunden wurde das Schiffchen aus dem Ofen herausgenommen und mit der Hand das gebildete Reaktionsprodukt an der freien Luft mit eisernen Schaufeln umgerührt, wobei auch auf ein sorgfältiges Abkratzen der am Boden und an den Wänden befindlichen Krusten geachtet wurde. Dieses tüchtige Umrühren der Reaktionsmasse ist aus mehreren Gründen erforderlich. Bei der Reaktionstemperatur von etwa 350⁰ schmilzt das Natrium und bedeckt sich bei der Oxydation schnell mit einer Kruste des höher schmelzenden Peroxyds, unter dem sich ein weißliches, noch nicht völlig peroxydiertes Produkt befindet, das auch noch Teilchen von metallischem Natrium einschließt. An den Stellen, wo das meiste Natrium vorhanden ist, entzündet sich dieses bei der Berührung mit der Luft, wenn die oberflächliche Kruste zerstört wird. Je unregelmäßiger die Durcharbeitung des Produktes ist, desto höher ist der Gehalt an Natriummonoxyd und Natriummetall, da die Luft nur schwer den Überzug von Natriumperoxyd durchdringen kann.

Bei Durchführung des Zerkleinerungsvorganges, der im praktischen Betriebe an offener Luft vorgenommen wurde, wurde auch ein nicht unerheblicher Teil des Natriumoxyds infolge der Luftfeuchtigkeit in Natriumhydroxyd übergeführt und dadurch der weiteren Oxydation entzogen. Man erhielt daher nicht mehr den Höchstgehalt an aktivem Sauerstoff.

E. Marguet[636] strebte daher eine mechanische Durcharbeitung und Bewegung der Reaktionsmasse an. Der Apparat besaß einen doppelten Schaber, der zwei gerade und zwei gebogene, am äußersten Ende einer Welle befestigte Rahmen aufwies, welche die das Produkt in der Pfanne bedeckende Kruste zerstörten. Der Apparat konnte sich aber wegen seiner Kompliziertheit nicht in die Technik einführen. Er stellte tatsächlich keine Vereinfachung des Prozesses dar, obwohl es erwiesen ist, daß die Oxydation des Natriums im bewegten Zustande schneller und leichter vor sich geht als im ruhenden.

Andere Vorschläge bezogen sich auf das Material der Apparatur. Das Aluminium ist nämlich im Betriebe sehr leicht Zerstörungen ausgesetzt. Ist die Erhitzung des Natriums eine zu lebhafte, so wird das Aluminium bei der Berührung mit dem Peroxyd mit Heftigkeit angegriffen. Die Verbesserungsvorschläge bewährten sich jedoch nicht. So konnten eiserne Behälter, die mit einem Kreideüberzug versehen waren, selbst bei sorgfältigster Ausführung des Überzuges die

Berührung des Natriummetalls oder des Peroxyds mit den Wänden des Behälters nicht verhindern. Die Folge davon war ein eisenhältiges Peroxyd, das aber einen verringerten Verkaufswert besitzt. Auch das Überziehen von Eisenbehältern mit Graphit, der mit Wasserglas als Bindemittel aufgetragen wurde, hat sich nicht bewährt[637].

Das Verfahren des Vereins für Chemische und Metallurgische Produktion ermöglichte die Herstellung eines eisenfreien Peroxyds auch in eisernen Gefäßen, da durch geeignete Zufuhr der Reaktionswärme die Temperatur im Verbrennungsraum des Natriums derart geregelt wird, daß keine Sinterung des Natriummonoxyds vor sich gehen kann und ein lockeres, poröses Oxyd entsteht, das in einfacher Weise und vollständig zum Peroxyd oxydierbar ist. Der Oxydationsraum besteht aus einer einfachen schmiedeeisernen Schale von etwa 170 mm Durchmesser, in welche z. B. 8 kg Natrium infolge des stark gedrosselten Luftzutrittes innerhalb 20 Stunden zum Natriumonoxyd oxydiert wurden. Durch die langsame Führung des Verbrennungsvorganges wird die im Verbrennungsraum herrschende Temperatur verhältnismäßig niedrig gehalten.

Diese Zerlegung des Oxydationsprozesses in zwei Stufen finden wir auch beim Verfahren von Rößler-Haßlacher[639], das der im größten Maßstabe durchgeführten Arbeitsweise der Scheideanstalt in Rheinfelden entspricht[640]. Man stellt sich vorerst in einer Voroxydation ein nur im wesentlichen aus Alkalioxyd bestehendes Produkt her und oxydiert diese pulverige Substanz in einem rotierenden Drehofen. Das Natriumoxyd wird nur als festes Verdünnungsmittel verwendet und metallisches Natrium nur in einer Menge von 1 bis 2% in bezug auf das Natriumoxyd zugegeben[641]. Die Oxydationstemperatur beträgt dabei nur 120 bis 200°. Bei der Durchführung des Verfahrens wird das Natriumoxyd von einem früheren Ansatz her genommen und dauernd in Bewegung gehalten. Die Luftzufuhr wird so geregelt, daß immer nur beschränkte Mengen von Luft zur Einwirkung auf das Gut gelangen. Die Oxydation wird dabei so geleitet, daß der Zusatz von frischem Natriummetall erst dann erfolgt, wenn das vorhandene Alkalimetall völlig in das Oxyd übergeführt ist. Die Herstellung des Oxyds wird gleichfalls am besten in einem Drehofen vorgenommen. Auf diese Weise erhält man ein pulverförmiges Natriummonoxyd, das zum Zwecke der weiteren Oxydation nicht mehr zerkleinert zu werden braucht. Es wird bloß in den Drehofen eingetragen, der auf etwa 200 bis 250° erwärmt ist.

Die Oxydation kann bei diesem Verfahren in zwei hintereinander geschalteten Drehrohröfen oder am besten derart durchgeführt werden, daß in einem einzigen Ofen die Voroxydation und Fertigoxydation gleichzeitig durchgeführt wird, wobei der obere Teil des Drehrohres zur Voroxydation benützt und entsprechend betrieben wird, während im anschließenden Rohrteil fertigoxydiert wird.

Bei der Herstellung des Natriumperoxyds wird nach diesem Verfahren trockene und kohlensäurefreie Luft, die mit Sauerstoff angereichert ist, oder reiner Sauerstoff verwendet. Es hat sich nämlich gezeigt, daß durch Erhöhung der Sauerstoffkonzentration im oxydierend wirkenden Gas durch Verminderung der Oxydationsdauer auch der Angriff auf das Ofenmaterial herabgesetzt werden kann. Dieses besteht daher, ohne eine Verunreinigung des Peroxyds befürchten zu müssen, zur Gänze aus Eisen. Weiters ist mit höherer Sauerstoffkonzentration ein reineres und höher prozentiges Peroxyd zu erhalten. Infolge der Beschleuni-

gung des Reaktionsvorganges wird auch die Kapazität der Apparatur besser ausgenützt und weniger Zeit zur Überführung des Natriumoxyds in das Peroxyd benötigt, wodurch auch die Herstellungskosten und Arbeitslöhne verringert werden.

In Abb. 42 ist ein Drehrohrofen zur Durchführung des eben beschriebenen Verfahrens wiedergegeben. *1* ist ein Drehrohr aus Eisen, das an beiden Enden von
Lagern *2* getragen wird. Das Drehrohr ist etwa 4 m lang und hat einen Durchmesser
von etwa 2 m. Der Gaseintritt befindet sich bei *3*, der Austritt bei *4*. *5* stellt die
Füllung des Apparates mit pulverigem Natriumoxyd dar. Das Natrium wird intermittierend durch das Mannloch *6* eingeführt, das nach Drehung um 180° gleichzeitig
als Entleerungsoffnung dient. *9* ist ein metallisches Gehäuse, welches die Retorte *1*
völlig umschließt und mit einer Öffnung *8* versehen ist. Durch nicht gezeichnete
Einrichtungen kann das Gehäuse sowohl geheizt als auch gekühlt werden, je nachdem es der Prozeß erfordert. Das Erhitzen wird z. B. durch Gasflammen, die unmittelbar in dem Gehäuse untergebracht sind, oder durch heiße Gase, die von einer
außen liegenden Heizquelle herstammen, vorgenommen. Wenn das Mannloch *6*

geöffnet werden soll, wird vorher
nur der Deckel *7* abgehoben. Das
Kühlen kann durch Einblasen
eines kalten Luftstromes in den
Zwischenraum zwischen Retorte
und äußerem Gehäuse vorgenommen werden.

Bei Ingangsetzung des Verfahrens wird die Retorte *1* zu
einem Drittel bis zur Hälfte mit
fein verteiltem gepulvertem Natriumoxyd gefüllt und bis oberhalb des Schmelzpunktes von
Natrium erhitzt. Hierauf wird
metallisches Natrium in einer

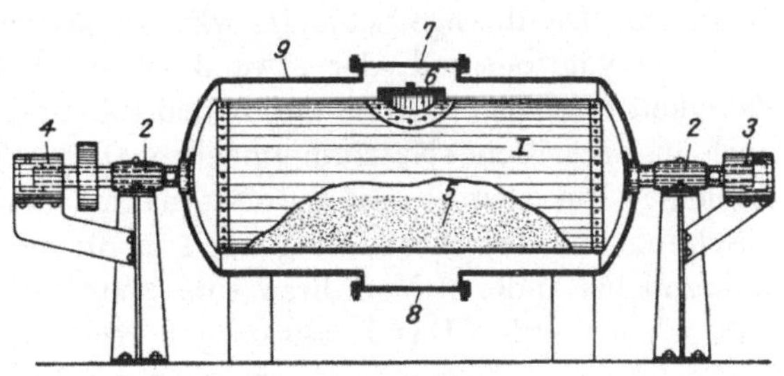

Abb. 42. Drehrohrofen zur Herstellung von Natriumperoxyd
(E. P. 265 124).

solchen Menge zugegeben, daß stets nicht mehr als 10% flüssiges Metall in der Mischung
von Natriumoxyd und Natrium vorhanden sind. Die Retorte wird hierauf in Um-
drehung versetzt, worauf bei *3* eine trockene Mischung von Sauerstoff und Stickstoff
mit weniger Sauerstoff, als in atmosphärischer Luft enthalten ist, eingeleitet wird.
Die Oxydation des Natriums zu Natriumoxyd beginnt sofort. Dieser Oxydationsvorgang wird so lange fortgesetzt, bis die ganze Masse *5* in Natriumoxyd übergeführt
ist. Während dieser Voroxydation wird hinreichend kalte Luft in den Zwischenraum zwischen dem Gehäuse *9* und der Retorte *1* eintreten gelassen, um die Temperatur
in der Retorte nicht über 250° ansteigen zu lassen. Nach beendeter Voroxydation
wird das Natriumoxyd zum Peroxyd weiteroxydiert, welche Operation entweder
in einem anderen oder im gleichen Drehrohrofen vorgenommen wird. Die Bildung
des Peroxyds erfolgt unter Temperaturerhöhung auf etwa 350° C und Einleiten von
reinem Sauerstoff oder trockener, mit Sauerstoff angereicherter Luft. Die kontinuierliche Überführung des Natriumoxyds in das Peroxyd ist die vorteilhaftere Arbeitsweise, da durch einen Materialfluß auf Grund der Schwerkraft Arbeitskraft erspart
und auch die schädliche Berührung des Natriumoxyds mit der Atmosphäre vermieden
werden kann.

In Rheinfelden konnten durch den Übergang von den Castnerschen Kanalöfen auf die Arbeitsweise in Drehrohröfen sehr große Raum-, Energie- und Arbeits-
ersparnisse erzielt werden. Während früher 72 Kanalöfen in Verwendung standen,
deren Bedienung hundert Arbeiter erforderte, sind für das gleiche Produktions-
quantum nur 6 Drehrohröfen mit 24 Mann Bedienung notwendig.

Von der Scheideanstalt ist noch ein Verfahren bekanntgegeben worden[642],
nach welchem der geringe Durchsatz pro Apparateeinheit dieses vorstehend be-

schriebenen Verfahrens noch verbessert wird. Bei diesem werden ja tatsächlich
nur 10% frisches Ausgangsmaterial eingetragen, während die übrigen 90% lediglich als festes Verdünnungsmittel wirksam sind. Zur Vermeidung dieser un-
ökonomischen Arbeitsweise wird die Oxydation des Natriums zum Peroxyd in
einer Misch- und Knetmaschine vorgenommen. In diesen Apparaten tritt das in
der Technik sehr gefürchtete Zwischenstadium des Zusammenbackens und der
Klumpenbildung bei den Zwischenstufen nicht ein. Das Verfahren wird derart
ausgeführt, daß man auf das in einer Misch- oder Knettrommel befindliche
Natriummetall einen von Kohlensäure und Feuchtigkeit befreiten Luftstrom einwirken läßt. Das Metall entzündet sich nach kurzer Zeit an mehreren Stellen und
reagiert bald an der ganzen Oberfläche unter Feuererscheinung. Die an der Oberfläche befindlichen Stellen heftigster Reaktion werden aber durch das Mischen der
weiteren Einwirkung des Sauerstoffes bald wieder entzogen. Dadurch tritt eine
Milderung des Vorganges und dessen gleichmäßige Verteilung durch die ganze
Masse ein. Die flüssige Schmelze wird allmählich immer zäher, bis schließlich bei
einem Oxydationsgrad, der etwa 3 Na auf 1 O entspricht, das Maximum der
Zähigkeit erreicht ist, ohne daß es jedoch zur Bildung von Krusten kommt, die
noch unangegriffenes Natrium umgeben. Dieser Zeitpunkt ist nach etwa 5 Stunden
erreicht. Die weitere Sauerstoffaufnahme verläuft bei der kräftigen Durchmischung und Durcharbeitung auch in diesem pastenförmigen Zustande glatt,
während bei anderen Verfahren eine weitere Oxydation nur sehr schwierig vor
sich gehen würde. Das Reaktionsgut verwandelt sich dann in eine bröckelige,
später fast pulverförmigen Masse, die zur Hauptsache aus Natriumoxyd besteht.
Diese Stufe ist nach etwa 10 Stunden überschritten. Eine äußere Heizung ist bei
dieser Arbeitsweise nicht nötig, eher ist sogar ein Kühlen der gebrauchten und
rund geführten Oxydationsluft notwendig. Die Oxydation verläuft gegen Ende
unter geringerer Wärmeabgabe und wird zuletzt noch durch Heizung und Anwendung höheren Sauerstoffpartialdruckes, und zwar durch Verwendung des
Abgases aus der Natriumelektrolyse unterstützt. Das erhaltene Natriumperoxyd
ist bei 95%iger Ausbeute 97- bis 98%ig.

Das Natriumperoxyd stellt als Ersatz des Wasserstoffperoxyds gleichsam ein
festes konzentriertes Wasserstoffperoxyd dar. Auf der Bildung von Wasserstoffperoxyd und Alkali beruht seine Hauptanwendung in der Bleicherei, in Bleich-
pulvern, Waschmitteln, als Mittel zur Regenerierung der Atemluft, zur Entwicklung von Sauerstoff in den Atmungsapparaten der Feuerwehrleute und
Taucher, als Zwischenprodukt zur Herstellung anderer Perverbindungen, in der
Analyse als Oxydationsmittel, zur Entwicklung gewisser Schwefelfarben, zur Oxydation von Küpenfarbstoffen, zur Herstellung von Anilinschwarz, zur Hydrolyse
von Starke zwecks Herstellung von Appreturen, zum Wolligmachen von
Jute u. dgl.

Das Natriumhydroperoxyd NaOOH stellt ein weißes kristallines Pulver dar,
das sich schon bei gewöhnlicher Temperatur langsam, bei höherer stürmisch zersetzt. Es löst sich in Wasser unter geringer Wärmeentwicklung ohne Sauerstoffverlust auf. Auch in Methylalkohol ist es etwas löslich, weniger in Äthylalkohol
(J. D'Ans und W. Friederich[397]).

Das Natriumhydroperoxyd wurde zum erstenmal von Tafel[643] aus Natriumperoxyd und einem eiskalten Gemisch von Alkohol und konzentrierter Salz-,

Salpeter- oder Schwefelsäure erhalten. Tafel nannte das Produkt Natrylhydroxyd, Anthropoff[644] Natriumhydroxat. Die Annahme Tafels sowie von Wolffenstein und Peltner[44], daß es ein Derivat des dreiwertigen Natriums mit der Konstitution O=Na—OH darstelle, wurde durch D'Ans und Friederich[397] durch den Ersatz eines Wasserstoffatoms im Wasserstoffperoxyd in ätherischer Lösung durch Natriummetall als irrig nachgewiesen. Das Natriumhydroperoxyd ist demnach das echte Derivat des Wasserstoffperoxyds der Formel Na—OOH mit einwertigem Natrium.

2 NaOOH.H_2O_2 = NaOOH.0,5 H_2O_2. Nach Versuchen von D'Ans und Friederich[397] zeigt das Natriumhydroperoxyd große Neigung, sich mit Kristallhydroperoxyd zu verbinden. Es nimmt z. B. bei der Behandlung mit einer ätherischen Wasserstoffperoxydlösung H_2O_2 auf. Auch in rein alkoholischer Lösung scheint das Natriumhydroperoxyd metastabil gegenüber der kristallhydroperoxydhaltigen Verbindung NaOOH.0,5 H_2O_2 zu sein, so daß es z. B. nach der von Wolffenstein und Peltner[44] angewandten Methode der Herstellung von Natriumhydroperoxyd aus Natriumperoxyd durch bloßes Schütteln mit absolutem Alkohol entsteht. Es ist ein gelblich gefärbtes Produkt, das in feuchtem Zustande nur wenig beständig ist, sehr hygroskopisch ist, Kohlensäure anzieht und sich bei 62° stürmisch zersetzt.

2 NaOOH.H_2O_2.4 H_2O = NaOOH.0,5 H_2O_2.2 H_2O. Diese Verbindung stellt farblose, anfangs durchsichtige, sich aber sehr rasch trübende Kristalle dar, die in Wasser sehr leicht löslich sind. Über Schwefelsäure verliert sie sämtliches Kristallwasser und verwittert schon an der Luft. Sie entsteht nach Schöne[645] beim Eindunsten einer Lösung von 1 Äquivalent NaOH mit 3,5 bis 4 Äquivalenten H_2O_2 im Vakuum und im Dunkeln.

Hydrate des Natriumperoxyds. Mit Wasser bildet das Natriumperoxyd bestimmt zusammengesetzte Hydrate. Das wichtigste ist das Natriumperoxydoctohydrat Na_2O_2.8H_2O. Es entsteht beim Eindunstenlassen einer ohne Sauerstoffverlust hergestellten wäßrigen Natriumperoxydlösung oder bei der Aufnahme von Wasserdampf durch festes Natriumperoxyd[646]. Es kristallisiert in reinem Zustand in Form von durchsichtigen, glimmerartigen, rein weißen Tafeln, die sich spalten lassen. In Wasser löst es sich unter Abkühlung und spaltet mit Säuren Wasserstoffperoxyd unter Salzbildung ab. Die Lösungswärme von Na_2O_2.8H_2O in 4000 g Wasser beträgt nach de Forcrand[647] bei 12°—14848 cal. Die Kristalle schmolzen bei 30° im eigenen Kristallwasser, worauf bei 40° die Zersetzung der alkalischen Lösung beginnt.

Durch eine teilweise Entwässerung des Octohydrats oder aus Natriumperoxyd und sehr wenig Wasser oder Wasserdampf bei tiefen Temperaturen erhält man das Dihydrat Na_2O_2·2H_2O[629,648]. Auch ein Monohydrat Na_2O_2.H_2O ist bekannt geworden[652].

Die Peroxydhydrate besitzen ebensowenig wie die Kristallhydroperoxyde eine technische Bedeutung, da sie nicht hinreichend beständig sind. Sie sind zwar nicht mehr hygroskopisch, enthalten auch weniger Alkali als das gewöhnliche Peroxyd, weshalb man auch bei der Lösung in Wasser, die unter Abkühlung vor sich geht, keine Sauerstoffverluste zu befürchten hat, können aber trotz dieser Vorteile gegenüber dem Natriumperoxyd dieses nicht ersetzen.

Nach M. Bauer[649] wird das Octohydrat aus dem Peroxyd durch Vermischen mit gehacktem Eis oder Schnee hergestellt. Gemäß einem Vorschlage der I. G. Farbenindustrie A. G.[650] wird es beim Versetzen von 3%iger Wasserstoffperoxydlösung mit Natronlauge bzw. Ätznatron im Überschuß erhalten. Das in schönen, perlmutterartigen Kristallen ausfallende Octohydrat wird abgenutscht und auf porösen Tonplatten durch Stehen über Schwefelsäure im trockenen Luftstrom getrocknet.

Das Drägerwerk[651] vermischt die erforderliche Menge der Komponenten Natriumperoxyd und Wasser in einem mit Wasser oder einer wäßrigen Flüssigkeit nicht mischbaren und auf die Reaktionskomponenten ohne Einfluß bleibenden Flüssigkeitsmedium, wie z. B. Petroleum, Tetrachlorkohlenstoff, Perchloräthylen u. dgl. Man verreibt das Natriumperoxyd unter Kühlung mit z. B. Perchloräthylen und läßt langsam Wasser zufließen. Dann wird abfiltriert und mit Filterpapier abgepreßt. Auf diese Weise kann außer dem Octo- auch das Dihydrat hergestellt werden.

Definierte Hydrate des Natriumperoxyds mit 1, 2 oder 8 Molekülen Wasser werden nach dem Verfahren des Drägerwerkes[652] dadurch erhalten, daß eine isotherme Destillation in der Weise durchgeführt wird, daß die Ausgangsstoffe in eine Atmosphäre gebracht werden, deren Wasserdampfteildruck bestimmt ist durch solche Gemische, wie z. B. Schwefelsäure-Wasser, Phosphorsäure-Wasser oder dergleichen, deren Wasserdampfdruck sich mit der Konzentration kontinuierlich ändert. Man kann auf diese Weise entweder ausgehend vom Anhydrid oder den niedrigeren Hydraten, wenn man sie in einen Raum mit dem dem gewünschten Hydrate entsprechenden Wasserdampfdruck bringt, das höhere Hydrat herstellen. Oder man geht von einem höheren Hydrat aus und bringt dieses in einen Raum mit einem Wasserdampfdruck, der dem niedrigeren Hydrat entspricht. Nach vollständiger Umwandlung in das gewünschte Hydrat findet keine weitere Wasserabgabe bzw. -aufnahme mehr statt, weil das System im Gleichgewichte ist. Der Wasseraustausch wird dabei am besten im hohen Vakuum vorgenommen. Die Umwandlung dauert 24 Stunden.

Das Natriumperoxyd bildet mit Natriumnitrat eine Doppelverbindung $NaNO_3 . Na_2O_2 . 8H_2O$, die aus alkalischer Natriumnitrat- und Wasserstoffperoxydlösung durch Fällung mit Alkohol erhalten wird[653].

b) Die Kaliumperoxyde (s. auch S. 365).

Beim Kalium sind im Gegensatz zum Natrium die drei Peroxyde K_2O_2, K_2O_3 und K_2O_4 schon seit langer Zeit bekannt. Technische Bedeutung hat jedoch keines dieser Peroxyde, da das Kalium teurer ist als das Natrium und wegen des höheren Atomgewichtes auch einen geringeren Gehalt an aktivem Sauerstoff aufweist als das Natriumperoxyd. Das normale und wichtigste Peroxyd des Kaliums ist das Tetroxyd K_2O_4, welches das Endprodukt der Einwirkung von Sauerstoff auf metallisches Kalium darstellt. Die Darstellungsweisen der Kaliumperoxyde lehnen sich stark an jene des Natriums an und sind in den meisten Fällen mit diesen identisch. Körper von der Zusammensetzung K_8O_5, K_6O_4, K_4O_3 oder K_4O haben sich als keine chemischen Verbindungen, sondern als Mischungen herausgestellt.

K_2O_2, **Kaliumdioxyperoxyd.** Es entsteht aus Kaliummetall beim Erhitzen in einer zur völligen Oxydation nicht ausreichenden Menge Stickoxyd[654] oder beim

Durchleiten von Sauerstoff durch eine Lösung von Kalium in flüssigem Ammoniak bei —50°, bis eben Entfärbung der Lösung eingetreten ist[620]. Auch durch Oxydation an der Luft, die man in der berechneten Menge auf Kalium bei 300° einwirken läßt, bildet sich das schwefelgelbe, an der Luft zerfließliche K_2O_2. Eine weitere Oxydation findet bei gewöhnlicher Temperatur an der Luft nicht mehr statt. Der Schmelzpunkt von K_2O_2 beträgt 490°, die Bildungswärme 118,1 kcal[626]. Die thermische Dissoziation von K_2O_2 ist von M. Blumenthal[654a] untersucht worden, wobei folgende Werte gefunden wurden: $p = 2$ mm, $t = 513,5°$; $p = 23$ mm, $t = 546,5°$; $p = 115$ mm, $t = 652°$.

K_2O_3, **Kaliumtrioxyperoxyd.** Es kann nach der Methode von Joannis[620] aus der Lösung des Kaliums in Ammoniak bei —50° durch Einleiten von Sauerstoff bis zur ziegelroten Färbung des Niederschlages erhalten werden. Auch durch Erhitzen des Kaliums mit überschüssigem NO[619] oder nach Gay-Lussac und Thénard durch Erhitzen von Kaliumhydroxyd mit Salpeter ist es darstellbar. Reines K_2O_3 kann auch aus K_2O_4 durch Erhitzen bei 1 mm Druck auf 480° erhalten werden. Die Zersetzung ist innerhalb weniger Minuten beendet[655]. G. F. Jaubert[656] oxydiert eine Legierung des Kaliums mit Blei, Zinn oder Natrium durch mäßiges Erwärmen bei langsamer Luftzufuhr. Oder er führt in einer flüssigen Mischung von Kalium und Natrium durch Behandeln mit Luft bei gewöhnlicher Temperatur das Kalium in Kaliumoxyd über, welches dann nach Abtrennung weiteroxydiert wird. Das K_2O_3 ist eine deutlich kristalline Masse, die in der Hitze braun, in der Kälte gelb gefärbt ist. Mit Wasser wird es zu KOH, H_2O_2 und $1/2 O_2$ zersetzt. Es ist sehr unbeständig, da es sich schon an der Luft unter starkem Erwärmen in K_2O_4 umwandelt. Der Schmelzpunkt beträgt 430°, die Bildungswärme 126,0 kcal[626]. Die thermische Dissoziation ergibt folgende Werte[654a]: $p = 23$ mm, $t = 480°$; $p = 103$ mm, $t = 508°$; $p = 168$ mm, $t = 558,5°$; $p = 248$ mm, $t = 593,5°$; $p = 412$ mm, $t = 639°$; K_2O_2 und K_2O_3 können durch Einwirkung von Wasserdampf auf die in flüssigem Ammoniak suspendierten Peroxyde die Hydrate $K_2O_2 . H_2O$ und $K_2O_3 . H_2O$ bilden, nicht aber auch $K_2O_4 . H_2O$[656a].

K_2O_4, **Kaliumperoxyd, Kaliumtetroxyperoxyd.** Die Darstellung kann ebenfalls nach der Methode von Joannis vorgenommen werden[620]. Man leitet bei —50° so lange in die Lösung von Kalium in flüssigem Ammoniak Sauerstoff ein, bis der Niederschlag über Hellrosa und Ziegelrot in Chromgelb übergegangen ist. Durch Erwärmung von Kalium in Sauerstoff oder Luft entzündet sich dieses schon bei 60 bis 80° und verbrennt mit blendend rotem oder weißem Feuer zu K_2O_4. Das Kalium reagiert also mit Sauerstoff rascher und heftiger als Natrium. Auch durch Schmelzen von Kalium mit Kaliumnitrat bei Luftzutritt entsteht das Kaliumperoxyd[656b]. Aus den niedrigeren Peroxyden entsteht es durch Erhitzen an der Luft oder in Sauerstoff. Ein verunreinigtes Kaliumperoxyd bildet sich auch beim Durchleiten von Luft durch ein Gemisch von Kaliumnitrat und Calcium- oder Magnesiumoxyd bei 300 bis 500°[657]. Nach G. F. Jaubert[658] wird das Kaliumperoxyd oder andere höhere Oxyde des Kaliums unter einer Schutzschicht unter einer Substanz hergestellt, deren Oxyde Wasser aufnehmen, wie z. B. das Natrium, das nach seiner Oxydation zum Natriumperoxyd mit dem Kaliumoxyd in Berührung bleibt. Man erhält ein poröses Kaliumperoxyd, das in Atmungsapparaten Verwendung findet. Die Oxydation wird in Gefäßen aus

Aluminium und in einem Tunnelofen vorgenommen. Cu, Ni, Co, Mn, Fe und Cr wirken zersetzend auf die Kaliumperoxyde.

Das Kaliumperoxyd stellt eine chromgelbe Masse vom Schmelzpunkt 380^0 dar. Es zieht an feuchter Luft rasch Wasser an und entwickelt dabei Sauerstoff. Wasser zerlegt es unter stürmischer Sauerstoffentwicklung zu KOH neben reichlichen Mengen von Wasserstoffperoxyd. Mit Kohlenstoff bildet es unter heftigem Erglühen Kaliumcarbonat, ähnlich wirken Holz, Harze und Eiweiß. Kohlenmono- und -dioxyd ergeben bei einer nur wenig über 100^0 liegenden Temperatur gleichfalls Kaliumcarbonat und Sauerstoff.

Das Kaliumozonat von Baeyer und Villiger[659], das diese aus Ozon und geschmolzenem Kaliumhydroxyd erhielten und das tieforangebraun gefärbt ist, ist nicht identisch mit dem K_2O_4, sondern stellt ein Oxyhydroxyd $(KOH)_2.O_2$[392] dar (S. 22). Die Versuche, durch vorsichtigen Zusatz von Säuren zu den höheren Oxyden des Kaliums die freien Säuren, also höhere Oxyde des Wasserstoffes, wie H_2O_3 bzw. H_2O_4, darzustellen, sind bisher nicht von Erfolg begleitet gewesen[660].

Beim Erhitzen dissoziiert das Kaliumperoxyd, wobei die Dissoziation oberhalb 702^0 gemäß $K_2O_4 = K_2O_2 + O_2 + 32$ kcal verläuft. Bis zu diesem Zerfall des Kaliumperoxyds in K_2O_2 und O_2 findet jedoch auch schon eine teilweise Dissoziation statt, die aber erst oberhalb des Schmelzpunktes von 380^0 beginnt. Bei den anderen Peroxyden des Kaliums, wie K_2O_2 und K_2O_3, geht jedoch auch schon im festen Zustande bei der Erwärmung eine Dissoziation vor sich. Die thermische Dissoziation des K_2O_4 zeigt folgende Wertepaare: $p = 30$ mm, $t = 198^0$; $p = 111$ mm, $t = 279^0$; $p = 323$ mm, $t = 461^0$; $p = 441$ mm, $t = 539,5^0$. Aus der Extrapolation der Funktion $\log = f(1/T)$ hat sich ergeben, daß bei einer Temperatur von 702^0 und einem Druck von $p = 890$ mm der·Sauerstoff im Gleichgewicht mit den vier Phasen K_2O_2, K_2O_3, K_2O_4 und O_2 stehen muß[654].

Das Kaliumhydroperoxyd mit 1,5 Kristallhydroperoxyden $KOOH.1,5\,H_2O_2$ wurde von J. D'Ans und W. Friederich[397] durch Einwirkung von Kaliummetall auf Wasserstoffperoxyd in ätherischer Lösung unter Kühlung erhalten. Es stellt eine weiße, stark hygroskopische Masse dar, die sich in Eiswasser ohne nennenswerte Gasentwicklung auflöst. Die von Schöne[661] durch Eindampfen bis zur Trockene einer stark wasserstoffperoxydhaltigen Kalilauge erhaltene und von ihm als $K_2H_4O_6$ $(K_2O_2.2\,H_2O_2)$ angesehene Verbindung wurde von D'Ans und Friederich[397] als $2\,KOOH.H_2O_2$ erkannt. Diese stellten es durch Vermischen von gleichen Teilen von kalten Lösungen von Kalilauge und Wasserstoffperoxyd in absolutem Alkohol dar. Es trat vorerst eine milchige Trübung ein, nach Ablauf von einigen Stunden kristallisierte jedoch in feinen Nadeln das Kaliumhydroperoxydperhydrat. Beide Kristallhydroperoxyde werden an der Luft infolge der Bildung von gelbem K_2O_4 in kurzer Zeit gelb gefärbt. Sie entwickeln dann beim Lösen Sauerstoff.

c) Die Peroxyde von Lithium, Rubidium und Caesium.

Die Darstellungsmethode von Peroxyden durch Erhitzung der Alkalimetalle an der Luft oder durch Einleiten von Sauerstoff in eine Lösung der Alkalimetalle in flüssigen Ammoniak läßt sich auch auf Rubidium und Caesium, mit gewissen Einschränkungen aber auf das Lithium anwenden. Bekannt sind die Peroxyde Li_2O_2, Rb_2O_2, Rb_2O_3, Rb_2O_4, Cs_2O_2, Cs_2O_3 und Cs_2O_4.

Li$_2$O$_2$, Lithiumperoxyd, entsteht in geringen Mengen bei der Einwirkung von Sauerstoff auf Lithium in der Wärme[662] oder aus Lithiumhydroxyd, gelöst in Alkohol durch Fällung mit 30%igem Wasserstoffperoxyd und nachherigem Trocknen des Niederschlages[654a]. Es ist nicht hygroskopisch. Die Bildungswärme beträgt 144,8 kcal, die thermische Dissoziation in Abhängigkeit vom Druck wird durch folgende Wertepaare wiedergegeben: $t = 43^0$, $p = 5$ mm; $t = 54^0$, $p = 12$ mm; $t = 87^0$, $p = 47$ mm; $t = 116^0$, $p = 122$ mm; $t = 148^0$, $p = 271$ mm; $t = 181^0$, $p = 497$ mm; $t = 198^0$, $p = 790$ mm. Die Dissoziationswärme beträgt 13,6 kcal[654a].

Die Verbindung Li$_2$O$_2$.H$_2$O$_2$.3 H$_2$O entsteht beim Zusatz von viel Alkohol zu einer Lösung von Lithiumhydroxyd und Wasserstoffperoxyd in Form kleiner farbloser Kristalle (De Forcrand[663]). Durch längeres Stehen über Phosphorpentoxyd im Vakuum bleibt Li$_2$O$_2$ mit einem geringen Wassergehalt zurück.

Das Rubidium bildet die Peroxyde Rb$_2$O$_2$, Rb$_2$O$_3$ und Rb$_2$O$_4$. Sie können entweder durch langsame Zugabe von Sauerstoff zu Rubidium oder nach Joannis[620] mit Hilfe einer Lösung des Rubidiums in flüssigem Ammoniak und Durchleiten von Sauerstoff dargestellt werden. Blumenthal und Centerszwer[626] gingen vom Rubidiumsulfat aus, das sie mit Calcium im Vakuum zum Metall reduzierten, worauf dieses durch langsame Sauerstoffzugabe oxydiert wurde.

Rb$_2$O$_2$, F. $= 570^0$; Bildungswärme $= 118,1$ kcal; Dissoziationswärme $Q = 46,4$ kcal.

Rb$_2$O$_3$, F. $= 489^0$; Bildungswärme $= 126,0$ kcal; Dissoziationswärme $Q = 30,9$ kcal.

Rb$_2$O$_4$, F. $= 412^0$; Bildungswärme $= 137,6$ kcal; Dissoziationswärme $Q = 19,7$ kcal[664]. Es bildet sich schon beim Darüberleiten von Luft oder Sauerstoff über das Metall bei gewöhnlicher Temperatur, wobei sich das Metall sehr stark erhitzt, unter Umständen sogar entzündet. Es stellt dunkelbraune Platten dar, die beim Erhitzen noch dunkler werden, leicht schmelzen und durchaus beständig sind. Rb$_2$O$_4$ ist das Endprodukt der Verbrennung von Rubidium und das beständigste Rubidiumperoxyd. Es zieht an der Luft Wasser und Kohlensäure an und zersetzt sich unter Sauerstoffentwicklung. In Wasser löst es sich unter Bildung von Rubidiumhydroxyd, Wasserstoffperoxyd und Sauerstoff (Erdmann und Köthner[665]).

Eine Verbindung RbOOH.H$_2$O$_2$ wurde von E. Peltner[666] aus einer Lösung von Rubidiumhydroxyd in absolutem Alkohol und 30%igem Wasserstoffperoxyd in Form von schneeweißen Kristallen erhalten. Bei Temperaturen über 0^0 geht der weiße Körper in das gelb bis braun gefärbte Rb$_2$O$_4$ über.

Caesium bildet die Peroxyde Cs$_2$O$_2$, Cs$_2$O$_3$ und Cs$_2$O$_4$. Die Darstellung erfolgt analog den entsprechenden Rubidiumverbindungen.

Cs$_2$O$_2$, F. $= 594^0$; Bildungswärme $= 120,5$ kcal; Dissoziationswärme $Q = 41,1$ kcal.

Cs$_2$O$_3$, F. $= 502^0$; Bildungswärme $= 126$ kcal; Dissoziationswärme $Q = 29,7$ kcal.

Cs$_2$O$_4$, F. $= 432^0$; Bildungswärme $= 141$ kcal; Dissoziationswärme $Q = 25,6$ kcal[664].

d) Ammoniumperoxyde.

Die Darstellung von reinem Ammoniumperoxyd ist J. D'Ans und O. Wedig[667] gelungen. Beim Einleiten von trockenem Ammoniakgas in eine absolut ätherische

Lösung von etwa 98%igem H_2O_2, welche auf etwa -10^0 abgekühlt ist, scheiden sich schöne, klare Kristalle von der Zusammensetzung $NH_4 \cdot OOH$ (Ammoniumhydroperoxyd) ab. Die Substanz schmilzt bei $+14^0$. Melikoff und Pissarjewski[668], die diese Verbindung schön früher rein darstellten, geben einen Schmelzpunkt von -20^0 an.

Beim weiteren Einleiten von Ammoniak schmelzen die Kristalle von Ammoniumhydroperoxyd, worauf sich eine schwere ölige Schicht abscheidet, die bei etwa -40^0 gefriert[667]. Diese Masse besteht aus dem Ammoniumperoxyd $(NH_4)_2O_2$. Wird das Ammoniak in kräftigem Strom in die ätherische Wasserstoffperoxydlösung eingeleitet, so entsteht das Wasserstoffperoxyd sofort. Es gibt leicht Ammoniak ab, und zwar schon bei -10^0. Im Äther ist es unzersetzt löslich.

Literaturverzeichnis.

[616] Ztschr. Elektrochem. **32**, 581, 1906. — [617] F. Fischer u. H. Plötze: Ztschr. anorgan. allg. Chem. **75**, 1, 1912. — [618] Recherches physiko-chimiques **1811**, I, 151. — [619] Holt u. Sims: Journ. chem. Soc. London **65**, 441, 1894. — [620] Compt. rend. Acad. Sciences **116**, 1370, 1893. — [621] De Forcrand: Compt. rend. Acad. Sciences **127**, 364, 1898. — [622] Ch. A. Kraus u. E. F. Whyte: Journ. Amer. chem. Soc. **48**, 1786, 1926. — [623] F. Haber u. H. Sachsel: Ztschr. physikal. Chem., Bodenstein-Festband **1931**, 831; Chem. Ztrbl. **1932** I, 176. — [624] J. Scott: Chem. Trade Journ. **65**, 383, 1920; Chem. Ztrbl. **1920** I, 63. — [625] M. Blumenthal: Roczniki Chemji **11**, 865, 1931; Chem. Ztrbl. **1932** I, 2419. — [626] Bull. Int. Acad. Polon. Sciences Lettres, Serie A, **1933**; Chem. Ztrbl. **1934** I, 2729. — [627] Compt. rend. Acad. Sciences **127**, 364, 1898; **158**, 994, 1914. — [628] M. Bamberger: Ber. Dtsch. chem. Ges. **31**, 451, 1898. — [629] Harcourt: Quarterly Journ. Indian chem. Soc. **14**, 283, 1862. — [630] Duprés: Journ. Soc. chem. Ind. **13**, 198, 1894. — [631] C. Cengelis u. St. Horsch: Compt. rend. Acad. Sciences **163**, 388, 1917. — [632] Dieselben: Compt. rend. Acad. Sciences **163**, 440, 1917. — [633] DRP. 67094. — [634] DRP. 95063. — [635] DRP. 224480. — [636] DRP. 273666. — [637] J. Moltke-Hansen: DRP. 376543. — [638] DRP. 459075. — [639] E. P. 265124. — [640] DRP. 453751. — [641] DRP. 473832. — [642] DRP. 557904. — [643] Ber. Dtsch. chem. Ges. **27**, 817, 2297, 1894. — [644] Chem.-Ztg. **35**, 670, 1911. — [645] Liebigs Ann. **193**, 257, 1878. — [646] G. F. Jaubert: DRP. 120136. — [647] Compt. rend. Acad. Sciences **129**, 1246, 1899. — [648] Compt. rend. Acad. Sciences **132**, 86, 1901. — [649] F. P. 320321. — [650] DRP. 219790. — [651] DRP. 310671. — [652] DRP. 546117. — [653] Tanatar: Ztschr. anorgan. allg. Chem. **28**, 256, 1901. — [654] Holt u. Sims: Journ. chem. Soc. London **65**, 439, 1894. — [654a] Roczniki Chemji **12**, 119, 232, 1932; **13**, 5, 1933; Chem. Ztrbl. **1932** II, 2589; Chem. Ztrbl. **1933** II, 1583. — [655] De Forcrand: Compt. rend. Acad. Sciences **158**, 991, 1914. — [656] DRP. 189822. — [656a] Chem. Ztrbl. **1935** I, 1840. — [656b] DRP. 143216. — [657] DRP. 82982. — [658] F. P. 738418. — [659] Ber. Dtsch. chem. Ges. **35**, 3424, 1902. — [660] H. Hawley u. H. J. S. Land: Journ. chem. Soc. London **123**, 2891, 1923; Chem. Ztrbl. **1924** I, 543. — [661] Liebigs Ann. **193**, 276, 1878. — [662] Troost: Ann. Chim. Phys. (3), **51**, 114, 1857. — [663] Compt. rend. Acad. Sciences **130**, 1465, 1900. — [664] M. Blumenthal: Roczniki Chemji **14**, 233, 1934; Chem. Ztrbl. **1934** II, 1996. — [665] Liebigs Ann. **294**, 63, 1896. — [666] Ber. Dtsch. chem. Ges. **42**, 1777, 1909. — [667] Ber. Dtsch. chem. Ges. **46**, 3075, 1913. — [668] Ber. Dtsch. chem. Ges. **30**, 3146, 1897; **31**, 152, 446, 1898; Ztschr. anorgan. allg. Chem. **18**, 89, 1898.

B. Die Peroxyde der Erdalkalimetalle.

Die Metalle Calcium, Strontium und Barium sowie Magnesium und Beryllium können folgende Oxyde bzw. Peroxyde bilden:

CaO	SrO	BaO	MgO	BeO
CaO_2	SrO_2	BaO_2	$(MgO_2 . x\,H_2O)$	—
CaO_4	(SrO_4)	BaO_4	—	—

Von Magnesium sind wohl Peroxydhydrate bekannt, nicht aber ein hydratfreies Magnesiumperoxyd, von Beryllium aber nicht einmal Peroxydhydrate. Die ausgeprägteste Neigung zur Bildung von Peroxyden finden wir beim Barium, das von obigen Metallen das elektronegativste ist, wie aus der folgenden Zusammenstellung hervorgeht: $Ba/Ba^{..} = -2,96$ V; $Sr/Sr^{..} = -2,95$ V; $Ca/Ca^{..} = -2,8$ V; $Mg/Mg^{..} = -2,35$ V; $Be/Be^{..} = -1,67$ V. Die Bildungsmöglichkeit von Peroxyden nimmt daher mit der Stellung eines Metalles in der Spannungsreihe nach positiveren Normalpotentialen hin ab, d. h. die Affinität eines Metalles zum Sauerstoff sinkt mit dem Edlerwerden des Metallpotentials. Schon aus dieser Zusammenstellung geht hervor, daß nach dem Bariumperoxyd das Strontiumperoxyd am leichtesten darstellbar ist. Das Beryllium mit dem am wenigsten negativen Metallpotential vermag anscheinend keine Peroxyde mehr zu bilden.

a) **Das Bariumperoxyd BaO$_2$** (s. auch S. 102, 369 und 372).

Das Bariumperoxyd hat heute noch eine ziemlich große technische Bedeutung, wenngleich es von seiner früheren dominierenden Stellung als wichtigstes Ausgangsmaterial für die Gewinnung von Wasserstoffperoxyd fast vollständig verdrängt ist. Es ist die älteste bekannte Perverbindung überhaupt, da es schon im Jahre 1799 von A. von Humboldt[1] erwähnt wird.

Chemische und physikalische Eigenschaften. Im reinen Zustand ist es ein rein weißes, lockeres Pulver, das im trockenen Zustande sehr beständig ist. Das technische Produkt des Handels, das 80 bis 90% BaO$_2$ enthält, war früher meist schwach grünlich gefärbt, welche Farbe von einer Verunreinigung durch Eisenverbindungen herrührte. Heute ist es nur mehr schwach gelblich gefärbt, da es mit einem nur sehr geringen Eisengehalt hergestellt werden kann. Die Gewinnung eines etwa 98%igen Bariumperoxyds ist auf die in der Technik üblichen Arbeitsweise nicht möglich. Dazu muß man vielmehr von einer reinen Bariumhydroxydlösung ausgehen, die mit starkem Wasserstoffperoxyd gefällt wird. Der Niederschlag wird sorgfältigst in einen mit Chlorcalcium gefüllten, von außen geheizten Vakuumexsiccator bei vermindertem Druck vorgetrocknet und dann über Phosphorpentoxyd im Vakuum bei 100° vollständig entwässert. Dieses reine Bariumperoxyd setzt sich mit Schwefelsäure ohne Salzsäurezusatz mit einer Ausbeute von über 96% um, was wohl im Gegensatz zum technischen Produkt auf die ungleich feinere Verteilung zurückzuführen ist[445b].

Ein 100%iges Bariumperoxyd stellte W. Becker[670] durch Trocknen und Entwässern von Bariumperoxydhydrat bei 95° im Vakuum und unmittelbar darauffolgendem Behandeln des lockeren, porösen, reinen Bariumoxyds bei 500° mit Sauerstoff von 1 Atm., der mit Schwefelsäure getrocknet war, in einem Porzellanrohr her. Beide Methoden kommen wohl nur für laboratoriumsmäßige, aber nicht für technische Zwecke in Betracht.

Das spezifische Gewicht von BaO$_2$ beträgt 4,958, das aus dem Molvolumen des Octohydrats von 136,8 bestimmte Molvolumen des wasserfreien Bariumperoxyds etwa 30,0[383]. Bariumperoxyd ist paramagnetisch, die magnetische Suszeptibilität errechnet sich nach St. Meyer[671] zu $0,21 \cdot 10^{-6}$ bzw. $0,17 \cdot 10^{-6}$ bei 18°, bezogen auf die Masseneinheit. Die DE. wurde von A. Günther-Schulze und F. Keller[672] zu 10,7 bestimmt.

Bariumperoxyd kann elektrochemisch mit Kohle beim Erhitzen als Depolarisator wirken, so daß es in einem Element BaO_2-Kohle eine Spannung von 1 V geben kann. Der stromliefernde Vorgang besteht in der Reaktion $2\,BaO_2 + C = {}= 2\,BaO + CO_2$. Die Spannung läßt erst nach, wenn das ganze Bariumperoxyd verbraucht ist. In der Kälte wird die Spannung des Elementes geringer[672].

Im geschlossenen Gefäß hält sich Bariumperoxyd sehr lange unzersetzt, an der Luft zieht es jedoch Feuchtigkeit und Kohlensäure an.

Die Bildungswärme des Bariumperoxyds ergibt sich aus den Gleichungen $Ba_{fest} + O_{2\,gasförmig} = BaO_{2\,fest} + 144{,}21$ kcal und $BaO_{fest} + {}^1/_2\,O_{2\,gasförmig} = {}= BaO_{2\,fest} + 18{,}36$ kcal[674].

Ein genauer Schmelzpunkt des Bariumperoxyds ist nicht bekannt. Bei etwa 800^0 geht es in eine teigige Masse über, die unter Brodeln Sauerstoff abspaltet. Bei heller Rotglut ist es leichtflüssig. Unterhalb des Schmelzpunktes erfährt es vorerst eine starke Volumskontraktion[675]. Sehr wichtig ist das Verhalten des Bariumperoxyds beim Erhitzen. Die Reaktion des Bariumoxyds mit dem Sauerstoff ist nämlich reversibel: $2\,BaO + O_2 \rightleftarrows 2\,BaO_2$, so daß beim Erhitzen die Reaktion von rechts nach links unter Sauerstoffabgabe verläuft. Drucksteigerung fördert die Oxydation, während eine Druckverminderung den Zerfall des Bariumperoxyds einleitet. Vollkommen wasserfreies Peroxyd zersetzt sich ebensowenig wie es aus dem gänzlich wasserfreien Oxyd entsteht. Wasser oder vielmehr Bariumhydroxyd ist demnach für die Reaktion $2\,BaO + O_2 \rightleftarrows 2\,BaO_2$ ein wichtiger Katalysator.

Die von J. H. Hildebrand[676] bei 710, 754 und 794^0 in Gegenwart von Wasser aufgenommenen Kurven des isothermen Sauerstoffabbaues von BaO_2, welche die von 1 g BaO_2 abgegebenen Kubikzentimeter O_2 angeben, zeigen, daß zu Beginn der Zersetzung sehr wahrscheinlich ein divariantes Gleichgewicht vorliegt, das eine feste Lösung von BaO in BaO_2 vermuten läßt. Das Gleichgewicht wird sodann univariant, da beim weiteren Verlauf der Zersetzung der Druck bei abnehmendem Sauerstoffgehalt konstant bleibt. Gegen Ende des Zersetzungsvorganges liegt wieder ein divariantes Gleichgewicht vor. Hildebrand erklärt das Konstantwerden des Druckes damit, daß im univarianten Gebiet die für die betreffende Temperatur an BaO gesättigten Lösungen von BaO_2 und die an BaO_2 gesättigten Lösungen von BaO koexistieren, während Lewis und Randall[99] (l. c. S. 459) annehmen, daß die Erscheinungen, welche Hildebrand der Bildung einer festen Lösung zuschreibt, in weitem Maße durch das Auftreten von Bariumhydroxyd verursacht sind und daß sich BaO und BaO_2 in seinem univarianten System nahezu wie reine Stoffe verhalten.

In der nachstehenden Tabelle 19 sind die für das univariante System von Hildebrand gemessenen Drücke der Summe $p_{O_2 + H_2O}$ und die Partialdrucke p_{O_2} nach Abzug des Partialdruckes p_{H_2O}, gemessen am Zersetzungsdruck des anwesenden Bariumhydroxyds, in mm Hg wiedergegeben.

Tabelle 19.

Temperatur ^{0}C ..	540	618	655	697	737	794	835	853	868
$p_{O_2 + H_2O}$	2	18	41	91	193	479	871	1128	1401
p_{O_2}	—	11,3	26,8	65,4	141	378	718	937	1166

Die gemessenen Drücke können durch die Formel $\log p_{O_2} = -\,6850/T + {}+ 1{,}75\,T + 3{,}807$ wiedergegeben werden. Aus Hildebrands Sauerstoffdrucken errechnete Lewis und Randall[99] (l. c. S. 459) die freie Bildungsenergie für $BaO_{2\,fest}$ aus $BaO_{fest} + \frac{1}{2} O_{2\,gasförmig}$ zu 13,2 kcal pro Mol bei 25^0.

Bei einer Temperatur von 840^0 beträgt der Sauerstoffdruck 1 Atm., bei $\frac{1}{5}$ Atm. Zersetzungsdruck, wie er zu Beginn der Zersetzung an der Luft herrscht, beträgt diese Temperatur etwa 740^0. Die Bestimmung der thermischen Dissoziation durch Blumenthal[677] nach der Differentialmethode ergab folgende Werte: $t = 300^0$, $p = 235$ mm; $t = 340^0$, $p = 327$ mm; $t = 410^0$, $p = 507$ mm; $t = 441^0$, $p = 616$ mm; $t = 465^0$, $p = 690$ mm; $t = 480^0$, $p = 760$ mm. Die Dissoziationswärme wurde nach Nernst zu 16,96 kcal berechnet (kalorimetrisch bestimmt 21,6 kcal). Bis zu etwa 700^0 liegt demnach das Gleichgewicht der Reaktion $BaO + \frac{1}{2} O_2 \rightleftharpoons BaO_2$ beim Erhitzen von Bariumoxyd an der Luft praktisch vollkommen auf der Seite der Peroxydbildung, während oberhalb 700^0 Zersetzung des Bariumoxyds unter Sauerstoffabspaltung vor sich geht. Bei vermindertem Druck findet die Zersetzung schon bei Temperaturen von 500 bis 600^0 statt. Diese Reaktion wurde früher in Verbindung mit der Oxydation des BaO zu BaO_2 bei gewöhnlichem oder erhöhtem Druck zur Darstellung von Sauerstoff verwendet, ist aber heute vollständig durch die Gewinnung des Sauerstoffes aus flüssiger Luft durch Rektifikation verdrängt worden.

Durch Zusatz verschiedener Stoffe, namentlich von Oxyden, erfährt das Gleichgewicht $BaO + \frac{1}{2} O_2 \rightleftharpoons BaO_2$ eine starke katalytische Beeinflussung. Die Fremdstoffe bewirken in fast allen Fällen eine deutliche Erniedrigung der Zersetzungstemperatur. Von J. K. Kendall und F. J. Fuchs[678], von welchen diese Erscheinungen näher untersucht wurden, wird als Erklärung das Entstehen unbeständiger Verbindungen zwischen dem Bariumperoxyd und den Oxyden angenommen, die bei manchen Gemengen, in denen die Komplexe relativ beständig sind, nachgewiesen werden konnten.

Die Erniedrigung der Dissoziationstemperatur des Bariumperoxyds unter dem Einflusse gewisser Oxyde geht aus folgender Zusammenstellung von Kendall und Fuchs hervor, in welcher die reversible Zersetzungstemperatur des Gemisches bei einem Sauerstoffdruck von 1 Atm. wiedergegeben ist.

% BaO_2	HgO	MnO_2	Fe_2O_3	CuO	Ag_2O
10	280^0	333^0 (?)	358^0 (?)	329^0	201^0
50	277^0	324^0	345^0	322^0	199^0
90	283^0	342^0	323^0	318^0	226^0

Von J. A. Hedvall und N. v. Zweigbergk[679] ist eine Reihe weiterer Oxyde in ihrer Wirkung auf das Bariumperoxyd beim Erhitzen mit Hilfe von Erhitzungskurven untersucht worden. Nach diesen Ergebnissen sind diese Vorgänge derart aufzufassen, daß die Oxyde das Bariumperoxyd katalytisch zersetzen. Das gebildete BaO besitzt in statu nascendi ein sehr beträchtliches Reaktionsvermögen, so daß es mit sehr vielen Oxyden Verbindungen eingeht. Eine Verbindung zwischen BaO und den angeführten Oxydationsstufen wurde beim Erhitzen der folgenden Elemente beobachtet: Zn^{II}, Al, Ti^{IV}, Pb^{IV}, V^V, As^V, Sb^V, Ta^V, Cr^{VI}, Mo^{VI}, W^{VI}, U^{VI}, Mn^{VI}, Te^{VI}, Ni^{IV} (?), Co^{IV} (?). Eine Oxydation des zusammen mit dem Bariumperoxyd erhitzten Oxydes ohne Reaktion mit BaO fand bei CuO und Bi_2O_3 statt, während As_2O_3, Sb_2O_3, Sb_2O_4, Cr_2O_3, U_3O_8, MnO, Mn_2O_3, Mn_3O_4, Mn_2O_3, Fe_2O_3 und die Oxyde von Ni und Co (?) oxydiert wurden und Verbindungen mit BaO gaben. CuO, MgO, CaO, La_2O_3 (?) und CeO_2' wirken nur rein katalytisch. Ganz ohne Einwirkung waren nur SnO, SnO_2, ZrO_2. Besonders heftig ist die Einwirkung von Cu_2O, V_2O_5, Sb_2O_3, Cr_2O_3, MoO_3 und MnO, mit welchen bei etwa 200 bis 300⁰ die Reaktion beinahe explosionsartig verläuft. Im nachstehenden sind in Tabelle 20 die Temperaturen, bei denen deutliche Sauerstoffentwicklung beobachtet wurde, meist bei einem Mischungsverhältnis von BaO_2 : Oxyd von 1 : 1, wiedergegeben.

Tabelle 20.

Temperatur in ⁰C	Oxyde
130, 140 …	AuO, Mn_3O_4
150—170 …	NiO, Al_2O_3, CdO
200—250 …	TiO_2, ZnO, CuO, SiO_2, MgO, V_2O_5, Sb_2O_3, Sb_2O_4, Bi_2O_3, Cr_2O_3, MoO, (MnO), Fe_2O_3
250—300 …	WO_3, U_3O_8, UO_3, Mn_2O_3
300—375 …	CaO, La_2O_3, Ta_2O_5, CoO, Co_3O_4, MnO_2
465, 490, 500	As_2O_3, CeO_2, PbO

Je reiner demnach das Bariumoxyd ist, desto besser wird es sich zur technischen Herstellung von BaO_2 eignen. Auf die Reaktion $BaO + \frac{1}{2} O_2 \rightleftarrows BaO_2$ ist ein geringer Wassergehalt von großer Bedeutung, da, wie W. Becker[670] feststellte, vollkommen trockener Sauerstoff reines BaO nicht zu oxydieren vermag. Am günstigsten erwies sich nach Becker ein Feuchtigkeitsgehalt von 0,001 g Wasser/l Luft, der sich dann einstellt, wenn das Gas durch konzentrierte Schwefelsäure gewaschen wurde. Sowohl niedrigere als auch höhere Wassergehalte vermindern die Peroxydbildung, wahrscheinlich zufolge einer Verminderung der Reaktionsgeschwindigkeit. In der folgenden Tabelle sind Versuche von Becker (l. c. S. 14) über die Bildung von BaO_2 bei gleichen Zeit- und Druckverhältnissen mit dem gunstigsten Wassergehalt des Sauerstoffs wiedergegeben. Sie lassen erkennen, daß eine Peroxydbildung bei 180⁰ erst spurenweise beginnt und bei 950⁰ nicht mehr erfolgt. Das Optimum der Bariumperoxydbildung liegt bei Temperaturen zwischen 500 und 600⁰.

Temp. ⁰C.	180	200	250	300	350	400	500	600	700	750	800	900
% BaO_2 ..	Spur	3,4	9,3	16,3	71,7	95,6	99,8	100,0	95,7	61,4	18,9	0,8

Becker konnte eine Reaktionsbeschleunigung in dem für die Peroxydbildung sehr· ungünstigen Temperaturbereich bis etwa 180⁰ auch bei einem Sauerstoffüberdruck von 50 bis 60 Atm. nicht beobachten. Hingegen fanden Askenasy und Rose[445b], daß bei einer Einwirkung von strömendem Sauerstoff unter Überdruck die Reaktion derart beschleunigt wird, daß auch unterhalb 500⁰ innerhalb weniger Minuten hochwertiges Bariumperoxyd erhalten wird.

Der starke Einfluß des Feuchtigkeitsgehaltes des Sauerstoffes auf die Bildung von Bariumperoxyd läßt Rückschlüsse auf den Reaktionsverlauf zu. Die Bildung und Zersetzung des BaO_2 über Sauerstoffatome nach G. Bodländer[680] nach $BaO + O = BaO_2$ ist wohl kaum richtig, da nicht einzusehen ist, weshalb eine Dissoziation des Sauerstoffmoleküls eintreten soll. Mehr Wahrscheinlichkeit besitzt die Auffassung von C. Engler und J. Weißberg[681], wonach die Reak-

tion folgendermaßen verlaufen soll: $Ba{<}^{OH}_{OH} + O_2 = Ba{<}^{O}_{O}| + H_2O_2$, genauer nach C. Engler[682] über folgende Zwischenstufen: $BaO + H_2O = Ba(OH)_2$ und $Ba(OH)_2 + O_2 = BaO_2 + H_2O_2$; $H_2O_2 = H_2O + \frac{1}{2}O_2$. Eine Dissoziation des Sauerstoffes findet also nicht statt, die Bariumperoxydbildung vollzieht sich daher über die Sauerstoffmoleküle. Sehr viel Wahrscheinlichkeit besitzt jedoch die bereits auf S. 85 angegebene Bildungsweise unter Verdopplung des Moleküls, da dann die Bindungsverhältnisse einem stabileren Sechserring an Stelle eines instabilen Dreierringes entsprechen würden.

Wie N. Sasaki[683] zeigen konnte, ist für die Oxydationsgeschwindigkeit nicht die sehr schnell verlaufende Oxydation $2\,BaO + O_2 \rightleftarrows 2\,BaO_2$, sondern die überlagerte Erscheinung des Transportes von Sauerstoff innerhalb der festen Phase maßgebend.

Weitere Bildungsweisen. Außer den bereits angeführten Bildungsweisen gibt es noch eine Reihe weiterer, die jedoch nur rein wissenschaftliches Interesse besitzen. So entsteht Bariumperoxyd beim Verbrennen von metallischem Barium an der Luft[684]. Bariumamalgam, das in einer flachen Porzellanschale ausgebreitet im Autoklaven bei 15° 10 Stunden lang einem Sauerstoffdruck von 60 Atm. ausgesetzt war, gibt die Reaktion auf Bariumperoxyd. Bariumoxyd und -hydroxyd oxydieren sich unter diesen Bedingungen im Amalgam nicht (W. Becker[670], S. 42 bis 44). Bei höherer Temperatur, z. B. 100°, wird das gebildete Peroxyd durch Barium sehr rasch zum Oxyd reduziert, so daß in diesem Fall der Nachweis von Bariumperoxyd nicht gelingt.

Aus Bariumammoniat erhält man beim Einleiten von Sauerstoff in das flüssige Ammoniak ein Produkt mit 7,5% BaO_2 neben hauptsächlich BaO[684a]. Genügend hoch erhitztes Bariumoxyd vermag nicht nur mit dem Sauerstoff der Luft, sondern auch mit sauerstoffreichen Verbindungen unter Bildung von Peroxyd zu reagieren. So entsteht beim Aufstreuen von Kaliumchlorat auf glühendes Bariumoxyd Bariumperoxyd, das nach dem Erkalten und Auslaugen des Kaliumchlorids mit Wasser als Bariumperoxydhydrat gewonnen wird[685]

Die Peroxydhydrate und Hydroperoxyde lassen sich beim vorsichtigen Trocknen in wasserfreies, sehr reines Peroxyd überführen. Jedoch setzen die letzten Wasserreste der Entwässerung einen großen Widerstand entgegen. Durch isothermen Abbau gelingt z. B. beim Octohydrat die Entfernung von 7,5 Molekülen Wasser verhältnismäßig leicht, während das letzte halbe Molekül sich erst oberhalb 200° entfernen läßt[383].

BaO_2 als Oxydationsmittel. Ebenso wie die Alkaliperoxyde wirkt auch das Bariumperoxyd beim Erhitzen als kräftiges Oxydationsmittel. Schon bloße Berührung oder Reibung mit organischen Stoffen, wie Holz, Geweben od. dgl. oder Schlag kann Explosionen oder Brände verursachen. Wasserstoff wird in der Hitze unter Funkensprühen und Bildung von Bariumhydroxyd aufgenommen. Mit Schwefelblumen entsteht beim Erhitzen Schwefeldioxyd. Dieses reagiert mit trockenem erhitzten Bariumperoxyd unter Feuererscheinung und Bildung von Bariumsulfat. Auch in der Kälte erfolgt mit Schwefeldioxyd unter starker Erwärmung Bariumsulfatbildung. Stickoxyd und Stickoxydul bilden in der Hitze Bariumnitrat. Trockener Chlorwasserstoff wird unter Entwicklung von Cl_2, Cl_2O, unter Umständen auch O_3 zersetzt. Jod reagiert im Überschuß bei leichtem Erwärmen unter Bildung von Bariumjodid und einem Bariumperoxyd, das O. Rammelsberg[687] für BaO_3 hielt. Kohlenstoff auch in Form von

Carbid wirkt auf Bariumperoxyd unter sehr starker Wärmeentwicklung ein. Bringt man an einer Stelle durch leichtes Erwärmen die Reaktion in Gang, so pflanzt sich diese von selbst durch die ganze Masse fort. Auch mit Kohlenoxyd findet eine heftige Reaktion statt, die in einem schnellen Strome des Gases erhitztes Bariumperoxyd bis zur Weißglut bringen kann, wobei auch Flammenerscheinungen auftreten. Kohlensäure zersetzt Bariumperoxyd unter starker Wärmeentwicklung und unter Sauerstoffabspaltung. Fein gepulvertes Silizium reagiert explosionsartig mit Bariumperoxyd. Die große Reaktionswärme kann zum Reduzieren von Metalloxyden ähnlich dem Goldschmidtschen aluminothermischen Verfahren ausgenützt werden[688]. Metalle wirken in der Hitze auf Bariumperoxyd zersetzend ein.

Einwirkung von Wasser und Säuren. In Wasser ist Bariumperoxyd nur wenig löslich. Es bildet sich mit diesem unter geringer Wärmeentwicklung Bariumperoxydoctohydrat, nach längerer Einwirkung Wasserstoffperoxyd und Bariumhydroxyd. Zufolge der alkalischen Reaktion von Bariumhydroxyd findet dann auch Zersetzung des Wasserstoffperoxyds statt. Zufolge dieses Verhaltens wirkt das Gemisch von Bariumperoxyd und Wasser ebenso wie eine alkalische Lösung von Wasserstoffperoxyd.

Mit verdünnten Säuren, wie Salz-, Schwefel-, Phosphor-, Fluß-, Kohlen- und Kieselfluorwasserstoffsäure, gibt das Bariumperoxyd Wasserstoffperoxyd, die älteste Darstellungsart für das Wasserstoffperoxyd in der Technik. Konzentrierte Salzsäure wird nach $3\,BaO_2 + 8\,HCl = 3\,BaCl_2 + 4\,H_2O + Cl_2 + O_2$ zersetzt, sie ist demnach zur Gewinnung von konzentrierteren Wasserstoffperoxydlösungen aus Bariumperoxyd ungeeignet. Konzentrierte Schwefelsäure reagiert mit BaO_2 unter Sauerstoffentwicklung, der meist ozonhältig ist, sehr heftig. Im Reaktionsgemisch ist jedoch kein Wasserstoffperoxyd nachweisbar. Kohlensäure reagiert in wäßriger Lösung bei erhöhtem Druck ähnlich wie eine andere Säure unter Wasserstoffperoxydabscheidung[445b]. Die Einwirkung der Säuren erfolgt am schnellsten, wenn das Bariumperoxyd hydratisiert ist (Näheres siehe die technische Darstellung S. 101 ff.).

Mit Lösungen von Salzen bildet sich zunächst Wasserstoffperoxyd, das dann weitere Reaktionen ausführen kann. Alkalicarbonat- oder -sulfatlösungen bilden Bariumcarbonat bzw. -sulfat und alkalische Lösungen von Wasserstoffperoxyd. Hypochlorite wirken unter Zersetzung und Sauerstoffentwicklung ein.

Bei der Einwirkung von Wasserstoffperoxyd auf schwach alkalische Bariumsalzlösungen unterhalb 30^0 oder aus dem Octohydrat und Wasserstoffperoxyd, und zwar am günstigsten bei etwa 0^0, entsteht die Additionsverbindung $BaO_2.2\,H_2O_2$[689]. Sie bildet weiße Kristalle, die in wäßriger Lösung langsam, bei höherer Temperatur rascher in das Octohydrat übergehen. Über 30^0 (bis 60^0) entsteht das $BaO_2.H_2O_2$[689].

Hydrat. Mit Wasser bildet das Bariumperoxyd nur ein Octohydrat $BaO_2.8\,H_2O$. Das von Berthelot[690] vermutete Dekahydrat $BaO_2.10\,H_2O$ hat sich als ein nicht genügend entwässertes Octohydrat erwiesen. Dieses entsteht direkt aus gesättigten Bariumhydroxydlösungen mit etwa 3%igen Wasserstoffperoxydlösungen[691,689,383] oder durch umgekehrte Fällung von Wasserstoffperoxydlösungen mit Bariumhydroxyd[445b]. Der nach letzterer Arbeitsweise erhaltene Niederschlag enthält aber nicht das reine Octohydrat, sondern neben $n\,H_2O$

auch m Moleküle H_2O_2, wobei aber $m + n = 8$ ist. Meist wird aber derart vorgegangen, daß man das Bariumperoxyd in einer Säure, z. B. Salzsäure, löst und aus dieser Lösung mit Bariumhydroxyd das Bariumperoxydhydrat ausfällt.

Aus allen Bariumsalzlösungen fällt Natriumperoxyd gleichfalls das Bariumperoxydoctohydrat[689]. Aus Erdalkalisulfidlösungen wird von G. F. Jaubert[692] Erdalkaliperoxydhydrat gefällt. Die Firma E. Merck[693] stellte es durch Einwirkenlassen von Bariumhydroxydlösungen auf festes Bariumperoxyd her. E. Henkel und Co. und H. Wade[694] stellen die Peroxydhydrate von Barium, Calcium und Strontium durch Elektrolyse einer 3%igen Erdalkalihydroxydlösung her, die 1,5% Kaliumcarbonat enthält, wobei bei 0^0 unter kräftigem Rühren Sauerstoff eingeleitet wird. Ähnlich arbeitete H. Schulze[695]. In eine Erdalkalisulfidlösung oder ein Gemisch von Erdalkalisulfid mit -hydroxydlaugen werden eine oder mehrere eiserne Anoden eingehängt. Der Kathodenbehälter ist vom Anodenbehälter durch eine Wand getrennt, aber leitend mit diesem verbunden. Im Anodenraum bildet der Schwefel Eisensulfid und Eisensulfit, von dem abfiltriert wird, während im Kathodenbehälter, in welchem sich Kohlekathoden befinden, kohlensäurefreie Luft, Sauerstoff oder ozonisierte Luft zugeführt wird. An der Kathode wird das Alkaliperoxydhydrat gewonnen, das zu Boden fällt und abfiltriert wird. Die Erdalkalisulfidlösung wird durch Reduktion der Sulfate gewonnen. Das Verfahren von E. Luther[696] unterscheidet sich von dieser Arbeitsweise nur dadurch, das dort nicht in der Wärme, sondern bei 0 bis -12^0 gearbeitet wird.

Das Bariumperoxydoctohydrat $BaO_2 . 8 H_2O$ stellt schöne kleine, glänzend weiße, perlmutterartig glänzende Kristalle dar, deren Dichte 2,292 beträgt. Es ist in kaltem Wasser nur wenig löslich (100 Teile Wasser lösen bei Raumtemperatur etwa 0,168 Teile Peroxydoctohydrat), wobei aber Zersetzung in Bariumhydroxyd und Wasserstoffperoxyd erfolgt, da die Lösung alkalisch reagiert. In organischen Lösungsmitteln ist es unlöslich, absoluter Alkohol wirkt entwässernd, Glyzerin zersetzend. An der Luft verwittert es, ebenso in gut geschlossenen Gefäßen, wobei die Kristalle ihr rein weißes glänzendes Aussehen verlieren und opak werden. Von der Kohlensäure der Luft wird es unter Bariumcarbonatbildung angegriffen. Gegen dehydratisierende Einflüsse ist es sehr empfindlich. Wird es langsam entwässert, so kann die Entwässerung bis zu etwa $BaO_2 \cdot 0,5 H_2O$ verhältnismäßig glatt vorgenommen werden, bei weiterer Entwässerung über 200^0 tritt aber Zersetzung unter Sauerstoffabgabe ein. Bei rascher Erhitzung entweicht neben dem Wasser auch Sauerstoff, während Bariumhydroxyd zurückbleibt. Die große Empfindlichkeit der Peroxydhydrate gegen Entwässerung ist die Ursache dafür, daß sich bei ihrer Untersuchung derart große Unterschiede bei der Bestimmung des Hydratwassers ergeben haben. Die in der Literatur beschriebenen Bariumperoxydhydrate mit 10, 7, 6, 2 oder 1 Molekülen Wasser sind auf Untersuchungsfehler zurückzuführen. Der Verlauf der Entwässerungskurve läßt nämlich keine Rückschlüsse auf die Existenz anderer Hydrate als das Octohydrat zu (Nogareda[383]).

Verwendung. Bariumperoxyd wird zur Herstellung von Wasserstoffperoxyd und Sauerstoff, als Bleich- und Desinfektionsmittel und zur Erzeugung der Zündkirschen beim Goldschmidtschen Thermitschweißverfahren verwendet. Die Existenz von höheren Bariumperoxyden ist wohl in der Literatur behauptet worden, jedoch ist nur das BaO_4 mit Sicherheit nachgewiesen. Marg. Carlton[697] beschreibt ein Bariumperoxyd der vermutlichen Formel BaO_3, das sie durch Fällung von Bariumhydroxyd mit überschüssigem 30%igem H_2O_2 bei 15°, Waschen des Niederschlages mit kaltem Wasser und kurzes Trocknen mit Phosphorpentoxyd als gelbliches, nicht kristallinisches Pulver erhielt. Beim Stehenlassen wurde es dunkler und ging allmählich in BaO_2 über. Es enthielt weder freies noch gebundenes H_2O_2. Mit salpetersaurer Kaliumjodid- oder -bromidlösung oder starker Salzsäure reagierte es viel lebhafter als Bariumperoxyd, beim Erhitzen mit Schwefelblumen entstand kein SO_2. Die analytische Untersuchung ergab annähernd die Zusammensetzung BaO_3.

BaO_4. Von E. Schöne[698] wurde beobachtet, daß das von ihm entdeckte farblose $BaO_2 \cdot H_2O_2$ allmählich gelb wird, diese Gelbfärbung aber allmählich nach Erreichung einer gewissen Intensität wieder verliert. Zwischen der farblosen und der gelben Substanz bestand der Unterschied, daß sich nur das gelbgefärbte Produkt in Säuren unter Sauerstoffentwicklung löste. Schöne führte diese Erscheinung auf die Existenz eines sauerstoffreichen Bariumperoxyds, nämlich BaO_4, zurück.

Durch Bestimmung der Sauerstoffmengen, die sich aus zu verschiedenen Zeitpunkten entnommenen Proben eines und desselben $BaO_2 \cdot H_2O_2$ mit Säuren entwickeln, stellten dann W. Traube und W. Schulze fest[699], daß das entwickelte Sauerstoffvolumen parallel geht mit der Intensität der Gelbfärbung. Aus der Menge des beim Lösen entwickelten Sauerstoffes berechneten sie, daß das untersuchte Präparat einen Gehalt von etwa 8% BaO_4 enthielt. Seine Entstehung wurde auf die gleichzeitig nebeneinander verlaufenden Vorgänge $2\,BaO_2 \cdot H_2O_2 =$ $= 2\,BaO_2 + 2\,H_2O + O_2$; $BaO_2 + O_2 = BaO_4$, also durch Vereinigung eines Sauerstoffmoleküls mit einem Molekül Peroxyd zurückgeführt. Eine Bestrahlung mit ultraviolettem Licht beschleunigte die Bildung von BaO_4.

Ein sepiabraunes Bariumozonid soll beim Einleiten von Ozon in eine Lösung von Barium in flüssigem Ammoniak entstehen[700]. Es ist äußerst unbeständig, da es schon beim Verdunstenlassen des Ammoniaks zerfällt.

b) Das Strontiumperoxyd SrO_2 (s. auch S. 372).

Beim Strontium erfolgt die Peroxydbildung nicht mehr so leicht wie beim Barium, so daß es aus diesem Grunde gar keine technische Bedeutung besitzt. Strontiumoxyd gibt auch beim Erhitzen mit Sauerstoff kein Peroxyd, selbst wenn man den Sauerstoffdruck auf 12 Atm. erhöht[701]. Erst bei einem Sauerstoffdruck von 100 Atm. entsteht es aus dem Oxyd in einer Ausbeute von 15 bis 16%, wobei die optimale Temperatur 400° beträgt[702]. Wie widerspruchsvoll die Angaben in der Literatur auf dem Gebiete der Perverbindungen sind, kann z. B. daraus ersehen werden, daß in dem A. P. 1325043 von J. B. Pierce angegeben ist, daß unter ähnlichen Bedingungen ein 85%iges Strontiumperoxyd gebildet wird.

Bergius[703] schlägt vor, Barium-, Strontium- oder Calciumoxyd in einer indifferenten Schmelze, z. B. in Alkalihydroxyden, zu lösen, wodurch jedes kleinste Teilchen des Oxyds bei der Oxydation dem eingeleiteten Sauerstoff zugängig gemacht werden kann. Nach der Abkühlung soll die Schmelze mit Alkohol behandelt werden, um das Ätznatron zu lösen, während das Peroxyd zurückbleibt. Der

Alkohol wird durch Destillation vom Natriumhydroxyd getrennt und beide Substanzen wieder verwendet.

Im Gegensatz zu Bariumperoxyd kann wasserfreies Strontiumperoxyd durch Fällung einer sehr konzentrierten Strontiumsalzlösung mit Wasserstoffperoxyd in der Wärme erhalten werden, z. B. in der Lösung des Nitrats in 30%igem Wasserstoffperoxyd bei 55⁰ nach Zusatz von konzentriertem Ammoniak[689]. Das wasserfreie Strontiumperoxyd wird auch aus dem Hydrat durch Entwässern gewonnen. In geringer Menge entsteht es beim schwachen Glühen von Strontiumcarbonat im Platintiegel, auch beim Durchleiten von Sauerstoff durch eine Lösung von Strontium in flüssigem Ammoniak oder bei der Behandlung von Strontiumamalgam mit Sauerstoff von 60 Atm. Druck (Becker[670], S. 42, 46). Beim Verbrennen von Strontiummetall und Sauerstoff entsteht nur das Oxyd.

Das Strontiumperoxyd stellt eine mikrokristalline weiße Substanz dar, die in Wasser sehr wenig löslich ist, wobei keine Sauerstoffentwicklung erfolgt. Von Säuren und Ammonchloridlösungen wird es leicht gelöst, in organischen Lösungsmitteln ist es unlöslich.

Die Bildungswärme ergibt sich aus $SrO_{fest} + \frac{1}{2} O_{2gasförmig} = SrO_{2fest} + 108{,}75$ kcal, aus $Sr_{fest} + O_{2gasförmig} = SrO_{2fest} + 151{,}71$ kcal[674]. Das Molvolumen beträgt 28,3. Beim starken Erhitzen zerfällt es unter Sauerstoffabgabe in das Oxyd. Von M. Blumenthal[654a] wurden für verschiedene Temperaturen folgende Zersetzungsspannungen in Millimeter Quecksilbersäule gemessen:

Temperatur ⁰C ..	33	121	152	172	181	194	200	209	215
Millimeter Hg ...	8	106	189	280	375	488	592	648	750

Die Wärmetönung berechnet sich nach Nernst zu 13,5 kcal, während der kalorimetrisch bestimmte Wert 21,6 kcal ergab. Bei reinen Produkten soll die Zersetzungsgeschwindigkeit bei 232⁰ eine plötzliche Steigerung erfahren[693a].

Das Strontiumperoxyd bildet ebenso wie das Bariumperoxyd ein Octohydrat $SrO_2 \cdot 8\,H_2O$. Das von Forcrand[676] beschriebene Hydrat mit 9 Wasser ist wahrscheinlich auf ungenügende Entwässerung zurückzuführen. Das Octohydrat entsteht aus Strontiumsalzen in schwach alkalischer Lösung bei gewöhnlicher Temperatur durch Fällen mit Wasserstoffperoxyd oder mit Natriumperoxyd[383,689].

Elektrolytische Darstellungsverfahren sind bereits bei der Gewinnung von Bariumperoxydoctohydrat besprochen worden[694, 695, 696]. Die Octohydrate der Erdalkalyperoxyde sind in ihrem Aussehen und Verhalten sehr ähnlich. Das Strontiumperoxydoctohydrat stellt glänzend weiße, perlmutterglänzende Schuppen von einer Dichte 1,951 und einem Molvolumen von 135,1 dar, die an der Luft allmählich verwittern und opak werden. 12 500 Teile Wasser vermögen bei 20⁰ nur einen Teil Strontiumperoxydhydrat zu lösen[677]. In organischen Lösungsmitteln ist es unlöslich, absoluter Alkohol entwässert, Glyzerin wirkt zersetzend. Vom Wasser wird es hydrolysiert.

Bei der Entwässerung verhält es sich vollkommen gleichartig wie das Bariumperoxydoctohydrat. Die Wasserabgabe beginnt schon bei oberhalb 60⁰, das letzte $\frac{1}{2}$ Molekül Wasser wird aber erst oberhalb 200⁰ unter gleichzeitigem Sauerstoffverlust des Peroxyds abgegeben.

Strontiumperoxyd bildet ähnlich wie das Bariumperoxyd mit H_2O_2 bei niedriger Temperatur eine Anlagerungsverbindung $SrO_2.2\,H_2O_2$[689], die ein gelblich-weißes Pulver darstellt und in wäßriger Lösung in das Strontiumperoxydoctohydrat übergeht.

c) Calciumperoxyd, Calcium peroxydatum, CaO_2 (s. auch S. 372).

Durch Erhitzen von Calciumoxyd mit Luft oder Sauerstoff, auch unter Druck, oder Schmelzen mit Kaliumchlorat konnte bisher keine Calciumperoxydbildung erwartet werden[670a] (Becker, S. 35 bis 36). Die Ursache ist darin gelegen, daß man nach Riesenfeld und Nottebohm[697a] bei 200 bis 300° gar nicht so hohe Sauerstoffdrücke erreichen kann, als zur Calciumperoxydbildung notwendig wären. Bloß Struwe[698a] erwähnt, daß völlig eisenfreies Calciumcarbonat bei Rotglut nachweisbare Mengen von Calciumperoxyd ergibt. W. Becker[670] (S. 40) stellte Calciumperoxyd aus einer Lösung von Calcium in flüssigem Ammoniak und Durchleiten von Sauerstoff her. Die beste erzielte Ausbeute betrug jedoch nur 2,8% CaO_2. Auch beim Calciumamalgam konnte bei Behandlung mit feuchter Luft oder Sauerstoff deutliche Peroxydbildung nachgewiesen werden. Beim Verbrennen von Calciummetall in Sauerstoff oder Luft entsteht jedoch nur CaO.

Nach M. Blumenthal[654a] kommt Calciumperoxyd in zwei Modifikationen vor: $\alpha\text{-}CaO_2$, beständig bei niedrigen Temperaturen und langsam dissoziierend, und $\beta\text{-}CaO_2$, bestandig bei höheren Temperaturen und leicht dissoziierbar. Das $\alpha\text{-}CaO_2$ entsteht durch Fällung. Die thermische Dissoziationsspannung des CaO_2 nach der Kompensationsmethode ergab für verschiedene Temperaturen folgende Werte:

Temperatur °C	68	81	93	97	102
Millimeter Hg	163	348	562	731	750

Unterhalb einer Temperatur von 220° ist die Dissoziation des Calciumperoxyds sehr langsam, weil das α-Calciumperoxyd dissoziiert. Oberhalb von 220° findet die Umwandlung des $\alpha\text{-}CaO_2$ in das $\beta\text{-}CaO_2$ statt, und die Dissoziationsgeschwindigkeit nimmt plötzlich zu. Die Reaktion $2\,CaO_2 \rightleftarrows 2\,CaO + O_2$ ist umkehrbar, aber die Geschwindigkeit der Assoziation ist viel kleiner als die der Dissoziation. (Über die wahrscheinliche Konstitution des $\alpha\text{-}CaO_2$ und $\beta\text{-}CaO_2$ siehe S. 86.)

Die Wärmetönung ergibt sich aus der Reaktionsgleichung $Ca + O_2 = CaO_2 + {} + 157,33\,kcal$[699a] und $CaO_{fest} + {}^1/_2\,O_{2\,gasformig} = CaO_{2\,fest} + 5,43\,kcal$. Die Hydratationswärme ergibt sich aus der Reaktionsgleichung $CaO_{2\,fest} + 8\,H_2O_{flüssig} = {} = CaO_2.8\,H_2O_{fest} + 15,636\,kcal$, bzw. $CaO_{2\,fest} + 8\,H_2O_{fest} = CaO_2.8\,H_2O_{fest} + {} + 4,196\,kcal$[700a].

Beim Eintragen von CaO_2 in Wasser soll sich ein Dihydrat $CaO_2.2\,H_2O$ bilden[701]. Nach den Untersuchungen Nogaredas[383] ist aber nur die Existenz eines Octohydrats anzunehmen. Dieses bildet sich aus Calciumchlorid in ammoniakalischer Lösung mit Wasserstoffperoxyd oder Zusatz von wäßrigem Calciumhydroxyd zu einer Lösung von Wasserstoffperoxyd. Weiters kann es auch durch Fällung von Calciumsalzen mit Natriumperoxyd erhalten werden.

Die technische Darstellung kann gleichfalls aus Kalkmilch und Wasserstoffperoxyd erfolgen[703]. Andere Darstellungsverfahren für das Peroxyd sind bereits beim Barium bzw. Strontiumperoxyd besprochen worden[692,695,696]. G. F. Jaubert[703] preßt ein Gemisch von gleichen Molen Calciumhydroxyd und wasserfreiem Natriumperoxyd zusammen, wobei eine harte, porzellanähnliche Masse entsteht, die beim Einwerfen in kaltes Wasser sich fast mit theoretischer Ausbeute zu Calciumperoxydhydrat umsetzt. An Stelle von Calciumhydroxyd kann man auch mit gleich gutem Erfolg Barium-, Strontium- oder Magnesiumhydroxyd verwenden. Auch Natriumperoxydhydrat läßt sich mit gelöschtem Kalk beim Behandeln mit geringen Wassermengen in Calciumperoxydhydrat überführen[704]. Diese Umsetzung kann auch durch feuchte Luft bei einer trockenen Mischung von Natriumperoxydhydrat und trockenem Calciumhydroxyd bewirkt werden[705]. Nach O. Liebknecht[706] wird Calciumperoxydhydrat aus einer Calciumchloridlösung mit ammoniakalischem Wasserstoffperoxyd, das aus Natriumperoxyd, Wasser und Ammonchlorid gewonnen wurde, dargestellt.

Das Calciumperoxydoctohydrat stellt einen rein weißen, schuppigen Körper dar. Das chemische Verhalten und die Entwässerung entsprechen vollkommen den bereits behandelten Barium- und Strontiumperoxydoctohydraten. Schöne[707] und De Forcrand[708] berichten über eine Anlagerungsverbindung $CaO_2 . H_2O_2$.

Das Calciumperoxydpräparat, das nach dem DRP. 222401 der Chemischen Werke Kirchhoff und Neirath aus einem Calciumsalz und einer alkalischen Wasserstoffperoxydlösung erhalten wurde, enthält 60% CaO_2 mit 13,5% aktivem O bzw. 80%igem CaO_2 mit 17,8% aktivem Sauerstoff[677].

Das Calciumperoxyd wird für hygienische und kosmetische Zwecke verwendet. Es bildet ein gelbes kristallinisches Pulver und schmeckt adstringierend. Nach Sensbery[709] findet es als Sauerstoff abgebendes Mittel in Mischung mit sauren Salzen in Zahnpasten Verwendung. Auch für Bleicherzwecke soll es benützt werden können. Baumwollsamen werden nach Zusatz von Schwefelsäure schnell gebleicht und ranziges Öl gebrauchsfähig gemacht. Frischer Apfelsaft wird durch Calcium- und Magnesiumperoxyd konserviert Für medizinische Zwecke wurde es als „Gorit" in den Handel gebracht.

Das Calcium bildet auch ein höheres Peroxyd CaO_4[710,699,711]. Traube und Schulze[699] erhielten es aus Calciumperoxydoctohydrat durch Einwirkung von 30%igem Wasserstoffperoxyd in der 5- bis 6fachen Menge und in der Wärme auf dem Wasserbad bis zum Auftreten lebhafter Sauerstoffentwicklung, Abfiltrieren und Trocknen des Niederschlages. Die Verbindung ist erbsengelb gefärbt und spaltet bei der Einwirkung von Säuren Sauerstoff ab.

Literaturverzeichnis

[670] Dissertation der Badischen Hochschule Karlsruhe, 1909. — [671] Monatsh. Chem. 20, 809, 1899. — [672] Ztschr. physikal. Chem. 75, 78, 1932. — [673] D. Korda: Compt. rend. Acad. Sciences 120, 615, 1895. — [674] Forcrand: Ann. Chim. Phys. (8), 15, 464, 1908. — [675] J. A. Hedvall: Ztschr. anorgan. allg. Chem. 104, 164, 1918. — [676] Journ. Amer. chem. Soc. 34, 250, 1912. — [677] Roczniki Chemji 13, .5, 1933; Chem. Ztrbl. 1934 I, 3166. — [678] Journ. Amer. chem. Soc. 43, 2017, 1921; Chem. Ztrbl. 1922 I, 625. — [679] Ztschr. anorgan. allg. Chem. 108, 119, 1929. — [680] Über langsame Verbrennung, in F. B. Ahrens, 1899, Bd. 3, S. 340. — [681] Ber. Dtsch. chem. Ges. 33, 1106, 1900. — [682] Ztschr. Elektrochem. 18, 946, 1912. — [683] Memoirs Coll. Science, Kyoto Imp. Univ. 5, Nr. 1, 1921; Chem. Ztrbl. 1922 III, 20. — [684] J. J. Berzelius: Lehrbuch der Chemie, 5. Aufl., 1856, Bd. 2, S. 134. — [684a] R. C. Mentzel: Compt. rend. Acad. Sciences 135, 740, 1902; Bull. Soc. chim. France (3), 29, 585, 1903. — [685] Liebig u. Wöhler: Pogg. Ann. 24, 172, 1832. — [686] E. P. 3261/1872; Ber. Dtsch.

chem. Ges. 7, 1029, 1874. — [687] Journ. prakt. Chem. 107, 364, 1869. — [688] Askenasy u. Ponnaz: Ztschr. Elektrochem. 14, 810, 1908. — [689] E. Ch. Riesenfeld u. N. Nottebohm: Ztschr. anorgan allg. Chem. 89, 406, 1914. — [690] Compt. rend. Acad. Sciences 90, 1880, 335. — [691] Schone: Ber. Dtsch. chem. Ges. 6, 1173, 1873. — [692] DRP. 128418. — [693] DRP. 170351. — [693a] Chem. Ztrbl. 1935 II, 797. — [694] E. P. 1687/1915. — [695] DRP. 422351. — [696] DRP. 482344. — [697] Journ. chem. Soc. London 127, 2180, 1925; Chem. Ztrbl. 1926 I, 1383. — [698] Liebigs Ann. 192, 275, 283, 1878. — [699] Ber. Dtsch. chem. Ges. 54, 1634, 1921. — [700] W. Strecker u. H. Thienemann: Ber. Dtsch. chem. Ges. 53, 2097, 1920. — [701] Foregger u. Philipp: Journ. Soc. chem. Ind. 25, 298, 461, 1906; Chem. Ztrbl. 1906 I, 1598; 1906 II, 207. — [697a] Ztschr. anorgan. allg. Chem. 90, 371, 1915. — [698a] Ztschr. analyt. Chem. 11, 22, 1872. — [699a] Compt. rend. Acad. Sciences 146, 217, 1908. — [700a] Compt. rend. Acad. Sciences 130, 1308, 1900; Chem. Ztrbl. 1900 II, 17. — [702] Thénard: Ann. Chim. Phys. 8, 313, 1818. — [703] Mond: E. P. 1683/1883. — [704] DRP. 132706. — [705] A. P. 729767. — [706] A. P. 847670. — [707] Liebigs Ann. 192, 281, 1878. — [708] Compt. rend. Acad. Sciences 130, 1250, 1900. — [709] DRP. 191210. — [710] Conroy: Ber. Dtsch. chem. Ges. 6, 769, 1873. — [711] Riesenfeld u. Nottebohm: Ztschr. anorgan. allg. Chem. 89, 405, 1914.

C. Magnesiumperoxyd MgO_2 (Magnesiumperhydrol, Magnesium peroxydatum) (s. auch S. 374).

Wahrend die Peroxydhydrate von Barium, Strontium und Calcium durch Einwirkung von wäßrigem Wasserstoffperoxyd auf die betreffenden Metallsalze unter Zusatz eines Alkali oder auch durch direkte Einwirkung von Natriumperoxyd entstehen, verhält sich das Magnesiumperoxyd vollkommen verschieden. Laßt man z. B. auf die Lösung eines Magnesiumsalzes Natriumperoxyd einwirken, so bilden sich gleichfalls peroxydhaltige Verbindungen, die aber nicht aus kristallwasserhaltigem Magnesiumperoxyd bestehen, sondern Verbindungen des Peroxydhydrats mit Magnesiumhydroxyd in wechselnder Zusammensetzung darstellen. Diese magnesiumoxydhaltigen Produkte sind in feuchtem, frisch gefälltem Zustand sehr leicht durch Wasser zersetzlich, einmal getrocknet jedoch gut haltbar.

Die meisten Darstellungsmethoden des Magnesiumperoxyds gehen daher darauf hinaus, den zersetzenden Einfluß des Wassers möglichst weitgehend auszuschalten. Magnesiumperoxyd entsteht in Spuren bei der Verbrennung von Magnesium. Bei der Aussetzung eines Gemisches von Bleisulfat und Magnesium einer Teslaentladung bildet es sich gleichfalls nach $PbSO_4 + Mg = PbS + + MgO_2$[712]. Durch Einwirkung von fast wasserfreiem Wasserstoffperoxyd in ätherischer Lösung auf frisch geglühtes Magnesiumoxyd erhielt O. Carrara[713] Verbindungen der Formel $2 MgO . 2 MgO_2 . 3 H_2O$; $3 MgO . 2 MgO_2 . 3 H_2O$, $4 MgO . 2 MgO_2 . 3 H_2O$, $5 MgO . 2 MgO_2 . 3 H_2O$.

Unter Umgehung der Darstellung aus einer wäßrigen Lösung schlug R. Wagnitz[714] vor, pulverförmiges Magnesiumhydroxyd oder basische kohlensaure Magnesia mit trockenem Natriumperoxyd zu mischen und in einem anderen Teil des Magnesiumhydroxydpulvers das zur Zersetzung des Natriumperoxyds erforderliche Wasser fein zu verteilen. Beide Pulver wurden gemischt, worauf sich unter Erhitzung bis zu 80⁰ in dem Gemisch Magnesiumperoxyd bildete. A. Krause[715] verhinderte die leichte Zersetzlichkeit des Magnesiumperoxyds in Wasser entweder durch einen Zusatz von Alkohol nach beendeter Reaktion, oder nach Zusatz des Alkohols wurde das Produkt möglichst schnell filtriert und dann ohne auszuwaschen getrocknet. Hierauf wurde erst das vollkommen trockene salzhaltige Peroxyd ausgewaschen. Zur weiteren Erhöhung des Peroxydgehaltes wurde auch empfohlen, dem Reaktionsgemisch noch Ammoniumsalze zuzufügen, die noch überschüssiges Wasser entziehen und durch Lösung von gefälltem Magnesiumhydroxyd den Magnesiumperoxydgehalt steigern.

Nach G. F. Jaubert[716] werden aus Natriumperoxyd und Magnesiumhydroxyd Zylinder gepreßt und diese mit Eiswasser behandelt, worauf gewaschen und getrocknet wird.

Die Firma E. Merck[717] behandelt die trockenen wasserfreien Oxyde des Magnesiums oder Zinks mit chemisch reinem Wasserstoffperoxyd. Die erhaltenen Produkte sind sehr rein und brauchen daher nicht mehr gewaschen zu werden, wodurch Sauerstoffverluste vermieden werden. Nach dem Vermischen läßt man die Oxyde nur einen Tag lang stehen und erhält eine Suspension der Peroxyde in reinem Wasser, von dem leicht abgeschleudert werden kann. Das Magnesiumperoxyd enthält maximal 30% MgO_2, das aus Zinkoxyd erhaltene Produkt höchstens 60% wirksames ZnO_2. Beide Produkte erscheinen unter dem Namen Magnesium- bzw. Zinkperhydrol im Handel.

Ruff und Geisel[718] erhielten aus einer wäßrigen alkalischen Lösung von Magnesiumsulfat in 30%igem Wasserstoffperoxyd ein Produkt der Zusammensetzung $MgO.MgO_2$. Beim Trocknen bei nur 25 bis 37° geht jedoch der aktive Sauerstoff bis auf eine ungefähre Zusammensetzung $3 MgO.MgO_2$ zurück. Beim fortwährenden Auswaschen mit kaltem Wasser hinterbleibt nur Magnesiumhydroxyd. F. Elias[719] ließ auf hydratisiertes Bariumperoxyd eine angesäuerte Lösung eines Magnesiumsalzes einwirken.

F. Hinz[720] bringt in den Anodenraum einer elektrolytischen Zelle eine 20%ige Magnesiumchloridlösung, in den Kathodenraum eine Wasserstoffperoxydlösung, die etwa die gleiche Menge Magnesiumchlorid gelöst enthält. Die Kathode besteht aus Platin, die Anode aus Kohle. Man elektrolysiert bei 6 bis 7 V Spannung, wobei sich an der Kathode Magnesiumperoxyd ausscheidet. Dieser Niederschlag wird filtriert, gewaschen und getrocknet. Bei der Herstellung von Zinkperoxyd wird bloß bei 2,5 bis 3 V elektrolysiert, sonst aber vollkommen gleichartig verfahren. Von Hinz wurde zur Ausschaltung des zersetzenden Einflusses des Wassers auch noch vorgeschlagen[721], zur Auflösung der Magnesiumsalze an Stelle von Wasser eine Wasserstoffperoxydlösung zu verwenden. Aus dieser Lösung wird sodann unter starkem Umrühren und unter Kühlung mit Natriumperoxyd gefällt, eine Stunde stehen gelassen und der Niederschlag abgesaugt. Die Darstellung von Zinkperoxyd wird vollkommen analog vorgenommen. Das nach dem Verfahren von Hinz hergestellte Magnesiumperoxyd wurde unter dem Namen „Novozon" in den Verkehr gebracht.

Gemäß dem Verfahren der Chemischen Werke Kirchhoff und Neirath[722] wird zunächst Natriumperoxyd mit einer starken anorganischen oder organischen Säure durch allmähliches Eintragen umgesetzt und die erhaltene hochprozentige, meist natriumchloridhaltige Wasserstoffperoxydlösung auf Metallsalze unter Zusatz eines Alkalis, z. B. von Ammoniak, einwirken gelassen. Auf diese Weise werden feinkörnige und gut filtrierbare Niederschläge ohne große Sauerstoffverluste erhalten. Zur Gewinnung von Magnesiumperoxyd läßt man auf Natriumperoxyd unter Kühlung eine verdünnte Salzsäure einwirken, fügt eine gesättigte

Magnesiumchloridlösung hinzu und läßt darauf unter Abkühlung allmählich 25%iges Ammoniak einfließen. Man läßt eine Stunde stehen, filtriert, wäscht und trocknet vorsichtig, worauf nochmals gänzlich ausgewaschen und getrocknet wird. Zur Darstellung von Zinkperoxyd wird an Stelle der Magnesiumchloridlösung eine konzentrierte Zinkchloridlösung verwendet. Auch Calciumperoxyd kann nach diesem Verfahren gewonnen werden, indem man Natriumperoxyd und Salzsäure unter Kühlung in Wasser einträgt, Kalkmilch und gesättigte Calciumchloridlösung zusetzt und schließlich mit Ammoniak alkalisch macht. Diese magnesiumperoxydhaltigen Präparate erschienen unter dem Markennamen „Hopogan" mit etwa 15 bis 30% MgO_2 im Handel.

Das Verfahren von W. Mau und dem Peroxydwerk Erlenwein und Holler[723] besteht darin, daß Magnesiumoxyd oder -hydroxyd mit Wasserstoffperoxydlösungen versetzt und im Vakuum eingedampft werden. Zur Verminderung von Sauerstoffverlusten kann man Schutzstoffe, wie Agar-Agar, Gelatine, Harnstoff, Paraamidophenol usw., zusetzen. Das abgeschiedene und getrocknete Produkt enthielt etwa 25% MgO_2.

Das Magnesiumperoxyd bildet ein weißes, voluminöses, amorphes Pulver. Sein Gehalt an aktivem Sauerstoff sollte theoretisch etwa 27% betragen. Praktisch enthält das Handelsprodukt jedoch nur etwa 8% aktiven Sauerstoff, besteht demnach aus nur maximal 30% MgO_2, der Rest ist MgO und $Mg(OH)_2$. Der Gehalt des offizinellen MgO_2 geht beim Aufbewahren, besonders beim Zutreten von Luft, dauernd langsam zurück. Beim Erwärmen tritt schon bei etwa 160⁰ deutliche Zersetzung auf. Ein Teil Magnesiumperoxyd löst sich in 14 550 Teilen Wasser von 20⁰. In der wäßrigen Lösung zerfällt es schwieriger als Strontium- und Bariumperoxyd, aber leichter als Zinkperoxyd. Da das entstehende Magnesiumhydroxyd unlöslicher ist als Strontium- und Bariumhydroxyd und nur äußerst schwach alkalisch reagiert, bietet es gegenüber diesen Peroxyden gewisse Vorteile, so namentlich hinsichtlich seiner Verwendbarkeit in der Medizin. Dort dient es als inertes Desinfektionsmittel, z. B. bei der Wundbehandlung in Form von Salben oder als inneres Darmdesinfektionsmittel. Von der Firma E. Merck wird es unter der Schutzmarke „Magnesiumperhydrol" mit 15 bis 25% MgO_2, das letztere auch in Form von Magnesiumperhydroltabletten zu 0,5 g, in den Handel gebracht. Eine andere Handelsbezeichnung ist „Ozovit" mit 25 bis 28% MgO_2. Es wird in den Qualitäten schwer, mittelschwer, leicht und federleicht gehandelt.

Nach den Untersuchungen von C. Dienst[724] üben Wasserstoffperoxyd und Magnesiumperoxyd auf die Magensekretion eine stark säureherabsetzende Wirkung aus, die bei einer Konzentration von 0,1% beginnt und bei 0,5% die freie Salzsäure zum Verschwinden bringt. Die Wirkung des Wasserstoffperoxyds oder Magnesiumperoxyds dürfte entweder in einem hemmenden Einfluß auf die Drüsenzellen oder auf einer gesteigerten Schleimsekretion beruhen. Die nach dem Einnehmen von Magnesia usta auftretende sekundäre Steigerung der Säurewerte über die normalen bleiben nach Magnesiumperoxyd aus. Magnesiumperoxyd wird daher innerlich bei Hyperazidität, Verdauungsstörungen, abnormalen Gärungsvorgängen in Magen und Darm, Blähungen, Flatulenz, Meteorismus, Angina pectoris dyspeptica, Stoffwechselerkrankungen, Diabetes, Acidose, Ketonuria, ferner bei Obstipation, Antiintoxikationserscheinungen vom Darm aus, besonders bei nervösen Verstimmungen, Abgeschlagenheit, Mattigkeit, Schwindel und Appetitmangel genommen. Die Dosis ist für Erwachsene ein halber bis 1 Teelöffel voll oder 1 bis 2 Tabletten, in Wasser angerührt[725]. Bei Leuchtgasvergiftungen ist es innerlich mit Erfolg verabreicht worden[726]. Für Bleichereizwecke wird es sehr selten verwendet.

Das Magnesiumperoxyd bildet mit Wasser Hydrate, wie $MgO_2.H_2O$ oder $MgO_2.2\,H_2O$. Es wurden auch die Verbindungen $MgO_2.MgO.H_2O$ und $4\,(MgO_2.\allowbreak .2\,H_2O).MgO$ isoliert. Die erstgenannte Substanz zersetzt sich bei Abwesenheit von Wasser unter Sauerstoffabgabe zu einem Gemisch sehr schwer definierbarer Körper ähnlich denen, die durch Einwirkung von Wasserstoffperoxyd auf trockenes Magnesiumhydroxyd entstehen. Das Monohydrat ist eine hygroskopische Substanz, die durch Wasseraufnahme in das Dihydrat übergeht.

Literaturverzeichnis.

[712] Chem. Ztrbl. **1928 II**, 197. — [713] Gazz. chim. Ital. **39**, II, 47, 1909; Chem. Ztrbl. **1909 II**, 1043. — [714] DRP. 107231. — [715] DRP. 168271. — [716] DRP. 128617. — [717] DRP. 171372. — [718] Ber. Dtsch. chem. Ges. **37**, 3683, 1904. — [719] A. P. 709086. — [720] DRP. 151129. — [721] Österr. P. 43321. — [722] DRP. 222401. — [723] DRP. 386515. — [724] Arch. Verdauungskrankh. **38**, 325, 1926; Chem. Ztrbl. **1927 II**, 102. — [725] Mercks Index, 5. Aufl., 1927. — [726] S. Kottek: Munch. med. Wchschr. **68**, 1396, 1921; Chem. Ztrbl. **1922 I**, 301. — [727] Chem. Ztrbl. **1927 I**, 2404.

D. Zinkperoxyd, Zinkperhydrol, Zincum peroxydatum, ZnO_2 (s. a. S. 374).

Über die Peroxyde des Zinkes liegt eine Reihe älterer Arbeiten vor, aus denen aber nicht mit zweifelloser Sicherheit zu entnehmen ist, ob es sich um Gemische, chemische Individuen, echte Peroxyde oder Anlagerungsverbindungen gehandelt hat.

Dies gilt z. B. für die Darstellungsmethode von Thénard[727], der dem Produkt, das er durch Einwirkung von Wasserstoffperoxyd auf frisch gefälltes Zinkhydroxyd oder von Alkalilaugen auf eine Lösung eines Zinksalzes und Wasserstoffperoxyd erhielt, die Formel Zn_2O_3 gab. Haas[728] beschrieb wasserhaltige Produkte der Zusammensetzung Zn_3O_5 und Zn_5O_8. Kuriloff[729] erhielt durch wiederholtes Eindampfen von Zinkhydroxyd mit Wasserstoffperoxyd Produkte, denen er die Zusammensetzung Zn_2O_3, $Zn_{10}O_{17}$ und Zn_5O_9 gab. Als chemische Verbindung sprach er aber nur die hydratisierte Doppelverbindung $ZnO_2.\allowbreak .ZnOH)_2$ an. De Forcrand[730] hielt alle diese erwähnten Produkte nur für Gemische.

Bei der Elektrolyse einer sehr verdünnten Wasserstoffperoxydlösung mit einer Zinkanode entsteht nach P. Ch. E. Meyer[731] intermediär ein Zinkperoxyd Zn_5O_8.

Bei Einwirkung von 30%igem Wasserstoffperoxyd auf eine ammoniakalische Zinksulfatlösung erhielt Eijkman[732] ein Peroxyd $3\,ZnO_2.Zn(OH)_2$, während dem auf die gleiche Weise erhaltenen Produkt von Teletow[733] die Formel $8\,ZnO_2.4\,ZnO.7\,H_2O$ gegeben wurde. Von Kasanetzky[734] wurde ein Peroxyd der Formel $Zn\underset{O}{\overset{O}{\diagdown\,|\,}}.2\,Zn{:}O{:}.3\,H_2O$ beschrieben, das er durch Behandeln von Natrium-, Kalium- oder Ammoniumzinkat mit 30%igem H_2O_2 dargestellt hatte.

Aus allen diesen Arbeiten kann man keinen Schluß auf ein einheitlich zusammengesetztes Zinkperoxyd ziehen. Die Darstellung eines solchen Peroxyds gelang vielmehr erst E. Ebler und R. L. Krause[735], die durch Einwirkung einer ätherischen Wasserstoffperoxydlösung auf wasserfreies Zinkäthyl und Zinkamid ein echtes Peroxyd der Formel $ZnO_2 . 0,5 H_2O$ darstellen konnten: $2 Zn(C_2H_5)_2 + 3 H_2O_2 = 4 C_2H_6 + \frac{1}{2} O_2 + 2 ZnO_2 + H_2O$. Vollkommen rein war jedoch auch dieses Zinkperoxyd nicht, da für das Verhältnis $ZnO : O$ nicht wie notwendig $100 : 100$, sondern nur $100 : 86$ gefunden wurde. Auf die gleiche Weise konnten Magnesium- und Kadmiumperoxyd dargestellt werden.

Von Riesenfeld und Nottebohm[736] konnte durch Lösen von Zinknitrat in konzentriertem Ammoniak, Abkühlen der Lösung auf -4^0 und Zufügen von konzentriertem Wasserstoffperoxyd ein Zinkperoxyd erhalten werden, das einen größeren Gehalt an aktivem Sauerstoff als an Wasser aufwies, obwohl im Gegensatz zu Ebler und Krause in wäßriger Lösung gearbeitet worden war. Reine Produkte konnten jedoch ebensowenig erhalten werden. Da eine vollständige Trocknung des gewonnenen Produktes nicht möglich war, konnte nicht entschieden werden, ob das zurückgehaltene Wasser nur mechanisch oder aber konstitutionell gebunden ist. Wahrscheinlich dürfte dem Zinkperoxyd die Formel $ZnO_2 . 0,5 H_2O$ zukommen.

Die sauerstoffreichsten Zinkperoxyde erhielt Sjöström[395] durch Einwirkung von Wasserstoffperoxyd auf Zinkoxyd plus Zinkcarbonat bei -10^0 und einstündigem Trocknen über Natronkalk mit bis zu 13% aktivem Sauerstoff, wenn ein großer H_2O_2-Überschuß verwendet wurde. Sjöström faßte seine Produkte als

Gemische basischer Zinkhydroperoxyde der Formel $Zn\begin{smallmatrix}OOH\\OH\end{smallmatrix}$ oder $Zn_2O\begin{smallmatrix}OOH\\OH\end{smallmatrix}$ und $Zn_2O\begin{smallmatrix}OOH\\OOH\end{smallmatrix}$ auf.

Bei der Einwirkung von Wasserstoffperoxyd auf Fällungen von Zinksalzen mit Natriummetasilikat entstehen Produkte, deren Zusammensetzung je nach der Konzentration des Wasserstoffperoxyds schwankt[737]. Wie die Untersuchungen ergeben haben, handelt es sich um Gemische von Zinkperoxyd mit Kieselsäure, verunreinigt durch Zinksilicat.

Die technischen Darstellungsmethoden sind ähnlich denen des Magnesiumperoxyds. So können die Verfahren von Hinz[720, 721], Merck[717] sowie Kirchhoff und Neirath[722] auch für die Herstellung von Zinkperoxyd angewendet werden. Von R. Wolffenstein wird vorgeschlagen[738], Zinkperoxyd auf Tonerde niederzuschlagen. F. Elias[739] ließ hydratisiertes Bariumperoxyd in fein verteilter Form auf eine gekühlte konzentrierte Zinksalzlösung einwirken. Nach all diesen Verfahren erhält man etwa ein 50 bis 60%iges Zinkperoxyd[740].

Zinkperoxyd ist ein schwach gelblich gefärbtes amorphes Pulver, das pseudoradioaktiv ist[741]. Es zersetzt sich in der Wärme äußerst lebhaft, über 200^0 sogar unter Verpuffen. Es ist nicht hygroskopisch. Gegen Wasser ist es recht beständig und wird nur wenig hydrolytisch gespalten, während es durch verdünnte Säuren in Zinksalz- und Wasserstoffperoxydlösung zerlegt wird. Verdünnte Natronlauge löst es unter Sauerstoffentwicklung.

Im Handel erscheint es von der Firma Merck unter dem Namen Zinkperhydrol mit etwa 50 bis 60% ZnO_2[720] oder als Zinkonal[742]. Von der Firma Kirchhoff und Neurath[722] wurde es als 20- bis 60%iges ZnO_2 unter dem Namen „Ektogan“ in den Verkehr gebracht.

Sein Hauptverwendungsgebiet ist die Medizin, wo es namentlich in der Chirurgie als Antiseptikum und Adstringens bei der Wundbehandlung, als unschädliches, reizloses Wundmittel bei infizierten und nicht infizierten Wunden dient, sodann bei Quetschungen, Phlegmonen, Karbunkeln, Malum perforans, Panaritien, Abszessen, Brandwunden, venerischen Geschwüren, Unterschenkelgeschwüren, Dermatitiden, akuten Ausbrüchen chronischer Hautentzündungen, Ulcera mollia usw., in Substanz oder in Mischung mit Talk (5 : 45) als Streupulver, in Salben u. dgl. Calcium-, Magnesium- und Zinkperoxyd werden auch zur Trinkwassersterilisation verwendet. Bekannt ist auch die Verwendung bei Darmerkrankungen. Von der Scheideanstalt[743] wurde auch eine 5 bis 10% Zinkperoxyd haltige Seife für dermatologische und kosmetische Zwecke empfohlen. Man gebraucht es schließlich zur Bereitung von Sauerstoff oder naszierendem Sauerstoff in der Medizin, zur Bekämpfung von Pflanzenkrankheiten, als Entfärbungspulver und für Toilettecremes.

Literaturverzeichnis.

[727] Ann. Chim. Phys. (2), 9, 55, 1818. — [728] Ber. Dtsch. chem. Ges. 17, 2249, 1884. — [729] Ann. Chim. Phys. (6), 23, 429, 1891; Compt. rend. Acad. Sciences 137, 618, 1903. — [730] Ann. Chim. Phys. (7), 27, 65, 1902. — [731] DRP. 177297. — [732] Chem. Weekbl. 2, 295, 1905; Chem. Ztrbl. 1905 I, 1628. — [733] Chem. Ztrbl. 1911 I, 1799. — [734] Chem. Ztrbl. 1911 I, 631. — [735] Ztschr. anorgan. allg. Chem. 71, 150, 1911. — [736] Ebenda 90, 150, 1915. — [737] A. H. Erdenbrecher: Ztschr. anorgan. allg. Chem. 131, 119, 1923. — [738] DRP. 141821. — [739] A. P. 740832. — [740] Homeyer: Apoth.-Ztg. 17, 697, 1902. — [741] Ebler: Ztschr. angew. Chem. 22, 1633, 1909. — [742] Pharmaz. Ztg. 51, 438, 1906. — [743] DRP. 157737.

E. Andere Metallperoxyde.

Eine ganze Reihe weiterer Metalle ist gleichfalls befähigt, mit Wasserstoffperoxyd Peroxyde, Perhydrate oder Peroxydhydrate zu bilden, jedoch besitzen diese Verbindungen nur ein rein wissenschaftliches Interesse. Ihre Reindarstellung gelingt in den seltensten Fällen. Meist liegen sie in Form von Peroxydhydraten vor. Sehr wahrscheinlich sind alle Metalle, und zwar auch jene, die selbst katalytisch die Zersetzung des Wasserstoffperoxyds zu beschleunigen vermögen, mehr oder weniger befähigt, mit Wasserstoffperoxyd oder Natriumperoxyd usw. echte Peroxyde oder Peroxydhydrate zu bilden. Wenn diese manchmal noch nicht dargestellt werden konnten, so ist dies damit begründet, daß die Zersetzungsgeschwindigkeit mancher Peroxyde häufig derart groß ist, daß sie die Bildungsgeschwindigkeit oft um das Vielfache übertrifft.

So bilden sich ähnlich wie beim Zink durch Fällung wasserstoffperoxydhaltiger Kadmiumsalzlösungen mit Ammoniak oder durch unmittelbare Einwirkung von Wasserstoffperoxyd auf Kadmiumhydroxyd peroxydhaltige Körper, denen nach Haas[728] die Zusammensetzung Cd_3O_5, Cd_4O_7 und Cd_5O_8 zukommen soll. Krüß[744] faßte diese Körper jedoch als Gemische von

Kadmiumoxyd mit Kadmiumperoxyd auf, welche Anschauung wahrscheinlich richtiger ist. Von Kuriloff[729] wurde durch wiederholtes Eindampfen von Kadmiumhydroxyd mit verdünnten Wasserstoffperoxydlösungen auf dem Wasserbad die Verbindung $CdO_2.Cd(OH)_2$ als gelbes fein kristallinisches Pulver erhalten. In der Wärme erfolgt Zersetzung.

Eijkman[732] erhielt beim Kochen von Kadmiumhydroxyd mit 30%igem Wasserstoffperoxyd einen Niederschlag der Zusammensetzung $(CdO_2)_4.Cd(OH)_2$. Dieser gelb gefärbte Körper ist lichtempfindlich und geht am Licht unter Dunklerwerden in Kadmiumoxyd über. Bei Eiskühlung entstehen bei der Einwirkung von konzentriertem Wasserstoffperoxyd auf eine ammoniakalische Kadmiumsulfatlösung kadmiumperoxydhaltige Körper, deren Zusammensetzung aber noch nicht feststeht[733].

Von **Kupfer** ist zwar kein wasserfreies Peroxyd CuO_2, aber ein $CuO_2.x\,H_2O$ bekannt. Wahrscheinlich handelt es sich um Gemische von CuO und CuO_2. Ein Kupferperoxyd beschreibt schon Thénard[727], das er durch Schütteln von sehr verdünntem Wasserstoffperoxyd mit Kupferhydroxyd bei 0^0 oder durch Zusatz von Wasserstoffperoxyd zu einer Kupfersulfatlösung und nachheriger Fällung mit Kalilauge erhielt. Hingegen sind alle Angaben, die in alkalischen Lösungen ein Kupferperoxyd oder ganz allgemein die Darstellung eines Peroxyds durch Oxydation mit Chlor, Brom, Hyperchlorit usw. betreffen, als unsicher anzusehen.

Von Weltzien[745] wurde festgestellt, daß das Einwirkungsprodukt von Wasserstoffperoxyd auf Kupferhydroxyd tatsächlich beim Versetzen mit verdünnter Salzsäure H_2O_2 frei macht und in Kuprisalz übergeht, demnach ein echtes Persalz darstellt. Es bildet eine grünliche, mit wachsender Menge von Wasserstoffperoxyd gelbgrüne bis bräunliche Verbindung. Auch mit Hilfe von hydratisiertem Nátriumperoxyd entsteht bei Eiskühlung der grüne Körper[744]. Nach dem Trocknen ist der Niederschlag braun bis schwarz und mikrokristallinisch. Auch im trockenen Zustande zersetzt sich das Kupferperoxyd langsam unter Sauerstoffabgabe sofort bei 100^0. Auf Grund seines dem Wasserstoffperoxyd sehr ähnlichen Verhaltens gab ihm H. Wieland[746] die Konstitutionsformel $HO.Cu.OO.Cu.OH$.

Durch Einwirkung von 30%igem H_2O_2 auf Kupferammoniaklösungen konnte J. S. Teletow und A. D. Weleschinetz[746] ein Produkt darstellen, dessen Zusammensetzung demjenigen von CuO_2 nahekommt. Feuchtigkeit zersetzt das Peroxyd und führt es in ein Gemisch von CuO und CuO_2 mit wechselndem Wassergehalt über. Bei Verwendung verdünnter Ammoniakate entstehen kolloide Kupferperoxydlösungen.

Nach V. Kohlschütter[747] gibt Kupferhydroxyd mit Wasserstoffperoxyd einen peroxydartigen Körper $Cu{<}^{OH}_{OOH}$, der sich aber unter Erhaltung der äußeren Form leicht wieder zu Kupferhydroxyd zersetzt.

Silberperoxyd Ag_2O_2 entsteht bei der Einwirkung von Ozon auf metallisches Silber. Die Einwirkung erfolgt nur mit feuchtem Ozon und mit erheblicher Geschwindigkeit auch nur bei erhöhter Temperatur. Das Optimum der Reaktion liegt bei 240^0. Metallkatalysatoren, wie Eisenoxyd, Spuren von anderen Oxyden, ferner Ruthenium, Palladium und Platin wirken als Sauerstoffüberträger und veranlassen schon bei niedriger Temperatur einen rascheren Reaktionsverlauf[748]. Auch eine Lösung von Ozon in flüssigem Sauerstoff vermag in einem Silbertiegel in wenigen Minuten Peroxyd zu bilden[749]. Aus Lösungen von Silbernitrat oder

-sulfat fällt beim Einleiten von Ozon gleichfalls ein bläulich-schwarzer Niederschlag von Peroxyd aus[750]. Außer Ozon können auch andere energische Oxydationsmittel aus Silbernitratlösungen Peroxyd fällen, wie z. B. Kalium- oder Ammonpersulfat. Vorerst bildet sich Silberpersulfat, das sich mit Wasser allmählich nach $Ag_2S_2O_8 + 2 H_2O = Ag_2O_2 + 2 H_2SO_4$ zersetzt[751, 752]. Auch Kaliumpermanganat vermag in geringem Grade Silberoxyd in alkalischem Medium zum Peroxyd zu oxydieren, und zwar in der Wärme leichter als in der Kälte.

Silberperoxyd stellt eine wohldefinierte Verbindung dar. Es bildet ein grauschwarzes Pulver, das ohne Zersetzung auf 100^0 erhitzt werden kann. Bei höherer Temperatur zerfällt es in Silber und Sauerstoff. In Salpetersäure löst es sich zu einer tiefbraunen Flüssigkeit, die beim Verdünnen mit viel Wasser wieder Silberperoxyd ausscheidet. Von heißer verdünnter Schwefelsäure wird es unter Sauerstoffentwicklung und Silbersulfatbildung zersetzt. Auf Wasserstoffperoxyd wirkt es äußerst stark katalytisch zersetzend ein. Organische Verbindungen werden heftig oxydiert. Silberperoxyd bildet sich auch beim Erhitzen Ag_2O_3-haltiger Produkte auf höchstens 100^0: $2 Ag_2O_3 = 2 Ag_2O_2 + O_2$[753].

Bei der anodischen Oxydation entsteht zunächst quantitativ Silberoxyd, das dann ebenfalls quantitativ in das Peroxyd übergeführt wird[754]. Das Potential Ag_2O_2/Ag_2O beträgt nach diesen Untersuchungen bei 25^0 in n KOH 0,59 Volt. Die Beobachtung der Bildung von Silberperoxyd an der Anode ist übrigens schon sehr alt, da schon im Jahre 1804 Ritter[755] das bei der Elektrolyse von konzentrierter Silbernitratlösung auftretende Produkt als „Silberhyperoxyd" bezeichnete. Die Zusammensetzung dieser Verbindung wurde später mehrmals zu Ag_7NO_{11} bestimmt. Es bildet spröde, eisenschwarze Oktaeder, die sich schon an der Luft zersetzen und beim Erhitzen verpuffen. Auch Wasser zersetzt langsam. Als Konstitutionsformel kommen von den zahlreichen Vorschlägen vor allem jene von Tanatar[756]: $2 Ag_3O_4 . AgNO_3$, und die von Mulder[756a] in Betracht: $3 Ag_2O_2 . AgNO_5$.

Von Fr. Fichter und A. Goldach[757] wurde ein vollkommen ähnlich zusammengesetztes Produkt der Formel Ag_7NO_{11} bei der Einwirkung von Fluor auf eine konzentrierte Lösung von Silbernitrat erhalten.

Das Quecksilber kann zufolge seines Auftretens in zwei Wertigkeitsstufen zwei verschiedene Peroxyde bilden, und zwar das Merkuroperoxyd Hg_2O_2 und das Merkuriperoxyd HgO_2. Die Existenz des sehr unbeständigen Merkuroperoxyds ist noch nicht sicher erwiesen, bloß O. Brunck[758] und A. v. Anthropoff[759] nehmen sie für gegeben an, letzterer bei der pulsierenden Katalyse des Wasserstoffperoxyds durch metallisches Quecksilber.

Das Merkuriperoxyd entsteht schon beim Durchperlen von 30%igem Wasserstoffperoxyd durch eine 10 cm dicke Quecksilberschicht oder durch Einwirkenlassen von Wasserstoffperoxyd auf rotes HgO oder auf basisches Quecksilbernitrat[759] (Journ. prakt. Chem. [2] **77**, 275, **1908**). Auch aus einer alkoholischen, auf 0^0 abgekühlten Lösung von Merkurichlorid kann es nach Zusatz von 30%igem Wasserstoffperoxyd und Fällen mit Kalilauge erhalten werden[760]. Es stellt eine ziegelrote, amorphe Masse vom Aussehen des roten Phosphors dar. Schon an der Luft wird es innerhalb einer Stunde in rotes HgO umgewandelt. Durch Schlag, Reibung oder schnelle Erwärmung explodiert es. In Wasser wird schon bei Zimmertemperatur lebhaft Sauerstoff entwickelt, daneben entsteht aber auch Wasserstoffperoxyd und gelbes Merkurioxyd HgO. Merkuriperoxyd ist das am leichtesten zersetzliche, im festen Zustande darstellbare bekannte anorganische Peroxyd.

Wasserfreie **Zirkonperoxyde** sind nicht bekannt, jedoch existiert ein Hydrat der Formel $ZrO_3 . nH_2O$, während das Vorkommen der Verbindungen $Zr_2O_5 . nH_2O$ noch nicht feststeht. Die letzteren, die bei der Einwirkung von 30%igem H_2O_2 auf eine saure Zirkonsulfatlösung entstehen sollen[761], dürften nur das Zersetzungsprodukt des Zirkonperoxyds $ZrO_3 . nH_2O$ darstellen und aus wasserhaltigem Zirkondioxyd bestehen.

Die Verbindung $ZrO_3 . nH_2O$ (n sehr wahrscheinlich gleich 2) entsteht durch Fällung einer Zirkonsulfatlösung mit Ammoniak und Wasserstoffperoxyd[762,763], aus alkalitartrathaltiger Lösung mit Wasserstoffperoxyd[764,765] oder durch Einwirkung von Wasserstoffperoxyd auf $ZrO_2 . H_2O$ als gelatinöser, schon beim Stehen zersetzlicher Niederschlag. Gewaschen und getrocknet stellt $ZrO_3 . 2 H_2O$ einen weißen, mit einem Stich ins Grünliche, Körper dar. Bei der Umsetzung mit verdünnter Schwefelsäure entsteht Wasserstoffperoxyd, es stellt demnach ein echtes Peroxyd dar. Mit Alkali bilden sich lösliche Perzirkonate. Mit flüssigem Ammoniak bildet Zirkonperoxyd ein Monoamin $3 ZrO_3 . 6 H_2O . NH_3$[49]. Aus sauren Zirkonsulfatlösungen und Wasserstoffperoxyd entsteht bei 0^0 ein weißer Niederschlag eines Zirkonperoxosulfats $Zr_2O_6SO_4 . 8 H_2O$ mit der Konstitutions-

$$\text{formel} \quad \begin{matrix} O \\ | \\ O \end{matrix} \!\!>\!\! Zr \!\!<\!\! \begin{matrix} OO \\ \\ SO_4 \end{matrix} \!\!>\!\! Zr \!\!<\!\! \begin{matrix} O \\ | \\ O \end{matrix} \quad [49].$$

Hafnium wird ebenso wie samtliche vierwertigen Metalle der Titangruppe des periodischen Systems der Elemente Titan, Zirkon, Hafnium, Thorium einschließlich des vierwertigen Cers durch Wasserstoffperoxyd in alkalischer oder ammoniakalischer Lösung gefallt. Mit Hafniumsalzlösungen entsteht $HfO_3 . 2 H_2O$ als weißer Körper[49].

Dem Vorschlag von W. Böttger[766] folgend, sind Zirkon, Hafnium, Thorium- und Cerperoxyd und andere derartige Körper als Salze des Wasserstoffperoxyds der Formel $Me^{IV}(OOH)_4$ aufzufassen, die aber sehr leicht hydrolisiert werden: $Me(OOH)_4 + H_2O = Me(OOH)_3OH + H_2O_2$; $Me(OOH)_4 + 2 H_2O = Me(OOH)_2 (OH)_2 + 2 H_2O_2$ usw. Das Zirkonperoxydhydrat $ZrO_3 . 2 H_2O$ ist daher als $Zr(OOH) . (OH)_3$ aufzufassen, ebenso $HfO_3 . 2 H_2O$ als $Hf(OOH)(OH)_3$. Die Hydrolyse des wahrscheinlich primar gebildeten $Zr(OOH)_4$ erfolgt hier nach der Gleichung $Zr(OOH)_4 + 3 H_2O = Zr(OOH)(OH)_3 + 3 H_2O_2$ (P. Pissarjewsky[767]). Die Peroxydhydrate von Titan, Zirkon, Hafnium, Thorium und Cer sind daher eigentlich als Peroxyorthotitan-, -zirkon-, -hafnium-, -thorium- und -cersäuren und nicht als Peroxyde zu formulieren. Ihre Beständigkeit nimmt mit steigendem Atomgewicht der Elemente zu.

Das wasserhaltige $ThO_3 . 2 H_2O$ [entspricht $Th(OOH)(OH)_3$] wird durch Fällen einer Thoriumnitratlosung in 30%igem Wasserstoffperoxyd als weißer gelatinöser Niederschlag gewonnen[767]. Der ursprünglich in der Zusammensetzung $Th_2O_7 .$. nH_2O ausfallende Niederschlag, der wahrscheinlich aus einem Gemisch von $Th(OOH)_2(OH)_2$ und $Th(OOH)(OH)_3$ besteht, geht nach zwei Tage langem Stehen in $Th(OOH)(OH)_3$ über. Auch durch Elektrolyse einer alkalischen Natriumchloridlösung, die Thoriumhydroxyd enthalt, kann es erhalten werden.

Mit verdünnter Schwefelsäure gibt es Wasserstoffperoxyd, mit konzentrierter ozonhaltigen Sauerstoff[767].

Das Thoriumperoxydhydrat mit höherem Sauerstoffgehalt Th_2O_7 entsteht außer der bereits angegebenen Bildungsweise auch bei der Behandlung von Thoriumhydroxyd mit Wasserstoffperoxyd oder beim Fällen von Thoriumsalzlösungen mit Ammoniak und Wasserstoffperoxyd. Das $Th(OOH)_2(OH)_2$ bildet einen gelatinösen Niederschlag, der weniger beständig ist als $Th(OOH)(OH)_3$. Mit verdünnter Schwefelsäure entsteht Wasserstoffperoxyd.

Schwarz und Giese[49] schreiben dem Thoriumperoxyd, das auf einen Thoriumsauerstoff 1,5 Peroxydsauerstoff enthält, die Zusammensetzung $Th_2O_7 . 4 H_2O$ mit der Konstitutionsformel

$$\begin{matrix} O & & OO & & O \\ & \diagdown & & \diagup & \\ & Th & & Th & \\ & \diagup & \diagdown & & \diagdown \\ O & & O & & O \end{matrix}$$ zu.

Das hydrathaltige Titanperoxyd $TiO_3 . 2 H_2O$ entsteht bei der Einwirkung von neutralem Wasserstoffperoxyd auf frisch gefälltes Titanhydroxyd oder durch partielle Fällung einer mit Wasserstoffperoxyd versetzten Lösung von Titandioxyd und Schwefelsäure mit Ammoniak[768,769]. Classen[770] fällt Lösungen von Titantetrachlorid und Wasserstoffperoxyd mit konzentrierter Natronlauge, Ammoncarbonat oder Ammoniumhydroxyd. Schwarz und Giese[49] erhielten durch Fällung von Titansulfatlösungen in alkalischem oder ammoniakalischem Medium, Trocknen des Niederschlages mit Aceton oder flüssigem Ammoniak eine Verbindung, die Oxyd, aktiven Sauerstoff und Wasser im Verhaltnis 1 : 1 : 2 enthielt ($TiO_3 . 2 H_2O$). Dieses stellt ein schwach hygroskopisches Pulver von zitronengelber Farbe dar, das in Wasser Sauerstoff entwickelt, sich aber in verdünnter Schwefelsaure leicht ohne Zersetzung und unter Farbvertiefung löst. Die Lösung gibt alle Reaktionen des Wasserstoffperoxyds. Das Titanperoxyd erteilt schon in äußerst geringer Konzentration einer wäßrigen Lösung eine intensive Gelbfärbung, weshalb es sich besonders gut zum qualitativen Nachweis von Wasserstoffperoxyd und Titanverbindungen eignet. Titan- und Zirkonperoxydhydrat geben mit Alkalien Pertitanate bzw. Perzirkonate, Hafnium und Thorium aber nicht.

$CeO_3 . 2 H_2O$ entsteht als dunkelrotbrauner Niederschlag bei der Fällung von Cersulfatlösungen mit Ammoniak und Wasserstoffperoxyd. Es ist sehr leicht zersetzlich[49]. Diese Reaktion wird zur Trennung des Cers vom Lanthan und Didym verwendet.

Aluminium bildet kein Peroxyd, sondern nur Peraluminate. Die Versuche zur Darstellung von Berylliumperoxyd sind bisher vergeblich geblieben[771]. Nach A. Komarowsky[772] soll bei der Einwirkung von Wasserstoffperoxyd auf frisch gefälltes Berylliumhydroxyd bzw. basisches Berylliumcarbonat die Verbindung $3 BeO . 4 H_2O_2 . 8 H_2O$ bzw. $2 BeO_2 . 3 BeO . 8,5 H_2O$ entstehen. Haas[728] konnte jedoch keine Einwirkung des Wasserstoffperoxyds auf Berylliumhydroxyd feststellen.

Ein Derivat von höheren Zinnperoxyden, wie z. B. $H_2Sn_2O_7$ wird durch Behandeln einer gesättigten, waßrigen salzsauren Lösung von Zinnchlorür mit Bariumperoxyd und Trennung vom Bariumchlorid durch Dyalyse erhalten[773] (Tanatar). Zinnperoxyde entstehen auch bei der anodischen Oxydation von konzentrierten Stannatlösungen bei tiefer Temperatur, einer Stromdichte bis zu 100 Amp/qdm mit einer Stromausbeute bis zu 6%[774].

Höhere Bleioxyde als PbO_2 oder eine Perbleisäure, wie Pb_2O_5 bzw. PbO_3, sollen sich nach S. Glasstone[775] in chemisch nicht nachweisbaren Spuren in frisch elektrolysiertem, aus einer salpetersäurehaltigen Bleinitratlösung niedergeschlagenem Bleidioxyd vorfinden, wo es die Ursache des anfänglich viel höheren Potentials als das normale sein soll. Fraglich ist noch, ob es sich bei diesen Verbindungen aber um echte Perverbindungen handelt.

Ein Stickstoffperoxyd soll bei der Einwirkung dunkler elektrischer Entladungen auf ein Gemisch von Stickstoffdioxyd und Sauerstoff entstehen, jedoch nur sehr kurze Zeit beständig sein. Ein äußerst labiles Stickstoffprimäroxyd NO_3 soll sich auch bei der Reaktion zwischen Stickoxyden und Sauerstoff bilden. Etwas beständiger ist das Stickstoffheptoxyd N_2O_7, das bei der thermischen Zersetzung von Stickstoffdioxyd erhalten wird (Raschig[776]).

Die Metalle der V. und VI. Nebengruppe des periodischen Systems der Elemente, wie die Metalle V, Nb, Ta, Cr, Mo, W und U, bilden keine Peroxyde, sondern Metallpersäuren, die jenen der IV. Nebengruppe Ti, Zr, Hf und Th sehr ähnlich sind. Nur von Uran und Chrom sind Tetroxyde UO_4 und CrO_4 in wasserhaltigem Zustand bekannt, jedoch scheint es sich hier nicht um Peroxyde, sondern um die freien Persäuren zu handeln. Vom CrO_4 sind Salze bekannt, z. B. $CrO_4 \cdot 3\,NH_3$[777].

Vom As, Sb und Bi existieren nur die Oxyde $Me^{III}_2O_3$, $Me^{IV}_2O_4$ und $Me^{V}_2O_5$ mit 3-, 4- und 5wertigem Metall, doch sind keine Peroxyde bekannt.

Schwefel bildet ein labiles Peroxyd SO_4 bzw. S_2O_7, die öfters als die Anhydride der Caroschen bzw. Überschwefelsäure angesehen werden. Das Schwefelheptoxyd S_2O_7 wurde erstmalig von Berthelot[29, 778] durch die Behandlung von Gemischen, bestehend aus Schwefeldioxyd und Sauerstoff durch Einwirkung dunkler elektrischer Entladungen nach $2\,SO_2 + 2\,O_2 = S_2O_7 + {}^1/_2\,O_2$ dargestellt. Es bildet bei gewöhnlicher Temperatur eine zähflüssige Masse, die bei 0^0 zu opaken, dünnen, oft mehrere Zentimeter langen Nadeln erstarrt. An der Luft zersetzt es sich nach einigen Tagen zu Schwefeltrioxyd und Sauerstoff, beim Erwärmen aber sofort. In Wasser bildet S_2O_7 Überschwefelsäure $H_2S_2O_8$, kann aber aus dieser nicht gewonnen werden. Sehr wahrscheinlich liegt aber in dem Schwefelperoxyd Berthelots kein einheitlicher Körper, sondern ein Gemisch mehrerer Substanzen vor. Mit großer Wahrscheinlichkeit enthält es das von Baeyer und Villiger[478, 479] in diesen Gemengen vermutete Anhydrid der Caroschen Säure $(SO_4)_x$. Nach F. R. Meyer, G. Bailleul und G. Henkel[780] ist es noch nicht feststehend, ob im S_2O_7 nur ein Gemenge von SO_4 mit der festen Modifikation des Schwefeltrioxyds, dem β-SO_3, oder tatsächlich eine Verbindung S_2O_7 vorliegt. Die größere Wahrscheinlichkeit spricht aber dafür, daß nur ein Gemenge vorliegt, da beim Neutralisieren der wäßrigen Lösung mit Basen nur teilweise Persulfat, zum größten Teil jedoch Sulfat und Sauerstoff entsteht.

Das Schwefelperoxyd SO_4 wurde von F. Fichter und W. Bladergroen[89] durch Einwirkung von Fluor auf Schwefelsäure bei tiefen Temperaturen oder aus Kaliumbisulfat, Kaliumsulfat, Natriumbisulfat und Natriumsulfat erhalten: $H_2SO_4 + F_2 = SO_4 + H_2F_2$. Es stellt ein äußerst starkes Oxydationsmittel dar, das imstande ist, eine verdünnte Mangansulfatlösung in der Kälte sofort zu Permangansäure zu oxydieren und aus einer Silbernitratlösung augenblicklich Silberperoxyd zu fällen. Vollkommen ungewiß ist es noch, ob die Formel SO_4 nicht zu verdoppeln ist und es daher S_2O_8 heißen müßte.

Von J. und W. Noddack[782] wurde ein echtes Rheniumperoxyd des siebenwertigen Rheniums Re_2O_8 (O_3Re—OO—ReO_3) beschrieben, das beim Erhitzen von Rheniumpulver in einem raschen Sauerstoffstrom als weiße Masse entsteht. Die Perrheniumsäure $HReO_4$ leitet sich von dem gelben Re_2O_7 ab: $Re_2O_7 + H_2O = 2\,HReO_4$. H. Hagen und A. Sieverts[783] vermuten jedoch, daß es sich beim weißen Rheniumoxyd nur um eine andere Modifikation des Rheniumheptoxyds, also um kein Peroxyd, handelt.

Vom Eisen ist zwar bisher noch kein Peroxyd rein dargestellt worden, doch ist die intermediäre Bildung von Eisenperoxyden bei dem Verlauf von Oxydationsprozessen in Gegenwart von Eisen als sehr wahrscheinlich anzunehmen (siehe Abschn. IV und V). Das Eisenperoxyd der ungefähren Zusammensetzung FeO_2 wurde von G. Pellini und D. Meneghini[784] durch Einwirkung von Wasserstoffperoxyd bei -60^0 auf in Alkohol suspendiertes Ferrohydroxyd oder in diesem gelöstes Ferrochlorid oder Ferrichlorid dargestellt. FeO_2 bildet eine rote wasserhaltige Substanz, die alle Reaktionen eines Peroxyds gibt.

Die Bildung von Fe_2O_5 als Reaktionszwischenprodukt stellte zuerst W. Manchot und O. Wilhelms[100,785,800] durch den Sauerstoffverbrauch bei der Oxydation von Ferroeisen durch Wasserstoffperoxyd, Kaliumpermanganat oder Chromsäure bei Gegenwart von Akzeptoren fest. Von Manchot stammte auch der Ausdruck „Primäroxyd" für die Zwischenprodukte von Oxydationsvorgängen mit Peroxydcharakter (siehe auch S. 42).

FeO_3 wird als Primäroxyd nach Manchot und Wilhelms (l. c.) bei der Einwirkung von unterchloriger Säure auf Ferrosalze gebildet. Über ein Eisenperoxyd FeO_4(?) berichtet D. K. Garalewitsch[786].

Von L. Losana wurde durch Einwirkung von fein verteiltem, aufgeschlammtem Bariumferrat ($BaFeO_4$) auf eine Ferronitratlösung Ferroferrat $Fe(FeO_4)$, auf eine Ferrinitratlösung Ferriferrat $Fe_2(FeO_4)_3$ erhalten. Über Alkaliderivate von Eisenperoxyden berichten W. H. Schramm[788] und A. Boca[789].

Die intermediäre Bildung eines Kobaltperoxyds $CoO_2 \cdot x\,H_2O$ nimmt E. Hüttner[790] bei der Einwirkung von überschüssigem Natriumhypochlorit und Natriumsulfatlösungen auf verdünnte Kobaltsulfatlösungen an. Nach O. Rh. Howell[791] soll ein Kobaltperoxyd durch Fällung von wäßrigen Kobaltsulfatlösungen mit alkalifreien Hypochloriten entstehen.

Durch Einwirkung von Wasserstoffperoxyd sowohl auf freies als auch auf ein aus alkoholischer Nickelchloridlösung mit Kalilauge frisch gefälltes Nickelhydroxyd erhielten Pellini und Meneghini[792] ein echtes Nickelperoxyd NiO_2 .

$x\,H_2O$ von grüner Farbe, das von dem schwarzen Nickeldioxyd $Ni\!\big\langle\!\begin{smallmatrix}O\\ |\\ O\end{smallmatrix}$ verschieden,

aber diesem isomer ist. Tanatar[793] hielt dieses Nickelperoxyd aber für eine Molekülverbindung von Nickelhydroxyd mit Wasserstoffperoxyd.

Literaturverzeichnis.

[744] Ber. Dtsch. chem. Ges. 17, 2595, 1884. — [745] Liebigs Ann. 140, 208, 1866. — [746] Ebenda 434, 185, 1923. — [747] Helv. chim. Acta 14, 1215, 1931; Chem. Ztrbl. 1932 I, 1048. — [748] W. Manchot u. W. Kampschulte: Ber. Dtsch. chem. Ges. 40, 2871, 1907. — [749] H. Erdmann: Ber. Dtsch. chem. Ges. 37, 4739, 1904. — [750] Mailfert: Compt. rend. Acad. Sciences 94, 860, 1882. — [751] H. Marshall: Journ. chem. Soc.

London 59, 775, 1891. — [752] Luppo-Cramer: Ztschr. chem. Ind. Kolloide 2, 171, 1907. — [753] Chem. Ztrbl. 1929 II, 714. — [754] R. Luther u. F. Pokorny: Ztschr. anorgan. allg. Chem. 57, 309, 1908. — [755] Neues allg. Journ. d. Chem. von A. F. Gehlen 3, 561, 1804. — [756] Ztschr. anorgan. allg. Chem. 28, 346, 1901. — [756a] Rec. Trav. chim. Pays-Bas 22, 405, 1903. — [757] Helv. chim. Acta 13, 99, 1930; Chem. Ztrbl. 1930 II, 3525. — [758] Ztschr. anorgan. allg. Chem. 10, 243, 1895. — [759] Journ. prakt. Chem. (2), 77, 319, 1908; Ztschr. physikal. Chem. 62, 513, 1908. — [760] G. Pellini: Atti R. Accad. Lincei (Roma), Rend. (5), 16, 409, 1907; Gazz. chim. Ital. 38, I, 71, 1908. — [761] Bayley: Chem. News 53, 55, 287, 1886; Journ. chem. Soc. London 49, 481, 1886. — [762] Clève: Bull. Soc. chim. France (2), 43, 453, 1884. — [763] Bayley: Chem. News 60, 17, 1889. — [764] Wedekind: Ztschr. anorgan. allg. Chem. 33, 83, 1903. — [765] Hauser: Ebenda 45, 190. 1905. — [766] Grundriß der qualitativen Analyse vom Standpunkte der Lehre von den Ionen, S. 299, 1902. — [767] Ztschr. anorgan. allg. Chem. 25, 378, 1900. — [768] Weller: Ber. Dtsch. chem. Ges. 15, 2599. 1882. — [769] Piccini: Ber. Dtsch. chem. Ges. 21. 1391, 1888. — [770] Ber. Dtsch. chem. Ges. 21, 370, 1519, 1888. — [771] T. R. Perkins: Journ. chem. Soc. London 1929. 1687. — [772] Chem. Ztrbl. 1913 II, 1368. — [773] Ber. Dtsch. chem. Ges. 38, 1184, 1905. — [774] A. Coppadoro: Gazz. chim. Ital. 38, I, 489. 1908; Chem. Ztrbl. 1908 II. 490. — [775] Journ. chem. Soc. London 121, 2098, 1922. — [776] Schwefel- und Stickstoffstudien, S. 25. — [777] E. H. Riesenfeld: Ber. Dtsch. chem. Ges. 41, 3536, 1910. — [778] Ber. Dtsch. chem. Ges. 13, 775, 1880. — [780] Ber. Dtsch. chem. Ges. 55, 2928. 1922. — [782] Ztschr. anorgan. allg. Chem. 181, 1, 1929. — [783] Ebenda 208, 367, 1932. — [784] Ztschr. anorgan. allg. Chem. 62, 208, 1909. — [785] Liebigs Ann. 325, 105, 1902. — [786] Journ. Russ. phys.-chem. Ges. (russ.) 58, 1155, 1926. — [787] Gazz. chim. Ital. 55, 487, 490, 1925. — [788] Chem.-Ztg. 43, 69, 1919. — [789] Chem. Ztrbl. 1933 II, 1167. — [790] Ztschr. anorgan. allg. Chem. 27, 105, 1901. — [791] Journ. chem. Soc. London 123, 65, 1923; Chem. Ztrbl. 1923 III, 527. — [792] Ztschr. anorgan. allg. Chem. 60, 178, 1908. — [793] Ber. Dtsch. chem. Ges. 42, 1516. 1909.

2. Persäuren, Säureperoxyde und deren Salze.

In vollkommen gleicher Weise, wie man sich vom Wasser durch Ersatz eines Wasserstoffatoms durch einen Saurerest, z. B. — SO_3H, eine Säure, wie Schwefelsaure, ableiten kann, leiten sich vom Wasserstoffperoxyd durch Ersatz eines H-Atoms durch einen Säurerest die echten Persauren her. Ersetzt man beide Wasserstoffatome des Wasserstoffperoxyds durch Säurereste, so entstehen die Säureperoxyde, denen in Analogie die Pyrosauren entsprechen. Theoretisch und fast immer auch praktisch kann jede Säure Persäuren bilden. Durch Ersatz eines Wasserstoffatoms, des Wasserstoffperoxyds durch Säurereste von Schwermetallsäuren entstehen die Metallpersauren, die aber sehr haufig nur in Form ihrer Alkaliverbindungen bekannt sind. Auch die hydratisierten Peroxyde der Nebengruppe der IV. Gruppe des periodischen Systems (Ti, Zr, Hf und Th) sowie des Cers sind, wie bereits erwahnt, eigentlich als Persauren aufzufassen. Alle Metallpersäuren bzw. Saureperoxyde konnen durch Ersatz eines oder beider Wasserstoffatome des Säurerestes Salze bilden, die ungleich beständiger sind als die freien Sauren. Diese Verbindungen werden als Persalze bezeichnet. Viele Persauren und Saureperoxyde sind nur in Form ihrer Salze, aber nicht in freiem Zustande bekannt.

Besonders stark ist das Bestreben zur Bildung von Persäuren bei den Metallen der IV. bis VI. Gruppe des periodischen Systems ausgepragt (C, Ti, Zr, Hf. Th Si, Ge, Sn, Pb(?); V, Nb, Ta, N, P; Cr, Mo, W. U. S, Se), die befahigt sind. eine OH-Gruppe gegen das Radikal —OOH. haufig im umkehrbaren Gleichgewicht

X.OH + HOOH $\rightleftharpoons$ XOOH + H$_2$O auszutauschen. Obwohl der Sauerstoffgehalt des Metalles, das meist in Form einer Metallsäure vorliegt, erhöht wird, findet dabei doch keine Wertigkeitserhöhung des Metalles statt, ausgenommen vielleicht das Chrom, bei welchem man manchmal bei der Bildung der Perchromsäure siebenwertiges Chrom annimmt. Es ist aber auch ohne weiteres eine Formulierung mit sechswertigem Cr möglich, wie aus S. 87 hervorgeht. Die Darstellung reiner Produkte ist häufig sehr schwierig, in vielen Fällen auch noch gar nicht gelungen, da nicht nur die Trocknung der gefällten Niederschläge ohne Sauerstoffverlust sehr schwierig ist, sondern auch noch häufig rein mechanisch anhaftendes Wasserstoffperoxyd zu Untersuchungsfehlern Anlaß gibt.

Vom technischen Standpunkt wichtig sind nur die Persäuren bzw. Säureperoxyde des Schwefels, Kohlenstoffes und Phosphors, deren Bedeutsamkeit in der angegebenen Reihenfolge abnimmt. Das Natriumperborat des Handels, die wichtigste feste Perverbindung überhaupt, stellt kein echtes Persalz, sondern eine Additionsverbindung dar, wie denn überhaupt eine exakte Unterscheidung zwischen echten Persalzen, bei welchen die charakteristische OO-Brücke sich im Molekül der Verbindung selbst befindet und den Anlagerungsverbindungen, bei denen an das unveränderte Molekül Wasserstoffperoxyd in Form von Kristallhydroperoxyd angelagert ist, gelegentlich recht schwierig ist. Sehr häufig findet man in der Literatur die echten Perverbindungen und die Anlagerungsverbindungen ganz zu Unrecht als Perverbindungen zusammengefaßt.

Zwei- oder n-basische Säuren können natürlich zwei oder n Reihen von Persäuren bilden. Eine zweibasische Säure z. B. kann dann wieder von jeder Säure je ein normales und zwei saure Salze bilden. Im Falle der Kohlensäure z. B. sind theoretisch folgende Verbindungen möglich:

$$CO\begin{cases} OH \\ OH \end{cases}, \quad CO\begin{cases} OOH \\ OH \end{cases}, \quad CO\begin{cases} OOH \\ OOH \end{cases}, \quad \text{Persäuren;}$$

$$CO\begin{cases} OONa \\ ONa \end{cases}, \quad CO\begin{cases} OONa \\ OONa \end{cases}, \quad \text{normale Salze;}$$

$$CO\begin{cases} OONa \\ OH \end{cases}, \quad CO\begin{cases} OOH \\ ONa \end{cases}, \quad CO\begin{cases} OOH \\ OONa \end{cases}, \quad \text{saure Salze.}$$

Wie schon daraus zu ersehen ist, sind zahlreiche Variationsmöglichkeiten von Persäuren und deren Salzen gegeben, ohne daß aber tatsächlich alle diese Verbindungen bekannt sind. Eine eindeutige Identifizierung ist nicht immer möglich, da es an scharfen Unterscheidungsreaktionen vielfach noch fehlt. Viele Metalle sind auch noch gar nicht hinreichend genau auf ihre Verbindungsmöglichkeiten mit dem Hydroperoxydradikal — OO — untersucht worden. Über die Nomenklatur gibt Abschn. II, über die Konstitution Abschn. VIII Aufschluß.

a) Perschwefelsaure, Überschwefelsäure, Schwefelsaureperoxyd, H$_2$S$_2$O$_8$.

Die wichtigste Persäure überhaupt ist die Perschwefelsäure, da auf ihr fast zur Gänze die heutige Wasserstoffperoxydindustrie beruht. Außer der Bildungsweise aus S$_2$O$_7$ und Wasser kommt vor allem die elektrolytische Oxydation der

Schwefelsäure und ihrer Salze in Betracht, über welche bereits eingehend im Kap. XII. berichtet wurde. Auch durch vorsichtigen Zusatz von Wasserstoffperoxyd zu einer nicht mehr als 1 Äquivalent Wasser enthaltenden konzentrierten Schwefelsaure entsteht die freie Persäure[29, 778]. In reinster Form wurde die Perschwefelsäure von D'Ans und Friederich[397] durch Einwirkung von Chlor- oder Fluorsulfonsäure auf Wasserstoffperoxyd erhalten (S. 87).

Interessant ist auch der Versuch von F. Haber[794] über die Bildung von Caroscher und Perschwefelsäure beim Stromdurchgang durch die Grenzschicht des Gasraumes gegen den Elektrolyten (45%ige H_2SO_4). Perschwefelsäure neben Caroscher Säure entsteht auch bei der Einwirkung von Fluor auf die Bisulfate von Kalium und Ammonium[795]

Über die Eigenschaften der Überschwefelsäure herrscht namentlich in den älteren Arbeiten große Unsicherheit, da erst durch die Arbeiten von Baeyer und Villiger[478,479] gezeigt wurde, daß die Perschwefelsäure insbesondere in schwefelsaurer Lösung sehr leicht durch Hydrolyse in die Carosche Säure übergeht. Die freie Säure bildet in reinem Zustande kleine weiße Kristalle, die unter Zersetzung bei 65° schmelzen. Durch Umschmelzen und Abschleudern der Mutterlauge kann man die Überschwefelsäure reinigen. Sie ist sehr hygroskopisch und zischt beim Eintragen in Wasser auf. Vollkommen rein und trocken ist die Säure längere Zeit haltbar, die wäßrige Lösung aber ungleich weniger. In den Abschnitten XI bis XIII sind bereits ausführlich die Reaktionen und Bedingungen bei der elektrolytischen Gewinnung der Perschwefelsäure beschrieben worden, so daß hier nur auf diese Abschnitte verwiesen zu werden braucht (siehe S. 122 u. 136).

Zum Unterschied von Wasserstoffperoxyd geben weder Carosche noch Perschwefelsäure die Reaktionen auf Metallpersäuren (Titanschwefelsäurereaktion, Chromsäurereaktion und Reduktion der Übermangansäure). Perschwefelsäure vermag auch nicht wie die Carosche Säure aus Lösungen von Jodiden sofort Jod auszuscheiden oder Anilin in Nitrosobenzol überzuführen. Überschwefelsäure und ihre Salze wirken stark oxydierend. So wird Fe^{II} zu Fe^{III}, Chromibzw. Manganosalze zu Chromaten bzw. Mangandioxyd oxydiert. Organische Farbstoffe werden gebleicht, Alkohol zu Aldehyd oxydiert. Mit schwefelsaurem Anilinsulfat tritt Anilinschwarzbildung ein.

b) Die Salze der Perschwefelsäure, die Persulfate (s. auch S. 375).

Ammoniumpersulfat. Das am leichtesten darstellbare Persulfat ist das Ammonpersulfat, dessen Gewinnung ausschließlich auf elektrolytischem Weg erfolgt (s. S. 131ff., 147). Als Elektrolyt kommt entweder eine neutrale Ammonsulfat- oder häufiger eine Ammonbisulfatlösung in Betracht. Im festen Zustand bildet es weiße monokline Kristalle, die im trockenen Zustand recht beständig sind. Bei Zimmertemperatur löst sich ein Teil Ammonpersulfat in 65 Teilen Wasser, bei 0° in 58 Teilen. Eine Reinigung des Handelsproduktes kann durch schnelles Lösen in warmem Wasser, Neutralisieren, Filtrieren und Ausfällen des Salzes aus der Lösung mit Alkohol erfolgen.

Natriumpersulfat. Die Darstellung des Natriumpersulfats erfolgt entweder durch Elektrolyse einer schwefelsauren Natriumsulfatlösung als Anolyt und verdünnter Schwefelsäure als Katholyt[796] oder häufiger über Ammonpersulfat. Die direkte elektrolytische Darstellung ist mit großen Schwierigkeiten verbunden, da einerseits die Stromausbeute nicht allzu groß ist, anderseits die Löslichkeit des Natriumpersulfats eine recht beträchtliche ist. Aus festem Ammonpersulfat erhält man es durch dessen Eintragen in konzentrierte Natronlauge und Eindampfen der Lösung im Vakuum oder durch Zusammenreiben mit Kristallsoda[796]. Nach der Schweiz. Patentschrift 53887 von Pietsch und Adolph wird Natriumpersulfat aus Ammonpersulfatlösungen durch Umsetzung mit Natriumsulfat erhalten. Man elektrolysiert eine Lösung von Ammonsulfat und Natriumsulfat oder der Bisulfate, wobei sich das entstehende Ammonpersulfat sofort mit dem Natriumsulfat umsetzt.

Die Elektrolyse kann ohne Diaphragma leichter ausgeführt werden als mit Diaphragma. Erwähnenswert ist hier das Verfahren von Deißler[797], welches das Diaphragma dadurch entbehrlich macht, daß man die spezifisch schwerere gesättigte Anodenlösung mit der leichteren, nur halb gesättigten Kathodenflüssigkeit überschichtet. Durch Zusatz von Flußsäure, Salzsäure, Natriumperchlorat[526], Cyaniden, Ferrocyaniden, Chromaten zur Bildung einer schützenden Chromhydroxydschicht an der Kathode, Rhodaniden, Cyanaten des Kaliums und Natriumcyanamid[403] kann die Stromausbeute verbessert werden. Für die Elektrolyse von Natriumsulfat-Schwefelsäuregemischen gelten im allgemeinen die gleichen Gesichtspunkte wie für jene von Persulfaten im allgemeinen. Die große Löslichkeit des Natriumpersulfats kann bei Verwendung eines Elektrolyten, der aus einem Gemisch von 150 g Glaubersalz und 70 g konzentrierter Schwefelsäure besteht, bis auf 6% herabgedrückt werden. Das Natriumpersulfat setzt sich aber meist als fein verteilter Schlamm ab, der sich sehr schwer filtrieren und auswaschen läßt. Durch die Anwesenheit von Kaliumsalzen, die am besten in Form von Cyanverbindungen angewendet werden, wird der Niederschlag körniger[798]. Eine technische Bedeutung kommt dem Natriumpersulfat nicht zu. Das Natriumpersulfat bildet weiße, in Wasser sehr leicht lösliche Kristalle. Es kristallisiert wasserfrei (s. auch S. 148).

Das Kaliumpersulfat. Dieses wird am besten durch doppelte Umsetzung von Kaliumsulfat oder Kaliumbisulfat mit einer Ammonpersulfatlösung dargestellt (s. S. 148, 176). Die elektrolytische Gewinnung ist weniger günstig, da das von allen Persulfaten am schwersten lösliche Kaliumpersulfat schon sehr bald ausfällt und die Elektrolyseure verunreinigt. Die alte Methode von Loewenherz[796] durch Umsetzung von festem Ammonpersulfat mit konzentrierter Kaliumcarbonatlösung ist gänzlich verlassen worden. Bei der Elektrolyse wirken sich potentialerhöhende Zusätze, hohe Stromdichte usw. ebenso wie bei der anodischen Oxydation der Schwefelsäure günstig aus. Nach einem Vorschlage von Neher & Co. sowie O. Nydegger[799] wird eine Lösung elektrolysiert, die neben Kaliumbisulfat erhebliche Mengen von Sulfaten oder Bisulfaten des Natriums oder Ammoniums enthält. Kaliumpersulfat entsteht auch bei der Einwirkung von Fluor auf eine wäßrige Lösung von Kaliumbisulfat[800].

Kaliumpersulfat kristallisiert in Tafeln oder langen Prismen. Bei 0° lösen 100 Teile Wasser 1,76 Teile Salz, bei 20° etwa 5 Teile.

Persulfate wurden auch noch von den Metallen Rubidium, Cäsium, Lithium, Zink, Silber, Kupfer, Lanthan, Magnesium usw., die ohne Kristallwasser, und von Blei und Barium, die mit Kristallwasser kristallisieren, dargestellt. Das Bariumpersulfat ist im Gegensatz zum schwerlöslichen Bariumsulfat wasserlöslich, so daß auf Grund dieser verschiedenen Löslichkeiten eine Trennung von Perschwefelsäure von Schwefelsäure vorgenommen werden kann. Ein wasserunlösliches Salz der Überschwefelsäure gibt es überhaupt nicht. Die Löslichkeit nimmt in der Reihe K, Rb, Cs, Tl mit steigendem Atomgewicht zu.

Die meisten dieser Persulfate kann man durch elektrolytische Oxydation der Sulfate in schwefelsaurer Lösung darstellen, jedoch verläuft die Persulfatbildung oft nur recht unvollkommen.

Während die wasserfreien Persulfate, trocken aufbewahrt, dauernd haltbar sind, zersetzt sich z. B. das wasserhaltige Bariumsalz schon innerhalb einiger Wochen. Zinkpersulfat ist derart hygroskopisch, daß es an der Luft zerfließt. Beim Erhitzen zersetzen sich die Persulfate nach $K_2S_2O_8 = K_2SO_4 + SO_3 + \frac{1}{2}O_2$. Ammonpersulfat gibt beim Erhitzen auf etwa 190^0 unter lebhaftem Aufschäumen Ammonpyrosulfat. Persulfate zersetzen Acetate katalytisch zu Methan und Kohlensäure. Die wäßrige Lösung der Persulfate in nicht völlig reinem Zustand zeigt eine bläuliche Fluoreszenz. Die Lösungen zerfallen in der Wärme rascher als in der Kälte in Sulfat, Schwefelsäure und Sauerstoff: $K_2S_2O_8 + H_2O = 2\,KHSO_4 + \frac{1}{2}O_2$. Ist ein oxydierbares Metall anwesend, so wird dieses bis zum Peroxyd oxydiert: $2\,AgNO_3 + K_2S_2O_8 + 2\,H_2O = 2\,KHSO_4 + 2\,HNO_3 + Ag_2O_2$. Durch Wasserstoffperoxyd wird Kaliumpersulfat in Carosche Säure umgewandelt. Platinsol zersetzt Persulfate nicht, hingegen beschleunigen Persulfate die Zersetzung von Wasserstoffperoxyd durch Platinsol[802]. Durch Platinschwarz wird die Zersetzung der Persulfate auch bei gewöhnlicher Temperatur beschleunigt.

Die photochemische Zersetzung verläuft nach derselben Reaktionsgleichung wie die thermische Zersetzung. Die Reaktion verläuft in sehr verdünnten wäßrigen Lösungen monomolekular, in 0,1molarer Lösung jedoch nach der nullten Ordnung. Festes Kaliumpersulfat zersetzt sich unter dem Einfluß der Lichtstrahlen[803]. Die Quantenausbeute bei der Zersetzung beträgt eins. Der Vorgang dürfte wahrscheinlich unter Dissoziation und Reaktion der Dissoziationsprodukte mit Wasser oder Bildung angeregter Ionen verlaufen[804]. Nach Bhattercharga und Dar[805] steigt die Quantenausbeute mit der Temperatur und der Frequenz der einfallenden Strahlung.

Die Persulfate sind namentlich in schwefelsaurer Lösung starke Oxydationsmittel. Eisen, Zink, Aluminium, Kadmium, Magnesium, Kobalt, Kupfer und Quecksilber werden von neutralen Persulfatlösungen unter Bildung von Sulfaten gelöst, Silber bildet vorerst Silbersulfat, dann Silberperoxyd. Bei der Einwirkung auf Zink z. B. entstehen nach $(KO.SO_2.O)_2 + Zn = KO.SO_2.O.Zn.O.SO_2.KO$ Doppelsalze vom Typus $R_2{}^{\cdot}.R''(SO_4)_2$ oder anders geschrieben $R^{\cdot}O.SO_4.O.R''$ $.O{\cdot}SO_2{\cdot}OR^{\cdot}$ [806]. Mit Quecksilber entsteht in Gegenwart von konzentriertem Ammoniak ein kristallinisches Komplexsalz $[Hg^{II}(NH_3)_4]S_2O_8$ in Form von durchsichtigen Nadeln, die an der Luft Ammoniak verlieren und matt werden[807]. Kupfer wird besonders rasch von ammoniakalischer Persulfatlösung gelöst, welche Fähigkeit sich auch vorzuglich zum Ätzen von Kupfer eignet. Auch Eisen und Silber werden von ammoniakalischer Persulfatlösung gelöst.

Mit manchen Alkaloiden bilden die Persulfate kristallisierte Niederschläge, wie z. B. das Strychninsalz $K_2S_2O_8.(C_{21}H_{22}O_2N_2)_2.H_2O$[808]. Ammoniak wird in alkalischen Lösungen auch bei Abwesenheit von Katalysatoren glatt zu Nitrat, bei Gegenwart von Silbersulfat in ammoniakalischer Lösung bis zu Stickstoff oxydiert[809]. Die Persulfate geben charakteristische Reaktionen mit p-Phenylendiamin, p-Amidophenol und 2,4-Diaminophenol[810] sowie Verbindungen mit Ammoniak, Pyridin und Hexamethylentetramin[811]. α-Naphthol liefert in alkalischer Lösung eine dunkelviolette, β-Naphthol eine gelbe Färbung. Mit 2%iger Anilinsulfatlösung entsteht in neutraler Lösung ein kristallinischer orangefarbener Niederschlag, der sich in verdünnter Salzsäure mit gelber Farbe löst und beim Erhitzen violett wird.

In physiologischer Hinsicht wirken die Persulfate ahnlich günstig auf den Stoffwechsel ein, regen den Appetit an und heben die Kräfte des Kranken wie die Arsenite und Vanadate, sind aber weniger toxisch[812]. Die antiseptische Wirkung ist gering. In größerer Dosis wirken Persulfate tödlich, in geringerer verursachen sie nur Erbrechen.

Die Persulfate werden auf Grund ihrer Oxydationskraft für Bleichereizwecke, zur Entfernung des Fixiernatrons und als Abschwächer in der Photographie, als Depolarisator in Akkumulatoren, sowie in der analytischen Chemie verwendet. In den Handel selbst kommt nur ein geringer Bruchteil der auf elektrochemischem Wege hergestellten Persulfate, der überwiegende Teil wird auf Wasserstoffperoxyd weiter verarbeitet (s. Abschn. XIV und S. 173).

c) H_2SO_5, Carosche Säure oder Sulfomonopersäure.

Die von Caro[480] durch Einwirkung von konzentrierter Schwefelsäure auf feste Persulfate erhaltene Carosche- oder Sulfomonopersäure H_2SO_5 kann auch aus starker Schwefelsäure und Perschwefelsäurelösung erhalten werden (Baeyer und Villiger[478,479]. Diese Methoden liegen auch den Verfahren der DRP. 105857 und 110249 der Badischen Anilin- und Sodafabrik zugrunde. Nach diesen Patentschriften soll auch die Darstellung durch Elektrolyse einer konzentrierten Schwefelsaure möglich sein. Die Bildungsgeschwindigkeit beim Verdünnen und Stehenlassen entspricht einer monomolekularen Reaktion[813]. Die besten Ausbeuten werden nach R. H. Vallence[814] erhalten, wenn man 20 g gepulvertes Kaliumpersulfat mit 13 ccm konzentrierter Schwefelsäure in einer durch eine Kältemischung gekühlten Schale während 15 Minuten zerreibt. Nach 50 Minuten gießt man dann die Mischung auf 50 g frisch zerkleinertes Eis und neutralisiert im Verlaufe von 30 Minuten mit Kaliumcarbonatlösung. Sodann wird die Mischung filtriert und im Vakuum über Schwefelsäure auf 50 ccm eingeengt. Durchschnittlich läßt sich auf diese Weise eine Carosche Säure in der Konzentration von 100 bis 110 g/l erzielen. Bei größeren Mengen sind die Ausbeuten schlechter.

Die Verseifung der Caroschen Säure mit Wasser zu Schwefelsäure und Wasserstoffperoxyd ist eine vollständig umkehrbare Reaktion, weshalb man die Sulfomonopersäure auch aus konzentrierter Schwefelsäure und Wasserstoffperoxyd herstellen kann[478,479]. Die Reindarstellung ist auch nach der eleganten Methode von J. D'Ans und L. Friederich[397] aus einem Mol Chlorsulfonsäure und einem Mol Wasserstoffperoxyd möglich.

Die reine Säure stellt eine kristallisierbare Substanz dar, die in mehreren Zentimeter langen durchsichtigen Prismen kristallisieren kann. Die Kristalle schmelzen unzersetzt bei 45°, sind sehr hygroskopisch und lösen sich in Wasser, Alkohol und Äther sehr leicht. Über die wesentlichen Reaktionen der Caroschen Säure mit Schwefelsäure, Perschwefelsäure, Wasser und Wasserstoffperoxyd und ihren schädlichen Einfluß bei der Perschwefelsäureelektrolyse ist bereits eingehend in den Abschn. XI bis XIII berichtet worden. Mit Kalium bildet sie ein leicht lösliches Salz[815]. Die Carosche Säure ist ein äußerst starkes Oxydationsmittel. Zum Unterschied von Wasserstoffperoxyd und Perschwefelsäure wird aus Kaliumjodidlösung sofort Jod ausgeschieden, Anilin in Nitrosobenzol, Nitrobenzol oder in Phenylhydroylamin verwandelt. Sie gibt aber nicht die Gelbfärbung mit Titanschwefelsäure und die Blaufärbung mit Chromschwefelsäure. Permanganat wird nicht reduziert. Azeton wird in das Acetonperoxyd, Ketone werden in Laktone (Baeyer und Villiger[816]), Jodbenzol in Jodobenzol, Benzaldoxym in Benzylhydroxamsäure und Phenylnitromethan, Dimethylanilin in Dimethylanilinoxyd übergeführt (M. Bamberger und Mitarbeiter[817]).

Literaturverzeichnis.

[794] Ztschr. Elektrochem. **20**, 845, 1913. — [795] F. Fichter u. K. Humpert: Helv. chim. Acta 9, 467, 602, 1926; Chem. Ztrbl. **1926 II**, 367, 1120. — [796] DRP. 77340. — [797] DRP. 105008. — [798] DRP. 205069. — [799] DRP. 306194. — [800] Fichter u. Humpert: Helv. chim. Acta **6**, 640, 1923; Chem. Ztrbl. **1923 III**, 427. — [802] Price: Ber. Dtsch. chem. Ges. **35**, 291, 1902; Ztschr. physikal. Chem. **46**, 39, 1903. — [803] J. L. R. Morgan u. R. H. Crist: Journ. Amer. chem. Soc. **49**, 16, 338, 960, 1927; Chem. Ztrbl. **1927 I**, 2882. — [804] Dieselben: Journ. Amer. chem. Soc. **54**, 39, 1932; Chem. Ztrbl. **1932 II**, 3675. — [805] Ztschr. anorgan. allg. Chem. **175**, 357, 1928; **176**, 372, 1928. — [806] O. Aschan: Finska Kemistsamfundets Medd. **37**, 40, 1928; Chem. Ztrbl. **1928 II**, 1867. — [807] F. Fichter u. S. Stern: Helv. chim. Acta **11**, 754, 1928; Chem. Ztrbl. **1928 II**, 745. — [808] Vitali: Boll. chim. farmac. **42**, 273, 311, 1903; Chem. Ztrbl. **1903 II**, 312. — [809] Kempf: Ber. Dtsch. chem. Ges. **38**, 3972, 1905. — [810] L'Orosi **23**, 218, 1900; Chem. Ztrbl. **1900 II**, 806. — [811] G. A. Barbieri u. F. Caltolari: Ztschr. anorgan. allg. Chem. **71**, 347, 1911. — [812] Moreau: Apoth.-Ztg. **16**, 383, 1901. — [813] Mugdan: Ztschr. Elektrochem. **9**, 719, 980, 1903. — [814] Journ. Soc. chem. Ind. **45**, I, 66, 1926; Chem. Ztrbl. **1926 I**, 2893. — [815] DRP. 105857. — [816] Ber. Dtsch. chem. Ges. **32**, 3625, 1899; **33**, 124, 1900. — [817] Ber. Dtsch. chem. Ges. **32**, 1676, 1899; **33**, 534, 1781, 1900; **34**, 2023, 1901; **35**, 1082, 1902.

F. Die echten Percarbonate (s. auch S. 375).

Wie auf S. 13 und 243 bereits ausgeführt wurde, leiten sich von der zweibasischen Kohlensäure eine ganze Reihe von Persäuren ab, die alle durch Ersatz eines Wasserstoffatoms im H_2O_2 durch einen Karboxylrest $CO\!\!<^{OH}$ entstanden zu denken sind. Weiters besteht noch die Möglichkeit, daß ähnlich wie bei der Perschwefelsäure auch eine Peroxydkohlensäure durch Austausch beider H-Atome des H_2O_2 durch Kohlensäurereste gebildet wird: $O\!\!=\!\!C\!\!<^{OH}_{OO}\!\!>^{HO}C\!\!=\!\!O$.

Die freien Säuren konnten bisher nicht dargestellt werden, sondern nur die Alkali- und Erdalkalisalze, da beim Versetzen der Salze beider Persäuren mit starken Säuren die in Freiheit gesetzten Persäuren sofort zu Wasserstoffperoxyd und einem oder zwei Molekülen Kohlensäure zerfallen.

Mit dem Namen „Percarbonat" faßte man früher fälschlich alle Carbonate zusammen, die aktiven Sauerstoff enthalten, ohne darauf Rücksicht zu nehmen, daß diese Stoffe Verbindungen von sehr verschiedener Konstitution sein können. Während die „echten Percarbonate", die allein im vorliegenden Kapitel behandelt werden sollen, die —OO—-Brücke wenigstens an einen Kohlensäurerest gebunden enthalten, gibt es eine ganze Reihe von anderen aktiven Sauerstoff enthaltenden Carbonaten, die diesen bloß in Form von als Kristallhydroperoxyd gebundenen Wasserstoffperoxyd aufweisen. Erst durch die Schaffung der charakteristischen Unterscheidungsreaktionen von Riesenfeld und Reinhold[400], Willstädter[401] und Le Blanc und Zellmann[402] ist es möglich gewesen, die Unklarheiten auf diesem komplizierten Gebiete fast zur Gänze zu beseitigen und zwischen echten Percarbonaten und Anlagerungsverbindungen unterscheiden zu können (s. S. 282ff.).

Auf Grund dieser Reaktionen kennen wir die echten Perverbindungen Na_2CO_4, $Na_2C_2O_6$, $Rb_2C_2O_6$, $K_2C_2O_6$ und $(NH_4)_2C_2O_6$. Die Verbindung Na_2CO_5 stellt nur ein Gemisch von $Na_2CO_4 \cdot H_2O_2$ und $Na_2C_2O_6 \cdot H_2O_2$ dar[818], die Existenz von $NaHCO_4$ ist noch ungewiß.

Die Percarbonate stellen eines der kompliziertesten Gebiete der anorganischen Chemie dar. Ohne eingehende Untersuchung der Konstitution ist die Feststellung, ob eine Per- oder eine Anlagerungsverbindung vorliegt, nicht immer möglich. In der Patentliteratur findet sich meist keinerlei Hinweis dafür, ob echte Perverbindungen oder Perhydratverbindungen bei den betreffenden Verfahren entstehen.

Für die Darstellung der echten Percarbonate gibt es im Prinzip vier Methoden:

a) Die elektrolytische Methode;

b) aus Natriumperoxydhydrat und Kohlensäure;

c) aus Natriumhydroperoxyd und Kohlensäure;

d) aus Natriumperoxyd und Phosgen.

Das älteste bekannte Percarbonat ist das von Constam und Hansen[819] schon 1896 erhaltene $K_2C_2O_6$. Es wurde durch Elektrolyse einer gesättigten Kaliumcarbonatlösung bei —15⁰ durch Polymerisation zweier KCO_3'-Ionen erhalten. Die Struktur dieses Peroxydcarbonats ist daher KO—CO—OO—CO—OK. Auch Ammonium- und andere Alkalicarbonate ließen sich auf diese Weise darstellen. Die Elektrolyse wurde mit einem aus einer Tonzelle bestehenden Diaphragma, einer Platindrahtanode und Platin- oder Nickelblechkathode, einer anodischen Stromdichte bis 300 Amp/qdm und etwa 5 V Spannung durchgeführt. Die Ausbeute betrug bei —10⁰ 70%, bei 0⁰ nur 30%. Bei Gegenwart von Hydroxylionen wurden schlechtere Ausbeuten erhalten, weil diese das Potential der Platinanode herabsetzen.

Das in feuchtem Zustande schwach bläulich gefärbte Peroxydkohlensäurekalium ist in Berührung mit Wasser sehr leicht zersetzlich und muß daher sofort filtriert und getrocknet werden. Gut getrocknet ist das Salz gut haltbar. Da es aber an der Luft ähnlich wie Kaliumcarbonat Feuchtigkeit anzieht, wird es bald zersetzt. In der Wärme zerfällt es nach $K_2C_2O_6 = K_2CO_3 + CO_2 + O$, doch ist die Zersetzung in kurzer Zeit erst bei 200 bis 300⁰ vollständig. Das Salz wurde einige Zeit lang von der Aluminiumindustrie A. G. Neuhausen in Form von Tabletten zur Zerstörung von Thiosulfatresten in photographischen Platten in den Handel gebracht, bewährte sich aber wegen zu geringer Haltbarkeit nicht. In Eiswasser ist es fast ohne Zersetzung löslich, in Wasser von Zimmertemperatur löst es sich nur unter Zersetzung.

Das peroxydkohlensaure Rubidium $Rb_2C_2O_6$ wird auf ähnliche Weise wie das Kaliumsalz erhalten[819]. Es stellt ein weißes, äußerst hygroskopisches Pulver dar.

Fichter und Bladergroen[88] erhielten bei der Einwirkung von Fluorgas auf Lösungen von Natrium-, Kalium- oder Rubidiumcarbonat Percarbonate. Die maximalsten Ausbeuten ergeben sich bei mittleren Konzentrationen wie 2molar und —13 bis —16° unter periodischem Zusatz von Kalilauge. Sie steigen in der Reihe Natrium, Kalium und Rubidium. Die Percarbonatbildung erfolgt nach $2\,KHCO_3 + F_2 = K_2C_2O_6 + 2\,HF$, bzw. $K_2CO_3 + F_2 = K_2C_2O_6 + 2\,KF$.

Außer dem Natrium-, Kalium- und Rubidiumsalz der Peroxydkohlensäure ist noch kein anderes Salz dieser Säure mit Sicherheit bekannt geworden. Ungleich wichtiger sind jene echten Perverbindungen der Kohlensäure, in welchen nur eine Bindung der —OO—-Brücke an Kohlensäure, die andere aber an ein Kation gebunden ist. Vorwiegend handelt es sich um die Verbindungen Na_2CO_4 und

$Na_2C_2O_6$, denen die Konstitution $CO{<}^{OONa}_{ONa}$ und $CO{<}^{O}_{OONa}$ $NaO{>}CO$ zukommt.[880]

Diese Verbindungen sind daher als Natriumpercarbonat und Monoperoxynatriumdicarbonat anzusprechen. Sie entstehen nach $Na_2O_2 + CO_2 = Na_2CO_4$ und durch weiteres Einleiten von Kohlensäure nach $Na_2CO_4 + CO_2 = Na_2C_2O_6$. Bei der Reaktion wird aus dem Peroxydhydrat Wasser frei.

Zum ersten Male wurden Perverbindungen dieser Art von Bauer[820a] durch Einwirkung von flüssigem oder festem Kohlensäureanhydrid auf kristallisiertes Natriumperoxydhydrat erhalten. Trockenes Natriumperoxyd wird von der Kohlensäure nicht angegriffen. Von dieser muß auch ein kleiner Überschuß zur Sicherung der exothermischen Reaktion vorhanden sein. Unter lebhafter Reaktion bildet sich rasch eine teigartige, sofort kristallisierbare Masse, die vom Reaktionswasser getrennt und getrocknet wird. Die Ausbeuten betragen bei diesem Verfahren, auf aktiven Sauerstoff gerechnet, 50 bis 60%. Auch eignet sich dieses Verfahren nicht für die Darstellung größerer Mengen, wie es die Technik erfordern würde, da das frei werdende Wasser unter dem Einfluß des Kohlensäureschnees gefriert und zur Klumpenbildung Anlaß gibt, die eine gleichmäßige Durchmischung erschwert.

Mit gasförmiger Kohlensäure arbeitete die Firma E. Merck[821]. Das Natriumperoxyd wurde zuerst durch Zufügung von Eis in das reaktionsfähige Hydrat übergeführt und mit der $1^1/_2$fachen Menge Kohlensäure unter Kühlen und Rühren zur Reaktion gebracht. Nach den angestellten Analysen lag ein „saures Percarbonat" der Formel $4\,Na_2CO_4 . H_2CO_3$ vor.

Von R. Wolffenstein und E. Peltner[44] wurde Natriumperoxyd durch vorsichtiges Zerreiben mit Eis hydratisiert, dann unter Rühren mit einem Glasstab in die Masse Kohlensäure eingeleitet und in dem Maße, als Wasser frei und die Masse feucht wurde, noch weiteres Natriumperoxyd zugefügt. Beim Einleiten von 1 Mol Kohlensäure wurde das Na_2CO_4, durch Einwirkung von 2 Molekülen Kohlensäure das $Na_2C_2O_6$ erhalten. Das letztere ist beständiger als das erstere. Beide können sehr leicht Wasserstoffperoxyd addieren.

A. Blankart[822] verwendete nur 1 Mol Wasser auf 1 Mol Natriumperoxyd, da die Percarbonate sich in feuchtem Zustande sehr rasch zersetzen. Er ging entweder von Natriumperoxydmonohydrat aus, oder stellte dieses nach dem DRP. 120136 oder 219700 mit Wasserdampf oder Vermischen mit Glaubersalz, Natriumpyrophosphat, Soda oder bestimmten Mengen von Natriumperoxydoctohydrat her. Dadurch kann man bis zu 90% Ausbeute erhalten. Die Haltbarkeit der nach dieser Methode hergestellten Percarbonate ist jedoch viel geringer als jene der aus dem Octohydrat gewonnenen.

Die Firma Merck stellte auch durch Einwirkung von Kohlensäure auf Bariumperoxydhydrat ein Bariumpercarbonat $BaCO_4$ her[823]. Man schwemmt Bariumperoxyd in Wasser auf, leitet weniger als 1 Mol Kohlensäure ein, filtriert ab, wäscht mit Wasser und trocknet. Das Bariumpercarbonat zersetzt sich auch in trockenem Zustand und geht allmählich in Bariumcarbonat über.

Die Herstellung von Percarbonaten aus Natriumhydroperoxyd NaOOH erwähnte zuerst R. Wolffenstein[824]. Riesenfeld und Mau[818] leiteten Kohlensäure in eine Suspension von Natriumperoxyd in Alkohol und gelangten zu den Percarbonaten Na_2CO_4 und $Na_2C_2O_6$. Auf genau dieselbe Arbeitsweise wurde L. Schwedes einige Jahre später ein DRP. 324869 erteilt. Es wird in auf -5^0 gekühlten Alkohol Natriumperoxyd sorgsam eingetragen, wobei die Temperatur nicht über 10 bis 12^0 steigen darf, dann unter ständigem Umrühren Kohlensäure eingeleitet, der Brei von flockigem Percarbonat abgesaugt und getrocknet. Durch den Wegfall des Wassers ist nicht nur die Hydrolisierung vermieden, sondern sind auch die starken Sauerstoffverluste beim Trocknen ausgeschaltet. Bei einer Ausbeute von 90% ist das fertige Produkt sehr stark mit Natriumcarbonat infolge ungenügender Umsetzung verunreinigt. Beim weiteren Einleiten von Kohlensäure wird das Produkt wohl reicher an Percarbonat, die Ausbeute sinkt jedoch auf 75%. Das Verfahren ist auch nicht ungefährlich, da durch Überhitzung eine Entzündung oder Explosion des Alkohols vorkommen kann.

Die von A. Blankart (l. c. S. 22, S. 23) beschriebene Darstellung aus Phosgen und Natriumperoxyd verläuft nach der Gleichung

$$COCl_2 + 2\,Na{-}OO{-}Na = 2\,NaCl + CO{\Big\langle}{\begin{matrix}OO{-}Na\\ONa\end{matrix}} + \frac{O_2}{2}.$$

Diese Darstellung besitzt jedoch nur rein theoretisches Interesse, da sie in Analogie zur Bildung von Caroscher und Perschwefelsäure aus Chlorsulfonsäure und Wasserstoffperoxyd Aufschluß über die Konstitution des Percarbonats gibt.

Die Percarbonate sind von nur geringer Haltbarkeit, sie verlieren ohne Stabilisatoren innerhalb einiger Monate rund 50% ihres aktiven Sauerstoffes. Wie Riesenfeld und Mau[818] sowie Blankart[822] (l. c. S. 36 bis 38) festgestellt haben, gehen die Percarbonate bei ihrem Zerfall zunächst in Carbonatperhydrate über, wie sich aus dem Verlauf der Zersetzungskurve und den Reaktionen auf Additionsverbindungen zeigt. Von Wasser und Feuchtigkeit der Luft werden sie zersetzt, welche Erscheinung durch Temperaturerhöhung um 10^0 auf das Doppelte beschleunigt wird.

Sehr wesentlich ist für die Herstellung von Percarbonaten wie allgemein für viele feste Perverbindungen (Perborate, -phosphate) die Reinheit der Ausgangsmaterialien. Selbst sehr geringe Mengen von Verunreinigungen, die durch katalytische Einwirkung zersetzend wirken, vermindern die Ausbeute und darüber hinaus die Haltbarkeit ganz beträchtlich. Im allgemeinen wird diesem Umstande durch Umkristallisieren der Ausgangsstoffe Rechnung getragen. Jedoch sind bereits Mengen von Katalysatoren, namentlich von Schwermetallen, schädlich, die unterhalb der analytischen Nachweisbarkeit liegen. Vor allem handelt es sich um die Verbindungen des Eisens, Mangans, Kupfers, Bleies und eventuell bei der Herstellung von Wasserstoffperoxyd, Persulfat, -borat und -phosphat um Spuren von Platin. Nach dem Verfahren der Scheideanstalt[825] wird die schädliche Wirkung der in der Soda enthaltenen Verunreinigungen durch Glühen der Soda vor der Verwendung oder durch Zusatz von Antikatalysatoren, wie Natriumsilikat, Magnesiumchlorid, Natrium-Magnesiumsilikat, oder beider gemeinsam ausgeschaltet. Auch der Zusatz von Gummi arabicum wurde für diesen Zweck schon vorgeschlagen[826]. F. Noll[827] gibt den Lösungen der Ausgangsstoffe bereits mehrere Tage vor Vornahme der Reaktion einen Zusatz von Fällungsmitteln für Schwermetalle, wie Alkalisilikate, wobei das Alkalidisilikat besonders wirksam sein soll.

Sehr interessant ist das Verfahren von Henkel u. Cie.[828], wonach die geringen Katalysatorenmengen durch Adsorption mit Silikagel entfernt werden. Dabei wird so vorgegangen, daß man die Soda- oder Boraxlösung, die zur Herstellung von Perverbindungen dienen soll, vor der Kristallisation mit dem Silikagel unter Rühren aufkocht. Es genügen 2 kg Silikagel für 1 cbm Lösung. In der Kälte dauert der Adsorptionsprozeß wesentlich länger. Das gebrauchte Silikagel läßt sich durch Auswaschen, Säurebehandlung und nachfolgende Erhitzung regenerieren.

Von A. Blankart[822] (l. c. S. 45 bis 52) wurde festgestellt, daß Tannin Percarbonate gut zu stabilisieren vermag, aber auch nur dann, wenn es nicht durch nachträgliche Zumischung, sondern durch innige Vermischung während des Herstellungsganges in die Perverbindung eingebracht wurde. Jedoch auch auf diese Weise ließ sich bei den Percarbonaten die Haltbarkeit nur verdoppeln, da noch immer 10% Verlust des Anfangsgehaltes des aktiven Sauerstoffes in einem Monat gegenüber 20 bis 25% im nicht stabilisierten Zustande gefunden wurden. Die echten Percarbonate sind daher wegen ungenügender Beständigkeit für technische Zwecke nur wenig geeignet. Ungleich wichtiger sind die Perhydratcarbonate, die auch wesentlich haltbarer sind. Diese könnten in Zukunft, falls ihre Haltbarkeit noch weiter verbessert werden könnte, recht aussichtsreich werden, da sie billiger sind als z. B. Perborat (siehe S. 284).

Literaturverzeichnis.

[818] Ber. Dtsch. chem. Ges. 44, 3595, 1914. — [819] DRP. 91 612. — [820] Ber. Dtsch. chem. Ges. 41, 280, 1911. — [820a] DRP. 145 746. — [821] DRP. 188 569. — [822] Dissertation, Techn. Hochschule Zurich, 1922. — [823] DRP. 178 019. — [824] Ber. Dtsch. chem Ges. 41, 280, 1911; DRP. 198 369. — [825] DRP. 347 693. — [826] DRP. 425 598. — [827] DRP. 423 754. — [828] DRP. 485 121.

G. Die echten Perphosphorsäuren und Perphosphate.

Es gibt echte Perphosphorsäuren, die sich von der Ortho-, bzw. Pyrophosphorsäure und vom Wasserstoffperoxyd ableiten, nämlich die Phosphormonopersaure H_3PO_5 und die Perphosphorsäure $H_4P_2O_8$, die vollkommen analog der Sulfomonopersäure und Perschwefelsäure konstituiert ist[46,398] (s. S. 87). Eine perphosphorige Säure erwähnten Gleu und Hubold[830].

Neben diesen echten Perphosphorsäuren und ihren Salzen, den Perphosphaten, kennt man auch noch eine ganze Reihe von aktiven Sauerstoff enthaltenden Phosphaten, die bloß Kristallhydroperoxyd enthalten, also als Phosphatperhydrate zu bezeichnen sind. Beide Arten von Verbindungen werden häufig trotz ihrer großen Unterschiede zu Unrecht unter dem Begriff „Perphosphate" zusammengefaßt, im vorliegenden Kapitel sollen jedoch nur die echten Perphosphate behandelt werden. Diese sind durch die unmittelbare Bindung der —OO—-Brücke an einen oder zwei Phosphorsäurereste charakterisiert. Die Überphosphorsäure erhält man in geringen Mengen aus Pyrophosphorsäure durch Einrühren von 30%igem Wasserstoffperoxyd, die Phosphormonopersäure durch vorsichtige Behandlung von Phosphorpentoxyd mit 30%igem Wasserstoffperoxyd nach der Gleichung $P_2O_5 + 2\,H_2O_2 = H_2O + 2\,H_3PO_5$.

Fr. Fichter und J. Müller[830a] versuchten die Darstellung der echten Perphosphate durch elektrolytische Oxydation. In ganz ähnlicher Weise wie bei der Persulfatbildung verwendeten sie Kalium- oder Ammoniumphosphatlösungen als Elektrolyten, Platinanoden und Bleikathoden und setzten zur Erhöhung der Stromausbeute Fluoride sowie zur Verminderung der kathodischen Reduktion Chromat zu. Aus konzentrierten Lösungen von K_2HPO_4 wurden auf diese Weise an der Anode, an welcher während der Elektrolyse dauernd Ozon entwich, Verbindungen erhalten, welche die für die echten Perphosphate von Schmiedlin und Massini angegebenen charakteristischen Reaktionen gaben: Bildung von Übermangansäure aus Mangansulfat, Auftreten des Geruches von Nitroso- oder Nitrobenzol beim Schütteln mit Anilinwasser in saurer Lösung und Fällung eines vorerst schwarzen, dann gelb werdenden Niederschlages mit Silbernitratlösung. Die in der Lösung enthaltenen Salze der Phosphormonopersäure und der Überphosphorsäure sind von verschiedener Beständigkeit. Während die Lösung der Salze der Phosphormonopersäure bei Zimmertemperatur sich dauernd unter Sauerstoffentwicklung zersetzt und innerhalb 24 Stunden ihren aktiven Sauerstoff vollkommen verliert, bewahrt die nach diesem Zerfall zurückbleibende Lösung, das Kaliumperphosphat, ihren Oxydationswert bei Zimmertemperatur wochenlang unverändert bei. Die günstigste Zusammensetzung des Elektrolyten lag bei einer 2molaren Lösung von K_2HPO_4 (348 g/l) und einem Zusatz von 232,4 g Kaliumfluorid/l und 0,32 g K_2CrO_4/l. Für die Darstellung von Ammoniumperphosphaten wurde als günstigste Badzusammensetzung eine solche zwischen $(NH_4)_2HPO_4$ und $(NH_4)_3PO_4$ gefunden. Die Ausbeuten waren aber ungleich geringer als beim Kaliumsalz. Noch schlechter sind sie beim Natrium, wozu noch die geringe Löslichkeit vom Natriumfluorid und Na_2HPO_4 in kaltem Wasser kommt. Hingegen verlief ein Versuch mit Dirubidumphosphat sehr gut. Eine freie Phosphorsäure ergab nach Zusatz von Flußsäure Ozongeruch an der Anode, aber die Lösung schied nach beendeter Elektrolyse kein Jod aus Kaliumjodidlösung aus.

Nach weiteren Untersuchungen von F. Fichter und A. Rius y Miro[831] muß für eine gute Ausbeute an Perphosphat bei der Elektrolyse in konzentrierten Lösungen ein Verhältnis von mindestens zwei Äquivalenten Base auf ein Molekül Phosphorsäure vorhanden sein. Der Anteil an Phosphormonopersäure wächst mit steigender Stromdichte mit abnehmender Gesamtkonzentration und mit abnehmender Alkalität. Im günstigsten Fall wurde eine 64%ige Stoffausbeute erhalten, wovon 7% auf das Salz der Phosphormonopersäure kamen. Im

Verlaufe der Elektrolyse sinkt die Stromausbeute. Weiters wurde durch Potentialmessungen einer arbeitenden Elektrode gefunden, daß der Zusatz von Kaliumfluorid nur bei Stromdichten über 0,05 Amp/qcm potentialerhöhend wirkt, während bei der praktisch angewendeten Stromdichte von 0,02 bis 0,03 Amp/qcm im Gegenteil eine Potentialerniedrigung stattfindet. Beim Ein-dampfen der perphosphatreichen Lösung wird $K_4P_2O_8$ Tetrakaliumperphosphat in Form von Kriställchen erhalten, die beim Lösen in Wasser alkalisch reagieren, aber aus Kaliumjodiden kein Jod ausscheiden. Eine Jodausscheidung erfolgt auch nach dem Ansauren selbst beim Erwarmen nur sehr langsam. Die alkalische Lösung des Kaliumperphosphats fällt aus den Lösungen von Mangan-, Kobalt-, Nickel- und Bleisalzen die entsprechenden höheren Oxyde. Angesäuertes Anilin-wasser gibt den Geruch von Nitroso- oder Nitrobenzol, Indigolösung wird ent-färbt, jedoch tritt keine der Reaktionen des Wasserstoffperoxyds mit Chrom-, Titan- oder Übermangansäure auf. Ebensowenig wird Magnesiamixtur gefällt. Dagegen entsteht in einer stark schwefelsauren, verdünnten Mangansulfatlösung nach einigen Stunden eine violette Färbung. Diese Reaktion wird durch Eisen-, Nickel- und Bleisalze beschleunigt. Das feste Kaliumperphosphat $K_4P_2O_8$ ist sehr bestandig. Es eignet sich aber viel weniger zur Durchführung von Oxyda-tionen als ein Persulfat. In stark saurer Lösung verwandelt sich Perphosphorsäure freiwillig im Verlaufe von etwa 2 Tagen analog zur Perschwefelsäure in Phos-phormonopersaure und Phosphorsäure. Die Phosphormonopersäure zerfällt in saurer Lösung ebenfalls, aber langsamer als in alkalischer Lösung, in Phosphor-säure und Wasserstoffperoxyd.

Zur Erklärung der Bildung von Perphosphaten nehmen F. Fichter und E. Gutzwiller[832] an, daß sie nach Art der Persulfatbildung als eine Oxydation durch den anodischen Sauerstoff aufzufassen ist:

$$2\,K_2HPO_4 + O = K_4P_2O_8 + H_2O, \text{ bzw. } 2\,PO_4''' + 2 \oplus = P_2O_8''''.$$

Die Hydrolyse der Perphosphate verläuft leichter als jene der Persulfate. Die Bildung von Perphosphaten aus Pyrophosphaten an der Anode mit Fluor wird am einfachsten als Oxydation, verlaufend nach $K_4P_2O_7 + O = K_4P_2O_8$, parallel der Bildung von Persulfaten durch Oxydation von Pyrosulfaten und der Oxyda-tion von Pyroschwefelsäure durch Ozon erklärt.

Perphosphate entstehen weiters bei der Einwirkung von Fluor auf wäßrige Losungen von Dinatriumphosphat und Natriumpyrophosphat[833]. Perphosphor-saure wird auch bei der Reaktion von $POCl_3$ mit 30%igem Wasserstoffperoxyd bei 0^0 gebildet[834].

Die Elektrolyse von Phosphorsaure, Lithium-, Natrium- oder Talliumphosphat fuhrt nicht zu Perphosphaten, hingegen schon jene von K_2HPO_4, Rb_2HPO_4, Cs_2HPO_4 und $(NH_4)_2HPO_4$. Bei der Einwirkung von Wasserstoffperoxyd auf die meisten Alkali- und Erdalkaliphosphate entstehen keine Perphosphate, sondern definierte, kristallisierte, wasserstoffperoxydhaltige Phosphatperhydrate, die in einem gesonderten Kapitel behandelt werden (s. S. 302).

$K_4P_2O_8$ wird beim vorsichtigen Eindampfen einer elektrolytisch erhaltenen Perphosphatlosung erhalten. Reaktionen s. oben. $(NH_4)_4P_2O_8$ kann nur als Lösung erhalten werden. Es erleidet einen inneren Zerfall, indem das NH_4-Ion oder das elektrolytisch abgespaltene NH_3 durch das Peroxyd oxydiert wird.

Es entstehen Ozon, Sauerstoff und Diammoniumphosphatkristalle. Enthält die zerfallende Lösung überschüssiges Ammoniak, so bildet sich reichlich Nitrit und wenig Nitrat, ist sie ammoniumarm, so wird mehr Nitrat als Nitrit nachgewiesen.

$Ba_2P_2O_8 \cdot 4\,H_2O$. **Bariumperphosphat.** Aus Kaliumperphosphatlösungen und Bariumchloridlösungen. Weißer, mikrokristalliner Niederschlag, wenig löslich in Wasser, leichter löslich in Essigsäure und leicht löslich in Salpeter- und Salzsäure.

$Zn_2P_2O_8 \cdot 4\,H_2O$. Das Zinkperphosphat entsteht aus Kaliumperphosphat und Zinksulfat. Weißer, mikrokristalliner Niederschlag, wenig löslich in Wasser.

$Pb_2P_2O_8$, **Bleiperphosphat.** Aus Kaliumperphosphat und Bleinitrat. Schwerer, weißer, mikrokristalliner Niederschlag, sehr wenig löslich in Wasser, leicht löslich in heißer, verdünnter Salpetersäure.

$Ag_4P_2O_8$, **Silberperphosphat.** Entsteht durch Fällung einer $^1/_2$normalen Kaliumperphosphatlösung mit einer zirka $^1/_2$normalen Silbernitratlösung bei —15 bis —18⁰ unter Verwendung einer gesättigten Ammonnitratlösung statt Wasser als Lösungsmittel. Hell graubrauner Niederschlag, nur ganz kurze Zeit haltbar. Es zersetzt sich schon bei —9⁰ nach der Gleichung

$$6\,Ag_4P_2O_8 + 6\,H_2O = 8\,Ag_3PO_4 + 4\,H_3PO_4 + 3\,O_2.$$

Aus einer Ammoniumperphosphat- und Silbernitratlösung entsteht ein schwarzer Niederschlag, der sich sofort unter Sauerstoffentwicklung verfärbt und bald rein gelb wird. Weder die Perphosphorsäuren noch die Perphosphate besitzen technisch eine Bedeutung.

Literaturverzeichnis.

[830] Ztschr. anorgan. allg. Chem. **223**, 305, 1935. — [830a] Helv. chim. Acta I, 297, 1919; Chem. Ztrbl. 1919 I, 335. — [831] Helv. chim. Acta **2**, 3, 1919; Chem. Ztrbl. 1919 I, 986. — [832] Helv. chim. Acta **11**, 323, 1928; Chem. Ztrbl. **1928** I, 2918. — [833] Helv. chim. Acta **10**, 551, 1927. — [834] Sved Husain und J. R. Partington: Trans. Faraday Soc. **24**, 235, 1928; Chem. Ztrbl. 1928 II, 136.

H. Andere echte Persäuren und Persalze.

Wie bereits erwähnt, kommt besonders den Metallen der IV. bis VI. Gruppe des periodischen Systems der Elemente die Fähigkeit zu, mit Wasserstoffperoxyd Persäuren zu bilden, die ihrerseits wieder Salze zu bilden vermögen. Sie besitzen durchgehends nur ein rein wissenschaftliches Interesse. Einige von ihnen zeichnen sich durch besonders charakteristische Färbungen aus, so daß sie sich sehr gut zum Nachweis von Wasserstoffperoxyd oder der Metalle selbst eignen.

Eine freie Perborsäure konnte noch nicht dargestellt werden. Nach Pissarjewski[835] scheint sie nur in ätherischer Lösung existenzfähig zu sein. Auf Grund von Verteilungsversuchen von Perboratlösungen gegen Amylalkohol konnte K. Menzel[836] die scheinbare Dissoziationskonstante der Perborsäure zu etwa $1,7 \cdot 10^{-8}$ ermitteln, die demnach eine stärkere Säure als die Borsäure selbst sein dürfte. Ihre Salze, die echten Perborate, besitzen im Gegensatz zu den Perhydratboraten keine technische Bedeutung. Bekannt ist das durch Alkoholfällung erhaltene Ammoniumperborat $NH_4BO_3 \cdot H_2O$ von Constam und Bennet[404], das ohne Zersetzung in wasserfreiem Zustand erhalten werden konnte.

Menzel[405] hält jedoch eine Zusammensetzung $NH_4BO_3 \cdot 0,5 \, H_2O$ für wahrscheinlicher. Girsewald und Wolokitin[406] stellten ein echtes Kaliumperborat $KBO_3 \cdot 0,5 \, H_2O$ und $KBO_3 \cdot 0,5 \, H_2O_2$ aus 6%iger wasserstoffperoxydhaltiger Kaliummetaboratlösung durch Alkoholfällung her. Von Le Blanc und Zellmann[402] ist auch ein echtes Perborat des Natriums, $NaBO_3$ durch Verreiben von Natriumhydroperoxyd $NaOOH$ mit Borsäure dargestellt worden. Diese Verbindungen machen aus Kaliumjodidlösungen kein Jod frei.

Peraluminate der Alkalien und Erdalkalien der Formel $K_2O \cdot O \cdot Al_2O_3 \cdot 8 \, H_2O$; $K_2O \cdot 2 \, O \cdot Al_2O_3 \cdot 8 \, H_2O$; $Na_2O \cdot O \cdot Al_2O_3 \cdot 8 \, H_2O$; $Na_2O \cdot 2 \, O \cdot Al_2O_3 \cdot 8 \, H_2O$ wurden von J. Prasek[837] durch Zusatz von Wasserstoffperoxyd zu Alkalialuminatlösungen erhalten. Die Verbindungen $LiO_2 \cdot 2 \, O \cdot 2 \, Al_2O_3 \cdot 28 \, H_2O$: $LiO_2 \cdot 4 \, O \cdot 4 \, Al_2O_3 \cdot 25 \, H_2O$; $MgO \cdot 2 \, O \cdot Al_2O_3 \cdot 10 \, H_2O$; $CaO \cdot 2 \, O \cdot Al_2O_3 \cdot 10 \, H_2O$; $SrO \cdot 2 \, O \cdot Al_2O_3 \cdot 10 \, H_2O$; $BaO \cdot 2 \, O \cdot Al_2O_3 \cdot 20 \, H_2O$ konnten durch Mischen einer Lösung, die Metallchlorid und Wasserstoffperoxyd enthält, mit einer Erdalkalialuminatlösung gewonnen werden. Die Verbindungen $4 \, CaO \cdot 2 \, O \cdot Al_2O_3 \cdot 15 \, H_2O$, $3 \, SrO \cdot 2 \, O \cdot Al_2O_3 \cdot 20 \, H_2O$, $3 \, BaO \cdot 2 O \cdot Al_2O_3 \cdot 20 \, H_2O$ wurden durch Schütteln der Peroxyde mit Wasser dargestellt, das mit den entsprechenden Oxyden der Erdalkalimetalle gesättigt war. Sie stellen weiße amorphe, in Wasser lösliche Pulver dar, ausgenommen das Lithiumperaluminat. Durch Wasser werden sie zu den Peroxydhydraten und Aluminiumhydroxyd hydrolisiert. A. Terni[838] erhielt jedoch bei seinen Versuchen zur Darstellung von Peraluminaten keine analysereinen Produkte, so daß die Formulierung der von Prasek[837] erhaltenen Produkte als definierte Verbindungen nicht wahrscheinlich ist.

Daß die Peroxydhydrate des Titans, Zirkons, Hafniums und Thoriums (IV. Nebengruppe des periodischen Systems) sowie des Cers eigentlich als Persäuren aufzufassen sind, ist bereits auf S. 238 erwähnt worden. Tatsächlich geben Titan- und Zirkonperoxydhydrat mit Alkalien und überschüssigem Wasserstoffperoxyd Alkali-, z. B. Kaliumpertitanat, bzw. -perzirkonat (Melikoff und Pissarjewski[839]). Diesen Verbindungen kommen nach Schwarz und Giese[49] die Formeln $K_4TiO_8 \cdot 6 \, H_2O$ bzw. $K_4ZrO_8 \cdot 6 \, H_2O$ zu. Sie stellen die Kalisalze einer Tetraperoxytitan- bzw. -zirkonsäure $Me(OOK)_4 \cdot 6 \, H_2O$ dar. Von Hafnium und Thorium sind keine derartigen Salze bekannt. Die freien Säuren sind meist nur in Form einer Monoperoxysäure $Me(OOH)(OH)_3$ beständig, wie solche bereits vom Titan, Zirkon, Hafnium und Cer auf S. 238 beschrieben sind. Das Thorium bildet ein sauerstoffreicheres Produkt, wahrscheinlich von der Zusammensetzung $Th_2O_7 \cdot 4 \, H_2O$, dessen Konstitution auf S. 239 angegeben ist.

Die Übertitansäure bildet auch mit organischen Basen, wie Aminen, Salze, die meist gelb gefarbt sind und sehr zersetzliche Pulver darstellen[840]. Salze eines zwischen ThO_2 und Th_2O_7 liegenden unbestimmten Peroxyds werden nach T. Droßbach[841] aus Auflösungen von Th_2O_7 in Säuren und Eindampfen erhalten. Das beim Glühen hinterbleibende Thoriumoxyd eignet sich besonders gut für Glühkörper.

Von den Elementen der IV. Hauptgruppe des Periodischen Systems ist außer dem Kohlenstoff die Darstellung von echten Persalzen beim Silizium bisher noch nicht gelungen.

Die von Spring[842] dargestellte, als $H_2Sn_2O_7$ bezeichnete Verbindung sowie die von Tanatar[843] erhaltene Perzinnsäure $H_2Sn_2O_7 \cdot 3 \, H_2O$ wurden durch Einwirkung von 30%igem Wasserstoffperoxyd auf frisch gefällte abgepreßte Zinnsäure dargestellt. Die von Tanatar fernerhin beschriebenen Verbindungen $KSnO_4 . 2 H_2O$ bzw. $NaSnO_4$, die als Kalium- bzw. Natriumperstannat bezeichnet wurden und welche durch Einwirkung von Wasserstoffperoxyd auf Kalium- bzw. Natriummetastannat entstanden sind, entsprechen nicht dieser Zusammensetzung, sondern haben nach R. Schwarz und H. Giese[844] die Zusammensetzung $K_2Sn_2O_7 . 3 H_2O$ bzw. $Na_2Sn_2O_7 . 3 H_2O$.

Ohne besondere Schwierigkeiten gelingt beim Germanium die Darstellung definierter Persalze. So fällt beim Versetzen einer konzentrierten Lösung von Kaliummetagermanat bei 0^0 mit 30%igem H_2O_2 ein weißer, fein kristallinischer Niederschlag der Zusammensetzung $K_2Ge_2O_7 . 4 H_2O$ aus, dessen Konstitution

einer Peroxydigermaniumsäure entspricht: $\begin{array}{c} O=Ge-OOH \\ \diagdown O \\ O=Ge-OOH \end{array}$ [844]. Das Natriumsalz wird auf ähnliche Weise gewonnen, es ist aber nicht so gut kristallisiert. Aus dem Filtrat der Natriumpergermanate kann durch Alkohol ein Salz $Na_2Ge_2O_5 \cdot 4 H_2O$ erhalten werden, das man sich durch Hydrolyse des ursprünglich verwendeten Natriumgermanats nach $2 Na_2GeO_3 + H_2O = Na_2Ge_2O_5 + 2 NaOH$ entstanden denken kann. Die Zusammensetzung des Natriumpergermanats entspricht der Pergermaniumsäure $O=Ge\diagup^{OOH}_{\diagdown OOH}$, also einer Diperoxygermaniumsäure.

Beim Blei gelingt die Darstellung von den Pergermanaten und Perstannaten ähnlichen Verbindungen nicht.

Auf die für analytische Zwecke in Betracht kommende Bildung von Pervanadinsäure ist bereits auf S. 50 eingegangen worden. Von Niob sind Alkalisalze R_3NbO_8 bekannt, die durch Zusatz von überschüssigem Wasserstoffperoxyd zu alkalischen Niobatlösungen, Zusatz des gleichen Volumens Alkohol, Filtrieren und Waschen mit Alkohol und Äther als weiße Pulver erhalten werden[845]. Beim Versetzen von $K_4Nb_2O_{11} \cdot 3 H_2O$ mit verdünnter Schwefelsäure entsteht die freie Perniobsäure $HNbO_4 . n H_2O$, die ein gelbes amorphes Pulver darstellt (Melikoff und Pissarjewski[846]). A. Sieverts und E. L. Müller[847] schreiben aber dem Kalisalz der Perniobsäure die Zusammensetzung $K_3NbO_8 . 0,5 H_2O$ zu. Durch allmählichen Zusatz von Säuren unter Kühlung und nachfolgender Dyalyse kann die aus dem Kalisalz in Freiheit gesetzte Perniobsäure auch in kolloidaler Form erhalten werden. Die gelben Niobsäuren $Nb(OH)_6$, bzw. $Nb_2O_5 . H_2O_2 . 5 H_2O$ werden durch Zersetzung von Kaliumniobperoxyfluorid mit Schwefelsäure erhalten und stellen Anlagerungsverbindungen dar[848].

Tantal bildet die Pertantalate K_3TaO_8 und $K_3TaO_8 . 0,5 H_2O$, aus welchen durch Zusatz von verdünnter Schwefelsäure oder aber auch durch Versetzen von Tantalsäure mit 30%igem H_2O_2 die Pertantalsäure als weiße, feinpulverige Substanz gewonnen werden kann[847].

Die Gewinnung von primären Perarseniaten der alkalischen Erden durch Verdampfen der Lösungen ihrer Peroxyde in überschüssiger konzentrierter Arsensäure im Vakuum und gelindem Erwärmen beschreibt S. Askenasy[848], jedoch scheint die Bildung von Perarsenaten noch fraglich zu sein.

Über die Metallpersäuren des Chroms, Molybdäns, Wolframs und Urans ist bereits eingehend in Abschn. V, S. 49, berichtet worden. Diese Ausführungen wären noch durch den Hinweis auf Versuche von S. A. Raynolds und J. H. Reedy[849] zu ergänzen, die durch Einwirkung von 30%igem H_2O_2 auf eine gesättigte Calciumchromatlösung ein rotes Calciumperchromat der Formel $Ca_3Cr_2O_{12} \cdot 12\,H_2O$ erhielten.

Das Natriumsalz der Perchromsäure $Na_6Cr_2O_{16} \cdot 28\,H_2O$ kann durch Einwirkung von Natriumperoxyd auf eine Paste von Chromhydroxyd gewonnen werden. Wird die Lösung von Chromsäure in Methyläther bei -30^0 mit 97%iger Wasserstoffperoxydlösung behandelt, so scheiden sich blaue Kristalle aus, die vermutlich Perchromsäure darstellen[850].

Beim Einleiten von Fluor in eine Lösung von Ammoniummolybdat wird mit maximal 14%iger Ausbeute Permolybdänsäure gebildet[90]. Nach Erreichung einer gewissen Konzentration beginnt bei der weiteren Einwirkung von Fluor wieder Zersetzung. Bei der Bildung von Pervanadinsäure durch Reaktion von Fluor mit einer Lösung von Ammoniummetavanadat in Schwefelsäure sind die Ausbeuten noch schlechter. Beim Versetzen einer nahezu gesättigten Lösung von Na_2MoO_4 mit 30%igem H_2O_2 bei 0^0 und Verdunstenlassen entsteht Na_2MoO_8. Bei Zimmertemperatur zerfällt dieses langsam, wobei die Zerfallsgeschwindigkeit erst wieder Null wird, wenn das rote Salz gelb geworden ist und die Zusammensetzung Na_2MoO_6 vorliegt[851].

Beim Vermischen einer wäßrigen Nitritlösung mit angesäuertem Wasserstoffperoxyd entsteht die Persalpetersäure HNO_4 (Raschig[852]). J. D'Ans[853] stellte sie in wasserfreier Form aus 100%igem H_2O_2 und N_2O_5 als intensiv nach Chlorkalk riechende, sehr explosive und zersetzliche Substanz her. Sie ist bisher nur in Form der freien Säure bekannt geworden. F. Fichter und E. Brunner[854] konnten die Persalpetersäure auch durch Behandeln einer eisgekühlten, 2%igen Natriumnitritlösung mit Fluorgas erhalten. Sie vermag augenblicklich aus einer Kaliumbromidlösung Brom in Freiheit zu setzen und gibt mit einem Tropfen Anilin eine dunkelbraune Fällung. Aus salpetersaurer Lösung erzeugte Fluor Dinitrylperoxyd $O_2N.OO.NO_2 = N_2O_6$, das durch Wasser in zwei Reaktionsstufen zu Salpetersäure und Wasserstoffperoxyd hydrolysiert wird. Auf diesen Reaktionsmechanismus wies bereits I. Trifonow[855] hin, wonach die Bildung der Persalpetersäure aus Nitrit und Wasserstoffperoxyd nach der Gleichung $2\,HNO_2 + 3\,H_2O_2 + (n-1)\,H_2O = N_2O_6 \cdot n\,H_2O + 3\,H_2O$ verläuft. Die Persalpetersäure soll sich also von einer Dipersäure ableiten, wobei folgendes Strukturschema für die Bildung in Betracht kommen könnte:

$$\begin{array}{cccccc}
\text{O---H} & \text{HO---NO} & & \text{O---NO(H_2O_2)} & & \text{O---NO}_2 \\
| & + & \rightarrow & | & \rightarrow & | \quad . \\
\text{O---H} & \text{HO---NO} & & \text{O---NO(H_2O_2)} & & \text{O---NO}_2
\end{array}$$

In wäßriger Lösung zerfällt dann N_2O_6 hydrolytisch nach

$$\begin{array}{ccc}
\text{O---NO}_2 & \text{H} & \\
| & + & = HO.NO_2 + HO.O.NO_2, \\
\text{O---NO}_2 & \text{OH} &
\end{array}$$

so daß sich erst sekundär die Säure mit der Raschigschen Formel HNO_4 bildet, die dann weiter der Hydrolyse unterliegt: $HOO.NO_2 + HOH = H_2O_2 + HNO_3$. Benzol bildet mit Persalpetersäure o-Nitrophenol.

Nach E. Gleu und E. Roell[857] soll bei der Einwirkung von Ozon auf Alkaliazide persalpetrige Säure der wahrscheinlichen Formel O=N—OOH, die der Salpetersaure isomer ist, entstehen. K. Gleu und R. Hubold[830] hielten auch die Persalpetersäure Raschigs für persalpetrige Säure.

Zur Erklärung der Reduktion von Kaliumpermanganat in saurer Lösung mit Wasserstoffperoxyd ist auch angenommen worden, daß sich als intermediäres Zwischenprodukt eine sehr labile, noch höhere Per-Permangansäure bildet, die dann äußerst rasch in Mangansulfat und Sauerstoff zerfällt.

Eine freie Perselensäure konnte noch nicht dargestellt werden. R. Le. Geyt Worsley und H. D. Baker[858] berichten, daß Selentrioxyd und Chlorselensäure $HClSeO_3$ mit Wasserstoffperoxyd unter Bildung eines Perselenates zu reagieren scheine, das mit alkoholischer Benzidinlösung blaue Färbungen ergibt. Ein Kaliumsalz der Perselensäure ist von Dennis und Brown[859] dargestellt worden.

Literaturverzeichnis.

[835] Ztschr. physikal. Chem. **43**, 170, 1903. — [836] Ebenda **105**, 405, 421, 431, 1923. — [837] Chem. Ztrbl. **1931** I, 1423. — [838] Chem. Ztrbl. **1912** II, 806. — [839] Chem. Ztrbl. **1898** I, 1161; **1901** I, 86. — [840] E. Kurowski u. L. Nissenmann: Ber. Dtsch. chem. Ges. **44**, 224, 1911. — [841] DRP. 117755. — [842] Bull. Soc. chim. France (3), 1, 180, 1889. — [843] Ber. Dtsch. chem. Ges. **38**, 1185, 1905. — [844] Ber. Dtsch. chem. Ges. **63**, 781, 1930. — [845] C. W. Balke u. E. F. Smith: Journ. Amer. chem. Soc. **30**, 1656, 1908. — [846] Ztschr. anorgan. allg. Chem. **20**, 341, 1899. — [847] Ebenda **173**, 297, 1928. — [848] R. D. Hall u. E. F. Smith: Proceed. Amer. Phil. Soc. 14, 209, 1905; Journ. Amer. chem. Soc. 27, 1400, 1905. — [848a] DRP. 296796, 299300. — [849] Journ. Amer. chem. Soc. **52**, 1851, 1930; Chem. Ztrbl. **1930** II, 1681. — [850] T. N. Ridley: Chem. News **127**, 81, 1923; Chem. Ztrbl. **1923** III, 1206. — [851] N. J. Kobesow u. N. N. Sokelow: Ztschr. anorgan. allg. Chem. **214**, 321, 1934. — [852] Ber. Dtsch. chem. Ges. **40**, 4585, 1907; Ztschr. anorgan. allg. Chem. **20**, 694, 1899. — [853] Ztschr. Elektrochem. **17**, 850, 1911. — [854] Helv. chim. Acta 12, 305, 1929; Chem. Ztrbl. **1929** II, 2871. — [855] Ztschr. anorgan. allg. Chem. **124**, 123, 1922. — [857] Ebenda **179**, 233, 1929. — [858] Journ. chem. Soc. London **123**, 2870, 1923; Chem. Ztrbl. **1924** I, 542. — [859] Journ. Amer. chem. Soc. **23**, 358, 1901; Chem. Ztrbl. **1901** II, 263.

XX. Organische Perverbindungen.

(Patentliteraturzusammenstellung S. 375.)

Die große Mannigfaltigkeit der organischen Verbindungen spiegelt sich deutlich auch in jenen Körpern wieder, die in ihrem Molekül das Hydroperoxydradikal —OO— eingebaut enthalten. Sie leiten sich also ebenso wie die anorganischen Perverbindungen vom Stammkörper, dem Wasserstoffperoxyd ab, aus welchem sie durch Ersatz eines oder beider Wasserstoffatome hervorgehen. Durch Austausch eines H-Atoms durch einen Alkyl- oder Arylrest entstehen die Alkyl- bzw. Arylhydroperoxyde, durch weitere Radikaleinführung die entsprechenden Peroxyde. Das gleiche gilt hinsichtlich der Oxyalkyl-, Oxyaryl-, Äthylen-, Alkylen-, Arylen-, Ketonhydroperoxyde oder Peroxyde usw. Die Persäuren werden wie die anorganischen Persäuren durch Austausch eines H-Atoms des H_2O_2 durch einen Acylrest R.CO.OOH, die Acylperoxyde durch Ersatz beider H-Atome des HOOH durch Säurereste erhalten: RCO.OO.COR.

Die organischen Perverbindungen sind den anorganischen an Zahl wohl weit überlegen, erreichen aber nicht im entferntesten deren technische oder praktische Bedeutung. Vom wissenschaftlichen Standpunkte aus sind sie besonders wegen ihrer Beziehungen zu biologischen Oxydationsvorgängen von Interesse, da sowohl die Assimilationsprozesse als auch die Dissimilationsvorgänge mit größter Wahrscheinlichkeit über primär gebildete, sehr labile Perverbindungen, namentlich Peroxyde, verlaufen dürften. Die leichte Zersetzlichkeit der organischen Perverbindungen ist häufig einer eingehenderen Untersuchung hinderlich. Das Gebiet ist eigentlich noch nicht hinreichend ausführlich untersucht. An einschlägiger Literatur ist das Buch von A. Rieche, ,,Alkylperoxyde und Ozonide", 1931, Dresden[120], und das Kapitel über Peroxyde in Houbens Methoden der organischen Chemie, 1923, III. Bd., S. 250, bearbeitet von Dr. A. Sonn, erschienen.

Die Darstellung der organischen Perverbindungen erfolgt ausnahmslos nur auf rein chemischem Wege mit Hilfe von Barium-, Natriumperoxyd und deren Hydraten, Wasserstoffperoxyd, Caroscher Säure, Ozon oder Sauerstoff. Zu Alkylperoxyden führen folgende Reaktionen:

1. Alkylierung von Wasserstoffperoxyd,

2. Anlagerung von Alkylradikalen an Sauerstoff,

3. Addition von Sauerstoff, Ozon, atomarem Sauerstoff O, Wasserstoffperoxyd, bzw. Derivaten desselben an ungesättigte Verbindungen, Äthylenderivate, Aldehyde, Ketone.

4. Anlagerung von O, O_2 oder Ozon an ROH oder ROR und Umlagerung der ,,Moloxyde". bzw. ,,Molozonide",

5. Dehydrierung von R—OH-Verbindungen

6. Spaltung von Ozoniden[866].

Die für die anorganischen Perverbindungen ungleich wichtigere elektrolytische Darstellung durch anodische Oxydation ist nicht anwendbar, da, wie schon H. Kolbe im Jahre 1849[860] beobachtete, bei der Elektrolyse von Salzen organischer Säuren, wie Kaliumazetat, an der Platinanode nicht Persäuren, sondern Äthan neben Kohlensäure entsteht. Zur Deutung dieses Vorganges wird heute allgemein angenommen, daß das Acetation an der Anode entladen wird und dann rasch in Äthan und CO_2 zerfällt: $2\,CH_3CO_2' + 2 \oplus \rightarrow C_2H_6 + 2\,CO_2$.

F. Fichter und E. Krummenacker[861] nehmen hingegen an, daß an der Anode primär Peroxyde, bzw. Persäuren der organischen Säuren als Zwischenprodukte entstehen, die erst sekundär weiter zerfallen:

$$RCOOH + O \rightarrow (RCOO)_2 + H_2O \text{ oder}$$

$$RCOOH + O \rightarrow RCOOOH,$$

worauf der Zerfall nach den Gleichungen

$$(RCOO)_2 \rightarrow R.R + 2\,CO_2 \text{ bzw. } \rightarrow RCOOR + CO_2 \text{ bzw. } RCOOOH \rightarrow ROH + CO_2,$$

bei ungesättigten Kohlenwasserstoffen

$$C_nH_{2n+1}.CO.OOH \rightarrow C_nH_{2n} + CO_2 + H_2O$$

vor sich geht. Die Elektrolyse von Salzen gesättigter Fettsäuren führt also zur Kohlenwasserstoffsynthese. Eine Stütze für diese Ansicht ist der bereits mehrmals gelungene qualitative Nachweis von Wasserstoffperoxyd bzw. Persäuren an der Anode. So fand C. Schall[862] bei der Elektrolyse von Kaliummmalonat

5 bis 20 mg H_2O_2. F. Fichter[863] konnte bei der Elektrolyse von Kaliumkapronat mit sehr viel Kapronsäure Dikapronylperoxyd und Kapronpersäure an der Anode isolieren, wobei Fichter annimmt, daß die Kapronpersäure aus dem Dikapronylperoxyd durch Verseifung hervorgegangen ist. F. Fichter und W. Lindenmayer[864] konnten an tief gekühlten Platinanoden und mit Ammoniumacetat und -capronat als Elektrolyt durch das Auftreten von Acetamid indirekt die intermediäre Bildung von Diacetylperoxyd nachweisen. Die Bildung von Peressigsäure konnte von H. Erlenmeyer[865] an der Bildung von CH_3J bei der Verwendung von Kaliumacetat und Jodlösung als Elektrolyt nachgewiesen werden, da Peressigsäure mit Natriumbromid oder -jodid unter Bildung von Alkylbromid reagiert: $CH_3COOOH + HX$ (X = Halogen) $\rightarrow CH_3X + CO_2 + H_2O$.

A. Alkylperoxyde.

Monomethylhydroperoxyd $CH_3.OOH$. Das einfachste organische Peroxyd stellt das Methylhydroperoxyd CH_3OOH dar (Baeyer und Villiger[867], Rieche[868, 120]), das durch Eintropfenlassen von Kalilauge in Wasserstoffperoxyd und Dimethylsulfat unter Rühren und Kühlen erhalten wird. Die Reindarstellung gelingt durch Ausäthern. Es gibt die typischen Peroxydreaktionen mit Kaliumjodid und Titansulfat, jedoch stehen die Oxydationswirkungen hinter denen des Wasserstoffperoxyds zurück. Barium- und Calciumhydroxyd lösen sich in einer konzentrierten wäßrigen Lösung des Monomethylhydroperoxyds glatt auf. Aus der Lösung kann mit Alkohol Bariummethylperoxyd $Ba(OOCH_3)_2$, ein ähnlich stark explosiver Körper als das Quecksilberazid, abgeschieden werden. Bekannt ist auch ein Terephthal-dipersäure-dimethylester $C_6H_4(CO—OO—CH_3)_2$, der die schwach saure Natur des Methylhydroperoxyds erkennen läßt.

Monoäthylhydroperoxyd $C_2H_5.OOH$, wurde zuerst von Baeyer und Villiger[867] aus Diäthylsulfat und Alkali mit einem Überschuß von Wasserstoffperoxyd dargestellt (s. auch Rieche und Hitz[120, 869], S. 23). Es bildet eine farblose, stechend riechende Flüssigkeit, die unter 55 mm Druck bei 41 bis 42° siedet. Sie explodiert nicht mehr so heftig als Monomethylhydroperoxyd. Die Reaktionen mit Kaliumjodid und Titanchlorid verlaufen nicht mehr quantitativ.

E. Kurowski und L. Nissenmann[870] stellten durch Vermischen einer stark gekühlten Lösung von Wasserstoffperoxyd mit Propylamin ein Alkylperoxyd dar, dem sie die Formel $C_3H_7.NH_3.OOH$ gaben. Weitere Alkylhydroperoxyde sind bisher anscheinend nicht bekannt geworden.

Dimethylperoxyd $CH_3.OO.CH_3$. Schon Baeyer und Villiger[867] stellten fest, daß es bei Raumtemperatur ein Gas sein muß. A. Rieche und W. Brunshagen[871] erhielten es dann durch Eintropfen von 40%iger Kalilauge in die Mischung von Dimethylsulfat und Wasserstoffperoxyd. Das Gas sowie die Flüssigkeit sind äußerst explosiv und sehr empfindlich gegen Schlag und Stoß. Der Schmelzpunkt liegt zwischen —100 und —105°, der Siedepunkt bei 740 mm bei 13,5°. Es zeigt wie alle Dialkylperverbindungen nur mehr auffallend schwache Oxydationswirkungen. Aus angesäuerter Kaliumjodidlösung wird z. B. nur mehr sehr wenig Jod frei gemacht.

Diese geringere Oxydationswirkung, die sehr häufig bei disubstituierten Perverbindungen zu beobachten ist, beruht aber wahrscheinlich nicht auf einer

kleineren Oxydationskraft des Peroxydradikals in diesen Körpern, sondern viel
eher auf einer geringeren Reaktionsgeschwindigkeit der Oxydationsreaktion,
stellt demnach ein reines Geschwindigkeitsphänomen dar.

Methyläthylperoxyd $CH_3.OO.C_2H_5$ ist von A. Rieche und Hitz[872]
durch Methylierung von Äthylhydroperoxyd dargestellt worden. Es ist verhältnismäßig leicht rein herzustellen. Es stellt eine farblose, leicht bewegliche
Flüssigkeit dar, die bei 740 mm bei 40⁰ siedet. Die Flüssigkeit ist stoßempfindlich
und explosiv.

Diäthylperoxyd $C_2H_5.OO.C_2H_5$ wurde ebenfalls von Baeyer und Villiger[873] erstmalig durch Schütteln einer Lösung von Wasserstoffperoxyd in
Kalilauge mit Diäthylsulfat hergestellt. Ähnliche Herstellungsweisen verwendeten
auch Strecker[874] und Rieche und Hitz[875]. Es bildet eine farblose Flüssigkeit
von ätherischem Geruch, die bei 740 mm bei 64⁰ siedet. Chemisch ist es bereits
derart indifferent, daß es z. B. mit Permanganat, Natrium, Natriumamalgam
u. dgl. nicht mehr reagiert. Die Annahme, daß es durch Einwirkung von Licht
und Sauerstoff auf Äther entstehe und die Ursache der Explosivität alten Äthers
sei, ist unzutreffend, da dafür vielmehr andere explosive Körper, wie namentlich
das Dioxyäthylperoxyd, verantwortlich zu machen sind (H. Wieland[876]).

Das bekannteste arylsubstituierte Dialkylperoxyd ist das Triphenylperoxyd
$(C_6H_5)_3=C-OO-C=(C_6H_5)_3$, das von Gomberg aus Triphenylmethyl und
Luftsauerstoff oder aus Triphenylchlormethan und Natriumperoxyd erhalten
wurde. Die beste Darstellungsart ist die durch Lufteinleiten in eine Lösung
von Triphenylchlormethan in Benzol bei Gegenwart von Zinkstaub (Gomberg[878]).
Es stellt einen auch in organischen Lösungsmitteln schwer löslichen kristallini-
schen Körper vom Schmelzpunkt 185 bis 186⁰ dar. Über andere alkylierte
Triphenylperoxyde, die in analoger Weise aus den Radikalen und Sauerstoff
entstanden sind, berichtete J. Schmiedlin ausführlich[879].

Bei der Einwirkung von äquimolekularen Mengen von Aldehyden in ätherischer
Lösung auf Wasserstoffperoxyd entstehen als schön kristallisierte Produkte
Oxyalkylhydroperoxyde. Auf diese Weise wurden alle Peroxyde vom α-Oxy-
heptylhydroperoxyd $C_6H_{13}.CHOH.OOH$ angefangen bis zum α-Oxyduodecyl-
peroxyd $C_{11}H_{23}.CHOH.OOH$ dargestellt. Sie stellen schön kristallisierte Blätt-
chen vom Schmelzpunkt 40 bis 67⁰ dar, die nur wenig in Wasser, in Alkohol und
Äther aber leicht löslich sind[120] (l. c. S. 36 bis 40).

Ein Oxymethylhydroperoxyd $OH.CH_2.OOH$ erhielten A. Rieche und
R. Meister[880] durch Einwirkung von ätherischer Wasserstoffperoxydlösung auf
ätherische Formaldehydlösung und Abdunstenlassen des Äthers im Vakuum als
nicht stechend riechende Flüssigkeit.

Von H. King[881] wurde festgestellt, daß die Peroxyde des Äthers hauptsächlich als α-Oxyäthylhydroperoxyde vorliegen.

Die Oxyalkylhydroperoxyde können zwar deutlich oxydierend wirken, da
nur ein Wasserstoffatom des HOOH besetzt ist, jedoch sind die Reaktionen mit
Kaliumjodid und Titanchlorid gleichfalls nicht mehr quantitativ.

Monooxydialkylperoxyde entstehen bei der Reaktion von Alkylhydroper-
oxyden mit Aldehyden in äquimolekularen Mengen, vorteilhaft in ätherischer
Lösung.

Monooxydimethylperoxyd $CH_2OH.OO.CH_3$ wird z. B. bei einen Tag langem Stehenlassen einer 5%igen absolut ätherischen Lösung von Formaldehyd und einer etwa 5%igen ätherischen Methylhydroperoxydlösung nach dem Abdunsten des Äthers als farblose Flüssigkeit, im Geruch an Formaldehyd erinnernd, erhalten[120] (S. 43). Der Siedepunkt beträgt bei 17 mm 45°. Es zersetzt sich bei Zimmertemperatur dauernd, äußerst heftig nach einem Zusatz von Alkali.

$\mathbf{Oxymethyläthylperoxyd}$ $CH_2OH.OO.C_2H_5$ wird aus Äthylhydroperoxyd und Formaldehyd in Äther als farbloses dünnflüssiges Öl von ätherartigem Geruch erhalten[120] (S. 45). Es zeigt nur schwache Oxydationswirkungen.

$\boldsymbol{\alpha}$-$\mathbf{Oxyäthylmethylperoxyd}$ $CH_3.CHOH.OO.CH_3$ wurde von A. Rieche[883] aus Methylhydroperoxyd und Acetaldehyd in Form eines schwach stechend riechenden Öles erhalten.

$\mathbf{Monooxydiäthylperoxyd}$ $CH_3.CHOH.OO.C_2H_5$ wird aus Acetaldehyd in ätherischer Lösung mit äquivalenten Mengen von Äthylhydroperoxyd dargestellt. Es ist ein nur schwach explosives, ätherartig riechendes Öl, das in Wasser schon wenig löslich ist.

Vollkommen analog entstehen höhere Oxydialkylperoxyde durch Einwirkung höherer Aldehyde auf Monomethyl-, bzw. Äthylhydroperoxyd, und zwar mit letzterem leichter als mit der Methylverbindung. Dargestellt wurden auf diese Weise Oxyheptylmethylperoxyd und Oxyheptyläthylperoxyd[120] (l. c. S. 48).

Dioxydialkylperoxyde werden am leichtesten durch Einwirkung von zwei Molen Aldehyd auf 1 Mol Wasserstoffperoxyd in ätherischer Lösung dargestellt. Die älteste bekannte derartige Verbindung ist das Dioxymethylperoxyd $CH_2OH.OO.CH_2OH$ (Legler[884], Nef[885], Baeyer und Villiger[886], Wieland und Wingler bzw. Sutter[887]). Aus Äther oder Chloroform umkristallisiert stellt es lange Prismen von einem Schmelzpunkt von 62 bis 64° dar. Im festen Zustand ist es recht beständig, in neutraler, saurer und alkalischer Lösung zerfällt es aber in zwei Moleküle Ameisensäure und Wasserstoff. Es dürfte auch bei der Elektrolyse von Formaldehyd in alkalischer Lösung eine Rolle spielen (E. Müller[888]).

Ammoniak bildet mit Dioxymethylperoxyd einen sehr brisanten kristallinen Körper[884], der von v. Girsewald und Siegens[889] als Hexamethylentriperoxyddiamin $(CH_2.OO.CH_2)_3N_2$ mit der Konstitutionsformel

$$\begin{array}{ccc} O-CH_2 & & CH_2-O \\ | \quad\;\; \diagdown & & \diagup \quad | \\ O-CH_2 \diagup \!\!\! N-CH_2-OO-CH_2-N \!\!\! \diagdown CH_2-O \end{array}$$

identifiziert wurde. Nach diesen Autoren erhält man im allgemeinen bei der Einwirkung von Stickstoffbasen auf Lösungen von Wasserstoffperoxyd und Aldehyden stickstoffhaltige Peroxyde[890], z. B. Trimethylenperoxydazin

$$CH_2{=}N-N\diagup\!\!\!\diagdown\genfrac{}{}{0pt}{}{CH_2-O}{CH_2-O}|$$

aus Hydrazinsulfat durch Erwärmen einer verdünnten Wasserstoffperoxydlösung mit Formaldehyd. Dimethylenperoxydäthylamin wird aus Äthylamin und wäßriger Wasserstoffperoxydlösung dargestellt: $C_2H_5N\diagup\!\!\!\diagdown\genfrac{}{}{0pt}{}{CH_2-O}{CH_2-O}|$,

Tetramethylendiperoxyddicarbamid aus Harnstoff, Wasserstoffperoxyd, Formaldehyd und Versetzen mit Salpetersäure:

$$NH-CH_2-OO-CH_2-NH$$

$$CO \qquad\qquad CO.$$

$$NH-CH_2-OO-CH_2-NH$$

Dimethylenperoxydcarbamid entsteht aus Harnstoff, Formaldehyd und Wasser-

stoffperoxyd: $H_2N.CO.N\begin{smallmatrix}CH_2-O\\ |\\ CH_2-O\end{smallmatrix}$.

Durch weitere Anlagerung von 2 Molekülen Formaldehyd an Dioxymethylperoxyd in ätherischer Lösung entsteht die Dimethylolverbindung des Dioxy-

methylperoxyds $C_4H_{10}O_6 = O\begin{smallmatrix}CH_2-OO-CH_2\\ \\ CH_2OH \quad HOCH_2\end{smallmatrix}O$ (A. Rieche und R. Meister [891])

als nicht besonders explosives Öl, das in Wasser leicht löslich ist. Durch
Einwirkung von Phosphorpentoxyd bildet sich Pertrioxymethylen,

$$\begin{array}{c} OO \\ H_2C \diagup\ \diagdown CH_2 \\ | \qquad | \\ O \diagdown\ \diagup O \\ CH_2 \end{array}$$

das recht explosiv ist. Kp = 35 bis 36°, unlöslich in Wasser. Bei intensiverer
Einwirkung von Phosphorpentoxyd auf eine ätherische Lösung von Dioxymethylperoxyd entsteht Tetraoxymethylendiperoxyd $C_4H_8O_6$,

$$\begin{array}{cc} H_2C-O-CH_2 \\ | \qquad | \\ O \qquad O \\ O \qquad O \\ | \qquad | \\ H_2C-O-CH_2 \end{array}$$

das äußerst explosiv ist.

Das Dioxyäthylperoxyd $CH_3.CHOH.OO.CHOH.CH_3$, wurde von Wieland und Wingler [892] aus 2 Molekülen Acetaldehyd durch 1 Mol Wasserstoffperoxyd in ätherischer Lösung und Abdunstenlassen des Äthers rein dargestellt.
Es bildet ein dünnflüssiges Öl, das beim Erwärmen explodiert, da es dann in das
brisante Diäthylidenperoxyd übergeht. Durch Wasser wird es zu Acetaldehyd
und Wasserstoffperoxyd hydrolysiert, in Gegenwart von Metallen, wie Silber,
aber entsteht CH_3OOH und Wasserstoff (Wieland und Rau [893]).

Bei der Einwirkung von Phosphorpentoxyd auf eine ätherische Lösung von
Dioxyäthylperoxyd entsteht neben monomerem auch dimeres Butylenozonid

$$\begin{array}{cc} CH_3 \qquad CH_3 \\ | \quad O \quad | \\ HC \diagup\ \diagdown CH \\ | \qquad | \\ O \qquad O \\ O \qquad O \\ | \qquad | \\ HC \diagdown\ \diagup CH \\ | \quad O \quad | \\ CH_3 \qquad CH_3 \end{array}$$

als dünnflüssiges Öl, das beim Erwärmen auf 90⁰ in Äthylidenperoxyd übergeht. Beim Erhitzen im Vakuum erleidet die Verbindung eine Spaltung, es bildet sich Monoperparaldehyd $C_6H_{12}O_4$

$$CH_3-\overset{\overset{\displaystyle H}{|}}{C}\underset{\underset{\overset{\displaystyle |}{C}}{\underset{|}{O}}\quad\overset{\displaystyle OO}{}\quad O}{}\overset{\overset{\displaystyle H}{|}}{C}-CH_3,$$

mit einem Schmelzpunkt von 45⁰ (A. Rieche und R. Meister[894]).

Chloral und Carosche Säure oder eine ätherische Wasserstoffperoxydlösung liefern das Dichloralperoxydhydrat von Baeyer und Villiger[895], das richtiger als Ditrichloroxyäthylperoxyd $CH_3.C.CHOH.OO.CHOH.CCl_3$, Tafeln vom Schmelzpunkt 122⁰, bezeichnet wird.

Wie A. Rieche[120] (l. c. S. 55) festgestellt hat, sind nahezu alle anderen Aldehyde fähig, an Wasserstoffperoxyd angelagert zu werden, wie insbesondere die höheren aliphatischen Aldehyde oder substituierten Benzaldehyde, wenn 2 Moleküle Aldehyd auf ein Molekül Wasserstoffperoxyd in ätherischer Lösung einwirken. Durch Verdunstenlassen des Äthers kann das betreffende höhere Dioxyalkylperoxyd rein erhalten werden. Die schwerer löslichen Aldehyde von C_7 aufwärts löst man in Eisessig und versetzt diese Lösung mit Wasserstoffperoxyd, wobei die Reaktion durch Erwärmung in Gang gebracht wird. Beim Abkühlen kristallisiert dann das ziemlich beständige Dioxyalkylperoxyd aus. Rieche stellte auf diese Weise

Tabelle 21.

Name	Formel	Molekulargewicht	Schmelzpunkt	dargestellt aus
Dioxypropylperoxyd	$C_2H_5.CHOH.OO.CHOH.C_2H_5$	150,1	olartig	Propylaldehyd
Dioxybutylperoxyd	$C_3H_7.CHOH.OO.CHOH.C_3H_7$	178,1	ziemlich dickflussiges Öl	Butylaldehyd
Dioxyvalerylperoxyd	$C_4H_9.CHOH.OO.CHOH.C_4H_9$	206,1	dickes Öl 69⁰	Valerylaldehyd
Dioxyheptylperoxyd	$C_6H_{13}.CHOH.OO.CHOH.C_6H_{13}$	262,2		Oenanthol, umkristallisiert aus Petroläther
Dioxyoctylperoxyd	$C_7H_{15}.CHOH.OO.CHOH.C_7H_{15}$	280,3	72⁰	Octylaldehyd
Dioxynonylperoxyd	$C_8H_{17}.CHOH.OO.CHOH.C_8H_{17}$	318,4	74⁰	Nonylaldehyd oder Spaltung des Ölsäureozonids[895a]
Dioxydecylperoxyd	$C_9H_{19}.CHOH.OO.CHOH.C_9H_{19}$	346,4	82⁰	Decylaldehyd
Dioxyundecylperoxyd	$C_{10}.H_{21}.CHOH.OO.CHOH.C_{10}H_{21}$	374,5	84⁰	Undecylaldehyd
Dioxyduodecylperoxyd	$C_{11}.H_{23}.CHOH.OO.CHOH.C_{11}H_{23}$	402,6	84⁰	Duodecylaldehyd
Di-o-chlorphenyloxymethylperoxyd	$C_6H_4Cl.CHOH.OO.CHOH.C_6H_4Cl$	315,1	80⁰	o-Chlorbenzaldehyd, umkristallisiert aus Benzol

alle Dioxyalkylperoxyde vom Dioxypropylperoxyd bis zum Dioxyduodecylperoxyd
her. Die Löslichkeit und das Oxydationsvermögen nimmt mit der Länge der
Kohlenstoffkette ab, die niederen Glieder sind in Äther, Benzol und Eisessig
leicht löslich, alle in Alkohol, in Wasser jedoch nur die einfachsten. Durch Alkali
werden sie leicht in die Ausgangsaldehyde und Wasserstoffperoxyd gespalten.
Auch Dioxyalkylperoxyde aromatischer Aldehyde, z. B. von Chlor- und Nitro-
benzaldehyd, können leicht gewonnen werden. Vorstehend ist eine tabellarische
Übersicht über die von Rieche[120] (l. c. S. 55 bis 60) dargestellten Dioxyalkylperoxyde der Formel R—CHOH—OO—CHOH—R wiedergegeben, erhalten
aus dem betreffenden Aldehyd und Wasserstoffperoxyd in ätherischer Lösung
(Tabelle 21).

B. Alkylenperoxyde.

Äthylenperoxyde.

Ungesättigte Kohlenwasserstoffe zeigen gegenüber dem Sauerstoff ein ähnliches Verhalten, wie wir dies bereits bei den autoxydablen Stoffen gesehen haben.
Der Sauerstoff lagert sich dabei sehr wahrscheinlich unter Aufspaltung der Doppelbindung zwischen zwei Kohlenstoffatomen an diese unter Bildung von echten
Peroxyden an. Während es sich bei den labilen Moloxyden meist nur um intermediäre Zwischenprodukte handelt, entstehen aus den ungesättigten Kohlenwasserstoffen Peroxyde, die unter Umständen recht beständige Produkte darstellen können. Im allgemeinen zerfallen sie aber leicht in zwei Moleküle Aldehyd
bzw. Keton. So gibt Amylen schon nach kurzer Zeit bei Berührung mit der Luft und
Belichtung eine starke Peroxydreaktion[896], wobei unter Aufnahme von 1 Mol Sauer-

$$\text{stoff ein Peroxyd der wahrscheinlichen Zusammensetzung } (CH_3)_2 - \overset{\displaystyle O-O}{\overset{\displaystyle |\quad|}{C-CH}} - CH_3$$

entsteht, das eine sirupartige Masse von stechendem ätherisch kampferartigem Geruch darstellt.

Reines Trimethyläthylen, Hexylen, Styrol, Cyclopentadien, Allylverbin-
dungen, wie Diallyläther, Benzylallyläther zeigen ein ganz ähnliches Verhalten
gegenüber Sauerstoff, indem sie unter Addierung von O_2 primär Peroxyde bilden,
die dann in weitere Oxydationsprodukte, wie z. B. Wasserstoffperoxyd, übergehen können[896].

Auch die von J. Thiele[897] entdeckten Fulvene mit drei ungesättigten Kohlen-

$$\text{stoffgruppen } \begin{matrix} CH=CH \\ | \qquad\qquad \\ CH=CH \end{matrix}\!\!\!\!> C=CH_2 \text{ nehmen teilweise begierig unter Erhitzung}$$

Sauerstoff auf, für welche Erscheinung nach den Feststellungen von C. Engler
und Frankenstein[898] die Bildung eines Diperoxyds infolge Sauerstoffauf-
nahmen durch das Dimethylfulven anzunehmen ist. Dieses Diperoxyd bildet
eine farblose, hochexplosive Masse, die aber nur schwache Peroxydreaktionen
gibt. Methylphenyl- und Methyläthylfulven bilden mit Sauerstoff gleichfalls
Peroxyde.

Diphenyläthylenperoxyd wird beim Einleiten von Sauerstoff in Diphenyl-
äthylen bei gleichzeitiger Belichtung als amorpher, weißer, schwach explosiver
und hoch polymerer Körper erhalten (Staudinger[899]). Mit Wasser erhitzt,

liefert es quantitativ Benzophenon und Formaldehyd. Von Staudinger wurden auch die explosiven und sehr zersetzlichen Ketonperoxyde der Formel

$$\begin{array}{c} R \\ \!\!\diagdown \\ R \diagup \end{array} C\!\!-\!\!C\!\!=\!\!O \quad \begin{array}{c} | \quad | \\ O\!\!-\!\!O \end{array}$$

erhalten, wie z. B. Dimethyl-, Diäthyl- und Phenylketonperoxyd, die leicht in Keton (Aceton) und Kohlendioxyd zerfallen.

N. D. Zelinskij und P. P. Borissow[900] beschrieben ein Cyclohexenperoxyd $C_6H_{10}O_2$ mit der Konstitutionsformel

$$\begin{array}{ccc} & CH_2 & \\ CH_2 & & CH_2 \\ | & & | \quad \diagdown O \\ CH_2 & & CH_2 \diagup \diagdown O \cdot \\ & CH_2 & \end{array}$$

A. Schönberg und O. Kraemer[901], Schönberg und W. Malchow[902] und Schönberg und W. Bleiberg[903] berichteten über farblose Pseudobenzile, die sich von der Peroxydform des Benzyls ableiten. Es wurde angenommen, daß bei den festen farblosen Benzylen, die sich schwach gelblich auflösen, ein Gleichgewicht zwischen dem eigentlichen Benzyl I und dem Pseudobenzyl II vorliegt, wie am Beispiel des o,o'-Dimethyloxybenzyls gezeigt sei:

$$\text{I} \qquad \rightleftarrows \qquad \text{II}$$

Bei den m- und p-disubstituierten Produkten konnte die ketoide Form von der Peroxydform des Benzyls getrennt zur Abscheidung gebracht werden. A. Sippel[904] hält es jedoch für zweifelhaft, ob die Peroxydform der Benzyle überhaupt existiert.

C. Alkylidenperoxyde.

Diese entstehen bei der Einwirkung von Ozon auf Aldehyde bei möglichst tiefer Temperatur als sehr unbeständige feste Körper der Formel $R\!\!-\!\!CH\!\!<\!\!\begin{array}{c} O \\ | \\ O \end{array}$, die sich aber leicht in die isomeren Säuren unter Wärmeentwicklung umlagern (Harries und Koetschau[905]). Während Formaldehyd sich nur zu Trioxymethylen polymerisiert, ergeben die höheren Aldehyde bis zum Valerylaldehyd ölige Produkte, um schließlich mit steigender Kohlenstoffzahl feste Peroxyde zu liefern. Harries hielt diese Körper für Abkömmlinge des Isomeren des Wasserstoffperoxyds, $\begin{array}{c} H \\ \!\!\diagdown \\ H \diagup \end{array}\!O\!\!=\!\!O$, jedoch konnte A. Rieche[120] (S. 78) auf Grund der

Ultraviolettabsorption feststellen, daß es sich um Derivate des normalen symmetrisch gebauten Wasserstoffperoxyds handelt.

Im Gegensatz zu den sehr unbeständigen monomolekularen Aldehydperoxyden sind die polymeren (di-, tri- usw.) Aldehydperoxyde wesentlich beständiger. Das sich beim Erwärmen des Dioxyäthylperoxyds bildende Diäthylidenperoxyd

$$CH_3-CH\underset{OO}{\overset{OO}{\diamondsuit}}CH-CH_3$$ (Wieland und Wingler[906]) ist jedoch ein äußerst

explosives Öl. Beständiger ist das von Baeyer und Villiger erhaltene Dibenzaldiperoxyd $C_6H_5-CH\underset{OO}{\overset{OO}{\diamondsuit}}CH-C_6H_5$, ein bei 202° schmelzender kristalliner Körper[908].

Am bequemsten wird Äthylidenperoxyd aus α-Oxyäthylhydroperoxyd in ätherischer Lösung durch Wasserabspaltung mit Phosphorpentoxyd erhalten (A. Rieche[907]). Beim Aufbewahren wird es immer dickflüssiger. Es kommt je nach der Art seines Entstehens in verschiedenen Polymerisationsstufen von $(CH_3 \cdot CH\overset{OO}{\diagup})_4$ bis $(CH_3 \cdot CH\overset{OO}{\diagup})_8$ vor. Die Alkylidenperoxyde stellen also Ringe verschiedener Größe dar.

Ketonperoxyde erhielten zum erstenmal Baeyer und Villiger[909] bei der Einwirkung von Caroscher Säure auf Aceton, Diäthyl- oder Dipropylketon. Über Ketonperoxyde berichtete auch Pastureau[910]. Die einfachen Ketonperoxyde gehen jedoch sehr leicht in die polymeren Peroxyde über. Außer mit Caroscher Säure kann man das dimere Acetonperoxyd auch bei der Spaltung von Ozoniden, wie z. B. aus Mesityloxyd, Mesitylheptenon u. dgl., erhalten (Harries und Türk[911]). Der Schmelzpunkt beträgt 132°, jedoch ist es auch bei gewöhnlicher Temperatur sehr flüchtig. Baeyer und Villiger[912] gaben ihm die Formel

$$\underset{CH_3}{\overset{CH_3}{\diagdown}}C\underset{OO}{\overset{OO}{\diamondsuit}}C\underset{CH_3}{\overset{CH_3}{\diagup}}.$$

Das trimolekulare Acetonperoxyd $[(CH_3)_2COO]_3$ wurde von R. Wolffenstein[913] durch sehr langes Stehenlassen von Wasserstoffperoxyd mit wäßrigem Aceton, von Baeyer und Villiger[912] durch Versetzen einer gekühlten Lösung von konzentriertem Aceton und Wasserstoffperoxyd mit Salzsäure dargestellt. Es bildet feste Kristalle, die nach dem Umkristallisieren aus Alkohol bei 98° schmelzen. Durch Erwärmen mit Säuren zerfällt es wieder in Aceton und Wasserstoffperoxyd. Die Verbindung ist, wie A. Rieche[914] nach der ebullioskopischen Mikromethode nachwies, trimolekular. Die Kristalle zeigen die gleichen Eigenschaften wie das Wasserstoffperoxyd[915].

Über gemischte Ketonperoxyde wie über das Dimethyläthylketonperoxyd, Methylathylperoxyd berichtete auch Pastureau[910, 916].

Suberon (Cycloheptanon) gibt mit Caroscher Säure ein Suberonperoxyd, das nach dem Umkristallisieren aus Äther rhombische Plättchen vom Schmelzpunkt 99 bis 100° darstellt (Baeyer und Villiger[917]).

Ketone mit benachbarten aromatischen Kernen geben keine Peroxyde, sondern sofort das α-Oxyketon.

Das ungesättigte Keton Mesityloxyd $(Ch_3)_2C=CH.CO.CH_3$ kann zwei Arten von Peroxyden liefern, indem es entweder an der Doppelbindung, wie bei den Äthylenperoxyden, oder an der Ketogruppe wie bei den Ketonperoxyden Sauerstoff aufnehmen kann. Für die zuerst von Wolffenstein[918] dargestellte Perverbindung schlugen Pastureau und Lannay[919] unter der Annahme, daß die Sauerstoffanlagerung an der Doppelbindung erfolgt, folgende Konstitutionsformel vor:

$$\begin{array}{c} (CH_3)_2{=}C{-}CH{-}CO{-}CH_3 \\ \quad\;\;|\;\;\; | \\ \quad\;\;O\;\;\;O \\ \quad\;\;O\;\;\;O \\ \quad\;\;|\;\;\; | \\ (CH_3)_2{=}C{-}CH{-}CO{-}CH_3 \end{array}$$

Wie jedoch A. Rieche[120] (l. c. S. 89 bis 91) durch jodometrische Titration, durch Molekulargewichtsbestimmungen sowie durch Ultraviolettabsorption nachwies, müssen drei Peroxydgruppen im Doppelmolekül vorhanden sein, weshalb dem Mesityloxydperoxyd folgende Strukturformeln zukommen dürften:

$$\text{I}\quad \begin{array}{c} (CH_3)_2{-}C{-}CH_2{-}C{-}CH_3 \\ |\quad\;\;\;/\backslash \\ O\;\;\;O\;\;\;O \\ O\;\;\;O\;\;\;O \\ |\quad\;\;\;\backslash/ \\ (CH_3)_2{=}C{-}CH_2{-}C{-}CH_3 \end{array} \quad\text{oder}\quad \text{II}\quad \begin{array}{c} (CH_3)_2{=}CH{-}CH{-}C{-}CH_3 \\ |\quad\;\;\;/\backslash \\ O\;\;O\;\;\;O \\ O\;\;O\;\;\;O \\ |\quad\;\;\;\backslash/ \\ (CH_3)_2{=}CH{-}CH{-}C{-}CH_3 \end{array}$$

Zu erwähnen ist noch das Peroxyd der Lävulinsäure $CH_3.CO.CH_2.CH_2.COOH$, das von C. Harries[20] beim Abbau des Parakautschuks durch Ozon erhalten wurde. Es stellt nach Pummerer, Gerlach und Ebermayer[921] eine Peroxydicarbonsäure dar:

$$\begin{array}{c} CH_3{-}C{-}CH_2{-}CH_2{-}COOH \\ /\backslash \\ O\;\;\;\;O \\ O\;\;\;\;O \\ \backslash/ \\ CH_3{-}C{-}CH_2{-}CH_2{-}COOH \end{array}$$

D. Arylperoxyde.

Über die aromatischen Peroxyde ist eigentlich nicht viel bekannt. R. Pummerer und F. Frankfurter[922] erhielten bei der Oxydation von Phenolen, und zwar beim Schütteln der Benzollösung des Dehydro-Oxy-Binaphtylenoxyds mit Luft ein hell ockergelbes Peroxyd, das durch Addition eines Moleküls Sauerstoff entstanden ist. Ihm kann vielleicht folgende Konstitutionsformel zukommen:

Es ist sehr unbeständig, entfärbt aber Permanganatlösung innerhalb einiger Sekunden. Das Peroxyd soll durch Dissoziation in zwei Radikale mit einwertigem Sauerstoff zerfallen können. Ein ähnliches Peroxyd beschreiben St. Goldschmidt und W. Schmidt[923], welche bei der Oxydation des Methyl- und Äthyläthers des Phenantrenhydrochinons farblose Körper mit Peroxydcharakter er-

hielten, die in Lösung zu gelb gefärbten Radikalen mit einwertigem Sauerstoff
dissoziieren können:

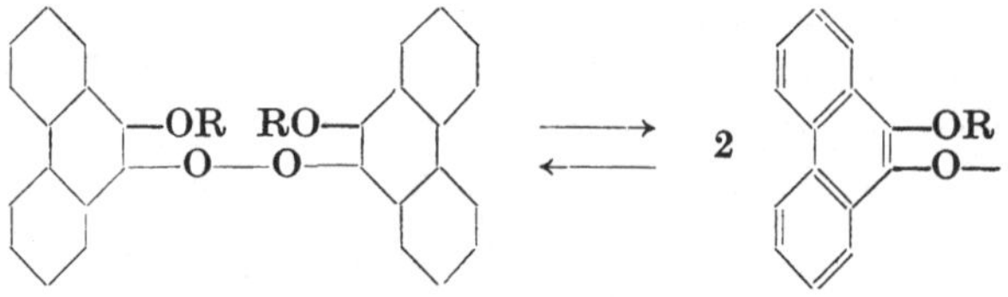

In Benzollösung wird acetonisches Permanganat sofort entfärbt. Über Aroyl-
peroxyde mit einwertigem Sauerstoff berichten noch St. Goldschmidt und
Ch. Steigerwald[924] sowie St. Goldschmidt, A. Vogt und N. A. Bredig[925].

    R. Pummerer und F. Frankfurter[926] ist auch die Darstellung eines
β-Peroxyds aus festem Dehydro-Oxy-Binaphtylenoxyd mittels Benzoylperoxyd,
gelöst in Benzol, gelungen, das im Gegensatz zum α-Peroxyd, das mit Hilfe von
Sauerstoff erhalten wird (Pummerer und Frankfurter[927]), folgende Konstitution besitzt:

α - Peroxyd   ; β - Peroxyd

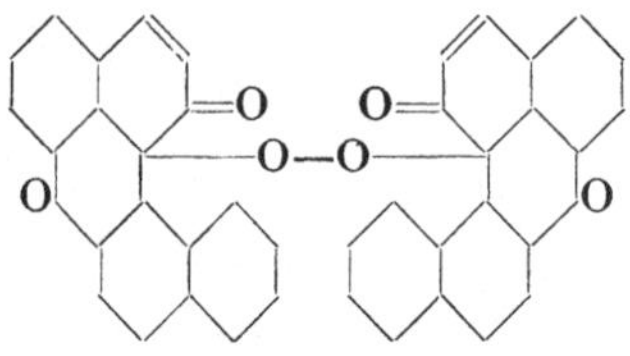

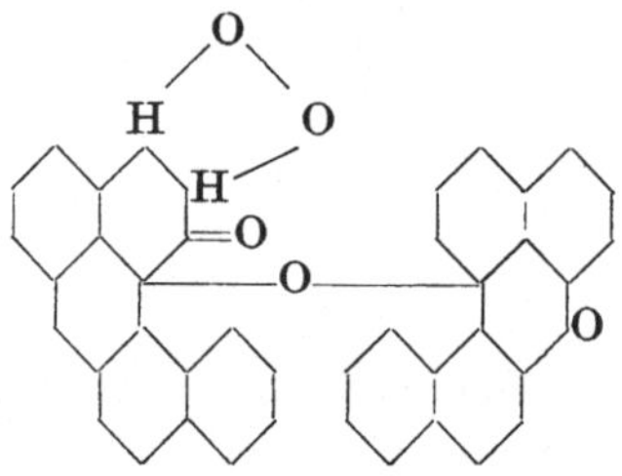

Beide Peroxyde zersetzen sich unter Umständen unter Bildung eines violetten
Radikals, das sehr zersetzliche α-Derivat schon in kaltem Benzol, das β-Derivat
erst beim Kochen in Eisessig. Hingegen ist das β-Peroxyd gegen Permanganat
in Pyridinlösung beständig und zeigt wie alle Sauerstoffderivate des Oxy-Bi-
naphtylenoxyds intensiv zitronengelbe Farbe zum Unterschied von dem nur blaß
bräunlich gefärbten α-Peroxyd.

    R. Pummerer und A. Rieche[928] berichteten über ein gemischtes farbloses
aromatisches Binaphtyl-bis-Peroxy-Binaphtylenoxyd, das aus einer ätzalkalischen
Lösung von β-Binaphtol, Überschichten mit viel Äther und Oxydation bei —5°
unter starkem Rühren mit drei Molen Kaliumferricyanid dargestellt wurde. Die
Konstitution wird von Pummerer und Rieche[928] und Pummerer und
F. Luther[929] wie folgt angegeben:

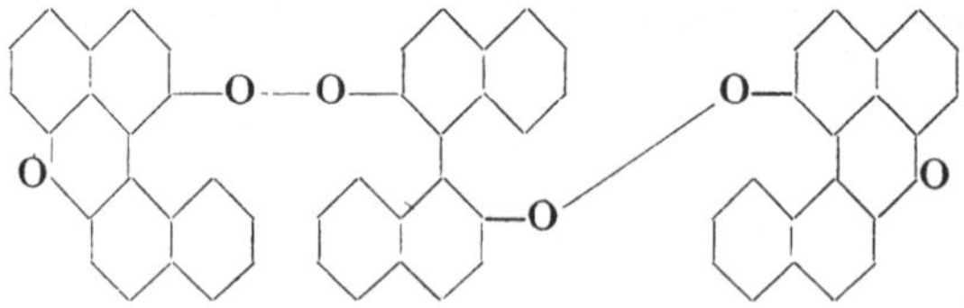

Von größerem Interesse ist noch das Rubren- und Ergosterinperoxyd, die beide
als sehr schön kristallisierte Verbindungen durch bloße Autoxydation erhalten
werden. Das von Windaus und Brunken[930] entdeckte Ergosterinperoxyd entsteht bei der Belichtung von Ergosterin ($C_{27}H_{42}O$ mit drei C-Doppelbindungen)
unter der Mitwirkung von sensibilisierenden Farbstoffen unter Aufnahme eines
Moleküls Sauerstoff. Der Schmelzpunkt beträgt 187°.

Das von Ch. Moureu, Ch. Dufraisse und P. Marshall[931] beschriebene orangerot gefärbte Rubren

$$C_{42}H_{28}O_2$$

oxydiert sich in Benzollösung durch Luft unter gleichzeitiger Belichtung mit Sonnenlicht sehr leicht, wobei eine farblose Lösung von Rubrenperoxyd $C_{42}H_{28}O_2$ erhalten wird, das beim Verdunsten des Benzols in schönen Nadeln auskristallisiert. Schmelzpunkt 190°. Das Verhalten des Rubrenperoxyds beim Erwärmen ist sehr interessant, da es bei Temperaturen über 100° wieder den Sauerstoff abgibt und unter Ausstrahlung eines gelbgrünen Lichtes und unter Rotfärbung wieder in Rubren und Sauerstoff dissoziiert. Ch. Dufraisse[932] und A. Schönberg[933] versuchten für diesen Dissoziationsvorgang einen Reaktionsverlauf mit Hilfe der Konstitutionsformeln anzugeben. Es erinnert bei der Dissoziation an das Hämoglobin, das ebenfalls ein Peroxyd bildet (Oxyhämoglobin), welches glatt wieder in seine Ausgangsstoffe zerfallen kann.

Erwähnenswert ist weiter das interessante Ascarindol, das einzige mit Sicherheit nachgewiesene, natürlich vorkommende und dabei ungesättigte Peroxyd der Konstitution (s. Abschnitt III, S. 20). Von K. Bodendorff[934] wurde das α-Terpinenperoxyd $(C_{10}H_{16}O_2)_x$ durch Schütteln von $\alpha + \gamma$-Terpinen mit Sauerstoff und Erwärmen des Produktes im hohen Vakuum dargestellt. Es besteht wahrscheinlich aus einem Gemisch von Polymeren mit —OO—-Brücken, die die einzelnen Moleküle verbinden:

Phellandren gibt auf die gleiche Weise ein α-Phellandrenperoxyd $(C_{10}H_{16}O_2)_x$, ein gelbliches Harz, das beim Destillieren auch im hohen Vakuum explodiert.

Durch Autoxydation mit Luft kann ein Tetrahydronaphtalinhydroperoxyd $C_{10}H_{12}O_2$

mit einem Schmelzpunkt von 56° erhalten werden (H. Hock und W. Susemihl[935]). Auf seiner Anwesenheit beruht die Verfärbung von Tetralin an der Luft. In Lauge ist es unter Bildung von $C_{10}H_{11}O_2Na . 2 H_2O$ löslich.

E. Acylperoxyde.

Schon im Jahre 1863 wurden von B. C. Brodie[36] Säureester des Wasserstoffperoxyds oder Acylperoxyde entdeckt, die er durch Einwirkung von Chloriden oder Anhydriden der Essig- oder Benzoesäurereihe auf Bariumperoxyd erhalten hatte. H. v. Pechmann und L. Vanino[937] konnten Benzoylperoxyd auch durch Schütteln einer verdünnten Wasserstoffperoxydlösung mit Natronlauge und Benzoylchlorid unter Kühlung herstellen. Nach dem Umkristallisieren erhielten sie farblose Prismen vom Schmelzpunkt 103,5°. Diese Darstellungsarten sind im Grunde genommen auch heute noch die üblichen Methoden zur Gewinnung von Acylperoxyden. An Stelle von Bariumperoxyd kann man mit Vorteil auch Bariumperoxydhydrat oder Natriumperoxydhydrat, in Eiswasser oder 10%iger Natriumacetatlösung gelöst, verwenden. Auf diese Weise erhielten Pechmann und Vanino[937] aus Phtalylchlorid mit äquimolekularen Mengen Natriumperoxydhydrat durch Schütteln das Phtalylperoxyd als schön kristallisierte Masse. Wie alle Acylperoxyde macht es aus Kaliumjodid Jod frei, entfärbt Indigo und Permanganatlösung und oxydiert Manganosalzlösungen. Mit Alkalien werden Acylperoxyde sehr rasch zu den Säuren, bzw. deren Salzen und Wasserstoffperoxyd verseift. L. Vanino und E. Thiele[938] stellten auf ganz die gleiche Weise noch eine Reihe weiterer Acylperoxyde, wie das Succinyl-, Fumaryl-, Phenylessigsäure-, Acetyl-, Kampfersäure-, Toluylsäure- und Terephtalylperoxyd, dar. Diacetylperoxyd entsteht auch bei der Einwirkung von Fluor auf Acetate, wobei Fichter und Humpert[939] eine Explosion unter Feuererscheinung beobachteten. Die entwickelten Gase enthielten Äthan und Kohlendioxyd neben wenig Äthylen, Sauerstoff und Kohlenoxyd, ähnlich wie bei der Kolbeschen Synthese (S. 260). Die thermische Zersetzung von Dicaetylperoxyd wurde noch eingehend von H. Wieland und G. Rasuwarjew[940], O. J. Walker[941] und F. Fichter und H. Erlenmeyer[942] untersucht.

Die Acylperoxyde bilden meist ziemlich schwer lösliche feste Pulver, die außer den bereits angegebenen Reaktionen noch aus Thiosulfatlösungen Schwefel abscheiden, mit Anilin oder konzentrierter Schwefelsäure heftige Explosionen geben und aus Phenylhydrazidlösungen Stickstoff entwickeln.

Die technischen Darstellungsmethoden für organische Acylperoxyde (siehe Patentliteraturzusammenstellung S. 375) beruhen gleichfalls auf der Umsetzung von Säurechloriden mit anorganischen Peroxyden, Peroxydhydraten oder Wasserstoffperoxyd, wobei im letzteren Falle die freiwerdende Säure durch Zusatz von Basen, Pufferlösungen, wie Dinatriumphosphat u. dgl., abgestumpft wird. Durch Verwendung von gemischten Säurechloriden können auch gemischte Acylperoxyde erhalten werden: $R_1CO.OO.CO.R_2$[943]. Durch Lichteinwirkung, Zusatz von Schwermetallverbindungen, wie Kobalt- oder Nickelacetat, oder organischen Basen, wie Pyridin, kann die Peroxydbildung beschleunigt werden. Die Temperatur wird meist zwischen 5 bis 20° C gehalten. Die Reaktion ist meist nach 5 bis 10 Minuten langem Rühren beendet, was aus dem verschwindenden Geruch des Säurechlorides erkannt werden kann. Aus der wäßrigen Lösung scheiden sich die Peroxyde nach dem Ansäuern wegen ihrer Schwerlöslichkeit aus und können leicht abfiltriert werden. Aliphatische Fettsäurechloride, wie Laurinsäure- oder Kokosnußsäurechlorid, können ebenfalls in Fettsäureperoxyde übergeführt werden[944]. Für technische Verwendungszwecke, wie z. B. das Bleichen von Mehl, Fett, Ölen usw., wofür anorganische Peroxyde nicht recht geeignet sind, werden die Peroxyde zwecks feinerer Verteilung unter Zusatz von Wasser und indifferenten Verdunnungsmitteln, wie Calciumcarbonat- oder -phosphat, gemahlen. Dadurch wird die Neigung dieser Stoffe zum Explodieren oder Verpuffen sowie ein zu großer Sauerstoffverlust vermieden.

Bekannt sind weiters noch die Acylperoxyde Cinnamoylperoxyd, Oenanthylaldehydperoxyd, Propionylperoxyd[945], Acetylsalicylsäureperoxyd (aus Acetylsalicylsäurechlorid, Wasserstoffperoxyd und Pyridin dargestellt[946]); Acetylbenzoylperoxyd $C_6H_5CO.OO.COCH_3$ (bei 2- bis 4tägigem Stehen einer Mischung von 1 Mol Benzaldehyd und 1 bis 2 Molen Essigsäureanhydrid in Schalen an der Luft[947] oder aus Benzopersäure- und Essigsäureanhydrid[948], geruchlose Nadeln mit $F = 37$ bis 39^0; es findet unter dem Namen „Benzozon" wegen seiner keimtötenden Eigenschaften Verwendung); Butyrilperoxyd[936], Valerylperoxyd[936]; Furanperoxyd (entsteht bei der Autoxydation von Furfurol[949]), Difurylacryloylperoxyd der Formel

$$O-CH=CH-CO-OO-CO-CH=CH-$$

(aus Natriumperoxyd und Furylacryloylchlorid).

Das Dibenzoylperoxyd $C_6H_5CO.OO.CO.C_6H_5$ entsteht auch bei der Oxydation von Benzaldehyd an der Luft im Sonnenlicht[950]. Es bildet geruchlose Kristalle, die in Wasser kaum spurenweise, in Alkohol und Ligroin schwer löslich sind. Beim Erhitzen verpufft es, ebenso beim Berühren mit konzentrierter Schwefelsäure. Mit konzentrierter Salpetersäure gibt Benzoylperoxyd Bis-(3-nitro-benzoyl-)-Peroxyd $(O_2N.C_6H_4.CO.O)_2$[951]. Benzoylperoxyd wird von Natronlauge selbst beim Sieden nur langsam verändert. Es wirkt anästhetisierend und desinfizierend[952]. Auch als Fett- und Ölbleichmittel wurde es unter dem Namen „Lucidol" verwendet[953]. Mit aromatischen Kohlenwasserstoffen erfolgt Reaktion unter vorheriger Anlagerung des Peroxydmoleküls, das sich unter Abgabe von 1 CO_2 in zwei Teile spaltet und zwei verschiedene Reaktionen ergibt[954]. Organische Peroxyde, wie Benzoylperoxyd, erzielen im Kautschuk ebenso wie Kaliumpersulfat auch bei Abwesenheit von Schwefel- und Metalloxyden Vulkanisationseffekte. Die Vulkanisation mit organischen Peroxyden ermöglicht sogar die Einhaltung niedrigerer Temperaturen und kürzerer Erhitzungszeiten als mit Schwefelverbindungen. Mit Kaliumpersulfat sind die Vulkanisate porös und daher nur von geringem Wert[955].

Acetylperoxyd bildet flache, durchsichtige Kristalle von scharfem, stechendem Geruch und ist sehr explosiv. Es wirkt auch auf die photographische Platte ein.

Durch Wasser werden die Acylperoxyde nach der Gleichung

$$\begin{array}{ccc} R.CO.O & H & R.COOH \quad \text{(Säure)} \\ | \; + \; | & = & + \\ R.CO.O & OH & R.CO.OOH \quad \text{(Persäure)} \end{array}$$

hydrolysiert[956]. Die Persäuren können weiterhin in Säure und Wasserstoffperoxyd gespalten werden: $RCO.OOH + HOH = RCOOH + HOOH$. Der erste

Vorgang verläuft schneller als der zweite. Eine Persäurebildung kann auch aus den Acylperoxyden nach der Gleichung

$$\begin{array}{cc} R.CO.O & OH \\ | \ + \ | & = 2\,RCO.OOH\,[957] \\ R.CO.O & OH \end{array}$$

erfolgen.

F. Organische Persäuren.

J. D'Ans und W. Frey[958] stellten reine organische Persäuren mit Hilfe von Wasserstoffperoxyd und einem Katalysator aus den organischen Säuren her. Die Umsetzung $R.COOH + H_2O_2 \rightleftarrows R.CO.OOH + H_2O$ führt zu einem Gleichgewichtszustand zwischen den vier an der Reaktion beteiligten Molekülgattungen, so daß eine vollständige Umsetzung des Wasserstoffperoxyds zu Persäure auch bei einem großen Überschuß der Säure nicht auftreten kann. Die Gleichgewichtseinstellung braucht normalerweise etwa 12 bis 16 Stunden, bei Ameisensäure aber nur 2 Stunden. Durch einen Zusatz von Schwefel-, Salpeter-, Fluß- oder Phosphorsäure, Kaliumnitrat, Ammonsulfat, Natriumbisulfat, Natriummetaphosphat oder Bariumnitrat kann jedoch das Gleichgewicht schon in wesentlich kürzerer Zeit erreicht werden.

Hochkonzentrierte Lösungen von Persäuren konnten aus Säureanhydriden mit reinem Wasserstoffperoxyd erhalten werden, wobei sie unter starker Erwärmung quantitativ im Sinne der Gleichung $R.CO.O.CO.R + HOOH = R.CO.OOH + + R.COOH$ reagieren. Überraschenderweise entstehen auf diese Weise keine nachweisbaren Mengen von Säureperoxyden. Durch Zusatz eines weiteren Moleküls von Wasserstoffperoxyd und etwas Schwefelsäure als Katalysator geht die Persäurebildung noch weiter. Eine größere Menge von Schwefelsäure verschiebt das Gleichgewicht sehr zugunsten der Persäure. Wird das Gemisch der Destillation unterworfen, so kann man direkt Persäuren mit einem sehr hohen Persäuregehalt erhalten. Aus den Destillaten gewinnt man schließlich durch Ausfrieren und Ausschleudern die reinen Persäuren. D'Ans und Frey konnten die Perameisensäure, Peressigsäure, Perpropionsäure und Perbuttersäure darstellen sowie den Nachweis der Existenz einer Perpalmitinsäure erbringen.

Von D'Ans und Frey[958] wurde Peressigsäure auch aus Borsäure, Essigsäureanhydrid und Wasserstoffperoxyd nach

$$B(OCOCH_3)_3 + 3\,H_2O_2 = 3\,CH_3.COOOH + B(OH)_3$$

in glatter und einfacher Reaktion dargestellt. Die Peressigsäure wird im Vakuum abdestilliert, wobei die Ausbeute etwa 80% der Theorie beträgt. Die Persäure konnte in einer Reinheit von $94{,}85\%$ dargestellt werden.

Auch Keten reagiert mit Wasserstoffperoxyd unter Bildung von Peressigsäure: $CH_2CO + H_2O_2 = CH_3.CO.OOH$, es findet aber eine weitere Reaktion der entstandenen Peressigsäure mit Keten unter Bildung von Diacetylperoxyd statt: $CH_3.CO.OOH + CH_2CO = CH_3.CO.OO.CO.CH_3$, so daß diese Reaktion nicht sehr gut zur Peressigsäuredarstellung herangezogen werden kann[958]. Von J. D'Ans und W. Friederich[398] wurde Peressigsäure mit einem Gehalt von wenig Diacetylperoxyd auch bei der Einwirkung von 60%igem festem Wasserstoffperoxyd auf Acetylchlorid erhalten. Sie entsteht auch bei der Bestrahlung von gasförmigem Acetaldehyd mit ultraviolettem Licht mit großer Geschwindigkeit[959].

Peressigsäure ist eine wasserklare Flüssigkeit, die bei $0,1^0$ schmilzt, äußerst explosiv ist und sich glatt in Wasser, Alkohol, Äther oder Schwefelsäure löst. In wäßriger Lösung ist sie in reinem Zustande sehr gut haltbar. Salze, Säuren und Alkalien beschleunigen die Hydrolyse zu Essigsäure und Wasserstoffperoxyd. Sie greift Kork, Kautschuk und die Epidermis sehr stark an. Das Oxydationsvermögen ist sehr groß, Anilin wird zu Nitrosobenzol, saure Manganosalzlösung schon in der Kälte zu Permanganat oxydiert, welche Reaktion aber nur dann eintritt, wenn sie durch einen kleinen Zusatz von Kaliumpermanganat eingeleitet wird. Sie wurde für Desinfektionszwecke empfohlen.

Die Perameisensäure (J. D'Ans und Kneip[960]) ist sehr zersetzlich, die wäßrige Lösung geht schon bei Zimmertemperatur in Kohlensäure über. Die Perpropionsäure weist ähnliche Eigenschaften wie die Peressigsäure auf, ist aber nicht so explosiv. Beim Überhitzen findet bloß Verpuffung statt. Sie schmilzt bei $-13,5^{0}$[958].

Die Perbuttersäure verpufft noch schwächer als die Perpropionsäure, wobei teilweise Verkohlung eintritt. Der Schmelzpunkt liegt bei $-10,5^0$[958]. Die Perbenzoesäure (Benzopersäure) wurde von Baeyer und Villiger[961] durch Aufspaltung des Dibenzoylperoxyds mit der berechneten Menge Natriumäthylat dargestellt:

$$C_6H_5.CO.OO.CO.C_6H_5 + C_2H_5ONa = C_6H_4.CO.OONa + C_6H_5CO.OC_2H_5.$$

Diese Arbeitsweise läßt sich aber vereinfachen, wenn man statt Natriumäthylat eine Lösung von Natriumhydroxyd in 96%igem Alkohol verwendet[962]. Nach M. Bergmann und Ch. Witte[963] kann Perbenzoesäure auch aus einem Molekül Natriumperoxyd oder eines ähnlichen Peroxyds oder der entsprechenden Menge von Wasserstoffperoxyd in alkalischer Lösung auf weniger als zwei Moleküle eines in Alkohol und Äther gelösten Benzoylchlorids in Gegenwart von Wasser erhalten werden. An Stelle von Benzoylchlorid kann für die Darstellung anderer Persäuren irgendein beliebiges anderes Säurehalogenid verwendet werden. Die Persäuren werden in Äther oder Essigester aufgenommen.

Peressigsäure und Perbenzoesäure bilden mit ungesättigten Verbindungen Oxyde. Die Reaktionen gehen quantitativ vor sich, so daß sich beide Persäuren zur Bestimmung der Ungesättigtheit und der Doppelbindungen in Ölen und Fetten eignen: $C_6H_5.CO.OOH + {>}C{=}C{<} \rightarrow C_6H_5COOH + {>}C{-}C{<}$. (Prileschajew[964], Lippmann[965], D'Ans und Kneip[966], Nametkin und Abakumovskaja[967], Boeseken und Gelber[968], Boeseken und Schneider[969] und W. C. Smit[970]). Eine Carboxylgruppe in unmittelbarer Nähe einer Doppelbindung verhindert aber deren Oxydation durch Benzopersäure (Boeseke[971]). Die Wirkung der Persäure besteht zunächst in einer einfachen Addition an die Doppelbindung der ungesättigten Substanz. Kautschuk wird von Benzoepersäure, gelöst in Chloroform, bei 0^0 in ein zähes unlösliches Kautschukoxyd $(C_5H_8O)_x$ verwandelt[972].

Bei manchen Oxydationswirkungen zeigen sich jedoch Unterschiede zwischen Peressig- und Perbenzoesäure. So erhält man bei der Einwirkung von Peressigsäure auf organische Jodverbindungen Jodosoverbindungen R—JO, meist in Form der Acetate $RJ(OCOCH_3)_2$, mit Perbenzoesäure aber meist die Jodo-

verbindungen R—JO$_2$. Perbenzoesäure oxydiert organische Sulfide mit Leichtig-
keit zu Sulfonen oder Sulfoxyden[973], und zwar auch dort, wo andere Oxydations-
methoden versagen. Die Lösung von Benzopersäure in Chloroform oder Äther
ist ganzlich ungefährlich. Sie ist aber weniger haltbar als die Lösung von Peressigsäure in Essigsäure. Das Natriumsalz der Benzopersäure ist sehr unbeständig. Etwas beständiger ist das Bariumsalz[974].

Die Phtalmonopersäure wurde von Baeyer und Villiger[975] durch Schütteln
von Wasserstoffperoxyd, Natriumhydroxyd mit Phtalsäureanhydrid unter Eiskühlung dargestellt. Perzimtsäure wurde von K. Bodendorff[976] aus Dicinamoyl-
peroxyd mit Natrium erhalten. N. A. Milas und A. McAlevy[977] stellten Kampfer-
persäuren aus Kampfersäureanhydrid in ätherischer Lösung mit Natriumperoxyd
her. Sie enthält die COOOH-Gruppe am sekundären Kohlenstoffatom. Der
Schmelzpunkt beträgt 49 bis 60°.

$$
\begin{array}{ccc}
CH_2\text{———}CH\text{—}C\text{—}OOH \\
|\qquad\qquad | \\
\qquad\qquad \parallel \\
\qquad\qquad O \\
| \\
CH_3\text{—}C\text{—}CH_3 \\
| \\
CH_2\text{———}C\text{—}COOH \\
| \\
CH_3
\end{array}
$$

Organische Sulfosauren vom Typus R.SO$_2$.OOMe werden aus organischen
Sulfochloriden mit Peroxyden erhalten[978]. Dargestellt wurden die Natriumsalze
der p-Toluolpersulfonsäure CH$_3$.C$_6$H$_4$.SO$_2$.OONa als weiße, in Wasser leicht lösliche Pulver mit 6,5% aktivem Sauerstoff und Pernaphtalin-β-Persulfonsäure
mit 5,5% aktivem Sauerstoff. Silberperoxyd gibt mit Naphtalinsulfochlorid das
Silbersalz der Naphtalinpersulfonsäure als grauweißes Pulver. Die Salze der
Persulfonsaure sollen für Bleich-, Netz-, Emulgier- und Desinfektionsmittel Verwendung finden. Auch die freien Sulfonsäuren selbst, bzw. die Peroxyde organischer Sulfonsauren R.SO$_2$.OO.SO$_2$.R und R.SO$_2$.OO.SO$_2$.R′ lassen sich mit
Peroxyden zu organischen Persulfonsäureverbindungen umsetzen. Schließlich
werden organische Sulfopersäureverbindungen auch durch Einwirkung von
Wasserstoffperoxyd auf die Metallsalze von organischen Sulfonsäuren erhalten,
z. B. aus Naphtalinsulfonsäure, suspendiert in einer wäßrigen Lösung von Natriumpyrophosphat und unter Kühlung, mit Natriumperoxyd und 35%igem
H$_2$O$_2$. Nach dem Verdampfen gewinnt man das Natriumsalz der Naphtalin-
persulfonsaure. Zum Entbasten von Rohseide soll sich neben Seife das octadecyl-
persulfonsaure Natrium eignen. o-Phenanthrolin bildet mit Silbersalz und
Ammonpersulfat oxydiert, ein auch in sehr stark saurer Lösung beständiges
Silbersalz, in welchem das Silber zweiwertig vorliegt

$$
\left[Ag \left(\underset{N}{\overset{N}{\bigcirc\!\bigcirc}} \right)_2 \right] S_2O_8
$$

(W. Hieber und F. Muhlbauer).

Literaturverzeichnis.

[860] Liebigs Ann. 69, 279, 1849; Kolbe u. Kämpf: Journ. prakt. Chem. 1, 46, 1871. — [861] Helv. chim. Acta 1, 146, 1918. — [862] Ztschr. Elektrochem. 22, 422, 1917. — [864] Helv. chim. Acta 12, 559, 1929; Chem. Ztrbl. 1929 II, 26. — [865] Helv. chim. Acta 8, 792, 1925; Chem. Ztrbl. 1926 I, 1390. — [866] A. Rieche: Ztschr. angew. Chem. 45, 422, 1932. — [867] Ber. Dtsch. chem. Ges. 34, 738, 1901. — [868] Ber. Dtsch. chem. Ges. 62, 2460, 1929. — [869] Ber. Dtsch. chem. Ges. 62, 2473, 1929. — [870] Chem. Ztrbl. 1911 II, 269. — [871] Ber. Dtsch. chem. Ges. 61, 951, 1928. — [872] Ber. Dtsch. chem. Ges. 62, 218, 1929. — [873] Ber. Dtsch. chem. Ges. 33, 3387, 1900. — [874] Ber. Dtsch. chem. Ges. 59, 1754, 1926. — [875] Ber. Dtsch. chem. Ges. 62, 221, 225, 1929. — [876] Liebigs Ann. 431, 326, 1923. — [877] Ber. Dtsch. chem. Ges. 33, 3154, 1900; 35, 1226, 1902; 37, 3538, 1904. — [878] Ber. Dtsch. chem. Ges. 34, 2731, 1901. — [879] Das Triphenylmethyl, Stuttgart, Verlag Enke, 1914. — [880] Ber. Dtsch. chem. Ges. 68, 1465, 1935. — [881] Journ. chem. Soc. London 1929, 738; Chem. Ztrbl. 1929 II, 24. — [882] Rieche: Ber. Dtsch. chem. Ges. 62, 2458, 1929. — [883] Ber. Dtsch. chem. Ges. 63, 2642, 1930. — [884] Ber. Dtsch. chem. Ges. 14, 602, 1881; 18, 3343, 1885. — [885] Liebigs Ann. 298, 262, 328, 1897. — [886] Ber. Dtsch. chem. Ges. 33, 2485, 1900. — [887] Ber. Dtsch. chem. Ges. 55, 3560, 1922; 63, 74, 1930. — [888] Ztschr. Elektrochem. 20, 367, 1914. — [889] Ber. Dtsch. chem. Ges. 45, 2571, 1912; 47, 2464, 1914; 54, 492, 1921. — [890] Ber. Dtsch. chem. Ges. 54, 492, 1921. — [891] Ber. Dtsch. chem. Ges. 66, 718, 1933. — [892] Liebigs Ann. 431, 311, 1923. — [893] Liebigs Ann. 436, 259, 1923. — [894] Ber. Dtsch. chem. Ges. 65, 1274, 1932. — [895] Ber. Dtsch. chem. Ges. 33, 2481, 1900. — [896] C. Engler: Ber. Dtsch. chem. Ges. 33, 1094, 1900. — [897] Ber. Dtsch. chem. Ges. 33, 666, 1900. — [898] Ber. Dtsch. chem. Ges. 34, 2933, 1901. — [899] Ber. Dtsch. chem. Ges. 58, 1075, 1925. — [900] Ber. Dtsch. chem. Ges. 63, 2362, 1930. — [901] Ber. Dtsch. chem. Ges. 55, 1174, 1922. — [902] Ber. Dtsch. chem. Ges. 55, 3746, 1922. — [903] Ber. Dtsch. chem. Ges. 55, 3753, 1922. — [904] Ztschr. angew. Chem. 42, 873, 1929. — [905] Liebigs Ann. 374, 321, 1910. — [906] Liebigs Ann. 431, 315, 1923. — [907] Ber. Dtsch. chem. Ges. 64, 2335, 1931. — [908] Ber. Dtsch. chem. Ges. 33, 2484, 1900. — [909] Ber. Dtsch. chem. Ges. 33, 125, 1900; 32, 3627, 1899. — [910] Ber. Dtsch. chem. Ges. 33, 2481, 1900. — [911] Liebigs Ann. 374, 338, 1910. — [912] Ber. Dtsch. chem. Ges. 33, 860, 1900. — [913] Ber. Dtsch. chem. Ges. 28, 2265, 1895. — [914] Ber. Dtsch. chem. Ges. 59, 2181, 1926; Chem.-Ztg. 55, 923, 1928. — [915] Chem. Ztrbl. 1929 II, 1650. — [916] Compt. rend. Acad. Sciences 140, 1591, 1905; 144, 90, 1907. — [917] Ber. Dtsch. chem. Ges. 33, 863, 1900. — [918] Ber. Dtsch. chem. Ges. 28, 2265, 1895. — [919] Chem. Ztrbl. 1921 I, 401. — [920] Ber. Dtsch. chem. Ges. 38, 1195, 1905. — [921] Rieche: Alkylperoxyde, S. 290. — [922] Ber. Dtsch. chem. Ges. 47, 1479, 1914. — [923] Ber. Dtsch. chem. Ges. 55, 3197, 1922. — [924] Liebigs Ann. 438, 202, 1924. — [925] Liebigs Ann. 445, 123, 1925. — [926] Ber. Dtsch. chem. Ges. 52, 1407, 1416, 1919. — [927] Ber. Dtsch. chem. Ges. 47, 1472, 1914. — [928] Ber. Dtsch. chem. Ges. 59, 2161, 1926. — [929] Ber. Dtsch. chem. Ges. 61, 1102, 1928. — [930] Liebigs Ann. 460, 225, 1928. — [931] Compt. rend. Acad. Sciences 182, 1584, 1926; Chem. Ztrbl. 1926 II, 1145; 1929 II, 2783. — [932] Ber. Dtsch. chem. Ges. 67, 1021, 1934. — [933] Ber. Dtsch. chem. Ges. 67, 633, 1934. — [934] Chem. Ztrbl. 1933 I, 1774. — [935] Ber. Dtsch. chem. Ges. 66, 61, 1933. — [936] Liebigs Ann. 3, Suppl. 200, 1864. — [937] Ber. Dtsch. chem. Ges. 27, 1511, 1894. — [938] Ber. Dtsch. chem. Ges. 29, 1724, 1896. — [939] Helv. chim. Acta 9, 692, 1926; Chem. Ztrbl. 1926 II, 1123. — [940] Liebigs Ann. 480, 157, 1930. — [941] Journ. chem. Soc. London 1928, 2040; Chem. Ztrbl. 1928 II, 2114. — [942] Helv. chim. Acta 9, 144, 1926; Chem. Ztrbl. 1926 I, 1977. — [943] E. P. 309118. — [944] DRP. 540588; A. P. 1718609. — [945] Clover u. Richmond: Journ. Amer. chem. Soc. 29, 191, 1903. — [946] Vanino u. Herzer: Arch. Pharmaz. z. Ber. Dtsch. pharmaz. Ges. 202, 441, 1924; Chem. Ztrbl. 1925 I, 48. — [947] Liebigs Ann. 298, 284, 1897. — [948] Ber. Dtsch. chem. Ges. 33, 1581, 1900. — [949] Chem. Ztrbl. 1933 I, 2460; Journ. Amer. chem. Soc. 56, 1219, 1934; Chem. Ztrbl. 1934 II, 441. — [950] Chem. Ztrbl. 1926 I, 2686. — [951] Vanino: Ber. Dtsch. chem. Ges. 30, 2003, 1897. — [952] Loewenhart: Chem. Ztrbl. 1905 II, 785. — [953] Lüdecke: Chem. Ztrbl. 1908 II, 1301. — [954] G. Lissen u. Hermanns: Ber. Dtsch. chem. Ges. 58, 285, 764, 770, 984, 1925. — [955] Chem. Ztrbl. 1930 II, 149; 1916 I, 787. — [956] Clover

u. Richmond: Journ. Amer. chem. Soc. 20, 181, 1903. — [957] Clover u. Houghton: Ebenda 32, 60, 1904. — [958] Ber. Dtsch. chem. Ges. 45, 1845, 1912. — [959] Bowen u. Tietz: Nature 124, 914, 1929; Chem. Ztrbl. 1930 I, 1436. — [960] Ber. Dtsch. chem. Ges. 48, 1137, 1915. — [961] Ber. Dtsch. chem. Ges. 33, 1569, 1900. — [962] C. Smit: Chem. Ztrbl. 1930 II, 1061. — [963] DRP. 409 779. — [964] Ber. Dtsch. chem. Ges. 42, 4811, 1909; 43, 959, 1910. — [965] Ber. Dtsch. chem. Ges. 43, 464, 1910. — [966] Ber. Dtsch. chem. Ges. 48, 42, 1918. — [967] Chem. Ztrbl. 1927 I, 830, 2381. — [968] Chem. Ztrbl. 1927 I, 2453; 1929 II, 2451. — [969] Chem. Ztrbl. 1928 II, 145; 1929 I, 1400; II, 716; 1931 I, 773; II, 2591; 1934 I, 3452. — [970] Chem. Ztrbl. 1930 II, 1062, 1063. — [971] Chem. Ztrbl. 1927 I, 725. — [972] Ber. Dtsch. chem. Ges. 55, 3458, 1923. — [973] Chem. Ztrbl. 1930 II, 2119. — [974] Ber. Dtsch. chem. Ges. 33, 1578, 1900. — [975] Ber. Dtsch. chem. Ges. 34, 763, 1901. — [976] Ber. Dtsch. chem. Ges. 66, 165, 1933. — [977] Journ. Amer. chem. Soc. 55, 352, 1933; Chem. Ztrbl. 1933 I, 2400. — [978] DRP. 561 521, I. G. Farbenindustrie A. G.

XXI. Ozonide.

Ebenso wie sich der Sauerstoff an die Doppelbindung von Alkylenen unter Bildung von Peroxyden anlagern kann, vermag sich auch das nahe verwandte, aber reaktionsfähigere Ozon beim Arbeiten in wasserfreien Lösungsmitteln mit Olefinen rascher und intensiver zu Ozoniden anzulagern:

$$C_nH_{2n+1}.CH{=}CH.C_mH_{2m+1} + O_3 \rightarrow C_nH_{2n+1}.CH{-}CH.C_mH_{2m+1} +$$

$$\downarrow + H_2O \rightarrow C_nH_{2n+1}CHO + OHC.C_mH_{2m+1} + H_2O_2.$$

Durch kochendes Wasser werden sie sehr leicht in Wasserstoffperoxyd und Aldehyd oder Keton oder aber auch ohne Bildung von Wasserstoffperoxyd in die den Aldehyden oder Ketonen entsprechenden Peroxyde oder Säuren gespalten, welche Reaktion von C. D. Harries[980] zur Konstitutionsbestimmung kompliziert gebauter ungesättigter organischer Verbindungen, wie z. B. des Kautschuks oder der Guttapercha, ausgenützt wurde, da es aus der Art der Spaltungsstücke möglich ist, die Lage der Doppelbindung im Molekül zu ermitteln. Auch zur Darstellung schwierig herstellbarer organischer Verbindungen ist die Ozonisierung bereits mit Erfolg benützt worden. Die Ozonidbildung verläuft quantitativ. Die Spaltung der Ozonide kann außer durch Wasser auch mit Eisessig, Alhohol oder Alkalien erfolgen, wobei im allgemeinen die gleichen Produkte entstehen. Außer dem bereits erwähnten Werk von Harries[980] wären von zusammenfassenden Abhandlungen über Ozonide noch die von M. Moeller[981], Fonrobert[982, 983] und Rieche[120] anzuführen.

Die isolierten Ozonide sind in der Regel Sekundärprodukte, die sich durch Umlagerung eines primären unbeständigen Anlagerungsproduktes, eines Molozonides, gebildet haben. Diese Umwandlung ist vollkommen analog der von Baeyer und Villiger[979] bei den Peroxyden beobachteten Umlagerung in Ester bzw. Lactone oder Ketonalkohole.

Für die monomolekularen Ozonide können verschiedene Möglichkeiten der Formulierung in Betracht kommen:

$$
\underset{\substack{\text{I}\\[2pt]\text{Harriessche Formel,}\\\text{Glykolderivat}}}{
\begin{array}{c}\text{O—O—O}\\ |\qquad\ |\\ \text{R—CH——CH—R,}\end{array}}
\quad
\underset{\substack{\text{II}\\[2pt]\text{Molozonid}}}{
\begin{array}{c}\text{O——O}=\text{O}\\ |\qquad |\\ \text{R—CH—CH—R,}\end{array}}
\quad
\underset{\substack{\text{III}\\[2pt]\text{Isoozonid: Acetal}}}{
\begin{array}{c}\diagup\text{OO}\diagdown\\ \text{R—CH}\qquad\text{CH—R}\\ \diagdown\text{O}\diagup\end{array}}
\ \text{und}\
\underset{\substack{\text{IV}}}{
\begin{array}{c}\diagup\text{OO}\diagdown\\ \text{R—CH——COH—R}\end{array}}
$$

Die größte Wahrscheinlichkeit besitzt die Formel III, die von Staudinger[984] auf Grund der Spaltung der Ozonide in Aldehyde und Säuren und des Fehlens von Glykolen vorgeschlagen wurde. Diese Annahme wurde durch die Untersuchungen von A. Rieche[985] wesentlich gestützt, da die Ozonide optisch und chemisch das gleiche Verhalten wie die Peroxyde zeigen. Es ist nur eine —OO—-Gruppe vorhanden, wie auch aus der Bestimmung des aktiven Sauerstoffes hervorgeht. Die Formeln I und II sind daher unzutreffend. Wie sich aus Bestimmungen der Ultraviolettabsorption und des Parachors ergibt, liegt bei den reinen Ozoniden ein Vierer- oder Fünferring vor. Staudinger schlug für die umgelagerten Ozonide die Bezeichnung „Isoozonide" vor, da dadurch wohl die Bildung dieser Verbindungen zum Ausdruck kommt, hingegen die Bezeichnung „Ozonid" für die Körper der Formulierung III, die eigentlich als zyklische Acetale zweier Carbonylverbindungen mit einer Peroxydbindung aufzufassen sind, nicht mehr ganz richtig ist.

Neben den monomeren Isoozoniden existieren noch dimere und polymere Ozonide. Die Molozonide können sich ebenso wie die Moloxyde polymerisieren, die unlösliche oder nur gelatinös quellbare oder schließlich kolloidal lösliche Polyozonide ergeben. Diese können nach Staudinger[984] wie folgt formuliert werden:

$$
\begin{bmatrix}\text{R}_2\text{C—CR}_2\\ |\quad\ |\\ \text{O—O}=\text{O}\end{bmatrix}_x
\ \rightarrow\
\begin{array}{c}\text{R}_2\text{C——CR}_2\\ |\qquad\ |\\ \text{O}=\text{O O——}\end{array}
\begin{bmatrix}\text{R}_2\text{C——CR}_2\\ |\qquad\ |\\ \text{—O}=\text{O O—}\end{bmatrix}_x
\begin{array}{c}\text{R}_2\text{C——CR}_2\\ |\qquad\ |\\ \text{——O}=\text{O O}\end{array}
$$

Die Polymerisation tritt vornehmlich dort ein, wo die Umlagerung schwer erfolgt, wie bei Cyclopenten, -hexen-, hepten usw.

Außer der Bildung von Ozoniden mit ungesättigten Verbindungen kann Ozon auch bei vielen anderen organischen Körpern, und zwar nur sauerstoffhaltigen, meistens solchen mit einer Carbonylgruppe, wie Aldehyden oder Ketonen, Oxydationswirkungen ausüben, wobei organische Peroxyde gebildet werden. Bei dieser Reaktion wird ein Sauerstoffatom des Ozons an der Stelle aufgenommen, wo sich bereits das vorhandene Sauerstoffatom befindet.

Die Isoozonide stellen meist ölige, teilweise auch feste oder kristalline, gut charakterisierte Produkte dar, die im Gegensatz zu den äußerst explosiven Molozoniden schon verhältnismäßig beständig sind. Die Ozonide niedrig molekularer Körper lassen sich z. B. schon im Vakuum destillieren. Diese Ozonide sind auch bei gewöhnlicher Temperatur flüchtig. Fast alle Ozonide sind äußerst zersetzliche Körper, die oft schon beim bloßen Stehen ohne äußeren Anlaß explodieren. Bei ihrer Untersuchung ist es daher angezeigt, sich vorerst bloß etwa 1 bis 2 g des Ozonids herzustellen und dieses auf seine Explosionsfähigkeit zu prüfen, um nicht zu Schaden zu kommen.

In Wasser sind alle Ozonide unlöslich, leicht löslich sind sie in organischen Lösungsmitteln. Mit Wasser tritt baldige Spaltung auf. Alle Ozonide machen aus Kaliumjodid sofort Jod frei und entfärben Indigo- und Permanganatlösung. Durch Reduktionsmittel, wie schwefelige Säure, Aluminiumamalgam, oder Zinkstaub, werden sie in dieselben Produkte übergeführt, die bei der Spaltung mit Wasser entstehen. Durch Katalysatoren, wie Eisen oder Platin, können die Ozonide eine Zersetzung erleiden, die nach Art einer intramolekularen Disproportionierung vor sich geht, wobei direkt Säuren und Aldehyde erhalten werden:

$$R-CH \underset{O}{\overset{OO}{<>}} CH-R \rightarrow RCHO + RCOOH.$$

Dabei ist es noch nicht feststehend, ob diese Zersetzung ähnlich wie bei den Oxydialkylperoxyden[985a] innerhalb eines Moleküls oder wie beim Diäthylperoxyd zwischen zwei Molekülen vor sich geht[986].

Die Darstellung von Ozoniden erfolgt gewöhnlich in der Weise, daß die zu ozonisierende Substanz in Kohlenwasserstoffen oder deren Chlorierungsprodukten, Chloroform, Tetrachlorkohlenstoff, Methylchlorid, Äthylchlorid, Hexan, Hexahydrotoluol, oder wasserfreier Ameisensäure, Eisessig, Aceton, oder Essigester gelöst und bei Zimmertemperatur oder Kühlung mit gasförmigem Ozon behandelt wird. Wegen der Spaltungsgefahr der Ozonide durch Wasser ist auf vollkommene Abwesenheit von Wasser, wäßrigen verdünnten Alkalien oder Säuren zu achten. Man gelangt zu um so reineren Ozoniden, wenn man nicht allzu konzentriertes Ozon verwendet. Man kann, je nach der Art des angewandten Lösungsmittels, zu verschiedenen Produkten kommen. So erhielten z. B. G. Wagner und Harries[987] aus Cyclopenten in Chloräthyl ein polymeres, in Hexan hingegen das monomere Ozonid. Durch Abdampfen des Lösungsmittels im Vakuum bei Temperaturen von etwa 20° kann dann das Ozonid gewonnen werden, das entweder (bei Ozoniden niedrig molekularer Verbindungen wie jenen des Äthylens, Butylens usw.) durch Destillation oder aber auf die von Harries angegebene Methode des Umfällens aus Essigester mit Petroläther gereinigt werden kann[988].

Auf die Beschreibung der Darstellung und Eigenschaften der unzähligen bekannten Ozonide, die den Rahmen des vorliegenden Buches weit übersteigen würde, kann hier jedoch nicht eingegangen werden und muß bloß auf die angeführte zusammenfassende Spezialliteratur[980,871,982,983,120] verwiesen werden, die durch nachstehende Angaben ergänzt wird[989-999].

Literaturverzeichnis.

[979] Ber. Dtsch. chem. Ges. **32**, 3625, 1899; **33**, 858, 1900. — [980] Untersuchungen über Ozon und seine Einwirkung auf organische Verbindungen, Berlin: Julius Springer, 1916. — [981] Das Ozon, Braunschweig, 1921. — [982] Das Ozon, Stuttgart, 1916. — [983] Über „Ozonide" in Houbens Methoden der organischen Chemie, 2. Aufl., Bd. III, S. 271—315. — [984] Ber. Dtsch. chem. Ges. **58**, 1088, 1925. — [985] Ztschr. angew. Chem. **43**, 628, 1930. — [985a] Rieche: Ber. Dtsch. chem. Ges. **63**, 2647, 1930. — [986] H. Wieland u. Chrometzka: Ber. Dtsch. chem. Ges. **63**, 1028, 1930. — [987] Liebigs Ann. **410**, 29, 1915. — [988] Ber. Dtsch. chem. Ges. **38**, 1195, 1905. — [989] R. Koetschan: Über Erdölozonide, Ztschr. angew. Chem. **35**, 509, 1922. — [990] L. Ostromysslenski: Neue Methoden zur Vulkanisation von Kautschuk mit O_2, O_3 oder Ozoniden, Chem. Ztrbl. 1916 I, 955. — [991] J. Tausz, H. Görlacher u. H. Drael: Das Auftreten von Ozoniden im Brennstoffmotor, Forsch. Gebiet Ing. Wissensch. (A), **3**, 247, 1932; Chem. Ztrbl. **1932**, 2937. — [992] J. M. Gallert: Anodische Bildung von Oxoperoxyden, Anales Soc. Espanola Fisica Quim. **30**, 922, 1932;

Chem. Ztrbl. **1933** I, 3687. — [993] E. Briner, M. Mottier u. H. Paillard: Über den Energiewert der Ozonidbildung, Helv. chim. Acta **13**, 1030, 1930; Chem. Ztrbl. **1930** II, 3551. — [994] V. J. Vaidyanathan: Indian Journ. Physics **2**, 421, 1928; Chem. Ztrbl. **1928** II, 1985. — [995] A. Verleg: Über die Umlagerung der Ozonide, Bull. Soc. chim. France (4), **43**, 854, 1928; Chem. Ztrbl. **1928** II, 2000. — [996] E. Briner u. O. Schnorf: Untersuchungen über die Ozonisierung der ungesättigten gasförmigen Kohlenwasserstoffe, Helv. chim. Acta **12**, 154, 529, 1929; Chem. Ztrbl. **1929** I, 1798; II, 280. — [997] F. G. Fischer u. Dull: Über die Einwirkung von Ozon auf Aldehyde, Liebigs Ann. **476**, 233, 1929; **486**, 80, 1931. — [998] R. C. Houtz u. H. Adkins: Über die katalytische Wirkung von Ozoniden auf Polymerisationsvorgange, Journ. Amer. chem. Soc. **53**, 1058, 1931; Chem. Ztrbl. **1931** I, 2857. — [999] G. Bons u. G. Peyresblonques: Über die Bindung von Ozon durch ungesattigte, benzolische und acetylenische Verbindungen, Compt. rend. Acad. Sciences **190**, 501, 685, 1930; Chem. Ztrbl. **1930** I, 2715, 3176.

XXII. Die Oxozonide.

Bei der Einwirkung von hochkonzentriertem Ozon auf ungesättigte Verbindungen werden statt der Ozonide Oxozonide, also Produkte gebildet, bei denen mit einer Äthylendoppelbindung 4 O-Atome in Rektion getreten sind. Ursprünglich nahm Harries, der diese Verbindungen bei vielen Ozonisierungen erhalten hatte, an, daß sie durch Anlagerung von Oxozon O_4 entstanden seien. Diese Ansicht trifft aber nicht zu, da E. H. Riesenfeld und G. M. Schwab[1001] nachgewiesen haben, daß ein solches Oxozon nicht existiert. Die Oxozonide sind vielmehr als sekundäre Oxydationsprodukte der Ozonide aufzufassen, die als monomere und höherpolymere Verbindungen auftreten (Staudinger[984]). Ihre Entstehung beruht auf der Aufnahme von einem Sauerstoffatom durch die primären Molozonide, wobei sich die entstehenden labilen Oxozonide dann sekundär eventuell in die Iso-oxozonide, Acetale mit zwei Peroxydbindungen, umlagern:

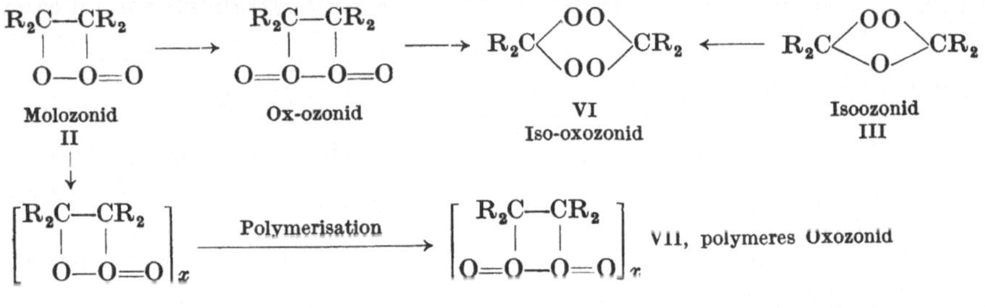

$$
\begin{array}{ccccc}
R_2C\!-\!CR_2 & R_2C\!-\!CR_2 & R_2C\!<\!\!\begin{smallmatrix}OO\\OO\end{smallmatrix}\!\!>\!CR_2 & R_2C\!<\!\!\begin{smallmatrix}OO\\O\end{smallmatrix}\!\!>\!CR_2 \\
|\;\;\;\; | \;\rightarrow\; & |\;\;\;\; | \;\longrightarrow\; & \longleftarrow & \\
O\!-\!O\!=\!O & O\!=\!O\!-\!O\!=\!O & & \\
\text{Molozonid} & \text{Ox-ozonid} & \text{VI} & \text{Isoozonid} \\
\text{II} & & \text{Iso-oxozonid} & \text{III}
\end{array}
$$

$$
\begin{bmatrix} R_2C\!-\!CR_2 \\ |\;\;\; | \\ O\!-\!O\!=\!O \end{bmatrix}_x \xrightarrow{\ \text{Polymerisation}\ } \begin{bmatrix} R_2C\!-\!CR_2 \\ |\;\;\; | \\ O\!=\!O\!-\!O\!=\!O \end{bmatrix}_x \quad \text{VII, polymeres Oxozonid}
$$

Die Annahme des Überganges der Isoozonide durch Sauerstoffaufnahme in die Isooxozonide ist nicht sehr wahrscheinlich.

Die Eigenschaften der Isooxozonide sind nur wenig von denen der Ozonide verschieden. Sie sind bloß etwas leichter zersetzlich und besitzen einen höheren Oxydationswert. Jedoch sind auch Ausnahmen bekannt, wie z. B. beim Propylenozonid, wo das Isoozonid zersetzlicher als das Isooxozonid ist (Harries und Heffner[1002]). Im allgemeinen sind aber die Oxozonide noch recht wenig durchforschte Körper.

Literaturverzeichnis.

[1001] Ber. Dtsch. chem. Ges. **55**, 2088, 1922. — [1002] Liebigs Ann. **374**, 330, 1910.

XXIII. Anlagerungs- oder Perhydratverbindungen.

Bei der eingehenderen Überprüfung der Eigenschaften von vielen chemischen Verbindungen, die durch Einwirkung von Wasserstoffperoxyd oder dessen Derivaten entstanden sind, hat sich gezeigt, daß sich nicht alle Verbindungen, die aktiven Sauerstoff enthalten, gleichartig verhalten, sondern daß man vielmehr zwischen zwei großen Gruppen von aktiven Sauerstoffverbindungen unterscheiden muß. Es sind dies die sog. „echten Perverbindungen" als wahre Substitutionsprodukte des Wasserstoffperoxyds, also die Salze des Wasserstoffperoxyds, und die Additionsverbindungen mit Kristallwasserstoffperoxyd, die „Perhydratverbindungen" oder „Anlagerungsverbindungen". Letztere enthalten die aktive —OO—-Gruppe nicht mehr als Baustein des Moleküls selbst, sondern nur infolge Anlagerung von unverändertem Wasserstoffperoxyd, das vom Molekül neben oder an Stelle von Kristallwasser additiv aufgenommen wurde. Sie entstehen stets durch direkte oder indirekte Einwirkung von Wasserstoffperoxyd auf nicht weiter oxydierbare Sauerstoffsalze. Sie stehen mit dem Wasserstoffperoxyd in Lösung im Gleichgewicht, geben dieses daher in Lösung sehr leicht ab.

Durch die quantitative Analyse ist zwischen beiden Arten von Verbindungen meist nicht zu unterscheiden, da ja bei einer wasserhaltigen Substanz nicht feststellbar ist, ob der aktive Sauerstoff, der ja immer nur in Lösung bestimmt werden kann, durch Hydrolyse der Perverbindung oder aus dem Wasserstoffperoxyd der Anlagerungsverbindung stammt. Eindeutig· ist das Ergebnis der quantitativen Untersuchung nur dann, wenn vollkommen wasserfreie Verbindungen vorliegen. Gerade aber bei jenen Verbindungen, die zur Bildung von Perhydratverbindungen befähigt sind, sind die letzten Wasserreste nur sehr schwer und meist nur mit Sauerstoffverlusten zu entfernen. Häufig kann man schon aus dem Verhalten bei der Entwässerung auf die Zugehörigkeit einer Verbindung schließen, da sich echte Perverbindungen meist ohne Sauerstoffverlust entwässern lassen, während bei den Anlagerungsverbindungen dies meist nicht der Fall ist.

Man muß daher zu qualitativen Untersuchungsmethoden Zuflucht nehmen. Eine der bekanntesten dieser Reaktionen ist die Probe von Riesenfeld und Reinhold[400], die „Riesenfeldsche Reaktion", die von diesen Forschern erfolgreich zur Charakterisierung der echten Percarbonate von den Carbonatperhydraten angewendet wurde. Das Wesen der Reaktion besteht darin, daß die Anlagerungsverbindungen in wäßriger Lösung sofort wie die Lösung des betreffenden Grundkörpers und Wasserstoffperoxyd reagieren, während die echten Perverbindungen mit Ausnahme der sehr leicht hydrolysierbaren Alkaliperoxyde erst nach gewisser Zeit Wasserstoffperoxyd abspalten. Es setzen daher nur echte Perverbindungen aus einer neutralen, 30%igen Kaliumjodidlösung schon in der Kälte Jod in Freiheit, während Additionsverbindungen kein Jod frei machen, sondern unter Sauerstoffentwicklung zersetzt werden.

Es muß darauf geachtet werden, daß die zu untersuchende Lösung neutral oder bicarbonatalkalisch reagiert, da im sauren Medium auch Wasserstoffperoxyd Jod frei macht. Die Reaktion wird undeutlich, wenn sehr viel Soda zugegen ist, und sie bleibt ganz aus, wenn Ätzalkalien oder Natriumperoxyd vorhanden ist. Die Unsicherheit der Riesenfeld-Probe hinsichtlich des Wasserstoffionengehaltes läßt sich beseitigen, wenn man nach H. A. Liebhafsky[1003] der zu untersuchenden Lösung als Pufferung Phosphat zusetzt. Die Reaktion wird in der Weise ausgeführt, daß zu einem Überschuß von neutraler Kaliumjodidlösung (etwa 10 ccm) etwas feste Substanz (0,1 bis 0,3 g) gegeben wird. Tritt augenblickliche starke Braunfärbung auf, so liegt eine echte Perverbindung vor. Eine langsame Jodausscheidung kann auch von Perhydratverbindungen wie von Boratperhydrat, aber auch von Persulfat verursacht werden.

Gegen die Brauchbarkeit der Riesenfeld-Reaktion, die von der Hydrolysegeschwindigkeit der zu untersuchenden Verbindungen ungünstig beeinflußt werden kann, sind schon mehrmals Einwände erhoben worden, so von Tanatar[1004], H. Menzel[405] und F. Kraus und C. Öttner[410], da mitunter zwischen der Jodausscheidung und Sauerstoffentwicklung nur graduelle Unterschiede bestehen und häufig beide Reaktionen mehr oder weniger stark gleichzeitig nebeneinander vor sich gehen. Kraus und Öttner hielten daher nicht die Jodausscheidung, sondern die Sauerstoffentwicklung für das sichere Kriterium bei der Riesenfeldschen Reaktion.

Wenn es auch feststeht, daß bei der Probe von Riesenfeld mit neutraler Kaliumjodidlösung mitunter nicht genügend eindeutige Ergebnisse erhalten werden, so läßt sie sich derzeit doch noch nicht entbehren, da eine bessere chemische Reaktion vorderhand noch nicht zur Verfügung steht. Riesenfeld und Reinhold[1005] und Le Blanc und R. Zellmann[1006] konnten auch die Einwände gegen die Kaliumjodidprobe mit Erfolg widerlegen.

Ein weiteres Hilfsmittel zur Unterscheidung zwischen Per- und Anlagerungsverbindungen ist das von Willstädter[401] festgestellte Verhalten von festen Additionsverbindungen, durch Schütteln mit Äther oder durch Behandeln im Vakuum und schwacher Erwärmung Wasserstoffperoxyd abzugeben, das dann in Äther oder im Destillat nachweisbar ist. Auch die Entwässerung von aktiven Sauerstoffverbindungen kann häufig zur Entscheidung über ihren Aufbau herangezogen werden.

Le Blanc und Zellmann[402] benützten die Dissoziationsspannung des Wasserstoffperoxyds in Additionsverbindungen und die elektrische Leitfähigkeit der Salze, H. Menzel[836] den Einfluß eines Wasserstoffperoxydzusatzes auf das scheinbare äquivalente Leitvermögen, auf kryoskopische Messungen der mit Wasserstoffperoxyd versetzten Lösungen von Boraten sowie Verteilungsversuche in Amylalkohol, um Schlüsse auf die Konstitution von Anlagerungsverbindungen ziehen zu können.

Auf Grund dieser Reaktionen haben sich viele der auf rein chemischem Wege dargestellten Percarbonate, die auf nicht elektrolytischem Wege gewonnenen Perphosphate sowie das Perborat des Handels als Anlagerungsverbindungen erwiesen. Weiters existieren noch eine ganze Reihe organischer und anorganischer Verbindungen, in welchen das Wasserstoffperoxyd Kristallwasser zu substituieren vermag oder in welchen es neben diesem gebunden ist.

F. Münzberg[1007] nimmt als Erklärung für dieses Verhalten des Wasserstoffperoxyds an, daß Stoffe hoher DE. mit Dipolcharakter am positiven und negativen Ende des Dipols von den entgegengesetzt geladenen Gitterionen angezogen werden, wobei die Gitterkräfte auf die Dipolmomente ausrichtend wirken. Das Dipolmolekül kann sich auf diese Weise zwischen den Gitterionen einschalten.

An den Dipolmolekülen tritt demnach eine besondere Art von Valenzkräften auf, die die Bildung gewisser Komplexe innerhalb des Gitters herbeiführt. Da das Wasserstoffperoxyd eine besonders hohe DE. besitzt, ist es besonders zur Bildung von Additionsverbindungen befähigt.

A. Die Boratperhydrate.

Von echten Perboraten sind nur die Verbindungen $KBO_3 . 0,5 H_2O$, $NH_4BO_3 . . 0,5 H_2O$ und das $NaBO_3$ von Le Blanc und Zellmann aus Natriumhydroperoxyd und Borsäure bekannt (S. 256), während von den übrigen aktiven Sauerstoff enthaltenden Verbindungen des Bors trotz den häufig widerspruchsvollen Angaben in der Fachliteratur zumindestens das eine feststeht, daß sie keine normalen Substitutionsprodukte des H_2O_2 darstellen. Da die überwiegende Mehrzahl der Forscher sich aber für die Auffassung der Perborate, namentlich hinsichtlich ihres wichtigsten Vertreters, des Natriumperborats des Handels, als Anlagerungsverbindung entschieden hat, sollen die aktiven Sauerstoffverbindungen des Bors im vorliegenden Abschnitt behandelt werden.

Nachstehende Perhydratborate sind bekannt: $NaBO_2 . H_2O_2 . 3 H_2O$, das Natriumperborat des Handels und die wichtigste feste Perverbindung überhaupt. Es wurde erstmalig von Tanatar[1008] und nahezu gleichzeitig von Melikoff und Pissarjewski[1009] beschrieben, die es aber noch fälschlich als echte Perverbindung $BaBO_3 . 4 H_2O$ auffaßten. Weiters der „Perborax" $Na_2B_4O_8 .$ $10 H_2O$[1010] und $Na_2B_4O_{11} . 6 H_2O$[1011]: $LiBO_2 . H_2O_2 . H_2O$ und $LiBO_2 . H_2O_2$ (H. Menzel[405]); ferner Boratperhydrate des Kaliums und Ammoniums sowie Perhydratborate der Erdalkalien, Calcium, Magnesium und Barium und schließlich von Zink und Kadmium. Über die Konstitution der Boratperhydrate s. S. 88.

a) Natrium-metaborat-perhydrat (das Natriumperborat des Handels $NaBO_2 . H_2O_2 . 3 H_2O$).

α) *Darstellung auf chemischem Wege.*

(Patentliteraturzusammenstellung S. 377.)

Die Darstellung des Natriumperhydratborats (im folgenden kurz immer als Natriumperborat bezeichnet) erfolgt entweder 1. auf rein chemischem Wege durch Einwirkung von Wasserstoffperoxyd oder Natriumperoxyd in alkalischer Lösung auf Borsäure oder Borate, oder 2. durch elektrolytische Oxydation einer alkalischen Boratlösung, wobei in beiden Fällen im wesentlichen Natriummetaborat als Ausgangsmaterial vorliegt. Das normale Handelsprodukt enthält theoretisch 10,38% aktiven Sauerstoff. Durch weitere Verdrängung von Wasser durch Wasserstoffperoxyd kann der Gehalt an aktivem Sauerstoff zwar bis auf etwa 30% gebracht werden, jedoch sind Produkte mit mehr als 10% O nicht gut haltbar. Die durch Entwässerung erhaltenen höherprozentigen Perborate sind aber bis zu etwa 20% akt. O recht gut haltbar.

Der Borax wird immer bei der Herstellung durch Zusatz von Natronlauge in Natriummetaborat übergeführt:

$$Na_2B_4O_7 + 2 NaOH = 4 NaBO_2 + H_2O$$
$$NaBO_2 + H_2O_2 + 3 H_2O = NaBO_2 . H_2O_2 . 3 H_2O.$$

Das gut kristallisierende schwer lösliche Perborat kristallisiert aus, wird filtriert und mit kaltem Wasser gewaschen. Bariumperoxyd gibt auch in hydratisiertem Zustande nur unvollständige Umsetzungen. Für die Perboratbildung günstig sind möglichst hohe Metaboratkonzentration, tiefe Temperatur, ein geringer Alkaliüberschuß und eventuelle Anwesenheit von aussalzend wirkenden Mitteln wie Natriumchlorid. Die Ausbeute beim chemischen Prozeß beträgt etwa 90 bis 95% des aktiven Sauerstoffes. In der Mutterlauge verbleiben bei guter Kühlung etwa 1,1% Natriumperborat, 0,8% Borax in Form von Natriummetaborat und alle Verunreinigungen. Ihre Wiederverwendung für die Perboratherstellung ist nur nach einer besonderen Reinigung möglich, weshalb man bereits versucht hat, sie auf magnesiumperborathaltige Massen aufzuarbeiten[1012]. Man trachtet ein möglichst grob kristallines Perborat zu erhalten, da ein fein pulvriges oder gar schlammig ausfallendes Produkt nur wenig haltbar ist. Im Handel wird ein Gehalt von mindestens 10% aktivem Sauerstoff im Natriumperborat verlangt.

Gasförmiges Fluor vermag bei der Einwirkung auf eine Lösung von Borax und Soda Perborat zu bilden, wobei vorerst Percarbonat entsteht, das mit Wasser Wasserstoffperoxyd liefert, welches schließlich mit Metaborat Perborat ergibt[88].

Die älteste Darstellungsart von Tanatar[1008] sowie Melikoff und Pissarjewski[1009] bestand in der Einwirkung von Wasserstoffperoxyd auf eine ätzalkalische Lösung von Borax. Nach der Vorschrift von O. T. Christensen[1013] löst man 120 g pulverisierten Borax in 150 ccm warmem Wasser und versetzt mit einer Lösung von 24 g reinem Natriumhydroxyd in 200 ccm Wasser, kühlt auf 20° und setzt 75 ccm reines 30%iges H_2O_2 zu. Wegen der Schwerlöslichkeit des Natriumperborats scheiden sich dessen Kristalle beim Rühren ab, die dann mit kaltem Wasser und Alkohol gewaschen werden. Die Ausbeute beträgt 114 g.

Die Herstellung aus Borsäure geht nach folgender Reaktion vor sich:

$$H_3BO_3 + H_2O_2 + NaOH + H_2O = NaBO_2 . H_2O_2 . 3\ H_2O.$$

Man versetzt eine Lösung von 40 g reinem Natriumhydroxyd in 200 ccm Wasser mit 60 g kristallisierter Borsäure und dann entweder 700 ccm 3%iger und dann 50 ccm 30%iger oder auf einmal 120 ccm 30%iger Wasserstoffperoxydlösung. Die Ausbeute beträgt mindestens 70 g[1013]. Freie Borsäure bindet in wäßriger Lösung kein Wasserstoffperoxyd.

Wie bei der Herstellung aller Perverbindungen ist für eine gute Ausbeute und Haltbarkeit die größte Reinheit der Ausgangsmaterialien und peinlichste Sauberkeit im Betriebe Sorge zu tragen. Die Reinigungsmethoden der Ausgangsmaterialien sind bereits auf S. 251 behandelt worden.

Durch bloßes Eindampfen einer mit Wasserstoffperoxyd versetzten Natriummetaboratlösung bei stark vermindertem Druck will Askenasy Natriumperborat darstellen[1014], wobei durch stufenweisen Zusatz von verdünnter Wasserstoffperoxydlösung Produkte mit bis 20% aktivem Sauerstoff erhältlich sein sollen[1015]. An Stelle des verdünnten Wasserstoffperoxyds läßt sich auch ein hochkonzentriertes verwenden, wobei die borsauren Salze direkt in festem Zustand behandelt werden[1016]. Man kann auf diese Weise zu Perhydratboraten mit bis zu 29% aktivem Sauerstoff gelangen, jedoch darf man zwecks Herstellung eines haltbaren Produktes nicht über 23% aktiven O hinausgehen[1017]. Wegen dieser Ver-

fahren wurde zwischen Askenasy und Fuhrmann ein längerer Meinungsaustausch abgehalten[1018].

Durch Eindampfen von Borax mit etwa 4 Molen 30%igem H_2O_2 unterhalb
60° bei vermindertem Druck in Gefäßen aus Glas, Quarz, Zinn u. dgl. bis zur
Trockene erhält man nach dem Vorschlag der Scheideanstalt[1019] ein saures Per-
hydratborat der Zusammensetzung

$$\left.\begin{array}{l} Na\,(BO_2.H_2O_2) \\ H\,(BO_2.H_2O_2) \end{array}\right\}$$

mit 18% aktivem Sauerstoff. Als Stabilisator kann gleich beim Eindampfen
Magnesiumsilikat zugesetzt werden. Das Salz ist nur schwach hygroskopisch,
nicht zerfließlich und außerordentlich haltbar. Da es nur sehr geringe Alkalinität
aufweist, übt es keinerlei Reizwirkung auf die Haut oder Schleimhäute aus.

Gasförmiges Wasserstoffperoxyd verwendete Hempel[1020], das durch Destillation von Persäuren erhalten wurde und direkt in die Lösung von Boraten oder
die Mutterlaugen von der Borsäure- oder Boraxfabrikation eingeleitet wurde.
Großmann und Schwed[1021] ließen gasförmiges, wasserfreies Wasserstoffperoxyd
im Vakuum unmittelbar auf feste Borate einwirken. Diese Verfahren haben
aber keinerlei technische Bedeutung erlangen können.

Von Natriummetaboratlösungen geht von Girsewald aus[1022]. Borax wird
mit überschüssigem Natriumhydroxyd in Wasser gelöst und mit Wasserstoff
peroxyd oder einer Lösung von Wasserstoffperoxyd und Natriumperoxyd versetzt, worauf zur Erhöhung der Ausbeute entweder sofort oder nach dem Auskristallisieren der Hauptmenge des Perborats eine konzentrierte · Kochsalz-
lösung zugefügt wird. Das auskristallisierte Perborat ist praktisch chlorfrei.
Man wendet einen Überschuß von etwa 20% freiem Alkali, bezogen auf Borsäure
an, da das Alkali eine grob kristalline Form, welche die beständigste Modifikation
darstellt, und eine hohe Ausbeute günstig beeinflußt. Dieses Verfahren hat sich
technisch recht gut bewährt.

Ziemlich verschieden ist dagegen die Arbeitsweise von Askenasy[1023], der
Borax in 35%ige überschüssige heiße Natronlauge einträgt und die Schmelze
aufkocht, das erhaltene sirupöse Produkt, aber erst nach dem Erkalten mit
konzentriertem Wasserstoffperoxyd versetzt und zur Trockene bringt. Alle
durch Schmelzen erhaltenen Perborate enthalten alle Verunreinigungen der
Ausgangsmaterialien, sind daher wenig haltbar.

Der Gehalt des Perborats an aktivem Sauerstoff läßt sich auf etwa 35%
erhöhen, wenn man nach dem Vorschlage der Chem. Werke vorm. Byk[1024] das
fertige Perborat in konzentriertem (30%igem) Wasserstoffperoxyd auflöst und
die Lösung bei möglichst niedriger Temperatur eindampft, zur Kristallisation
bringt oder mit Alkohol fällt. Man kann aber auch von Borax oder Perborax
ausgehen und auf die gleiche Weise in Produkte mit hohem Gehalt an aktivem
Sauerstoff überführen. In diesen Körpern liegen aber sehr wahrscheinlich nicht
Mono-, sondern Di-, Tri- oder Tetraperhydratmetaborate mit bis zu 4 angelagerten Molekülen Wasserstoffperoxyd vor.

Zur Herstellung der haltbaren, grobkristallinen Modifikation des Perborats
unterschichtet man nach dem Vorschlage der Chemischen Fabrik Coswig-Anhalt[1025] eine Wasserstoffperoxydlösung beliebiger Konzentration (etwa 6%), die
auch aus Natriumperoxyd oder Carbamidperhydrat erhalten worden sein kann,.

mit einer spezifisch schwereren alkalischen Metaboratlösung mit der Dichte von etwa 1,3 und läßt unter Kühlung bei Temperaturen von 8 bis 9⁰ aber ohne Rührung die Reaktion ganz allmählich verlaufen. Nach etwa 12 bis 16 Stunden erhält man in guter Ausbeute grob kristallines und außerordentlich haltbares Perborat.

Obwohl Soda für eine Metaboratbildung aus Borax nicht herangezogen werden kann, kann doch aus einer Borax- und Sodalösung nach Zusatz von verdünnter Wasserstoffperoxydlösung Perborat erhalten werden, wobei die Kohlensäure allmählich entweicht und sich Perborat ausscheidet[1026].

Gemäß dem Verfahren von Rößler und Haßlacher[1027] wendet man zur Oxydation des Borax vorerst nur ein Mol Natriumperoxyd an, womit gleichzeitig das für die Perboratbildung erforderliche Natrium in den Prozeß eingeführt wird (Temperatur 15⁰), worauf die weitere Oxydation in einer zweiten Stufe des Prozesses mit Hilfe von etwa 3 Molen Wasserstoffperoxyd erfolgt (Temperatur 10⁰):

$$Na_2B_4O_7.10\,H_2O + Na_2O_2 = 3/2\,(Na_2B_2O_4.4\,H_2O) + NaBO_3.H_2O;$$
$$3/2\,(Na_2B_2O_4.4\,H_2O) + 3\,H_2O_2 + 3\,H_2O = 3\,(NaBO_2.H_2O_2.3\,H_2O).$$

Da fremde, störende Nebenprodukte nicht in den Prozeß eingeführt werden, kann die Mutterlauge öfters wieder verwendet werden. Die Kristallisation wird durch Abkühlung unterstützt. Selbst nach 10maliger Verwendung der Mutterlauge erhält man Ausbeuten von etwa 95% an aktivem Sauerstoff.

Perborathaltige Massen, aber kein reines Perborat, werden gemäß dem Verfahren der Chem. Werke vorm. Dr. H. Byk[1028] durch Schmelzen von Mischungen von Borax, Borsäure und Natriumperoxyd bei etwa 60 bis 70⁰, Zusatz von Wasser, sowie Erstarrenlassen und Vermahlen des Kristallkuchens erhalten. An Stelle von Natriumperoxyd kann auch Natriumperborat mit Borax bei 50 bis 60⁰ geschmolzen werden. Man erhält mit guter Ausbeute Produkte nach Art des Perborats[1028]. Das Perborat kann auch an Stelle von Borax mit Borsäure[1021], mit Salzen wie Kristallsoda, Natriumsulfat, -silikat oder -phosphat, in wechselnden Mengenverhältnissen zum Schmelzen gebracht und Produkte mit etwa 4,5% aktivem Sauerstoff erhalten werden[1030]. Auch Seife kann beim Verschmelzen von Borsäure, Borax unter Zusatz von anderen Salzen, wie Natriumsilikat und Natriumperoxyd, mitverwendet werden[1031].

Ähnliche Produkte werden nach dem Verfahren der Berliner Chemischen Fabrik[1032] durch Vermischen von Borax mit trockenem Perborat oder unter Befeuchtung, bzw. durch gemeinsames Auskristallisierenlassen gewonnen. Die auf dem Schmelzweg erhaltenen Perborate stellen jedoch technisch nur wenig brauchbare Produkte dar.

Auf der Verwendung von Borsäure als Ausgangsmaterial beruht das Verfahren von G. F. Jaubert[1033], auf welche Alkaliperoxyde einwirken gelassen werden. Die trockenen Pulver werden gemischt und allmählich in Wasser eingetragen, wobei gekühlt wird. Das abfiltrierte Produkt wurde bei 50 bis 60⁰ getrocknet. Die Ausbeute betrug 75 bis 80%. Das erhaltene Produkt, der „Perborax", ist zum Unterschied von dem in Platten kristallisiertem Perborat feinpulvrig und auch leichter löslich. Bei 1⁰ lösen sich 42 g, bei 22⁰ 71 g, und bei 32⁰ 138 g in einem Liter Wasser. Der Gehalt an aktivem Sauerstoff beträgt nur etwa 4%. Wahrscheinlich kommt dem Perborax aber nicht die Formel $Na_2B_4O_8.10\,H_2O$ zu, sondern er besteht aus einem Gemenge von Tanatarschem Perborat und Natriumborat. Durch Zusatz von Mineralsäuren, wie Schwefel- oder Salzsäure zur Borsäurelösung, in welche Natriumperoxyd allmählich eingetragen wird[1034], und Ersatz eines Teiles von Natriumperoxyd durch Wasserstoffperoxyd erhält man wieder das normale Perborat mit einem höheren Gehalt an aktivem Sauerstoff. Ähnliche Verbindungen entstehen durch Umsetzung von Magnesium-, Calcium- oder Bariumsalzen mit der Lösung von Perborax.

Von dem Verfahren Jauberts unterscheidet sich jenes der Chemischen Fabrik Reisholz[1035] nur dadurch, daß man ohne Lösungsmittel arbeitet. Borsäure wird mit fein gestoßenem Eis gemischt, und, nachdem die Temperatur auf unter 0^0 gesunken ist, vorsichtig Natriumperoxyd zugefügt. Die Kristallisationswärme des Perborats wird durch Kühlung abgeführt. Je nach den Mengenverhältnissen von Borsäure zu Natriumperoxyd erhält man Perborax, Perborat oder ein leicht lösliches Doppelsalz der angeblichen Zusammensetzung

$$Na_2B_4O_7 \cdot 2\,NaBO_3 \cdot 10\,H_2O\ (?).$$

Die gleiche Verbindung wird auch nach F. Fritsche[1036] durch Einwirkung von Natriumperoxyd auf Borsäure im Molekularverhältnis 1 : 3 erhalten.

Eine peroxydierte Tetraborsäure (Pertetraborsäure) stellte J. Auer[1037] durch Behandeln von Tetra-(Pyro-)Borsäure (durch Glühen von Borsäure erhalten) mit Wasserstoffperoxyd und eventuell Natriumperoxyd oder anderen Peroxyden her. Für sie wird von Auer die Formel $H_2B_4O_{11}$ angegeben(?):

$$H_2B_4O_7 + 4\,H_2O_2 = H_2B_4O_{11} + 4\,H_2O.$$

Durch Einwirkung von Natriumperoxyd bei 0^0 wird ein von Auer als Natriumpertetraborat bezeichnetes Salz neben Wasserstoffperoxyd erhalten:

$$H_2B_4O_{11} + Na_2O_2 = Na_2B_4O_{11} + H_2O_2.$$

Beide Prozesse können in einem vereinigt werden:

$$H_2B_4O_7 + Na_2O_2 + 3\,H_2O_2 = Na_2B_4O_{11} + 3\,H_2O.$$

Die Natriumverbindung $Na_2B_4O_{11} \cdot 6\,H_2O$ ist ein weißes, kristallinisches, in Wasser lösliches Salz, das beim Kochen oder durch Einwirkung von Säuren unter Sauerstoffabgabe zerfällt. Theoretisch würde es $17{,}11\%$ aktiven Sauerstoff enthalten, tatsächlich enthält es aber nur $16{,}7\%$. Auer gibt dem Salz unter Berücksichtigung der Arbeiten von Zulkowski[1038] die Formel

$$NaO-B\underset{OO}{\overset{OO}{\lessgtr}}B-O-B\underset{OO}{\overset{OO}{\lessgtr}}B-ONa + 6H_2O\ (?).$$

Aus den Lösungen löslicher Pertetraborate sollen durch Schwermetallsalze die betreffenden Persalze gefällt werden können.

Auf dem Umweg über Natriumpercarbonat stellt die Scheideanstalt[1039] Perborat her. Dieses wird entweder direkt mit Alkaliboraten zur Umsetzung gebracht oder man stellt es sich vorerst durch Eintragen von Natriumperoxyd in Wasser und Einleiten von staubfreien, kohlensäurehaltigen Abgasen her. Zu dieser Lösung wird dann eine konzentrierte Lösung von Natriummetaborat zugefügt, wobei durch Zugabe von Eis die Temperatur auf etwa 20^0 gehalten wird. Das schwer lösliche Perborat fällt aus, wird abgetrennt und getrocknet. Die Mutterlauge besteht aus einer gesättigten Sodalösung. Sehr ähnlich ist das Verfahren des DRP. 218569 der Scheideanstalt, wonach in eine Lösung von Natriumperoxyd in Eiswasser Borsäure eingetragen und in diese Lösung Kohlensäure aus SO_2-freien Rauchgasen eingeleitet wird. An Stelle von Kohlensäure kann auch Alkalibicarbonat angewendet werden.

Nach einem weiteren Vorschlage der Scheideanstalt[1040] läßt man mehr Kohlensäure absorbieren als zur Bildung von Soda aus dem für die Perboratbildung nicht erforderlichen Alkali gebraucht wird (2,5 Äquivalente CO_2 auf 2 Äquivalente Na_2O_2) und führt das hierdurch in der Lauge gebildete Bicarbonat durch Zufügung entsprechender Mengen von Borsäure oder Alkalicarbonat und von Natriumperoxyd in Perborat über. Es wird dadurch nicht nur die Perboratausbeute erhöht, sondern auch die mit Bicarbonat verunreinigte Sodalauge für eine weitere Perboratgewinnung ausgenützt. Man kann dabei sogar zusätzlich noch Bicarbonat in die Lauge einbringen und auch dieses durch Zusatz von Borsäure oder Boraten und von Natriumperoxyd zur Perboratherstellung verwenden. Beim Einleiten der Kohlensäure muß die Temperatur auf 0^0 gehalten werden, später kann sie auf 7 bis 10^0 steigen, damit sich die gebildete Soda leicht lösen kann. Durch Zusatz von Stabilisatoren wie Erdalkalisilikaten, Magnesiumsilikat, Phenolen oder Kresol kann eine Verminderung der Ausbeute infolge Zersetzung von Perborat verhindert werden. Durch diese Zusätze wird auch die Haltbarkeit des Perborats erhöht, so daß es selbst in feuchtem Zustande versendbar sein soll. Läßt man um etwa 20% mehr Kohlensäure absorbieren als zur Überführung des für die Perboratbildung nicht benötigten Alkalis in Na_2CO_3 erforderlich ist, so kann man Ausbeuten bis zu etwa 90% erzielen[1041].

Nimmt man die Umsetzung zwischen Borax oder Boraten mit Natriumperoxyd oder Wasserstoffperoxyd in Gegenwart geringer Mengen von löslichen Salzen der Erdalkalimetalle, des Zinks oder Magnesiums vor, so wird dadurch nicht nur das spezifische Gewicht des abgeschiedenen Perborats verringert, sondern auch besonders die Haltbarkeit in wäßriger Lösung bei höherer Temperatur verbessert[1042].

F. Bergius oxydierte mit molekularem Sauerstoff[1043], indem er Borax oder Borsäure in einem möglichst niedrig schmelzenden Gemisch von Natrium- und Kaliumhydroxyd löste und bei etwa 200^0 in einem druckfesten Eisengefäß komprimierten Sauerstoff von etwa 90 Atm. einleitete. Die Ätzalkalien sollten nach dem Abkühlen mit Alkohol herausgelöst werden. Als Katalysator sollten Eisen-, Mangan- oder Vanadinverbindungen dienen. Durch Autoxydation von amalgamiertem Aluminium oder Zink in gesättigter Boraxlösung mit etwas Calciumhydroxyd mit Sauerstoff unter Druck soll nach einem Verfahren von Henkel u. Cie[1044] ein Calcium-Aluminiumperborat mit etwa 3,5% aktivem Sauerstoff erhalten werden.

β) Die Herstellung von Natriumperborat auf elektrolytischem Wege.

(Patentliteraturzusammenstellung S. 381.)

Es erscheint auf den ersten Blick etwas merkwürdig, daß man eine Anlagerungsverbindung mit Wasserstoffperoxyd außer auf chemischem Weg auch durch Elektrolyse herstellen kann. Dieser Widerspruch ist jedoch nur ein scheinbarer.

Denn bisher sind alle Versuche, das Perborat durch direkte anodische Oxydation einer reinen Alkaliborat- oder Borsäurelösung herzustellen, mißlungen. Die Überprüfung der gegenteiligen Angaben von Tanatar[1008], von Bruhat und Dubois[1045], ferner von Poulenc[1046] und Beltzer[1047] durch Constam und Bennet[1048] sowie W. C. Polack[1049] hat nämlich ergeben, daß bei der Elektrolyse von konzentrierten Boraxlösungen überhaupt kein Perborat, bei der Verwendung von schwach alkalischen Boraxlösungen aber höchstens Spuren von Perborat gebildet wurden.

Auch die Versuche von E. Bürgin[1050] und Bürgin gemeinsam mit der Bariumoxyd G. m. b. H.[1051] sowie von S. Bodforss und A. Arstal[1052], aus schwach alkalischen oder neutralen Lösungen mit Natriummetaborat durch mit Wechselstrom überlagertem Gleichstrom an der Zinkanode Perborat herzustellen, führten wegen der nur sehr geringen Ausbeuten zu keinem praktischen Ergebnis.

Das Verdienst, das Problem der elektrolytischen Gewinnung von Perborat gelöst zu haben, kommt Dr. Kurt Arndt zu, der im Jahre 1912 beobachtete, daß nur bei Anwesenheit von milden Alkalien, wie löslichen Carbonaten, in der Boratlösung die Darstellung von Perborat mit befriedigender Ausbeute gelingt[1053]. Arndt verwendete als Anode ein weitmaschiges Platindrahtnetz aus glattem Platin, während als Kathode ein zickzackförmig gewundenes Zinnrohr diente, das gleichzeitig als Kühlschlange ausgebildet war. Die Ausscheidung des gebildeten Perborats wurde durch Impfen und mäßiges Rühren unterstützt. Durch Zugabe von 0,1 g Chromat und 1 Tropfen Türkischrotöl konnte bei einer Strombelastung von 20 Amp. die kathodische Reduktion auf bloß 3% heruntergedrückt werden. An der Anode entwickelt sich Sauerstoff, der aus der anodischen Entladung von Hydroxylionen nach der Gleichung: $4\,OH' + 4\,\oplus = 2\,H_2O + O_2$ und dem Zerfall von Persalz stammt. Durch Einreiben der Anode mit Vaselin konnte die Ausbeute an Persalz noch höher getrieben werden[1054].

Bei weiterem Studium des Prozesses durch K. Arndt und E. Hantge[1055] wurde als die günstigste Zusammensetzung des Elektrolyten 120 g/l Na_2CO_3 und 30 g/l Borax gefunden. Die Stromausbeute betrug bei einer Stromdichte von 10 Amp. und einer Badtemperatur von 14^0 in der ersten halben Stunde etwa 60%, nach 75 Minuten nur noch 41%, wobei ein Gehalt von 14,6 g/l Perborat erreicht war. Wurde die Elektrolyse noch weiter fortgesetzt, so nahm der Perboratgehalt nicht mehr weiter zu, so daß die Stromausbeute immer schlechter wurde.

Diese Erscheinung beruht darauf, daß, wie schon Tanatar festgestellt hat, der elektrische Strom das Perborat zersetzt. Die Erzielung höherer Perboratkonzentrationen findet durch Einstellung eines Gleichgewichtszustandes eine obere Grenze, indem schließlich nach Erreichung einer gewissen Konzentration ebensoviel Perborat zerstört als gebildet wird.

Nach dem DRP. 349 792 arbeitet man am besten bei hoher anodischer und kathodischer Stromdichte, und zwar etwa 40 Amp/dm² an der Anode und etwa 10 Amp/dm² an der Kathode.

Für 1 kg Perborat werden rund 7 kWh verbraucht. Die Stromausbeute steigt zwar mit sinkender Temperatur, jedoch kann man schwerlich unter 14^0 herabgehen, weil sonst das erhaltene Perborat durch ausfallendes Natriumcarbonat und Borax verunreinigt werden würde. Durch zu starke Hydroxylionenkonzentration wird das Anodenpotential und damit die Ausbeute erniedrigt, so daß nur innerhalb gewisser p_H-Grenzen mit guter Stromausbeute Perborat erhalten werden kann. Verunreinigungen, wie Platin und Eisen, setzen die Stromausbeute sehr stark herab.

Bemerkt sei noch, daß unabhängig von Arndt auch T. Valeur[1056] in Norwegen die Darstellungsmethode von Perborat auf elektrolytischem Weg aus Soda- und Boraxlösungen fand.

Aus Stromspannungskurven schlossen Arndt und Hantge, daß der bei etwa 1,7 Volt auftretende Knick bei Verwendung einer Borax-Sodalösung auf die Gegenwart eines höheren Platinoxyds zurückzuführen sei (s. Grube und Dulk[1057]), dem sie die Rolle des Zwischenstoffes bei der Oxydation des Metaborats zuschrieben. Nach F. Foerster[1058] soll aber an der Anode Percarbonat entstehen, welches zufolge seiner teilweisen Hydrolyse das zur Perboratbildung erforderliche Wasserstoffperoxyd liefert. Wahrscheinlich dürfte sich der Vorgang eher im Sinne der Auffassung von Foerster abspielen, wenngleich eine eindeutige Entscheidung für eine der beiden Anschauungen noch nicht gegeben werden kann. Feststehend ist bloß, daß die Perboratbildung durch den elektrischen Strom nur eine sekundäre Reaktion ist.

Für die Annahme der Perboratbildung über das Percarbonat spricht auch der Umstand, daß tatsächlich diese Reaktion ja praktisch ausführbar ist, wie aus den Verfahren der DRP. 193722, 218569, 408861 und 408862 hervorgeht. Auch das Verfahren der Scheideanstalt nach dem DRP. 347366 beruht auf der Herstellung von Perborat durch Umsetzung von Na-metaborat mit Percarbonat, obwohl es sich praktisch von dem Verfahren von Arndt[1053] nur durch die Anwesenheit von festem Perborat als Bodenkörper im Elektrolyten unterscheidet. Wenn die Bildung des Perborats durch Oxydation durch das Platinprimäroxyd erfolgen würde, so ist auch nicht einzusehen, warum diese Oxydation nicht auch bei der anodischen Behandlung von reinen Boratlösungen auftritt, sondern immer nur an die Anwesenheit von löslichen Carbonaten gebunden ist.

Das Verfahren von Arndt und der Chemischen Fabrik Grünau wurde dann von der Scheideanstalt übernommen, die es dann noch weiter ausbildete. Heute ist die elektrolytische Darstellung das wichtigste Verfahren zur Gewinnung von Perborat, das in größtem Maßstabe von der Scheideanstalt in Rheinfelden durchgeführt wird.

Wie sich gezeigt hat, verbindet sich die während der Elektrolyse frei werdende Kohlensäure mit dem Soda zu Bicarbonat, das nach Überschreiten einer Konzentration von etwa 70 bis 75 g/l ausfallen, das Perborat verunreinigen und dabei auch dessen Haltbarkeit herabsetzen würde.

$$Na_2B_4O_7 + 2\,Na_2CO_3 + 4\,O + 17\,H_2O = 4\,NaBO_2.H_2O_2.3\,H_2O + 2\,NaHCO_3.$$

Es ist daher notwendig, das unerwünschte Ansteigen des Bicarbonatgehaltes im Elektrolyten zu verhindern, was entweder durch Zusatz von freiem Alkali oder Metaborat sowie durch Kaustifizierung der Mutterlauge vor ihrer Verwendung erfolgen kann[1059]. An Stelle von Ätznatron und Kalk wird nach der Schweiz. Patentschrift 86188 die Überführung des Bicarbonats in Natriumcarbonat mittels Natriumperoxyd vorgenommen:

$$6\,NaHCO_3 + 4\,Na_2O_2 + Na_2B_4O_7 + 13\,H_2O = 4\,NaBO_2.H_2O_2.3\,H_2O + 6\,Na_2CO_3.$$

Es wird dabei auch noch etwas mehr Perborat gebildet.

Suspendiert man in einer gesättigten Borax-Sodalösung gemahlenen Borax, so kann der Borax direkt in Perborat übergeführt werden[1060] (Scheideanstalt). Unterbricht man die Elektrolyse früher, so kann man Mischungen von Borax und Perborat (Perborax) erhalten. Ein Zusatz von Natriumperborat oder Natriumcarbonat beschleunigt die Überführung des Borax in Perborat.

Die schädlichen Katalysatoren, wie z. B. Eisenverbindungen aus der Soda, können entweder durch Aufkochen der Sodalösung vor ihrer Verwendung oder durch Zusatz von Schutzstoffen, wie Zinnsäure oder Magnesiumsilikat[1061], unwirksam gemacht werden. In gewissem Sinn wirkt auch die Abscheidung der Schwermetalle an der Kathode reinigend auf die Lösung ein, jedoch ist bis zum Eintritt der Ausscheidung der Katalysatoren die Energieausbeute vermindert, so daß diese Art der Elektrolytreinigung nicht sehr vorteilhaft ist.

Da die dauernde Sättigung des Elektrolyten an Soda für eine gute Ausbeute notwendig ist, ist dafür Sorge zu tragen, daß außer Borax auch Soda ständig als Bodenkörper vorhanden ist[1062] (Scheideanstalt).

Ebenso wie bei der Persulfatelektrolyse läßt sich durch einen Zusatz von Chromsäure und ihren Salzen, wie Alkali-, Erdalkali-, Aluminium- oder Magnesiumchromaten zum Elektrolyten die kathodische Reduktion vermindern, weshalb auch ohne Diaphragma gearbeitet werden kann[1063]. In gleichem Sinne wie bei der Bisulfatoxydation wirkt auch bei der Perboratherstellung ein Zusatz von Fluoriden oder Perchlorat durch Erhöhung des Anodenpotentials auf die Ausbeute steigernd ein[1064] (Scheideanstalt). Ebenso übt ein Zusatz von Natriumcyanid auf die Kataliysatoren einen lähmenden Einfluß aus[1065]. Der Zusatz von Chromsäure oder ihrer Verbindungen ist auch dann von großem Vorteil, wenn angreifbare Kathoden, wie solche aus Zink ,Aluminium oder Zinn, verwendet werden[1066] (Scheideanstalt). Da die Lösungsprodukte solcher Kathoden auch katalytisch zersetzend auf die Perboratlösungen einwirken, können diese Kathodenmaterialien nur nach einem Chromsäurezusatz verwendet werden. Durch die Ausbildung eines Schutzüberzuges aus Chromverbindungen an der Kathode wird die Haltbarkeit dieser Kathoden verbessert, eine gute Stromausbeute gesichert und ein metallfreies, rein weißes Endprodukt erhalten[1067]. Andere geeignete Kathodenmaterialien sind Blei, Eisen, Kupfer, Nickel oder Kohle[1068].

Die nicht oder ungenügend elektrolytisch wirksamen Teile der Kathode werden entweder durch einen Lacküberzug oder durch Befestigung von Stücken aus unangreifbarem Stoff, wie Hartgummi, geschützt. Sehr wichtig ist auch der Schutz der Kathode an der Eintrittsstelle in den Elektrolyten, wo sie gleichzeitig der Einwirkung der Luft und der Flüssigkeit ausgesetzt ist. Als besonders geeignet hat sich ein Nickelüberzug erwiesen[1069] (Scheideanstalt). Als Kathodenmaterialien wurden auch schon Chromstähle, wie z. B. V2A-Stahl, vorgeschlagen[1070]. Als Anodenmaterial kommt wegen der hohen erforderlichen Überspannung nur glattes Platin in Betracht. Um an diesem teuren Metall zu sparen, trachtet man das Platingewicht so niedrig wie möglich zu machen und verwendet daher häufig Netzelektroden. Die Befestigung dieser Elektroden und die Stromzuführung wird dabei derart vorgenommen, daß andere stromleitende und vom Elektrolyten schwer angreifbare Metalle zur Versteifung des Drahtnetzes und zur Stromzuführung verwendet werden. So wird im DRP. 295178 für diesen Zweck Aluminium, im DRP. 358699 Zink und im DRP. 360037 Legierungen des Zinks mit Kadmium,

Zinn oder Aluminium, im russischen Patent 42048 nicht rostender Stahl vorgeschlagen. Die Verwendung des Zinns oder seiner Legierungen bietet den Vorteil,
daß man nicht wie beim Aluminium die Verbindung mit dem Platin durch
Schweißen, sondern durch Pressen herbeiführen kann.

Wie aus den Abb. 43 und 44 ersichtlich ist, ist das Platindrahtnetz a in einem
aus zwei Teilen bestehenden Zinkrahmen b und b_1 durch Schrauben d eingeklemmt.
Auch die Stromzuführung e besteht aus Zink. Notwendig ist aber, daß die ganze
Anode standig vom Elektrolyten bedeckt ist. Auch Legierungen des Platins mit
Kupfer oder Nickel mit etwa 50% Platin sind als Anodenmaterial geeignet[1071] (Scheideanstalt), selbstverständlich auch die bei der Perschwefelsäureelektrolyse gebräuchlichen Platinelektroden auf Tantalstreifen[1073].

Die Zellen bestehen aus Steinzeug, mit Ebonit bekleidetem Blecheisen, emailliertem Gußeisen oder aus Kautschuk, Balata oder chloriertem Kautschuk.

Durch kathodische Reduktion
von Sauerstoff in einem Elektrolyten
von Natriumhydroxyd, Borax, Natriumsulfat und $Na_2HPO_4 . 12 H_2O$
stellt die Firma Henkel[1073] Wasserstoffperoxyd her, das dann reines
Perborat zur Abscheidung bringt.
Als Anode dient Platin oder Blei, als
Kathode amalgamiertes Silber, die
durch einen Diaphragmenschlauch
voneinander getrennt sind. Die
Stromdichte an der Kathode beträgt
0,2 Amp/dm².

Bei der technischen Ausführung
der Perboratherstellung auf elektrolytischem Wege werden Soda und

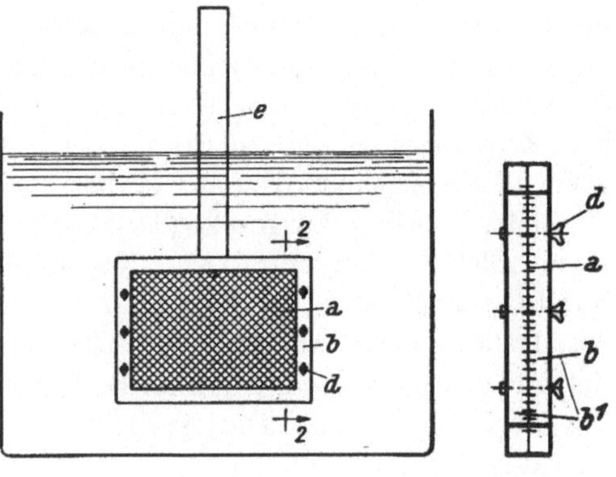

Abb. 43.   Abb. 44.
Platindrahtnetzanode mit Zinkrahmen für die Perborat-
elektrolyse (DRP. 358699).

Borax bei der dauernden Wiederverwendung des Elektrolyten im Kreislauf
fortlaufend ergänzt. Wie sich jedoch gezeigt hat, stehen einer dauernden
Verwendung des Elektrolyten Schwierigkeiten entgegen, die sich in einem
allmählichen Sinken der Stromausbeute äußern. Die Ursache der Strom-
ausbeuteverminderung beruht auf der Anreicherung von Katalysatoren in
außerordentlich feiner Verteilung, die auf den aktiven Sauerstoff zersetzend einwirken. Um zu vermeiden, daß mit einer neu bereiteten Elektrolytlösung weiter-
gearbeitet werden muß, werden nach einem Vorschlage von Henkel[1074] die
Lösungen vor einer erneuten Elektrolyse mit feinkörnigem Silikagel (etwa
2 g/l Lösung) aufgekocht, wodurch die Katalysatoren vom Silikagel absorbiert
und aus der Lösung herausgenommen werden. Das Aufkochen erfolgt dabei bei
einem Überdruck von etwa 3 Atm. und guter Aufwirbelung des Gels durch Rühren,
Luft- oder Dampfeinleiten. Die Kochdauer beträgt etwa 1 Stunde. Unterwirft
man den Elektrolyten in geeigneten Zeitabständen der Behandlung mit Silikagel,
so kann man ohne weitere Schwierigkeiten im Dauerbetrieb Ausbeuten von
60 bis 65% erzielen. Das auf elektrolytischem Wege hergestellte Perborat ist
99 bis 100% rein. Die Möglichkeit der Wiederverwendung der Restlauge biete
einen wesentlichen Vorteil der elektrolytischen Darstellungsmethode gegenüber
der rein chemischen Herstellung.

Nach P. G. Aalsgard[1075] benötigt man bei 40%iger Ausbeute für 1 t Perborat 700 kg Borax mit 200 kg Soda. Für die Herstellung von 1 t Perborat/Tag und 330 Arbeitstage pro Jahr sind 450 PS, 7 kg Platin und zirka 10 Arbeiter erforderlich.

In der größten Perboratfabrik der Welt, der Anlage der Scheideanstalt in Rheinfelden, wird nach dem Verfahren von Arndt gearbeitet. Eine Lösung von 30 g Borax und 120 g Soda im Liter, die noch 1 g/l Chromat enthält, wird in großen, mehrere 100 l fassenden Bottichen an gekühlten Platinanoden oxydiert. Die Kathoden bestehen aus wassergekühlten Zinnrohren. Die Temperatur beträgt 10 bis 15⁰, die anodische Stromdichte 10 bis 20 Amp/dm², die Stromausbeute anfänglich 60%, später etwas weniger. Gute Kühlung und starke Rührung sind Grundbedingungen für das gute Gelingen des Prozesses. Aus dem schließlich mit Perborat übersättigten Elektrolyten fällt dieses in fester Form aus, die Kristalle werden in unter den Elektrolysenbottichen befindlichen Zentrifugen abgedeckt, ausgeschleudert und gelangen schließlich direkt in Fässer. Der Betrieb ist vollständig automatisiert. Er erstreckt sich über 3 Etagen, nämlich Elektrolyse, Zentrifugen und Verpackung. Der Elektrolyt kann immer wieder regeneriert oder auf chemischem Weg auf Perborat aufgearbeitet werden.

In der Fabrik in Largorello (Toskana) benützt man nach Sborgi und Lenzi[1076] einen Elektrolyten mit 23% $Na_2CO_3.10\ H_2O$, 3,3% $Na_2B_4O_7.10\ H_2O$, 1,5% $NaHCO_3$ und 0,05% CrO_3, dem noch einige Hundertstel Prozente negativer Katalysator sowie während der Elektrolyse Borax und Soda in gepulvertem Zustand zugegeben werden. Das Bad bleibt 18 Stunden bei 10 bis 12 Volt und 250 Amp in Betrieb. Die Ausbeute beträgt 40%, der Energieaufwand also 8,7 kWh/1 kg Perborat.

Wasserentzug. Der Gehalt an aktivem Sauerstoff von theoretisch 10,4% läßt sich noch erhöhen, wenn dem Produkt Wasser entzogen wird. So verliert Perborat über konzentrierter Schwefelsäure oder Phosphorpentoxyd schon bei gewöhnlicher Temperatur leicht 3 Moleküle Wasser[1045]. Hierbei bildet sich ein Produkt der ungefähren Zusammensetzung des Monoperhydratmetaborat $NaBO_2.H_2O_2$ mit 16% aktivem Sauerstoff. Eine völlige Entwässerung läßt sich aber nicht erzielen, da bei einer weiteren Entwässerung Sauerstoffverluste auftreten und das Produkt eine tiefgreifende Veränderung erfährt. Der Rückstand ist gelblich gefärbt und hat die Fähigkeit verloren, mit Wasser oder verdünnten Säuren Wasserstoffperoxyd abzuspalten, vielmehr zerfällt er in Berührung mit Wasser unter spontaner Sauerstoffentwicklung. Foerster[407] schrieb dem Entwässerungsprodukt die Zusammensetzung eines Gemisches aus $NaBO_2.H_2O_2$, $NaBO_2.x\ H_2O$ und einem assoziierten Komplex der Formel $[(NaBO_2)_2O_2]$ zu, der mit Wasser stürmisch nach der Gleichung $[(NaBO_2)_2O_2] + 2\ H_2O =$
$= 2\ [NaBO_2.H_2O] + O_2$ reagiert.

T. J. Taylor und G. G. Taylor[1077] fanden für den Dampfdruck von $NaBO_2.H_2O_2.3\ H_2O$ die Formel $\log p = 12{,}19 - (3286/T)$. Die Entwässerungswärme zwischen 25 und 45⁰ wurde für die 3 Moleküle Wasser zu 13,530 cal berechnet. Für die Entwässerung im Vakuum wurde eine Beziehung $\log u = 13{,}86 - (4409/T)$ gefunden, wobei u die Fortpflanzungsgeschwindigkeit bedeutet. Die Lösungswärme bei 25⁰ in 500 Molen Wasser ändert sich bei der Entwässerung bei 140⁰ in 3 Stunden allmählich von −11920 cal auf 8170 cal.

Wie Debye-Scherrer-Aufnahmen und Röntgenogramme der verschiedenen Entwässerungsstufen von Perboraten durch H. Menzel gezeigt haben[405], ändern sich bis Entwässerungstemperaturen von 50 bis 55⁰ bis zur Abgabe von 3 Molekülen Wasser die Gitter merklich, sie bleiben aber selbst bei Entwässerungstemperaturen bis zu 120⁰ strukturverwandt. Das bei 120⁰ erhaltene Reaktionsprodukt gibt nach dem schwachen Glühen zu nahezu anhydrischem Monoborat ein vollkommen verändertes Bild, so daß erst dadurch das Perboratgitter vollständig zusammenbricht.

Zur Erhöhung des Sauerstoffgehaltes des Perborats sind in der Technik außer dem Verfahren des Ersatzes von Wasser durch Wasserstoffperoxyd auch noch eine Reihe weiterer Verfahren bekannt, die auf der Entwässerung des Natriumperborats beruhen. Außer einem höheren Gehalt von aktivem Sauerstoff sind die entwasserten Perborate auch von längerer Haltbarkeit beim Lagern, während jene durch weitere Anlagerung von Kristallhydroperoxyd ungleich geringere Haltbarkeit aufweisen. Die Entwässerung kann nach dem Vorschlage von Byk[1078] im Vakuum unter ständiger Abführung des Wassers bei Temperaturen von etwa 50⁰ vorgenommen werden. Auch eine Behandlung mit wasserfreiem Methyl- oder Äthylalkohol ist wirksam[1079] (Scheideanstalt). Der Aussiger-Verein[1080] fuhrt das Perborat auf laufendem Band durch mehrere Trockenkammern, deren Temperatur von 40 bis 100⁰ stufenweise ansteigt. Beim Trocknen über 100⁰ und im Vakuum erhält man schon Produkte, die sich zur Herstellung von Sauerstoff im gasförmigen Zustand eignen und bis zu 17% entwickelbaren Sauerstoff enthalten (Scheideanstalt)[1081]. Dabei muß aber bei milderen Temperaturen, etwa 40⁰, mit der Entwässerung begonnen werden, da sonst das Produkt schmilzt und klumpig wird. Getrocknet wird in einem Drehrohrofen aus Aluminium. Die Firma Henkel[1082] setzt die fein verteilten Perborate kurze Zeit einem auf 5 Atm. verdichteten Luftstrom oder überhitzten Wasserdampf bei 220 bis 250⁰ aus, in dem das Perborat in einem Turm herunterfallen gelassen wird. Durch diese Behandlung sinkt das ursprünglich vorhandene Volumsgewicht von 760 g/l auf 412 g/l.

Die Entwasserung bietet außer der Gehaltserhöhung an aktivem Sauerstoff noch eine Reihe von weiteren Vorteilen. So läßt sich wasserhaltiges Perborat, zu Tabletten gepreßt, nicht verwenden, weil es seinen aktiven Sauerstoff namentlich bei höheren Temperaturen, wie in den Tropen, leicht abgibt. Entwässertes Perborat gibt hingegen sehr lagerbeständige Tabletten[1083]. Weiters ist es wegen der Schwerlöslichkeit des Perborats, das daher in Wasser bei Raumtemperatur nur sehr langsam hydrolisieren und Wasserstoffperoxyd bilden kann, manchmal erwünscht, durch Zusatz von festen Säuren oder sauer reagierenden Stoffen eine raschere Wasserstoffperoxydbildung zu ermöglichen. Während sich aber die Mischung des festen, trockenen Perborats mit 3 Molekülen Kristallwasser mit festen pulverförmigen Säuren schon beim Mischen unter teilweiser Verflüssigung umsetzt, gelingt die innige Vermischung des bis auf 1 bis 2 Moleküle Wasser entwässerten Perborats mit einem halben Molekül freier organischer Säure, wie Wein- oder Zitronensäure, ohne weiteres. Setzt man dieser Mischung Katalyte, wie Eisen-, Mangan-, Kobalt- oder Kupferverbindungen zu, so geben sie bei Beruhrung mit Wasser nicht Wasserstoffperoxyd, sondern Sauerstoff ab. Auch Desinfektionsmittel oder Adstringentia, wie Salicylsäure oder tanninsaure Salze von Alumi-

nium, Magnesium, Silber, Wismut oder Zink, sowie andere Salze dieser Metalle
können mit dem teilweise entwässerten Perborat ohne Gefahr einer Zersetzung
gemischt werden (Byk)[1084]. Die Produkte sind aber an der Luft zerfließlich und
müssen in verschlossenen Gefäßen aufbewahrt werden. An Stelle der festen Wein-
oder Zitronensäure kann man auch deren konzentrierte, stark gekühlte wäßrige
Lösungen mit dem Perborat mischen und im Vakuum zur Trockene bringen[1085].

Durch die Zugabe der sauren Substanzen, wie z. B. Natriumbisulfat, wird auch
die Sauerstoffabgabe von Perborat in wäßriger Lösung bei erhöhter Temperatur,
wie dies beim Waschen und Bleichen üblich ist, geregelt (Byk)[1086]. Ein anderes
Mittel zur Erhöhung der Dissoziation des Perborats in wäßriger Lösung ist ein
Zusatz von äquivalenten Mengen konzentrierter Phosphor- oder Schwefelsäure
in der Kälte. Es entsteht dabei ein klebriger Salzbrei, der nach einigen Tagen an
der Luft vollständig hart und trocken wird. Nach dem Zerreiben zu einem feinen
Pulver ist dieses an der Luft haltbar und nicht zerfließlich. Diese Produkte enthalten aber nur mehr etwa 6% aktiven Sauerstoff[1087].

Sulfobenzoesaures Natrium kann mit normalem, nicht entwässertem Perborat
in festem Zustand in äquivalenten Mengen gemischt werden[1088]. Komplexe saure
Salze, die befähigt sind, mit Boraten komplexe Salze zu bilden, wie die neutralen
löslichen Alkali-, Erdalkali- und Erdmetallsalze der Essigsäure, Weinsäure,
Zitronensäure und Milchsäure, oder lösliche Borotartrate, Zitrate, -Aceticotartrate
oder -Phospholactate der Alkali-, Erdalkali- oder Erdmetalle geben, mit Perborat
gemischt, leicht lösliche, haltbare Perboratpräparate[1089]. Die Herstellung dieser
Mischungen erfolgt durch Befeuchten der Gemische mit Alkohol unter guter
Durchmischung und Trocknung bei niedriger Temperatur. Werden sie auf dem
Wasserbade erhitzt, so schmelzen sie, um nach dem Erkalten wieder fest zu
werden. Ein Sauerstoffverlust findet dabei nicht statt[1090]. Die Haltbarkeit von
Gemischen von Natriumperborat mit Säuren oder sauren Salzen kann durch
einen Zusatz von Natriumbicarbonat, namentlich wenn sie zu Tabletten gepreßt
werden sollen, verbessert werden[1091]. Durch Umhüllen mit einer Schicht von
Wasserglaslösungen, die auf zerstäubtes Perborat aufgesprüht wird, und Ent-
gegenblasen eines warmen, trockenen Luftstromes auf das in einem Turm herab-
fallende Produkt wird nach dem Verfahren der A. Patentschrift 1564156 ein
trockenes haltbares Produkt gewonnen. Ähnlich ist die Haltbarmachung durch
Überziehen mit kolloidaler Kieselsäure, die durch Behandeln des Perborats mit
Wasserglas und darauf mit Salzsäure erhalten wurde[1092]

Eine wasserbeständige Emulsion von Perborat wird aus den Mutterlaugen
der Perboratfabrikation durch Zusatz von Fettsäuren, wie Stearin-, Palmitin-
oder Ölsäure und Zusätzen, welche die Emulgierung fördern, wie Ammonchlorid,
-stearat, -oleat, Ammonium- und guajacolsulfosaure Salze und Harze, erhalten[1093].

Eigenschaften. Die Löslichkeit des Natriumperborats in Wasser ist nur
gering. In 100 ccm Wasser lösen sich bei gewöhnlicher Temperatur 1,17 g[1009].
Die Lösungswärme in Wasser beträgt bei 16,1° 11654 cal. Mit steigendem Gehalt
an Alkali, Metaborat, Zusatz an Magnesium- oder Ammonsulfat wird die Löslichkeit begünstigt. Die Lösung reagiert zufolge Hydrolyse schwach alkalisch und
gibt alle Reaktionen des Wasserstoffperoxyds. Beim Erwärmen der Lösung beginnt bei 50 bis 60° langsame Sauerstoffentwicklung, die bei 100° stürmisch wird.
Mit verdünnten Säuren wird Wasserstoffperoxyd gebildet, von konzentrierter

Schwefelsäure wird es aber unter starker Sauerstoff- und Ozonentwicklung zersetzt. Bleidioxyd, Mangandioxyd, Kaliumpermanganat, Kobaltoxyd, Kupferoxyd, Silbernitrat, Ammonsulfid, Platinschwarz, Gold und Kupfer wirken zersetzend. Die Haltbarkeit in trockenem Zustand ist eine ganz hervorragende. Nach von Girsewald verliert es nach 12 Monaten in offenen Gefäßen nur 0,1%, nach 2 Jahren nur 0,22% des aktiven Sauerstoffes. Die Aufbewahrung erfolgt am besten an einem kühlen und trockenen Ort.

Natriumperborat findet ausgedehnte Verwendung zur Herstellung von Wasch- und Bleichmitteln, desinfizierend wirkenden Tabletten und zum Herstellen von Sauerstoffbädern. Es kommt unter dem Namen „Enka IV" von den Chemischen Werken Kirchhoff und Neirath, „Peroxydol" und anderen in den Handel.

b) Lithium-, Rubidium- und Caesiumboratperhydrat.

Während von Kalium und Ammonium nur die bereits erwähnten echten Perborate $KBO_3 \cdot 0,5\ H_2O$ und $NH_4BO_3 \cdot 0,5\ H_2O$ bekannt sind, konnte H. Menzel[405] durch Auflösen von Lithiummonoboratoctohydrat (20 g) mit Perhydrol (17 g) in Wasser (120 g), Kühlen und Fällen mit dem doppelten Volumen von auf 0^0 abgekühltem Alkohol eine zähflüssige Bodenphase abscheiden, die sich nach einem mehrtägigen Verweilen unter Alkohol verfestigte. Das Produkt hatte die Zusammensetzung $LiBO_2 \cdot H_2O_2 \cdot H_2O$ und ließ sich im Phosphorpentoxydexsikkator oder durch Trocknung bei 50^0 in das stabile $LiBO_2 \cdot H_2O_2$ überführen. In Wasser bildet nur dieses die stabile Phase. Durch Trocknung bei 120^0 entsteht in Analogie mit dem Natriumperborat ein Gemisch von $LiBO_2 \cdot x\ H_2O_2$, $LiBO_2 \cdot H_2O_2$ und $(LiBO_2)_2 \cdot O_2$. Das von R. Beczner-Lowy[1094a] beschriebene $Li_2B_2O_5 \cdot 2,5\ H_2O$ existiert nicht[405].

Rubidiumperborat $RbBO_3 \cdot H_2O(?)$, wahrscheinlich $RbBO_2 \cdot H_2O_2$ und Caesiumperborat $CsBO_3 \cdot H_2O(?)$, wahrscheinlich $CsBO_2 \cdot H_2O_2$, wurden von Christensen[1094] aus Rubidium- bzw. Caesiumhydroxyd, Borsäure und Wasserstoffperoxyd dargestellt.

B. Erdalkali-, Magnesium-, Zink- und Aluminiumboratperhydrate.

Wie schon Melikoff und Pissarjewski[1009] sowie Bruhat und Dubois[1045] festgestellt haben, entstehen bei der Einwirkung von Lösungen von Natriumperborat auf die Lösungen von Magnesium-, Calcium-, Barium- oder Strontiumsalzen weiße, wenig lösliche Perborate dieser Metalle.

Für die technische Darstellung der Erdalkalimetall- und anderen Metallboratperhydraten sind bisher ausschließlich rein chemische Methoden angewandt worden. Aus Natriumperoxyd oder Na-peroxydhydrat, Magnesiumchlorid und Borsäure stellte die Scheideanstalt Magnesiumperborat her. Dieses wird auch bei der Einwirkung von Magnesiumperoxydhydrat auf Borsäure gebildet[1095]. Verwendet man an Stelle der Magnesiumsalze Zinksalze, so entsteht das entsprechende Zinkperborat[1096].

Magnesiumperborat ist ein weißer amorpher Körper. Beim längeren Behandeln mit Wasser geht das saure Magnesiumperborat in Lösung unter Hinterlassung von basischem Magnesiumperborat, so daß man allein durch Wasser ein mehr oder weniger basisches, d. h. ein wechselnde Mengen von Borsäure und aktiven

Sauerstoff enthaltendes Produkt erhält[1097]. Es ist weniger löslich als Natriumperborat und für pharmazeutische Zwecke wegen seiner guten Haltbarkeit, geringen Alkalinität, seines hohen Sauerstoffgehaltes sowie des Fehlens jeglichen Geschmacks besonders geeignet. Es kann auch als Zahnputzmittel verwendet werden (Girsewald)[1097].

Über die Konstitution und die Frage, ob echte Per- oder Anlagerungsverbindungen bei dieser Klasse von Perboraten vorliegen, läßt sich mangels Angaben und eingehender genauer Untersuchungen in der Literatur nichts näheres aussagen. Auf Grund ihrer Herstellungsweise ist aber die Annahme gerechtfertigt, daß keine echten Perborate, sondern Anlagerungsverbindungen vorliegen.

Zinkperborat stellt ein amorphes lockeres Pulver mit 9,5% aktivem Sauerstoff dar, das beim Auswaschen Borsäure an die Waschflüssigkeit abgibt, wozu auch geringe Mengen aktiven Sauerstoffes treten. Es findet in der Medizin, namentlich der Dermatologie, Verwendung, wozu es wegen seiner geringen Alkalität besser geeignet ist als das Natriumperborat.

Durch Schmelzen von Magnesiumsulfat mit Natriumperborat oder mit Natriumperoxyd, Borax und Borsäure zur Absättigung des überschüssigen Alkalis stellt Henkel Magnesiumperborat her[1098]. Ersetzt man die Magnesiumsalze durch Zinksalze, so erhält man Zinkperborat[1099]. Die auf dem Schmelzweg erhaltenen Magnesium- und Zinkperborate sind beständiger als die auf nassem Wege gewonnenen. Weiters entsteht Magnesiumperborat beim Zerreiben von Natriumperborat mit einem Magnesiumsalz, jedoch sind dabei die Sauerstoffverluste ziemlich groß. Auch durch Eindampfen der Mutterlauge der Natriumperboratherstellung mit Magnesiumsulfat erhält man ein magnesiumperborathältiges Produkt mit 2 bis 3% aktivem Sauerstoff[1100]. O. Liebknecht gelangte zu Magnesiumperborat aus einer Lösung von Borax in wäßriger Natronlauge und Wasserstoffperoxyd sowie einem Zusatz von Magnesiumchlorid[1101].

Calciumperborat entsteht bei der Umsetzung von Natriumperborat in wäßriger Lösung mit Calciumsalzen[1102]. Das Salz ist aber sehr zersetzlich. Arbeitet man jedoch nur bei Gegenwart von sehr wenig Wasser, z. B. nur mit dem Kristallwasser allein, so erhält man festes Calciumperborat, das gegen Wasser nicht mehr so empfindlich ist. Man kann auch von Wasserstoffperoxyd und Alkaliborat oder Natriumperoxyd, Borsäure und Mineralsäuren ausgehen[1103]. Die Zurückdrängung der Hydrolyse läßt sich auch durch Verwendung derart stark konzentrierter Wasserstoffperoxydlösungen erhalten, daß diese auch nach Zutritt des Losungswassers noch immer mindestens 10% H_2O_2 beträgt. Ähnlich wie Calciumperborat können auch Zink- und Magnesiumperborat dargestellt werden.

Ein Natrium- oder Kaliumaluminiumperborat wird durch Einwirkung von Borsäure und Alkali auf Aluminiumverbindungen (Natriumaluminat) bei Gegenwart von Wasserstoffperoxyd dargestellt[1105]. Die Erfinderin Chem. Fabrik Coswig-Anhalt gab dem Produkt die Formel $Al_2Na_2B_2O_9 \cdot 5\,H_2O$. Es stellt ein weißes, ungiftiges, nicht ätzendes Pulver mit 7 bis 9% aktivem Sauerstoff dar, das allmahlich hydrolytisch gespalten wird. Noch weniger alkalisch ist ein Calciumaluminiumperborat[1106], das durch Lösen von Aluminiumchlorid und Borsäure in Wasserstoffperoxyd und Fällung des Doppelborates mit Ätzkalk erhalten wird. Es stellt ein gelblichweißes lockeres Pulver mit 5% aktivem Sauerstoff dar.

Calcium-, Magnesium- und Zinkperborat können auch durch Fällung einer

H_2O_2 enthaltenden Lösung des betreffenden Metallsalzes mit Natriummetaborat erhalten werden[1107].

Über ein Uranylperborat UBO_4 (?), das aus Perborat und UO_2 als sehr beständiges gelbes Salz erhalten wird, berichten Bruhat und Dubois[1046]. Das von diesen Forschern dargestellte Bariumperborat soll die Zusammensetzung $Ba(BO_3)_2.7\,H_2O(?)$ aufweisen. $BaB_2O_5.3\,H_2O(?)$ soll als unlöslicher Niederschlag beim Übergießen von Bariumperoxydhydrat mit Weinsäure entstehen[1108].

Literaturverzeichnis.

[1004] Ber. Dtsch. chem. Ges. **48**, 127, 1910. — [1003] Ztschr. anorgan. allg. Chem. **221**, 25, 1934. — [1005] Ber. Dtsch. chem. Ges. **48**, 566, 2524, 1910. — [1006] Ztschr. anorgan. allg. Chem. 180, 127, 1929. — [1007] Lotos 76, 351, 1928; Chem. Ztrbl. **1931** I, 2302. — [1008] Ztschr. physikal. Chem. 26, 132, 1898; **29**, 162, 1899. — [1009] Ber. Dtsch. chem. Ges. 31, 678, 953, 1898. — [1010] DRP. 193559. — [1011] DRP. 193559. — [1012] DRP. 253169. — [1013] Overs: Danske Selsk. Forh. **1904**, 401. — [1014] DRP. 299300. — [1015] DRP. 316997. — [1016] DRP. 318219. — [1017] DRP. 329845. — [1018] Chem.-Ztg. 45, 437, 639, 851, 1921. — [1019] DRP. 548432. — [1020] DRP. 274347. — [1021] Österr. P. 68854. — [1022] DRP. 204279, 229675. — [1023] DRP. 337058. — [1024] DRP. 256920. — [1025] DRP. 461183. — [1026] DRP. 237608. — [1027] DRP. 507522. — [1028] DRP. 236881. — [1029] DRP. 238104. — [1030] DRP. 238338. — [1031] DRP. 250331. — [1032] DRP. 250262. — [1033] DRP. 193559. — [1034] DRP. 207580. — [1035] DRP. 262144. — [1036] A. P. 903967. — [1037] DRP. 281134. — [1038] Chemische Ind. 28, 108, 1910. — [1039] DRP. 193722. — [1040] DRP. 408861. — [1041] DRP. 408862. — [1042] E. P. 434991. — [1043] DRP. 243948. — [1044] DRP. 283894. — [1045] Compt. rend. Acad. Sciences 140, 506, 1905. — [1046] F. P. 411258. — [1047] Rev. Electrochem. 5, 1, 1911; Moniteur scient. 74, 10, 1911. — [1048] Ztschr. anorgan. allg. Chem. 25, 265, 1900; 26, 451, 1901. — [1049] Ztschr. Elektrochem. 21, 253, 1915. — [1050] Dissertation, Berlin, 1911. — [1051] DRP. 245531. — [1052] Ztschr. Elektrochem. 81, 1, 1925. — [1053] DRP. 297223. — [1054] Ztschr. Elektrochem. 22, 63, 1916. — [1055] Ebenda 28, 263, 1922. — [1056] Tidskr. Kemi Fumaci og Terapis **1916**, Nr. 17, 18. — [1057] Ztschr. Elektrochem. 24, 237, 1918. — [1058] Ztschr. angew. Chem. **1921**, 254. — [1059] DRP. 347368. — [1060] DRP. 347602. — [1061] Schweiz. P. 76326, 75522. — [1062] DRP. 348148; Schweiz. P. 75612, 75615, Scheideanstalt. — [1063] DRP. 347367. — [1064] DRP. 350986. — [1065] Österr. P. 91009. — [1066] Österr. P. 87422. — [1067] DRP. 424297. — [1068] DRP. 378891. — [1069] DRP. 381421. — [1070] DRP. 566423. — [1071] DRP. 405711. — [1072] DRP. 302735. — [1074] DRP. 431075, 451344. — [1075] Trans. Amer. electrochem. Soc. 40, 139, 1921; Chem. Ztrbl. **1923** II, 1103. — [1076] Giorn. Chim. ind. appl. 8, 423; Chem. Ztrbl. **1926** II, 2471. — [1077] Ind. engin. Chem. 27, 672, 1935; Chem. Ztrbl. **1935** II, 1651. — [1078] DRP. 268814. — [1079] DRP. 286545. — [1080] DRP. 299410. — [1081] DRP. 528873. — [1082] F. P. 775351. — [1083] DRP. 246713. — [1084] DRP. 243368, 245221. — [1085] DRP. 283981. — [1086] DRP. 249325. — [1087] DRP. 272077. — [1088] DRP. 257808. — [1089] DRP. 261633. — [1090] DRP. 271194. — [1091] DRP. 268401. — [1092] Poln. P. 16050. — [1093] DRP. 253169. — [1094] Danske Vidensk. Selsk. Forh. **1904**, Nr. 6. — [1095] DRP. 165279. — [1096] DRP. 165278. — [1097] DRP. 227907. — [1097a] Dammer: Handbuch der anorganischen Chemie, Bd. III, S. 76; Bd. IV, S. 668. — [1098] DRP. 278868, 282226. — [1099] DRP. 282986. — [1100] DRP. 244879. — [1101] A. P. 1185216. — [1102] Ber. Dtsch. chem. Ges. 31, 954, 1898. — [1103] DRP. 248683. — [1104] DRP. 266517. — [1105] DRP. 235050. — [1106] DRP. 250074. — [1107] DRP. 237096. — [1108] A. Etard: Compt. rend. Acad. Sciences 91, 932, 1880.

C. Die Carbonatperhydrate.

(Patentliteraturzusammenstellung s. S. 383.)

Die Carbonatperhydrate, die haltbarer und daher technologisch bedeutsamer als die echten Percarbonate sind, wurden erstmalig von Tanatar[1109] aus Wasserstoffperoxyd und Natriumcarbonat durch Fällung mit Alkohol erhalten, aber irrtümlich als echte Perverbindungen angesehen. Erst R. Willstädter[401] und Riesenfeld und Reinhold[400] erkannten die wahre Natur dieser Verbindungen als Anlagerungsverbindungen.

Man kennt die Additionsverbindungen $Na_2CO_3 . 1,5\ H_2O_2$[1109], $Na_2CO_3 . H_2O_2 . H_2O$, $(Na_2CO_3 . H_2O)_2 . 3\ H_2O_2$, $(Na_2CO_3 . H_2O) . 2\ H_2O_2$ und $(Na_2CO_3 . H_2O)_2 . 5\ H_2O_2$ (DRP. 560460).

Versetzt man eine gesättigte Sodalösung mit einer 30%igen Wasserstoffperoxydlösung, fällt aber nicht mit Alkohol, sondern salzt mit so viel Natriumchlorid aus, als in der angewandten Menge Wasser löslich ist, so erhält man Produkte der Formel $Na_2CO_3 . 1,5\ H_2O_2$ (Blankart[822], S. 28). Das von Tanatar beschriebene Salz $Na_2CO_3 . H_2O_2 . 0,5\ H_2O$ gibt es überhaupt nicht.

Für die Darstellung von Natriumcarbonatperhydraten braucht man nicht von Sodalösungen auszugehen, sondern kann das wasserfreie Natriumcarbonat mit dem Wasserstoffperoxyd verkneten oder es in dieses eintragen[1110]. Man braucht daher nicht auszusalzen oder auszufällen und erhält auch bessere Ausbeuten, die bis zu 80% bei Verwendung einer 30%igen Wasserstoffperoxydlösung betragen. In verdünnten Lösungen sind die Ausbeuten schlechter, jedoch kann man nach dem Vorschlage der Scheideanstalt[1111] der verdünnten, etwa 10%igen Wasserstoffperoxydlösung von Anfang an Natriumchlorid zusetzen, wodurch die Ausbeuten wieder auf etwa 80% ansteigen. Durch einen Zusatz von Stabilisatoren, wie Magnesiumsilikat, kann sie sogar bis auf 88% erhöht werden.

Henkel u. Cie.[1112] wenden nicht weniger als 3 Moleküle Wasserstoffperoxyd auf 2 Moleküle Natriumcarbonat an, wobei in eine 10%ige Wasserstoffperoxydlösung unter Rühren Natriumbicarbonat und hierauf nach und nach Natriumperoxyd oder bloß Soda eingetragen wird. Es entsteht die Verbindung $2\ Na_2CO_3 . 3\ H_2O_2$ ($Na_2CO_3 . 1,5\ H_2O_2$). Die Arbeitsweise des Vermischens von Soda mit der Wasserstoffperoxydlösung ist die einfachste und sicherste Methode zur Herstellung von Natriumcarbonatperhydrat.

Eine andere Darstellungsart beruht auf der Reaktion zwischen Natriumperoxydhydrat und Natriumbicarbonat, die am besten durch bloßes Mischen herbeigeführt werden kann:

$$
\begin{array}{ccc}
\text{O—Na} & \text{HO—CO—ONa} & \text{OH} \quad \text{NaO—CO—ONa} \\
| \quad\quad + & \text{HO—CO—ONa} \quad = & | \quad + \quad\quad\quad ; \\
\text{O—Na} & \text{HO—CO—ONa} & \text{OH} \quad \text{NaO—CO—ONa}
\end{array}
$$

$Na_2CO_3 + H_2O_2 = Na_2CO_3 . H_2O_2$[1113] (Scheideanstalt). Die Reaktion ist mit einer geringen Wärmeentwicklung verbunden. Ein Zusatz von Schutzstoffen, wie Alkali- oder Magnesiumsilikaten, verbessert sowohl die Ausbeute als auch die Haltbarkeit des erhaltenen Produktes. Die Reaktion kann auch in konzentrierter wäßriger Lösung durchgeführt werden. Ohne Sauerstoffverluste kann bis zur Entfernung von Kristallwasser getrocknet werden, wobei unmittelbar feste Carbonatperhydrate entstehen. Das Produkt enthält wegen der Anwesenheit eines zweiten Moleküls Natriumcarbonat nur etwa 4% aktiven Sauerstoff.

An Stelle von Natriumperoxyd läßt sich auch Bariumperoxyd oder dessen Hydrat mit Natriumbicarbonat zur Umsetzung bringen (E. Merck[1114]). Die Umsetzung geht aber langsamer vor sich als mit Natriumperoxydhydrat. Die Ausbeuten übersteigen auch nicht 15%. Das sehr ähnliche Verfahren der Scheideanstalt[1114a] betrifft gleichfalls die Herstellung von Carbonatperhydrat aus Natriumbicarbonat mit den Peroxyden der Erdalkalimetalle Calcium, Magnesium, Strontium und Barium oder deren Hydraten. Die Peroxyde oder -hydrate werden in Wasser von 0^0 suspendiert, Natriumbicarbonat eingetragen, von Erdalkalicarbonat abfiltriert und aus der Lösung das Carbonatperhydrat entweder durch Aussalzen oder durch vorsichtiges Einengen gewonnen.

Wohldefinierte Carbonatperhydrate werden nach dem Vorschlage von F. Schlotterbeck[1115] dadurch erhalten, daß man zu einer gut gekühlten, etwa 30%igen Wasserstoffperoxydlösung Natriumcarbonatmonohydrat $Na_2CO_3 . H_2O$ in Kristallen zugibt und 12 bis 14 Stunden stehen läßt, wobei sich das Wasserstoffperoxyd quantitativ an das Natriumsalz addiert und je nach den Mengen Wasserstoffperoxyd folgende Produkte bilden kann:

1. $Na_2CO_3 . H_2O . H_2O_2$, enthält 21,7% H_2O_2 und 10,0% aktiven Sauerstoff.
2. $(Na_2CO_3 . H_2O)_2 . 3 H_2O_2$, ,, 29,1% H_2O_2 ,, 13,7% ,, ,, .
3. $(Na_2CO_3 . H_2O) . 2 H_2O_2$, ,, 35,4% H_2O_2 ,, 16,6% ,, ,, .
4. $(Na_2CO_3 . H_2O)_2 . 5 H_2O_2$, ,, 40,6% H_2O_2 ,, 19,1% ,, ,, .

Die Produkte 3 und 4 werden am besten aus 1 und 2 durch Zugabe der berechneten Menge Wasserstoffperoxyd dargestellt. Sie sind in Wasser leicht löslich und gut haltbar.

Zu erwähnen wäre noch ein Verfahren von Byk[1116], nach welchem kristallisiertes Natriumcarbonatperhydrat durch Erwärmen auf etwa 45^0 und Abführung des entbundenen Wassers im Vakuum bis auf 5 bis 15% Wasser entwässert werden kann. Durch Zumischen von säurebindenden Stoffen, wie Natriumbitartrat, können haltbare Mischungen erzeugt werden, die nach dem Auflösen in Wasser neutral reagieren.

Die Haltbarkeit des festen Natriumcarbonatperhydrats wird durch vorhandenes Natriumperoxydhydrat, Natriumcarbonat, -bicarbonat oder -chlorid verringert. Gegen Wasser sind sie weniger empfindlich als die echten Percarbonate. Bei 20^0 beträgt der Verlust an aktivem Sauerstoff pro Monat, auf den Anfangsgehalt gleich 100% bezogen, etwa 4%. Durch Zusatz von Stabilisatoren, wie Magnesiumsilikat, Wasserglas od. dgl., kann jedoch die Beständigkeit wesentlich verbessert werden. Ein derart behandeltes Präparat verlor nach einem Jahre 7%, ein anderes 6% des anfänglichen Sauerstoffgehaltes. Waschpulver aus Seife und stabilisiertem Natriumcarbonatperhydrat ergeben im Monat Gehaltsabnahmen von etwa 2%. In Wasser zerfällt Carbonatperhydrat in Natriumcarbonat und Wasserstoffperoxyd, wobei die alkalische Lösung gleichfalls durch Magnesiumsalze stabilisiert werden kann, deren Wirkung sogar noch bei Siedehitze anhält

Wie sich aus Beständigkeitsversuchen in Mischung mit Seifenpulvern ergeben hat, ist das stabilisierte Salz ebenso beständig als das Perborat, so daß es ohne weiteres zur Herstellung von Waschpulvern verwendet werden kann. Im Kriege, als in Deutschland ein Mangel an Borsäure eintrat, mußte das Carbonatperhydrat an Stelle des Perborats in Waschmitteln verwendet werden. Das Carbonatperhydrat erlaubt aber wegen seiner stark alkalischen Reaktion keine weitere Anwendungsmöglichkeit. Wegen seiner einfachen und billigen Herstellungsart scheint es aber in der Zukunft noch recht gute Aussichten zu haben, namentlich wenn seine Haltbarkeit noch verbessert wird.

E. Peltner[1117] stellte Rubidiumcarbonatperhydrate aus Rubidiumcarbonat und 30%igem Wasserstoffperoxyd her, denen er folgende Formeln zuschrieb: $Rb_2CO_4 . 2 H_2O_2 . H_2O$, $Rb_2CO_4 . H_2O_2 . H_2O$ und $Rb_2CO_4 . 2,5 H_2O$. Ob es sich hier aber um echte Percarbonate gehandelt hat, muß bezweifelt werden. Die Verbindungen stellen äußerst hygroskopische und nur im Exsikkator einigermaßen beständige Körper dar.

Literaturverzeichnis.

[1109] Ber. Dtsch. chem. Ges. **32**, 1544, 1899. — [1110] DRP. 297797, Klopfer. — [1111] DRP. 342046. — [1112] DRP. 303556. — [1113] DRP. 482998; Schweiz. P. 80094. — [1114] DRP. 213457. — [1114a] Schweiz. P. 79801. — [1115] DRP. 560460. — [1116] DRP. 247988. — [1117] Ber. Dtsch. chem. Ges. **42**, 1777, 1909.

D. Phosphatperhydrate.

(Patentliteraturzusammenstellung s. S. 383.)

Wie bereits auf den S. 252ff. ausgeführt wurde, entstehen bei der anodischen Oxydation von Phosphaten Abkömmlinge der Perphosphorsäure $H_4P_2O_8$ und der Phosphormonopersaure H_3PO_5, die allein echte Perphosphate darstellen. Hingegen sind alle Einwirkungsprodukte des Wasserstoffperoxyds auf Phosphate der Alkalien oder Erdalkalien keine echten Perverbindungen, sondern Anlagerungsprodukte. Es sind folgende Phosphatperhydrate bekannt:

$Na_3PO_6 . 6,5 H_2O$ (?), von P. Trenko[1118] dargestellt, von Rudenko[1119] aber gedeutet als $Na_3PO_4 . 2 H_2O_2 4.,5 H_2O$; $Na_2HPO_4 . 0,5 H_2O_2 . 6 H_2O$; $Na_2HPO_4 .$ $. H_2O_2$; $Na_4P_2O_7 . 2,5 H_2O_2$[1119]; $Na_2HPO_4 . 2 H_2O_2$; $Na_3PO_4 . 2 H_2O_2$ (DRP. 316997); $Na_4P_2O_7 . 3 H_2O_2$ (DRP. 293786); $K_2HPO_4 . H_2O_2$ (DRP. 287588); $K_4P_2O_7 .$ $. 3,5 H_2O_2$ (H. Menzel und C. Gaibler[1120]); $KH_2PO_4 . 1,25 H_2O_2$[1121] bzw. $KH_2PO_4 . H_2O_2$. $K_2HPO_4 . 2,5 H_2O_2$[1120,1121]; $NaNH_4HPO_4 . 0,75 H_2O_2$; $K_4P_2O_7 .$ $. 3 H_2O_2$[1122]. Der Charakter dieser Verbindungen als Additionsverbindungen ist an ihrem Verhalten gegenüber Äther und bei der Vakuumdestillation einwandfrei nachgewiesen worden. Primares Lithium-, Ammonium-, Calcium- und Chromphosphat und die Thalliumphosphate reagieren nicht mit Wasserstoffperoxyd, hingegen schon die sekundären und tertiaren Phosphate des Lithiums, Bleis, Casiums, Ammoniums und manche Erdalkaliphosphate[1121].

Wie Messungen von Gefrierpunktserniedrigungen in wäßrigen Lösungen von primaren oder sekundaren Natrium- oder Kaliumphosphaten sowie von Natrium- oder Kaliumpyrophosphat ohne oder mit einem Zusatz von Wasserstoffperoxyd sowie Versuche uber die Gleichgewichte der Verteilung von Wasserstoffperoxyd zwischen Phosphatlosungen und Amylalkohol ergeben haben, nimmt die Bindungsfahigkeit der Phosphatlösungen fur Wasserstoffperoxyd einmal in der Reihenfolge primäres, sekundäres, tertiäres und Pyrophosphat, anderseits von Natrium nach Kalium zu. Die gleiche Regelmäßigkeit liegt in den festen Phosphatperhydraten vor[1123]. In Losung ist aber der absolute Betrag der Bindung sehr viel geringer als in festem Zustande. Auf der relativ starken Wasserstoffperoxydbindung an sekundare und Pyrophosphate durfte sehr wahrscheinlich die bekannte stabilisierende Wirkung dieser Salze beruhen[1121]. Auch aus der Zunahme der Löslichkeit von Phosphaten nach Zusatz von Wasserstoffperoxyd kann auf die Bindung mit diesem geschlossen werden[1120]. Ungeklart ist noch die Frage, ob das Wasserstoffperoxyd an das Anion, an das Kation oder beide gebunden ist.

Die Darstellung der Phosphatperhydrate ist in allen Fällen mehr oder weniger gleich. Man versetzt die betreffende Phosphatlösung unter Rührung mit der Wasserstoffperoxydlösung, und zwar meist einer 30%igen Lösung, und fällt entweder mit Alkohol oder engt durch vorsichtiges Erwärmen auf dem Wasserbade oder Stehenlassen im Vakuum bei gewöhnlicher oder schwach erhöhter Temperatur ein, worauf der Rückstand mit Alkohol und Äther ausgewaschen werden kann. Auch unter Verwendung von Natrium- oder Bariumperoxyd kann man Phosphatperhydrate darstellen[1124].

Die Stabilität der durch Eindampfen erhaltenen Phosphatperhydrate kann noch bedeutend erhöht werden, wenn sie einer vollständigen Entwässerung durch eine weitere Erwärmung im Vakuum unterworfen werden. Das zumeist zusammengebackene Trockenprodukt wird dabei durch Zerstoßen, Mahlen od. dgl.

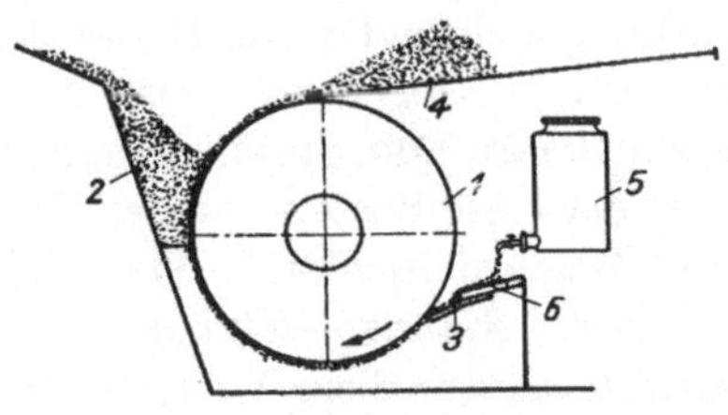

Abb. 45.Abb. 46.

Apparatur zur Herstellung von Anlagerungsverbindungen (Österr. P. 140 553).

zerkleinert. Besonders stabil sind die Verbindungen, die auf 1 Molekül Alkalipyrophosphat etwa 2 Mole Wasserstoffperoxyd oder auf 1 Mol Dialkaliphosphat etwa 1 Mol Wasserstoffperoxyd enthalten[1125].

Hochprozentige Perverbindungen ganz allgemein sind mit Vorrichtungen herstellbar, bei welchen die Wasserstoffperoxydlösung in zerstäubter Form auf den festen Ausgangsstoff einwirkt, z. B. Ströme von zerstäubtem pulverförmigem Material und zerstäubtem Wasserstoffperoxyd in einer Mischkammer zusammentreffen. Es muß aber für eine gute Überwachung des Prozesses gesorgt werden.

Eine Vereinfachung des Prozesses der Herstellung hochprozentiger Peroxyde oder Persalze ist von den Österreichischen Chemischen Werken angegeben worden[1126]. Dieses Verfahren besteht darin, daß ein Flüssigkeitsfilm aus Wasserstoffperoxyd auf einer Walze 1 (Abb. 45), die mit einem Teil ihres Mantels eine Wand für den Behälter 2 bildet, in dem der pulverförmige Körper untergebracht ist, mit diesem Stoff zusammengebracht und gleichzeitig oder hernach unter einem Winkel geneigt wird, der größer als der Böschungswinkel des pulverförmigen Materials ist, so daß überschüssiges Pulver abfällt, während das benetzte Pulver durch Adhäsion an der Unterlage haften bleibt und als fertiges Gemisch von der Unterlage abgenommen wird. Die aus dem Behälter 5 austretende Wasserstoffperoxydlösung fällt auf ein Verteilungsblech 6 und fließt hier dem Walzenmantel zu. Durch den Abstreifer 3 wird die Flüssigkeit auf den Mantel zu einem dünnen Film verteilt. Beim Durchgang des Filmes durch das im Behälter 2 lose aufgeschüttete feste Material wird eine dünne, am Walzenmantel anliegende Schicht benetzt und von der Walze durch Adhäsion mitgenommen. Das vom Walzenmantel mitgenommene Gemisch wird durch die Schaber 4 abgestrichen.

Bei der in Abb. 46 dargestellten Vorrichtung wird die Flüssigkeit durch eine Walze 7 verteilt, die mit verstellbarem Druck auf der Walze 8 aufsitzt, um die Dicke der Flüssigkeitsschicht regeln zu können. Das pulverförmige Material wird durch das Transportband *10* zugefuhrt. Auch hier trifft das auf die Walze fallende Pulver auf eine Stelle, die unter einem Winkel geneigt ist, der größer ist als der Böschungswinkel. Das am Walzenmantel haftende Gemisch wird durch einen Schaber *11* abgestrichen und fällt auf ein Transportband *12*, das durch eine Trockenkammer hindurchgeführt wird. Auf diese Weise können Carbamidperhydrat aus Harnstoff und Wasserstoffperoxyd, Hexamethylentetraminperhydrat aus Hexamethylentetramin und Wasserstoffperoxyd oder Phosphatperhydrate aus Ortho- oder Pyrophosphaten und Wasserstoffperoxyd dargestellt werden.

Von der Erkenntnis ausgehend, daß bei der Herstellung von Perhydrat- oder Perverbindungen aus wäßriger Lösung beim nachfolgenden Entwässerungsvorgang erhebliche Sauerstoffverluste unvermeidlich sind, werden nach einem weiteren Verfahren der Österreichischen Chemischen Werke[1127] nach Art einer Trockenumsetzung die trockenen Metalloxyde oder wasserfreien Salze mit derart begrenzten Mengen der Wasserstoffperoxydlösung bei ganz gleichmäßiger Verteilung gemischt, daß das Erzeugnis unmittelbar in fester Form gewonnen wird und auch vorübergehend eine feuchte Mischung nicht entsteht. Die wechselseitige Einwirkung der Komponenten wird dabei in Gegenwart von Stabilisatoren derart vor sich gehen gelassen, daß man Paare von Stabilisatoren verwendet, wobei von den im folgenden angeführten der erste Bestandteil dem festen Stoff, der zweite der Flüssigkeit zuzusetzen ist; Magnesiumchlorid—Wasserglas, Stannat—Schwefelsäure; Stannat—Phosphorsäure, Stannat—Flußsäure oder Zinnfluorid—Phosphorsäure. Carbonatperhydrat kann auf diese Weise mit Ausbeuten von 95%, Calciumperoxyd mit 75% und Magnesiumperoxyd von 90% hergestellt werden.

Die Konzentrationserhöhung des Erzeugnisses an Wasserstoffperoxyd kann dabei derart erfolgen, daß ein und derselbe Anteil von festem Ausgangsstoff in mehreren anschließend aufeinanderfolgenden Teilprozessen mit zusätzlichen Mengen von Wasserstoffperoxyd behandelt wird, wobei das Umsetzungsprodukt des vorhergehenden Teilprozesses vor der Behandlung jedesmal so weit entwässert wird, daß es weitere Mengen von Wasserstoffperoxyd aufzunehmen vermag. Am besten wird die Wasserstoffperoxydlösung in zerstäubter Form auf das Metalloxyd oder feste Salz einwirken gelassen, indem diese nach Art des Humphries-Verfahrens zur Veredelung von Mehl durch ein Sieb, das in waagrechter Ebene eine Rüttelbewegung erfährt, als feines Gut durchfällt und vom Wasserstoffperoxydsprühregen oder -nebel getroffen wird. Das äußerlich schon trocken aussehende Mischprodukt kann noch in Kanaltrocknern oder in Bühler-Apparaten mit angewärmter Preßluft getrocknet werden. Die Sauerstoffausbeute beträgt nach dieser Arbeitsweise bei der Behandlung von wasserfreiem Natriumcarbonat 96%, von wasserfreiem Natriumpyrophosphat 98% und von Harnstoff 100%. Die hergestellten Verbindungen besitzen eine hervorragende Haltbarkeit.

Die wäßrige Lösung der Phosphatperhydrate reagiert wie eine alkalische Wasserstoffperoxydlösung, nur mit dem Unterschiede, daß besonders natriumphosphathaltige Lösungen auch in der Wärme nur langsam ihren Sauerstoff verlieren. Besonders stark tritt diese Erscheinung in hartem Wasser und in Seifenlösungen zutage. Vermischt mit anorganischen oder organischen Stoffen ist ihre Haltbarkeit aber nicht besonders gut. Perphosphatwaschpulver sind nach den Untersuchungen durch P. Ammann[1128] praktisch nicht haltbar.

Literaturverzeichnis.

[1118] Journ. Russ. phys.-chem. Ges. (russ.) **34**, 204, 1902. — [1119] Ebenda **44**, 1209, 1912. — [1120] Ztschr. anorgan. allg. Chem. **177**, 187, 1929. — [1121] Husain u. Partington: Trans. Faraday Soc. **83**, 1928, Vol. XXIV, Part. 4, 235. — [1122] Husain: E. P. 300946. — [1123] Chem. Ztrbl. 1928 II, 136. — [1124] DRP. 296796, 299300. — [1125] DRP. 555055. — [1126] Österr. P. 140553. — [1127] Österr. P. 140836, 143281. — [1128] Dissertation. Zurich, 1920.

E. Silicatperhydrate.

(Patentliteraturzusammenstellung s. S. 384.)

Die Darstellung von wohldefinierten Silicatperhydraten in reinem Zustand ist erst in jüngster Zeit gelungen. Echte Persilicate konnten bisher überhaupt nicht in reinem Zustand dargestellt werden, denn auch das von R. Schwarz und H. Giese[844] erwähnte Persilicat mit der vermutlichen Formel K_2SiO_4 wurde nur in sehr unreiner Form erhalten.

A. Komarowski[1129] erhielt beim Eindampfen von Kieselsäuregel mit einem Überschuß von Perhydrol eine glasartige amorphe Masse, die die Reaktionen des Wasserstoffperoxyds gab und von ihm als $H_2SiO_4 . 1{,}5\ H_2O$ oder $H_2SiO_3 . H_2O_2$. $0{,}5\ H_2O$ aufgefaßt wurde. Auch das Hydrosol der Kieselsäure koagulierte nach Zusatz von Wasserstoffperoxyd und hinterließ nach dem Trocknen im Exsikkator glasartige Schuppen, welche alle Reaktionen der Peroxyde zeigten. Aller Wahrscheinlichkeit nach hat es sich aber nur um bloß rein mechanisch anhaftendes oder absorbiertes Wasserstoffperoxyd gehandelt.

Zu erwähnen wäre auch das DRP. 245531 der Bariumoxyd G. m. b. H., wonach auf elektrolytischem Wege ähnlich wie Perborat durch Gleichstrom, der mit Wechselstrom überlagert ist, auch Persilicat darstellbar sein soll.

E. Jordis[1129a] konnte nur aus der Aufnahme von Wasserstoffperoxyd durch Kieselsäuresol oder Gel sowie aus einem Sauerstoffverbrauch bei der Elektrolyse von Alkalisilicatlösungen an der Anode auf die Anwesenheit von Persilicaten schließen, diese aber nicht rein erhalten. Die Bemerkung von Jordis, daß Natriumsilicatlösungen nach einige Monate langem Stehenlassen an der Luft durch Autoxydation Peroxydreaktionen geben, beruht anscheinend auf einem Irrtum.

A. H. Erdenbrecher[1130] löste $Na_2SiO_3 . 9\ H_2O$ in 30%igem Wasserstoffperoxyd, konnte aber keine aktiven Sauerstoff enthaltenden Verbindungen zum Auskristallisieren bringen. Erst bei der Einwirkung von 82%iger Wasserstoffperoxydlösung auf entwassertes Natriumsilicat konnten nur mikroskopisch kleine Präparate mit bis zu 15,5% aktivem Sauerstoff dargestellt werden. Die neue Substanz beschrieb Erdenbrecher als nicht luftbeständig, da sie sogar in zugeschmolzenen Röhren unter Sauerstoffabgabe zerfiel.

F. Krauß[1131] scheint erstmalig die Darstellung reiner aktiven Sauerstoff enthaltenden Siliziumverbindungen gelungen zu sein. Er brachte frisch bereitetes Natriummetasilicat und 30%iges Wasserstoffperoxyd zusammen und unterwarf die Mischung der Vakuumdestillation, wobei nur das Wasser, aber nicht das Wasserstoffperoxyd entfernt wurde. Die erhaltenen Kristalle entsprachen etwa der Zusammensetzung $Na_2SiO_3 . H_2O . 2\ H_2O_2$.

Auch aus Lösungen von Natriummetasilicaten mit reinem Wasserstoffperoxyd kann beim längeren Stehen bei 0^0, beschleunigt durch Zusatz von Natriumcarbonat oder -bicarbonat, ein Silicatperhydrat zum Auskristallisieren gebracht werden.

Krauß und Oettner[1132] stellten aus Metasilicaten und Wasserstoffperoxyd folgende Silciatperhydrate her: $Na_2SiO_3.H_2O_2.H_2O$; $Li_2SiO_3.H_2O_2.H_2O$. Ein Kaliumsilicatperhydrat konnte nicht erhalten werden. Weiters wurden in reinem Zustande auch Silicatdiperhydrate $BaSi_2O_5.2\,H_2O_2.3\,H_2O$ und $CaSiO_5.2\,H_2O_2.$ $.4\,H_2O$ dargestellt, während die Diperhydratsilicate von Natrium, Kalium, Magnesium und Zink nicht beständig waren. Eine Entwässerung der Silicatperhydrate war ohne Zersetzung nicht möglich. Durch Anlagerung von Wasserstoffperoxyd an hydratisierte Kieselsäure gelang auch die Darstellung der „Perkieselsäure" $SiO_2.H_2O_2.2\,H_2O$ und aus dieser durch Entwässerung von $SiO_2.$ $.H_2O_2.H_2O$ und $SiO_2.H_2O_2$. Durch einen weiteren Abbau konnte auch eine Verbindung $2\,SiO_2.H_2O_2$ wahrscheinlich gemacht werden. Bei allen diesen Verbindungen handelt es sich um Anlagerungs- und nicht um echte Perverbindungen.

Irgendeine technische oder praktische Bedeutung kommt jedoch den Silicatperhydraten nicht zu.

Literaturverzeichnis.

[1129] Chem.-Ztg. **38**, 121, 1914. — [1129a] Chem.-Ztg. **38**, 221, 1914. — [1130] Chem.-Ztg. **48**, 210, 1924. — [1131] Ztschr. anorgan. allg. Chem. **204**, 318, 1932; DRP. 542157. — [1132] Ebenda **222**, 345, 1935; Chem. Ztrbl. **1935 II**, 641.

F. Sonstige Anlagerungsverbindungen des Wasserstoffperoxyds.

(Patentliteraturzusammenstellung s. S. 384.)

Das Wasserstoffperoxyd ist befähigt, mit einer ganzen Reihe weiterer anorganischer und organischer Stoffe Additionsverbindungen zu liefern, denen, wie z. B. dem Carbamidperhydrat, eine erhebliche Bedeutung zukommt, da dieses das Wasserstoffperoxyd in fester und haltbarer Form und hoher Konzentration enthält. Die Addition des Wasserstoffperoxyds kann dabei auch an Verbindungen stattfinden, welche an sich ohne Kristallwasser kristallisieren. Sie werden entweder durch Verdampfung auf dem Wasserbade oder unter dem Exsikkator aus der Lösung des betreffenden Stoffes in mehr oder weniger konzentriertem Wasserstoffperoxyd, eventuell durch Kristallisieren unter Kühlung, gewonnen.

S. Tanatar[1133] stellte Additionsverbindungen des Wasserstoffperoxyds mit Kaliumfluorid KFH_2O_2 und Natriumsulfat $Na_2SO_4.9\,H_2O.H_2O_2$ dar. R. Willstädter[1134] vergrößerte die Zahl derartiger Verbindungen durch die Anlagerung von Wasserstoffperoxyd an Ammoniumsulfat, Kalialaun, Borax, Aluminiumsulfat und Natriumacetat.

Tanatar stellte erstmalig auch organische Anlagerungsverbindungen dar. Beim Zusatz von 30%igem H_2O_2 zu einer wäßrigen Lösung von Harnstoff erhielt er nach dem Konzentrieren auf dem Wasserbade bei 60 bis 70° und Abkühlung mit Eis Kristalle der Zusammensetzung $CO(NH_2)_2.H_2O_2$, die etwa 35% H_2O_2 enthielten. In ähnlicher Weise wurden Additionsverbindungen mit Acetamid,

$$\text{Urethan, Succinimid} \quad \begin{matrix} CH_2{-}CO \\ | \qquad\quad \\ CH_2{-}CO \end{matrix} \Big\rangle NH.H_2O_2\ (25{,}65\%\ H_2O_2),\ \text{Asparagin COOH{-}}$$

$-CONH_2{-}CH_2{-}CONH_2.H_2O_2$ (20,48% H_2O_2); Erythrit $C_6H_4(OH)_4.H_2O_2$ (4% H_2O_2, wenig beständige kristalline Verbindung); Mannit $C_6H_8(OH)_6.H_2O_2$ (15,7%

H_2O_2), ziemlich unbeständig; Pinakon $(CH_3)_2=COH—COH—(CH_3)_2.H_2O_2$ (22,36% H_2O_2), sirupartige Lösung, die nicht zum Kristallisieren gebracht werden konnte, gewonnen. Mit Parabansäure und saurem oxalsaurem Ammonium wurden zwar mehr oder weniger gut. kristallisierte Substanzen erhalten, der Gehalt an Wasserstoffperoxyd schwankte jedoch bedeutend. Mit Rohrzucker wurden keine Anlagerungsverbindungen erhalten.

Ein Strychninhydratperhydrat stellte Max und Michael Polonowski[1136] dar: $C_{21}H_{22}O_3N_2.2,5 H_2O.0,75 H_2O_2$.

Aus ätherischer Lösung erhielten O. Maass und G. L. Matheson[153] die Anlagerungsverbindungen $NH_3.H_2O_2$; $C_2H_5NH_2.2 H_2O_2$; $C_3H_7.NH_2.2 H_2O_2$; $C_4H_9.NH_2.2 H_2O_2$; normales und tertiäres Pyridin $(C_2H_5)_2NH.3 H_2O_2$; $(C_2H_5)_3N$ . . 4 H_2O_2 her, wobei die Zahl der angelagerten H_2O_2-Moleküle offenbar mit der Stärke der Base ansteigt. Aus den Gefrierpunkten von Gemischen bestehend aus $KCl + H_2O_2$ bzw. $K_2SO_4 + H_2O_2$ sowie $Na_2F_2 + H_2O_2$ ergaben sich Eutektika bei $—32,2^0$ bzw. $—27,5^0$ bzw. $—15,2^0$, die auf eine Verbindung beider Körper schließen lassen. Die Untersuchung von $H_2O_2 + NaCl$ sowie $H_2O_2 + NaNO_3$ ergab keine Verbindungsbildung. Mit Natriumsulfat wurde die Additionsverbindung $Na_2SO_4.2 H_2O_2$ dargestellt (Maass und Hatcher[154]).

Recht kompliziert scheinen die Verhältnisse zwischen SO_2 und H_2O_2 zu sein. Zwischen 19,5 und 47,2% H_2O_2 erstarrt die Lösung unter 25^0 zu einer glasigen Masse, wobei aus dem Verlauf der Kurvenäste nichts bestimmtes geschlossen werden kann[153].

Über ein Natriumarsenatperhydrat berichtete P. Trenko[1137], dem Rudenko die Formel $3 Na_3AsO_4.5 H_2O_2.16 H_2O$ zuschrieb. Sie entstehen ebenso wie die Perphosphate durch Einwirkung von Peroxyden auf Arsenate. Ob ein echtes Natriumperarsenat $NaASO_4$ existiert[1139], ist zu bezweifeln[1138].

Die wichtigste organische Anlagerungsverbindung des Wasserstoffperoxyds ist die mit Harnstoff, das Carbamidperhydrat $CO(NH_2)_2.H_2O_2$, das durch starke Abkühlung einer Lösung von Harnstoff in 30%igem Wasserstoffperoxyd bis auf $—5^0$ hergestellt wird. Durch Zusatz geringer Mengen sauer reagierender Substanzen, wie Zitronensäure, Salicylsäure, Tannin[1140], Borsäure, Natriumbisulfat[1141] oder saurem Natriumphosphat[1142], kann die Haltbarkeit durch Absättigung von alkalisch reagierenden Anteilen durch Säure verbessert werden. Die Firma Merck verwendet an Stelle der üblichen 30%igen Wasserstoffperoxydlösung nur eine 3%ige und dampft vorsichtig im Vakuum ein. Die Substanz kommt mit 34 bis 36% H_2O_2 als festes Wasserstoffperoxyd, Hyperol, Ortizon (I. G. Farbenindustrie A. G.) oder Perhydrit (Merck) in Form von Tabletten (Neozontabletten), Stäbchen, Kugeln oder Pulver in den Handel und wird vorwiegend als unschädliches Antiseptikum und Desinfektionsmittel in der Wundbehandlung und in der Zahnheilkunde zu Spülungen und Gurgelungen (Mundwasserkugeln) usw. verwendet. Mit Amylum wird es in die Form von Wundstiften gebracht. Ein Teil Perhydrit löst sich in 2,5 Teilen Wasser unter Abspaltung von Wasserstoffperoxyd. Eine Lösung von 10 g Perhydrit in 100 ccm Wasser entspricht etwa der offizinellen 3%igen Wasserstoffperoxydlösung.

Literaturverzeichnis.

[1133] Ztschr. anorgan. allg. Chem. 28, 255, 1901. — [1134] Ber. Dtsch. chem. Ges. 36, 1323, 1903. — [1135] Journ. Russ. phys.-chem. Ges. (russ.) 40, I, 376, 1908. — [1136] Bull.

Soc. chim. France (4), **39**, 1147, 1926; Chem. Ztrbl. **1926 II**, 2320. — [1137] Chem. Ztrbl. **1902 II**, 95. — [1138] Chem. Ztrbl. **1912 II**, 1893. — [1139] Alwarez: Chem. News **94**, 269, 1906. — [1140] DRP. 259826. — [1141] DRP. 281083. — [1142] DRP. 291490.

XXIV. Die Anwendung und Verwendung von Wasserstoffperoxyd und seinen Derivaten.

Voraussetzungen. Die große Umwälzung, die vor etwa zwei Jahrzehnten durch die Umstellung der Wasserstoffperoxydindustrie von der rein chemischen Darstellung aus Bariumperoxyd auf eine überwiegend elektrochemische Grundlage erfolgte, ist eigentlich erst der große Impuls gewesen, der eine ausgedehntere und allgemeinere Verwendung des Wasserstoffperoxyds in der Technik, Medizin, Haushalt, Kosmetik usw. ermöglichte. Denn die niedrige Konzentration der aus Bariumperoxyd erhaltenen Lösungen von nur 3 bis 4%, deren geringe Haltbarkeit, womit wieder ein ungleichmäßiger Ausfall des Bleichens zusammenhing, sowie die hohen Transportkosten waren für eine ausgedehntere Anwendungsmöglichkeit sehr hinderlich gewesen. Lediglich auf dem Gebiete der Strohbleiche, wo der mit Wasserstoffperoxyd erreichte Bleicheffekt mit anderen Bleichmitteln nicht erreichbar war, hatte es sich weitgehend Eingang verschafft. Das Bleichen von Federn, Elfenbein, Spitzen usw. mit Wasserstoffperoxyd, bei welchen an sich teuren Materialien gleichfalls hervorragende Bleichwirkungen zu erzielen waren, spielte der seinerzeitige hohe Preis der Sauerstoffbleiche im Vergleich zur Chlorbleiche keine Rolle, jedoch fiel der Verbrauch dieser Industrie nicht sehr ins Gewicht. Obwohl man damals schon erkannt hatte, daß die Sauerstoffbleiche gegenüber der damals fast ausschließlich angewendeten Chlorbleiche mit Chlorkalk oder Natriumhypochlorit einige wesentliche Vorteile aufweist, konnte man aus obigen Gründen mit der Chlorbleiche nicht konkurrenzieren.

Einen wesentlichen Fortschritt bedeutete die Erzeugung der festen Derivate des Wasserstoffperoxyds, die den aktiven Sauerstoff schon in konzentrierterer und haltbarerer Form enthielten. Allein erst durch die Herstellung von Wasserstoffperoxyd auf elektrochemischem Wege wurde ein Produkt geschaffen, das allen Anforderungen der Technik gerecht werden konnte. Infolge der Gewinnung durch Destillation enthält das Wasserstoffperoxyd von heute schädliche Verunreinigungen nur mehr in äußerst geringen Spuren, so daß seine Haltbarkeit selbst bei monatelanger Aufbewahrung eine ganz hervorragende ist. Da es auch ohne technische Schwierigkeiten bei der Kondensation in Form einer hochprozentigen Lösung gewonnen werden kann, verursacht der Versand auch ungleich geringere Kosten. Selbstverständlich gelten diese günstigen Eigenschaften auch für jenes viel später hergestellte hochprozentige Wasserstoffperoxyd, das derzeit aus den aus Bariumperoxyd erhaltenen verdünnten Lösungen durch Destillation gewonnen wird. Nachdem der Preis des Wasserstoffperoxyds durch Vervollkommnung seiner Herstellungsverfahren auch billiger geworden ist, hat es sich, namentlich für das Bleichen, wegen seiner Vorzüge immer mehr und mehr eingeführt, so daß es heute nicht nur für feinere, sondern auch für billigere Textilfasern pflanzlicher oder tierischer Natur Verwendung findet.

Die Anwendungsmöglichkeit des Wasserstoffperoxyds beruht auf seinem Verfall nach $H_2O_2 \rightarrow H_2O + O$, wobei der aktive Sauerstoff zur Ausführung von

Oxydationsreaktionen in Freiheit gesetzt wird. Als Rückstand dieses Zerfalles hinterbleibt nur Wasser, weshalb dieses Oxydationsmittel gegenüber anderen den einzigartigen Vorteil besitzt, nach Abspaltung des aktiven Sauerstoffes keinen anderen Rückstand als Wasser im behandelten Gut zurückzulassen. Ja selbst wenn tatsächlich geringe Mengen von überschüssigem Wasserstoffperoxyd im Behandlungsgut zurückgeblieben wären, so würde dies nicht schaden, da es bei der Trocknung in Berührung mit dem meist organischen Körper zerfallen würde. Dieser Umstand spielt auch dann eine wesentliche Rolle, wenn z. B. wie bei der Verwendung als Konservierungsmittel für Nahrungsmittel oder in der Medizin, äußerste Reinhaltung erforderlich ist und Fremdstoffe im behandelten Gegenstand nicht zurückbleiben sollen.

Auf der oxydierenden Kraft des aktiven Sauerstoffatoms beruht die wichtigste Anwendung des Wasserstoffperoxyds als Bleichmittel und Kosmetikum, auf seiner keimtötenden Wirkung seine Verwendung als Konservierungsmittel und für medizinische, hygienische sowie sonstige kosmetische Zwecke. Selbstverständlich sind damit die Anwendungsgebiete des Wasserstoffperoxyds und seiner Derivate keineswegs erschöpfend aufgezählt, sondern nur die wichtigsten herausgegriffen. Angesichts der Unzahl der Anwendungsmöglichkeiten soll im folgenden nur ein allgemeiner Überblick gegeben werden, eine zusammenfassende Behandlung der Anwendungen des aktiven Sauerstoffes aber einer späteren gesonderten Behandlung vorbehalten bleiben.

Ein weiterer ganz besonderer Vorteil des Wasserstoffperoxyds besteht darin, daß es auf Grund seines hohen Oxydationspotentials und der großen frei werdenden Energiemenge beim Zerfall alle übrigen Oxydationsmittel an Oxydationskraft bedeutend übertrifft, wie aus der Tab. 22 hervorgeht, in welcher für verschiedene Oxydationsmittel die in gleichen Zeiten von 1-g-Atom aktivem Sauerstoff entwickelte Energie angegeben ist[265]:

Tabelle 22.

Oxydationsmittel	Reaktion	Reaktions-bedingungen	Kalorien pro 1 g-Atom aktiven O
H_2O_2	$H_2O_2 \rightarrow H_2O + O$	unter allen Bedingungen	23,0
Ozon	$O_3 \rightarrow O_2 + O$	in gasförmigem Zustand	14,8
$KMnO_4$	$2\,KMnO_4 + H_2O = 2\,MnO_2 + 2\,KOH + 3\,O$	in alkalischer Lösung	3,3
$Na_2Cr_2O_7$	$Na_2Cr_2O_7 + 4\,H_2SO_4 = Cr_2(SO_4)_3 + Na_2SO_4 + H_2O + 3\,O$	in saurer Lösung	3,25
Eau de Javelle	$NaOCl = NaCl + O$	in alkalischer Lösung	12,0
Chlorkalk	$Ca(OCl)_2 + CaCl_2 = 2\,CaCl_2 + 2\,O$	in alkalischer Lösung	12,0
Bleidioxyd	$PbO_2 = PbO + O$	in saurer Lösung	13,0
Kaliumchlorat	$KClO_3 = KCl + 3\,O$	in trockenem Zustand	6,0

Die Oxydationswirkung ist daher beim Wasserstoffperoxyd am stärksten. Demzufolge ist seine Bleichkraft auch besonders groß, das mit Wasserstoffperoxyd erzielte Weiß besonders rein und die Dauerhaftigkeit der Bleichung auch außerordentlich gut. Es ist kaum anzunehmen, daß in absehbarer Zeit ein wirksameres Bleichmittel als der aktive Sauerstoff gefunden werden könne.

Für die Auswahl der Bleichmittel ist neben dem Preis vor allem der Gehalt an aktivem Sauerstoff maßgeblich. Aus den nachstehend angeführten Bleichmitteln vermag 1 kg folgende Mengen aktiven Sauerstoff in Freiheit zu setzen:

1 kg 30%iges H_2O_2	liefert	141 g	aktiven	Sauerstoff
1 ,, Na_2O_2, 95%ig	,,	195 ,,	,,	,,
1 ,, Perborat, 10%ig	,,	100 ,,	,,	,,
1 ,, Chlorkalk, 35%ig	,,	79 ,,	,,	,,
1 ,, $KMnO_4$ (in saurer Lösung)	,,	218 ,,	,,	,,

Das Arbeiten mit Wasserstoffperoxyd als Oxydationsmittel und Bleichmittel ist sehr bequem und einfach, da es keine gesundheitsschädlichen Gase entwickelt und daher die Arbeiter nicht belästigt. Eine Anreicherung von Salzen im Behandlungsbad ist nicht möglich, da ja nach der Verzehrung des aktiven Sauerstoffes nur Wasser als Ruckstand verbleibt. Durch genaue Einstellung der Temperatur, der Alkalinitat und der Konzentration des aktiven Sauerstoffes ist es leicht und genau möglich, einen gewünschten Bleicheffekt zu erreichen.

Bleichen von Wolle. Ein Großabnehmer für das Wasserstoffperoxyd wurde die Wollindustrie, wo die früher übliche Schwefelbleiche mit Schwefeldioxyd, Natriumbisulfit oder -hyposulfit vollständig verdrängt wurde. Die Schwefelbleiche beruhte nur auf der Reduktion der in der Wolle vorhandenen Farbstoffe zu farblosen Verbindungen. Unter der Einwirkung von Licht und Luft trat jedoch infolge Ruckoxydation allmählich das gefürchtete Vergilben und Gelbwerden der Wolle ein. Die verwendete schwefelige Säure ließ sich auch nie vollstandig aus der Wolle herauswaschen, weshalb eine Verwendung von derartig gebleichter Wolle für die Buntfärberei unmöglich war. Es mußten daher auf jeden Fall die letzteren Reste des Schwefeldioxyds mit Wasserstoffperoxyd zu Schwefelsaure oxydiert und ausgewaschen werden. Durch die Wasserstoffperoxydbleiche wird jedoch der Farbstoff nicht reduziert, sondern zerstört, weshalb das erzielte Weiß sehr beständig ist. Die Wolle kann in jedem beliebigen Fabrikationsstadium gebleicht werden, und zwar entweder als lose Wolle, Kammzeug, Garn, Trikot oder Strickware.

Bleichapparaturen. Beim Bleichen ist besondere Sorgfalt auf die Auswahl des Apparatebaustoffes zu verwenden. Dieser soll nämlich gegen die Bleichflüssigkeit vollkommen bestandig sein, anderseits darf aber weder das Metall selbst, noch seine Lösungsprodukte auf das Wasserstoffperoxyd zersetzend einwirken. Fur kleinere Mengen verwendet man Bottiche oder Kufen aus weißem Hartholz, Zement oder Steinzeug. Eisen und Kupfer kommen in ungeschütztem Zustand als Baustoffe nicht in Betracht. Auch einzelne Apparateteile, wie Schrauben oder Bolzen, dürfen nicht aus derartigen Metallen bestehen, da eine Verunreinigung der Bleichflotte sonst zu leicht möglich wäre. Die Holzbottiche werden mit Blei oder Nickel ausgeschlagen. Steinzeug verhalt sich als Werkstoff in der Bleicherei vollkommen indifferent.

Eiserne Kufen lassen sich verwenden, wenn das Eisen emailliert oder noch besser mit einem Zementüberzug versehen wurde. Das Aufbringen des Zementes kann durch Zerstäuben oder Anstrich erfolgen, wobei man dem Zement auch Wasserglas oder Ceresin zusetzen kann[1143]. Auch mit Zement-Kalk- oder Zement-Magnesia-Mischungen ausgekleidete eiserne Gefäße können verwendet werden, wobei diese vor Gebrauch noch mit einer Lösung von Alkalisilicat und -carbonat ausgekocht werden[1144]. Diese Auskleidungen schützen die innere Oberfläche von Kochkesseln vor der Berührung mit der alkalischen Wasserstoffperoxydlösung, so daß man ohne Anschaffung neuer Apparaturen auch in den meist bereits vorhandenen Eisengefäßen bleichen kann. Nach dem Vorschlage der Elektro-chemischen Werke München[1145] sind auch Apparate aus Aluminium oder dessen Legierungen zur Aufbewahrung und zum Bleichen mit alkalischen Wasserstoff-peroxydlösungen geeignet. Farbanstriche haben sich auf Eisen für Bleichapparate als nicht genügend haltbar erwiesen, da sie leicht abspringen. Für das Arbeiten unter Druck haben sich verbleite Eisengefäße gut bewährt.

Da das Bleichen meist bei erhöhter Temperatur erfolgt, muß die Bleich-apparatur auch mit Heizeinrichtungen versehen sein. Eine direkte Dampf-heizung kann aber nicht angewendet werden, weil der direkte Heizdampf Rost-teilchen in das Bleichbad einbringen könnte. Man verwendet daher nur indirekte Dampfheizung und baut die Heizschlangen aus Nickel[1146], Hartblei, Bronze oder nicht rostendem Stahl, wie Kruppschem V2A- und V4A-Stahl.

Die Pumpen und Rohrleitungen zum Transport und zur Zirkulation der Bleichflüssigkeit werden ebenfalls aus eisenarmiertem Steinzeug, Nickel oder nicht rostendem Stahl angefertigt. Mittels der Pumpe wird auch die Bleichflotte aus dem Ansatzgefäß in den Bleichbottich und zurück gepumpt. Das Arbeiten mit zirkulierender Bleichflüssigkeit weist den Vorteil auf, daß man mit erheblich kürzeren Flotten, d. h. mit weniger Bleichflüssigkeit auf 1 kg Bleichgut, beispiels-weise mit einem Flottenverhältnis 1 : 6 bis 1 : 10 auskommt, wahrend in der Kufe sehr lange Flotten, etwa 1 : 15 bis 1 : 20 und mehr notwendig sind. Beim Bleichen im Zirkulationsapparat befindet sich die Ware in Ruhe, während die Flüssigkeit umgepumpt wird, hingegen befindet sich in der Kufe die Flüssigkeit in Ruhe und wird das Garn auf Stöcken in die Flotte eingehändigt und von Zeit zu Zeit umgezogen. Für Stückware ist die Bewegung mit Hilfe von Haspeln am geeig-netsten.

Stabilisatoren. Bei der Sauerstoffbleiche mit Perverbindungen ist auf eine ganz besondere Reinheit des Bleichgutes und der Bleichlösung zu achten. Es muß nicht nur für eine gründliche Reinigung von Fett- und Seifenrückständen gesorgt werden, weil sonst an solchen Stellen nur eine ungenügende Bleichwirkung er-zielt werden könnte, sondern auch rein mechanisch anhaftende Teilchen, nament-lich von Rost, vom Bleichgut entfernt werden. Denn an diesen Stellen würde die Sauerstoffentwicklung aus dem Wasserstoffperoxyd derartig stark werden können, daß auch Faserbeschädigungen eintreten könnten. Auch die unnütz entweichenden Sauerstoffmengen und die Aufbrauchung des Bleichbades wurden in diesem Falle zu groß sein. Eine Gefahr der Verseuchung der Bleichflotte besteht auch durch die Verwendung einer Ware, die noch Kobalt- oder Mangansikkative eines trocknenden Öles enthält. Tatsächlich sind in gut geleiteten Betrieben, wo nur sorgfältig gereinigte Stücke zum Bleichen kommen, die Bäder unter täglicher

Zugabe der notwendigen Verstärkung ungleich länger haltbar, während beim Bleichen von weniger reinen, d. h. katalysatorhaltigen Garnen oder loser Wolle, die Bäder öfters angesetzt werden mussen. Je reiner das Arbeiten ist, desto geringer sind die Sauerstoffverluste und desto billiger auch der erreichte Bleicheffekt.

Gebleicht wird stets in der Wärme und in schwach alkalischer Lösung, also unter Bedingungen, unter denen das Wasserstoffperoxyd nicht besonders beständig ist. Das Bleichbad würde daher auch an jenen Stellen Sauerstoff verlieren, wo es nicht mit der Ware in Berührung kommt. Da aber gasförmig entwickelter Sauerstoff nicht mehr bleicht, wird der Wirkungsgrad einer Bleiche um so ungünstiger, je mehr Sauerstoff nutzlos entweicht. Man muß daher durch Zusatz geeigneter Stabilisatoren die Beständigkeit des Wasserstoffperoxyds in alkalischer Lösung erhöhen. Derartige Stoffe sollen auch die Sauerstoffabgabe derart regeln, daß bei hoher Temperatur die Abspaltung des naszierenden Sauerstoffes nicht zu stürmisch erfolgt, wodurch auch Schädigungen der Ware hervorgerufen werden könnten. Als derartige Verbindungen haben sich besonders Wasserglas, Magnesiumverbindungen, Pyrophosphat und andere Phosphate als geeignet erwiesen[1176]. Erfahrungsgemäß wird der Stabilisator fast gar nicht verbraucht. Manchmal wird auch der „Stabilisator C", ein Gemisch von Natriumpyrophosphat und -oxalat oder Netzmittel, wie Gardinol, Igepon oder sulfonierte Fettalkohole, dem Bleichbad zugesetzt.

Erforderlich ist selbstverständlich ein reines, metallfreies Wasser, das insbesondere Eisen nicht enthalten darf. Auch reinstes, durch Destillation erhaltenes Wasserstoffperoxyd ist für einen gleichmäßig ausfallenden Bleicheffekt notwendig, da nur ein solches Produkt immer mit dem gleichen Titer zum Ansetzen gelangt.

Die oben bereits angeführten Verbindungen, wie Natriumsilicat, reagieren bereits selbst alkalisch, so daß nur mehr wenig weiteres Alkali zugesetzt werden muß. Eine alkalische Reaktion ist für das Bleichen erforderlich, da ein kräftiger Bleicheffekt mit Wasserstoffperoxyd nur in alkalischer Lösung zu erzielen ist. Da beim Bleichen auch manchmal Säure frei wird, muß etwas überschüssiges Alkali auch zu dessen Abstumpfung in der Bleichflotte vorhanden sein. Der Alkaliüberschuß ist jedoch stets auf ein Mindestmaß einzuschränken. Es genügt aber nicht, daß bloß mit Lakmuspapier auf alkalische Reaktion des Bades geprüft wird, sondern es muß ein je nach der Art der zu bleichenden Ware bestimmter, genau festgestellter Alkaliüberschuß vorhanden sein. Meist bringt man das Bleichbad auf ein $p_H = 8$. Da Alkali auf das Wasserstoffperoxyd zersetzend wirkt, so wird das Bleichbad, wenn es nicht in Gebrauch steht, schwach angesäuert.

Bleichpreis. Aus Grunden der Wirtschaftlichkeit trachtet man natürlich, mit möglichst wenig Wasserstoffperoxyd auszukommen. Für einen gleichmäßigen Ausfall der Bleiche ist es am zweckmäßigsten, stets frische Bleichbäder zu verwenden, da die durch das Bleichgut verunreinigte Bleichlösung in ihrer Wirkung nicht immer gleichmäßig bleibt. Bestimmend auf die anzuwendende Wasserstoffperoxydkonzentration ist der Bleichpreis und der Bleichprozeß. Der Bleichpreis bestimmt die obere Grenze des Wasserstoffperoxydgehaltes, der Bleichprozeß die untere, da eine Fertigbleiche nur bei Einhaltung einer bestimmten Mindestkonzentration an Wasserstoffperoxyd überhaupt zu erreichen ist. Der Bleichpreis laßt, wenn man die Bleichlösung nur einmal verwendet, eine Höchstmenge an H_2O_2 zu. Meist wird ein Bleichbad nur zum geringen Teil ausgebraucht, man hat daher nur in vielen Fallen den Verbrauch durch Analyse festzustellen und kann nach Ergänzung des Wasserstoffperoxyds auf seine ursprüngliche Stärke das Bad neuerlich verwenden.

Temperatur. Für jeden Bleichprozeß ist auch eine Mindesttemperatur einzuhalten. Je höher die Bleichtemperatur ist, desto rascher und vollkommener ist die Bleichung. Da mit steigender Temperatur aber auch die Zersetzlichkeit des Wasserstoffperoxyds steigt, sind für die Temperatur Höchstgrenzen vorhanden. Meist wird die Bleiche bei Temperaturen von 80^0 durchgeführt, es gibt aber auch Bleichbäder, die noch bei 100^0 rasch und sicher arbeiten. Für gewisse Falle ist dabei auch noch zu beachten, daß durch Wasserverdampfung bei der stark erhöhten Temperatur allmählich eine Konzentrierung des Bades und damit auch an Wasserstoffperoxyd auftreten kann, die bei empfindlichen Waren zu Schädigungen führen kann. Dies gilt z. B. für Pflanzenfasern, bei denen die Gefahr der Bildung von Oxyzellulose besteht, die zu einer beträchtlichen Verminderung der Festigkeit der Faser und Zerstörung der Faser fuhren kann. Hat man z. B. das Bleichgut nur mit der Bleichlösung getränkt, so ist für eine Vermeidung der Verdunstung des Wassers durch Einpacken oder Einhängen in Kästen Sorge zu tragen. Eine ungleichmäßige Temperatur ist gleichfalls schädlich, da sie zu einer ungleichmäßig gebleichten, fleckigen Ware führt.

Wolle. Wolle kann wie folgt gebleicht werden: Nachdem sie gründlich mit Seife, sulfonierten Fettalkoholen nebst einem Zusatz von Ammoniak gewaschen wurde, wird sie in einen Bleichbottich eingepackt und bei etwa 45^0 einige Stunden mit einer durch Wasserglas, Ammoniak oder Phosphat schwach alkalisch gemachten Wasserstoffperoxydlösung gebleicht. Sehr gut soll sich auch ein Zusatz von Metaborat oder Borsäure zum Phosphat bewährt haben. Je nach der Ware und dem angestrebten Bleicheffekt wird die Bleichdauer und die Stärke der Bleichflotte eingestellt. Geeignet ist z. B. eine $0,3\%$ige Lösung von H_2O_2. Manchmal wird noch mit Hydrosulfit oder in der Kammer mit SO_2 nachgebleicht, aber nicht zur Erhöhung des Bleicheffektes, sondern um der Wolle mehr Glanz zu geben. Lose Wolle kann auch nach dem sog. „Kontinueverfahren" gebleicht werden, indem sie im Anschluß an den Waschprozeß im Leviathan mit der Wasserstoffperoxydlösung imprägniert, ausgequetscht und zur Trocknung gebracht wird, wobei das Bleichen während des Trockenprozesses vor sich geht. Garne können auch auf Spulen gebleicht werden. Bei der Bleiche durch Imprägnierung ist die Wasserstoffperoxydlösung etwas stärker zu nehmen und besonders genau auf Stärke, Alkalinität und Temperatur einzustellen, da nachträgliche Verbesserungen nicht möglich sind.

Ein Beispiel zur Erzielung eines schönen Weiß bei Wolle ist folgende Arbeitsweise: Vorerst wird 4 Stunden bei 40 bis 45^0 in einem Bade aus 1 g Seife, 0,5 g Netzmittel, 0,5 g Ammoniak von 22^0 Bé und 5 ccm 30%iges Wasserstoffperoxyd pro Liter Flüssigkeit behandelt, mit warmem Wasser gewaschen, sodann bei 40 bis 45^0 mit einer Lösung von 20 ccm 30%iger Wasserstoffperoxydlösung, 1 g Borax und 1 g Natriumpyrophosphat pro Liter gebleicht, wieder mit warmem Wasser gewaschen und schließlich 2 Stunden bei gewöhnlicher Temperatur mit einer Lösung von 2 g Natriumhypophosphit pro Liter fertiggestellt, mit kaltem Wasser gewaschen und endlich getrocknet[265]. Bei diesem Beispiel braucht man bei einem Flottenverhältnis von 1 : 12 beim erstmaligen Ansetzen auf 100 kg Wolle

24 kg 30%iges H_2O_2, von dem aber nur maximal $^1/_3$ verbraucht wird. Für die zweite Verwendung braucht man nur die verbrauchte Menge nachzugeben und kann wieder von Neuem bleichen. Auf diese Weise verbraucht man z. B. zum Bleichen von 600 kg Wollfäden nur etwa 50 kg 30%ige Wasserstoffperoxydlösung.

Bleichen von Fellen, Pelzen, Rauchwerk. Unentbehrlich ist das Wasserstoffperoxyd fur das Bleichen von Fellen, Pelzen und Rauchwerk aller Art. Die Pelze können dabei entweder wie Wolle in einer Bleichflotte durch bloßes Imprägnieren oder durch Behandlung mit gasförmigem H_2O_2 gebleicht werden. Bei der ersteren Art der Bleichung von Fellen oder Pelzen werden diese in ein ziemlich starkes Bleichbad (etwa 150 ccm 30 Vol.-% H_2O_2, 2 ccm konz. NH_4OH und 2 g $Na_2P_4O_7$/l) eingetaucht und durch Beschwerung dafür Sorge getragen, daß das Bleichgut während der ganzen Bleichdauer von der Flüssigkeit bedeckt bleibt. Die Wasserstoffperoxydlösung kann man auch mit der Bürste auf die Felle aufstreichen, bis diese ordentlich naß sind. Dann werden die behandelten Stücke zwecks Einwirkung des Bleichmittels und schließlich behufs Trocknung sich selbst uberlassen.

Um eine lange Bleichdauer, die unter Umstanden zu einer Schädigung der Fasern und der Haut führen kann, zu vermeiden, wird von der Scheideanstalt[1147] vorgeschlagen, das Bleichgut unter Vermeidung jeder Nässung der Haut mit der Bleichflüssigkeit nur zu benetzen, wobei das Bleichgut zwischen den mehrmaligen Benetzungen jedesmal getrocknet wird. Sehr geeignet ist eine 3%ige Wasserstoffperoxydlösung, die auf 50 ccm je 5 ccm konz. NH_4OH und 5 ccm 96%igen Alkohol mit weiteren Zusätzen von 0,25 g $Na_4P_2O_7 . 10 H_2O$ und 0,25 bis 0,5 ccm Türkischrotöl enthält.

Besonders schonend ist eine Behandlung mit verdampftem Wasserstoffperoxyd. Das zu bleichende empfindliche Gut, wie Haare, Felle oder Pelze, wird in einen geschlossenen Raum gebracht, in welchem sich ein offener Kessel mit zirka 30%iger Wasserstoffperoxydlösung befindet. Die Bleichkammer wird auf etwa 50^0 geheizt. Bei Fellen wird das Leder durch Behandeln mit Fetten vor der Einwirkung der Wasserstoffperoxyddämpfe geschützt[1148].

Die Bleichmethoden für Pelze sind bereits derart weitgehend ausgebildet, daß nach einer Wasserstoffperoxydbleiche selbst auf sehr dunklen Ausgangsmaterialien sehr helle Farben aufgebracht werden können. Minderwertige Pelze können in ihrem Aussehen derart veredelt werden, daß sie Luxuspelzen sehr ähnlich sehen. In der Pelzindustrie findet das Wasserstoffperoxyd auch Anwendung zum sog. „Töten", wodurch die Spitzen der Haare für Farbstoffe aufnahmsfahig gemacht werden. Auch die zur Verwendung kommenden Küpenfarbstoffe werden durch Wasserstoffperoxyd sehr schön entwickelt.

Bleichen von Haaren. Auf die gleiche Art können auch andere hoch empfindliche Materialien, wie Menschenhaare, Tierhaare, wie Kaninchen-, Roß- oder Kuhhaare, Federn, Borsten, Hufe oder Horn, gebleicht werden. Diese bieten der Bleiche mehr oder weniger große Schwierigkeiten, weil sie bei höherer Temperatur nicht hinreichend widerstandsfähig sind und teilweise auch besonders schwer zerstörbare Farbstoffe enthalten. Beim Bleichen mit gewöhnlichen schwach ammoniakalischen Bleichbädern ist der Wasserstoffperoxydverbrauch ein ziemlich großer. Man kann daher die Bleichung auch derart vornehmen, daß das mit verdünnter Wasserstoffperoxydlösung getränkte Bleichgut ausgequetscht und sodann in einen mit Ammoniakdämpfen erfüllten Raum gebracht wird. Das Gut bleibt so lange in diesem Raum, bis der gesamte aktive Sauerstoff in Wirksamkeit getreten ist und im Bleichgut kein H_2O_2 mehr vorhanden ist. Das Freiwerden des Sauerstoffes findet dabei in und auf der Faser statt, so daß seine volle Ausnützung gewährleistet und ein ungenütztes Entweichen nicht mehr möglich ist[1149]. Anderseits erfordert die Anwesenheit von Farbstoffen, die mit alkalischer Wasserstoffperoxydlösung nicht oder nur mangelhaft gebleicht werden, die Verwendung besonderer Bleichbäder. So schlagen G. Adolph und A. Pietsch[1150] vor, als Bleichbad Wasserstoffperoxyd zusammen mit solchen Perverbindungen zu verwenden, die in Berührung mit Wasser selbst kein Wasserstoffperoxyd abspalten, wie z. B. Persulfate oder Benzoylperoxyd. Mit diesen Bädern tritt eine besonders starke Bleichwirkung ein, so daß bereits in wenigen Stunden in der Kälte Haare oder Federn hell gebleicht werden können. Das Bleichbad hat z. B. die Zusammensetzung 100 g 30%iges H_2O_2, 1000 g Wasser, 20 bis 30 g 96%iger Alkohol und 30 g Ammonpersulfat.

Die Sauerstoffabgabe kann auch durch Zusatz von Katalysatoren derart geregelt werden, daß sowohl in der Alkalinität als auch mit der Bleichtemperatur heruntergegangen werden kann[1151], wodurch die Federn, Pelze, Haare u. dgl. mehr geschont werden.

Ein anderes Bleichverfahren der Österr. Chem. Werke beruht auf der Feststellung, daß dunkle Hutstumpen aus Hasenhaar, die zum Zwecke des Walkfähigmachens der tierischen Faser mit Quecksilbersalzen oder Nitraten gebeizt worden waren und daher besondere Schwierigkeiten beim Bleichen machen, mit einer sauren, aluminiumsalzhaltigen Wasserstoffperoxydlösung behandelt werden, wobei eine gute Bleichwirkung erzielt werden kann[1152]. Legt man z. B. dunkle, gebeizte Hasenhaarstumpen in eine 1%ige Wasserstoffperoxydlösung, die 1% Kalialaun enthält, wobei diese Bleichlösung schwach saure Reaktion zeigt, so erfahren die Haare nach 24stündiger Behandlung bei 30^0 eine sehr starke Aufhellung, ohne in der Qualität Schaden zu leiden. Der weiche Griff der Rohware bleibt erhalten und der erzielte Farbeffekt ist gleichmäßig und schön. Der Badverbrauch beträgt etwa 10 bis 20% des ursprünglich vorhandenen H_2O_2. Dunkle Bettfedern können in einem Bad aus 0,5% H_2O_2, 0,25% Alaun und 0,25% Natrium-Aluminiumchlorid durch 24stündige Behandlung bei 30^0 gebleicht werden.

Beim Beizen von Haaren, um sie walkfähig zu machen, hat sich gezeigt, daß die bisher allgemein übliche Behandlung mit Salpetersäure und dem giftigen Quecksilbernitrat durch Beizbäder ersetzt werden kann, deren Oxydationsmittel aus Wasserstoffperoxyd bestehen. Zur leichteren Übertragung des aktiven Sauerstoffes auf die Faser wird noch ein wasserlösliches Schwermetallsalz zugesetzt. Beispielsweise werden Felle mit einer Lösung von 6 bis 10% H_2O_2 und 1 bis 2% eines Wismut-, Kobalt-, Cer-, Wolfram- oder Molybdänsalzes bestrichen und dann bei 70 bis 100^0 getrocknet. Abgeschnittene Haare werden in eine Lösung von 0,25 bis 1% HNO_3, 0,05 bis 0,2% HCl, 0,25 bis 1% H_2O_2 eingelegt, durch Abquetschen von der überschüssigen Lösung befreit und bei 70 bis 100^0 getrocknet. Ein Zusatz von 0,05 bis 0,2% von Kupfer, Kobalt, Nickel, Mangan, Blei, Eisen u. dgl. in Form eines wasserlöslichen Salzes erhöht die Beizwirkung beträchtlich

(Erich Bohm[1153]). Auch mit wäßrigen Lösungen von Ammonsulfat, die Schwefelsäure und Chromsäure oder ein Bichromat enthalten[1154], lassen sich Haare und Wolle beizen, um sie walkfähig zu machen. Beide Mittel sind unter dem Namen Aurofelt und Argyrofelt im Handel, wobei letzteres die Herstellung von schneeweißem Hutstoff ermöglicht, was früher unmöglich war.

Knochen, Elfenbein, Beinknöpfe, Fischbein, Steinnußknöpfe, Darmsaiten usw. sind leicht mit Wasserstoffperoxyd zu bleichen. Man braucht nur für eine schwach alkalische Reaktion Sorge zu tragen. Häufig geht der Bleichvorgang schon bei mäßiger Temperatur ziemlich rasch vor sich. Auch gewisse Ledersorten, wie Sämischleder, können gut mit Wasserstoffperoxyd gebleicht werden.

Seide. Ein weiteres Material tierischen Ursprungs, das fast ausschließlich mit Wasserstoffperoxyd gebleicht wird, ist die Naturseide. Dies gilt besonders für Stuckware, die in einem Flüssigkeitsbad gebleicht werden muß, während im Strang mitunter noch geschwefelt wird. Die Seide wird gut abgekocht, bei 30 bis 40^0 mit einem neuen Seifenbad behandelt und leicht ausgeschwungen. Mit dieser Seide geht man nun in ·in Wasserstoffperoxydbad, das etwa 0,6 bis 0,8% H_2O_2 enthalt und mit Ammoniak schwach alkalisch gemacht wurde. Weiters setzt man dem Bleichbade Wasserglas zu und erwärmt auf 40 bis 50^0 C. Die Bleiche erfolgt am besten in Standbädern, da das ohnehin nur schwach gefärbte und reine Produkt nur wenig Wasserstoffperoxyd verbraucht und dieses auch nicht verunreinigt, weshalb die Bleichbäder öfters verwendet werden können. Die Länge der Flotte richtet sich je nach der Natur der Ware. Die Seide wird mehrmals umgezogen und schließlich etwa 7 bis 8 Stunden eingesteckt, nach Beendigung des Kreisprozesses herausgenommen, mit verdünnter Schwefel- oder Ameisensäure abgesäuert und mit Wasser gut ausgespült. Außer der sogenannten realen Seide (grège) wird auch Abfallseide (Chappe, Bourette) mit Wasserstoffperoxyd gebleicht. Wildseide, z. B. Tussahseide, ist zumeist schwerer bleichbar als echte Seide.

Wie hier erwahnt sei, kann man selbstverständlich an Stelle des Wasserstoffperoxyds auch dessen Derivate zum Bleichen verwenden, die in wäßriger Lösung Wasserstoffperoxyd abspalten, wie z. B. Natriumperoxyd oder Perborat. Wird Natriumperoxyd verwendet, so versetzt man z. B. zum Bleichen von Seide 100 l Wasser mit einem halben Liter konz. Schwefelsäure und trägt vorsichtig entweder mit der Hand oder mit besonderen Streuvorrichtungen 500 g Na_2O_2 in die verdunnte Schwefelsaure ein. Ist alles Natriumperoxyd gelöst, so wird mit Ammoniak schwach alkalisch gemacht, auf etwa 50^0 erwärmt und die Seide eingeweicht. Oder man löst in 100 l Wasser 30 kg kristallisiertes Magnesiumsulfat auf, säuert mit 200 ccm Schwefelsäure an, zieht die Seide einmal um und wirft sie dann auf. Hierauf wird vorsichtig $^1/_2$ bis 1 kg Natriumperoxyd eingestreut, mit Ammoniak ganz schwach alkalisch gemacht und gebleicht.

Beim Bleichen von Seide mit Perborat wird z. B. wie folgt vorgegangen[1155]: Man lost in 100 l Wasser 1 bis $1^1/_2$ kg Perborat auf und säuert durch Zusatz von $^1/_3$ der angewendeten Menge Perborat mit konz. Schwefelsäure an. Dann wird die Seide eingetragen, 400 g Wasserglas zugegeben, eine halbe Stunde lang kalt umgezogen, die Seide aufgeworfen, das Bad auf 60^0 erwärmt, mit der Seide wieder eingegangen und etwa 4 bis 6 Stunden gebleicht. Dann wird ausgeschleudert, gewaschen und getrocknet.

Für Tussahseide ist auch eine Bleichung mit Bariumperoxyd gebräuchlich. Die Wildseide wird etwa 1 Stunde bei 30⁰ in einem salzsauren Bad umgezogen, das 0,32 g HCl in einem Liter enthält, ausgewrungen und 1 Stunde in mit 10% Bariumperoxyd vom Gewicht der Tussahseide beschicktem Bade bei 60⁰ behandelt.

Baumwolle. Unsere wichtigste Textilfaser nach der Wolle ist die Baumwolle. Auf dem Gebiete des Bleichens der Baumwolle hatte das Wasserstoffperoxyd einen erbitterten Kampf mit dem seit langem als Bleichmittel verwendeten Chlor auszufechten, bei dem sich aber das Wasserstoffperoxyd trotz des etwas höheren Preises der Sauerstoffbleiche wegen der vielen Vorzüge dieser Arbeitsweise immer mehr und mehr die Oberhand zu verschaffen weiß. Bis zum Aufkommen der Sauerstoffbleiche wurde die Baumwolle ausnahmslos mit Chlor gebleicht. In der Regel wurde die in Form von loser Baumwolle, Kardenband, Garn oder Stückware vorliegende Baumwolle einem Reinigungsprozeß, dem sog. Beuchen, unterzogen, das in einem Kochen der Baumwolle mit Alkalien, wie Natronlauge, Ätzkalk oder Soda, bestand. Dadurch wurden die Baumwollsamenschalen zerstört und die Wachs-, Fett- und Eiweißstoffe entfernt. Sehr häufig wurde die Beuche in eisernen Kesseln und unter Anwendung von Überdruck vorgenommen. Zur Verbesserung der Reinigungswirkung wurden auch häufig Netzmittel, Seife, Fettlöser u. dgl. bei der Beuche mit verwendet. Gewebte und bereits geschlichtete Stücke mußten vorher durch heißes Wasser, mit Hilfe von Diastasepräparaten oder Fermenten entschlichtet werden. Nach einer Spülung mit warmem und kaltem Wasser und eventueller Säuerung erfolgte die Bleichung gewöhnlich in sog. Zirkulationsapparaten mit einer aus Natriumhypochlorit oder Chlorkalk bereiteten Bleichlauge in der Stärke von $^1/_2$ bis $^3/_4$ Grad Bé. Stückware wurde mit der Bleichlauge imprägniert und in besonderen Imprägniermaschinen (Clapots) einige Zeit feucht liegen gelassen, bis die gewünschte Bleichwirkung erzielt worden war. Kleinere Partien bleichte man in Kufen unter ständigem Umziehen der Ware. Das Chloren erfolgte kalt oder nur bei mäßiger Temperatur. Sehr häufig war bei der Chlorbleiche noch eine zweite gesonderte Behandlung mit Säure oder Antichlor (Natriumthiosulfat) oder Ammoniak erforderlich, da die letzten Chlorreste durch bloßes Waschen mit Wasser aus der Baumwollfaser nicht zu entfernen waren. Nach dieser Behandlung wurde wieder gründlich gewaschen.

Trotz hoher Entwicklung der Chlorbleiche wies diese eine Reihe von Nachteilen auf, die in der chemischen Natur der Chlorbleichlaugen begründet waren. Unter ungünstigen Bedingungen trat nämlich ein Angriff auf die Zellulose der Faser ein, der nicht nur zu hohen Gewichtsverlusten, sondern auch zu einer starken Faserschwächung führte. Die Faser wird bei diesem Angriff an den geschädigten Stellen in die brüchige Oxyzellulose umgewandelt, was durch die Kupferzahlprobe oder die Viskositätsverminderung der Zellulose nachgewiesen werden kann. Derartige Schäden können verhältnismäßig leicht entstehen, da die Gefährlichkeit von Hypochloritlaugen von vielen Umständen, wie der Temperatur des Wassers, von dem während der Bleiche veränderlichen Alkaligehalt der Flotte, von der Anwesenheit katalytischer Stoffe usw. abhängig ist. Sind auch nur sehr geringe Chlorreste in der Baumwolle nach der Bleiche zurückgeblieben, so können noch nachträgliche Schädigungen der Faser durch Nachgilben oder Faserschwächung auftreten. Ist nicht gründlich gebeucht worden, so sind die letzten Chlorreste besonders schwierig zu entfernen, da die zurückgebliebenen Eiweißstoffe der Baumwolle mit dem Chlor Chloramine bilden, die beim Säuern und Waschen zum Teil in der Faser verbleiben und zu den Schädigungen des Vergilbens und der Festigkeitsverminderung führen können. Zur Verringerung der Gefahrenmomente ist nicht nur ein gründliches Arbeiten, sondern auch viel Zeit und ein großer Wasseraufwand erforderlich.

Die ersten Versuche, die Nachteile der Chlorbleiche zu vermeiden, bestanden darin, daß zur Entfernung der letzten Chlorreste der Baumwolle nicht Natriumthiosulfat oder Natriumbisulfit, sondern eine 0,2%ige Wasserstoffperoxydlösung verwendet wurde. Das Wasserstoffperoxyd reagiert quantitativ mit den Hypochloriten, so daß es kein Nachgilben und keine Faserschädigung mehr geben kann. Gleichzeitig wird der Bleichgrad wesentlich verbessert. Wurde die Wasserstoffperoxydbleiche heiß unter Mitverwendung von Natronlauge ausgeführt, so werden auch die Baumwollsamenschalen beseitigt. Dies ist von Wichtigkeit bei Stoffen, die, wie Trikotwaren oder Buntware, nicht gekocht werden können, weiters auch fur die Bleiche von Stuckware und im Jigger, die nicht gefaltet und im Strang gebeucht und gebleicht werden können, bei Velvet, Kragenstoffen, Schußstoffen usw. Man erhält dabei mit Wasserstoffperoxyd ein Weiß, das ohne dieses an nicht gebeuchter Ware überhaupt nicht zu erreichen ist.

Bald ging man auch zur reinen Wasserstoffperoxydbleiche für Baumwolle uber. Die Baumwolle wird so wie beim Chloren mit Alkali gebeucht, worauf sich die Wasserstoffperoxydbleiche anschließt, die keine Schwierigkeiten bietet. Bei jenen eben angeführten Waren, die keine Beuche vertragen, wird sofort mit Natriumperoxyd gebleicht. Die Wasserstoffperoxydbäder werden mit Wasserglas, Ätznatron od. dgl. alkalisch gemacht und bei Temperaturen über 80^0 angewendet. Man braucht etwa 2 bis 5% vom Warengewicht an 30%iger Wasserstoffperoxydlösung. Das Wasserglas hat dabei die Aufgabe zu erfüllen, die Abgabe des aktiven Sauerstoffes bei dieser hohen Temperatur zu regeln. Gebleicht wird meist mit zirkulierender Flotte. Die Bleichung kann beispielsweise mit einem sauerstoffarmen und alkalireichen Bad als Vorbleiche und einem sauerstoffreichen und alkaliarmen Bad als Hauptbleichbad durchgeführt werden. Die Zusammensetzung des ersten Bades entspricht etwa 0,1% H_2O_2, 3 g NaOH und 3 ccm Wasserglas von 35^0 Bé/l, wobei die Behandlungsdauer 3 Stunden und die Temperatur 80 bis 90^0 beträgt. Nachher wird gewaschen und in das zweite Bad, enthaltend 0,5% H_2O_2, 1,5 g NaOH und 2,5 ccm Wasserglas /l, bei einer Behandlungsdauer von 3 bis 4 Stunden und einer Temperatur von 60 bis 75^0 eingetragen und gebleicht. Fur 100 kg Baumwolle werden nach diesem Verfahren etwa 2,5 bis 3,5 kg 30%iges H_2O_2 verbraucht.

Die Wasserstoffperoxydbleiche kann auch mit einer Chlorbleiche in der Weise kombiniert werden, daß man zwischen die beiden Wasserstoffperoxydbäder ein Chloren einschaltet. Das Chlor verstärkt die Wirkung des Wasserstoffperoxyds wesentlich, so daß man nur schwachere Bäder braucht. Beispielsweise besteht das erste Bad aus einer 0,1%igen H_2O_2-Lösung, die pro Liter 2 g NaOH und 2,5 ccm Wasserglas enthält; die Behandlungsdauer beträgt 2 Stunden, die Temperatur 80 bis 90^0. Hierauf wird mit warmem und kaltem Wasser gewaschen und in ein zweites Bad, das 2 g aktives Chlor/l enthält, gebracht und darin 2 Stunden gelassen. Nachdem mit Wasser gründlich gewaschen wurde, wird in ein drittes Bad eingegangen, bestehend aus einer 0,2%igen H_2O_2-Lösung mit 1,0 g NaOH und 2,5 ccm Wasserglas/l. Der Wasserstoffperoxydverbrauch beträgt etwa 1,5 bis 2 kg 30%iges H_2O_2 für 100 kg Baumwolle[1157].

Nach dem Verfahren der Elektrochemischen Werke Munchen[1158] kann roher entschlichteter Baumwollstoff auch mit einer Lösung von 0,2% H_2O_2, die mit Wasserglas und Ätznatron alkalisch gemacht wurde, bei 80⁰ getränkt, in einen Kasten fest eingepackt, mit der restlichen Bleichlösung übergossen und etwa 4 Stunden der Bleichwirkung ausgesetzt werden. Die Ware wird dann gründlich durchgewaschen und mit einer zweiten Lösung von etwa 0,3% H_2O_2 getränkt und 2 bis 3 Stunden fest verpackt der Bleichwirkung ausgesetzt. Aus dieser Lösung wird der Stoff unter Abquetschen herausgenommen und nach gründlichem Auswaschen fertig behandelt.

Verwendet man für Baumwolle Natriumperoxyd als Bleichmittel, so kann man, ohne gebeucht zu haben, das Beuchen und Bleichen in einem Prozeß durchführen (Scheideanstalt[1159]). Die Baumwolle wird dabei bei 55 bis 75⁰ mit einer Lösung von 2,5 bis 3 kg Na_2O_2/100 l Wasser gebleicht, man kann aber auch bis zu Temperaturen von 90 bis 95⁰ gehen und unter Zirkulation bleichen, wenn man stabilisierende und die Sauerstoffabgabe derart regelnde Zusätze macht, daß eine volle Ausnützung des zur Entwicklung kommenden Sauerstoffes gewährleistet ist. Von der Scheideanstalt ist auch ein Kaltbleichverfahren für ungebeuchte Baumwolle ausgearbeitet worden[1160], bei welchem die Baumwolle nach dem Entschlichten mit kontinuierlich oder intermittierend zirkulierender Ablauge aus der Hauptsauerstoffbleiche bei Temperaturen von etwa 30 bis 40⁰ etwa 24 Stunden behandelt wird. Hierauf wird das Gut, nachdem es ausgewaschen wurde, einer leichten Chlorung, z. B. durch Behandeln mit einer Lauge, die 2 g Chlor/l enthält, unterworfen. Das vom Chlor befreite Gut wird dann in das eigentliche Sauerstoffbleichgefäß eingesetzt und wieder 24 Stunden bei einer Temperatur von etwa 40⁰ mit einer zirkulierenden Lauge behandelt, die auf je 100 Gewichtsteile Bleichgut 0,5 Gewichtsteile Na_2O_2, gelöst in etwa 300 bis 500 l Wasser, und $5^1/_2$ Gewichtsteile Wasserglas enthält.

Die Sauerstoffbleiche weist eine ganze Reihe von Vorteilen gegenüber der Chlorbleiche auf. Sie ist bei richtiger Durchführung vollkommen ungefährlich, ergibt einen hohen Bleichgrad, sehr gute jahrelange Lagerbeständigkeit, keine nachträglichen Bleichschäden, um mindestens 2% geringere Faserverluste, eine kleinere Festigkeitsverminderung und ist einfach durchzuführen. Der Gewichtsverlust spielt bei Baumwollgarn und loser Baumwolle eine besondere Rolle, da diese nach Gewicht verkauft werden. Bei Trikotagen, wo ein besonders weicher Griff erfordert wird, oder wenn die Baumwolle mit Küpenfarbstoffen bedruckt ist, ist die Wasserstoffperoxydbleiche unentbehrlich, da die Farbstoffe nur schwierig vor dem Angriff des Chlors geschützt werden können, während sie vom Wasserstoffperoxyd nur noch lebhafter entwickelt werden.

Leinen. Einen wesentlichen Fortschritt brachte die Einführung des Wasserstoffperoxyds bei der Bleiche von Leinen. Bei diesem werden verschiedene Bleichgrade unterschieden, und zwar $1/_4$-, $1/_2$-, $3/_4$- und $4/_4$-Weiß, wobei z. B. ein „Rundgang", d. h. ein Beuchen, ein Chloren, ein Säuern mit den erforderlichen da-

zwischengeschalteten Waschungen ein $^1/_4$-Weiß, 2 Rundgänge ein $^1/_2$-Weiß ergeben. Fur den dritten und vierten Rundgang, also fur die höheren Bleichgrade,
kommt die Rasenbleiche hinzu, wobei die Garne und Gewebe entweder auf
Rasen ausgebreitet oder auf Pfählen aufgehängt werden. Nach allgemeiner
Ansicht nimmt man bei der Rasenbleiche als bleichenden Faktor Wasserstoffperoxyd und eventuell Ozon an, die unter dem Einfluß des Lichtes auf der Faser
aus Wasser und Luftsauerstoff gebildet worden waren. Für diese Annahme
spricht der Umstand, daß ein Feuchtigkeitsgehalt und Besprengen mit Wasser
den Bleichvorgang begünstigt und alkalische, d. h. nach dem Beuchen nur un-
genugend ausgewaschene Ware, rascher gebleicht wird. Die Rasenbleiche dauert
aber stets einige Wochen, wobei namentlich bei alkalisch gehaltener Ware starke
Faserschwachungen bis zu 25% beobachtet wurden. Es ist daher naheliegend
gewesen, die zeitraubende und viel Handarbeit erfordernde Operation der
Rasenbleiche durch die Sauerstoffbleiche zu ersetzen. Es beruhen daher die heute
ublichen Bleichverfahren fur Leinen auf der Einwirkung von alkalischen Kochun-
gen von Chlorlaugen und Wasserstoffperoxydbädern. Da der Flachs empfindlicher
ist als die Baumwolle, bewirken scharfere Laugen große Gewichtsverluste. Es
darf daher nicht so stark und nicht so heiß gekocht werden als wie bei Baumwolle.
Man beucht daher bei gewöhnlichem oder nur ganz schwachem Druck mit Soda,
der man bis zu 10% vom Sodagewicht Natriumhydroxyd zugibt, um die strohigen
Verunreinigungen besser zu erweichen. Für Leinengewebe kommt auch Ätzkalk
zur Verwendung. Da die Kochung nur wenig Vorarbeit leistet, müssen die Wasser-
stoffperoxydbader wesentlich konzentrierter sein als bei der Baumwollbleiche.
Das Bleichen von Leinengarn wird meist in Bleichpartien von 550 kg oder
1200 englischen Pfund oder einem Vielfachen davon vorgenommen. Die Kochung
erfolgt in eisernen Kesseln, die Chlor- und Wasserstoffperoxydbleiche in besonders
stark ausgefuhrten Zirkulationsapparaten. Zur Entfernung der strohigen Anteile
muß man die Garnstrange nach dem Kochen abpressen und dann in bestimmter
Art mit der Hand ausschlagen. Leinengewebe werden ähnlich wie Garn gebleicht.
Zur Erzielung eines Vollweiß wendet man meist mehrmals aufeinanderfolgende
Peroxyd- und alkalische Hypochloritbäder an.

Bleicht man mit Natriumperoxyd allein[1161], so braucht man für eine Doppel-
partie (1100 kg Rohgarn) 5 cbm Bleichflotte, 20 kg Na_2O_2, 21 kg reine Schwefelsäure und 30 kg Wasserglas, Alkali zum Einstellen der Alkalinität und Magnesiumsalze zum Stabilisieren. Es wird bei 6- bis 8stündiger Bleichdauer mit zirkulierender Bleichflotte bei 80° gebleicht. Ein $^4/_4$- oder Vollweiß wird durch einen neuerlichen Rundgang mit abgeschwachter Flotte erhalten.

Die Wirkung der Sauerstoffbader laßt sich nach der Scheideanstalt[1162]
dadurch verbessern, daß zwischen die einzelnen Sauerstoffbleichen eine Behandlung des Leinen mit reduzierend wirkenden Stoffen, wie Hydrosulfiten, einge-
schaltet wird. Außer diesen Zwischenbehandlungen können auch noch andere
Zwischenbehandlungen mit Hypochloriten oder Soda erfolgen. Beispielsweise
kann ein Vollweiß beim Bleichen von Leinen durch Aneinanderreihung folgender
Operationen erreicht werden: 1. Sodakochung: 2. Chloren; 3. Peroxydbad;
4. Chloren; 5. Peroxydbad; 6. Hydrosulfitbehandlung; 7. Peroxydbad. Oder
1. Sodakochung; 2. Chloren; 3. Peroxydbad: 4. Sodakochung; 5. Peroxydbad:
6. Soda-Natriumhydrosulfitkochung: 7. Peroxydbad. Durch die Behandlung

mit diesen verschiedenen Mitteln wird die Faser mehr geschont als durch eine Dauerbehandlung mit einer Mehrzahl von Sauerstoffbädern.

Eine Reihe abwechselnder Behandlungen von Leinen, Hanf u. dgl. sieht auch das Verfahren der I. G. Farbenindustrie A. G.[1163] vor, wobei die Reihenfolge der Bäder folgende ist: 1. Peroxydbad; 2. Chlorbleiche mit einer Azidität entsprechend einem p_H-Wert kleiner als 5; 3. Zwischenwaschung durch Brühen mit Sodalösung; 4. Chloren (alkalisch bis neutral, nur bei besonders schwer bleichbarer Faser wieder in saurer Lösung mit Wiederholung des Brühens mit Soda-lösung) und 5. Peroxydbad. Die Ware kann gebeucht oder ungebeucht bis. auf Vollweiß gebleicht werden.

Jute, Ramie, Hanf und andere pflanzliche Fasern können auf ähnliche Weise wie Baumwolle oder Leinen gebleicht werden.

Stroh. Das stark gefärbte und inkrustierte Stroh wird schon seit langem mit Wasserstoffperoxyd gebleicht. Es wird entweder in Form von Geflechten oder Hutstumpen zur Bleiche gebracht. Der Bleichprozeß erfordert einige Tage, wobei die beste Bleiche mit einer abwechselnden Behandlung mit Bisulfit, Wasserstoffperoxyd, Hydrosulfit und Oxalsäure erfolgt. Die wichtigste Bleicharbeit leistet das Wasserstoffperoxyd, das in Form von heißen, mehr oder weniger alkalischen Lösungen angewendet wird. Das Wasserstoffperoxydbad kann aber auch schwach sauer und in der Kälte verwendet werden, wobei die Konzentration auf 4 bis 6% gehalten wird. Auf ähnliche Weise können Geflechte aus Holz, Bast, Manilahanf, Kokosfasern, Peddigrohr, Rattans und verschiedene andere pflanzliche Fasern gebleicht werden. Furnierholz wird entweder in ein ammoniakalisches, 3%iges Wasserstoffperoxydbleichbad eingelegt oder mit dieser Lösung bestrichen, um eine Aufhellung zu erzielen.

Kunstseide. Die durch Zersetzung des Zellulosexanthogenats und der Kupfer-Ammoniakzelluloselösung erhaltenen Gebilde aus regenerierter Zellulose, wie Fäden, Filme, Bändchen, künstliches Stroh sowie die aus Zelluloseacetat gewonnene Kunstseide und Filme, müssen im Herstellungsgang einem Bleichprozeß unterworfen werden, da sie stets einen schwach gelblich gefärbten Ton aufweisen. Neben der Chlorbleiche wird heute bereits in immer stärkerem Ausmaß auch in der Kunstseidenindustrie das Wasserstoffperoxyd verwendet, das in schwach alkalischer Lösung bei etwa 60 bis 70° C angewendet wird. Mit der Bleichung kann bei der Viskoseseide gleichzeitig auch eine Entschwefelung vorgenommen werden. Als stabilisierender Zusatz wird Wasserglas verwendet[1164, 1165]. Man kann in einer einzigen Operation einen beliebig hohen Bleichgrad erreichen, der von keinem anderen Bleichverfahren überboten wird, während mit der Chlorbleiche mehrere Operationen erforderlich sind. Auch die in neuerer Zeit stark in den Vordergrund gerückten Mischgewebe und Mischgarne aus Wolle und Kunstseide werden am besten mit Wasserstoffperoxyd gebleicht. Auch Acetatseide läßt sich entgegen anders lautenden Angaben ohne Faserschwächung einwandfrei bleichen[1166]. Um aber eine möglichst schonende Behandlung der empfindlichen Kunstfasern zu ermöglichen, arbeitet man bei möglichst niedriger Temperatur, dem gerade erforderlichen Sauerstoffgehalt in der Bleichflotte und nicht übermäßig langer Bleichdauer. Die bei Kupferseide gefürchteten Katalyseschäden sind auch mit einer Wasserstoffperoxydbleiche keineswegs größer als bei anderen Bleichverfahren. Am besten ist die am stärksten verbreitete Viskoseseide für die

Wasserstoffperoxydbleiche geeignet, selbstverständlich auch die aus ihr bestehende Stapelfaser wie Vistra. Gebleicht wird entweder, namentlich für niedrige Titer, in einem einzigen Bade, während schwerere Qualitäten besser mit zwei Bädern behandelt werden. Das erste Bad dient zum Netzen und Bleichen der Ware und besteht aus dem gebrauchten Wasserstoffperoxydhauptbad, worauf kurz gespült und in das eigentliche Hauptbad eingegangen wird. Man braucht auch nicht so viel Spülwasser als wie bei der Chlorbleiche, da die Kunstseide namentlich gegen Chlor sehr empfindlich ist. Es ist auch möglich, schwach vorzuchloren und in einem Wasserstoffperoxydbad ohne Antichlorieren und Absäuern nachzubleichen. Die Wasserstoffperoxydbleiche biedet auch in der Kunstseideindustrie eine Reihe derartiger Vorzüge, so daß anzunehmen ist, daß sich in Hinkunft die Kunstseidefabrikation immer mehr auf die Wasserstoffperoxydbleiche umstellen wird.

Badeschwämme können entweder mit einer schwach ammoniakalischen verdünnten Wasserstoffperoxydlösung (20 g konz. NH_4OH/l Flüssigkeit) gebleicht werden, nachdem sie vorher 12 bis 24 Stunden in eine 5% konz. HCl enthaltende verdünnte Salzsäure zur Entfernung des Eisens und Calciumcarbonats eingelegt worden waren. Auch eine kombinierte Kaliumpermanganat-Wasserstoffperoxydbleiche ist anwendbar.

Der gelbe Stich oder die bräunlichen Flecken auf Perlmutterknöpfen oder anderen Perlmutterwaren kann mit Wasserstoffperoxyd beseitigt werden. Die chemische Behandlung pflegt dabei mit einer Politur Hand in Hand zu gehen, damit das Material den erwünschten Glanz erhält.

Fette und Öle. In der Industrie der Fette und Öle gibt es zahlreiche Fälle, wo die technischen Fette gebleicht werden müssen, z. B. für die Anforderungen der Seifen- und Textilindustrie. Meist wird dieses Bleichen mit sog. Bleicherden durch Absorption durchgeführt. Wenn aber diese Methode nicht zum Erfolg führt, muß zu energischeren Mitteln, und zwar zur chemischen Bleiche gegriffen werden, wobei die Sauerstoffbleiche immer wachsendere Bedeutung gewinnt. Seitdem die hochprozentigen Wasserstoffperoxydlösungen im Handel sind, können diese mit Vorteil zur Fettbleiche verwendet werden, da sie einen höheren Oxydationswert als die früher gebräuchlicheren verdünnten 3%igen Lösungen aufweisen und auch viel weniger Wasser in das Produkt einführen. Während mit anderen chemisch wirkenden Bleichmitteln wie Natriumhydrosulfit oder Chlorkalk im Öl ein fester Rückstand verbleibt, ist dies beim Wasserstoffperoxyd nicht möglich. Als vorteilhaft hat sich eine Vorbehandlung der Fette mit etwa 1% einer 70%igen Schwefelsäure erwiesen, wodurch sich der Wasserstoffperoxydverbrauch vermindert. Nach der Behandlung mit Schwefelsäure muß gut gewaschen werden, weil die Säure die Oxydation verzögert. Eisen- und Kupfergefäße sind für den Prozeß ungünstig, hingegen sind Aluminiumgefäße, zementierte Eisengefäße oder verbleite Holzgefäße gut geeignet. Wie praktische Erfahrungen gezeigt haben, lassen sich im allgemeinen tierische Fette besser bleichen als pflanzliche Fette. Es kommt auch nicht so sehr auf die Konzentration der verwendeten Wasserstoffperoxydlösung an, sondern nur auf dessen Mengen. Die Bleichung wird mit etwa $^1/_2$ bis 2% des 35 oder 60%igen H_2O_2 bei Temperaturen von etwa 60 bis 65° vorgenommen. Wichtig ist ein gutes mechanisches Rühren und Emulgieren, was mitunter durch Einblasen von Luft erreicht wird. Bei vielen Ölen und Fetten muß eine Vorreinigung oder eine Entschleimung vorgenommen werden. Zum Bleichen von Knochenfett und Knochenleim hat sich 30%iges H_2O_2 am günstigsten erwiesen. Vor zu hoher Temperatur beim Bleichen muß man sich wegen der Gefahr der sog. Überoxydation hüten[1167]. Im allgemeinen verhalten sich die verschiedenen Öle oder Fette nicht gleichartig und muß fast jedes Fett und Öl individuell behandelt werden. In manchen Fällen hat sich auch eine kombinierte Bleiche mit Absorptionsstoffen und Wasserstoffperoxyd als günstig erwiesen.

Bleichen mit Benzoylperoxyd. Auch das Benzoylperoxyd oder andere Peroxyde können zum Bleichen von Ölen, Fetten, Seifen oder Wachsen verwendet werden[1168]. Beim Bleichen mit Benzoylperoxyd ist zunächst die günstigste Reaktionsmenge (meist 0,05 bis 0,2%), die Bleichdauer (20 Minuten) und Bleichtemperatur (80 bis 90%) zu ermitteln, ehe der Großversuch durchgeführt wird. Hierzu wird das Peroxyd mit etwas Öl zu einer Paste angerührt. Während des Bleichens muß fest gerührt werden. Als Rückstand des Benzoylperoxyds entsteht nur Benzoesäure, die sich zum größten Teil schon bei der Bleichung, restlos aber bei einer späteren Dämpfung des Öles verflüchtigt[1169]. Die Scheideanstalt bleicht stufenweise, einmal in emulgiertem Zustand mit Hypochlorit oder Natriumperoxyd in alkalischen Medien, dann in geschmolzenem Zustande mit Wasserstoffperoxyd in neutralem Medium[1170]. Nach dem Vorschlag von J. E. Rutzler[1171] lassen sich dunklere Fette auf helle Seifen verarbeiten, wenn die Verseifung mit überschüssiger starker Lauge in Gegenwart von Peroxyden vorgenommen wird. Vorzugsweise wird dabei der Ölansatz mit Wasserstoffperoxyd emulgiert, dann verseift, die Seife in der Wärme einige Stunden stehen gelassen und darauf nochmals mit alkalischer Wasserstoffperoxydlösung behandelt.

Kaliumpersulfat, das im Handel unter dem Namen „Peroxol", „Palydol" usw. erscheint, eignet sich besonders für die Bleichung von Schmier- und Kernseifen. Es wird kurz vor dem Ende des Siedeprozesses zugesetzt. Seine Reaktionsprodukte sind in der Schmierseife als nicht störende Füllmittel, bei den Kernseifen im Leimniederschlag bzw. in der Unterlänge vorhanden. Für 1 kg 40%ige Schmierseife genügen 4 g Peroxol, das mit Kalilauge neutralisiert oder schwach alkalisch gemacht wurde. Die Bleichung ist in 20 Minuten beendet. Kernseifen werden mit höchstens 1% Peroxol nach der Fettverseifung gebleicht, das Sieden 2 Stunden fortgesetzt und abgerichtet. Bei der Kernseife wird das Kaliumpersulfat mit Natronlauge aufgeschwemmt. Die besten Ergebnisse werden erzielt, wenn die Bleichung bei 70—80⁰ eingeleitet und für einen Überschuß der Lauge gesorgt wird[1172]. Sind in der Seife noch Spuren von Kaliumpersulfat zurückgeblieben, so geht der Bleicheffekt in kurzer Zeit zurück, und zwar wahrscheinlich durch die entstandene Schwefelsäure. Um dies zu vermeiden, schlägt H. Nast[1173] vor, die Seife auszusalzen, wodurch die Verunreinigungen entfernt werden und dann mit Reduktionsmitteln nachzubleichen. Ein Zusatz von nur 0,1% eines Metalloxyds wie ZnO oder MgO befördert die Bleichung. Mittels dieser Oxyde lassen sich auch harzhaltige Seifen bleichen. Auch die hellgelben bis hellbraunen Küchenabfallfette können mit Kaliumpersulfat gut gebleicht werden, wenn die fertig abgesalzene und stark abgerichtete Seife bei 80 bis 85⁰ gebleicht wird. Das Kaliumpersulfat wird in der 5fachen Wassermenge gelöst angewendet[1174].

Auch **Bienenwachs** sowie andere tierische und pflanzliche Wachse können mit Wasserstoffperoxyd in geschmolzenem Zustande bei Temperaturen unterhalb 100⁰ gebleicht werden. In manchen Fällen ist es vorteilhaft, in zwei oder mehreren Stufen zu bleichen, und zwar teils in saurem, teils in alkalischem Medium. Sehr bewährt hat sich auch eine mit Bleicherden kombinierte Bleichung.

Bei der Bleiche von **Leim, Gelatine und Hausenblase** wird das Wasserstoffperoxyd wegen seiner Geruchlosigkeit und günstigen Bleichwirkung anderen Bleichmitteln vorgezogen. Gegenüber Schwefeldioxyd weist es den Vorteil auf, daß die Bleiche in neutraler oder schwach alkalischer Lösung vor sich geht. Gebleicht wird meist in der Brühe, manchmal wird auch das geklärte Rohmaterial vor der weiteren Verarbeitung gebleicht.

Stärke wird durch Wasserstoffperoxyd in die lösliche Form übergeführt, was z. B. bei der Appretur von Textilien oder bei der Verwendung als Entschlichtungsmittel eine Rolle spielt.

Saatgutbeize. Interessant ist auch ein neueres Anwendungsgebiet des Wasserstoffperoxyds, nämlich das der Saatgutbeize. Man behandelt das Saatgut zum Zwecke der Bekämpfung von Pflanzenschädlingen, der Erhöhung der Keimfähigkeit, der Beschleunigung des Keimens und Lagerbeständigkeit der Saat sowie zur Förderung der Entwicklung der Pflanzen mit Wasserstoffperoxyd, Peroxyden oder Persalzen, und zwar mit Lösungen, deren H_2O_2-Gehalt etwa 10 bis 40% entspricht[1175] oder gemeinsam mit halogenisierten aromatischen Kohlenwasserstoffen[1176].

Über die Brauchbarkeit der Saatgutbeizen müssen natürlich noch Erfahrungen gesammelt werden, da z. B. E. Demoussy[1177] bei Gartenkresse eine erhebliche, bis zu 40% betragende Vermehrung der Keimfähigkeit feststellte, während anderseits von Pichler[1178] behauptet wird, daß das Wasserstoffperoxyd gegen Weizensteinbrand als Saatgutbeize unbrauchbar sei. Von C. Becker[1179] wurde wieder gefunden, daß die Keimfähigkeit von schlecht keimender Gerste durch eine Behandlung mit bloß 1%iger Wasserstoffperoxydlösung wesentlich gesteigert werden konnte. Eine günstige Wirkung auf die Vermehrung der Keimfähigkeit scheint demnach unbedingt zu bestehen.

Auf der starken Oxydationskraft des Wasserstoffperoxyds beruht z. B. auch seine Anwendbarkeit in der Toxikologie zur Zerstörung von organischer Substanz[1180], eventuell gemeinsam mit Salpetersäure[1181] oder in Form einer schwefelsauren Ammonpersulfatlösung[1182].

Anwendung in der Färberei und Druckerei. In der Färberei und Druckerei wird Wasserstoffperoxyd zur Entwicklung von Färbungen und Drucken mit Küpen- und Schwefelfarbstoffen sowie von Buntätzdrucken mit basischen Farbstoffen verwendet. Häufig werden mit Wasserstoffperoxyd vollere und lebhaftere Farben als beim einfachen Vergrünen durch Luft, Spülen, Absäuern usw. erhalten. Nach A. T. Harkins[1183] soll sich Ammonpersulfat zur Entwicklung von Küpenfarben besonders gut eignen. Es oxydiert schneller als Perborat, die Baumwolle bekommt auch keinen schleimigen Griff, sie läßt sich gut kardieren und die Färbungen rußen nicht ab.

Analyse. In der chemischen Amalyse finden Wasserstoffperoxyd, Natriumperoxyd und die Persulfate vielseitigste Verwendung als reine und kräftige Oxydationsmittel.

Waschmittel. Eine überaus wichtige und verbreitete Verwendung haben die Perverbindungen, namentlich das Perborat, bei der Herstellung von Waschmitteln erlangt. Diese bestehen aus trockener feingepulverter Seife oder Seifenflocken und pulverförmigen Persalzen unter eventueller Zugabe weiterer Waschmittel, wie Soda od. dgl. Sie haben die Eigenschaft, sowohl die Reinigung der Wäsche zu bewirken als auch eine Bleichung der Gewebe herbeizuführen. Die Wäsche braucht nur in stark verdünnten Lösungen mit dem perborat- oder auch manchmal natriumperoxydhaltigen Waschmitteln gekocht zu werden, wobei das Bleichen neben, meist aber auch schon vor dem Waschen stattfindet, da das aus der Seife und der Soda abgegebene Alkali auf die Zersetzung des Wasserstoffperoxyds beschleunigend einwirkt.

Über die Frage der Schädlichkeit der perborathaltigen Waschmittel hat lange Zeit ein Kampf hin und her gewogt, aber wie die Praxis und die heute schon allgemein übliche Verwendung derartiger Waschmittel in jedem Haushalt gezeigt hat, ist bei richtiger Anwendung die Schädigung der Faser keinesfalls größer als bei früheren Waschmethoden durch Bürsten, Reiben und stundenlanges Kochen der Wäsche.

Die Bezeichnung „Selbsttätiges Waschmittel" ist jedoch unzutreffend, da ja das Perborat nur bleichend, aber nicht auch als Emulgierungs- und Netzmittel wirkt.

Die Herstellung wirklich haltbarer Waschmittel ist nicht leicht und nur durch Einhalten verschiedener Bedingungen möglich. Vor allem dürfen nur wirklich einwandfreie, technisch reine Fette und Öle als Rohstoffe für die Fabrikation der verwendeten Seife gebraucht werden, trocknende und halbtrocknende Öle sowie Harze und Abfallfette sind zur Mitverwendung untauglich. Am besten haben sich Talg, eventuell auch Schmalz sowie Palmkernöl, Palmöl und Kokosöl sowie deren Fettsäure bewährt. Wurde Neutralfett zur Seifenherstellung verwendet, so muß man den Seifenkern unbedingt zweimal absalzen, weil der zur Herstellung von perborathaltigen Waschmitteln verwendete Kern vollkommen glyzerinfrei sein muß, da dieses auf Perborat stark zersetzend einwirkt. Vorteilhaft ist auch die Verwendung eines Gemisches von tierischen und pflanzlichen Fettrohstoffen. Meist wird der Fettansatz auf halbwarmem Wege verseift. Nachdem man zweimal abgesalzen hat und die zweite Unterlauge möglichst restlos entfernt hat, kann man gleich im Siedekessel Wasser, Wasserglas und Soda zusetzen, worauf auf Seifenpulver verarbeitet wird. Durch Einblasen von Luft kann die Seifenmasse sehr schaumig gemacht werden. Die fertig vermischte Waschpulvermasse muß getrocknet werden, wobei auch noch der Zusatz von kalzinierter Soda erfolgt. Meist enthält das fertige, perborathaltige Waschmittel 40% Fettsäure, 10% Perborat und 5 bis 6% Wasserglas von 36 bis 38^0 Bé. Die freie, überschüssige, etwa 7 bis 10% betragende Soda hat den Zweck, bei der Lagerung die Feuchtigkeit an sich zu ziehen und ein Zerfließen des Perborats unmöglich zu machen. Die Feuchtigkeitsaufnahme wird auch durch entsprechend luftundurchlässige und luftdicht verklebte Packungen — Faltschachtel mit Schutzbeutel — zu verhindern versucht. Als sehr vorteilhaft hat es sich auch erwiesen, das fertige Seifenpulver mit einer Wasserglasschutzschicht zu versehen, was z. B. die Firma Henkel mit Hilfe eines Krause-Zerstäubers ausführt, aber auch durch bloßes Vermischen mit etwa 3 bis 4% Wasserglaslösung erreicht werden kann.

Fur 1000 kg Waschpulvergemisch benötigt man etwa 720 kg doppelt abgesalzene Kernseife, 60 kg Wasserglas von 36 bis 38° Bé, 70 l Wasser und 190 bis 200 kg kalzinierte Soda. Das trocknende Pulver wird wiederholt umgearbeitet, um ein gleichmäßiges Trocknen zu erreichen. Das Perborat kann dem gemahlenen Pulver erst nach 2 bis 3 Tagen zugemischt werden, weil dieses erst nach dieser Zeit völlig abgekuhlt und der Kristallisationsprozeß in der Masse zum Stillstand gekommen ist. Zu 90 Teilen Pulvermasse mischt man 10 Teile Natriumperborat und erhält so ein Präparat mit 40% Fettsäuregehalt[1184]. Es sind aber auch Seifenpulver mit 25% Natriumperborat bekannt geworden[1185].

Besonders wichtig ist es natürlich, daß der dem Waschmittel einverleibte aktive Sauerstoff in diesem auch erhalten bleibt. Als geeignete Stabilisatoren haben sich Wasserglas, Magnesium-, Zinn- und Titanverbindungen[1186,1187], protalbin- und lysalbinsaure Salze[1188] und Phosphate[1189] erwiesen, die gleichzeitig auch die Sauerstoffabgabe bei erhöhter Temperatur regulieren. Umgekehrt ist wieder vorgeschlagen worden, durch Zusatz von Katalysatoren wie Manganverbindungen oder Enzymen die quantitative Entwicklung des Sauerstoffes zu gewährleisten[1190]. Die perborathaltigen Waschmittel sind unter den Namen Persil, Ozonil, Rapil, Pergal, Pergolin, Bleichin, Standart, Dallix usw. im Handel. Sie ergeben beim Waschen einen viel weißeren Grund als Seife oder gute Seifenpulver allein und erfordern dabei noch einen geringeren Aufwand an Zeit, Arbeit und Kohle. Wichtig ist es auch, das Waschwasser vor der Zugabe des perborathaltigen Waschpulvers durch Zusatz von Soda zu enthärten. Das Perborat wirkt auch gleichzeitig als Desinfektionsmittel. Faserschädigungen können nur bei unsachgemäßer Ausführung auftreten.

Seifen. Gepreßte, aktiven Sauerstoff enthaltende Seifen werden nach dem Vorschlage der Scheideanstalt[1191] in der Weise hergestellt, daß man entwässerte, zerkleinerte Seife, z. B. Seifenmehl, mit Perborat oder Percarbonat mischt und die Mischung einem derart hohen Druck aussetzt, daß die Seifenteile zu einem festen Seifenkörper zusammenschmelzen. Ähnlich ist das Verfahren von E. Möhring[1192], der ein Gemisch von wasserfreiem Alkalicarbonat und Natriumperoxyd mit der zur Neutralisation des Alkalis, das aus letzterem bei der Einwirkung von Wasser entsteht, erforderlichen Menge wasserfreien Magnesiumchlorids verpreßt.

Der Zusatz von sauerstoffabgebenden Stoffen zu Spiritusseifen ist von G. Piorkowski[1193] vorgeschlagen worden. Seifenflocken mit Perborat werden nach dem Vorschlage von E. Flammer und L. C. Kelber[1194] in der Weise hergestellt, daß wasserarme Seife mit einem Gehalt von etwa 8 bis 14% Wasser mit pulverförmigen Persalzen innig gemischt, das Gemisch durch Walzmaschinen dunn ausgewalzt und dann durch Schneidmaschinen in kleine, flockenförmige Plättchen übergeführt wird. Benzinhaltige Seifen mit aktiven Sauerstoffverbindungen werden nach A. Imhausen[1195] in der Weise hergestellt, daß dem Gemisch zur Verhütung von Explosionen Alkalicarbonat und eine äquivalente Menge Zitronensäure, Weinsäure oder Ammonchlorid zugesetzt wird.

Eine andere Art der Herstellung von haltbaren sauerstoffabgebenden Präparaten besteht darin, daß die einzelnen Bestandteile nicht miteinander vermischt, sondern unter Zwischenlegung einer aus einem indifferenten Pulver bestehenden Isolierschicht, wie z. B. Natriumcarbonat, schichtweise verpackt werden[1196].

Auch in der Wäscherei hat sich das Wasserstoffperoxyd mit Vorteil an Stelle des Chlors anwenden lassen, da die bekannten Schädigungen der Wäsche damit vermieden werden können. Es wird entweder nur als Mittel zur Entfernung der Chlorreste gebraucht oder überhaupt an Stelle des Chlors verwendet. Trotzdem die Wäsche meist in rotierenden Trommeln durchgeführt wird, besteht bei der Verwendung der fast immer nur sehr verdünnten Wasserstoffperoxydlösung keine Gefahr einer katalytischen Zersetzung.

Neben der Verwendung des Perborats als Waschmittel in Waschmitteln haben seine anderen Anwendungsgebiete nur eine wesentlich geringere Bedeutung. In der Bleicherei findet es Verwendung zum Bleichen von Wolle, Seide, von Schwämmen, Leder, Samt, Plüsch, bestimmten Sorten von Seiden, zarten Spitzen aus Leinengarn, die mit einer etwa 1%igen Perboratlösung gut gebleicht werden können. Auch zur Oxydation von Färbungen mit Schwefel-, Algol- und Indanthrenfarben, zur Fleckentfernung und zum Entschlichten von Textilien kann es gebraucht werden. Wegen ihres geringeren Alkaligehaltes wirken die Perborate als sehr milde Bleichmittel, wobei auch die vorhandene Borsäure dem Bleichgut einen Glanz erteilt. In Form des Magnesiumperborats ist es ebenfalls für Bleichzwecke in Vorschlag gebracht worden, wobei keine schädigenden Magnesiumniederschläge auftreten[1197]. Gelegentlich wird es auch als Antichlor verwendet, jedoch wird es wegen seines höheren Preises in der Bleicherei vom Wasserstoffperoxyd ganz wesentlich in der Bedeutung übertroffen.

Zur Regenerierung der Atemluft haben sich die Atmungsapparate mit Alkaliperoxyden gegenüber jenen mit komprimiertem Sauerstoff in Flaschen und Patronen von Soda oder Natriumhydroxyd als vorteilhafter erwiesen. Aus dem Natriumperoxyd wird durch die Exspirationsprodukte je $1/2$ Mol CO_2 und H_2O frei gemacht. Die Apparate enthalten Schichten oder Patronen von granuliertem oder gepreßtem wasserfreiem Alkaliperoxyd. Zur Verwendung geeignet sind nach G. F. Jaubert[508] Na_2O_2 („Oxylith S"), $KNaO_3$ („Oxylithe PS"), K_2NaO_5 („Oxylithe PPS"). Praktisch gelangt vor allem letzteres zur Verwendung. 181 g liefern 216 l O_2. Es zeichnet sich durch die relativ große Menge verfügbaren Sauerstoffes bei geringem Gewicht und durch seine physikalischen Eigenschaften aus, die erlauben, in regelmäßigem Strome vergiftete Luft zu regenerieren und selbst durch dichte Schichten verhältnismäßig leicht Luft hindurchtreten zu lassen. Patronen von wasserfreiem Peroxyd sind unbegrenzt haltbar. Wegen ihrer starken Oxydationsfähigkeit sind leicht brennbare Stoffe sorgfältig vor ihnen zu schützen. Ob aber tatsächlich der Sauerstoffbedarf eines Menschen auf diesem Wege vollkommen gedeckt werden kann, ist zweifelhaft[1199].

Ein Verfahren zur Herstellung derartiger Luftreinigungsmassen beschreibt die E. I. Dupont de Nemours[1200], wobei aus einer Mischung von Alkalitrioxyperoxyd und Kaliumhydroxyd unter Zusatz eines Katalysators, wie z. B. Braunstein, die Masse hergestellt wird. C. Clementi[1201] schlägt dafür die Alkaliperoxydhydrate vor. R. Seitz[1202] bestäubt die auf die nötige Korngröße gebrachten Alkaliperoxyde mit einem fein gepulverten Katalysator, z. B. Alkalimanganat.

Kosmetika. In Kosmetika oder Antiseptika, wie in Zahnpasten, Schweißpudern, Mitteln zur Behandlung von Mitessern oder Sommersprossen, werden Wasserstoffperoxyd, Natriumperborat, Natriumperoxyd, Zinkperoxyd, Magnesiumperoxyd, Persulfat und Carbamidperhydrat verwendet. Kopfwaschmittel enthalten auch häufig Wasserstoffperoxyd oder Perborat in stabilisiertem Zustande. Sehr bekannt ist die Bleichung der menschlichen Haare mittels schwach ammoniakalischen verdünnten Wasserstoffperoxyd- oder Perboratlösungen.

Außer zum Bleichen von Fetten und Ölen werden organische Peroxyde, insbesondere Benzoylperoxyd, auch häufig zum Bleichen von Mehl oder anderen Müllereiprodukten verwendet. Man setzt dem Mehl eine geringe Menge, entweder in kristallisiertem Zustande oder in Form einer flüssigen Mischung, des Benzoylperoxyds, zu, welches dem Mehl keinen merklichen Geschmack erteilt. Die Verteilung kann auch durch Zersprühen einer Emulsion der flüssigen Peroxyde in Schutzkolloiden oder in Mischungen mit Stärke erfolgen[1203]. Für diesen Zweck ist das Benzoylperoxyd unter dem Namen „Novadelox" im Handel. Auch zur Faserstoffbleiche hat man bereits organische Persäuren, wie Peressigsäure, und organische Peroxyde, wie Benzoylperoxyd, vorgeschlagen, namentlich für Kunstseidefasern[1204].

Backhilfsmittel. Als chemische Backhilfsmittel bewirken Ammonpersulfat, Kaliumpersulfat und Natriumperborat eine Steigerung des Gebäckvolumens, wobei die Lagerdauer des Mehles verringert werden kann. Wasserstoffperoxyd, Natriumperoxyd oder Kaliumpersulfat bewirken auch eine starke Steigerung der plastischen Eigenschaften von Mehlteigen. Auch als Treibmittel an Stelle von Backpulvern kann das Wasserstoffperoxyd verwendet werden[1205a].

Desinfektion. Wasserstoffperoxyd vermag auch eine beachtenswerte desinfizierende Wirkung auszuüben. In einer 1,75%igen Lösung werden Staphylococcen und Diphteriebazillen schon innerhalb 5 Minuten getötet. Bei Körpertemperatur können auch sehr schwer abzutötende Bakterien in verhältnismäßig schwacher Konzentration vollständig vernichtet werden. Empfindlichen Keimen gegenüber legt es noch in Konzentrationen von 1 : 300 bis 1 : 500 innerhalb 5 Minuten absolut keimtötende Kraft an den Tag[1206]. Eine 3%ige Wasserstoffperoxydlösung wirkt ebenso antiseptisch wie eine Sublimatlösung 1 : 1000, weist aber gegenüber dieser den Vorteil der absoluten Ungiftigkeit auf. Das Wasserstoffperoxyd ist daher nicht nur zur Konservierung, sondern auch zur Desinfektion geeignet. Setzt man z. B. der Milch 1,5 ccm einer 10%igen H_2O_2-Lösung zu, so wird dadurch das Wachstum pathogener Keime und der Milchsäurebildner verhindert. 0,8 ccm dieser Lösung verhindern noch die Entwicklung pathogener Mikroorganismen. Bei 0,3 ccm H_2O_2-Lösung pro Liter Milch wachsen außer Dysenteriekeimen alle pathogenen und nichtpathogenen Keime bei 22° schon nach 24 Stunden gut, während die selbe Menge Wasserstoffperoxyd aber genügt, um die spontane Gerinnung innerhalb dieser Zeit zu verhindern[1207]. Ungekochte Milch wirkt auf Grund ihres Katalasegehaltes selbstverständlich sehr stark zersetzend ein, so daß die Wirkung des Wasserstoffperoxyds nach einigen Stunden nachläßt und nach etwa 1 bis 2 Tagen überhaupt nicht mehr nachweisbar ist. Trotzdem bleibt aber die mit Wasserstoffperoxyd behandelte Milch viel länger frisch als eine nicht behandelte. In der Milch- und Molkereiindustrie wird das Wasserstoffperoxyd auch zum Waschen der Geräte und Gefäße verwendet.

Wird die Katalase z. B. durch ein halbstündiges Erhitzen auf etwa 70° inaktiviert, so vermag ein Gehalt von 0,1 bis 0,15‰ H_2O_2 selbst bei hoher Temperatur die Milch 3 bis 7 Tage frisch zu halten, ohne merklich den Geschmack zu verändern[1208]. Die Reaktion auf Wasserstoffperoxyd in der Milch wird direkt als eine Probe darauf angestellt, ob eine Milch schon pasteurisiert oder einmal gekocht wurde oder nicht, da in ersterem Falle die Katalase unwirksam ist. Mit Wasserstoffperoxyd konservierte Milch ist zum Versand auch in entferntere Gegenden geeignet.

Sterilisierung. Wasserstoffperoxyd, Magnesiumperoxyd und Zinkperoxyd haben sich auch zur Sterilisierung von Trinkwasser bei epidemisch auftretenden Krankheiten, wie Typhus oder Cholera, sehr bewährt. 1 g Calciumperoxyd, in 10 l Wasser verteilt, vermag dieses in 4 Stunden vollständig zu desinfizieren. Durch Zusatz von wenig Natriumperoxyd zum künstlichen Mineralwasser gelingt es, dieses restlos zu entkeimen. Die entstehende kleine Menge Natriumhydroxyd kann durch Zusatz von Salzsäure oder Fruchtsäuren oder auch durch Imprägnierung mit Kohlensäure restlos unschädlich gemacht werden. In Frage kommt auch der Zusatz von Natriumperoxyd zu Brauselimonaden[1209].

Von Bedeutung ist auch die antiseptische und desinfizierende Wirkung von Perverbindungen als Zusatz zu Zahn- und Mundpflegemitteln. Magnesiumperoxyd und Calciumperoxyd haben wegen ihrer Ungiftigkeit vielfach Verwendung als Magen- und Darmantiseptica gefunden. Wasserstoffperoxyd wird auch zum Imprägnieren von Verbandwatte und zur Herstellung saugfähigen Verbandmaterials verwendet. In der Medizin wird auch eine 3%ige Wasserstoffperoxydlösung benützt, die einige Kubikzentimeter einer frisch bereiteten 5%igen alkoholischen Jodlösung enthält.

Konservierung. Außer Milch lassen sich auch Fleisch und Fische durch Zusatz von Wasserstoffperoxyd über die normale Zeit hinaus frisch erhalten. So bedient man sich in der Hochseefischerei eines Wasserstoffperoxyd enthaltenden Eises zur Konservierung frisch gefangener Fische. Das beim Schmelzen des Eises freiwerdende Wasserstoffperoxyd leistet bei der Frischhaltung gute Dienste. Bei Fischdauerwaren läßt sich z. B. bei Geleeware eine Konservierung mit 0,15% H_2O_2, bei Kaltmarinaden schon mit 0,05% H_2O_2 erzielen. Nach A. Docessen[1210] können frische Seefische dadurch konserviert werden, daß die Hauptgräte freigelegt und der Länge nach mit Wasserstoffperoxyd bestrichen wird. Interessant ist ein Vorschlag von E. Amme[1211], Feldfrüchte gegen Insekten durch Zusatz geringer Mengen eines organischen Peroxyds zu schützen. Frische Schnittblumen sollen sich in sehr verdünnten Wasserstoffperoxydlösungen besonders frisch halten[1212]. M. Bergmann setzt zwecks Konservierung von tierischen Häuten dem Häutesalz farblose Peroxyde oder Salze von Persäuren zu, die in Berührung mit der Haut genügende Beständigkeit aufweisen, wie insbesondere solche der schwer löslichen Erdalkalien oder des Zinks[1213].

Sauerstoffbäder. In der Medizin finden auch sog. Sauerstoffbäder Gebrauch, die aus Perborat, eventuell auch Persulfat bestehen und einen Zusatz verschiedener Katalysatoren, wie Manganverbindungen, z. B. Braunstein, Kaliumpermanganat sowie Chrom-, Vanadin-, Wolfram-, Molybdänverbindungen oder Katalase und Oxydase enthalten und in Tabletten- oder Brikettform hergestellt sind. Sie entwickeln in Berührung mit Bade- oder Waschwasser Sauerstoff[1214]. Die Katalysatoren regeln die Sauerstoffabgabe derart, daß bei einer Badetemperatur von etwa 40° der gesamte Sauerstoff in etwa 20 Minuten entwickelt wird. Ein Zusatz von Gips fördert seine Abgabe in Form kleinster Bläschen, da er die Gaskeime

vermehrt. Diese Präparate sind unter den Namen Biox, Ozet, Leitholfs Sauer-
stoffbad, Zeozon u. dgl. im Handel.

Peroxyde, wie Bariumperoxyd, dienen in der Aluminothermie zum Ansetzen
von Zündkirschen, für Leuchtraketen, Blitzlichtmischungen u. dgl.

Die Fähigkeit des Wasserstoffperoxyds, bei seiner Zersetzung gasförmigen
Sauerstoff abzugeben, wird auch zur Herstellung von Leichtbauplatten, wie
Porenbeton und Porengips, ausgenützt. Die Herstellung dieser Bauplatten erfolgt
in der üblichen Weise, nur werden dem Anmachwasser Wasserstoffperoxyd und
Katalysatoren, wie Metallsalze, oder chemisch wirksame Stoffe, wie Chlorkalk, zugesetzt. Die Sauerstoffentwicklung und die damit verbundene Treibwirkung beginnt schon bald, nachdem die Masse in die Form gegossen wurde und führt zu
einer großen Volumsvermehrung. Die Entformung kann bei Porenbeton erst
nach 24 Stunden, bei Porengips nach etwa 15 bis 20 Minuten vorgenommen
werden. Die Volumszunahme kann bis auf ein Volumsgewicht von 500 kg für
einen Kubikmeter gebracht werden. Während Porengips vorwiegend für schall-
isolierende Zwischenwände verwendet wird, dient Porenbeton auch zur Er-
richtung von tragenden Bauwerken, die sich durch geringes spezifisches Gewicht,
gute Isoliereigenschaften, Schalldämpfung und günstige Gestehungskosten auszeichnen.

Diese Zusammenstellung erhebt selbstverständlich keinen Anspruch auf Vollständigkeit, sondern will nur einen allgemeinen Überblick über die zahlreichen
Anwendungsmöglichkeiten des Wasserstoffperoxyds und seiner Derivate geben.
In den Laboratorien der Großfirmen ist man unausgesetzt bemüht, für das Wasserstoffperoxyd neue Anwendungs- und daher auch Absatzgebiete zu schaffen, so
daß in Zukunft mit einer immer stärkeren Verwendung des aktiven Sauerstoffes
im praktischen Leben zu rechnen sein wird.

Literaturverzeichnis.

[1143] F. P. 656816. — [1144] DRP. 527032. — [1145] DRP. 515596. — [1146] DRP. 411149.
— [1146a] DRP. 284761; F. P. 473581, 226090; Österr. P. 119036. — [1147] Österr. P.
117281. — [1148] DRP. 516531. — [1149] DRP. 256997. — [1150] Österr. P. 112968. —
[1151] Österr. P. 128242, 137535. — [1152] Österr. P. 126118. — [1153] Österr. P. 118442. —
[1154] Österr. P. 129574. — [1155] Melliands Textilber. 1923, 488. — [1156] Ullmann: Enzyklopädie der technischen Chemie, 2. Aufl., 2. Band, 1928, S. 481. — [1157] Schramek
u. Schubert: Monatsschr. Textilind. 1931, 313; Koste: Ebenda 1931, 342. —
[1158] DRP. 561481. — [1159] DRP. 284761. — [1160] DRP. 507759. — [1161] DRP. 284761. —
[1162] DRP. 508386. — [1163] Österr. P. 121537, 125682. — [1164] E. P. 349367. — [1165] Österr.
P. 138007. — [1166] F. Ohl: Melliands Textilber. 15, Nr. 12, 1934. — [1167] O. Uhl: Kunst-
dünger u. Leim-Ind. 26, 255, 1929; Chem. Ztrbl. 1929 II, 1608; Seifensieder-Ztg. 60,
508, 1933. — [1168] Pilot. Laboratory Incorp.: A. P. 1687803, 1687804, 1687805. —
[1169] Chem. Ztrbl. 1928 II, 829. — [1170] DRP. 595126. — [1171] A. P. 1813512, 1890121. —
[1172] K. Braun: Seifensieder-Ztg. 52, 43, 1926. — [1173] Ebenda 52, 149, 493, 559, 1925.
— [1174] K. Braun u. H. Waber: Ebenda 54, 430, 1926. — [1175] Österr. P. 137327;
E. P. 413907. — [1176] I. G. Farbenindustrie A. G.: DRP. 547396. — [1177] Compt. rend.
Acad. Sciences 162, 435, 1916; Chem. Ztrbl. 1916 II, 149. — [1178] Phytopatholog.
Ztschr. 1935, Bd. 8, S. 245. — [1179] Ztschr. ges. Brauwesen 49, 65, 1926; Chem. Ztrbl.
1926 II, 296. — [1180] G. Magnin: Journ. Pharmac. Chim. (8), 1, 333, 1925; Chem
Ztrbl. 1925 I, 2717. — [1181] P. Janasch: Ber. Dtsch. chem. Ges. 45, 605, 1912. —
[1182] P. Duret: Compt. rend. Acad. Sciences 167, 129, 1919; Chem. Ztrbl. 1919 II,
41. — [1183] Chem. Ztrbl. 1928 I, 976. — [1184] R. Krings: Seifensieder-Ztg. 60, 754,
772, 1933. — [1185] A. P. 1628015. — [1186] Byk: DRP. 258393, 271155. — [1187] Österr.

P. 140048. —[1188] DRP. 344590. —[1189] E. P. 273414. —[1190] E. P. 273711. —[1191] DRP. 297164. —[1192] DRP. 316753. —[1193] DRP. 425178. —[1194] DRP. 428878. —[1195] Österr. P. 79815. —[1196] DRP. 298677. —[1197] DRP. 250341. —[1198] Compt. rend. Acad. Sciences 197, 484, 1933; Chem. Ztrbl. 1933 II, 2569. — [1199] Ztschr. angew. Chem. 46, 45, 1933. — [1200] A. P. 1922187. — [1201] DRP. 305066. — [1202] DRP. 320810. — [1203] DRP. 325031; E. P. 309119; F. P. 609057; F. P. 672627, 681329. —[1204] A. P. 1767543. — [1205] Schröder: Arbeiten aus dem Reichsgesundheitsamt 57, 598, 1926; Chem. Ztrbl. 1927 I, 2022. — [1205a] F. P. 778210. — [1206] E. Ungermann: Hygien. Rundsch. 23, 1137, 1913; Chem. Ztrbl. 1914 I, 56. — [1207] G. Singer: Arch. Hygiene 86, 263, 1917; Chem. Ztrbl. 1917 II, 70. — [1208] A. Müller: Milchwirtschaftl. Ztrbl. 51, 25, 37, 49, 61, 1922; Chem. Ztrbl. 1922 IV, 66. — [1209] A. Lütje: Chem. Ztrbl. 1931 I, 3494; Gabbano: Chem. Ztrbl. 1930 II, 1592. — [1210] DRP. 506597. — [1211] DRP. 393449. — [1212] E. P. 406737. — [1213] DRP. 617166. — [1214] DRP. 296312, 425905, 284003, 269852, 244783.

XXV. Qualitativer Nachweis und quantitative Bestimmung des Wasserstoffperoxyds und seiner Derivate.

A. Das Wasserstoffperoxyd.

a) Qualitativer Nachweis.

Die zum Nachweis des Wasserstoffperoxyds vorgeschlagenen qualitativen Reaktionen sind sehr zahlreich, so daß hier nur die empfindlichsten und charakteristischesten angeführt werden können. Als die empfindlichste Reaktion auf Wasserstoffperoxyd ist jene mit alkoholischer Guajaktinktur und Malzauszug anzusprechen, welche schon von Osann[1215] erwähnt und von Schönbein[1216] näher untersucht wurde. Man versetzt die wasserstoffperoxydhaltige Flüssigkeit mit einer 1- bis 2%igen Lösung von Guajakharz in 90- bis 98%igem Alkohol bis zur milchigen Trübung und hierauf mit einigen Tropfen eines kalt bereiteten Malzauszuges (Diastase), worauf sofort eine sehr deutliche Blaufärbung eintritt. Wesentlich ist jedoch, daß das zur Untersuchung verwendete Stück Harz aus der Mitte eines größeren Stückchens genommen wird, da sich die äußeren Schichten des Harzes unter dem Einfluß des Lichtes verändern und unempfindlich werden. Auch die alkoholische Lösung des Harzes wird durch Licht und Luft verändert, so daß man sich stets nur einer frisch hergestellten Guajaklösung bedienen soll. Die Empfindlichkeit der Reaktion ist eine außerordentlich große. Man kann noch einen Teil H_2O_2 in 50 Millionen Teilen Wasser nachweisen, so daß dieses Reagens besonders zum Nachweis des Wasserstoffperoxyds in atmosphärischen Niederschlägen geeignet ist. Freie salpetrige Säure, Chlor und Ozon färben zum Unterschied von Wasserstoffperoxyd die Guajaktinktur bereits ohne Zusatz von Diastase.

Ein sehr charakteristischer Nachweis des Wasserstoffperoxyds wie auch von Perborat, Natrium-, Barium-, Magnesium- und Zinkperoxyd, ist die Reaktion mit Kaliumchromat und Schwefelsäure. Versetzt man einen Kubikzentimeter der mit einigen Tropfen verdünnter Schwefelsäure angesäuerten, auf Wasserstoffperoxyd zu prüfenden Lösung mit 2 ccm Äther und einigen Tropfen einer verdünnten (10%) Kaliumbichromatlösung und schüttelt, so entsteht unter intensiver Blaufärbung die Überchromsäure $HCrO_5$, die vom Äther mit lasurblauer Farbe aufgenommen wird. Ein Überschuß von Chromsäure ist zu vermeiden, da sonst die Überchromsäure zu rasch bis zur Chromistufe reduziert wird. Die Färbung verschwindet auf jeden Fall ziemlich schnell. Ist die Abwesenheit von Ozon festgestellt, so ist dieser Nachweis für Wasserstoffperoxyd charakteristisch. An Empfindlichkeit wird die Chromsäurereaktion jedoch von vielen anderen qualitativen Reaktionen auf H_2O_2 übertroffen. Es lassen sich nach dieser Methode noch 0,2 mg H_2O_2 sicher nachweisen (in einer Konzentration über 0,001%).

Sehr brauchbar hat sich auch der Nachweis mit Kaliumjodid und Weinsäure erwiesen, wobei zur Beschleunigung der Reaktion Ferrosulfat zugefügt wird. Zu 2 ccm einer 5%igen Weinsäure fügt man 2 Tropfen 5%iger Lösung von $FeSO_4$ . . $(NH_4)_2SO_4$ zu. Nach der Vermischung mit der Wasserstoffperoxydlösung werden noch 5 bis 6 Tropfen Natronlaugelösung zugegeben, wobei Violettfärbung auftritt. Es kann noch ein Teil H_2O_2 in 25 Millionen Teilen Wasser nachgewiesen werden.

Eine gleichfalls sehr zuverlässige und charakteristische Reaktion auf Wasserstoffperoxyd ist die von Schöne[1217] beobachtete, augenblicklich auftretende gelbrote Färbung von Titansäurelösung bei Gegenwart von Wasserstoffperoxyd. Die Titansäurelösung wird durch Schmelzen von einem Teil TiO_2 mit 15 bis 20 Teilen Kaliumpyrosulfat und Lösen der Schmelze nach dem Erkalten in verdünnter kalter Schwefelsäure oder durch Kochen von TiO_2 mit starker Schwefelsäure, Verdünnen, Filtrieren, Fällen mit Ammoniak und Lösen des gut ausgewaschenen Niederschlages in kalter, verdünnter Schwefelsäure hergestellt. Man gibt in ein Reagensglas, am besten mittels eines Glasstabes, etwa 1 Tropfen der Titansäurelösung, verbreitet diesen durch Schwenken auf eine größere Fläche des Glases, gibt die zu untersuchende Flüssigkeit schnell zu und schüttelt um. Es läßt sich mit dieser Reaktion noch 0,001% H_2O_2 in einer Verdünnung von 1 : 1 800 000 sicher nachweisen. Diese Methode ist auch sehr gut geeignet, um H_2O_2 in organischen Flussigkeiten, wie Milch, Urin usw. in Verdünnungen von 1 bis zu 700 000 aufzufinden. Von Vorteil ist auch, daß die Gelbfärbung tagelang bestehen bleibt.

Sehr empfindlich sind auch die mikrochemischen Tüpfelreaktionen. So empfiehlt Kempf[1218] als Reagens auf H_2O_2 Bleisulfid, das auf photographisches Gelatinepapier nach dem Ausfixieren, Tränken mit 0,05%iger Bleiacetatlösung und Eintauchen in gesättigtes Schwefelwasserstoffwasser erhalten wurde. Wasserstoffperoxyd oder Peroxyde bewirken eine Aufhellung oder Entfärbung. Es lassen sich noch 0,5 γ H_2O_2 nachweisen (1 $\gamma = 10^{-6}$ g).

Über einige weitere mikrochemische Tüpfelreaktionen auf H_2O_2 berichten F. Feigel und E. Fränkel[1219]. Auf der Bildung von Berlinerblau beruht der Nachweis bei der Einwirkung von H_2O_2 auf eine Mischung gleicher Volumina 0,4%iger Ferrichloridlösung und 0,8%iger Kaliumferricyanidlösung. Die Erfassungsgrenze beträgt 0,08 γ H_2O_2, die Grenzkonzentration 1 : 800 000. Auch durch Entfärbung oder Aufhellung höherer Nickeloxyde, die in Form einer Ni_2O_3-$BaSO_4$-Paste angewendet werden, können noch 0,01 γ H_2O_2 bei einer Grenzkonzentration von 1 : 5 000 000 erfaßt werden. Durch Reduktion von Goldsalzen, deren Lösungen durch H_2O_2 durch kolloid ausgeschiedenes Gold rötlich oder bläulich gefärbt werden, läßt sich noch 0,07 γ H_2O_2 bei einer Grenzkonzentration von 1 : 714 000 nachweisen.

Charakteristisch für Wasserstoffperoxyd und Verbindungen, die dieses abspalten, ist auch der mikrochemische Nachweis mit Vanillin. Die zu überprüfende Lösung wird auf einem mit Hohlschliff versehenen Objektträger mit einem Tropfen einer 1%igen Vanillin-Salzsäure-Lösung versetzt (0,1 g Vanillin, 1 ccm Alkohol, 9 ccm 25%ige HCl). Nach 5 bis 10 Minuten tritt eine rötlichbraune Färbung auf. Beim allmählichen Verdunsten scheiden sich stahlblaue, zum Teil ästig verzweigte Kristalle ab. Die Erfassungsgrenze beträgt 25 γ H_2O_2[1220]

b) Reinheitsprüfung.

Die Handelssorten des Wasserstoffperoxyds enthalten häufig anorganische oder organische Salze, die beim Eindampfen und Glühen einen der Menge nach schwankenden Rückstand ergeben, ferner freie Säuren, wie Schwefelsäure, Salzsäure, Phosphorsäure, Flußsäure, Oxalsäure, organische Stabilisatoren usw. Die Reinheitsprüfung erstreckt sich nach dem deutschen Arzneibuch V und VI auf diese hauptsächlichen Verunreinigungen.

Bei Wasserstoffperoxyd für medizinische Zwecke darf der Eindampfrückstand von 10 ccm 30%iger Lösung nicht mehr als 0,03 g, der Glührückstand nur 0,005 g betragen.

Die Prüfung auf Bariumsalz (1 ccm konz. H_2O_2, 30%ig, $+$ 9 ccm Wasser mit verdünnter Schwefelsäure versetzt) darf innerhalb 10 Minuten keine Veränderung der Lösung ergeben.

Auf Oxalsäure wird am besten, wie Lunge festgestellt hat, nach Derlin[1221] geprüft. Man versetzt 10 ccm Wasserstoffperoxydlösung mit 0,5 ccm Natriumacetatlösung und 0,5 ccm Calciumchloridlösung und säuert mit 1 ccm Essigsäure an. Es darf keine Trübung entstehen.

Auf freie Säure wird nach Zusatz von 1 ccm Phenolphtalein zu 5 ccm H_2O_2 30%ig mit 45 ccm Wasser mittels 0,1 n KOH geprüft. Es dürfen nicht mehr als 2 ccm 0,1 n KOH verbraucht werden.

Zur Prüfung auf Arsen werden 5 ccm konz. H_2O_2-Lösung in einem Porzellantiegel am Wasserbade zur Trockene eingedampft, der Rückstand mit 2 ccm Natriumhypophosphitlösung übergossen und $1/_4$ Stunde lang bei aufgelegtem Uhrglas auf dem Wasserbade erhitzt. Dabei darf keine bräunliche Färbung auftreten.

Das reinste und auch säurefreieste Wasserstoffperoxyd ist das unter dem Schutznamen „Perhydrol" von der Firma Merck in den Handel gebrachte 30gewichtsprozentige H_2O_2. Das Tropenperhydrol enthält geringe Mengen eines organischen Stabilisators, so daß es auch in nicht paraffinierten Flaschen versandt werden kann. Zu seiner Reinheitsprüfung gibt Merck (Prüfung der chemischen Reagenzien auf Reinheit) folgende Vorschriften an:

Säurefreiheit: 10 ccm Perhydrol werden mit 100 ccm Wasser verdünnt und zur Zersetzung des Wasserstoffperoxyds mit einigen Körnchen Platinmohr oder Mangandioxyd versetzt. Man läßt unter häufigem Umschütteln bis zum Aufhören der Sauerstoffentwicklung stehen und filtriert. Das Filtrat soll nach Zusatz von Phenophtalein durch einen Tropfen n/10 KOH gerötet werden. 10 ccm Perhydrol dürfen keinen wägbaren Rückstand ergeben.

Salzsäure: 1 ccm Perhydrol in 20 ccm Wasser darf nach dem Ansäuern mit Salpetersäure und Zusatz von Silbernitrat keine Veränderung ergeben.

Schwefelsäure: 1 ccm Perhydrol in 20 ccm Wasser mit Salpetersäure angesäuert, darf mit Bariumchloridlösung nach 15 Stunden langem Stehen keine Abscheidung von Bariumsulfat zeigen.

Phosphorsäure: 5 ccm Perhydrol werden auf dem Wasserbade verdampft, ein eventuell vorhandener Rückstand mit 3 ccm Wasser aufgenommen, mit 1 ccm Magnesiamischung und 3 ccm konz. Ammoniak (spez. Gew. 0,96) versetzt. Es darf nach 15 Stunden kein sichtbarer Niederschlag auftreten.

Flußsäure: 10 ccm Perhydrol werden nach Zusatz von 0,1 g Magnesiumoxyd auf ein kleines Volumen eingedampft, die Mischung auf ein Uhrglas gebracht, zur Trockene eingedampft und der Rückstand mit Schwefelsäure übergossen. Nach 2- bis 3stündigem Stehen darf das Uhrglas keine Ätzung zeigen.

c) Quantitative Bestimmungsmethoden.

α) *Maßanalytisch.*

Mittels Kaliumpermanganatlösung. Diese Bestimmung erfolgt auf Grund der Reaktion

$$2\,KMnO_4 + 5\,H_2O_2 + 3\,H_2SO_4 = K_2SO_4 + 2\,MnSO_4 + 8\,H_2O + 5\,O_2.$$

Die Titration erfolgt in ziemlich stark saurer Lösung. Ist die Lösung salzsauer, so wird etwas Mangansulfat zugesetzt, um die Oxydation der Salzsäure durch Kaliumpermanganat zu Chlor zu verhindern. Die Permanganatmethode ist die bewährteste und gibt sowohl mit verdünnten als auch konzentrierteren Lösungen genaue Resultate. Organische Stoffe oder Stoffe mit reduzierenden Eigenschaften müssen fehlen. Zur Ausführung der Bestimmung verdünnt man 10 ccm 30%iges H_2O_2 in einem Meßkolben auf 100 ccm, verdünnt davon wieder 10 ccm auf 100 ccm, nimmt davon 20 ccm und titriert nach dem Ansäuren mit verdünnter Schwefelsäure mit 0,1 n $KMnO_4$ bis zur bleibenden schwachen Rosafärbung. Es sollen mindestens 35,4 ccm Permanganatlösung verbraucht werden. Verschwindet anfangs bei der sog. Induktionsperiode die Rotfärbung nicht sofort, so wird die Lösung erwärmt und nach dem Erblassen weiter titriert. Ein vorheriger Zusatz von Mangansulfat läßt jedoch die Induktionsperiode vermeiden.

$$1\ ccm\ 0{,}1\ n\ KMnO_4 = 0{,}001701\ (\log = 0{,}23070 - 3)\ g\ H_2O_2.$$

Die Anzahl der verbrauchten Kubikzentimeter 0,1 n Permanganatlösung mit 1,7 multipliziert ergibt daher den Prozentgehalt der ursprünglichen Wasserstoffperoxydlösung.

Auf der Reaktion zwischen saurer Kaliumpermanganatlösung und Wasserstoffperoxyd beruht auch eine quantitative Bestimmungsmethode sehr kleiner Wasserstoffperoxydmengen[1222]. Die Kaliumpermanganatlösung soll geringe Mengen Magnesiumsulfat enthalten. Die zu untersuchende Lösung wird mit *Standards* bekannten Wasserstoffperoxydgehaltes verglichen. Es gelingt auf diese Weise, noch einen Teil H_2O_2 in 10 Millionen Teilen Lösung quantitativ zu bestimmen.

Mittels angesäuerter Kaliumjodidlösung. Diese Methode ist weniger genau als die Permanganatmethode, aber bei Anwesenheit von organischen Substanzen vorzuziehen. Man titriert das auf Grund der Reaktionsgleichung

$$H_2O_2 + 2\,KJ + H_2SO_4 = J_2 + K_2SO_4 + 2\,H_2O$$

ausgeschiedene freie Jod mit n/10 Thiosulfatlösung. Selbst in saurer Lösung braucht die vollständige Umsetzung aber längere Zeit, so daß man die Lösung mindestens $^1/_2$ Stunde lang in geschlossenen Gefäßen, wenn möglich im Dunklen, stehen lassen muß. Nach dem DAB V wird die Bestimmung wie folgt vorgenommen: 1 ccm konzentriertes 30%iges H_2O_2 wird in einem Meßkolben genau abgewogen und auf 100 ccm aufgefüllt oder 10 ccm 3%iges H_2O_2 mit Wasser auf 100 ccm verdünnt. Von dieser Lösung werden 10 ccm zur Titration mit 5 ccm Schwefelsäure 1:4 und 10 ccm 10%iger Kaliumjodidlösung oder 1 g Kaliumjodid versetzt. Nach $^1/_2$ Stunde wird mit n/10 Thiosulfatlösung, meist ohne Zusatz von Stärke als Indikator, titriert.

$$1 \text{ ccm n/10 } Na_2S_2O_3 = 0{,}001701 \ (\log = 0{,}23070 - 3) \text{ g } H_2O_2.$$

Um die störende Ausscheidung von Jod durch den Luftsauerstoff beim Stehenlassen zu vermeiden, kann man der verwendeten Schwefelsäure 0,5 g Pyrogallol zusetzen. Dieses Verfahren eignet sich auch zur Bestimmung von H_2O_2 in Gegenwart von Peroxydase.

Nach Rupp und Milk[1224] läßt sich die Titration rascher ausführen, wenn man sich die sehr rasch verlaufende Reaktion zwischen Hypojodit und Wasserstoffperoxyd zunutze macht:

$$H_2O_2 + NaJO = O_2 + H_2O + NaJ;$$
$$NaJO + NaJ + 2\,HCl = 2\,NaCl + H_2O + J_2.$$

Man verdünnt die Wasserstoffperoxydlösung vorher auf einen Gehalt von etwa 0,05 bis 0,2 Gewichtsprozent, spült 25 bis 10 ccm dieser Lösung in eine Flasche und macht durch Zusatz von etwa 5 ccm 15%iger NaOH alkalisch. Dann setzt man unter Umschwenken 25 ccm n/10 Jodlösung zu, die sich mit der Lauge nach $2\,NaOH + J_2 = NaJO + NaJ + H_2O$ umsetzt. Man schwenkt zur Entwicklung des Sauerstoffes um, säuert mit etwa 10 ccm Salzsäure 1:4 an und titriert das überschüssige Jod mit n/10 Thiosulfat zurück.

Die Bestimmung mittels Titantrichloridlösung. Diese von E. Knecht und E. Hibbert[1225] angegebene Methode beruht auf folgenden, in zwei Phasen verlaufenden Reaktionen:

1. $Ti_2O_3 + 3\,H_2O_2 = 2\,TiO_3 + 3\,H_2O$ (Bildung von Pertitansäure).
2. $2\,TiO_3 + 2\,Ti_2O_3 = 6\,TiO_2$ (Reduktion der Pertitansäure zu Titandioxyd).

Man läßt eine verdünnte Lösung von Titantrichlorid in eine saure Wasserstoffperoxydlösung einfließen, wobei sich die Lösung zunächst gelb, dann tieforange färbt, um schließlich vollständig wieder entfärbt zu werden. Vor der Entfärbung wird die gelbe Farbe mit jedem Tropfen der Titantrichloridlösung heller und heller, und es entstehen an der Einfallsstelle der Tropfen farblose Stellen, so daß das Ende der herannahenden Entfärbung gut erkannt werden kann. Die vollständige Entfärbung zeigt das Ende der Reaktion an. Die Titantrichloridtiterlösung wird aus der im Handel erhältlichen konzentrierten Titantrichloridlösung durch Versetzen mit dem gleichen Volumen konzentrierter Salzsäure, Aufkochen zum Zwecke der Vertreibung von eventuell vorhandenem Schwefelwasserstoff und Verdünnung mit dem 10fachen Volumen ausgekochten Wassers hergestellt. Die Lösung soll eisenfrei sein.

Die Titerstellung erfolgt mit einer Ferrisalzlösung bekannten Eisengehaltes, zu der die Titantrichloridlösung fast bis zum Verschwinden der Gelbfärbung zugefügt wird, dann erfolgt Zusatz eines Tropfens einer Kaliumrhodanidlösung und Weitertitration bis zur vollständigen Entfärbung der rotgefärbten Lösung. Der Titer muß vor jeder Untersuchung wegen der Veränderlichkeit der Titantrichloridlösung gegen die Ferrichloridlösung frisch gestellt werden. Zur Aufbewahrung der Titerlösung dient eine Flasche, die mit einer Füllbürette in Verbindung steht und die unter Wasserstoff- oder Kohlensäuredruck gesetzt ist.

Zur Ausführung der Wasserstoffperoxydbestimmung werden 10 ccm einer 3%igen H_2O_2-Lösung auf 250 ccm verdünnt und 25 ccm dieser Lösung mit der frischgestellten Titantrichloridlösung bis zur vollständigen Entfärbung titriert. Verbraucht 1 ccm H_2O_2-Lösung a ccm $TiCl_3$-Lösung (1 ccm $= b$ g Fe), so berechnet sich der Prozentgehalt der H_2O_2-Lösung zu $30{,}46 . a . b$. Die Titantrichloridmethode hat besonders für solche Wasserstoffperoxydlösungen Bedeutung, die außerdem noch organische Substanzen enthalten.

β) Gasvolumetrische Methoden.

Mittels Kaliumpermanganat. Bei der Wechselwirkung von Kaliumpermanganatlösung und von H_2O_2 in saurer Lösung wird, wie aus der bereits angegebenen Reaktionsgleichung hervorgeht, pro Mol H_2O_2 auch ein Mol Sauerstoff in Freiheit gesetzt. Der entwickelte Sauerstoff wird entweder in dem von Knop vorgeschlagenen und von P. Wagner und F. von Soxhlet[1226] verbesserten Azotometer oder einfacher mit dem von Lunge[1227] beschriebenen Gasvolumeter bestimmt. 1 ccm O_2 entspricht bei 0^0 und 760 mm Druck 1,5194 mg H_2O_2. 2,5 ccm 3%iges H_2O_2 entwickeln etwa 50 ccm O_2.

Die gasvolumetrische Bestimmung des Wasserstoffperoxyds mittels $KMnO_4$ kommt der maßanalytischen an Genauigkeit gleich, übertrifft diese aber an Bequemlichkeit, da es weder einer Wägung noch einer Titrierung bedarf. Färbungen, Trübungen sowie ein Gehalt an organischen Stoffen stören nicht. Alle gasvolumetrischen Methoden für H_2O_2 besitzen aber den Nachteil, daß in der zu untersuchenden Lösung auch Sauerstoff löslich ist, wodurch eine mit Sauerstoff übersättigte Lösung erhalten wird. Durch Auskochen dieser Lösung kann dieser Fehler aber zur Gänze behoben werden. Bei eventueller Anwesenheit von Carbonaten muß die entwickelte Kohlensäure mittels Lauge absorbiert werden.

Mittels unterbromig-, unterjodig- oder unterchlorigsauren Salzen. Bei Verwendung von Hypobromit verläuft die Zersetzung des H_2O_2 und die gasvolumetrische Bestimmung nach $H_2O_2 + NaBrO = NaBr + H_2O + O_2$. Ähnlich verlaufen die Reaktionen mit Hypojodit und mit Chlorkalk. Die letztere Methode wurde von W. Fehre[1228] zur Bestimmung des H_2O_2 in oxalathältigen Bleichbädern vorgeschlagen. Zur Zersetzung dient eine Chlorkalklösung, die im Liter 25 bis 35 g Chlorkalk mit 20 bis 30% aktivem Chlor enthält. Als Sperrflüssigkeit für den Sauerstoff dient eine 6- bis 8%ige Natronlauge.

Mittels Katalysatoren. Diese Methode beruht auf ganz anderen Reaktionen als jene mit Hilfe von Oxydationsmitteln. Es wird bei ihnen auch nur halb soviel Sauerstoff entwickelt. Zur Zersetzung des Wasserstoffperoxyds nach $2 H_2O_2 = 2 H_2O + O_2$ bedient man sich Katalysatoren wie Braunstein, Platinmohr, kolloidaler Platinlösungen, Blutfibrin usw., die den gesamten Sauerstoff in etwa 10 bis 15 Minuten in Freiheit setzen. Diese Methoden können auch bei Anwesenheit von organischen Substanzen angewendet werden.

Die Anlagerungsverbindung des Wasserstoffperoxyds mit Harnstoff (Perhydrit oder Ortizon) wird ähnlich wie das Wasserstoffperoxyd selbst untersucht. Die qualitativen Erkennungsproben sind die gleichen wie die des reinen H_2O_2. Beim vorsichtigen Erhitzen entweicht neben Sauerstoff auch Ammoniak.

Die Prüfung auf Reinheit wird am besten nach Mercks Prüfungsvorschriften für pharmazeutische Spezialpräparate durchgeführt. 1 g Perhydrit in 20 ccm Wasser wird durch einen Tropfen Methylorange gerötet, 1 Tropfen n/2 NaOH soll die Farbe nach Gelb umschlagen lassen. Auf Chlor- und Sulfationen wird ebenso wie beim Wasserstoffperoxyd in der wäßrigen Lösung 1 : 20, die mit Salpetersäure angesäuert wurde, mit Silbernitrat und Bariumchlorid geprüft. Die Prüfung auf Oxalsäure wird in der wäßrigen Lösung 1 : 20 nach Zusatz von 5 Tropfen Natriumazetatlösung 1 : 20 und von Calciumchloridlösung vorgenommen. Es darf keine Trübung auftreten. 1 g Perhydrit soll sich in konzentrierter Schwefelsäure farblos lösen. 0,5 g Perhydrit dürfen beim starken Erhitzen keinen wägbaren Rückstand ergeben. Die quantitative Bestimmung des H_2O_2-Gehaltes kann in schwefelsaurer Lösung mit n/10 Permanganatlösung erfolgen. 0,2 g Perhydrit sollen nicht weniger als 40 ccm Permanganat verbrauchen.

B. Analyse von Bariumperoxyd.

Allen Methoden, bei denen das Bariumperoxyd durch Säuren zersetzt wird, ist der Nachteil gemeinsam, daß infolge von Sauerstoffverlusten zu niedrige und schwankende Resultate erhalten werden. Als beste Methode hat sich diejenige von Merck erwiesen. In einem Meßkolben von 250 ccm Inhalt wird unmittelbar vor dem Gebrauch eine Lösung von 5 g Kaliumjodid in 50 ccm Wasser mit einer Lösung von 5 g Weinsäure in 50 ccm Wasser gemischt. In diese Mischung wird 1 g BaO_2 eingetragen, 5 Minuten gut umgeschwenkt, 10 ccm 25%ige Salzsäure zugesetzt und weiter umgeschwenkt, bis sich der Niederschlag gelöst hat. Nach einem halbstündigen Stehenlassen im Dunkeln wird mit n/10 Thiosulfat titriert.

$$1 \text{ ccm } n/10 \, Na_2S_2O_3 = 0{,}0084685 \ (\log = 0{,}92780 - 3) \text{ g } BaO_2.$$

Nach C. E. Wagner[1229] ist auch die Bestimmung mittels Kaliumpermanganat und Zersetzung des Bariumperoxyds mit Salzsäure oder Phosphorsäure sehr gut brauchbar, wobei sogar gegenüber der jodometrischen Bestimmung höhere Werte erhalten werden: Ausführung: 0,25 bis 0,3 g BaO_2 werden in einem 400 ccm Becherglas mit 5—50 ccm Wasser übergossen und mit 200 ccm Titrationslösung versetzt. Als Titrationslösungen dienen: a) 50 ccm konz. HCl, 1 ccm 10%ige $MnCl_2 . 6 \, H_2O$-Lösung, auf 1 l gelöst; oder b) 25 ccm konz. HCl, 10 ccm 85%ige Phosphorsäure, 1 ccm Manganchloridlösung, zu 1 l gelöst, oder c) 50 ccm 85%ige Phosphorsäure, 1 ccm 10%ige Manganchloridlösung, auf 1 l gelöst. Die besten Resultate werden mit der Phosphorsäurelösung erhalten.

Gasvolumetrische Bestimmungsmethoden für Bariumperoxyd haben Quincke[1230] und Chwala[1231] vorgeschlagen.

C. Analyse von Natriumperoxyd.

Die Reinheitsprüfung von Natriumperoxyd für analytische Zwecke wird am besten nach den Vorschriften von Merck vorgenommen.

Sulfat: Man trägt 5 g Na_2O_2 in kleinen Mengen in eine Mischung von 25 ccm

25%iger HCl und 100 ccm Wasser ein. Nach Zusatz von Bariumchloridlösung darf innerhalb 15 Stunden keine Bariumsulfatausscheidung auftreten.

Chlorid: 3 g Na_2O_2 trägt man in kleinen Mengen in eine Mischung von 20 ccm 25%iger Salpetersäure und 100 ccm Wasser ein. Nach Zusatz von Silbernitrat darf höchstens eine schwache Opaleszenz auftreten.

Phosphat: 2,5 g Na_2O_2 werden in kleinen Mengen in 20 ccm 25%iger Salpetersäure und 100 ccm Wasser eingetragen, auf dem Wasserbade zur Trockene eingedampft, der Abdampfungsrückstand in 100 ccm Wasser gelöst und mit salpetersaurer Ammonmolybdatlösung versetzt. Innerhalb 2 Stunden darf sich bei 30 bis 40⁰ kein gelber Niederschlag abscheiden.

Stickstoff: Man vermischt unter größter Vorsicht in einem Nickeltiegel 1 g Na_2O_2 mit 0,3 g reinstem Traubenzucker und bringt durch vorsichtiges Erwärmen des Tiegelbodens bei bedecktem Tiegel zum Verpuffen. Der erkaltete Verpuffungsrückstand wird in 5 ccm kaltem Wasser gelöst, mit 10 ccm verdünnter Schwefelsäure angesäuert und einige Kubikzentimeter dieser Lösung über 5 ccm Diphenylaminschwefelsäure geschichtet. Es darf an der Berührungsfläche keine Blaufärbung eintreten.

Schwermetalle: 5 g Na_2O_2 werden in 100 ccm Wasser vorsichtig eingetragen, wobei eine völlig klare und farblose Lösung entstehen soll. 40 ccm dieser Lösung dürfen nach Versetzen mit einigen Tropfen Ammonsulfidlösung weder grün noch braun gefärbt werden, noch darf Abscheidung eines Niederschlages auftreten. Die gleiche Menge der alkalischen Lösung darf nach Ansäuerung mit 10 ccm 25%iger Salzsäure durch Schwefelwasserstoffwasser nicht verändert werden.

Die quantitative Bestimmung des Natriumperoxyds bietet einige Schwierigkeiten, da festes Na_2O_2 bei Berührung mit Wasser sich tief orange färbt und unter starker Erwärmung lebhaft Sauerstoff entwickelt. Die verläßlichsten Ergebnisse werden daher auf gasvolumetrischem Weg erhalten. Archputt[1232] bringt 0,5 g Na_2O_2 in den äußeren Raum eines Zersetzungsgefäßes eines Lungeschen Nitrometers und in den inneren Raum des Anhängefläschchens 15 ccm Schwefelsäure mit einigen Tropfen einer gesättigten Kobaltnitratlösung. Durch Neigen des Fläschchens läßt man die Schwefelsäure zum Natriumperoxyd fließen, wodurch dieses zersetzt und Sauerstoff in Freiheit gesetzt wird.

1 ccm O_2 bei 0⁰ und 760 mm = 0,006967 (log = 0,84300—3) g Na_2O_2. Vorhandene Kohlensäure kann durch 10 Minuten langes Stehen über Kalilauge (3 : 2) bestimmt werden. Das Resultat ist eventuell durch Spuren Wasserstoff, von metallischem Natrium herrührend, etwas zu hoch.

Eine sehr gute maßanalytische Methode stammt von Milbauer[1233]. Man trägt unter gutem Rühren in ein Gemisch von 100 ccm Wasser, 5 g Borsäure und 5 ccm reiner konz. Schwefelsäure 0,5 g Na_2O_2 vorsichtig ein und titriert mittels Kaliumpermangantlösung.

Auf der Überführung des Peroxyds in das Hydrat beruht die Methode von E. Furrer[1234]. Man verreibt in einer Porzellanschale von 300 bis 400 ccm Inhalt 0,2 bis 0,4 g Na_2O_2 mit 3 bis 5 g fester, feinpulverisierter Orthoborsäure, Alaun oder Borax, wodurch das Natriumperoxyd durch das Kristallwasser der Zusatzstoffe ohne Sauerstoffverlust hydratisiert wird. Da sich das Hydrat in Wasser oder Säure ohne Erwärmung und Sauerstoffverlust löst, kann das feste Gemisch ohne weiteres mit 100 ccm Wasser und 10 ccm verdünnter Schwefelsäure (1 : 5)

übergossen werden, worauf gleich in der Reibschale mit n/10 Kaliumpermanganatlösung titriert wird.

Bei der Untersuchung von Natriumperoxyd und ähnlichen Peroxyden, die
zu Gasschutzgeräten verwendet werden sollen, kommt nur die gasvolumetrische
Bestimmung in Frage, da es hier nur auf die Menge des gelieferten Sauerstoffes
ankommt. Die Zersetzung wird am besten mit Schwefelsäure 1 : 4 vorgenommen.

D. Magnesium- und Zinkperoxyd.

Die Reinheitsprüfung wird, wie bereits für Wasserstoff-, Barium- und Natriumperoxyd beschrieben, auf Chlorid, Sulfat, Calcium und Eisen vorgenommen.
Auf Alkalien wird geprüft, indem man 0,2 g Magnesium- oder Zinkperoxyd mit
10 ccm Wasser schüttelt und filtriert. Das Filtrat darf höchstens ganz schwach
alkalisch reagieren und nach dem Abdampfen nur einen unbedeutenden Rückstand ergeben.

E. Natriumperborat.

a) Qualitative Reaktionen.

Natriumperborat gibt in salzsaurer Lösung mit Curcumapapier die bekannte
Borsäurereaktion und alle Reaktionen des Wasserstoffperoxyds. In Mehl, dem
man zu Bleichzwecken manchmal etwas Perborat zusetzt, kann es nach L. Pap[1235]
neben Borat durch Erhitzen des Mehles auf 100° nachgewiesen werden, wobei
das Perborat in seinem Kristallwasser schmilzt. Gießt man nun auf eine solche
Pekar-Probe Phenolphthalein, so reagieren die Punkte mit Perborat und Borat
alkalisch. Zur Verdünnung des Mehles beigemengtes Magnesiumoxyd kann
stören. Bringt man daher auf einige rote Punkte einen Tropfen einer angesäuerten
Jodkalistärkelösung, so werden bei Gegenwart von Kaliumperborat die roten
Punkte schwarz und nehmen an Ausdehnung zu.

Zum Unterschiede von Boraten, die mit Silbernitrat einen weißen, beständigen
Niederschlag ergeben, erfolgt mit Lösungen von Perboraten nach Silbernitrat-
zusatz Abscheidung eines gelblichen Niederschlages, dessen Farbe innerhalb
weniger Minuten unter lebhafter Sauerstoffentwicklung in Schwarz übergeht.

b) Reinheitsprüfung.

Natriumperoxydhaltiges Perborat kann für medizinische Zwecke nicht verwendet werden. Auf Natriumperoxyd wird durch Titration und Bestimmung des
Glühverlustes, der bei einem normalen Präparat mit 10,4% aktivem Sauerstoff
56 bis 57% betragen soll, und Ausführung der alkalimetrischen und jodometrischen Titration geprüft. Wird die Lösung von 1 g Perborat in 100 ccm Wasser
mit Methylorange als Indikator mit n HCl titriert, so soll bis zum Umschlag von
Gelb in Rot 6,4 bis 6,5 ccm verbraucht werden. Zur Bestimmung des Borats
wird nach dem Neutralisieren gegen Methylorange und Auskochen der Kohlensäure nach Zusatz von Phenolphthalein in Gegenwart von Glyzerin mit n/2 NaOH
titriert. Im Natriumperborat für medizinische Zwecke sollen Chlorid, Sulfat,
Calcium und Barium fehlen.

c) Gehaltsbestimmung.

Die Gehaltsbestimmung erfolgt entweder mit Kaliumpermanganat in schwefelsaurer Lösung bei Zimmertemperatur oder jodometrisch durch Zugabe des Perborats zu einer Mischung von Kaliumjodidlösung und verdünnter Schwefelsäure und Titration mit n/10 Thiosulfat nach 15 bis 30 Minuten.

$$1 \text{ ccm } n/10 \text{ Na}_2\text{S}_2\text{O}_3 = 0,007703 \ (\log = 0,88666 - 3) \text{ g NaBO}_2.\text{H}_2\text{O}_2.3\text{ H}_2\text{O}.$$

Auch mit Hypojodit kann das Perborat ebenso wie Wasserstoffperoxyd bestimmt werden.

Bei Anwesenheit von organischen Substanzen, wie in Waschmitteln, geht bei der Titrationsmethode selbst nach Abscheidung der Fettsäuren oder in Chloroformlösung Perborat verloren[1236]. Anderseits würden wieder die ungesättigten Fettsäuren selbst Permanganat und Jod verbrauchen. In diesem Falle kann eine gasvolumetrische Bestimmung durch Zersetzung mit Braunstein als Katalysator in schwefelsaurer Lösung vorgenommen werden. Die in Waschmitteln aus der vorhandenen Soda entwickelte Kohlensäure muß durch Verwendung von Natronlauge als Sperrflüssigkeit absorbiert werden. Der Prozentgehalt an aktivem Sauerstoff ergibt sich zu $0,731 \cdot \dfrac{\text{ccm O}_2\,(0^0,760\,\text{mm})}{\text{g Einwaage}}$.

Zur Bestimmung von Natriumperborat allein oder in Mischung mit Waschmitteln hat A. Ringbom[1237] vorgeschlagen, 0,1 g Natriumperborat in 100 ccm Wasser zu lösen, die Lösung in 100 ccm 2 n Schwefelsäure, die etwa 1 g $\text{Fe(NH}_4)_2(\text{SO}_4)_2$ enthält, zu lösen, mit 10 ccm 10%iger Kaliumrhodanidlösung zu versetzen und mit 0,05 n Titantrichloridlösung auf farblos zu titriereen. Während des Titrierens ist portionenweise Natriumbicarbonat zuzugeben. Ausgeschiedene Fettsäuren stören nicht merklich, sie können aber durch Zusatz von Tetrachlorkohlenstoff in Lösung gehalten werden. Die Ergebnisse sind etwas zu hoch, weil auch die Seifensubstanz geringe Mengen oxydierend wirkender Stoffe enthält, jedoch sollen die Resultate genauer als die auf gasvolumetrischem Weg erhaltenen sein.

F. Percarbonate und Carbonatperhydrate.

Da sowohl die Percarbonate als auch die Carbonatperhydrate in wäßriger Lösung in Wasserstoffperoxyd und Natriumcarbonat zerfallen, ergeben diese die qualitativen Reaktionen des Wasserstoffperoxyds. Zur Unterscheidung der festen Percarbonate von den kristallhydroperoxydhaltigen Carbonatperhydraten können die auf S. 282 angeführten Methoden angewendet werden. Da die wäßrige Lösung stark alkalisch reagiert, können leicht Verluste an aktivem Sauerstoff durch Zersetzung des Wasserstoffperoxyds eintreten. Man trägt daher die abgewogenen Proben in einen Überschuß von verdünnter Schwefelsäure ein und titriert mit Kaliumpermangatlösung. Sind organische Substanzen wie Seife, Salicylsäure oder dgl., in der Probe vorhanden, so kann entweder die Titantrichloridmethode[1225] (S. 335), die jodometrische Methode von Rupp[1238], die im Eintragen von 0,3 g der Probe in eine abgekühlte Lösung von 1 g Kaliumjodid in 20 ccm Wasser und 5 ccm verdünnter Schwefelsäure besteht, oder die gasvolumetrische Methode von A. Blankart[822] (S. 336) verwendet werden, wobei die in einem Zersetzungskölbchen eingewogene Probe in 20 ccm 2 n Schwefelsäure

eingetragen wird, worauf zur Entfernung des okkludierten Sauerstoffes evakuier'
und die Zersetzung durch Braunstein herbeigeführt wird.

G. Perphosphate und Phosphatperhydrate.

Über die qualitativen Reaktionen der echten Perphosphate wurde bereits
auf S. 254 berichtet. Die Phosphatperhydrate geben in wäßriger Lösung die
Reaktionen des Wasserstoffperoxyds. Für die quantitative Analyse gilt das für
Wasserstoffperoxyd und die Percarbonate Gesagte.

H. Persulfate.

Die wichtigsten Persulfate des Handels sind Kalium- und Ammoniumpersulfat. Über ihre qualitativen Reaktionen s. S. 244. Als deutliches Reagens auf
Persulfate empfehlen J. Schmidt und W. Hinderer[1239] 2,7 Diaminofluoren-
chlorhydrat, das mit Persulfaten in einer Verdünnung von 1 : 1,000000 nach
5 Minuten Blaufärbung ergibt. Auch die Peroxydase des Blutes gibt diese Reaktion. Nach G. Spacu[1240] gibt eine wäßrige Lösung von Persulfat mit Kupfer-
pyridinkomplex ein blaues, schwer lösliches Salz. Zu 15 ccm der zu untersuchenden
Lösung werden 10 bis 15 Tropfen einer 20%igen Kupfersulfatlösung und Pyridin
bis zur Blaufärbung gegeben. 0,16 g Persulfat pro Liter sollen noch nachweisbar
sein.

Qualitativ kann man Kalium- von Ammonpersulfat an ihrem Verhalten
gegenüber Silbernitratlösung unterscheiden. Während Kaliumpersulfat eine
schwarze Fällung von Silberperoxyd ergibt, wird aus einer konzentrierten, mit
Ammoniak und wenig Silbernitrat versetzten Probe unter Erwärmung Stickstoff
entwickelt.

Die Reinheitsprüfung für Persulfate, die im Laboratorium verwendet werden
sollen, soll für Chlorid negativ ausfallen. Es darf höchstens schwache Opaleszenz
bei Zusatz von 3 bis 5 Tropfen n/20, Silbernitratlösung zu einer Lösung des Persulfats 1 : 50 auftreten. Auch der Glührückstand von Ammonpersulfat soll nicht
größer sein als 0,1%. Zur Untersuchung auf Schwermetalle werden 4 g Ammon-
oder Kaliumpersulfat in 50 ccm 6%iger schwefeliger Säure gelöst und eingedampft.
Der Trockenrückstand wird in 40 ccm Wasser gelöst, wobei 20 ccm dieser Lösung
mit Schwefelwasserstoffwasser oder nach dem Alkalischmachen mit Ammoniak
keine Veränderung ergeben dürfen. Die ammoniakalische Lösung darf mit einigen
Tropfen Ammonsulfidlösung höchstens zufolge eines Eisengehaltes eine grüne
Farbung zeigen.

Die quantitative Bestimmung des aktiven Sauerstoffes erfolgt bei Kaliumpersulfat entweder jodometrisch nach Rupp[1238] auf Grund der Reaktion

$$K_2S_2O_8 + 2\,KJ + H_2SO_4 = J_2 + 4\,KHSO_4.$$

1 g Kaliumpersulfat wird in einem Meßkölbchen von 100 ccm Inhalt in einer
Lösung von 5 g Kaliumjodid in 50 ccm Wasser gelöst, sodann 10 ccm 25%ige
Schwefelsäure zugesetzt, 3 Stunden eventuell im Dunkeln stehen gelassen, auf
100 ccm aufgefüllt und mit n/10 Thiosulfatlösung titriert.

$$1\ \text{ccm}\ n/10\ Na_2S_2O_3 = 0{,}013516\ (\log = 0{,}13083 - 2)\ \text{g}\ K_2S_2O_8.$$

Wird die Lösung nach der Titration wieder gelb, so wurde zu früh mit der Titration begonnen. Die Umsetzung zwischen dem Persulfation und der Jodwasserstoffsäure kann nach E. Müller und Ferber[1241] durch Zusatz von Ferrosulfat sehr stark beschleunigt werden, so daß man schon nach 5 Minuten titrieren kann. Die Titration ist bis auf 0,1% genau.

Nach Mondolfo[1242] ist eine Erwärmung der Lösung in einer Stöpselflasche auf 60 bis 80° vorteilhaft. Das teure Kaliumjodid kann man auch teilweise durch Kaliumchlorid ersetzen. Kaliumpersulfat kann auch mittels Hypojodit nach E. Müller[1243] auf Grund der Reaktion

$$3\ K_2S_2O_8 + KJ + 6\ KOH = 6\ K_2SO_4 + KJO_3 + 3\ H_2O$$

bestimmt werden, worauf nach dem Ansäuern mit Schwefelsäure nach

$$KJO_3 + 5\ KJ + H_2SO_4 = 3\ K_2SO_4 + 3\ J_2 + 3\ H_2O$$

Jod frei gemacht wird. Es entspricht daher der Reaktionsverlauf der Bruttoformel

$$K_2S_2O_8 + 2\ KJ = 2\ K_2SO_4 + J_2.$$

Man löst 2 g Kaliumjodid in 25 ccm 2 n NaOH, setzt 0,5 g $K_2S_2O_8$, gelöst in 20 ccm Wasser zu und kocht 3 Minuten lang unter Umschwenken auf einer Asbestplatte. Nach dem Abkühlen säuert man mit verdünnter Schwefelsäure an und titriert mit n/10 Thiosulfatlösung. Die jodometrische Methode ist am geeignetsten, um in Gemischen von Wasserstoffperoxyd und Überschwefelsäure den gesamten aktiven Sauerstoff zu ermitteln.

Da die jodometrische Bestimmung von Ammonpersulfat wegen Störungen durch das Ammonium nicht vollkommen richtige Resultate ergibt, ist es empfehlenswert, das Ammoniumpersulfat nach einer der nachstehenden Methoden zu bestimmen, die selbstverständlich auch für Kaliumpersulfat anwendbar sind. Die Methode nach Le Blanc und Eckhard[1244] beruht auf der Rücktitration einer angesäuerten überschüssigen Ferrosulfatlösung mit Kaliumpermanganat:

$$(NH_4)_2S_2O_8 + 2\ FeSO_4 = Fe(SO_4)_3 + (NH_4)_2SO_4.$$

Man löst etwa 0,3 g Persulfat in etwa 10 ccm Wasser, versetzt mit 5 ccm 25%iger Schwefelsäure sowie mit einer gewissen Menge Ferroammonsulfatlösung (etwa 30 g/l), wobei der Permanganatverbrauch nach der Umsetzung mit dem Persulfat wenigstens 10 ccm betragen soll, fügt etwa 100 ccm erwärmtes Wasser von 70 bis 80° zu und titriert sofort zurück.

1 ccm n/10 $KMnO_4$ = 0,01141 (log = 0,05729 —2) g $(NH_4)_2S_2O_8$ oder
1 ccm n/10 $KMnO_4$ = 0,013516 (log = 0,13083 —2) g $K_2S_2O_8$.

An Stelle von Ferrosulfat kann man auch nach Kempf[1245] die Bestimmung des Persulfats mit Oxalsäure vornehmen:

$$H_2S_2O_8 + C_2O_4H_2 = H_2SO_4 + 2\ CO_2.$$

Die Reaktion wird durch Silbersulfat (0,2 g) als Katalysator beschleunigt. Man arbeitet in schwefelsaurer Lösung und in der Wärme. 0,5 g Persulfat werden mit 50 ccm n/10 Oxalsäure, 0,2 g Silbersulfat und 20 ccm 25%iger Schwefelsäure 15 bis 20 Minuten erhitzt, mit Wasser von etwa 40° auf 1000 ccm verdünnt und der Überschuß der Oxalsäure mit n/10 Permanganatlösung zurücktitriert.

Auch mit Titantrichlorid kann das Persulfat durch Rücktitration einer überschüssigen vollkommen eisenfreien titrierten Titantrichloridlösung mit Ferrisalzlösung unter Kohlensäureatmosphäre bestimmt werden. Schließlich kann man auch die im Persulfat enthaltene Schwefelsäure nach Zerstörung der Perverbindung durch Erhitzen azidimetrisch bestimmen. Da aber beim Ammonpersulfat neben dem Zerfall in Ammonbisulfat und Sauerstoff auch eine teilweise Oxydation des Ammoniaks zu Stickstoff eintritt, wodurch sich bei der Titration mit Natronlauge zu hohe Werte ergeben würden, setzt man zur Vermeidung dieser Nebenreaktion einen Überschuß von Wasserstoffperoxyd und eventuell auch Silbernitratlösung zu. Die beim langsamen Kochen der Lösung zur Zerstörung des Persulfats auftretende Ausfällung von Silberperoxyd kann durch Fällung des Silbernitrats mit Natriumchlorid oder Zusatz von Ammonnitrat oder -sulfat nach Zersetzung des Persulfats verhindert werden. Mangansalze befördern die zerstörende Wirkung der Silbersalze. 1 g Persulfat wird mit 20 ccm n H_2O_2, 5 ccm $n/10$ $AgNO_3$, 2 ccm 2%iger Mangansulfatlösung versetzt und bis zum Aufhören der Sauerstoffentwicklung auf dem Wasserbad erhitzt. Nach dem Abkühlen setzt man 2 g Ammonnitrat oder -sulfat zu und titriert mit 0,5 n NaOH unter Verwendung von Methylorange als Indikator auf Gelb.

I. Trennungen.

Bestimmung von Wasserstoffperoxyd neben Persulfat.

Obwohl Persulfat auf Kaliumpermanganat nicht einwirkt, kann man doch nicht direkt das Wasserstoffperoxyd mit Kaliumpermanganat titrieren, da das Wasserstoffperoxyd mit dem Persulfat während der Reaktion reagieren würde. Man bestimmt daher zuerst den gesamten wirksamen Sauerstoff mit Ferrosulfat und Kaliumpermanganat, titriert dann in einer anderen Probe mit Kaliumpermanganat das Wasserstoffperoxyd und bestimmt in dieser Lösung dann das Persulfat mit Ferrosulfat und Kaliumpermanganat[1246]. Aus diesen drei Bestimmungen läßt sich dann die Konzentration des H_2O_2 berechnen.

Bestimmung von Wasserstoffperoxyd neben Caroscher Säure und Perschwefelsäure:

Nach R. Wolffenstein und V. Makow[1247] titriert man zunächst das Wasserstoffperoxyd in schwefelsaurer Lösung mit Kaliumpermanganat, dann wird diese Lösung mit Natriumacetat essigsauer gemacht und die Carosche Säure mit Natriumsulfit titriert. Schließlich wird die Überschwefelsäure mit Ferrosulfat und Kaliumpermanganat bestimmt. Die Haltbarkeit des Natriumsulfittiters kann durch Zusatz von 2% Alkohol auf 48 Stunden erhöht werden.

A. Rius[1248] titriert das Wasserstoffperoxyd wie oben mit Permanganat, dann wird die Summe von Caroscher Säure und Wasserstoffperoxyd mit Natriumsulfit elektrometrisch und die Perschwefelsäure aus der Differenz des gesamten Oxydationswertes und der Summe von Wasserstoffperoxyd und Caroscher Säure ermittelt. Da der Permanganatverbrauch mit zunehmender Titrationsgeschwindigkeit steigt, sind mehrere Titrationen hintereinander mit dem Zusatz des Kaliumpermanganats auf einmal auszuführen.

J. Untersuchung organischer Perverbindungen.

Während die anorganischen Perverbindungen mit Kaliumpermanganat, Titantrichlorid und Kaliumjodid unter bestimmten Reaktionsbedingungen, wenn auch manchmal erst nach gewisser Zeit, quantitativ reagieren, ist dies nicht bei allen organischen Perverbindungen der Fall. Namentlich Alkylperoxyde geben auf diese Weise oft nicht mehr als etwa 80% ihres aktiven Sauerstoffes ab.

Die meisten organischen Persäuren, wie z. B. Peressigsäure, reagieren in einem beträchtlichen Verdünnungsbereich mit Kaliumjodid sofort unter Freimachung der äquivalenten Menge Jod. Sie können sogar auf Grund dieses Verhaltens in verdünnter Lösung neben Wasserstoffperoxyd bestimmt werden. Man muß nur durch entsprechende Verdünnung dafür sorgen, daß die Wasserstoffionenkonzentration nicht zu groß ist, so daß eine rasche Einwirkung des Wasserstoffperoxyds auf das Kaliumjodid verhindert werden kann[1249]. Umgekehrt kann Wasserstoffperoxyd neben der Peressigsäure durch Titration mit Kaliumpermanganat bestimmt werden, da in sehr verdünnten, mit Schwefelsäure angesäuerten Lösungen die Peressigsäure nicht mit Kaliumpermanganat reagiert.

Vanino und von Pechmann[1253] lösen eine abgewogene Menge des organischen Peroxyds in einer Kohlensäureatmosphäre unter Erwärmen in einem gewissen Volumen einer titrierten sauren Zinnchlorürlösung, worauf das nicht verbrauchte Zinnchlorür mit Jodlösung zurücktitriert wird.

Baeyer und Villiger[1254] bestimmten den aktiven Sauerstoff organischer Verbindungen aus der Differenz des aus einer abgewogenen Zinkmenge durch Essigsäure frei gemachten und berechneten Wasserstoffes.

Organische Peroxyde neben Hydroperoxyden und Wasserstoffperoxyd kann man nach Clover und Houghton[1255] bestimmen. Das Wasserstoffperoxyd wird in einer 1,5 bis 2 n Schwefelsäure in großer Verdünnung mit Kaliumpermanganat, das Hydroperoxyd in einer neutralen Lösung mit Kaliumjodid und Thiosulfat titriert, während das Peroxyd aus der Summe des gesamten aktiven Sauerstoffes errechnet wird.

Peroxyde im Äther oder in Kraftstoffen kann man durch Schütteln des Äthers mit einer schwefelsauren Lösung von Ferrosulfat und Ammonrhodanid und Titration des roten Ferrithiocyanats mit 0,1 n Titantrichloridlösung bestimmen[1250]. Auch andere organische Perverbindungen lassen sich durch Vorlegen einer bestimmten Menge Ferrosulfatlösung und Rücktitration mit Kaliumpermanganat bestimmen.

Ist die organische Substanz im Wasser nicht löslich, so kann man Essigsäure, Aceton, Äther u. dgl. als Lösungsmittel versuchen. So schlagen H. Gelissen und P. H. Hermanns[1251] zur jodometrischen Bestimmung von Benzoylperoxyd vor, 0,2 g der Substanz in 10 ccm reinem Aceton zu lösen, mit 3 ccm einer konzentrierten, eventuell schwach angesäuerten Kaliumjodidlösung zu versetzen und nach dem Verdünnen mit Wasser das ausgeschiedene Jod sofort zu titrieren.

Ist die Reaktion einer organischen Perverbindung gegen Kaliumjodid nur schwach, so kann sie durch Erhöhung der Essigsäurekonzentration, und zwar bis zu 80%, oder Zusatz von Ferrosulfat aktiviert werden (H. Wieland).[1252]

Auch Kochen der Lösung kann von Vorteil sein. Versagen alle Untersuchungsmethoden, dann bleibt als einziges Kriterium nur mehr die Elementaranalyse übrig. Eine Anleitung zur Analyse flüchtiger explosiver organischer Perverbindungen hat A. Rieche[120] (l. c. S. 28 bis 29) gegeben.

Literaturverzeichnis.

[1215] Pogg. Ann. 67, 373, 1846. — [1216] Journ. prakt. Chem. 105, 219, 1867. — [1217] Ztschr. analyt. Chem. 9, 41, 330, 1870. — [1218] Ztschr. analyt. Chem. 89, 88, 1932. — [1219] Mikrochemie 12, 305, 1933. — [1220] C. Griebel: Mikrochemie 9, 313, 1931. — [1221] Apoth.-Ztg. 1912, 806. — [1222] Nelson Allan: Ind. engin. Chem. Analytic. Edition 2, 55, 1930. — [1223] A. K. Balls u. W. S. Hall: Journ. Assoc. official. agricult. Chemists 16, 393, 1933. — [1224] Arch. Pharmaz. u. Ber. Dtsch. pharmaz. Ges. 245, 6, 1907. — [1225] Ber. Dtsch. chem. Ges. 38, 3324, 1905. — [1226] Ztschr. analyt. Chem. 31, 2, 1892; 45, 604, 1906. — [1227] Chemische Ind. 8, 161, 1885. — [1228] Ztschr. analyt. Chem. 87, 185, 1932. — [1229] Ind. engin. Chem. 17, 972, 1925. — [1230] Ztschr. analyt. Chem. 31, 28, 1892. — [1231] Ztschr. angew. Chem. 21, 589, 1908. — [1232] Analyst 20, 3, 1895. — [1233] Journ. prakt. Chem. 98, 1, 1918. — [1234] Dissertation, Zurich, 1921, S. 26. — [1235] Muhle 69, Nr. 17, 25, 1932. — [1236] Fuhrmann: Seifensieder-Ztg. 1909, 122. — [1237] Ztschr. analyt. Chem. 92, 95, 1933. — [1238] Arch. Pharmaz. u. Ber. Dtsch. pharmaz. Ges. 238, 157, 1900. — [1239] Ber. Dtsch. chem. Ges. 65, 87, 1932. — [1240] Chem. Ztrbl. 1923 IV, 183. — [1241] Ztschr. analyt. Chem. 52, 195, 1913. — [1242] Chem.-Ztg. 23, 699, 1899. — [1243] Ztschr. analyt. Chem. 52, 299, 1913. — [1244] Ztschr. Elektrochem. 5, 355, 1899. — [1245] Ber. Dtsch. chem. Ges. 38, 3965, 1905. — [1246] Chem. Ztrbl. 1932 I, 258. — [1247] Ber. Dtsch. chem. Ges. 56, 1768, 1923. — [1248] Chem. Ztrbl. 1928 II, 2491. — [1249] W. H. Hatcher u. G. W. Holden: Chem. Ztrbl. 1928 I, 1929. — [1250] Chem. Ztrbl. 1928 I, 2635. — [1251] Ber. Dtsch. chem. Ges. 59, 63, 1926. — [1252] Liebigs Ann. 469, 304, 1929. — [1253] Ber. Dtsch. chem. Ges. 27, 1510, 1894. — [1254] Ber. Dtsch. chem. Ges. 33, 3390, 1900. — [1255] Amer. Journ. 32, 55, 1904.

XXVI. Wirtschaftliches, Produktion und Preis.

Die Wasserstoffperoxydlösungen gelangen mit einem Gehalt von 3, 6, 9, 12, 15, 18, 24, 30, 35, 40, 45 und 60% in den Handel. Es gibt technische Sorten und solche, welche im Laboratorium und in der Medizin Verwendung finden sollen, daher besonders rein sein müssen. Die wichtigsten Handelsformen sind die 30- und 40vol.-%igen technischen und 30- und 35gew.-%igen medizinischen Wasserstoffperoxydlösungen. Neben den wäßrigen Wasserstoffperoxydlösungen sind noch wichtige Handelsprodukte das Natriumperborat, das Natriumperoxyd, Bariumperoxyd, Ammoniumpersulfat, Kaliumpersulfat, Magnesiumperoxyd, Zinkperoxyd, Calciumperoxyd, Carbamidperhydrat und Benzoylperoxyd.

Über die tatsächlichen Produktionsverhältnisse bewahren die Erzeugerfirmen ebenso wie über die in ihren Werken durchgeführten tatsächlichen Verfahren strengste Geheimhaltung. Da sich auch in der Fachliteratur, ja selbst in Handelsregistern nur sehr mangelhafte Angaben finden, ist eine genaue Zahl der derzeitigen Produktion nur schwer zu geben. Auf der ganzen Welt bestehen heute 33 bedeutendere Wasserstoffperoxydfabriken, die eine Gesamtjahreskapazität von 30000 bis 35000 Tonnen H_2O_2 30%ig besitzen. Insgesamt stehen zur Herstellung von Wasserstoffperoxydlösungen 7 elektrolytische und das rein chemische Verfahren aus Bariumperoxyd in Gebrauch. Das Verhältnis zwischen dem auf elektrolytischem Wege gewonnenen Wasserstoffperoxyd und den aus Bariumperoxyd erhaltenen dürfte derzeit 9 : 1 betragen. In Deutschland werden nur mehr etwa 7% des gesamten Wasserstoffperoxyds auf chemischem Wege dargestellt. In England und Amerika ist der Anteil des aus Bariumperoxyd hergestellten H_2O_2 aber größer als in Deutschland.

Nach dem Weißensteiner Verfahren über die Perschwefelsäure arbeiten unter anderem die Fabriken in Weißenstein an der Drau in Kärnten, in Rheinfelden im Deutschen Reich, in Amerika von der Niagara Electro-Chemical Co. Soc. und eine Fabrik in Frankreich. Der Menge nach wird über die Überschwefelsäure von allen ausgeführten Verfahren der größte Anteil des Wasserstoffperoxyds hergestellt.

Nach dem Verfahren von Pietsch und Adolph über das feste Kaliumpersulfat wird von den · Elektrochemischen Werken in Höllriegelskreuth in München, von Henkel u. Cie. in Düsseldorf, von der Elfa Elektrochem. Fabrik Arau in der Schweiz und der Buffalo Electro-Chemical Co. in Buffalo, U. S. A., gearbeitet.

Auch das jüngste elektrochemische Verfahren von Löwenstein und Riedelde Haen wird bereits in Deutschland, Österreich (Elchemie A. G. in Schaftenau bei Kufstein), Belgien, Polen, Frankreich (Lyon, Villiers St. Sépulcre), Japan und Nordamerika ausgeübt.

Die jährliche Weltproduktion an Natriumperborat dürfte gegenwärtig über 12000 Tonnen betragen, das fast ausschließlich zum Waschen verwendet wird. Der wichtigste Erzeuger für Perborat ist Deutschland, und zwar die Scheideanstalt, die in ihrer Anlage in Rheinfelden auf elektrolytischem Weg allein etwa 10000 Tonnen herstellt[1256]. Frankreich, England und Amerika erzeugen ungleich geringere Mengen Perborat. In Deutschland wird außer in Rheinfelden noch vom Peroxydwerk Erlenwein und Holler in Köln-Delbrück, der Chemischen Fabrik Grünau, Landshoff und Meyer, der Chemischen Fabrik Coswig-Anhalt G. m. b. H., der Nitritfabrik in Berlin-Köpenik, sowie von den Chemischen Fabriken Oker und Braunschweig in Oker am Harz, Perborat hergestellt (W. Mau[1257]). Natriumperoxyd wird in größtem Maßstab von der Scheideanstalt in Rheinfelden gewonnen. Die wichtigsten Produzenten für Bariumperoxyd sind Deutschland, Frankreich, England und Amerika. Während im Jahre 1915 noch 10000 Tonnen Bariumperoxyd hergestellt wurden, ging die Erzeugung nach Aufkommen der elektrolytischen Verfahren sehr stark zurück. Erst als es gelang, aus den verdünnten 3%igen Lösungen auch höhere Konzentrationen, z. B. 30%ige Lösungen, herstellen zu können, stieg die Erzeugung wieder an. In Europa wurden 1926 etwa 6000 Tonnen, in Amerika etwa 1500 Tonnen Bariumperoxyd, und zwar überwiegend für den Eigenbedarf und die Herstellung von Wasserstoffperoxyd, gewonnen. Die derzeitige Produktion dürfte sich ungefähr auf gleicher Höhe bewegen (W. Mau).

Von den übrigen industriell hergestellten, oben angeführten Perverbindungen sind überhaupt keine Produktionsziffern bekannt geworden. Die Tatsache, daß die Industrie der aktiven Sauerstoffverbindungen namentlich in jüngster Zeit in außerordentlich großem Aufschwung begriffen ist, geht daraus hervor, daß in den Krisenjahren 1931/32, als auf anderen Wirtschaftsgebieten starke Produktionseinschränkungen vorgenommen wurden, die mengen- und wertmäßige Erzeugung von Wasserstoffperoxyd nicht nur gleich blieb, sondern sogar noch anstieg.

Über die ungefähren Preisverhältnisse gibt die nachstehende Tabelle 23 Auskunft, die aber nur ganz allgemeine Richtlinien beinhaltet.

Tabelle 23.

Gegenstand	Molekulargewicht	Preis in RM	Das Präparat enthält % aktiven Sauerstoff	1 kg aktiver Sauerstoff kostet RM
H_2O_2 3 Gew.-%	34,016	100 kg ... 19,50	1,41%	13,83
H_2O_2 6 Gew.-%, rein ..	34,016	100 ,, ... 39,—	2,82%	13,83
H_2O_2 techn. 30%	34,016	100 ,, ... 154,—	14,1%	10,90
,, ,, 35%	34,016	100 ,, ... 179,—	16,47%	10,86
Perhydrol 30 Gew.-%, Tropenpackung	34,016	1 ,, ... 10,2	14,1%	72,3
Perhydrit	94,06	50 g 2,25	17,0%	265,0
Perborat	153,9	100 kg ... 170,—	10,4%	16,36
Na_2O_2, 95%ig	78,00	100 ,, ... 160,—	19,5%	8,2
BaO_2, 85%ig	169,4	100 ,, ... 60,—	8,1%	7,4
$K_2S_2O_8$	270,34	100 ,, ... 160,—	5,9%	27,1
$(NH_4)_2S_2O_8$	228,22	100 ,, ... 195,—	7,0%	27,9
MgO_2 (28%)	56,32	1 ,, ... 4,3	8,0%	53,8
ZnO_2 (33%)	97,37	1 ,, ... 3,2	6,5%	49,0
CaO_2 (60%)	72,07	1 ,, ... 5,0	13,5%	37,0

Literaturverzeichnis.

[1256] Arndt: Elektrotechn. Ztschr. **18**, 405, 1931. — [1257] Ullmann: Enzyklopädie der technischen Chemie, II. Aufl., 2. Bd., S. 567, 1928.

Benützte Buchliteratur.

Bräuer-D'Ans: Fortschrittsberichte der anorganischen Großindustrie.
A. Ammann: Über Perphosphate. Dissertation. Zürich. 1919.
W. Becker: Zur Frage der Erdalkaliperoxydbildung. Dissertation. 1909.
A. Blankart: Über Percarbonate und ihre technische Verwendbarkeit. Dissertation. 1932.
v. Girsewald: Anorganische Peroxyde und Persalze. 1914.
A. Rieche: Alkylperoxyde und Ozonide. 1931.
Ullmann: Enzyklopädie der technischen Chemie, 2. Aufl.
H. Sidersky: Über die Gewinnung von Wasserstoffperoxyd aus Persulfat. Dissertation. 1934.
F. Foerster: Elektrochemie wässeriger Lösungen.
H. Wieland: Über den Verlauf von Oxydationsvorgängen. 1933.
L. Vanino: Das Natriumsuperoxyd. 1909.
H. K. Zwicky: Über Perborate. Dissertation. 1911.
L. Birckenbach: Die Untersuchungsmethoden des Wasserstoffperoxyds. 1909.
Lunge-Berl: Chemisch-Technische Untersuchungsmethoden.
Chemisches Zentralblatt, 1900—1935.

XXVII. Patentliteraturzusammenstellung.

Im nachstehenden wird noch eine so weit wie überhaupt nur möglich vollständige Patentliteraturzusammenstellung an Hand der gesamten in- und ausländischen, das Gebiet der aktiven Sauerstoffverbindungen betreffenden Patentschriften gegeben. Die Abkürzungen bedeuten: A. = amerikanische, D. = deutsche, E. = englische, F. = französische, Ö. = österreichische, Schw. = schweizerische Patentschrift. Die in den Klammern angegebenen Patentnummern stellen die den erstgenannten Patentschriften in den betreffenden Ländern korrespondierenden Patente dar. Über nähere Einzelheiten der Patentschriften geben die betreffenden Kapitel Auskunft.

I. Darstellung von H_2O_2 aus Wasserdampf und O_2 oder H_2 und O_2 (zu Abschn. IX).

Ö. 68723 (D. 296357, Schw. 63360). Henkel u. Cie. Gasförmiger O_2 wird unter Überdruck bei Gegenwart von Wasser auf gasförmigen H_2 in Gegenwart von geeigneten H_2-Überträgern, z. B. Pd, einwirken gelassen und der H_2 durch Zuleiten erganzt, die H_2O_2-Lösung ständig abgelassen und entsprechend Wasser zugeführt.

Ö. 140189 (D. 576530). Österreichische Chemische Werke G. m. b. H. Verbrennung von H_2 unter Anwendung von Vakuum, wobei die Reaktion unter normalem Druck eingeleitet und hernach in einem Vakuum fortgesetzt wird, indem die reagierenden Gase, beispielsweise die Flamme, in das Vakuum eingezogen werden, wobei die Abkuhlung der Verbrennungsprodukte durch Beruhrung mit Wasser unterstutzt wird.

D. 27163. Dr. Moritz Traube. Darstellung von H_2O_2 durch Einwirkung von Wasser auf die Flamme von CO, H_2 oder einer Mischung dieser Gase, wie Wassergas, Leuchtgas od. dgl.; zur Vermehrung der Ausbeute kann Luft vor oder während der Verbrennung beigemischt werden.

D. 40690. S. Lustig. Darstellung von H_2O_2 durch Schutteln von Zn-Amalgam mit alkoholischer Schwefelsaure und Luft.

D. 197023. C. A. F. Kahlbaum. Wasserdampfhaltige Gase oder Wasserdampf allein und Heizquellen werden gegeneinander mit einer Geschwindigkeit von mindestens 1 m/Sek. bewegt.

D. 205262. Dr. Gustav Teichner. Beim raschen Vorbeibewegen von Wasserdampf oder solchen enthaltenden Gasen an einer Heizquelle wird der Wasserdampf nach Passieren der Heizzone nur. teilweise zur Kondensation gebracht, während der Rest mit dem darin enthaltenden H_2O_2 einer zweiten, eventuell in analoger Weise wieder einer dritten, vierten usw. Erhitzung mit darauffolgender partieller Kondensation unterworfen wird.

D. 228425. Dr. Franz Fischer. Verfahren zur Erzeugung von Ozon oder H_2O_2 durch Blasen trockener, bzw. feuchter Luft auf eine Funken- oder Lichtbogenentladung, wobei die letztere automatisch eingeleitet und unterhalten wird.

D. 461635. I. G. Farbenindustrie A. G. Herstellung von H_2O_2 aus H_2 und O_2 enthaltenden, mit Metalldämpfen beladenen Gasen oder Dämpfen in strömendem Zustand durch Bestrahlung mit einer Metalldampflampe, wobei die Konzentration des O_2 in diesen Gasen niedrig, zweckmäßig kleiner als 5% oder die Strömungsgeschwindigkeit hoch gewahlt oder beide Maßnahmen gleichzeitig angewendet werden.

D. 558431. Chemische Fabrik Coswig-Anhalt G. m. b. H. Zur Vermeidung der Explosionsgefahr bei der Herstellung von H_2O_2 aus einem Gemisch von H_2 und O_2 wird dieses Gasgemisch als solches oder durch ein indifferentes Gas verdünnt und unter hohem Druck und starker Kuhlung uber Katalysatoren oder mit Hilfe von Frequenzstromen zur Reaktion gebracht, worauf man die Verbrennungsgase sofort in einen ebenfalls gekuhlten und unter hohem Druck stehenden Kühlungsstrom bringt.

D. 630905. I. G. Farbenindustrie A. G. Bloß eine der beiden Elektroden wird auf einer Temperatur oberhalb des Taupunktes gehalten.

Schw. 137202 (Ö. 122209). I. G. Farbenindustrie A. G. Bei der Herstellung von H_2O_2 aus H_2 und O_2 durch stille elektrische Entladungen wird bei einer solchen Temperatur gearbeitet, daß sich hochstens ein kleiner Teil des Reaktionsproduktes an den Wandungen des Entladungsraumes kondensiert.

Schw. 140401. I. G. Farbenindustrie A. G. Bei der Herstellung von H_2O_2 aus H_2 und O_2 durch stille elektrische Entladungen wird das sich kondensierende H_2O_2 in einer gleichmäßig dicken Schicht von einer indifferenten Flussigkeit, z. B. Wasser, dem eine geringe Menge Saure oder ein Stabilisator zugesetzt wurde, mit welchem die Wande des Entladungsraumes benetzt ·wurden, aufgenommen. Dadurch wird das ungleichmäßige Ansetzen von Reaktionsprodukten an den Wandungen des Entladungsgefäßes verhindert.

Schw. 140403. L'Air Liquide Soc. Anon. Die Reaktion zwischen O_2 und H_2 wird bei hoher Temperatur und einem Druck von mindestens 25 Atm., eventuell in Gegenwart von indifferentem Gas und eines Katalysators wie Pt ausgeführt.

Schw. 141864. I. G. Farbenindustrie A. G. Zusatz zu 137202. Es wird nur ein Teil der Wandungen des Reaktionsgefäßes, der die eine Elektrode bildet, auf einer solchen Temperatur gehalten, daß höchstens ein kleiner Teil des Reaktionsproduktes sich an dieser Wandung kondensiert.

F. 415361 (D. 229573). R. Hemptinne. Herstellung von H_2O_2 aus Mischungen von O_2 mit überschüssigem H_2, so daß ein nicht explosives Gemisch entsteht, durch stille elektrische Entladungen, wobei die Gase im Kreislauf bewegt und das gebildete H_2O_2 unmittelbar kondensiert wird.

F. 485476. R. Moritz. Auf eine Lösung von O_2 in Wasser wird Pd, das mit H_2 gesättigt ist, in einem Rohr einwirken gelassen. Die Sättigung mit H_2 wird dauernd aufrechterhalten.

F. 427406. V. E. I. Durafort und A. E. G., Berlin. Man erzeugt in mit O_2 gesättigtem Wasser elektrische Entladungen.

F. 649295. I. G. Farbenindustrie A. G. Ausführung photochemischer Reaktionen mit Hilfe elektrischer Entladungen, wobei das zur Reaktion zu bringende Gas bzw. Dampfgemisch mit Metalldampf beladen und der Bestrahlung ausgesetzt wird, die von einer mit Metalldampf erzeugten elektrischen Entladung emittiert wird. Die Bestrahlung ist nur kurz, damit die Reaktionsprodukte nur in geringer Konzentration entstehen. Man arbeitet im Kreislauf und entfernt die gebildeten Produkte nach dem Durchlaufen der Bestrahlungszone, vornehmlich durch Lösungsmittel für die Produkte. Die Reaktion kann auch unter vermindertem Druck ausgeführt werden.

F. 667349. L'Air Liquide Soc. Anon. Herstellung von H_2O_2 aus O_2 und H_2, letzterer besonders in atomisiertem Zustand. H_2 und O_2 werden rein oder verdünnt, mit oder ohne Katalysatoren bei hohen Temperaturen und hohem Druck aufeinander einwirken gelassen.

E. 12274/1897. S. Rosenblum, D. Rideal und The Commercial Ozone Syndicate. Herstellung von H_2O_2 durch Einführung von O_3 und einer oder mehreren organischen Verbindungen, wie Terpentinöl, im dampfförmigen Zustand in Wasser.

E. 10881/1904. E. A. Carolan. Eine Mischung von Wasserdampf und O_2 wird durch Einwirkung von Strahlen einer Hg-Dampflampe in H_2O_2 übergeführt.

E. 25681/1911. I. Härdén. Elektrolytisch hergestellter H_2 und O_2 werden unter dem Einfluß von stillen elektrischen Entladungen, eines elektrischen Lichtbogens oder hoch erhitzter Drähte zu H_2O_2 vereinigt.

E. 120045. R. Moritz. Herstellung von H_2O_2 durch Anwendung von Pd oder einer Pd-Legierung in Form eines Rohres, Stabes oder Drahtes, gesättigt mit H_2, auf eine Lösung von O_2 in Wasser, wobei der H_2 in der Beschickung ständig erneuert wird.

Canad. 344104. Mathieson Alkali Works. H_2 und O_2 im Verhältnis 96—92 und 4—8 Raumteilen werden unter Anwendung gekühlter Elektroden bei 15—70° stillen elektrischen Entladungen eines Wechselstromes von 500—3000 Perioden und 3000 bis 4000 Volt unterworfen.

A. 1659382. H. St. Taylor. Herstellung von H_2O_2 durch Bestrahlung einer Mischung von H_2, O_2 und aktiviertem Hg-Dampf unter dem Einflusse der Resonanzstrahlung einer Hg-Dampflampe.

A. 1844420 und 1844421. General Elektric Vapor Lamp Co. Durchführung von Gasreaktionen. Die Gase werden in einem magnetischen Feld, das durch hochfrequente Wechselströme erzeugt ist, der Wechselstromwirkung ausgesetzt, wobei solche Stoffe anwesend sein sollen, die, wie z. B. Hg, in dem magnetischen Feld aktiviert werden. Das Verfahren eignet sich zur Herstellung von H_2O_2.

A. 1890793. O. Nitzschke, E. Noack. Eine Mischung von O_2 und H_2 wird durch eine Zone stiller elektrischer Entladungen geführt und die Temperatur der Gase auf etwa 100° gehalten.

A. 1904101. M. E. C. Taylor. Zur Herstellung von H_2O_2 wird eine Mischung von H_2, O_2 und Hg-Dampf der Coronaentladung ausgeeetzt.

A. 2015040. A. Pietsch. Herstellung von H_2O_2 durch stille elektrische Entladungen, wobei dem H_2-O_2-Gemisch Wasserdampf in einer Menge zugeführt wird, die mindestens der Sättigungstemperatur des ˙Wasserdampfes von 40^0 C entspricht.

A. 2035101. E. C. Soule. Herstellung von H_2O_2 durch Autoxydation einer aromatischen Amino-Hydrazoverbindung in. Gegenwart von Wasser.

II.. Herstellung von H_2O_2 durch kathodische Reduktion von O_2 (zu Abschn. IX).

Ö. 3611. Alf Sinding-Larsen. Herstellung von H_2O_2 durch Wechselstromelektrolyse mit ungleich großen Stromstößen.

Ö. 67125 (D. 276540, Schw. 64476, F. 457696, E. 10476/1913, A. 1074549). Henkel u. Cie. Der Elektrolyt wird in einem langgestreckten Hochdruckgefäß aus keramischer Masse unter O_2-Überdruck vom Anoden- in den Kathodenraum fließen gelassen.

Ö. 68722. (D. 266516, Schw. 63359, F. 456796, E. 8582/1913). Dieselbe. Die Zufuhrung des O_2 und die Elektrolyse werden unter höherem als atmosphärischem Druck vorgenommen.

Ö. 69880 (D. 273269, 279073, Schw. 67431, F. 467223, E. 754/1914, A. 1138520, 1138519). Dieselbe. Zusatz zu 68722. Als Kathoden werden Legierungen von Hg mit Ag (Ag-Amalgam) oder mit Cu (Cu-Amalgam), ferner Ta, W und Mo verwendet.

Ö. 70746 (D. 283957, E. 22714/1914, A. 1144271). Zusatz zu 67125. Die Innenwand des röhrenförmigen Hochdruckgefäßes ist mit einem geeigneten Elektrodenmaterial versehen und dient als Kathode, während etwa in der Mittelachse des Gefäßes eine mit einem geeigneten Diaphragmenschlauch überzogene Anode angeordnet ist.

Ö. 113666 (D. 486481, Schw. 128224, E. 297880). I. G. Farbenindustrie A. G. Übersattigte Lösungen von O_2 werden bei gewöhnlichem Druck elektrolysiert. .

Ö. 116046 (D. 485053, E. 316919, A. 1847492, F. 696150). Dieselbe. Der bei der kathodischen Reduktion von O_2 erforderliche Gasstrom wird zugleich zum Konzentrieren bzw. Destillieren der in der Elektrolysierzelle erzeugten H_2O_2-Lösung verwendet.

Ö. 136366 (A. 2000815, Schw. 167798). E. Berl. Elektrode aus hochaktiver Kohle zur Herstellung von H_2O_2.

D. 48542. M. Traube. H_2O_2 durch Einwirkung von Luft und Wasser auf Znoder Cd-Amalgam bei Gegenwart von Baryt, Strontian oder Kali, worauf die erdalkalischen Peroxyde mit Sauren zersetzt werden.

D. 302735 (Ö. 77772, E. 1687/1915, A. 1169703). Henkel u. Cie. Kathodische Darstellung von festen Peroxydverbindungen, wobei in einem alkalischen oder neutralen, O_2 enthaltenden gekühlten Elektrolyten während oder nach der Elektrolyse lösliche Verbindungen zugesetzt werden, die mit dem an der Kathode entstandenen H_2O_2 in Wasser unlösliche oder schwerlösliche Perverbindungen, z. B. Perborat, zu bilden vermögen.

D. 463794 (E. 316648, A. 1792389, Ö. 121014, Schw. 138309). I. G. Farbenindustrie A. G. Aktiven O_2 enthaltende Verbindungen werden an amalgamierten Kathoden in der Weise hergestellt, daß diese in kurzen Zeitabständen oder ununterbrochen mit frischem Hg benetzt werden.

D. 464288. Dieselbe. Der Gasraum der elektrolytischen Zelle wird im Verhältnis zum Elektrolytvolumen so groß gewählt, daß bei plötzlicher vollständiger Zersetzung des gebildeten H_2O_2 der zulässige Höchstdruck der Zelle nicht überschritten wird.

D. 485714 (E. 313124). Dieselbe. Zusatz zu 463794. Der Elektrolyt wird während der Elektrolyse an schwerloslichen Hg-Verbindungen gesättigt erhalten, indem diese als Bodenkorper im Elektrolyten zugegen sind.

D. 508091 (E. 341847, F. 696150). Dieselbe. Bei der Elektrolyse mit Hg-Elektroden unter Druck sind mehrere mit Hg oder Amalgam versehene Elektrodenschalen in einem gemeinsamen Druckbehälter ubereinander angeordnet. Die ‚Bewegung der Flussigkeit erfolgt durch Gasstrahlen, die dicht über der Hg-Oberfläche, zweckmäßig in waagrechter Richtung, in den Elektrolyten eingepreßt werden. Der Boden der Hg-Schalen ist durch eine Kittmasse eingeebnet, die durch eine Glasplatte abgedeckt wird.

D. 514172 (Schw. 147445). Es wird eine getrennte, kontinuierliche oder periodische Erneuerung von Katholyt und Anolyt vorgenommen.

D. 528461. E. Luther, geb. Schulze. Anoden- und Kathodenraum sind durch eine poröse, stromdurchlässige Wand voneinander getrennt. Elektrolyt ist eine 0,01—5%ige Lösung von zwei oder mehreren Säuren, wie H_2SO_4, HNO_3, B-, P-Säure, und N-Verbindungen, die periodisch oder kontinuierlich aus dem Anoden- und Kathodenraum oder nur aus dem Kathodenraum ein- und ausläuit, und wobei der Kathodenflüssigkeit bis auf — 40⁰ gekühlter O_2, O_3 oder ozonisierte Luft zugeführt wird. Auch die Kathodenflüssigkeit kann bis — 40⁰ gekühlt sein. Die Anoden sind aus Kohle und die Anoden aus rostbeständigen Cr-, Ni-Stahlblechen (V 2 A) hergestellt.

D. 547003 (Schw. 149687, F. 696373). I. G. Farbenindustrie A. G. Es erfolgt eine dauernde oder periodische Prüfung des O_2. Etwa vorhandener H_2 wird fortlaufend oder zeitweise, zweckmäßig durch Verbrennung an einem Katalysator beseitigt.

Schw. 126402 (E. 290750, F. 633360). Dieselbe. Bei der elektrolytischen Herstellung von aktiven Sauerstoff enthaltenden Verbindungen wird gleichzeitig im Anodenraum sowie im Kathodenraum eine Perverbindung hergestellt.

Schw. 127517 (E. 295137). Dieselbe. Man verwendet, Kathoden aus unedlen Metallen mit glatter Oberfläche und erzeugt im Katholyten die Leitfähigkeit durch solche Säuren und Salze, die bei der Elektrolyse das als Kathode verwendete Metall nicht angreifen.

Schw. 125517. Als Kathode dient Ag oder nur Ag-Legierungen (Ag mit Al oder Sn) in einer verdünnten H_3PO_4-Lösung. Auch Hg-Legierungen können verwendet werden.

E. 7198/1900. W. Ph. Thompson. Zur Herstellung von H_2O_2 verwendet man pulsierende Ströme, die in einer Richtung stärkere Wirkung haben als in der anderen, z. B. Impulse von ungleich langer Dauer und Stärke.

A. 2022650. L. H. Dawsey. Eine Mischung von mindestens 92% H_2 mit O_2 wird bei 15—70⁰ einer stillen elektrischen Entladung mit 500—3000 Frequenzen/Sek. ausgesetzt.

III. Herstellung von H_2O_2 auf chemischem Weg aus Peroxyden u. dgl. (zu Abschn. IX).

D. 132090 (Ö. 6686, E. 5240/1901, A. 692139). P. L. Hulin. Herstellung wäßriger Lösungen von H_2O_2 aus Na_2O_2 unter gleichzeitiger Gewinnung von Kryolith durch Lösen des Na_2O_2 in wäßriger H_2F_2 und Ausscheidung des gebildeten Na_3F_2 mittels NH_4F.

D. 165097. La Société H. Gauthiere u. Co. Erdalkalipersalze werden mit kristallisiertem Na_2SO_4 in ausreichender Menge gemischt und dieses Gemisch in eine Säure eingetragen, welche mit dem Erdalkali ein lösliches Salz bildet und hierauf das Erdalkali in unlöslicher Form abgeschieden.

D. 179771. E. Merck. BaO_2 oder Ba-Peroxydhydrat werden mit CO_2 und Wasser in der Weise behandelt, daß die Lösung zuerst möglichst lange alkalisch reagiert.

D. 179826. Derselbe. Man läßt auf Ba-Percarbonat Wasser oder eine Säure einwirken.

D. 195351. Konsortium für Elektrochemische Industrie G. m. b. H. Percarbonate oder Perborate werden mit Wasser behandelt und das zuerst gebildete H_2O_2 in dem Maße seiner Entstehung aus der Lösung entfernt, worauf die zurückbleibende Salzlösung neuerdings der elektrolytischen Oxydation unterworfen wird.

D. 253284 (Ö. 53453). Österr. Verein für Chem. u. Metallurg. Produktion. Gleichzeitige Gewinnung von hochprozentigem H_2O_2 und festem saurem $NaHF_2$ aus Na_2O_2 und H_2F_2, wobei unter Aufrechterhaltung einer Säurekonzentration von 20—80 g H_2F_2/l Na_2O_2 und H_2F_2 in direkten Gewichtsverhältnissen so aufeinander einwirken gelassen werden, daß das gesamte Alkali in das schwerlösliche $NaHF_2$ übergeführt wird.

D. 294874 (F. 458158, E. 10292/1913, A. 1210651). Bariumoxyd G. m. b. H.

Trockenes oder hydratisiertes BaO_2 oder ein anderes mit H_3PO_4 unlösliche oder schwer-löslische Salze bildendes Metallperoxyd wird mit einer zu seiner völligen Zersetzung ausreichenden Menge konz. H_3PO_4 behandelt.

D. 298320. P. Aschkenasi. Die Peroxyde der Erdalkalien werden mit konz. H_3PO_4 in einem solchen Überschuß zerlegt, daß vollständige oder nahezu vollständige Losung erreicht wird und nach Fällung des Erdalkalis mit H_2SO_4 das freigewordene H_2O_2 abdestilliert wird.

D. 355866 (Schw. 100172, E. 186871, A. 1262589). Scheideanstalt. H_2O_2 wird durch Umsetzen von Alkaliperborat mit Mineralsäuren in der Weise gewonnen, daß man die Menge des Perborats und die Stärke der anzuwendenden Säure, vorzugsweise Schwefelsäure, so bemißt, daß unmittelbar eine 20%ige H_2O_2-Lösung, mindestens aber eine mehr als 10%ige H_2O_2-Lösung entstehen kann.

D. 378609. Rhenania Verein Chem. Fabriken A. G. BaO_2 oder Ba-Peroxyd-hydrat werden zweckmäßig unter Kuhlung in einer wäßrigen Lösung mit CO_2 be-handelt, welche Ammonsalze bzw. Salze solcher löslichen Basen enthält, die schwä-cher als $Ba(OH)_2$ sind und deren Anionen mit Ba-Ionen keine unlöslichen Verbin-dungen ergeben.

D. 403253. Dieselbe und F. Martin. BaO_2 oder daraus hergestelltes BaO_2-Hydrat wird unter Kühlung portionsweise oder kontinuierlich mit HCl solcher Konzentration behandelt, daß ein großer Teil des bei der Reaktion gebildeten $BaCl_2$ auskristallisiert, worauf die erhaltene H_2O_2-Lösung nach Trennung von dem festen $BaCl_2$ der Destil-lation unterworfen wird.

D. 418321. Dieselbe, Zusatz zu 403253. Zur Reinigung der erhaltenen Roh-lösung von H_2O_2 werden lösliche Phosphate und Fluoride bzw. H_2F_2 verwendet.

D. 428707. E. de Haën A. G. Beim Zersetzen von BaO_2 mit H_3PO_4 wird dem BaO_2 $BaCO_3$ in der Weise zugesetzt, daß die Menge des Zusatzes mit dem Fort-schreiten der Operation steigt, nachdem sie in deren erstem Stadium gering oder auch Null ist, zum Schluß stärker wird oder die des BaO_2 sogar völlig verdrängt.

D. 435900 (A. 1587450). I. E. Weber, H. E. Alcock und B. Laporte Ltd. Das durch Behandlung von BaO_2 mit H_3PO_4 abgeschiedene $Ba_3(PO_4)_2$ wird mit H_3PO_4 behandelt, die Lösung von dem Ungelösten getrennt und gegebenenfalls mit Schwefel-saure zur Fallung von $BaSO_4$ und Freisetzung der H_3PO_4 versetzt, worauf die er-haltene H_3PO_4-Lösung zur Behandlung von weiterem BaO_2 und zur Lösung des Ba-Phosphates wieder benutzt werden kann.

D. 452266 (E. 294265, F. 638090). P. Askenasy, G. Hornung und R. Rox. Aus BaO_2 und CO_2 unter Druck in wäßriger Aufschlammung in Gegenwart von Salzen wird in der Weise H_2O_2 hergestellt, daß dem Reaktionsgemisch solche Säuren bzw. Salze des Ba zugesetzt werden, deren Ba-Salze in der Hitze in $BaCO_3$ (Ba-Oxyde) ubergehen und die leicht löslich sind bzw. sich aus dem beigemengten $BaCO_3$ beim Scheiden desselben vom H_2O_2 leicht auswaschen lassen.

D. 458189. M. Bodenstein. BaO_2 wird mit verdünnter H_3PO_4 bis zur Bildung von primaren löslichen Ba-Salzen umgesetzt, dann H_2F_2 zur Ausfällung des Ba und weiterhin abwechselnd H_2F_2 und BaO_2 eingetragen, vom unlöslichen BaF_2 abfiltriert und die Lósung von H_3PO_4 und H_2O_2 mit BaO_2 neutralisiert, das entstehende sekun-däre unlosliche Ba-Phosphat von H_2O_2 getrennt und mit H_2F_2 zersetzt, worauf ab-wechselnd wieder BaO_2 und H_2F_2 eingetragen werden, wahrend das abfallende BaF_2 mit $Ca(NO_3)_2$ mit $Ba(NO_3)_2$ in BaO ubergefuhrt wird und der gleichzeitig gewonnene Flußspat mit H_2SO_4 zur Erzeugung der benötigten H_2F_2 benutzt wird.

D. 458190. Derselbe. BaO_2 wird mit H_3PO_4 oder H_3AsO_4 versetzt, nach Um-setzung mit einer ein schwer losliches Ba-Salz bildenden konz. Säure, wie H_2F_2, H_2SiF_6, B-Fluorwasserstoffsaure, die H_3PO_4 in Freiheit gesetzt und dann abwechselnd BaO_2 und Sauren bis zur gewunschten H_2O_2-Konzentration eingetragen.

D. 460029 (F. 628441). P. Askenasy und G. Hornung. Bei der Herstellung von H_2O_2 aus BaO_2 und CO_2 in waßriger Suspension wird ein BaO_2 verwendet, das mehr als die beim Umsetzen mit H_2SO_4 usw. zulassigen Verunreinigungen enthält.

D. 460030 (F. 628360). P. Askenasy, R. Rose und G. Hornung. Die Umsetzung von BaO_2 und Co_2 wird sehr rasch und mindestens bei 20 Atm. vorgenommen, wobei das anfallende $BaCO_3$ wieder in den Kreisprozeß eingefuhrt wird.

D. 464353. H. Schulz. Das auf elektrolytischem Wege gewonnene Ba-, Sr- oder Ca-Peroxydhydrat wird unter 0^0 mit HCl, H_2SO_4 oder CO_2 behandelt oder in konz. Schwefelsäure unter Ruhren und Kuhlen eingetragen und die verdunnte H_2O_2-Lösung im Großoberflächenverdampfer unter gewöhnlichem Luftdruck bei etwa 70^0 oder unter vermindertem Druck eingedampft.

D. 465763 (E. 294265). Zusatz zu 452266. Dem Reaktionsgemisch von BaO_2, CO_2 wird HCl bzw. $BaCl_2$ zugesetzt.

D. 582925. Kali-Chemie A. G. Das bei der Herstellung von H_2O_2 aus BaO_2 und H_3PO_4 anfallende Dibariumphosphat wird in einer solchen Menge HCl oder HNO_3 gelöst, daß das entsprechende Bariumsalz dieser Säuren unmittelbar ausfällt, worauf es abgetrennt und die nunmehr freie H_3PO_4 nach Verflüchtigung von etwa noch vorhandenen fremden Säuren zu erneuter Umsetzung mit BaO_2 verwendet wird.

D. 585518. Zusatz zu 582925 (A. 2031180). Dieselbe. Aufarbeitung von Dibariumphosphat, wie es bei der Herstellung von H_2O_2 aus BaO_2 und H_3PO_4 anfällt, indem das Dibariumphosphat in Phosphorsäure zu Monobariumphosphat gelöst, die ungelösten Bestandteile abgetrennt und die Lösung dann mit Salz- oder Salpetersäure weiterbehandelt wird.

D. 620170. Chemische Fabrik Coswig-Anhalt G. m. b. H. Aufarbeitung des anfallenden Bariumphosphats durch Gluhen mit Kohle auf Phosphor, eventuell H_3PO_4 und Bariumkarbid, das mit H_2O in C_2H_2 und $Ba(OH)_2$ umgesetzt wird.

Ö. 71796. Fa. Kosek, D. Becker und I. Fiala. Herstellung von H_2O_2 durch Eintragen von BaO_2 in H_3PO_4, wobei die entstehende Flussigkeit mit nur so viel HNO_3 versetzt wird, daß noch unzersetztes Bariumphosphat zuruckbleibt, worauf nach eventuellem Entfernen des ausgeschiedenen $Ba(NO_3)_2$ in die H_2O_2 enthaltende Flussigkeit neue Mengen von BaO_2 eingetragen werden können.

Schw. 53582 (F. 432235, E. 11839/1911, A. 1052626). Waschanstalt Zürich A. G. Apparat zur Einführung von Na_2O_2 in mit Säuren versetztes Wasser, bestehend aus einem gekuhlten Gefäß fur Wasser und Sauren und einem oberhalb dieses Gefäßes angeordneten Na_2O_2-Behälter, dessen Austrittsöffnung durch eine Ventilvorrichtung abgeschlossen ist.

Schw. 62846. H. Treichler. Ähnlich wie vorstehend, nur sitzt der Na_2O_2-Behalter auf einem am Wassergefäß angeordneten Deckel. Die Mahlvorrichtung am Na_2O_2-Behälter wird mittels auf dem Deckel gelagerter Zahnräder angetrieben.

F. 320495. M. de Lavèze. Aus einer Lösung von Bariumaluminat und H_2SO_4 glaubt der Anmelder H_2O_2 darstellen zu können.

F. 322152. Soc. Jouthiere, Laurant u. Cie. In eine Säure tragt man BaO_2 und kristallisiertes Na_2SO_4 ein.

F. 343589. Soc. Steinfelner u. Co. Man laßt eine Mischung von H_3PO_4, H_2SO_4 und NaCl auf BaO_2 einwirken.

F. 359523. S. A. Des Etablissements Poulenc Frères. Die Darstellung von H_2O_2 aus BaO_2 und HNO_3 mit anschließender Vakuumdestillation. Herstellung von ZnO_2 durch Fällung einer H_2O_2-haltigen Zn-Lösung mit Alkali.

F. 7380. Zusatz zu 359523. Dieselben. Das $Ba(NO_3)_2$ wird mit Na_2CO_3 oder Na_2SO_4 gefällt.

F. 367199 (E. 13828/1906, A. 870148). R. Wolffenstein. Behandlung von BaO_2 in wäßriger Aufschlämmung mit CO_2 in einem alkalischen Medium, das die Bildung von Ba-Percarbonat ermöglicht. Man andert die Natur der Reaktion erst gegen Ende des Prozesses, wobei sich das Bariumpercarbonat in Bariumcarbonat und H_2O_2 zersetzt.

F. 403294. O. Dony-Hénault. Gemeinsame Anwendung waßriger Lösungen von Schwefelsäure und geringer Mengen Alkohol bei der Einwirkung auf Na_2O_2.

F. Zusatz 15471 (439566). Soc. Darrasse und M. L. Dupont. Herstellung von H_2O_2 durch Einwirkung von H_2SO_4 auf Na_2O_2.

Holl. 19287. Titanium Ltd., Montreal. Das durch Einwirkung von H_3PO_4 auf BaO_2 entstandene Bariumphosphat wird nach dem Abtrennen der H_2O_2-Lösung in H_3PO_4. gelöst und von dem ungelösten Rest abfiltriert. Aus der Lösung wird Blanc Fix durch Zufügung von Sulfation, z. B. H_2SO_4, abgeschieden.

E. 21333/1899. E. Edwards u. Co. BaO_2 wird mit einer Säure, die mit Barium unlösliche Salze bildet, unter starkem mechanischem Rühren behandelt.

E. 1771/1906 (F. 359523). C. Poulenc. Als Rohmaterial für das BaO_2 wird $Ba(NO_3)_2$ verwendet, das bei der Zersetzung von BaO_2 mit HNO_3 angefallen ist.

E. 295137. I. G. Farbenindustrie A. G. Man verwendet bei der Herstellung von H_2O_2 oder Lösungen, die O_2 abgeben (Perschwefelsäure, Persulfate, Perborate, Na_2O_2), Apparate aus Silber oder unedlen Metallen oder deren Legierungen, die frei von Hg sind, in sehr sorgfältig geglättetem und hochpoliertem Zustand.

E. 398399 (F. 750125, 750592, D. 582925). Kali-Chemie A. G. Gemeinsame Gewinnung von H_2O_2 und unlöslichen Bariumsalzen, wobei das Dibariumphosphat, das beim Versetzen von Bariumperoxyd mit H_3PO_4 erhalten wurde, mit einer flüchtigen Säure, wie HNO_3, behandelt wird.

A. 1235664. H. A. Doerner. Auf BaO_2 wird CO_2 unter Druck bei niederer Temperatur einwirken gelassen.

A. 1346558. R. Jacquelet. Man läßt auf BaO_2 eine schwache Lösung von HCl einwirken und fällt dann $Ba(NO_3)_2$ mit HNO_3. Die Mengen der Säuren sind so bemessen, daß eine neutrale H_2O_2-Lösung erhalten wird.

A. 1398468. A. I. Schumacher. BaO_2 wird zu einer verdünnten Lösung von H_3PO_4 zugesetzt, wobei sich saures Bariumphosphat bildet. Kontinuierlich wird gekühlte Schwefelsäure zur Freimachung von H_3PO_4 und Fällung des Bariums zugesetzt.

A. 1627325. Q. L. Halvorsen. Na_2O_2 wird in verdünnte H_2SO_4 eingetragen, das Na_2SO_4 von der Lösung getrennt, zur Fällung des gelösten Na_2SO_4 Alkohol zugegeben und durch fraktionierte Destillation Alkohol und H_2O_2 gewonnen.

A. 1781859. J. B. Pierce. In eine Lösung von H_2SO_4, die etwas HNO_3 enthält, wird SrO_2 eingetragen.

A. 1919036. Derselbe. $SrSO_4$ wird mit Na_2CO_3 in $SrCO_3$ übergeführt, dieses über SrO in SrO_2 umgewandelt, mit Schwefelsäure H_2O_2 in Freiheit gesetzt und das $SrSO_4$ wieder verwendet.

A. 1978551. M. L. Reutschler. BaO_2 wird in der Kälte mit verdünnten Säuren behandelt, dann mit $Ba(OH)_2$ und H_2SO_4 und H_3PO_4 abwechselnd alkalisch und sauer gemacht und schließlich von den unlöslichen Bestandteilen durch starkes Vermahlen in einer Mühle od. dgl. während des Zwischenprozesses befreit.

IV. Die technische Darstellung von Lösungen der Überschwefelsäure und deren Salzen durch elektrolytische Oxydation der Schwefelsäure und deren Salzen
(zu Abschn. XII).

D. 81404 (E. 16014/1894). R. Loewenherz. Bei der Herstellung von $Na_2S_2O_8$ wird der Anolyt zeitweise mittels eines festen Natriumsalzes, dessen Säure schwächer ist als die Schwefelsäure, neutralisiert.

D. 105008. Fr. Deissler. Über die Anodenflüssigkeit wird die spezifisch leichtere Kathodenflüssigkeit geschichtet und dieser Unterschied während der Elektrolyse dauernd aufrechterhalten.

D. 155805. Konsortium für Elektrochemische Industrie G. m. b. H. und E. Müller. Zusatz von Verbindungen des F bei der Elektrolyse von Sulfaten.

D. 170311 (Ö. 32286, F. 351613). Dieselben. Zusatz zu D. 155805. An Stelle der F-Verbindungen werden solche Verbindungen zugesetzt, welche durch Verzögerung der elektrolytischen O_2-Entwicklung das Anodenpotential über normale Werte ansteigen lassen (HCl, $NaClO_4$).

D. 172508. Dieselben. Herstellung von Natriumpersulfat aus einer gesättigten Lösung von Natriumsulfat, die mit konz. H_2SO_4 versetzt ist.

D. 173977. Dieselben. Die im Elektrolyten entstehende Carosche Säure wird in dem Maße ihrer Bildung durch Zufügen geeigneter Substanzen zerstört.

D. 195811. Dieselben. Herstellung von Ammonpersulfat aus einer sauer reagierenden Ammonsulfatlösung ohne Diaphragma und ohne Zusatz von Chromverbindungen mit einer kathodischen Stromdichte von mindestens 20 Amp/qcm.

D. 205067 (Ö. 40076, Schw. 40186). Vereinigte Chemische Werke Allg. Ges. Zusatz von einfachen oder zusammengesetzten Cyaniden bei der Elektrolyse von Bisulfaten.

D. 205068 (Ö. 40077, Schw. 40274, 40275). Dieselbe. Zusatz zu 205067. Als weitere Zusätze werden Salze der Cyansäure, Rhodanwasserstoffsäure oder des Cyanamids verwendet.

D. 205069 (Ö. 40078, Schw. 40044). Dieselbe. Bei der Herstellung von Natriumpersulfat aus Natriumbisulfat wird dem Elektrolyten eine geringe Menge Kalisalz zugesetzt.

D. 217538 (F. 358806). Konsortium für Elektrochemische Industrie G. m. b. H. Das anodisch in Lösung gegangene Platin wird durch eine gesonderte Elektrolyse während der Hauptelektrolyse oder mittels eines in die Lösung eingeführten Aluminiumstabes aus der Lösung entfernt.

D. 237764 (Ö. 53534, F. 421328, E. 23548/1910, A. 981900). Dieselbe. Verwendung gekühlter Anoden bei der Herstellung von Überschwefelsäure.

D. 271642 (Ö. 69733). Farbenfabriken vorm. Friedrich Bayer & Co. Elektrolyse von Sulfaten oder Bisulfaten ohne Diaphragma unter Verwendung von Zinn- oder Aluminiumkathoden.

D. 276985 (Ö. 69734). Dieselbe. Zusatz zu D. 271642. Kathoden aus Legierungen des Zinns mit Aluminium oder von Sn und Al mit Mg, Zn, Cd oder Si mit oder ohne Zusatz von geringen Mengen von Schwermetallen, wie Cu oder Mn.

D. 306194 (Schw. 75875). O. Neher u. Co. und O. Nydegger. Für die Kaliumpersulfatherstellung werden Kaliumbisulfatlösungen verwendet, die erhebliche Mengen von Sulfaten oder Bisulfaten des Natriums oder Ammoniums oder beider gleichzeitig enthalten.

D. 320316 (E. 112446, A. 1399531). Chemische Fabrik Weissenstein und R. Walter. Die Wandung des Diaphragmas weist auf den Außenseiten gegeneinander versetzte Aussparungen und Rillen auf.

D. 360239. Siemens & Halske. Die mit dem Elektrolyten in Berührung stehenden Teile der Elektrode bestehen aus Wolframbronze.

D. 386514 (Ö. 100689, Schw. 100171, E. 198246, F. 552982, A. 1477099). Chemische Fabrik Weissenstein. Anode aus Tantal, dessen Oberfläche nur zum Teil mit einem Platinüberzug versehen ist.

D. 405711. Scheideanstalt. Anode aus Platin und Nickel mit mehr als 50% Pt.

D. 439885 (Ö. 101641, Schw. 106770). Siemens & Halske. Die eine Elektrode bildet die innere Wandung eines Gefäßes, das nach außen isoliert und mit einer Öffnung für den Stromdurchgang zu der anderen außerhalb liegenden Elektrode versehen ist, wobei der Elektrolyt an der Eintrittsstelle des Stromes in ständiger Bewegung erhalten wird.

D. 560583 (Ö. 110535, E. 265141, A. 1837177). Österreichische Chemische Werke G. m. b. H. Es werden Stromkonzentrationen von über 200 Amp/l Anolyt verwendet.

D. 567542 (Ö. 121750, E. 362579, A. 1837177, 1937621). Dieselbe. Der Anodenraum besitzt die Form eines in der Richtung der Stromlinien schmalen Kanales, der vom Anolyten in dünner Schicht mit großer Durchflußgeschwindigkeit durchflossen wird, während sich der Katolyt als gekühlte Flüssigkeitssäule langsam durch den Kathodenraum bewegt.

D. 580849 (Schw. 173725). A. Kratky. Ein rahmenartiges Gefäß ist durch ein Diaphragma in einen Anoden- und Kathodenraum getrennt, wobei die Kathode als gekühlte Kammer ausgebaut ist, wodurch die die Anode bildende Platte der benachbarten Zelle gleichzeitig gekühlt wird.

D. 591263. Kali-Chemie A. G. Bei der durch Aluminium versteiften Platinanode ist das Aluminium einer anodischen Behandlung unterworfen worden.

Schw. 145436. N. V. Electrochemische Ind. Die Kathode besteht aus mehreren Metallen, von denen mindestens eines unter den jeweiligen Bedingungen des Bades katalytisch zersetzend wirkt, während die Legierung selbst nicht zersetzend wirkt. Sie besteht z. B. aus V_2A-Stahl oder einer Ag-Al-Legierung, Ni-Sn-Legierung, Sn-Au- oder Ni-Cr-Legierung.

F. 421165 (E. 23252/1910). A. Pietsch und G. Adolph. Als Anodenmaterial wird technisches Platin mit mehr als 99% Pt verwendet.

F. 603043. Siemens & Halske. Der mit dem Elektrolyten in Berührung kommende Teil der Kathode besteht aus Au oder Pb, Al oder deren Legierungen mit einem Überzug aus Au.

E. 434488 (F. 781506). F. Krauß. Kontinuierliches Verfahren zur Elektrolyse einer Ammonbisulfatlosung ohne Diaphragma, wobei die Destillation der Ammonpersulfatlosung durch Fließen uber erhitzte Flachen ohne Einwirkung von Dampf stattfindet.

E. 24507/1905. G. Teichner. Herstellung von H_2O_2 aus Perschwefelsäure durch deren Überfuhrung in H_2O_2 und Entfernung des H_2O_2 entweder durch Ätherextraktion oder durch Destillation.

E. 2823/1906 (A. 880599). G. Teichner und P. Askenasy. Zeitweises Zerstören der Caroschen Saure durch Zugabe von geeigneten Reduktionsmitteln.

E. 226391. R. Wolffenstein und V. Makow. Zugabe von hochmolekularen organischen Verbindungen zum Elektrolyten.

E. 295137. I. G. Farbenindustrie A. G. Man verwendet bei der Herstellung von H_2O_2 oder Losungen, die dieses abgeben, Apparate aus Silber oder unedlen Massen, die frei von Hg sind, in sehr sorgfaltig glattem und poliertem Zustande.

A. 1861578. A. Kratky. Es wird ein waßriger Elektrolyt, bestehend aus Schwefelsaure, Kalium- und Ammoniumsulfat, Kaliumbichromat und Cersulfat verwendet.

Russ. 42048. S. J. Dobilow, S. N. Lurje und R. N. Dumow. Die Elektrode besteht aus einem Rahmen aus nicht rostendem Stahl, in welchem die Platindrahtanoden isoliert und beweglich befestigt sind. Das obere Ende der Platindrähte ist mit der Stromzufuhrungsschiene mittels einer Bakelitplatte und Ebonitholz verbunden.

Canad. 333014. J. v. Loon. Die Kathode besteht bei der Herstellung von Perverbindungen der Phosphor-, Kohlen- oder Borsaure aus einer Legierung aus mehreren der Metalle Ni, Cr, Fe, Ag, Al, Sn.

Russ. 2280. I. G. Tscherbakow. Die anodische Oxydation bzw. Polymerisation von Alkalisalzen wird unter Verwendung von Quecksilberkathoden durchgeführt. Dabei wird das Alkalimetall ununterbrochen als Amalgam abgefuhrt. Man kann auf diese Weise gleichzeitig unter anderem Persulfate und Percarbonate darstellen.

Russ. 29835. Derselbe. Die Elektrolyse erfolgt unter Anwendung von einem oder mehreren Anodengefaßen, die auf einer flussigen Metallkathode schwimmen und deren Boden aus porosem Gewebe besteht. Auf den Geweben lagert eine Schicht aus nicht leitendem pulverformigem Stoff, wie Quarz, Sand usw., aber auch Stoffen, die selbst an der Elektrolyse beteiligt sind, wie z. B. K_2SO_4 bei der elektrochemischen Darstellung von Persulfat.

A. 1861573. J. Bene u. Sons. Der Elektrolyt enthalt in waßriger Lösung Schwefelsaure zusammen mit Ammonsulfat, Cersulfat und Kaliumbichromat.

A. 1937621. E. I. Dupont de Nemours. Anode fur elektrolytische Zellen, insbesondere bei der Herstellung von Perschwefelsaure. Am Umfange eines Bleiringes befinden sich nach unten gerichtete Metallbander, deren oberer Teil aus Tantal und deren unterer aus Platin besteht.

V. Destillation von H_2O_2 (zu Abschn. XIII).

Ö. 42024 (D. 208038). Österreichische Chemische Werke G. m. b. H. und L. Lowenstein. Bei der fraktionierten Kondensation von H_2O_2-Dampfen durch Kuhlung mittels siedender Kuhlflussigkeiten sind diese mit den zu kondensierenden Dämpfen pneumatisch verbunden, um beide unter dem gleichen Druck zu halten.

Ö. 34775 (D. 199958). Konsortium fur Elektrochemische Industrie G. m. b. H. Bei der Destillation von Überschwefelsäure in stark schwefelsaurer Lösung findet eine von Katalysatoren, wie Pt, Fe und anderen Metallverbindungen vollkommen freie Losung Verwendung. Das H_2O_2 wird den Lösungen nach der Umwandlung der Perschwefelsaure durch Extraktion mit geeigneten Lösungsmitteln oder durch Destillation entzogen.

Ö. 42 809. Österreichische Chemische Werke G. m. b. H. Um bei der Destillation von H_2O_2 aus Lösungen, welche Katalysatoren enthalten, die Zersetzung des H_2O_2 zu vermeiden, setzt man der Lösung Cyanwasserstoffsäure oder Sulfocyanwasserstoffsaure oder deren Salze zu.

Ö. 48 156 (D. 249 893). Dieselbe und L. Löwenstein. Zum Abdestillieren von H_2O_2 aus dessen Rohlaugen werden diese in fließender dünner Schicht bei starker Wärmezufuhr der Destillation unterworfen.

Ö. 97 132 (D. 402 151, A. 1 577 201). Österreichische Chemische Werke G. m. b. H. Zur Erwärmung der Lösungen von Perschwefelsäure und deren Salzen wird eine direkte Flüssigkeitserhitzung mit Wechselstrom geringerer Wechselzahl als 500 Perioden/Sekunde angewendet.

Ö. 128 078 (D. 510 064, E. 354 520, D. 567 602). J. D. Riedel-E. de Haën A. G. Bei der Destillation von H_2O_2 aus sauren Persulfatlösungen wird die zu destillierende Lösung durch ein von innen oder außen erhitztes Rohr unter Vakuum von unten nach oben durchgesaugt.

Ö. 131 083 (D. 572 801). Österreichische Chemische Werke G. m. b. H. Die Destillation der Perschwefelsäure oder Persulfatlösung wird in langen engen Röhren aus Blei ausgeführt, wobei die Flussigkeit auf langem geschlossenem Wege im Gleichstrom mit den H_2O_2-Dämpfen mit hoher Durchflußgeschwindigkeit fortbewegt wird.

Ö. 135 653 (D. 574 272, F. 733 201, E. 354 520). J. D. Riedel-E. de Haën A. G. Bei der Vakuumdestillation von H_2O_2 aus Lösungen, die dieses beim Erwärmen liefern, werden diese Lösungen durch überhitzten Wasserdampf in von außen erhitzten Gefaßen zerstäubt.

Ö. 138 731 (D. 573 906, Schw. 149 084). Österreichische Chemische Werke G. m. b. H. Zusatz zu Ö. 131 083. Bei der Destillation werden Bleirohre von 20—60 m Länge vorzugsweise als spiralig gewundenes Schlangenrohr verwendet.

Ö. 139 817 (D. 587 888, 588 822, Poln. 18 297). Kali-Chemie A. G. Zur Herstellung reiner H_2O_2-Lösungen durch Destillation von durch Zersetzung von BaO_2 erhaltenen verdünnten H_2O_2-Losungen oder Lösungen von Perschwefelsäure oder Persulfaten werden die H_2O_2-Dampfe durch eine Schicht von Raschigringen geführt, wodurch sie vor der Kondensation von nebel- oder tropfenförmigen Bestandteilen befreit werden.

Ö. 141 472 (F. 773 790, D. 628 426). B. Laporte Ltd., J. E. Weber und V. W. Slater. Vorwärmen der Lösungen von Perschwefelsäure oder Persulfaten vor der Vakuumdestillation, wobei höchstens die Hälfte des Persulfats oder der Perschwefelsäure hydrolysiert. Die Hydrolyse wird durch Wasserdampfdestillation in einer mit geeignetem Fullmaterial beschickten Kolonne oder in einer Plattenkolonne unter vermindertem Druck vollendet.

Ö. 143 313 (F. 782 103). J. D. Riedel-E. de Haën A. G. Destillationsrohre von kontinuierlich oder diskontinuierlich konischer Form, wobei sich das Rohr in der Richtung der entweichenden Dämpfe erweitert.

D. 85 802. R. Wolffenstein. Herstellung von mehr als 50%igem H_2O_2 durch Destillation bei Verwendung von absolut reinen Ausgangslösungen.

D. 152 173. E. Merck. Chemisch reines konzentriertes H_2O_2 wird durch direkte Destillation des aus Na_2O_2 und Schwefelsäure erhaltenen rohen H_2O_2 ohne vorherige Entfernung des gelösten Natriumsulfats hergestellt.

D. 217 539. Konsortium für Elektrochemische Industrie G. m. b. H. Die Gewinnung von H_2O_2 aus Lösungen, die neben H_2O_2 noch Schwefelsäure, Überschwefelsäure oder Sulfomonopersäure enthalten, durch Destillation dieser Lösungen im Vakuum.

D. 219 154. Chemische Fabrik Flörsheim Dr. H. Noerdlinger. H_2O_2-Lösungen beliebiger Konzentration und Reinheit werden unter Hindurchblasen eines kräftigen Stromes eines indifferenten Gases, wie Luft, bei Temperaturen unter 85^0 destilliert.

D. 374 975 (Ö. 94 197, Schw. 98 790, E. 184 153, A. 1 511 494). Chemische Fabrik Weissenstein. Destillieren oder Konzentrieren von H_2O_2 in Gefäßen aus Tantal.

D. 418321. Rhenania Verein Chem. Fabriken A. G. und Dr. F. Martin. Zusatz zu D. 403253. Reinigung der nach dem Aufschluß von BaO_2 mit konz. HCl erhaltenen Rohlosungen von H_2O_2 durch losliche Phosphate und Fluoride bzw. Flußsäure.

D. 441259. Chemische Fabrik Coswig-Anhalt G. m. b. H. und Dr. E. von Drathen. Beim Verfahren der Destillation oder Konzentration von H_2O_2 aus Gefaßen von Quarz, Porzellan oder Steingut sind in diesen Behaltern an der Wand gut isolierte Heizdrahte oder Heizgitter aus Tantal angebracht.

D. 525923 (E. 366417). Peroxydwerk Siesel A. G. Apparatur zur Konzentration und Destillation von H_2O_2, wobei das H_2O_2 am Boden der Verdampfer durch Zerstaubungsdusen eingespruht und die Dampfe durch einen Saureabscheider mit einer Raschigkolonne in das Kondensatorsystem gefuhrt werden. Die Apparatur steht unter Vakuum und ist mit einer Vorlage zur Aufnahme der ausgeschiedenen Saure, des konz. H_2O_2 sowie des ausgeschiedenen kondensierten Wassers ausgestattet.

D. 553274. Deberag. Herstellung von H_2O_2-Losungen durch Destillation, wobei eine Uberlaufzentrifuge mit bestimmter Winkelgeschwindigkeit verwendet wird, deren geheizte Trommelwand so geformt ist, daß sie sich dem bei der gewählten Geschwindigkeit entstehenden Umdrehungsparaboloid anpaßt.

D. 567601 (F. 747148). Dieselbe. Bei der Destillation von H_2O_2-Lösungen wird ein Apparat verwendet, bei dem die Zuleitung der Destillationsflussigkeit mit der Dampfzuleitung und Vakuumleitung gekuppelt ist. Die Destillationsflüssigkeit kann auch in rotierenden geheizten Destillationsrohren einer Zentrifugalwirkung ausgesetzt werden, wobei in den Rohren die zu destillierende Losung mit Hilfe von Streudüsen zerstaubt wird.

D. 567602. J. D. Riedel-E. de Haèn A. G. Zusatz zu D. 510064. Der nach der Trennung von den H_2O_2-Dampfen anfallende Destillationsruckstand wird nach der Verdunnung mit Wasser oder nach dem Einleiten von Wasserdampf, am besten im gleichen Arbeitsgange, einer erneuten Destillation gemaß dem Hauptpatente unterworfen.

D. 572112. Deberag. Zusatz zu 567601. Die zugefuhrte Destillationsflüssigkeit wird im Zuleitungsrohr, also vor deren Einfuhrung in den Destillationsraum, auf eine Temperatur erhitzt, die wenig unter der Temperatur liegt, bei der sich H_2O_2 bei den im Zufuhrungsrohr herrschenden Bedingungen bilden wurde.

D. 572615. Dieselbe. Zusatz zu 567601. Die Destillationsrohré besitzen eine gewellte Oberflache.

Schw. 95839 (D. 482725, E. 187516). W. Mau. Zur Herstellung von hochprozentigen H_2O_2-Lösungen wird eine verdunnte Lösung durch Streudusen nur in solchen Mengen in das Destillationsgefaß gebracht, als durch Vakuumdestillation abgefuhrt wird.

Schw. 126577. I. G. Farbenindustrie A. G. Zur Konzentrierung von H_2O_2-Losungen werden diese in einer Verteilung mit einem Gasstrom in Beruhrung gebracht. Die Losung wird in Form einer dunnen Schicht durch vertikal oder schräg stehende Rohre, die von außen erhitzt werden, an der Rohrwand herabfließen gelassen.

Schw. 172367. A. Kratky. Die Losungen, die beim Erhitzen H_2O_2 liefern, werden durch den sehr eng gehaltenen Raum zwischen zwei ineinandergeschobenen Röhren rasch durchgeleitet. Die Verdampfer konnen aus einer Blei-Tellur-Legierung bestehen. Zum Schutz gegen katalytische Einwirkungen können die Metallteile negativ aufgeladen sein.

Schw. 174343 (F. 769762, Ö. 144895). Scheideanstalt. Die zu destillierende, H_2O_2 abgebende Flussigkeit wird durch horizontal liegende Verdampferrohre geleitet, die von innen mit Dampf beheizt werden.

F. 371043. Urbasch. Destillation von H_2O_2 aus Losungen von Persulfaten durch Destillation in Plattenturmen im Vakuum.

F. 439566. Soc. Darrasse Frères Co. und L. Dupont. Die Destillation von verdunnten, verunreinigten H_2O_2-Lösungen wird in Gegenwart von Schwefel- oder Phosphorsäure im Vakuum durchgefuhrt.

F. 445096. A. Hempel. Die Lösungen von Perschwefelsäure werden in dunner Schicht oder in Form eines Spruhregens oder in sonstiger sehr feiner Verteilung in horizontale Apparate, die von außen beheizt sind, eingefuhrt.

F. 17505. Zusatz zu F. 445096. Derselbe. Die zu destillierende Perschwefelsaurelosung wird in Apparate beliebiger Form und Lage, die von außen beheizt sind, eingefuhrt. Diese sind mit Vorkehrungen versehen, die eine Beruhrung der entstehenden H_2O_2-Dampfe sowohl mit der Überschwefelsaure als auch mit der abziehenden Schwefelsaure verhindern.

F. 478167. L'Air Liquide Soc. Anon. Bei der Destillation von unreinen H_2O_2-Losungen unter vermindertem Druck wird diesen starke konzentriertere, bereits gereinigte H_2O_2-Losung und destilliertes Wasser zugegeben.

F. 563908. G. F. Jaubert. Eine an H_2O_2 arme Losung wird im Vakuum kontinuierlich unter Rektifikation destilliert.

F. 634195. J. D. Riedel. Auf jedes Molekul Persulfat und Ammonsulfat kommt bei der Elektrolyse mehr als 1 Molekul Schwefelsaure.

F. 42600. Zusatz zu F. 733201 (Ö. 135653). Soc. Electrochimie. Die zu destillierende Flussigkeit wird mit Wasserdampf zerstaubt, der an einer oder mehreren Stellen in die Losung eingeblasen wird, und zwar in derselben Richtung, in der der Dampf mit der zerstaubten Flussigkeit einstromt.

F. 782102. Krebs & Co. Eine Ammonbisulfatlosung wird nur bis zu einem Gehalt von nicht mehr als 10 g aktiven O/l zu Ammonpersulfat elektrolysiert und dann destilliert.

F. 785876. Ges. zur Verwertung chem. techn. Verfahren. Die in den Destillationsapparat eingefuhrte Persulfatlosung geht vorerst durch einen Behalter, der mit dem Destillationsraum sowohl durch die Flussigkeit als auch mit dem Dampfraum in Verbindung steht.

F. 790401. J. Mercier. Alle Teile der Destillationsapparatur und der Zufuhrung werden unter einem und demselben Vakuum gehalten. Die Zirkulation der zu destillierenden Flussigkeit wird nur durch die Beheizung einer einzigen Röhre vorgenommen, die mit der anderen nach Art der kommunizierenden Rohren verbunden ist.

F. 797656. Soc. D'Électrochimie, D'Électrometallurgie, et des Acieries Électriques D'Ugine. Verfahren zur fraktionierten Kondensation von Gemischen von H_2O- und H_2O_2-Dampfen, wobei aus diesem Gemisch in einem mit Raschigringen oder dgl. gefullten Turm oder in einer Kolonne durch Einspritzen von fein verteiltem Wasser ohne Anwendung eines Dephlegmators das H_2O herausgewaschen wird. Die Wassermengen sind derart geregelt, daß gerade die gewunschte Konzentration der Wasserstoffperoxydlosung anfallt. Dem eingespritzten Wasser konnen auch Stabilisatoren beigemengt sein. Der Wirkungsgrad der Kondensation betragt $97^0/_0$. Im kondensierten Wasser ist nur $0,001^0/_0$ H_2O_2 enthalten.

E. 24507/1905. Eine elektrolytisch gewonnene Losung von Perschwefelsaure wird der Destillation unterworfen.

E. 22019/1909. Ph. Middleton Justice. Destillation einer Perschwefelsaure mit einem kleinen Zusatz von HCl.

E. 186840 (A. 1234380). J. Patek. Die Destillation von H_2O_2- oder Ammonpersulfatlösungen wird dadurch bewirkt, daß die das H_2O_2 abgebende Losung auf die Oberflache von heißer Schwefelsaure oder einer Schmelze von Natriumbisulfat aufgespruht wird.

E. 264535. I. G. Farbenindustrie A. G. Die H_2O_2-Losung wird in Form von dunnen Schichten einem starken Gasstrom bei gewöhnlichem oder vermindertem Druck ausgesetzt und dadurch konzentriert und destilliert. Die Gase konnen getrocknet und vorgewärmt sein und werden im Kreislauf wieder verwendet.

E. 358654. B. Laporte Ltd. Die Kapillare zum Einfuhren von geringen Mengen Flussigkeit, insbesondere von Losungen von Überschwefelsaure in die Destillationsapparatur besteht aus Chrom-Nickelstahl. In das Rohr ist ein Cr-Ni-Stab eingesetzt, der eine zylindrische oder schraubenformige Bohrung besitzt. Die Kapillare ist mit der Destillationsapparatur durch einen Gummischlauch verbunden.

E. 434488. F. Krauß. Aus sehr stark schwefelsauren Ammonpersulfatlösungen wird das H_2O_2 ohne Dampfzufuhr durch Leiten uber erhitzte Flachen abdestilliert.

E. 442029 (A. 2028481). E. I. Dupont de Nemours. Destillation von Perschwefelsaure oder Persulfatlösungen bei 120^0 und einem Druck von $120—200$ mm in zwei oder mehreren Stufen, wobei zwischen jeder Stufe Wasser oder Dampf zugeführt wird.

A. 916900. G. Teichner. Aus Perschwefelsäure, die praktisch frei von Katalysatoren ist, wird bei mindestens 30^0 das H_2O_2 gebildet, das dann von der begleitenden Schwefelsäure durch Extraktion oder Destillation im Vakuum abgetrennt wird.

A. 1152066. A. Wolff. Eine Lösung von 3% H_2O_2-Gehalt wird mit ungefähr 0,7—0,8% NaCl gemischt, worauf diese Mischung bei Temperaturen von 0—2^0 mit O_2 und dann mit O_3 gesättigt wird.

A. 1195560. F. Cobellis. Eine Lösung von Ammonpersulfat wird unter Wärme und Druck gesetzt und das gebildete H_2O_2 im Vakuum abdestilliert.

A. 1299485. D. Levin. Die Perschwefelsäure oder Persulfatlösung wird vor der Destillation durch Filtration durch poröse Tonfilter von den katalytisch wirkenden Verunreinigungen befreit. Die Destillation wird durch Erwärmung des Verdampfungsraumes von innen heraus vorgenommen.

A. 1323075. D. L. und L. A. Molin. Die zu destillierende, H_2O_2 abgebende Lösung wird über eine erhitzte, säurebeständige Metalloberfläche fließen gelassen, wobei das H_2O_2 in Freiheit gesetzt wird.

A. 1536213. A. L. Halvorsen. Bei der Destillation der H_2O_2-Lösung wird die Verdampfungs- und Kondensationsanlage mit Zinn ausgekleidet.

A. 1854327. Niagara Electrochemical Corp. Eine Persulfatlösung wird in dünner Schicht über eine erhitzte Oberfläche eines Metalles geleitet, das vollständig von der Flüssigkeit bedeckt und gegen die Lösung beständig sein muß. Die H_2O_2-Dämpfe werden in der Strömungsrichtung der Flüssigkeit mit solcher Geschwindigkeit abgezogen, daß die Flüssigkeitsschicht stets erhalten bleibt.

VI. Die Gewinnung von H_2O_2 aus $K_2S_2O_8$ (s. Abschn. XIV).

D. 241702 (Ö. 67175, Schw. 53246, E. 23158/1910, A. 1063383). A. Pietsch und G. Adolph. Gereinigte feste, überschwefelsaure Alkalisalze werden in der Wärme mit Schwefelsäure behandelt.

D. 243366 (Schw. 53584, F. 421168, E. 23157/1910, A. 1059809). Dieselben. Gewinnung von Kaliumpersulfat aus Ammoniumpersulfat durch Umsetzung mit schwefelsauren Salzen des Kaliums.

D. 256148 (Schw. 54071, F. 421164, E. 23660/1910). Dieselben. Ein Gemisch von festem Persulfat und Schwefelsäure wird der Destillation unterworfen.

D. 257276 (Ö. 62280, Schw. 61418, F. 448677, A. 1083132, E. 22028/1912). Dieselben. Die kathodische Reduktion bei der Elektrolyse einer Ammonbisulfatlösung ohne Diaphragma wird dadurch verhindert, daß die Kohlekathode dicht mit porösen Fäden aus nicht leitender, chemisch nicht angreifbarer Faser umwickelt ist.

D. 293087 (Ö. 87661, E. 13544/1913, A. 1083888). Dieselben. Über ein Gemisch von Persulfat und Schwefelsäure wird Wasserdampf geblasen.

Schw. 53886 (E. 23551/1910). Dieselben. Zusatz zu Schw. 53584. Darstellung von Kaliumpersulfat aus Ammonpersulfat, indem dieses bei seiner Entstehung durch Elektrolyse einer Ammonbisulfatlösung mit festem schwefelsaurem Kaliumsalz umgesetzt wird.

F. 476816 (E. 141758, Canad. 234061). L'Air Liquide Soc. Anon. Darstellung von H_2O_2 durch gleichzeitige Einwirkung von Wasserdampf, Wärme und Vakuum auf die getrockneten Persulfate der Alkalien.

VII. Stabilisieren von Wasserstoffperoxydlösungen und seinen Derivaten. Stabilisatoren (s. Abschn. XVI).

D. 91285. C. Raspe. Als Stabilisator dient Carbolsäure, Thymol, Menthol, Kampfer, β-Naphtol, schwefelsaures Chinin, Glycerin, $ZnCl_2$, Formaldehyd, eventuell unter Mitverwendung von Alkohol.

D. 174190 (Ö. 28204, F. 356880, F. Zusatz 6458, E. 16151/1905, 16612/1906, A. 825883, 876179). W. Heinrici. Neutral reagierende Stoffe aus der Klasse der

Acylamide, Acylimide, der Acylderivate der aromatischen Basen und der Acyl-Harnstoffe.

D. 185597. R. Bohm und H. Leyden. Überfuhrung des H_2O_2 in eine feste haltbare Form mit Gelatine unter Zusatz von Glycerin, Erwarmen und Erstarrenlassen.

D. 196370 (Ö. 37908, Schw. 42512, F. Zusatzpt. 38875, E. 6919/1908, A. 946529). J. Arndts. Substanzen aus der Gruppe der Gerbsaure oder von Gallussaure oder von Pyrogallussäure.

D. 196700 (Ö. 36197, F. 381924, E. 20906/1907, A. 959605). A. Queisser. Als Träger fur das H_2O_2 wird Starkekleister neben Phosphorsaure benutzt.

D. 196701 (Ö. 36198). Derselbe. Zusatz zu D. 196700. Als Trager dienen schleimige Losungen von Tragant.

D. 203019. E. Merck. Zusatz geringer Mengen von Harnsaure.

D. 216263. Derselbe. Zusatz zu D. 203019 (Ö. 46414). Zusatz von Barbitursäure.

D. 232703. C. J. Hoepner. Perborate werden mit einer Alkalisulfatlösung vermischt, das Alkali mit einer Saure neutralisiert, wodurch das Perborat mit Kieselsauregallerte umhullt wird.

D. 238329 (E. 48025). Aussiger Produktion. Man setzt der hochprozentigen H_2O_2-Losung mindestens 10% Alkohol zu.

D. 242324 (Ö. 53016, F. 435572, E. 29282/1910, A. 992265). M. Schlangk. Zusatz geringer Mengen von Paraacetylamidophenol.

D. 250522. Zusatz zu 243368. Chemische Werke vorm. H. Byk. Die Entwässerung der Perborate, Percarbonate usw. wird durch Zusatz von wasserentziehenden Substanzen bewirkt.

D. 258393. Dieselbe. In Mischungen von Perboraten und Seife werden zwecks Haltbarmachung Salze des Mg, der alkalischen Erden und des Zn in geringer Menge zugesetzt.

D. 259826 (Ö. 56829, Schw. 57049, F. 431338, 424082, E. 26960/1911, A. 1045451). Chemische Fabrik G. Richter. Der Harnstoff-H_2O_2-Anlagerungsverbindung setzt man geringe Mengen organischer Säuren oder deren saure Salze zu.

D. 263243. Scheideanstalt. Die H_2O_2-Lösung wird mit Tonerde oder einem unlöslichen Tonerdesalz, z. B. Tonerdesilicat, versetzt.

D. 263650 (A. 1109791). Dieselbe. Zusatz von Seife.

D. 275440 (Schw. 68664, F. 467103, E. 8022/1914, Canad. 233708, A. 1134323). A. Farago und H. Gonda. Die H_2O_2-Lösungen werden mit O_2 gesättigt und hierauf in luftdicht geschlossenen Raumen mittels O_2 unter hohen Druck gesetzt.

D. 275499 (Ö. 65383, Schw. 63361). E. Merck. Zusatz von neutral reagierenden Acylestern von Aminooxykarbonsäuren.

D. 281083 (Ö. 66195, E. 14502/1911, A. 1035756). Zusatz zu D. 259826. Chemische Fabrik G. Richter. Der in feinster Form isolierten Verbindung von H_2O_2 mit Harnstoff werden geringe Mengen anorganischer Säuren oder saurer Salze hinzugefügt.

D. 284761. Scheideanstalt. Den alkalischen H_2O_2-haltigen Bleichlösungen werden geringe Mengen von Magnesiumverbindungen oder kolloidaler Reaktionsprodukte von Kieselsaure oder Silicaten mit Magnesiumverbindungen zugesetzt.

D. 291490 (Ö. 71750, E. 20242/1911). Chemische Werke vorm. H. Byk. Die Doppelverbindung von H_2O_2 mit Harnstoff wird mit geringen Mengen eines alkalibindenden Stoffes von schwachsaurem Charakter vor der Abscheidung der Doppelverbindung aus der waßrigen Lösung ihrer Bestandteile versetzt.

D. 293125 (Schw. 54687, F. 436095, F. Zusatz 15839, E. 1555/1911, A. 1052762). Farbenfabriken vorm. Friedrich Bayer & Co. Darstellung einer haltbaren Verbindung aus H_2O_2 und Carbamid durch Behandlung von Carbamid mit H_2O_2 bei niedriger Temperatur.

D. 294725 (Ö. 70992, Schw. 59311, F. Zusatz 16086). Zusatz zu D. 293125. Dieselbe. Dem Perhydratcarbamid werden Stärke oder stärkeahnliche Substanzen zugesetzt.

D. 297335. A. Wolff. Zusatz von 0,7—0,8% Kochsalz, Sattigung der Losung bei 0—2° mit O_2 und hierauf Sattigung mit O_3.

D. 299 247. A. B. Astra, Apotekarnas Kemika Fabriker. Zusatz hydroxylhaltiger aromatischer Verbindungen. wie Phenolester, z. B. Guajakol, und Derivaten der Phenolester.

D. 313 541. Grunau, Landshoff u. Meyer A. G. und A. Nöldeke. Bleichen mit Perborat und Aluminiumsalzen oder Albuminaten als Stabilisator.

D. 318 134. M. Sarason. Zusatz von Strontiumhydroxyd.

D. 318 135. Derselbe. Zusatz von Traubenzucker.

D. 318 220. Derselbe. Zusatz von Anilin.

D. 321 616. A. Queissner. Zusatz wasserlöslicher komplexer Salze der Salicylsaure.

D. 325 861. M. Sarason. Zusatz von Hypophosphıt, z. B. Na-hypophosphıt.

D. 334 868. H. E. Bergmann. Peroxyde werden durch Überkrusten mit Gelatine oder Leim haltbar gemacht.

D. 458 889 (Belg. 351 646). A. Rittershofer. Man löst oxychinolinschwefelsaures Kalium in 40%igem Formalin und setzt diese Mischung einer 30%igen H_2O_2-Lösung zu.

D. 509 702. Grünau, Landshoff u. Meyer A. G. Zusatz von phosphatid-, insbesondere lezithinhaltiger Emulsion.

D. 518 402 (E. 277 628). Österreichische Chemische Werke G. m. b. H. Den H_2O_2-, Persalz- oder Persaurelösungen wird ein Alkalipyrophosphat und ein Alkalichlorid oder Alkalichlorid und -silicat gemeinsam zugegeben.

D. 560 124 (Ö. 140 552, F. 748 282). A. Rieche. Zusatz von wasserlöslichen Ver bindungen, die frei von aromatisch gebundenem Hydroxyl sind und ätherartig gebundenen Sauerstoff enthalten.

D. 561 603. Oranienburger Chemische Fabrik A. G. Haltbarmachen von Peroxydlösungen, insbesondere fur Bleichereizwecke durch Zusatz von hydrierten Kohlenwasserstoffen (Benzol, Toluol, Xylol, Naphtalin) oder deren Sauerstoff- oder Halogenabkommlingen.

D. 576 962. Zusatz zu D. 560 124. A. Rieche. Anwendung auf feste Verbindungen des H_2O_2.

D. 594 806 (E. 421 843). H. Th. Böhme A. G. Zusatz von löslichen Salzen der sauren Pyrophosphorsäureester von höhermolekularen aliphatischen Alkoholen oder von in waßriger Lösung bei hoher Temperatur gewonnenen Umsetzungsprodukten von sauren Schwefelsäureestern der genannten Alkohole mit Natriumpyrophosphat.

D. 610 185 (Ö. 140 199, E. 409 361, A. 1 958 204). Scheideanstalt. Zusatz löslicher Sn-Verbindungen, wie Na-stannat, in wäßriger Lösung, wobei die H_2O_2-Lösung in p_H-Bereichen zwischen 3,5 und 6 gehalten wird.

Ö. 31 842. Zusatz zu Ö. 28 204. W. Heinrici. Erhöhte Konservierung saurer H_2O_2-Lösungen durch Zusatz von Stoffen nach D. 174 190.

Ö. 65 734 (Schw. 61 912). Scheideanstalt. Zusatz unlöslicher Verbindungen von Al oder Sn.

Ö. 66 195. Chemische Fabrik G. Richter. Zusatz zu Ö. 56 829. Außer den festen organischen Säuren wird dem Perhydrocarbamid auch eine kleine Menge organischer wie auch anorganischer Säuren oder deren sauren Salzen zugesetzt.

Ö. 70 938. Zusatz zu Ö. 56 829. Dieselbe. Als Stabilisator dienen solche Derivate von organischen Säuren, welche bei Gegenwart von Alkali unter Bindung des Alkalis durch den Säurerest zersetzt werden.

Ö. 88 372 (Schw. 67 584, D. 284 761, Schw. 68 917, F. 460 959, E. 196 839, A. 1 181 410). Scheideanstalt. Haltbarmachung von ätzalkalischen H_2O_2-Lösungen durch Zusatz von löslichen Magnesiumsalzen eventuell unter Zusatz von Kieselsäure oder Silicaten.

Ö. 130 791. G. Schoenberg. Herstellung haltbarer Gemische von therapeutisch wirkenden organischen Verbindungen, insbesondere der Terpenreihe mit Perhydratphosphaten, bei welchen auf 1 Mol H_2O_2 etwa 1 Mol Dinatriumphosphat oder etwa $^1/_2$ Mol Pyrophosphat enthält.

Ö. 140 048. Lever Brothers Ltd. Stabilisieren von perborathaltigen Seifenpulvern durch Einverleiben einer geringen Menge einer in Wasser löslichen oder schwer löslichen Magnesiumverbindung.

Schw. 113733. F. Noll. Lagerbeständige Persalze. Man setzt Alcalisilikat oder ein ähnlich wirkendes Fullmittel, welches die eine katalytische Wirkung zeigenden Körper in leicht zu entfernende Verbindungen überführt, der Lösung des Ausgangsmaterials bereits langere Zeit vor Beginn der Umsetzung mit H_2O_2 zu.

Schw. 132007. Österreichische Chemische Werke G. m. b. H. Lösungen von leicht zersetzbaren Sauerstoffträgern werden mindestens zwei Stoffe zugesetzt, die in Gemeinschaft stabilisierend und aktivierend wirken.

Schw. 171355 (D. 631162, E. 405532). J. R. Geigy A. G. Stabilisator, bestehend aus einem Gemisch von Salzen der Pyrophosphorsäure mit Säuren von Aminen der aromatischen Reihe bzw. deren Salzen, wie z. B. der Aminosulfonsäure oder Aminokarbonsaure.

Schw. 178200. H. Th. Böhme A. G. Ein beständiges, sauerstoffabgebendes Waschmittel wird durch Zusatz des Umsetzungsproduktes eines sauren Fettalkohol-Schwefelsäureesters und von mit Wasser angeruhrtem Na-Pyrophosphat, das mit einer Perverbindung vermischt wurde, erhalten.

F. 782933. Etabl. Gattefossé und Ph. Contant. Man setzt lösliche Metallsalze, insbesondere Chloride (NaCl, KCl, $MgCl_2$, $MnCl_2$!) und ein antiseptisch wirkendes Öl (Lavendel-, Fichten-, Thymianöl) zu.

Belg. 305201. A. Rittershofer. Man löst zuerst in einer Formaldehydlösung ein Chinolinderivat und setzt dieses Gemisch einer H_2O_2-Lösung zu.

Ungar. 104996. Chemische Fabrik G. Richter. Die mit Stabilisator, wie organischen oder anorganischen Sauren, sauren Salzen u. dgl., versetzte organische H_2O_2-Verbindung wird nach einer Verweilzeit abermals mit Stabilisator behandelt. Die Zugabe von Stabilisator kann öfters wiederholt werden.

E. 23676/1908 (F. 409108). L. Sarason. Zusatz von Alkalipyrophosphaten zu H_2O_2 und Lösungen seiner Derivate.

E. 12008/1911. A. Klages. Haltbarmachen von teilweise entwässertem Perborat mit einem sauren Salz der Sulfobenzoesäure.

E. 10916/1915. A. Wade. Na_2O_2 wird beim Bleichen mit Na-Silicat, $MgCl_2$ und Monopolseife stabilisiert.

E. 264969. F. B. Dehn. NH_4Cl als Stabilisator beim Bleichen von Fellen mit H_2O_2.

E. 265417. Derselbe. Zusatz von saurem Natriumpyrophosphat.

E. 289156 (A. 1754163). Th. und A. Benckiser, A. Reimann, F. Traisbach. Stabilisieren mit Natriumpyrophosphat, wobei das p_H im warmen Zustande bei Abwesenheit von Seife 7—8,5 und bei Gegenwart von Seife 7—10 beträgt.

E. 29373/1912 (A. 1063679). Diamalt A. G. Herstellung eines haltbaren festen Produktes aus Hexamethylentetramin und H_2O_2.

E. 305472 (F. 668822). N. V. Electrochemische Ind. Alkalische H_2O_2-Lösungen werden durch Zusatz von Proteinsubstanzen stabilisiert.

E. 403035. H. Th. Böhme A. G. Zusatz von Erdalkali-, Mg- oder Al-Salzen von sulfonierten höheren gesättigten oder ungesättigten aliphatischen Alkoholen.

E. 433470 (A. 2004809). E. I. Dupont de Nemours. Stabilisierung konzentrierter saurer H_2O_2-Lösungen mit einer Verbindung von Sn mit Pyrophosphorsäure.

E. 135401. B. Laporte Ltd. Zusatz von Metaphosphorsäure zusammen mit einem organischen Stabilisator.

E. 436235. W. J. Tennant. Den Perverbindungen enthaltenden Bleich- und Waschmitteln werden Salze von Perphosphorsäure mit weniger Wasser als Orthophosphorsäure, alkalisch reagierende Substanzen und Aluminiumhydroxyd zugesetzt.

A. 632096. G. T. Burckmann. Stabilisator ist CO_2.

A. 768561. A. M. Clover. H_2O_2 in Mischung mit Succinanhydrid.

A. 1002854. O. Liebknecht. Zusatz von Benzoesäure.

A. 1025948. Derselbe. Zusatz von Sulfanilsäure.

A. 1051926. F. E. Stockelbach. Feste Perverbindung, bestehend aus H_2O_2, Harnstoff und Acetanilid als Stabilisator.

A. 1058070. O. Liebknecht. Zusatz von Benzolsulfonsäure.

A. 1128637. J. A. Trimble. Zusatz von Cinchonidin.

A. 1139774. J. J. Knox. Ein antiseptisches Wundbehandlungsmittel, bestehend aus konzentriertem H_2O_2 in Form von fein verteilten Kugelchen, in Paraffin eingebettet.

A. 1153985. F. H. Weber. Stabilisierung von Perhydrocarbamid mit einem Extrakt von Carrageenmoos.

A. 1155101, 1155102, 1155103. F. L. Schmidt. Zusatz von Zn-, Erdalkali-, Mg-Verbindungen zu Losungen von Perboraten.

A. 1181409. A. Schaidhauf. Zusatz einer löslichen Mg-Verbindung zur Bleichlosung, eventuell auch noch Na-Silicat.

A. 1210570. F. W. Weber. Hippursaure zu Perhydrocarbamid.

A. 1758920 (D. 518402, Schw. 132007). G. Baum. Zusatz von Natriumpyrophosphat und NaCl, eventuell noch von Na-Silicat, Turkischrotol und Seife.

A. 1559600. V. Vintsch. Zusatz von loslichem Na-Pyrophosphatsalicylat.

A. 1866412. G. van der Lee. Verminderung der Katalasewirkung auf H_2O_2 durch Zusatz von Chloraten, Perchloraten, Bromaten, Jodaten, Perjodaten, Persulfaten, Nitraten, Percarbonaten, Chromaten, Bichromaten und den entsprechenden freien Sauren, Fe-, Ni-Salzen und Schwefelsaure.

A. 1914311. K. Vieweg. Mischung von organischen Verbindungen, wie Alkohol, Aldehyde und Ketone, mit Perphosphaten.

A. 1995063. Ch. R. Harris und J. L. Faks. Zusatz einer Parahydroxybenzolverbindung, wie Hydrochinon.

A. 2012462. C. A. Agthe und R. Blaser. Die H_2O_2-Losung wird bei 95° mit Natriumpyrophosphat und einem substituierten aromatischen Amin der allgemeinen Formel $\begin{smallmatrix} X \\ Y \end{smallmatrix}\!\!>\!\!N$—Ar—R, worin X und Y H, Alkyl oder ein Aralkylradikal, Ar ein Radikal der Benzol- oder Naphtalinreihe und R ein die Losung vermittelndes Radikal mit freiem H oder Alkali- oder Erdalkalimetall als Kation repräsentieren.

A. 2022860. A. Kunz. Antipyrin als Stabilisator fur H_2O_2.

A. 2027838. J. S. Reichert. Pyrophosphorsaure bei einem p_H zwischen 1 und 7 als Stabilisator.

VIII. Reinigung von technischen H_2O_2-Lösungen (Abschn. XVII). Aufbewahrung von Perverbindungen (Abschn. XVIII).

Ö. 40164. L. Neumann und K. L. Hirschfeld. Aufbewahrung in hermetisch verschlossenen, mit einem Steig- und Abflußrohr sowie Ventil und Druckvorrichtung versehenem Gefaß unter komprimiertem Sauerstoff.

Ö. 54515 (D. 233856, Schw. 56256, F. 430538, E. 13187/1911). A. Pietsch und G. Adolph. Gefäße zur Herstellung und Aufbewahrung von H_2O_2 aus Al oder seinen Legierungen.

Ö. 94197 (D. 374975, Schw. 98790, E. 184153, A. 1511494). Chemische Fabrik Weissenstein. Anlage und Gefaße zum Gewinnen, Konzentrieren und Aufbewahren von H_2O_2 aus Tantal.

Ö. 107163 (D. 439834). G. Schmidt. Metallgefaße und Apparate zur Herstellung, Weiterleitung, Aufbewahrung und Verarbeitung von H_2O_2 und Losungen seiner Derivate, bestehend aus Chromstahl mit 18—40% Cr, 2—20% Ni oder 10—15% Cr und geringen Prozenten Ni, z. B. den von Krupp hergestellten Stählen V 2 A und V 1 M.

Ö. 123168 (D. 588267, Schw. 154804, E. 364457, A. 1966102, F. 721507). Österreichische Chemische Werke G. m. b. H. Reinigung von H_2O_2-Losungen durch Elektrolyse in einer Diaphragmenzelle als Kathoden- oder Anodenflussigkeit.

Ö. 124524 (Schw. 137736). I. G. Farbenindustrie A. G. Zur Darstellung, Verarbeitung und Aufbewahrung von H_2O_2-Lösungen verwendet man Apparate aus den unedlen Metallen der IV.—VIII. Gruppe des periodischen Systems oder Cu, Zn oder Legierungen dieser Metalle mit anderen Metallen als Hg, wobei die mit den Lösungen oder Dampfen in Beruhrung kommenden Teile der Apparatur eine Oberfläche mit Hochglanz besitzen.

Ö. 124895 (D. 548366, E. 368556). Österreichische Chemische Werke G. m. b. H.

Vorrichtung zur elektrolytischen Reinigung von H_2O_2-Lösungen, bestehend aus einer oder mehreren Zellen mit durch Diaphragmen getrennten Elektrodenraumen, bei welcher beide Elektrodenräume die Form von nur 5—20 mm breiten Kanälen besitzen und der innere Elektrodenraum durch Einsatz eines seinen Vertikalschnitt fast vollständig ausfüllenden Tauchkörpers verengt ist.

Ö. 138364 (D. 534283, E. 349771, A. 1966103, F. 696871). Kali-Chemie A. G. Reinigung von H_2O_2-Lösungen durch elektroosmotische Behandlung nach Art der Wasserreinigungsverfahren.

Ö. 141484 (Schw. 174640, E. 432915, A. 2027839, 2027840). Scheideanstalt. Reinigung von H_2O_2-Lösungen durch Ausfällung und Entfernung von Zinnhydroxyd, wobei die Fallung in saurem Medium bei p_H-Werten von mehr als 1,4, z. B. 2,0—2,5 vorgenommen wird.

D. 278589. Zirkonglas G. m. b. H. Herstellung und Autbewahrung von H_2O_2 in Gefäßen aus Quarzglas oder anderen hochsauren Gläsern.

D. 515596. Elektrochemische Werke Munchen A. G. Apparat zur Aufbewahrung und Verwendung von ätzalkalischen H_2O_2-Lösungen aus Al oder seinen Legierungen.

D. 570468. Dieselbe. Verhinderung des Angriffs von Al durch ätzalkalische H_2O_2-Lösung durch einen Zusatz von Alkalisilicat.

Schw. 175020 (Ö. 145180). E. I. Dupont de Nemours. Reinigung von H_2O_2-Lösungen durch basische Bariumverbindungen, wobei fur die Vermeidung eines 0,2 g Bariumion/l wesentlich überschreitenden Überschusses Sorge getragen wird.

F. 7380. Zusatz zu F. 359523. S. A. Des Etablissements Poulenc Frères. Entfernung von Bariumnitrat aus verdunnten H_2O_2-Lösungen durch Fällung mit Na-Carbonat oder -Sulfat.

F. 695498. Die Apparate und Behälter fur H_2O_2 bestehen aus emailliertem Metall.

F. 718576. Soc. des Produits Peroxydés. Die metallischen Behalter fur die H_2O_2-Bleichbader bestehen aus Metall mit einem dünnen Überzug aus Kalk und Zement.

F. 715668. Dieselbe. Die Apparatur und Behälter fur H_2O_2 bestehen aus einer Al-Ni-Legierung mit 53,36% Ni, 34,77% Al, 8,29% Fe und 3,43% Cr.

F. 778694. Fouderies et Forges de Cran. Al oder Al-Legierungen als Material für Bleichapparate, wobei das Al eloxiert oder sonstwie oxydiert ist.

E. 282302 (F. 637393). Henkel u. Cie. Die Reinigung von Chemikalien, die als Ausgangsmaterial fur die Herstellung von Persalzen oder anderen Perverbindungen dienen sollen, wird durch Behandlung der Lösungen der Chemikalien mit Silikagel vorgenommen.

E. 386293. Österreichische Chemische Werke G. m. b. H. Teile von Apparaturen und Aufbewahrungsgefaßen, die mit H_2O_2-Losungen in Beruhrung kommen, werden aus Al-Ni-Legierungen vom Typus Ni-Al hergestellt.

E. 438886. E. I. Dupont de Nemours. Reinigung durch Fällung in der Lösung von H_2O_2 von Zinnhydroxyd durch Zugabe eines kolloidalen Sols, wobei die H_2O_2-Lösung ein p_H von 1,4—3,5 aufweist.

A. 1200729. F. Hoyler und A. L. Gardner. Bei einem Glaß zur Aufbewahrung von H_2O_2 ist eine Öffnung mit einem Kapillarröhrchen vorgesehen, um die freie Abfuhrung des entwickelten O_2 zu gestatten.

A. 1669997. F. Nool. Entspricht Schw. 113733, S. 363.

A. 2008726. E. I. Dupont de Nemours. Den H_2O_2-Losungen wird zur Verhinderung des Angriffes auf Al Salpetersaure oder ein Nitrat zugesetzt und das Al selbst mit Salpetersäure vorher abgebeizt.

Canad. 344540. Buffalo Electrochemical Co. Metallbehalter werden innen mit einem Überzug von Paraffin versehen.

IX. Alkaliperoxyde (Abschn. XIX, 1a bis 1c).

D. 67094. H. Y. Castner. Das Alkalimetall wird in einem Rohr von außen erhitzt und einem Luftstrom entgegengefuhrt.

D. 82982. J. D. Riedel-E. de Haën A. G. Erhitzen von Alkalinitrat oder -nitrit mit CaO oder MgO zur Rotglut und nachfolgende Oxydation mit Luft.

D. 86095 (A. 587830). L. P. Hulin. Eine Legierung von Schwermetall mit Alkali- oder Erdalkalimetall wird durch Beruhrung mit Luft bei erhöhter Temperatur oxydiert, wonach die erhaltene Verbindung in ihre Komponenten zerlegt wird.

D. 93314. N. Bergmann. Desinfektionsmittel, bestehend aus Alkaliperoxyden mit indifferenten Substanzen ($CaCO_3$, Talkum, gesattigte Kohlenwasserstoffe, Paraffin) und einer zur Bindung der dem Peroxyd entsprechenden Base gerade hinreichenden Menge Saure, wie Borsaure, bzw. sauren Salzen, wie Weinstein.

D. 95063. H. Neuendorf. Zur Aufnahme des Na dienen flache Kammern, die mit einer Heizanlage versehen sind und mit einer Luftleitung in Verbindung stehen. Die Kammern konnen zyklisch vertauscht werden (Ringofen).

D. 120136 (Ö. 28165, E. 9461/1900). G. F. Jaubert. Darstellung von Natriumperoxydhydraten, wobei das feste Na_2O_2 in einer feuchtgehaltenen Kammer so lange bei 15^0 gelassen wird, bis es die dem gewunschten Hydrat entsprechende Menge Wasser aufgenommen hat.

D. 140574. Derselbe. Entwicklung von O_2 durch Einwirkung von Wasser auf eine gepreßte Mischung von Na_2O_2 und Chlorkalk.

D. 189822 (Ö. 36442, F. 377709, E. 7641/1907, A. 892842, 897980). Derselbe. Eine Legierung von K mit Pb, Sn oder Na wird bei langsamer Luftzufuhr erwärmt oder zunachst in einer Mischung von K und Na durch Behandeln mit Luft bei gewöhnlicher Temperatur das Kalium in K_2O ubergefuhrt und dieses dann nach Abtrennung weiter oxydiert.

D. 143216. Badische Anilin- u. Sodafabrik. K_2O_4 durch Schmelzen von K mit Salpeter bei Luftzutritt bei Temperaturen unterhalb der Sauerstoffentwicklung des Salpeters.

D. 190140 (Ö. 35684, Schw. 40169, F. 358167, E. 9458/1907). M. Haase. Alkaliperoxydpatrone, bestehend aus einem mit Alkaliperoxyd beschickten luft- und wasserdicht verschlossenen Hohlkörper aus Stearin.

D. 191878. Zusatz zu 190140. Derselbe. An Stelle von Stearin wird Paraffin, Ceresin oder Wachs verwendet.

D. 191887. Zusatz zu D. 190140. Derselbe. Im Innern eines Stuckes Seife wird eine Aushohlung mit Stearin, Paraffin, Ceresin, Wachs od. dgl. ausgekleidet, mit Alkaliperoxyd gefullt und durch einen mit Stearin od. dgl. an der unteren Flache uberzogenen Seifenstopsel verschlossen.

D. 193560. H. Forsterling und H. Philipp. Sauerstoffentwickelndes Praparat aus geschmolzenem und erstarrtem Peroxyd.

D. 193738. Zusatz zu D. 190140. M. Haase. Alkaliperoxydpatrone. Eine aus Blech, Glas od. dgl. bestehende Hulse wird durch einen Stopsel aus Stearin, Paraffin, Wachs od. dgl. verschlossen.

D. 193739. Zusatz zu D. 190140. Derselbe. An Stelle von Stearin werden mit dem Alkali seifenbildende Stoffe, wie Harze, verwendet.

D. 196369. R. Wolffenstein. Herstellung von Alkalihydroperoxyd aus Alkoholaten der Alkalien oder Erdalkalien mit H_2O_2.

D. 200052. C. Kampmann. Behalter zur Aufnahme von Waschpulver aus Alkaliperoxyd, dessen Abteile durch verschiebbare, in einem rohrartigen Korper eingesetzte Boden gebildet werden.

D. 200817. Zusatz zu D. 190140. M. Haase. Persaure Salze werden in einer aus Stearin, Harz od. dgl. hergestellten Patrone luft- und wasserdicht abgeschlossen aufbewahrt.

D. 216898 (Ö. 40454). F. Gonner. Haltbares Wasch- und Bleichmittel aus Na_2O_2 mit einer Schutzschicht von Chlorsubstitutionsprodukten der Paraffinreihe.

D. 219042. Zusatz zu D. 216898. Derselbe. Na_2O_2 wird mit einer Schutzschicht von Chlorsubstitutionsprodukten der Olefinreihe versehen.

D. 218257. M. Bamberger, F. Böck und W. Wanz. Gemische der Peroxyde mit wasser- oder CO_2-abgebenden Stoffen, wie Gips, $NaHCO_3$, Natronkalk und Borsaure, werden an einer Stelle auf etwa 80^0 erwarmt, wodurch sich die Reaktion durch die ganze Masse fortsetzt.

D. 219790. Farbenfabriken vorm. Friedrich Bayer & Co. Herstellung von Na_2O_2

bzw. -hydrat aus H_2O_2-Losungen und Ätznatron bzw. Natronlauge im Überschuß.

D. 224480 (Ö. 44293, Schw. 44684, F. 391931). Soc. Electrochimie und P. L. Hulin. Eine in einer Kammer befindliche Retorte ist durch eine horizontale Scheidewand in zwei Kammern geteilt, die an einem Ende in Verbindung stehen, am oberen Ende eine Eintrittsoffnung fur die oxydierende Luft und oberhalb der Retorte angeordnet einen elektrischen Heizkorper aufweisen.

D. 273666 (Schw. 68988, E. 11174/1913). E. Marguet. Einwirkung von Luft auf erhitzte Alkalimetalle in fortlaufender Ausfuhrung aller Phasen des Herstellungsverfahrens auf mechanischem Wege im Inneren des Oxydationsapparates.

D. 310193. W. Trumpp. Peroxyde werden allein oder in Mischungen in Gegenwart von Wasser mit Salzen, deren Sauren mit den Basen der Peroxyde losliche Verbindungen geben konnen, behandelt und das wasserhaltige Gemisch getrocknet.

D. 310671. Dragerwerk H. und B. Drager. Die dem gewunschten Hydratationsgrad entsprechenden Wassermengen werden auf Alkaliperoxyd in Gegenwart von Petroleum, Terachlorkohlenstoff, Perchloräthylen u. dgl. einwirken gelassen.

D. 376543. J. J. Moltke-Hansen. Die Eisenbehalter oder Apparateteile bei der Herstellung von H_2O_2 werden mit einem Graphituberzug versehen.

D. 453751 (Ö. 113309, Schw. 123329). Scheideanstalt. Alkalioxyd wird im Drehrohrofen bis zur Bildung von Alkaliperoxyd mit oxydierend wirkenden Gasen behandelt.

D. 459075 (Schw. 112963). Aussiger Produktion. Durch Regelung des Luftzutrittes wird ein Ansteigen der Temperatur im Verbrennungsraum auf die Sinterungstemperatur der Reaktionsmasse verhindert, worauf das porose Na_2O in einem zweiten Raum zu Na_2O_2 oxydiert wird.

D. 546117. Dragerwerk H. u. B. Drager. Definierte Hydrate der Alkaliperoxyde werden durch isotherme Destillation in der Weise hergestellt, daß die Ausgangsstoffe in eine Atmosphare gebracht werden, deren Wasserdampfteildruck bestimmt ist durch Losungsgemische, wie Schwefelsaure-Wasser oder Phosphorsaure-Wasser.

D. 557904 (Schw. 161562). Scheideanstalt. Das Alkalimetall wird in einer eine dauernde und innige Durchmischung gewahrleistenden Knetmaschine der kontinuierlichen Oxydation bis zum Peroxyd unterworfen.

D. 608830 (Ö. 140836, Schw. 165153, E. 399040, A. 1950320). Österreichische Chemische Werke G. m. b. H. Trockene Metalloxyde oder wasserfreie Salze werden mit derart begrenzten Mengen der H_2O_2-Lösung und in solcher Menge vermischt, daß eine feuchte Mischung auch vorubergehend nicht entsteht.

D. 610611. Zusatz zu D. 608830. Dieselbe. Ein und derselbe Anteil von festem Ausgangsstoff wird in mehreren anschließend aufeinanderfolgenden Teilprozessen mit zusatzlichen Anteilen von H_2O_2-Lösung umgesetzt, wobei das Umsetzungsprodukt des vorhergehenden Teilprozesses vor der Fortsetzung der Behandlung jedesmal so weit entwassert wird, daß es weitere H_2O_2-Mengen aufzunehmen vermag.

Ö. 5196 (A. 709490). G. F. Jaubert. Na_2O_2 in Form von dichten harten Pastillen durch Pressen in Eisenformen unter hohem Druck.

Ö. 46615. Chemische Werke Kirchhoff u. Neirath. Eine durch Auflosen von Na_2O_2 in einer starken anorganischen oder organischen Saure erhaltene H_2O_2-Losung wird zur Herstellung von Metallperoxyden verwendet.

Ö. 140553. Österreichische Chemische Werke G. m. b. H. Mischung von Flussigkeiten, wie H_2O_2, mit pulverformigen Stoffen. Ein Flussigkeitsfilm, der auf einer Unterlage aufgetragen ist, wird mit dem pulverformigen Material zusammengebracht und gleichzeitig oder hernach unter einem Winkel geneigt, der großer ist als der Boschungswinkel des pulverformigen Materials, so daß uberchussiges Pulver abfallt, wahrend das benetzte Pulver durch Adhasion an der Unterlage bleibt und von dieser als fertiges Gemisch aufgenommen wird.

Ö. 144363 (F. 790497, E. 449360). I. G. Farbenindustrie A. G. Darstellung von Alkaliperoxyden durch Autoxydation von Hydrazobenzol im Kreislauf.

Schw. 50539. A. G. vorm. Stolz & Kambli. In eine geschmolzene, anorganische, leicht schmelzbare wasserfreie Verbindung, wie Nitrate, werden Alkaliperoxyde eingetragen und das Ganze erstarren gelassen.

Schw. 92 682 (F. 491 386, E. 101 709). G. F. Jaubert. Poroses Alkaliperoxyd durch Einwirkung von Luft oder O_2 auf ein auf 300° erhitztes Alkalimetall mit einer solchen Geschwindigkeit, daß sich auf dem Metall bruchige und porose Ausbluhungen bilden.

Schw. 134 680 (D. 491 626). L. Hackspill und E. Rinck. Herstellung einer flussigen Legierung von Na und K fur die Fabrikation von Peroxyden durch Einwirkung von geschmolzenem KCl auf Na.

F. 320 321. M. Bauer. Peroxydhydrat aus Peroxyd und gehacktem Eis oder Schnee.

F. 359 912. Compagnie Générale de Phonographes, Cinématographes et Appareils de Précision. Schutz von Na_2O_2 gegen Feuchtigkeit durch einen Paraffinuberzug.

F. 366 526. The Roessler u. Hasslacher Chemical Co. Eine in Gegenwart von Feuchtigkeit O_2 abgebende Mischung, bestehend aus Na_2O_2 und einem Metalloxyd, wie CuO, MnO_2, NiO, Fe_2O_3.

F. 398 293 (E. 1150/1909, A. 965 016). F. Gruner. Vorbereitung des Na_2O_2 für die Wascherei und Bleicherei durch Vermischen des gepulverten Peroxyds mit Tetrachlorkohlenstoff zu einer Paste.

F. 398 448 (E. 711/1909). E. Hermann. Der mit leicht löslichen Substanzen verschlossene Behalter fur das Na_2O_2 befindet sich innerhalb einer Soda- oder Seifenmischung.

F. 408 476 (E. 23 188/1909, A. 909 017, 935 542). D. E. Parker. Austreiben der CO_2 aus Na_2O_2 durch elektrische Erhitzung und Überfuhrung in Brikettform.

F. 420 293 (E. 3992/1911). V. Bollo und E. Cadenaccio. Herstellung von Peroxyden der Alkalien durch Mischen der entsprechenden Carbonate mit Katalysatoren, wie Ferro- oder Ferrisalzen, Kohle, Trocknen und Erhitzen.

F. 429 269 (E. 15 188/1911). Zusatz zu 15 487. S. A. des Usines de Rioupéreux. Zur Oxydation der Alkalimetalle wird ein Gemisch von Luft und Sauerstoff verwendet.

F. 429 306 (E. 15 189/1911). Dieselbe. Oxydation mit reinem O_2.

F. 440 588. Dieselbe. Oxydation der Alkalimetalle mit reinem oder verdunntem Ozon.

F. 441 034. Dieselbe. Das Alkalimetall befindet sich bei der Oxydation in fein pulverisiertem Zustande.

F. 713 136. S. A. de la Blanchisserie de Grenoble. Na_2O_2 wird in dunner Schicht auf etagenformigen Blechen in einem geschlossenen Behälter mit Wasserdampf behandelt, der Boden des Behalters befindet sich in Wasser von 40°.

F. 738 418. F. P. Jaubert. Oxydation von Kalium in einer Mischung mit Natrium, dessen Oxyde Wasser aufnehmen und daher als Schutzschicht fur die K-Oxyde wirken.

F. 772 007 (E. 439 232). Derselbe. Darstellung von Na_2O_2 geringen spezifischen Gewichtes fur Atmungsgerate durch langsame Oxydation von Natrium.

F. 776 249. R. Gerson. Bildung von Peroxydhydraten durch Mischung von gepulvertem Na_2O_2 mit wasserabgebenden Stoffen und Erwarmen. Fur Gasmaskenfullungen.

E. 17 461/1900. G. F. Jaubert. Na_2O_2 in Form von Pastillen, eventuell mit Salzen vermischt.

E. 19 809/1905. W. Ph. Thompson. Ein Waschpulver mit Na_2O_2 wird derart verpackt, daß sich die Bestandteile erst beim Öffnen mischen.

E. 11 981/1906. G. F. Brindley. Na_2O_2 zum Regenerieren von Sauerstoff in geschmolzener Form, gemischt mit CuO.

E. 10 066/1910. L. Sarason. Als Katalysator zur Entwicklung von O_2 aus Peroxyden dient kolloidales Mangandioxyd.

E. 30 185/1910. E. Thoman. Herstellung von Alkaliperoxyden durch Schmelzen von Kaliumnitrat mit Alkalioxyden unter bestandigem Umruhren.

E. 130 840. J. B. Pierce. Herstellung von SrO_2 aus SrO und O_2 unter Druck in der Hitze.

E. 265 124 (A. 1 796 241). The Roessler u. Hasslacher Chemical Co. Herstellung von Na_2O_2 durch Oxydation von Na in einer sauerstoffarmeren Atmosphäre als Luft zu Na_2O und weiterer Oxydation zu Na_2O_2 in einer sauerstoffreicheren Atmosphäre als Luft.

E. 280554. Scheideanstalt. Sauerstoffentwickelnde Mischung aus Alkaliperoxyd und Katalysatoren, wobei auf 100 Teile Peroxyd nicht mehr als 9 Teile Wasser zur Einwirkung gelangen.

E. 320985. Zusatz zu E. 280554. Dieselbe. Behandlung mit 6—7 Teilen Wasser auf 100 Teile Peroxyd unter Ruhren und Kuhlen.

E. 414210 (F. 764141). G. Gerson. Herstellung von sauerstoffabgebenden Präparaten zur Luftregenerierung, wobei die Alkaliperoxyde in Mischung mit Peroxydhydraten mit einer Schutzhulle von Tetrachlorkohlenstoff versehen werden.

A. 739375. Ch. E. Baker und A. W. Burwell. Na wird geschmolzen und in die Schmelze Luft eingeblasen.

A. 879452. H. Försterling. Die Reaktionswärme der Oxydation von Na mit O_2 wird zum Schmelzen des Na_2O_2 ausgenutzt.

A. 909017. D. E. Parker. Elektrischer Ofen zur Herstellung von geschmolzenem Na_2O_2.

A. 910498. C. F. Carrier. Zu einer Schmelze von NaOH und $NaNO_3$ wird Na in Form einer Pb-Na-Legierung zugegeben und elektrolysiert, wobei die Pb-Na-Legierung als Anode dient. Es soll Na_2O_2 entstehen.

A. 1000701. E. Thomann. Wasch- und Bleichmittel, bestehend aus einer geschmolzenen und erstarrten Mischung von Na_2O_2 und $NaNO_3$.

A. 1028857. G. F. Brindley. Elektrischer Ofen zur Herstellung von geschmolzenem Na_2O_2.

X. Herstellung von Bariumoxyd, insbesondere für die Bariumperoxydherstellung.
(zu Abschn. X, S. 101, und Abschn. XIX, 2a, S. 219).

D. 64349. Ch. Dienheim. Überführung von $BaCO_3$ in BaO durch Erhitzen mit Kohle unter Einblasen von reinen heißen Gasen in die Retorte.

D. 101734 (E. 13519/1897). W. Feld. Die Erhitzung des $BaCO_3$ erfolgt in einem Schachtofen mit Gasen unter Ausschluß von Feuchtigkeit.

D. 104171. Bonnet, Ramel, Savigny, Giraud und Marnas. $BaCO_3$ und Kohlestaub wird in Schmelztiegeln, die im Inneren mit Papier, Karton oder einer ahnlichen pflanzlichen Fasermasse ausgekleidet sind, erhitzt.

D. 108255. Dieselben. Wasserhaltiges BaO wird bei 150—200° getrocknet, gepulvert, mit Kohle vermischt und in mit Kohle ausgekleideten Ton- und Graphittiegeln auf 1000—1200° erhitzt.

D. 108599 (Ö. 1155, F. 335677, E. 21392/1903, A. 870691). H. Schulze. $BaCO_3$ bzw. $SrCO_3$ wird in einem elektrischen Ofen geschmolzen.

D. 111667. Ch. Schenck, Bradley und Ch. D. Jacobs. $BaSO_4$ wird mit Kohlenstoff im elektrischen Ofen erhitzt.

D. 128500 (Schw. 23548). P. Martin. Bei der Überfuhrung von $(BaNO_3)_2$ in BaO ist der Boden zusammenliegender Muffeln mit einer eingeschobenen wasserdichten Scheidewand versehen, welche eine sehr starke Erhitzung ohne Durchsickern gestattet.

D. 135330. A. R. Franck. $BaCO_3$ und $SrCO_3$ werden der Einwirkung der Karbidverbindung derselben Base unterworfen.

D. 142051. Ch. Schenck, Bradley und Ch. B. Jacobs. Bariumkarbid und Ba-Hydroxyd werden in molekularem Verhaltnis gemischt und erhitzt.

D. 149803. W. Feld. Das Gemisch von $BaCO_3$ und Kohle wird in Kapseln von ovalem Querschnitt erhitzt.

D. 158950 (E. 4217/1904, Ö. 21308, F. 341200, A. 779210). Gebr. Siemens & Co. Dem $BaCO_3$ wird beim Erhitzen Kohle und Bariumnitrat zugemischt.

D. 172070. H. Schulze. Nicht poroses BaO wird mit Kohle und Bariumnitrat gemischt und der Einwirkung strahlender Warme elektrischer Lichtbogen oder von Generatorgas ausgesetzt.

D. 190955. Badische Anilin- u. Sodafabrik. Zur Erzielung einer gleichmäßigen Erhitzung des Gemisches von $BaCO_3$ und Kohle wird dieses in diskontinuierlich geheizten Kapselstößen oder Retorten gebrannt, indem die Flammengase parallel zu deren Achse gefuhrt werden.

D. 195287. N. Herzberg. Zusatz von BaO_2 zum $BaCO_3$ beim Glühen.

D. 198861. K. Puls, K. Krug und Norddeutsche Chemische Fabrik. Herstellung von Ba- und Sr-Nitrat durch Einwirkung einer wäßrigen Lösung von Ca-Nitrat auf die Carbonate von Ba und Sr.

D. 200987. Gebr. Siemens & Co. Zusatz zu D. 158950. Das durch Bindemittel plastisch gemachte und in Stabe oder Stränge gepreßte Gemenge von BaO oder $BaCO_3$ mit $BaNO_3$ wird allmahlich in den Reaktionsraum eingefuhrt.

D. 204476. Traine und Hellmers. Ba- und Sr-Nitrat wird aus Ba- bzw. Sr-Oxalat oder Phosphat und wäßrigem Ca-Nitrat hergestellt.

D. 205167. Dieselben. Die Sulfide des Ba und Sr werden mit Ca-Nitrat in der Warme umgesetzt.

D. 231645 (Schw. 43473). H. Schulze. $BaCO_3$ und Kohle werden direkt elektrothermisch mit gleichzeitigen elektrolytischen Wirkungen zersetzt.

D. 240267 (Ö. 40418). Derselbe. Beim Erhitzen von $BaCO_3$ und Kohle wird an den Seiten des Behalters ein Raum freigelassen.

D. 242243. Chemische Werke vorm. H. Byk. Herstellung von Ba-Nitrat durch doppelte Umsetzung von $BaCO_3$ mit Kalksalpeter in der Schmelze.

D. 248524. A. G. fur Chemische Industrie und H. Kühne. Ba-Nitrat wird aus einer Schmelze von Ba-Sulfat und Ca-Nitrat, plötzlichem Abkühlen und Auslaugen mit Wasser hergestellt.

D. 249489. Chemische Fabrik vorm. H. Byk. Zusatz zu D. 198861. Die Umsetzung zwischen $BaCO_3$ und Ca-Nitrat wird in Wasser bei gewohnlicher Temperatur vorgenommen.

D. 258593. Chemische Fabrik Coswig-Anhalt G. m. b. H. $BaCO_3$ und Kohle werden unter vermindertem Druck reagieren gelassen, wobei indirekte elektrische Widerstandsheizung und gasundurchlassige Ofenwande verwendet werden.

D. 259626 (Ö. 53879, Schw. 55372, F. 405638, E. 30323/1909, A. 1008070). Ch. Rollin und The Hedworth Barium Co. Zwischen der Charge, bestehend aus entwässertem Ba-Hydroxyd, und der Ofensohle ist eine Schutzschicht aus losem BaO, BaO_2 oder Ba-Nitrat vorgesehen.

D. 259997 (F. 441565, E. 6176/1912, A. 1047077). Chemische Fabrik Grünau, Landshoff u. Meyer A. G. und W. Kirchner. $BaCO_3$ wird unter Fernhalten des CO_2 der Heizgase in völlig gasdichten Gefaßen gegluht.

D. 268532 (Ö. 62012, Schw. 50074, F. 408677, E. 27587/1908, A. 1015345). Ch. Rollin und The Hedworth Barium Co. Bariumhydrat wird in 5—8 cm hohen Schichten bei 160—200° in einem Vakuum von etwa 457—508 mm Hg-Saule entwässert.

D. 269239 (Ö. 46380, Schw. 49904, F. 423644, E. 26140/1909, A. 974921). Dieselben. Ein Gemisch von wasserfreiem Bariumhydrat wird mit BaO_2 oder Ba-Nitrat auf einer Unterlage von ungeschmolzenem BaO in einem Muffelofen schnell auf 600—1000° erhitzt.

D. 276621 (Schw. 55371, F. 421355, E. 26696/1909, A. 974993, 1017593). Dieselben. Kristallisiertes Bariumhydrat wird bei einer Temperatur von wenig uber 100° geschmolzen, unter allmahlichem Steigen der Temperatur bis 220° der Einwirkung eines Stromes eines heißen inerten Gases zur Verdampfung des Wassers ausgesetzt, die Krusten gebrochen und weiter entwässert.

D. 290445. W. Lampe. Anwendung eines mit flammenloser Verbrennung arbeitenden Gluhofens mit heb- und senkbarem Flammenfilter.

D. 339002. L. Löwenstein. Das erhitzte Gemisch von $BaCO_3$ und Kohle wird wahrend des Durchleitens eines indifferenten Gases gleichzeitig umgelagert.

D. 395433. Rhenania Verein Chem. Fabriken A. G. und J. Looser. Die Erhitzung von $BaCO_3$ und Kohle wird in Gegenwart von temperaturerniedrigenden Kontaktkörpern, wie Oxydverbindungen des Eisens, vorgenommen.

D. 396214 (Ö. 65065, Schw. 98556, F. 448158, E. 191215). Chemische Fabrik

Coswig-Anhalt G. m. b. H. und W. Dieterich. $BaCO_3$ und Kohle wird in elektrischen Vakuumdrehofen unter Aufrechterhaltung eines hohen Teilvakuums einer fortwährenden Umlagerung unterworfen.

D. 417019. Dieselben. Anwendung des vorigen Verfahrens auf die Herstellung von hochprozentigem SrO.

D. 427223. Kali-Chemie A. G., J. Marwedel und J. Looser. Die Ausfällung des $BaCO_3$ aus Bariumsulfidlösungen mit CO_2 wird unter Zusatz von Alkalicarbonat vorgenommen.

D. 431617. H. Schulze. $BaCO_3$ und Kohle wird in Ruhe der strahlenden Hitze von elektrischen Heizquellen von zwei oder allen Seiten gleichzeitig ausgesetzt.

D. 440382. Rhenania Verein Chem. Fabriken A. G. Das Gemisch von $BaCO_3$ und Kohle wird in Formen gefüllt, deren äußere ·Umgrenzung aus Papier od. dgl. besteht, hierauf einem leichten Druck ausgesetzt und samt der äußeren Umhüllung gebrannt.

D. 441736 (A. 1673985). Dieselbe. Technisches Ba-Hydroxyd wird zur Gewinnung von reinem $BaCO_3$ mit kohlensauren Alkalien behandelt.

D. 442135 (E. 270559, A. 1640652). F. Falco. Schwefelfreies Bariumcarbonat wird durch Zusatz von Oxalsäure oder Ameisensaure zu dem aus Ba-Sulfidlösungen gefällten Carbonat und Erhitzen hergestellt.

D. 443237. P. Askenasy und R. Rose. Das mit großem Überschuß von Kohle versehene Ba-Carbonat wird wahrend oder nach dem Gluhen mit Luft oder O_2 behandelt.

D. 444122. Zusatz zu D. 443237. Dieselben. Die Verbrennung der uberschüssigen Kohle wird mit Wasserdampf vorgenommen.

D. 446863 (A. 1615515). Rhenania Verein Chem. Fabriken A. G. Schwerspat wird mit CO-haltigen Gasen bei hoher Temperatur reduziert und das gelöste BaS mit den CO_2-haltigen Abgasen des Reduktionsprozesses behandelt.

D. 478166. Zusatz zu D. 431617. Chemische Fabrik Siesel. Es wird dauernd ein geringer Unterdruck aufrechterhalten.

D. 493267. Kali-Chemie A. G., J. Marwedel und J. Looser. Zusatz zu D. 427223. Das gefallte $BaCO_3$ wird in Gegenwart von Na_2CO_3 unter Druck erhitzt und mit Wasser die S-Verbindungen ausgewaschen.

D. 505111. P. Askenasy und R. Rose. Röhrenförmiger Ofen zur Gewinnung von BaO aus $BaCO_3$ und Kohle, der in zwei Abteilungen geteilt ist, zwischen denen sich eine Öffnung in der Ofenwand befindet.

D. 565232 (E. 334709). B. Laporte Ltd., G. E. Weber und V. W. Slater. Bariumcarbonat aus BaS, $Ba(SH)_2$ oder anderen Ba-Schwefelverbindungen durch Zusatz zu einer Lösung von Kohlensäure oder einer Lösung von Ba-Carbonat in solcher Menge, daß stets CO_2 oder Ba-Bicarbonat anwesend ist.

D. 590854. Kali-Chemie A. G. Die Gase, die uber das Gemisch von Ba-Carbonat und Kohle beim Erhitzen darüberstreichen, werden vom Wasser, CO_2 und oxydierenden Stoffen befreit.

D. 610098 (E. 411402). Dieselbe. Apparat aus Siliziumkarbid oder dieses enthaltenden feuerfesten· Stoffen.

F. 331438. W. Feld. Die Mischung von $BaCO_3$ und Kohle wird von einer Kohlehülle umgeben.

F. 333724. A. N. Helouis, L. Manclaire und E. Meyer. Ba-Sulfat wird mit Kohle und Holzzellulose zu Bariumsulfid reduziert, ausgelaugt, mit CO_2 gefällt und gegluht.

F. 354419. P. Seurre. Ba-Sulfat wird durch doppelte Umsetzung mit $CaCl_2$ in $BaCl_2$ und dieses durch doppelte Umsetzung mit Ammoncarbonat in Ba-Carbonat übergeführt.

F. 375386. C. Limb und F. Louis. Die nitrosen Gase von der BaO-Herstellung aus Ba-Nitrat werden durch elektrische Funkenstrecken wieder in NO_2 übergeführt.

E. 151/1885. L. A. und A. Birn. Herstellung von wasser-, kohlensäure- und nitratfreiem BaO durch Erhitzen von Ba-Nitrat und Erkaltenlassen im Vakuum.

E. 7867/1885. A. Brin. Herstellung von BaO aus Ba-Hydroxyd durch Erhitzen im Vakuum, Überfuhrung in BaO_2.

E. 19470/1898. W. R. Lake. Ba-Hydroxyd wird mit Kohle gemischt, vorerst auf 150⁰ zur Entwasserung und dann in einem mit Kohle ausgefütterten Ofen sehr stark erhitzt.

E. 135285 (A. 1305618). J. B. Pierce. $BaCO_3$ wird ohne Zusatz eines Reduktionsmittels in sehr hohem Vakuum erhitzt.

E. 259395. B. P. Hill. BaO aus $BaCO_3$ durch dessen Erhitzung in fein verteiltem Zustande.

E. 331878. G. Th. Shine. Eine Mischung von $BaCO_3$ und Kohle wird in einer Retorte erhitzt, wobei kalte Luft uber die Einfulloffnung geleitet wird.

E. 357795. I. G. Farbenindustrie A. G. Die Erdalkalicarbonate werden mit Zusatz von Kohle auf eine Temperatur von 700⁰ in einer Wasserstoffatmosphäre erhitzt.

E. 360503. Ch. H. Thomson, H. E. Alcock und G. Th. Shine. $BaCO_3$ und Kohle werden in einem Tunnelofen erhitzt.

E. 363299. E. L. Rinan. $BaCO_3$ und Kohle werden mit der aquivalenten Menge $CaCO_3$ bei 1400⁰ gebrannt.

A. 649202. W. Feld. Brennen von $BaCO_3$ und Kohle in einem Ringofen.

A. 886607. Ch. B. Jacobs. $BaCO_3$ wird in einem Überschuß von Kohle fein verteilt und erhitzt.

A. 1041583. H. Bornemann. $BaCO_3$ und Kohle wird in einem schwachen Vakuum erhitzt.

A. 1067595. A. W. Ekstron. $BaCO_3$ wird ohne Kohlezusatz in Gegenwart von Kohlenwasserstoffgasen erhitzt.

A. 1133392. Sb. B. Newbery und H. N. Barredt. Ba-Sulfat wird mit BaO gemischt und unter Umruhren auf 1300⁰ erhitzt.

A. 1243190. I. G. Farbenindustrie A. G. und Kremers. $BaCO_3$ wird mit Kohle zu Briketts geformt und in einem Muffelofen in BaO und CO ubergeführt.

A. 1250642. B. Peacock. $BaCO_3$ wird mit einem inerten Material, wie CaO, gemischt, mit Wasser, Ba-Hydrat ausgezogen und der Ruckstand wieder für einen neuen Ansatz verwendet.

A. 1326332. H. Fleck. $BaCO_3$ wird mit Kohle gemischt, in eine Holzschachtel gegeben, mit hochschmelzendem losem Material umgeben, in ein Gefäß aus hochschmelzendem Material eingepackt und erhitzt.

A. 1358327. P. Reecke. Eine Retorte befindet sich in einem Drehrohr zum Brennen von $CaCO_3$.

A. 1634338. J. B. Pierce. Eine Ba-Sulfidlösung wird mit CO_2 behandelt und dabei das Ausfallen von Oxyschwefelverbindungen verhindert.

A. 1697722. C. Deguide. Ba wird von Ba-Silicaten als $BaCO_3$ durch deren Behandlung mit CO_2 und Entfernung der gelatinosen SiO_2 durch kaustische Alkalien gewonnen.

A. 1799989. F. Rusberg. Ba-Silicat wird mit Wasser bei erhohter Temperatur behandelt und so Ba-Hydroxyd gewonnen.

A. 1861892. S. Wittouck. Die mit der Kohle eingefuhrte Kieselsaure wird durch Alkalicarbonatlosungen entfernt.

A. 1913289. M. J. Rentschler. $BaCO_3$ wird mit Kohle vermischt und in eine Kapsel aus Ton und Kohle eingepackt und auf 800—1300⁰ erhitzt.

XI. Erdalkaliperoxyde, Barium-, Strontium- und Calciumperoxyd und deren Hydrate (zu Abschn. X, S. 104, und Abschn. XIX, Ba, Bb, Bc, S. 219ff.).

D. 31358. P. Degener und J. Lach. Knochenkohle wird in angefeuchtetem Zustande unter ofterem Umwenden den Sonnenstrahlen ausgesetzt und das gebildete H_2O_2 zur Erzeugung von Peroxyden der Alkalien und Erdalkalien verwendet (?).

D. 82982. J. D. Riedel-E. de Haën, A. G. Ein Gemisch von $NaNO_3$ wird mit einem großen Überschuß von CaO oder MgO erhitzt und die poröse Masse dann mit Luft oxydiert.

D. 128418 (E. 2504/1901). G. F. Jaubert. Darstellung von Erdalkaliperoxydhydraten durch Einwirkung von Erdalkalisulfidlösungen auf eine Alkaliperoxydhydratlösung.

D. 128617 (Ö. 10327). Derselbe. Darstellung der Peroxyde der Erdalkalien und Erdmetalle, insbesondere von CaO_2 durch Zusammenpressen von Na_2O_2 mit dem Hydrat dieser Metalle und Einwerfen in Eiswasser.

D. 132706 (Ö. 10398, E. 17460/1900, A. 733047). Derselbe. Eine Mischung von gelöschtem Kalk und Natriumperoxydhydrat mit wenig Wasser oder Kalkmilch wird mit einer Lösung von Na-Peroxydhydrat behandelt und die sich bildende Lösung von NaOH abfiltriert.

D. 170351. E. Merck. Ba-Peroxydhydrat durch Einwirkenlassen von Ba-Hydroxyd auf BaO_2.

D. 232001 (Ö. 52619, F. 427866, E. 8503/1911, A. 1015286). F. Bergius. Die Überführung der Erdalkalioxyde in die Peroxyde erfolgt in einer indifferenten Schmelze von Alkali und Durchleiten von Luft oder Sauerstoff unter Druck.

D. 249072 (E. 24817/1910, F. 420470). V. Bollo und E. Cadenaccio. Ba-, Sr-, K- und Na-Peroxyd werden durch Erhitzen des Carbonats in Gegegenwart einer geringen Menge metallischen, in statu nascendi befindlichen Eisens hergestellt.

D. 250417. Zusatz zu D. 249072 (E. 40270/1911, F. Zusatzpt. 13296). Dieselben. An Stelle von Fe werden Mn, Ni, Co, Cu, Cr oder Gemische dieser Metalle verwendet.

D. 254314. Soc. Italiana dei Forni Elettrici und G. A. Barbieri. Im elektrischen Ofen hergestelltes BaO wird fein gemahlen und bei erhöhter Temperatur mit O_2 oder Luft behandelt, gemahlen und nochmals unter Erhitzen auf Rotglut einer weiteren Oxydation unterworfen.

D. 258235. Dieselben. Der O_2 oder die Luft werden unter allmählich gesteigertem Druck zur Einwirkung gebracht.

D. 403116. Scheideanstalt. Bariumperoxydhydrat wird durch Vermahlen von BaO_2 mit Wasser hergestellt.

D. 422531. H. Schulze. Ba-, Sr- und Ca-Peroxyd werden durch Elektrolyse einer warmen oder heißen Erdalkalisulfid- oder -hydroxydlösung in einem geschlossenen Anodenbehälter mit Eisenanoden und Kohlekathoden hergestellt.

D. 426034 (Schw. 118961). A. F. Meyerhofer. Ba-Phosphat wird mit H_2SiF_6 umgesetzt, das gefällte $BaSiF_6$ von der Phosphorsäure getrennt, durch Wärme in BaF_2 und SiF_4 zerlegt, dieses zur Rückgewinnung der H_2SiF_6 benutzt, das BaF_2 mit Ca-Hydroxyd in Bariumhydroxyd und dieses in BaO_2 übergeführt.

D. 426735. Zusatz zu D. 426034. Derselbe. Das BaF_2 wird mit Nitraten solcher Metalle, die schwerlösliche Fluoride bilden, wie Ca, zu den Fluoriden dieser Metalle und Ba-Nitrat umgesetzt, dieses in BaO und weiter in BaO_2 übergeführt.

D. 482344. E. Luther. Ba-, Sr- und Ca-Peroxydhydrat werden durch kontinuierliche Elektrolyse einer auf unter 0—12° C gekühlten Erdalkalisulfid- oder -hydroxydlösung im Vakuum hergestellt, das Peroxyd dauernd abfiltriert und der Lauge außerhalb des Kathodenraumes CO_2 freie Luft, O_2 oder O_3 zugefuhrt.

D. 577319. L. Lindemann. Das Gemisch von $BaCO_3$ und Ruß wird kontinuierlich in gleichmäßiger Schicht unter Erneuerung seiner Oberfläche an der Heizquelle vorbeigefuhrt und das poröse, noch heiße BaO in einer mit dem Reduktionsofen gasdicht verbundenen Oxydationskammer mit Luft behandelt.

E. 1683/1883. Mond. Fällung von Ca-Peroxydhydrat aus Kalkmilch und H_2O_2.

E. 13411/1892. H. Y. Castner. Einwirkung von Na_2O_2 auf Erdalkali- oder Mg-Verbindungen.

E. 10630/1900. G. F. Jaubert. Verwendung von Ca-Peroxydhydrat zum Bleichen.

E. 14489/1906. A. J. Hoxam. Mg-, Zn- und Ca-Peroxyd oder Benzoyl- und Succinylperoxyd werden durch Einwirkung von Säuren auf das Oxyd und Zugabe von Na_2O_2 zur sauren Lösung hergestellt.

E. 1687/1915. Henkel u. Cie. und H. Wade. Darstellung von Peroxydhydraten von Ba, Sr und Ca durch Elektrolyse einer 3%igen Erdalkalihydroxydlösung, die 1,5% K_2CO_3 enthält, mit Diaphragma und Einblasen von Luft zur Kathode.

E. 217988. R. Stewart und B. Laporte Ltd. Durch eine Schmelze von Ba-

Hydroxyd wird Luft oder O_2 geblasen und zeitweise oder kontinuierlich die Kristalle von BaO_2 aus der Schmelze entfernt.

E. 315151. B. Laporte Ltd., I. E. Weber und V. W. Slater. Zu Bariumcarbonat, das durch Fallung von Ba-Sulfid mit CO_2 oder aus BaO und CO_2 hergestellt wurde, wird etwas Alkalisalz zugegeben und diese Mischung dann in BaO_2 übergeführt.

A. 650518. C. Savigny. Kristallisiertes Ba-Hydroxyd wird vorerst auf 100 bis 150⁰ in einem eisernen Ofen und dann in einem mit Kohle ausgekleideten Ofen auf 1000—1200⁰ erhitzt.

A. 729767. G. F. Jaubert. Ca-Peroxydhydrat wird aus gepulvertem, gelöschtem Kalk und Na-Peroxydhydrat durch Einwirkung von feuchter Luft hergestellt.

A. 847670. Ca-Peroxyd aus einer Lösung von H_2O_2 und eines Ca-Salzes in ammoniakalischer Lösung.

A. 1325043. J. B. Pierce. SrO_2 aus SrO und O_2 unter Druck in der Hitze.

A. 1349417. A. Fleck. Das BaO wird während der Einwirkung der komprimierten Luft in einem rotierenden Zylinder gemahlen.

A. 1438377. A. J. Jewell. Hydratisiertes Ba-Hydroxyd wird in fein verteilter Form in eine erhitzte senkrecht stehende Kolonne eingespritzt, wobei das Kristallwasser verdampft und schließlich unter Einwirkung von O_2 BaO_2 erhalten wird.

XII. Magnesium- und Zinkperoxyd (zu Abschn. XIX, C, S. 230 und D, S. 233).

D. 107231 (Ö. 2090, E. 11534/1899, A. 650023). R. Wagnitz. Na_2O_2 wird mit gepulvertem Hg-Hydroxyd gemischt und in Mg-Hydroxyd fein verteiltes Wasser zugefugt.

D. 151129 (Ö. 16955, F. 337285, E. 24806/1903, A. 759887). F. Hinz. MgO_2 und ZnO_2 auf elektrolytischem Wege durch Verwendung von wäßrigen Mg-Chlorid- oder Zinkchloridlosungen als Anolyt, von gleichen Losungen mit einem Zusatz von H_2O_2 als Katholyt unter Verwendung eines Diaphragmas und Neutralhalten des Katholyten.

D. 168271 (Ö. 9949, F. 318097, E. 2743/1902). A. Krause. Das aus gelösten Mg-Salzen und Na_2O_2 erhaltene MgO_2 wird schnell filtriert, so schnell wie möglich getrocknet und dann erst ausgewaschen.

D. 171372 (Ö. 16019). E. Merck. MgO und ZnO werden mit der berechneten Menge von reinem H_2O_2 angeruhrt und das Gemenge einige Zeit stehengelassen.

D. 179781. A. Krause. Auf die Losung eines Mg-Salzes, das ein Ammonsalz enthalt, wird Na_2O_2 einwirken gelassen.

D. 222401. Chemische Werke Kirchhoff u. Neirath. Zur Herstellung von Metallperoxyden aus Losungen der Metallsalze und einer alkalischen H_2O_2-Lösung wird eine durch Auflosen von Na_2O_2 in einer starken anorganischen oder organischen Säure erhaltene salzhaltige H_2O_2-Losung verwendet.

D. 386515. W. Mau und Peroxydwerk Erlenwein u. Holler. MgO, $Mg(OH)_2$ oder dieselben bildende Mischungen von Mg-Salzen und Alkalihydroxyden werden mit geringprozentigen H_2O_2-Losungen bis zur Bildung von MgO_2 im Vakuum eingedampft.

Ö. 43321 (F. 364825, E. 9491/1906). F. Hinz. Man laßt Na_2O_2 auf wasserlösliche Mg- oder Zn-Salze in Gegenwart von H_2O_2 einwirken.

Schw. 81312. W. Trumpp. Na_2O_2 und Mg-Sulfat werden in moglichst wenig Wasser eingetragen und das wasserhaltige Gemisch schnell getrocknet.

E. 754/1901. R. Wolffenstein. Eine alkalische H_2O_2-Losung wird auf Mg- oder Zn-Salze einwirken gelassen.

A. 698399. F. Fuhrmann. Ein wasserlosliches Mg-Salz, ein Ammonsalz und Na_2O_2 werden gemischt und nach der Reaktion Alkohol zur Fällung des MgO_2 zugegeben.

A. 709086. F. Elias. Auf BaO_2 wird eine schwach angesäuerte Mg-Salzlösung einwirken gelassen, filtriert, gewaschen und getrocknet.

A. 740832. Derselbe. Auf Ba-Peroxydhydrat wird ein waßriges Zn-Salz mit einem ein wasserlosliches Ba-Salz bildendes Anion einwirken gelassen.

A. 861 826. F. Fuhrmann. Na_2O_2 wird in einer stark sauren Losung gelost und die Lösung auf MgO, ZnO oder CaO einwirken gelassen.

XIII. Persulfate (zu Abschn. XII und XIV, S. 136 und 176, sowie Abschn. XIX, 2 a, b, c, S. 242).

D. 77 340. R. Loewenherz. Herstellung von festem, uberschwefelsaurem Natrium durch Behandlung von festem Ammonpersulfat mit einer konzentrierten Lösung von NaOH oder Na_2CO_3. — Weiter siehe D. 81 404, 155 805, 172 508, 173 977, 205 067. 205 068, 205 069, 306 194, S. 354, Russ. 29 835, S. 356, D. 243 366, S. 360, D. 228 665. 236 768, S. 376.

Ö. 42 544. Österreichische Chemische Werke G. m. b. H. und L. Lowenstein. Herstellung von Ba-Persulfat durch Bindung von SO_3 an BaO_2.

Schw. 53 887. A. Pietsch und G. Adolph. Darstellung von Na-Persulfat durch Umsetzung von Ammonpersulfat mit einem festen schwefelsauren Salz des Na.

E. 25 081/1899 (A. 659 820). B. J. Mills. Herstellung von Na-Persulfat aus Ba-Persulfat durch Umsetzung einer konz. Lösung von Ba-Persulfat mit Na-Sulfat. Na-Carbonat oder -Bicarbonat und Nachbehandlung mit Schwefelsaure. Die Losung des Na-Persulfats wird im Vakuum eingedampft.

A. 1 530 714. D. M. Crist. Herstellung von Perschwefelsaure durch Einwirkung von Ozon auf Schwefelsaure.

A. 1 861 573. A. Kratky. Elektrolyt fur die Herstellung von Alkalipersulfaten, bestehend aus einer waßrigen Losung eines schwefelsauren Alkalisalzes, einem Ammon-salz, Cersalz und Alkalichromat.

XIV. Echte Percarbonate und Verfahren zur Reinigung von Ausgangsmaterialien zur Herstellung von festen Perverbindungen (zu Abschn. XIX, F, S. 248).

D. 91 612 (E. 19 218/1896). E. J. Constam und A. Hansen und Aluminium-Industrie Neuhausen A. G. Darstellung von Salzen der Überkohlensaure durch Elektrolysieren von Losungen der Carbonate der Alkalimetalle und des Ammoniaks bei niedriger Temperatur.

D. 145 746 (F. 331 937). D. Bauer. Verfahren zur unmittelbaren Herstellung von festem uberkohlensauren Natrium durch Vermischen von flussigem oder festem CO_2 mit kristallisiertem Na-Peroxydhydrat.

D. 178 019. E. Merck. Darstellung von Ba-Percarbonat durch allmahliche Ein-wirkung von 1 Mol BaO_2 auf 1 Mol CO_2.

D. 188 569. Derselbe. Darstellung von saurem Na-Percarbonat durch Wechsel-wirkung von 1 Mol Na-Peroxydhydrat mit mehr als 1 Mol CO_2 bei niederer Temperatur.

D. 324 869. L. Schwedes. In eine Aufschlemmung von Na_2O_2 in Alkohol wird CO_2 eingeleitet.

E. 347 693 (Ö. 88 474, Schw. 91 864, A. 1 225 722). Scheideanstalt. Vor der Ein-wirkung von H_2O_2 auf das Alkalicarbonat wird dieses zuvor gegluht oder man arbeitet bei Gegenwart von Antikatalysatoren, wie Na-Silicat, Mg-Chlorid, oder wendet beide Maßnahmen gleichzeitig an.

E. 423 754. F. Noll. Längere Zeit vor Beginn der Reaktion werden den Losungen Stoffe, wie Silicate, zugesetzt, die die Katalysatoren ausfallen.

D. 425 598 (Schw. 89 554, E. 131 930, A. 1 225 872). Scheideanstalt. Den Alkali-percarbonaten wird während oder nach ihrer Herstellung eine geringe Menge von Stoffen zugesetzt, welche wie Alkalisilicate oder Mg-Silicate befahigt sind, das Alkalipercarbonat gegen Zersetzung zu schutzen.

D. 557 949. M. Schaidhauf. Herstellung haltbarer Bleichlaugen durch Elektrolyse von Alkalicarbonatlösungen, denen NaOH zugesetzt wird.

XV. Organische Perverbindungen (zu Abschn. XX, S. 375).

D. 156 998. Parke, Davis u. Co. Darstellung von Peressigsaure aus Acetylbenzoyl-chlorid durch Einwirkung von Wasser. Für Desinfektionszwecke.

D. 228665. J. D'Ans. Darstellung von Persäuren und Peroxyden durch Wechselwirkung von H_2O_2 mit Säurehalogeniden bei Ausschluß von halogenwasserstoffbindenden Mitteln.

D. 229572 (Ö. 39107, A. 1047645, F. 399720). G. F. Jaubert. Darstellung sauerstoffreicher Persalze in fester Form durch Einwirkung der Peroxyde der Alkalimetalle, des Natriumhydroperoxyds, der Peroxyde der Metalle der alkalischen Erden, kurz aller zur Gewinnung von H_2O_2 verwendbaren Peroxyde auf eine Säure oder einen Ester unter völligem Ausschluß von jedem Lösungsmittel für H_2O_2. Es werden die Stoffe $Na_2O_2 \cdot 2\,HCl$; $Na_2O_2 \cdot 2\,CH_2O_2$; $Na_2O_2 \cdot 2\,C_6H_5COOH$ oder Na_2O_2 und Fettsäuren hergestellt.

D. 236768. J. D'Ans und W. Friedrich. Verfahren zur Darstellung von Persäuren durch Wechselwirkung von Peroxyden mit H_2O_2 in hochprozentiger oder wasserfreier Form.

D. 251802. J. D'Ans. Darstellung organischer Persäuren durch Behandlung organischer Säuren mit H_2O_2 unter Zusatz eines Beschleunigers, wie Schwefelsäure oder anderen Mineralsäuren.

D. 263459. v. Girsewald. Herstellung von Hexamethylentriperoxyddiamin durch Einwirkung von konz. H_2O_2 auf Salze des Hexamethylendiamins mit organischen oder anorganischen Säuren. Sprengstoff.

D. 269937. Konsortium für Elektrochemische Industrie G. m. b. H. Darstellung von Persäuren durch Behandlung von wasserfreiem Aldehyd mit O_2 oder sauerstoffabgebenden Gasmischungen, wobei durch Abkühlung und Fernhaltung schädlicher Verunreinigungen die Reduktion der gebildeten Persäure durch den Aldehyd gehemmt wird.

D. 272738. Zusatz zu D. 269937. Dieselbe. Als Katalysatoren werden Metallverbindungen, wie Co-Acetat, oder andere Verbindungen des Cr, Co, Fe, U oder V verwendet.

D. 281045. Zusatz zu D. 263459. v. Girsewald. Harnstoff und Formaldehyd werden in Gegenwart von Säuren auf H_2O_2 einwirken gelassen. Verwendung als Desinfektionsmittel.

D. 321567. C. Harries. Darstellung von Aldehyden und Ketonen durch Behandeln von Ozoniden mit Reduktionsmitteln, wie K-Ferrocyanid.

D. 324663. C. Harries, R. Koetschan und E. Albrecht. Darstellung von Fettsäuren und Aldehyden durch Spaltung der Ozonide der Teerprodukte von Braunkohle, Schiefer, Torf und bituminösem Asphalt mit Wasserdampf, Alkalilauge und Schwefelsäure.

D. 393449. Verwendung des Äthylesters und des Na-Salzes der Peressigsäure als Bekämpfungsmittel gegen Insekten.

D. 409779. M. Bergmann. Organische Persäuren wie Perbenzoesäure, werden durch Einwirkung von 1 Mol Na_2O_2 oder eines ähnlichen Peroxydes oder der entsprechenden Menge eines Gemisches von H_2O_2 mit geeigneten Basen auf weniger als 2 Mole eines organischen Säurehalogenides und geeigneten Lösungsmitteln für die Säurehalogenide hergestellt.

D. 411105 (Schw. 104787). N. V. Vereenigde Fabrieken van Chemische Produkten. Herstellung von Alkylperoxyden, insbesondere Benzoylperoxyd in fein verteiltem Zustande durch Zerkleinerung in Gegenwart von Wasser oder anderen Flüssigkeiten.

D. 441808. N. V. Internat. Oxygenium Maatschappij „Novadel". Herstellung von Acylperoxyden, insbesondere von Benzoylperoxyd in feiner Verteilung durch Umsetzung der Chloride, z. B. Benzoylchlorid mit Peroxyd oder H_2O_2 in Gegenwart von indifferenten, zerkleinerten, kristallinen Stoffen, wie feingemahlenem Quarz, Kieselgur, Ca-Hydroxyd oder Carbonat, in Wasser unlöslichen Phosphaten oder Silicaten und anderen Stoffen mikrokristalliner Struktur.

D. 404174. Konsortium für Elektrochemische Industrie G. m. b. H. Zur Darstellung von Acylperoxyden wird Acetaldehyd bei Abwesenheit schädlicher Verunreinigungen in Gegenwart von Anhydriden, wie Essigsäureanhydrid, mit O_2 oder O_2-haltigen Gasen bei einer 40^0 nicht übersteigenden Temperatur oxydiert. Als Katalysator kann gelöstes Co- oder Ni-Acetat sowie Pyridin verwendet werden.

D. 429855. Chemische Werke Herkules. Wasch- und Bleichmittel aus organischen Peroxyden oder Ozoniden mit alkaliabgebenden Stoffen.

D. 454070. N. V. Ind. Maatsch. Vorheen. Noury und van der Lande. Haltbare Präparate aus organischen Perverbindungen in Mischung mit festen indifferenten Stoffen, wie Oxyden oder Salzen.

D. 461371. Ölwerke Nury und van der Lande. Nasses Benzoylperoxyd wird auf pulverformige Oxyde der Erdalkalien und MgO in feiner Verteilung einwirken gelassen.

D. 495021. Chemische Fabrik v. Heyden. Herstellung von O-aktivem Aceton mit ozonisiertem O_2 oder ozonisierter Luft. Dieses dient zur Unterscheidung von roher oder gekochter Milch mit Hilfe der Guajakreaktion (Blaufärbung bei roher Milch).

D. 540588 (E. 171725). R. H. McKee. Herstellung von Peroxyden organischer Säuren aus alkalischen H_2O_2-Lösungen bei niederer Temperatur und den Saurechloriden unter Verwendung einer Pufferlösung, wie Dinatriumphosphat, die das p_H zwischen 6—9 halt.

D. 552380. C. Böhler. Herstellung von harten unlöslichen und unschmelzbaren Oxydationsprodukten durch Erhitzen von Zucker oder zuckerähnlichen Kohlehydraten mit Persulfaten.

D. 561521 (F. 726140). Farb- und Gerbstoffwerke C. Flesch jun. Herstellung organischer Sulfopersäureverbindungen vom Typus $R \cdot SO_2 \cdot OO \cdot Me$ durch Umsetzung von organischen Sulfochloriden mit Peroxyden.

A. 1787402. W. B. Staddard. Feuchtes Benzoylperoxyd wird mit wasserfreiem Natriumsulfat gemischt.

A. 1754914. Derselbe. Organische Peroxyde werden in nicht wäßrigen Lösungsmitteln, wie mineralischen Ölen, gelöst und zum Bleichen verwendet.

E. 200508 (Schw. 104787, F. 568212). N. V. Vereenigde Fabrieken van Chemische Produkten. Herstellung von organischen Peroxyden in fein verteiltem Zustande durch Zerkleinerung in Gegenwart von Flüssigkeiten in einem rotierenden Holzgefäß mit Porzellankugeln.

E. 234163. N. V. Ind. Maatsch. Vorheen. van der Lande und J. Ch. Lebuinus van der Lande. Organische Peroxyde und andere organische Perverbindungen werden innig mit einem oder mehreren indifferenten Stoffen vermischt und so in eine nicht explodierende Form ubergeführt.

E. 271725. R. H. McKee. Herstellung von organischen Säuren aus dem betreffenden Säurechlorid und einer H_2O_2-Lösung, wobei das p_H der Lösung durch Zusatz von Pufferstoffen nahezu neutral gehalten wird, d. h. etwa 7,5 beträgt.

E. 273832. A. S. Ramage. Herstellung von Ozoniden aus Kohlenwasserstoffen, insbesondere Petroleumfraktionen von Kp. = 125—200° mit ozonhaltiger Luft mit Stahlspänen als Kontaktsubstanz. Dienen als Sikkative.

E. 309118 (F. 669486). J. Straub. Mischungen organischer Peroxyde, vornehmlich zum Bleichen von Mehl und Mullereiprodukten, werden durch Einwirkung von anorganischen Peroxyden, wie H_2O_2, Na_2O_2, BaO_2, und basischen Mitteln, wie NaOH und Pyridin, auf ein Gemisch von Säurechloriden erhalten.

E. 358349 (F. 707182). N. V. Ind. Maatsch. Vorheen. Noury und van der Lande. Organische Peroxyde, wie Benzoylperoxyd, können zerrieben werden, wenn man sie mit festen, nicht hygroskopischen Stoffen, die gegen die Peroxyde indifferent sind und die nicht wesentlich geringere Härte besitzen als Di- oder Tricalciumphosphat und NaCl.

A. 1718609. Pilot Laboratory Inc. Herstellung von Fettsäureperoxyden aus Fettsäurechloriden und Alkaliperoxyden oder H_2O_2 in alkalischer Lösung bei Temperaturen unterhalb 50°.

XVI. Herstellung von Perboraten auf chemischem Wege (zu Abschn. XXIII, A, a, α, S. 284).

D. 165278 (Ö. 21600, F. 348456, 350388, E. 22004/1904, 26790/1904, 6585/1905, A. 788780, 824798). Scheideanstalt. Zinkperborat durch Einwirkung von Na_2O_2

oder Na-Peroxydhydrat und Borsäure oder Na-Perborat auf Zn-Salze oder von Zn-Peroxydhydrat auf Borsäure.

D. 165279 (A. 816925). Zusatz zu D. 165278. Dieselbe. An Stelle der Zn-Salze werden Mg-Salze verwendet.

D. 193722 (Ö. 36447). Dieselbe. Einwirkung von Alkalipercarbonat auf Alkaliborate.

D. 204279. v. Girsewald. Einwirkung von H_2O_2 auf Na-Metaborat in Gegenwart von NaOH und aussalzender Mittel, wie NaCl.

D. 207580 (Ö. 40656, F. Zusatzpt. 2900). G. F. Jaubert. Zusatz zu D. 193559. Es wird gleichzeitig Borsaure und eine Mineralsäure oder Borsaure und H_2O_2 auf das Alkaliperoxyd einwirken gelassen.

D. 218569 (Ö. 43836, E. 503/1906, A. 842470, 842471, 842472, 842473). Scheideanstalt. Natriumperborat aus Borsäure, Boraten, Na_2O_2 und CO_2 oder $NaHCO_3$.

D. 226090 (Schw. 50072). L. Sarason. Regelung der Sauerstoffabgabe aus Perboraten durch Mischung mit pyrophosphorsauren Alkalisalzen.

D. 229675. Zusatz zu D. 204279. v. Girsewald. Ein Teil des H_2O_2 und NaOH wird durch Na_2O_2 ersetzt.

D. 235050 (Ö. 48159). Chemische Fabrik Coswig-Anhalt G. m. b. H. Borsäure und Alkalien werden bei Gegenwart von H_2O_2 oder Na_2O_2 auf Al-Salzlosungen einwirken gelassen.

D. 236881 (Ö. 45299, F. 406974, Schw. 48594). Chemische Werke vorm. H. Byk. Borax und Na_2O_2 oder Natriumperborat, eventuell noch Borsäure werden bis zum Schmelzen erhitzt oder Na_2O_2 im geschmolzenen Borax aufgelöst.

D. 237096. Chemische Fabrik Grunau, Landshoff u. Meyer A. G. und A. Bräuer. Die H_2O_2 enthaltende Lösung von Ca-, Mg- oder Zn-Salz wird mit Natriummetaborat behandelt.

D. 237608 (F. 431595). Konsortium fur Elektrochemische Industrie G. m. b. H. H_2O_2 wird auf ein Gemisch von Borax und Soda einwirken gelassen.

D. 238104 (E. 19755/1909). Zusatz zu D. 236881. Chemische Werke vorm. H. Byk. Na_2O_2 oder Na-Perborat wird mit Borsäure, eventuell mit Zusatz von feuchtem Na-Silicat, -Phosphat, -Sulfat geschmolzen.

D. 238338. Zusatz zu D. 236881. Dieselbe. Na-Perborat wird mit Kristallsoda, Na-Sulfat, Na-Silicat, Na-Phosphat geschmolzen.

D. 243368 (Ö. 48784, F. 401911, E. 7495/1909, A. 975129, 975354). Dieselbe. Haltbares Gemisch aus Na-Perborat mit weniger als 2 Molekulen Kristallwasser und festen sauren Verbindungen, wie Weinsäure, Zitronensaure u. dgl.

D. 243948. Zusatz zu D. 232001. F. Bergius. Borverbindungen werden in einer indifferenten Schmelze, z. B. Alkalischmelze gelöst und Sauerstoff unter Druck eingeleitet.

D. 244879 (A. 1046594). Chemische Werke vorm. H. Byk. Die Mutterlaugen der Persalzdarstellung von Perborat werden mit geringen Mengen einer Mg-Verbindung zur Trockene eingedampft.

D. 245221 (F. 13110, E. 475/1910). Zusatz zu D. 243368. Dieselbe. Man verwendet andere Perborate, wie von Kalium, Ammonium, Calcium und Magnesium, denen man einen Teil ihres Kristallwassers entzogen hat.

D. 246713 (E. 19562/1910). Dieselbe. Tabletten aus Perborat, dem das Kristallwasser ganz oder teilweise entzogen worden ist oder wird.

D. 248683 (Ö. 55652, E. 1626/1911, A. 999497). Ca-Perborat aus Ca-Salzen und Alkaliperborat in Gegenwart einer zur vollstandigen Lösung der beiden Fällungskomponenten nicht genugenden Menge Wassers oder bloß in Gegenwart des Kristallwassers.

D. 249325. Chemische Werke vorm. H. Byk. Perborate werden mit sauren Substanzen in solchen Mengenverhältnissen gemischt, daß das Gemisch von lackmusalkalischer Reaktion bleibt.

D. 250074. Chemische Fabrik Grunau, Landshoff u. Meyer A. G. und A. Bräuer. Al-Chlorid und Borsäure werden in H_2O_2 gelöst und das Doppelborat mit Ätzkalk gefallt.

D. 250262. Berliner Chemische Fabrik. Zusatz von Borax zum Perborat.

D. 250331. Zusatz zu D. 236881. Chemische Werke vorm. H. Byk. Zusatz von Seifen an Stelle der Salze beim Schmelzen von Na_2O_2 und Borsäure oder Boraten.

D. 250522. Dieselbe. In Mischungen von festen, haltbaren Perboraten wird das Kristallwasser nicht vorher, sondern durch Zumischung anderer Kristallwasser entziehender Substanzen, wie z. B. von wasserfreiem Na-Azetat oder Ca-Chlorid, entzogen.

D. 253169. Chemische Fabrik Grünau, Landshoff u. Meyer A. G., E. Franke und R. May. Den Perboratmutterlaugen wird zur Haltbarmachung Stearin-, Palmitin- oder Oleinsäure zugesetzt.

D. 256920. Chemische Werke vorm. H. Byk. Na-Salze der Perborsäure werden in konzentriertem H_2O_2 gelöst und die Lösungen zur Kristallisation gebracht, eingedampft oder mit einem Fällungsmittel versetzt.

D. 257808 (Ö. 51805, F. 425958, A. 996773). Saccharinfabrik A. G. vorm. Fahlberg, List & Co. Kristallisiertes Na-Perborat wird mit den sauren Salzen der Sulfobenzoesäure in äquivalenten Mengen gemischt.

D. 261633. Vereinigte Fabriken für Laboratoriumsbedarf. Perborate werden mit neutralen Salzen solcher organischer Säuren gemischt, die befähigt sind, mit Boraten komplexe Salze zu bilden, wie Al-Tartrat, Al-Na-Tartrat, Na-Borotartrat, Na-Borocitrat, Mg-Borocitrat oder Al-Borocitrat.

D. 262144. Chemische Fabrik Reisholz. Borsäure wird mit der zur Hydratation erforderlichen Menge Eis gemischt und dann Alkaliperoxyd zugesetzt.

D. 266517. Zusatz zu D. 248683. Chemische Werke vorm. H. Byk. Es wird so starkes H_2O_2 verwendet, daß seine Konzentration auch nach Zutritt des Lösungswassers mindestens über 10% beträgt.

D. 268401 (Ö. 60106, F. 445172, A. 1105739). Pearson & Co. Der Mischung von 2—4 Molekulen Kristallwasser enthaltendem Perborat und Säuren oder sauren Salzen wird $NaHCO_3$ zugesetzt.

D. 268814 (Ö. 49229). Chemische Werke vorm. H. Byk. Entwässern von Perboraten durch Erhitzen auf Temperaturen von etwa 50° unter sofortiger Abfuhrung des Wassers, am besten im Vakuum unter Durchsaugen von Luft.

D. 271194. Zusatz zu D. 261633. Verwendung von sauren Salzen an Stelle der neutralen, wobei nur die Hälfte des in den Perboraten vorhandenen Alkalis oder der Metallbase abgesättigt wird.

D. 272077. Saccharinfabrik A. G. vorm. Fahlberg, List & Co. Na-Perborat wird mit flüssigen konzentrierten anorganischen Säuren, wie Schwefel- oder Phosphorsäure, in der Kälte gemischt und die zähe Masse an der Luft oder im Vakuum getrocknet.

D. 274347. G. A. Hempel. Boratlösungen werden mit gasförmigem H_2O_2 behandelt.

D. 278868 (Ö. 70593, Schw. 67108, F. 468293, E. 3388/1914). Henkel u. Cie. Mg-Salze, deren Anionen mit Alkali kristallwasserhaltige Salze zu bilden vermögen, wie Mg-Sulfat, werden mit Alkaliperborat zusammengeschmolzen.

D. 281134 (Ö. 65892). J. Auer. H_2O_2 bzw. Metallperoxyde werden auf Tetraborsäure unter 0° einwirken gelassen.

D. 282226 (Schw. 68595, F. 468293, E. 3476/1914, A. 1124081). Zusatz zu D. 278868. Henkel u. Cie. Mg-Salze werden mit Alkaliperoxyd, Borax und entsprechenden Mengen von zur Absättigung des überschüssigen Alkali geeigneten Körpern gemischt, die Mischung etwa 25% Wasser aufnehmen gelassen und sodann geschmolzen.

D. 282986 (Ö. 70594, Schw. 68918, F. 468293, E. 3477/1914, A. 1121428). Zusatz zu D. 278868. Dieselbe. Zn-Salze werden mit Alkaliperborat zusammengeschmolzen.

D. 283894. Dieselbe. Amalgamiertes Al oder Zn wird in wäßriger Lösung von Borsäure oder borsauren Alkalisalzen bei Gegenwart von Erdalkalihydroxyden durch Zufuhr von Sauerstoff unter Druck der Autoxydation unterworfen.

D. 283981. Chemische Werke Kirchhoff u. Neirath. Eine konzentrierte, stark gekühlte Wein- und Zitronensäurelösung oder ein saures Salz derselben wird mit kristallisiertem oder mehr oder weniger entwassertem Na-Perborat gemischt und im Vakuum bei niedriger Temperatur eingedampft.

D. 286545 (Ö. 71586, Schw. 69949, A. 1098740). Scheideanstalt. Feuchte Perborate werden mit Alkohol behandelt.

D. 296888. Aschkenasy. Im Vakuum vorgetrocknetes Salz wird bis 100° erhitzt.

D. 299300. Derselbe. Eine Lösung von Borat in verdunntem H_2O_2 wird unter vermindertem Druck und schwachem Erwärmen eingedampft.

D. 299410. Österr. Verein fur Chem. u. Metallurg. Produktion. Feuchtes Perborat wird dem Wassergehalte entsprechend allmählich höher werdenden Temperaturen ausgesetzt, indem es durch mehrere hintereinander gelegene Kammern verschiedener Temperatur gefuhrt wird.

D. 318219 (Ö. 106971, Schw. 90696, E. 156713). Aschkenasy. Perborat und Di-Na-Phosphat werden mit hochprozentigem H_2O_2 unter vermindertem Druck und mäßigem Erwärmen eingedampft.

D. 329845 (Schw. 95231, E. 156714). Derselbe. Die Perhydratisierung wird nach einem der bekannten Verfahren nicht wesentlich uber einen Gehalt von 23% aktivem Sauerstoff ausgefuhrt.

D. 337058 (Ö. 97106). Derselbe. Gepulverter kristallisierter Borax wird in erhitzte konzentrierte Natronlauge eingetragen, nach dem Erkalten mit konz. H_2O_2 vermischt und entweder durch Stehenlassen an der Luft, Behandlung mit bewegter erwärmter Luft oder im Vakuum durch mäßiges Erwärmen getrocknet.

D. 408861 (Schw. 108700). Scheideanstalt. Man läßt die Mischung aus Alkaliperoxyd und Borsäure mehr CO_2 absorbieren, als zur Überfuhrung des Alkali in Soda erforderlich ist, und fuhrt das Bicarbonat durch Zusatz von Borsäure und Alkaliperoxyd in Perborat uber.

D. 408862 (E. 231945). Dieselbe. Die Mischung von Alkaliperoxyd, Borsäure und Alkaliborat wird mehr als 20% CO_2 uber die zur Überfuhrung des fur die Perboratbildung nicht benotigten Alkalis in Soda absorbieren gelassen.

D. 461183. Chemische Fabrik Coswig-Anhalt G. m. b. H. H_2O_2 oder Na_2O_2 wird mit einer Losung von Na-Metaborat unterschichtet und durch Kuhlung für eine allmahliche Reaktion der Komponenten Sorge getragen.

D. 503027. Scheideanstalt. Ungefähr molekulare Mengen von Borsäure und H_2O_2 werden mit solchen Mengen uberschussigen Ammoniaks zur Umsetzung gebracht, daß das gebildete Ammoniumperborat aus der Lösung ausgeschieden wird.

D. 507522 (Schw. 139797, E. 297777, A. 1716874). The Roessler und Hasslacher Chemical Co. Eine Losung von 1 Mol Borax wird mit 1 Mol Na_2O_2 in Metaborat und Perborat ubergefuhrt, worauf etwa 3 Mole H_2O_2 in den Prozeß eingefuhrt werden.

D. 528873 (E. 312664, F. 675020). Scheideanstalt. Die Entwässerung von Perborat wird im Vakuum unter Bewegung des Gutes unter allmählicher Steigerung der Temperatur auf 100° unter Vermeidung des Schmelzens vorgenommen und sodann bei einer Temperatur uber 100° bei einer Dampftension unter 40 mm weiter entwässert.

D. 548432 (A. 1978953). Dieselbe. Borax wird mit der etwa 3—5fachen Molmenge H_2O_2 unter Zugabe eines Stabilisators wie Mg-Silicat bei Unterdruck zur Trockenen eingedampft.

Ö. 68854. A. Großmann und K. Schwed. Gasförmiges H_2O_2 wird auf feste getrocknete Borate einwirken gelassen.

F. 384967 (E. 1352/1908, A. 903967). Stolle und Kopke. Man läßt 1 Mol Na_2O_2 auf 3 Molekule Borsaure in Wasser einwirken.

F. 390520. P. Dame. Getrockneter Borax oder ähnliche anhydrische wasserfreie Salze werden mit H_2O_2 zum Kristallisieren gebracht.

F. 775351. Henkel u. Cie. Die fein verteilten Perborate werden kurze Zeit einem warmen Luftstrom von 220—250° ausgesetzt.

F. 776485 (E. 434991, Schw. 179076). N. V. Ind. Maatsch. Vorheen. Noury und van der Lande. Herstellung von Alkaliperboraten in Gegenwart von löslichen Salzen der Erdalkalien, des Mg, Al, Cd oder Zn.

Poln. 16050. S. Jantzschak. Erhöhung der Beständigkeit von Perboraten, indem man auf den Kristallen einen Überzug von kolloidaler Kieselsäure durch Vermischen des Perborats mit Wasserglas und Behandeln des Gemisches mit Salzsäure erzeugt.

A. 975353. R. Grüter und H. Pohl. Eine haltbare Mischung, bestehend aus teilweise entwässertem Perborat, festen sauren Stoffen, wie Zitronensäure, und Zucker.

A. 1006798. F. L. Schmidt. Schmelzen von Borax und Borsäure mit Na_2O_2 bei etwa 60°.

A. 1076039. Ch. B. Jacobs. Wasserfreies Na-Metaborat und Na_2O_2 werden gemischt.

A. 1185216. O. Liebknecht. Mischung aus Na- und Mg-Perborat.

A. 1200739. Derselbe. Mischung aus Na-Perborat und $MgCO_3$.

A. 1222640. Derselbe. Mischung aus Na-Perborat und $ZnCO_3$.

A. 1271611. P. Pickl. Eine Säure wird mit einem Persalz in trockenem Zustand vermischt und zu Tabletten geformt.

A. 1546156. A. Welter. Überziehen von kristallisiertem Na-Perborat durch Aufstäuben von Wasserglaslosungen und Verdampfen des uberschussigen Wassers durch einen Luftstrom.

A. 1633213. J. F. King. Eine Mischung von 300 Teilen Na-Perborat, 50 Teilen Kornstarke, 30 Teilen Na_3PO_4, 25 Teilen Al-Sulfat, 75 Teilen Mg-Sulfat, 20 Teilen denaturiertem Alkohol.

A. 1929121. R. Seng. Ammonperboratherstellung durch Zusatz von Borsäure in molekularer Menge zu einer konzentrierten 30%igen H_2O_2-Lösung und Einleiten von Ammoniakgas.

A. 2035267. Ph. Fleischmann. Eine Mischung von Perborat, aromatischen Ölen, überzogen mit Stearat sowie von Weinsäure, überzogen mit kolloidalem Ton.

XVII. Herstellung von Perboraten auf elektrochemischem Wege
(zu Abschn. XXIII, A, a, β, S. 289).

D. 245531. Bariumoxyd G. m. b. H. und E. Bürgin. Herstellung von Percarbonaten, Perboraten, Persilicaten, Perphosphaten und Peroxyden, wobei die entsprechenden neutralen, schwach alkalischen oder ammoniakalischen oder mit Alkali versetzten Salzlösungen der Alkalien oder Erdalkalien mit überlagertem Gleich- oder Wechselstrom elektrolysiert werden, unter eventueller Verwendung solcher Anoden, die nicht zersetzend wirken.

D. 295178. Chemische Fabrik Grünau, Landshoff u. Meyer A. G. und M. Bürgin. Pt-Elektrode mit Stromzuführung und Versteifung aus Aluminium oder anderen Metallen mit einem Bakelitüberzug.

D. 297223 (Ö. 63697, F. 458550, E. 126336/1913, A. 1081191). Dieselbe. Dauernde elektrolytische Bildung und Abscheidung von Na-Perborat aus einer Lösung von Na-Carbonat und Borax.

D. 347366 (Ö. 88161, E. 14292/1915). Scheideanstalt. Herstellung von Na-Perborat durch Umsetzung von Na-Percarbonat mit Na-Borat, wobei das Percarbonat in einem Lösungsgemisch von Soda und Natriumborat in Gegenwart von festem Na-Perborat elektrolytisch hergestellt wird.

D. 367367 (Ö. 87421, E. 101620, A. 1253061). Dieselbe. Dem aus Alkaliborat und -carbonat bestehenden Elektrolyten werden Chromsäure oder deren Salze zugesetzt.

D. 367368 (Ö. 88163, Schw. 74628, 91772, E. 102359, A. 1395685). Dieselbe. Das unerwünschte Ansteigen des Dicarbonatgehaltes des Elektrolyten wird durch Zusatz von freiem Alkali und Borax oder Metaborat verhindert. Die Mutterlauge kann auch vor ihrer Wiederverwendung mit Kalk oder kaustischen Alkalien behandelt werden.

D. 347602 (Schw. 75613, 82726, E. 10153, A. 1235905, 1268369). Dieselbe. Bei der Elektrolyse von Na-Carbonatlösungen in Gegenwart eines Borates wird eine Carbonatlösung verwendet, die festen Borax enthält.

D. 348148 (Schw. 75614, 82727, E. 100154). Dieselbe. Man trägt für dauernde Anwesenheit einer mit Alkalicarbonat gesättigten Lösung Sorge.

D. 349792 (E. 100778, A. 1253060). Dieselbe. Erhöhung der Stromausbeute bei der Herstellung von Na-Perborat durch Elektrolyse einer Na-Carbonatlösung in Gegenwart eines Borates nach den Patenten 347602 und 347366 durch Arbeiten mit hoher anodischer u.. l kathodischer. Stromdichte.

D. 350986. Dieselbe. Bei der elektrolytischen Herstellung von Percarbonaten und Perboraten aus alkalicarbonat- und alkaliboratenthaltenden Lösungen werden dem Elektrolyten das Anodenpotential erhöhende Stoffe, wie Fluoride oder Perchlorate, zugesetzt.

D. 358699 (Ö. 88482, Schw. 82599, E. 179636, A. 1470577). Dieselbe. Pt-Anode mit Zn als Stromzufuhrungs- und Versteifungsmaterial.

D. 360037. Dieselbe. Pt-Anode mit Legierungen von Zn mit Cd, Sn, Al od. dgl. als Versteifungs- und Stromzufuhrungsmaterial.

D. 378891 (Ö. 87314, A. 1281983). Dieselbe. Es werden Kathoden aus Pb, Fe, Ni, Cu oder Kohle verwendet, die an der Flüssigkeitsgrenze einen Schutzüberzug erhalten.

D. 381421 (E. 102089). Dieselbe. Die Kathode besteht nur an der Eintauchstelle aus Ni.

D. 424297 (E. 106460, A. 1395684). Dieselbe. Bei der Elektrolyse von alkalicarbonat- und boratenthaltenden Lösungen werden dem Elektrolyten Stoffe zugesetzt, welche wie Chromsäure oder chromsaure Salze die Fähigkeit haben, die Angreifbarkeit der Kathode zu verhindern, wobei die nicht oder ungenügend elektrolytisch wirkenden Teile der Kathode gegen die Einwirkung des Elektrolyten geschützt werden.

D. 431075. Henkel u. Cie. Regenerieren der bei der elektrolytischen Herstellung von Na-Perborat im Kreislauf verwendeten Elektrolytlösung durch Aufkochen mit Silikagel in geeigneten Zeiträumen.

D. 451344. Zusatz zu D. 431075. Dieselbe. Die Lösungen werden mit dem Silikagel bei Überdruck aufgekocht und für die Aufwirbelung des Gels in der kochenden Losung gesorgt.

D. 485121 (A. 1722871). Dieselbe. Die Chemikalien werden mit Silikagel gereinigt.

D. 566423 (Ö. 127160, Schw. 145436, E. 318154). N. V. Electrochemische Ind. Bei der elektrolytischen Herstellung von Perboraten und Percarbonaten wird eine Kathode aus Chromstahl, z. B. V2A-Stahl oder eine ähnliche Legierung benutzt.

Ö. 145193. N. V. Ind. Maatsch. Vorheen. Noury und van der Lande. Die Zellenwände bestehen ganz oder teilweise aus Kautschuk.

Schw. 75448. Scheideanstalt. Bei der Elektrolyse von Lösungsgemischen, die Alkalicarbonat und -borat enthalten, wird in Gegenwart reaktionsbegünstigender Stoffe, wie Mg-Silicat, Sn-Säure, Alkalibicarbonat, gearbeitet.

Schw. 75522. Zusatz zu Schw. 74227. Dieselbe. Bei der Elektrolyse von Alkalicarbonat und -borat enthaltenden Lösungsgemischen wird in Gegenwart von festem Na-Perborat und reaktionsbegunstigenden Stoffen, wie Mg-Silicat, Zinnsäure, Alkalicarbonat, gearbeitet.

Schw. 75612. Chemische Fabrik Grunau, Landshoff u. Meyer A. G. und K. Arndt. Eine ein lösliches kohlensaures Salz enthaltende Na-Boratlösung wird in Gegenwart von festem Perborat, Borax und Soda als Bodenkörper elektrolysiert.

Schw. 75615. Zusatz zu Schw. 74227. Scheideanstalt. Bei der elektrolytischen Herstellung von Na-Perborat wird eine Verarmung der Lösung an Na-Borat und Alkaliborat verhutet, indem fur standige Anwesenheit beider Stoffe als Bodenkörper Sorge getragen wird.

Schw. 75617. Zusatz zu Schw. 74227. Dieselbe. Bei der Darstellung von Na-Perborat durch Elektrolyse eines Lösungsgemisches aus Alkalicarbonat und Na-Borat in Gegenwart von festem Na-Perborat wird in Gegenwart reaktionsbegünstigender Stoffe, wie Mg-Silicat, Zinnsäure, Alkalibicarbonat, gearbeitet.

Schw. 76326. Dieselbe. Bei der Elektrolyse von Lösungsgemischen von Alkalicarbonat und Alkaliborat wird in Abwesenheit von Stoffen gearbeitet, welche die Zersetzung des Na-Perborats zu begünstigen vermögen wie namentlirh von Schwermetallverbindungen.

Schw. 86 188 (E. 139 753, A. 1 408 364). Frederiksstad Elektrokemiske Fabriker A. S. Bei der Elektrolyse von Borax und sodahaltigen Lösungen zum Zwecke der Herstellung von Na-Perborat wird die Lösung nach stattgefundener Elektrolyse mit Na_2O_2 versetzt.

F. 411 258. E. A. Pouzenc. Eine Lösung von Borsäure oder von Boraten wird durch einen Elektrolyseur fließen gelassen, in dem sich zwei gegenüberstehende Elektroden befinden, die durch ein poröses Diaphragma getrennt sind.

Ungar. 95 430. L. Putnoky. Herstellung von Persäuren oder persauren Salzen durch anodische Oxydation einer flußsäurehaltigen Salzlosung unter Verwendung eines Diaphragmas.

A. 1 235 904. O. Liebknecht. Bei der Herstellung von Alkaliperborat durch Elektrolyse einer Lösung von Alkalicarbonat und Alkaliborat wird während des Prozesses das verbrauchte Alkalicarbonat in dem Verhältnis wieder ergänzt, als es verbraucht wurde.

XVIII. Carbonatperhydrate (zu Abschn. XXIII, C, S. 299).

D. 213 457. E. Merck. Darstellung von aktiven Sauerstoff enthaltenden Verbindungen durch Wechselwirkung der Peroxyde oder Peroxydhydrate der Erdalkalien mit sauren Carbonaten oder Sulfaten von Alkalien.

D. 247 988. Chemische Werke vorm. H. Byk. Kristallisiertem Carbonatperhydrat wird teilweise das Kristallwasser entzogen und dieses Produkt mit sauren festen Substanzen vermischt.

D. 297 797. F. A. V. Klopfer. Man behandelt ein Carbonat, das einen Teil seines Kristallwassers verloren hat, mit H_2O_2.

D. 303 556 (Ö. 84 746, Schw. 72 958, A. 1 237 128). Henkel u. Cie. Auf 2 Mole Na-Carbonat werden nicht weniger als 3 Mole H_2O_2 in waßriger Losung einwirken gelassen.

D. 342 046 (Ö. 88 477, Schw. 90 295, A. 1 263 258, E. 152 366). Scheideanstalt. Die Reaktion zwischen H_2O_2 und Alkalicarbonat wird in Gegenwart aussalzender Mittel, z. B. NaCl, ausgefuhrt.

D. 357 957. Zusatz zu D. 357 956. Dieselbe. Der Mischung von Na_2O_2 und $NaHCO_3$ wird H_2O_2 zugesetzt.

D. 482 998 (Ö. 91 368, E. 152 366, A. 1 225 832, Schw. 89 218, F. 518 110). Dieselbe. Alkaliperoxydhydrat und Alkalibicarbonat werden trocken oder in Gegenwart beschrankter Wassermengen gemischt, so daß feste oder flussige, nach einiger Zeit erstarrende Produkte erhalten werden.

D. 560 460. F. Schlotterbeck. Na-Carbonatmonohydrat wird unter Kuhlung auf 30%iges H_2O_2 einwirken gelassen.

Schw. 79 801 (E. 116 903). Scheideanstalt. $NaHCO_3$ wird mit Erdalkaliperoxyden gemischt und den so gewonnenen Lösungen ein aussalzendes Mittel zugesetzt.

Schw. 80 094 (E. 117 085, D. 357 956). Dieselbe. Na_2O_2 und $NaHCO_3$ werden bei Gegenwart von Wasser aufeinander einwirken gelassen.

XIX. Phosphatperhydrate (zu Abschn. XXIII, D, S. 302).

D. 287 588 (Ö. 63 288). Chemische Werke vorm. H. Byk. Nichtalkalische phosphorsaure Salze werden mit H_2O_2 behandelt, wobei man statt der fertigen Ausgangsprodukte auch solche Stoffe verwenden kann, aus denen die Ausgangsstoffe entstehen.

D. 293 786 (F. 482 785, E. 15 749/1915). Ges. fur Chemische Industrie. Auf 1 Molekul $Na_4P_2O_7$ werden rund 3 Molekule H_2O_2 angewendet und das Gemisch moglichst rasch bei einer Temperatur unterhalb des Siedepunktes des H_2O_2 im Vakuum zur Trockene eingedampft.

D. 296 796. S. Aschkenasy. Gewinnung von primaren Perphosphaten und Perarsenaten der alkalischen Erden durch Verdampfen der Losungen ihrer Peroxyde in uberschussiger konzentrierter Phosphor- oder Arsensaure unter Druckverminderung und moglichst gelinder Erwarmung, wobei der Saureuberschuß zwecks Bildung der primären Salze vor dem Verdampfen mit den entsprechenden Hydroxyden in berechneter Menge abgestumpft wird.

D. 296888 (E. 156713). Derselbe. Im Vakuum hergestellte und vorgetrocknete perborsaure oder perphosphorsaure Salze oder Persalzgemische werden bei gewöhnlichem Luftdruck auf dem Wasserbad bei 100° erhitzt.

D. 299300. Derselbe. Herstellung von Mono-, Di- und Trialkaliperphosphaten und Perarsenaten durch Fällung der wäßrigen Lösung von BaO_2 in Arsen- bzw. Phosphorsäure durch Zusatz der berechneten äquivalenten Menge Alkaliphosphat bzw. -arsenat, Filtration und Verdampfen bei vermindertem Druck.

D. 316997. Zusatz zu D. 299300. Derselbe. Der aktive Sauerstoff wird durch wiederholtes Eindampfen mit neuen H_2O_2-Mengen an die Salze stufenweise angelagert.

D. 325155. M. Sarason. Herstellung von übersättigten Sauerstofflösungen aus Perhydratphosphaten und Katalysatoren.

D. 555055 (Ö. 140185, E. 355016, A. 1914312). Scheideanstalt. Das Eindampfungsprodukt von Phosphaten und H_2O_2 wird in zerkleinertem Zustande durch Erwärmen im Vakuum bis zur Bildung eines stabilen Produktes entwässert.

F. 700132. G. Schönberg. Stabiles Phosphatperhydrat durch Eindampfen von Phosphaten mit 30%igem H_2O_2 im Vakuum.

E. 300946. S. Husain und R. J. Partington. Herstellung von Phosphatperhydraten durch Verdampfen einer Lösung eines Ortophosphates und eines Peroxydes oder von H_2O_2 bei Raumtemperatur unter vermindertem Druck und über einem Wasserabsorptionsmittel, bis sich eine feste Masse ergibt.

XX. Silicatperhydrate (zu Abschn. XXIII, E, S. 305).

D. 542157 (F. 783578). F. Krauß. Geeignete Metallsilicate werden mit H_2O_2 zur Trockene eingedampft oder eine Lösung der Siliziumverbindung mit H_2O_2 zusammen zum Auskristallisieren gebracht.

XXI. Sonstige Additionsverbindungen des Wasserstoffperoxyds (zu Abschn. XXIII, F, S. 306).

D. 303680. E. Merck. Herstellung von haltbaren Verbindungen des H_2O_2 mit neutralen anorganischen oder organischen Stoffen (Harnstoff), wobei man mit diesen Stoffen versetzte schwache technische H_2O_2-Lösungen vorsichtig eindampft.

D. 333111. Zusatz zu D. 303680. Derselbe. Es werden die mit den Konservierungsmitteln gemäß D. 174190, 203019, 216263 haltbar gemachten Wasserstoffperoxydlösungen mit neutralen, anorganischen oder organischen Trägern eingedampft.

D. 535065 (Schw. 147147, E. 339332). I. G. Farbenindustrie A. G. Ein durch stille elektrische Entladung hergestelltes H_2O_2-Gas wird durch wasserfreies Natriumsulfat oder kristallisierten Harnstoff durchgeleitet.

D. 580710. A. Rieche. H_2O_2 wird auf Harnstoffderivate von Zuckern oder Harnstoff unter gleichzeitigem Zusatz von Harnstoffderivaten von Zuckern einwirken gelassen.

Schw. 54687. I. G. Farbenindustrie A. G. H_2O_2 wird auf Carbamid einwirken gelassen.

Schw. 59562. Zusatz zu Schw. 54687. Dieselbe. Carbamid wird mit H_2O_2 in Gegenwart von Säure behandelt.

A. 970898. A. Eklund. Herstellung einer Additionsverbindung von Kaliumnitrat und H_2O_2 durch Auskristallisierenlassen. — Siehe auch D. 293125, 294725, E. 29373/1912, A. 768561, D. 259826, 291490 (S. 361 und 363).

Namenverzeichnis.

Sachverzeichnis.